教育中国·规划精品系列

石油和化工行业“十四五”规划教材

“十二五”普通高等教育本科国家级规划教材

教育部普通高等教育精品教材

普通高等教育“十一五”国家级规划教材

食品化学

第四版

汪东风　徐莹　主编

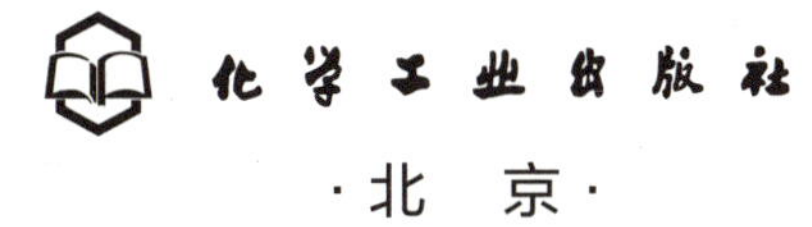

·北　京·

内容简介

为应对教材全球化、智能化和新时代的挑战，服务新时代中国特色社会主义高等教育食品类专业建设和人才培养，本着知识的传承和创新，体现教材的先进性、可读性和实用性，本教材在系统阐述食品化学的基础理论上，重点在以下方面进行完善提高：①增加兴趣引导、问题导向和学习目标，培养自主学习能力，提高学习效果，落实一流课程建设要求。②设置相关知识点自测题，强调学习过程指导。③提炼总结、练习思考和相关拓展资料，培养创新思维、学科兴趣和职业担当。④增加配套教学数字资源，方便学生自主学习。

本书为食品类专业基础课程教材。

图书在版编目（CIP）数据

食品化学/汪东风，徐莹主编.—4版.—北京：化学工业出版社，2023.10（2025.5重印）

“十二五”普通高等教育本科国家级规划教材 教育部普通高等教育精品教材 普通高等教育“十一五”国家级规划教材

ISBN 978-7-122-43998-7

Ⅰ.①食… Ⅱ.①汪… ②徐… Ⅲ.①食品化学-高等学校-教材 Ⅳ.①TS201.2

中国国家版本馆CIP数据核字(2023)第153148号

责任编辑：赵玉清
文字编辑：周 倜
责任校对：边 涛
装帧设计：韩 飞

出版发行：化学工业出版社
(北京市东城区青年湖南街13号 邮政编码100011)
印 装：大厂回族自治县聚鑫印刷有限责任公司
880mm×1230mm 1/16 印张23¼ 字数651千字
2025年5月北京第4版第3次印刷

购书咨询：010-64518888
售后服务：010-64518899
网 址：http://www.cip.com.cn
凡购买本书，如有缺损质量问题，本社销售中心负责调换。

定 价：69.80元

编写人员

主　　编　汪东风　（中国海洋大学）

　　　　　徐　莹　（中国海洋大学）

参编人员（按姓名笔画排序）

　　　　　王丽金　（北京工商大学）

　　　　　史雅凝　（南京农业大学）

　　　　　任达兵　（昆明理工大学）

　　　　　刘成珍　（青岛大学）

　　　　　孙　逊　（中国海洋大学）

　　　　　李　锋　（山东农业大学）

　　　　　李宏军　（山东理工大学）

　　　　　吴　昊　（青岛农业大学）

　　　　　汪明明　（中国海洋大学）

　　　　　宋焕禄　（北京工商大学）

　　　　　张　宾　（浙江海洋大学）

　　　　　林　洪　（中国海洋大学）

　　　　　罗　克　（中国海洋大学）

　　　　　胡蒋宁　（大连工业大学）

　　　　　梁　鹏　（福建农林大学）

前言

教材是实现人才培养目标的重要载体，对培根铸魂、育人育才、学科振兴等有重要意义。食品化学是食品类各专业的主干课程之一，经过二十多年坚持不懈地创新与实践，中国海洋大学食品化学课程得到了业内同行和广大读者的充分肯定，成为食品科学与工程专业品牌示范课程。食品化学课程2004年入选国家精品课、2013年获国家精品资源共享课、2018年获国家精品在线开放课程、2020年入选首批国家级一流本科课程和国际在线开放课程。配套《食品化学》教材先后获教育部普通高等教育“十一五”国家级规划教材、教育部普通高等教育精品教材、“十二五”普通高等教育本科国家级规划教材等荣誉。《食品化学》教材编写团队坚持立德树人理念，体现以学生发展为中心，注重课程与教材一体化建设以及教学与科研联动互促的作用，建设成果获山东省教学成果奖二等奖2项，支持申报获国家级教学成果二等奖1项，主编分别是我国首批黄大年式教师团队负责人和主要成员，其中，汪东风教授获国家级教学名师和首届国家教材建设先进个人等荣誉。

新版食品化学课程教材以习近平新时代中国特色社会主义思想为引导，深入贯彻落实党的二十大精神，秉承创新发展思想，紧扣育人育才功能，以体现学科发展和适应新时代要求。编写团队坚持用心打造培根铸魂、启智增慧的精品教材，努力为我国食品专业“双万”计划建设发挥积极作用。作为国家一流本科课程建设成果教材，本书内容具有以下特点：

- 根据食品学科专业发展态势和新工科人才培养目标要求，增加相关学科专业的新成果和新知识，保持其先进性。
- 增加兴趣引导、问题导向和学习目标，提供相关主题讨论，聚焦学习要求。
- 学习过程中，针对性设置概念检查和案例教学，帮助学生检测理解知识的掌握程度。
- 提炼知识点，增加课后练习，调动学生思考的同时，进一步提高对概念的理解。
- 基于大食物观和创新能力培养，设置相关的工程 / 设计问题和拓展学习材料，培养学生责任担当、家国情怀、解决复杂问题的能力和探究科学的思维习惯。
- 与国家级一流本科线上课程食品化学相配套，方便使用中国大学MOOC及智慧树等教学平台开展线上及线上线下混合式教学需要。
- 提供能力拓展、学习自测、习题解答、教学课件、课程教案等在线学习内容，以一书一码方式授权使用，读者通过正版验证后即可获得（详见封底文字说明），力求方便教学的同时，更有助于学生对课程知识的理解与应用。

此外，作为新形态教材，本教材充分应用教育数字化技术，将近十年最新进展资料和成功案例、习题解答等数字资源有机融入教材中，同时配套出版实验教材《食品化学实验及习题》（第二版）、“食品化学课程教案”、“食品化学在线题库”，可极大方便师生教学参考。

本书由汪东风教授和徐莹教授统稿，编写分工如下：第1章、第7章由汪东风编写；第 2 章由孙逊编写，并对全书化学结构式进行了审校；第 3 章由罗克编写；第 4 章由李锋编写；第 5 章、第 12 章由徐莹编写；第 6 章由李宏军编写；第 8 章由汪明明编写；第 9 章由梁鹏和胡蒋宁编写；第 10 章由宋焕禄和王丽金编写；第 11 章由史雅凝编写；各章概念检查由梁鹏和汪明明编写；课后练习、拓展学习材料由刘成珍、任达兵、张宾编写；中国海洋大学林洪教授、青岛农业大学吴昊教授等为本教材修订提出了宝贵建议，并参与部分章节的编写。

《食品化学》教材的编写出版，得到中国海洋大学教材建设基金资助，化学工业出版社以及相关高校同行及广大读者的热情鼓励和支持，食品科学与工程教学指导委员会也对教材建设给予指导和肯定。中国海洋大学食品化学营养团队研究生徐菲、李琴芳、裴登邑、乌超越、于嘉淇、黄姝瑶等同学协助收集整理资料，在此一并致以最真挚的谢意。

食品化学是食品类各专业的基础，涉及学科多，发展速度快，作者力求本教材的建设出版，既有利于食品类各专业师生们教与学，又有利于学生线上线下学习，由于作者水平有限，难免存在疏漏与不妥，敬请读者批评指正，在此作者不胜感谢。

编　者

2023 年 6 月

目录

第 5 章　蛋白质 121

第 6 章　维生素 147

第 7 章　矿物质 175

第 8 章　食品常用酶 197

第 9 章　食品色素　223

第 10 章　风味成分　259

第 11 章　食品添加剂　283

第 12 章　食品中有害成分　323

第1章　绪论

安全性、营养性和享受性是食品的三大基本属性。食品的基本属性与食品中哪些成分有关？这些成分的基本结构、理化性质和食品功能性又有哪些？它们在食品加工及贮运过程中有何变化？这些变化对食品的三大基本属性有何影响？

为什么要学习“食品化学”？

民以食为天。多年来国内外相关学者对食品及其化学成分给予了极大关注，了解到食品中的成分除主要来源于食物或原料外，还有人工添加的以及加工贮运中新产生的。明确了上述成分的基本结构、理化性质和食品功能性，以及对食品三个基本属性的影响，从而形成了食品化学学科。食品化学是食品营养学、食品工艺学、食品分析、食品保藏、食品包装等学科的基础课程，也是食品类专业重要的专业基础课。

学习目标

○ 熟记营养素、食物或食料、食品及食品化学等名词概念。
○ 知晓食品中化学成分构成及来源。
○ 了解食品化学对食品工业技术发展的作用。
○ 了解食品化学的研究方法和学习要求。
○ 懂得学好食品化学知识的重要性。

1.1 食品化学的概念及发展简史

1.1.1 食品化学的概念

营养素（nutrients）是指那些能维持人体正常生长发育和新陈代谢所必需的物质，具有特定的生理作用。人体所需要的营养物质较多，从化学性质和对人体营养的作用可将人体所需要的营养物质分为六大类：水、碳水化合物、蛋白质、脂类、矿物质和维生素。

食物、食料或食材（foodstuff）是指含有营养素的食用安全的物料。将上述物料进行加工（包括从简单的清洗到现代化的深加工）以得到安全性、营养性及享受性的产品称为食品（food）。也就是说安全性、营养性和享受性是食品的三大基本属性。食品的安全性主要与食物中内源性、外源性及在加工或贮藏过程中产生的有害成分有关。食品的营养性主要与食品中一些营养成分有关，其研究较清楚。食品的享受性涉及内容较多，除与食品的色泽、质构、风味和形状等有关外，还涉及消费者的文化背景、习俗、喜好及年龄等方面，可见与食品享受性相关的化学成分更为复杂。

食品成分相当复杂，有些成分是动、植物及微生物体内原有的；有些是在加工过程、贮藏期间新产生的；有些是人为添加的；也有些是原料生产、加工或贮藏期间所污染的；还有的是从包装材料迁移过来的其他来源。

食品化学定义

食品化学（food chemistry）就是从化学的角度和分子水平上研究食品（包括食物）中上述成分的结构、理化性质、营养作用、安全性及享受性，以及各种成分在食品生产、食品加工和贮藏期间的变化及其对食品安全性、营养性和享受性影响的科学；是为保持和改善食品品质、开发食品新资源、革新食品加工工艺和贮运技术、科学指导膳食结构、改进食品包装、加强食品质量与安全控制及提高食品原料加工和综合利用水平奠定理论基础的科学。

食品中的化学成分可分为：

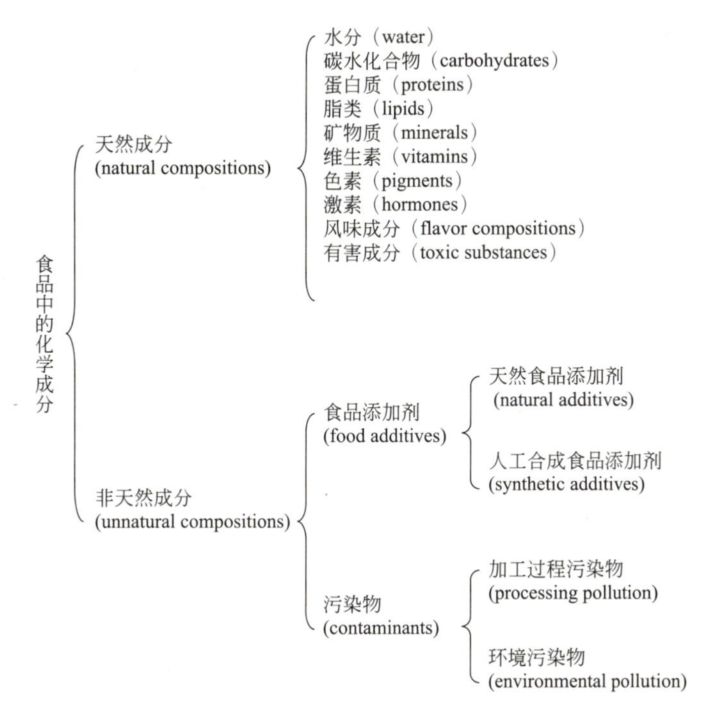

由此可见，食品化学研究的内涵和要素较为广泛，涉及化学、生物化学、物理化学、植物学、动物学、微生物学、食品营养学、食品安全、高分子化学、环境化学、毒理学、分子生物学及包装材料等诸多学科与领域，是一门交叉性明显的应用学科。其中食品化学与化学及生物化学尤为紧密，是化学及生物化学在食品方面的应用，但食品化学与化学及生物化学研究的内容又有明显的不同，化学侧重于研究分子的构成、性质及反应，生物化学侧重于研究生命体内各种成分在生命的适宜条件或较适宜条件下的变化，而食品化学侧重于研究动、植物及微生物中各成分在生命的不适宜条件下，如冷藏、加热、干燥等条件下各种成分的变化，在复杂的食品体系中不同成分之间的相互作用，各种成分的变化和相互作用与食品的营养、安全及感官享受（色、香、味、形）之间的关系。

1.1.2 食品化学发展简史

食品化学成为一门独立学科的时间不长，它的起源虽然可追溯到远古时代，但与食品化学相关的研究和报道则始于 18 世纪末期。到了 20 世纪，随着分析技术的进步及生物化学等学科的发展，特别是食品工业的快速发展，面临着食品加工新工艺的出现、贮藏期的延长等需要，食品化学得到了较快发展。这期间在美国农业部研究员 W. W. Harvey 不懈努力下，于 1906 年成立美国食品药品管理局，1908 年美国化学会成立了农业与食品化学分会。有关食品化学方面的研究及论文日渐增多，刊载食品化学方面论文的期刊也日益增多，主要有“Agricultural and Biological Chemistry”（1923 年创刊）、“Journal of Food Nutrition”（1928 年创刊）、“Archives of Biochemistry and Biophysics”（1942 年创刊）、“Journal of Food Science and Agricultural”（1950 年创刊）、“Journal of Agricultural and Food Chemistry”（1953 年创刊）及“Food Chemistry”（1966 年创刊）等刊物。随着食品化学文献的日益增多和有关食品化学方面研究的深入及系统性，食品化学逐渐形成了较为完整的体系。

夏延斌、杨瑞金等学者根据国内外文献将食品化学的发展归纳为四个阶段：第一阶段，天然动植物特征成分的分离与分析阶段。该时期是在化学学科发展的基础上，化学家应用有关分离与分析植物的理论与手段，对很多食物的特征成分如乳糖、柠檬酸、苹果酸和酒石酸等进行了大量研究，积累了许多零散的有关食物成分的分析资料。第二阶段，19 世纪早期（1820 ～ 1850 年），食品化学在农业化学发展的过程中得到不断充实，开始在欧洲占据重要地位，体现在建立了专门的化学研究实验室，创立了新的化学研究杂志。与此同时，食品中的掺假现象日益严重，检测食品中杂质的要求成为食品化学发展的一个主要推动力。在此期间，J. von Liebig 优化了定量分析有机物质的方法，并于 1847 年出版了《食品化学研究》。第三阶段，19 世纪中期英国的 A. H. Hassall 绘制了显示纯净食品材料和掺杂食品材料的微观形象的示意图，将食品的微观分析上升至一个重要地位。1871 年 M. D. M. Jean Baptis 提出一种观点：仅由蛋白质、碳水化合物和脂肪组成的膳食不足以维持人类的生命。人类对自身营养状况及食品摄入的关注，进一步推动食品化学的发展。20 世纪前半期，食品中多数成分被逐渐揭示，食品化学的文献也日益增多，到了 20 世纪中期，食品化学就逐渐成为一门独立的学科。目前食品化学的发展处于第四阶段。随着世界范围的社会、经济和科学技术的快速发展和各国人民生活水平的明显提高，为更好地满足人们对安全、营养、美味、方便食品的越来越高的需求，以及传统的食品加工快速向规模化、标准化、工程化及现代化方向发展，新工艺、新材料、新装备不断应用，极大地推动了食品化学的快速发展。另外，基础化学、生物化学、仪器分析等相关科学的飞速进步也为食品化学的发展提供了条件和保证。食品化学已成为食品科学的一个重要方面。

1.1.3 “食品化学”体系的形成与现状

食品化学的教学体系是随着食品科学的教学和发展而逐步完善起来的，至二十世纪六十年代末才形成比较完整的体系。目前，食品化学是食品科学与工程专业的专业基础课，其教学目的是为学生今后从事食品加工、保藏、安全、检测和新产品开发等提供坚实的理论基础和基本技术。

我国最早开设的食品化学课程是食品生物化学，这与当时在本专业尚未开设生物化学有关。到了二十世纪八十年代，随着生物化学的开设，食品化学就取代了食品生物化学，并逐渐成为食品科学与工程类各专业的主干课程。原无锡轻工业大学率先开设“食品化学”课程，并采用美国教授 Fennema 主编的《食品化学》（第二版）英文版作为参考教材。1991 年 Fennema 的《食品化学》中译本出版后，成为各高校教学的参考书。随后该校王璋教授等根据 Fennema 主编的《食品化学》教材和国内外食品化学的最新发展，编写出版了《食品化学》教材。经过多年的实践证实，该教材在我国食品专业教学中发挥着重要的作用。随着我国食品工业在国民经济中发展成为支柱性产业后，许多高校也相继开设了食品化学课程。食品化学的教学基本上有理论教学和实验教学两部分，理论教学内容都差异不大。为促进我国食品教学、科研和食品加工生产的需要，在引进教材的同时，近十年来陆续出版了多本食品化学教材并用于教学。目前国内食品化学的教材已呈百花齐放的状态。如王璋等编写的《食品化学》、谢笔钧主编的《食品化学》（国家“十一五”规划教材）、汪东风主编的《食品化学》（国家“十一五”和“十二五”规划教材）等。食品化学教学一般为 2 ～ 3 学分，并配有 1 学分的食品化学实验课程。

概念检查 1.1

○ 食物、食品和食品化学。

1.2 食品化学在食品科学与工程学科中的地位

食品科学与工程是建立在食品工业基础上的对食品原料、加工、包装、物流、技术装备、生产过程自动控制、食品安全与质量控制、饮食与人类健康、法规与标准，以及食品企业管理与可持续发展等有关的基础理论和工程研究体系。食品从原料生产，经过储藏、运输、加工到产品销售，每一个过程无不涉及一系列的化学和生物化学变化。有些变化会产生各种营养性和享受性成分，也有些变化会产生非需要的甚至是有害的成分。食品化学就是要研究食品中成分组成、结构、理化性及功能性，阐明食品在加工、储运等过程中食品中成分之间的化学反应历程、中间产物和最终产物的化学结构及其对食品的安全性、营养性、享受性的影响，为食品加工及储藏工艺、新技术和新产品的研究与开发、膳食结构的科学调理和食品包装改进等提供理论依据和基础资料。近年来，在对食品中各种物质的组成、性质、结构、功能和相互作用机制，复杂的食品体系的营养性和享受性的化学本质，食品组分间的相互作用，寻找新的食品资源和食品原料中可再利用资源的化学基础，食品贮运与加工过程营养与品质变化规律，分子营养学、膳食结构与人体健康等领域的研究构成了食品化学的重要内容。随着科技的进步和基础学科在食品科学方面的应用，食品中有毒、有害化学成分的研究，已成为保障食品质量与安全的理论基础。食品化学在揭示食品与营养方面有了较快发展，如分子营养学、比较营养学等不断涌现。食品胶体化学、食品聚合物化学、玻璃态及非结晶固体研究、多成分主副反应动力学、感官及生物传感器品质鉴定科学、核酸食品、食品营养组学及矿质元素组学等方面已成为食品科学研究新分支，也必将给食品行业带来新的理论基础和技术支撑。

由此可见，食品化学在食品科学和工程中有着重要的作用和特殊地位，而且是发展迅速的应用学科之一。

1.2.1 食品化学对食品工业技术发展的作用

现代食品向加强营养、保健、安全和享受性方向发展，食品化学的基础理论和应用研究成果，正在并继续指导人们依靠科技进步，健康而持续地发展食品工业（表 1-1）。实践证明，没有食品化学的理论指导就不可能有日益发展的现代食品工业。

表 1-1 食品化学对食品工业技术的影响

食品工业	影响方面
基础食品工业	面粉改良，改性淀粉及新型可食用材料，高果糖浆，食品酶制剂，食品营养的分子基础，开发新型甜味料及其他天然食品添加剂，生产新型低聚糖，改性油脂，分离植物蛋白质，生产功能性肽，开发微生物多糖和单细胞蛋白质，野生、海洋和药食两用资源的开发利用等
果蔬加工贮藏	化学去皮，护色，质构控制，维生素保留，脱涩脱苦，打蜡涂膜，化学保鲜，气调贮藏，活性包装，酶促榨汁，过滤和澄清
肉品加工贮藏	宰后处理，保汁和嫩化，护色和发色，提高肉糜乳化力、凝胶性和黏弹性，蛋白质的冷冻变性，超市鲜肉包装，烟熏剂的生产和应用，人造肉的生产，内脏的综合利用（制药）等
饮料工业	速溶，克服上浮下沉，稳定蛋白饮料，水质处理，稳定带肉果汁，果汁护色，控制澄清度，提高风味，白酒降度，啤酒澄清，啤酒泡沫和苦味改善，啤酒的非生物稳定性的化学本质及防范，啤酒异味，果汁脱涩，大豆饮料脱腥等
乳品工业	稳定酸乳和果汁乳，开发凝乳酶代用品及再制乳酪，乳清的利用，乳品的营养强化等
焙烤工业	生产高效膨松剂，增加酥脆性，改善面包呈色和质构，防止产品老化和霉变等

续表

食品工业	影响方面
食用油脂工业	精炼，油脂改性，二十二碳六烯酸（DHA）、二十碳五烯酸（EPA）及中链甘油三酸酯（MCT）的开发利用，食用乳化剂生产，抗氧化剂，减少油炸食品吸油量等
调味品工业	生产肉味汤料、核苷酸鲜味剂、海鲜等风味调味品、碘盐和有机硒盐等
发酵食品工业	发酵产品的后处理，后发酵期间的风味变化，水解蛋白质、菌体和残渣的综合利用等
食品安全	食品中外源性有害成分来源、防范及脱除，食品中内源性有害成分来源、防范及消减等，成分之间的协同效应或拮抗作用
食品检验	检验标准的制定，快速分析，生物传感器的研制，不同产品的指纹图谱等
保健食品	功能成分的活性研究及分离，功能成分的理化性质，多成分的协同作用等
非热加工	功能成分提取，大分子结构改性，酶活性钝化，风味保存等

基础学科研究成果在食品化学方面的应用促进了食品化学的发展，食品行业对美拉德（Millard）反应、焦糖化反应、自动氧化反应、淀粉的糊化与老化、多糖的水解与改性、蛋白质水解及变性、色素变色与退色、维生素降解、金属催化、酶催化、脂肪水解与酶交换、脂肪热氧化分解与聚合、风味物质的变化、食品添加剂的作用机理、玻璃态转变与食品稳定性、非热加工与风味保存、有害成分化学性质及产生和食品原料采后生理生化反应等有了更深入的认识，为食品工业的发展注入了巨大活力。

1.2.2 食品化学对保障人类营养和健康的作用

自发现蛋白质、糖类和脂肪三大营养素以来，距今已有 2 个多世纪。食品的最基本属性应具有安全性、营养性和享受性。因此，食品化学除研究安全性外，还应研究食品原料和最终产品中的营养成分和色、香、味、形的构成成分，以及加工和储藏过程中它们的相互反应、对营养价值及享受性的影响。现代食品化学的责任不仅是要保证食品中的成分有益健康和享受性，而且要帮助和指导社会及消费者正确选择和认识食品的营养价值，以达到合理饮食。现今营养的概念已随着社会的发展和人类健康状况的变化发生了显著变化。从解决温饱问题转变为有效降低和控制主要疾病（如心脑血管疾病、癌症和糖尿病等）的风险、减少亚健康人群的比例，做到精准营养，并为特殊医学用途配方食品（foods for special medical purposes，FSMP，简称特医食品）提供理论支持，这就给食品化学在新的历史时期提出了新的任务，从天然资源或食物中寻找具有重要生物活性的物质，研究和开发在一定时间内能有效降低或预防某些疾病发生的功能性食品。随着生活水平的快速提高和电商的兴起，营养、速食、复热、预制菜等方面的食品化学研究对现代饮食和厨房革命有重要作用。社会的进步对健康食品的要求也有别于过去，除了有益健康和预防疾病，还需具有食品的“享受”要素，达到营养、保健和风味的一体化。解决上述问题，同过去的食品化学在人类社会文明和科技进步的作用一样，也将有益于人类和谐社会的建设和国家经济的繁荣。反过来，社会文明和科技进步也将推动食品化学的发展。随着生物技术和食品加工、检测新技术的出现，更需要了解食品和加工过程中的化学与安全问题，保证食品的质量与安全，提供公众需要的多样化且具有营养、享受及安全的食品。

关于危害人类健康的污染物质，是当今世界上共同关注的重要问题。微量和超微量化合物的分析与鉴定，对食品营养价值和享受价值及有害成分的控制、高质量食品的大量生产都是十分重要的。由此可见，食品化学不同于其他分支化学，它主要研究与食品相关的化合物及分析方法，以建立完整的食品研究体系，从而支撑食品安全、食品营养和食品享受的属性要求。食品化学的发展不仅与人类健康和文明息息相关，同时还指导消费者对食物的认知和选择，实现精准营养和健康饮食，这对于人类健康和社会和谐都大有裨益。

概念检查 1.2

○ 举例介绍食品化学成果对食品行业发展的影响。

1.3 食品化学的研究方法

由于食品中存在多种成分，是一个复杂的成分体系，因此食品化学的研究方法也与一般化学研究方法有很大的不同，它应将对食品的化学组成、理化性质及其变化的研究同食品的安全性、营养性和享受性联系起来。这要求在食品化学研究的试验设计开始时，就应以揭示食品复杂体系及该食品体系在加工和贮藏条件下的安全性、营养性及享受性为目的进行。由于食品是一个非常复杂的体系，食品中各成分之间的相互作用、加工和贮藏过程中不同条件（如超高压、高温、冷冻、有氧或无氧等）下发生的变化十分复杂，因此，开展食品化学研究时，通常采用一个简化的、模拟的食品体系来进行试验，再将所得的试验结果应用于真实的食品体系，进而进一步解释真实的食品体系中的情况。

食品化学的试验除理化试验和仪器分析外，还应有感官试验。理化试验和仪器分析主要是对食品进行成分分析和结构分析，即分析试验系统中的营养成分、有害成分、色素和风味物的存在、分解、生成量和性质及其化学结构；感官试验是通过人的直观检评来分析试验系统的质构、风味和颜色等的变化。

食品从原料生产，经过贮藏、运输、加工到产品销售，每一过程无不涉及一系列的变化。如生鲜原料的酶促变化和化学反应；水分活度的改变所引起的变化；剧烈加工条件（高热、高压、机械作用等）引起的各类化学成分及成分之间的分解、聚合及变性；氧或其他氧化剂所引起的氧化；光照所引起的光化学变化及包装材料的某些成分向食品迁移引起的变化等。这些变化中较重要的是非酶褐变、脂类水解及氧化、蛋白质的水解及变性、蛋白质交联、低聚糖和多糖的水解、天然色素存在状态的改变及降解等。这些反应的发生，有些对提高食品的安全性、营养性和享受性是必要的，而另一些则需要采取一定的工艺加以控制或防范（表 1-2）。了解这些变化的机理和控制原理就构成了食品化学研究的核心内容，其研究成果最终将转化为：合理的原料配比、适当的保护或催化措施的应用、最佳反应时间和温度的设定、光照、氧含量、水分活度和 pH 值等的确定，从而得出最佳的食品加工和贮藏的方法。

表 1-2 食品加工或贮藏中常见的反应及对食品的影响

常见的反应	实例	对食品的主要影响
非酶褐变	焙烤食品表皮成色，贮藏时色泽变深等	产生需宜的色、香、味，营养损失，产生不需宜的色、香、味和有害成分等
氧化	维生素类的氧化，脂肪的氧化，酚类的氧化，蛋白质的氧化等	变色，产生需宜的风味，营养损失，产生异味和有害成分等
水解	脂类、蛋白质、碳水化合物等大分子物质水解	增加可溶物，质地变化，产生需宜的色、香、味，增加营养，某些有害成分的毒性消失等
异构化	顺-反异构化、非共轭脂-共轭脂	变色，产生或消失某些功能等
聚合	油炸中油起泡沫，水不溶性褐色成分等	变色，营养损失，产生异味和有害成分等
蛋白质变性	卵清凝固、酶失活等	增加营养，某些有害成分的毒性消失等

食品化学是食品科学学科中发展较快的一个领域，食品化学的研究成果和方法，为食品工业的发展注入了巨大活力。近十多年来，在食品科学的研究和食品工业的应用中发展了结构化学、自由基化学和膜分离、可食包装、微胶囊、挤压膨化、超微碎化、活性包装、超临界提取、分子蒸馏、膜催化、生化反应器、食品胶体、非热加工及复热技术与食品保鲜、碳水化合物化学及糖组学、蛋白质化学及蛋白质组学、脂质化学及脂质组学、风味成分及组学、食品分子营养及营养基因组学等多种新技术和新学科。这些新技术和新学科的发展和应用必将促进食品工业的发展，而这些发展又会反过来对食品化学的完善、提高起到重要作用。

概念检查 1.3

○ 食品化学研究的核心内容有哪些？

参考文献

[1] 汪东风，等 . 食品化学 . 3 版 . 北京：化学工业出版社，2019.
[2] 谢明勇 . 食品化学 . 北京：化学工业出版社，2011.
[3] 谢笔钧 . 食品化学 . 3 版 . 北京：科学出版社，2018.
[4] 薛长湖，等 . 高级食品化学 . 2 版 . 北京：化学工业出版社，2021.

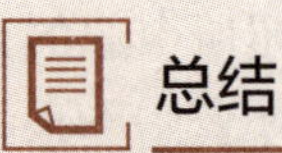

总结

食品名词

○ 食品属性是指食品应具有安全性、营养性和享受性。
○ 营养素是指那些能维持人体正常生长发育和新陈代谢所必需的物质，具有特定的生理作用。
○ 食物或食料是指含有营养素和食用安全的物料。将上述物料进行加工以得到具有食品属性的产品称为食品。
○ 食品化学就是从化学的角度和分子水平上研究食品成分的结构、理化性、营养性、安全性及享受性，以及各种变化及影响，为食品各专业学科奠定理论基础。

食品成分来源

○ 食品中成分相当复杂，其来源主要有食料中原有的、加工和贮运过程新产生的和人为添加的。

食品化学作用

○ 食品原料、加工、包装、物流、技术装备、生产过程自动监测、食品安全与质量控制、饮食与人类健康、法规与标准制定等方面均涉及食品化学学科，食品化学与食品专业学科发展有密切关系。

学习要求

○ 利用国家级线上一流课程——食品化学，开展混合式方法教学。要求线下与线上结合，他学与自学结合，期末考核与过程考核结合。

思考练习

1. 什么是食品化学？食品化学课程可学到哪些知识、获得哪些能力？
2. 食品化学的研究内容和范畴是什么？
3. 食品化学的研究方法有何特点？

第2章　水分

1）食品中水是以 H_2O 单分子形态存在的吗？

2）想象一下这样两个食品体系：①一碗蜂蜜，其含水量是 19.2%；②一块饼干，其含水量为 10.6%。

当两个食品体系相互接触时，蜂蜜中的水分一定会迁移进饼干中吗？

3）把新鲜草莓放入冰箱完全冷冻结冰，再拿出解冻后会出现质构软烂、汁水外流的现象，这是为什么？

为什么要学习“水分”？

除食用油外，一般食品中都含有水分。食品中水分以什么形态存在？水分对非水分成分在不同的条件下有何影响？水分对食品的加工保藏及品质有什么影响？

学习目标

- ○ 了解水和冰的物理特性，其中水分子之间的配位数和距离方面知识需要掌握。
- ○ 掌握食品中水分与非水分之间的理化作用及水分存在状态。
- ○ 熟知水分活度定义及影响因子，知晓 3 种以上降低水分活度的工艺或技术。
- ○ 掌握水分活度与食品品质、稳定性关系及影响因素。
- ○ 掌握玻璃态相转变及对食品质量的影响。

食品中水分是食品的重要组成成分之一（表 2-1）。食品体系中的水除直接参与水解反应外，还作为许多反应的介质，对许多反应都有重要的作用。水分通过与蛋白质、多糖、脂类、盐类等作用，对食品的结构、外观、质地、风味、新鲜程度等有重要的影响。因此，改变食品中水分含量或活度的工艺，都可改变食品的质量或货架期。

表 2-1　部分食品的含水量

食　品	含水量/%	食　品	含水量/%
猪肉	53～60	全粒谷物	10～12
牛肉（碎块）	50～70	面粉、粗燕麦粉、粗面粉	10～13
鸡（无皮肉）	74	馅饼	43～59
鱼（肌肉蛋白）	65～81	蜂蜜	20
香蕉	75	青豌豆、甜玉米	74～80
樱桃、梨、葡萄、猕猴桃、菠萝	80～85	甜菜、硬花甘蓝、胡萝卜、马铃薯	80～85
苹果、桃、橘、甜橙、李子	85～90	大白菜、莴苣、西红柿、西瓜	90～95
草莓、杏、椰子	90～95	面包	35～45
奶油	15	饼干	3～8
山羊奶	87	茶叶	3～7
奶粉	4	果冻、果酱	15
冰淇淋	65	食用油	0

在食品贮藏加工过程中的诸多技术，很大程度上都是针对食品中水分。如大多数新鲜食品和液态食品，其水分含量都较高，只要采取有效的贮藏方法限制水分所参与的各类反应或降低其活度就能够延长保藏期；新鲜蔬菜的脱水和水果加糖制成蜜饯等工艺就是降低水分活度以提高贮藏期；面包加工过程中加水是利用水作为介质，通过水与其他成分的作用，生产出可口的产品。

另外，水是人体的主要成分，是维持生命活动、调节代谢过程不可缺少的重要物质。人体所需要的水，除直接通过饮水补充外，还通过日常饮食获取。

由上可见，水不仅是食品的主要营养素之一，它的存在还对食品的加工、贮藏及品质等方面有重要影响。

2.1　水和冰的物理特性

2.1.1　水分子

2.1.1.1　水分子结构

从水分子结构来看，水分子中氧的 6 个价电子参与杂化，形成 4 个 sp^3 杂化轨道，有近似四面体的结构（图 2-1），其中 2 个杂化轨道与 2 个氢原子结合成两个 σ 共价键，另 2 个杂化轨道呈未键合电子对。

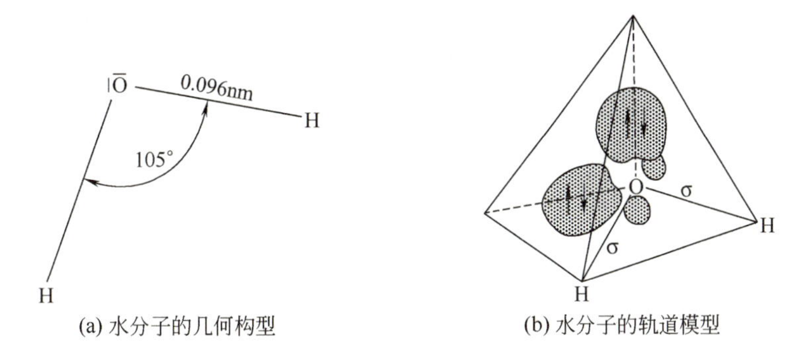

图 2-1 水分子结构示意图

2.1.1.2 水分子的缔合作用

水分子通过氢键作用与另 4 个水分子配位结合形成正四面体结构。水分子氧原子上 2 个未键合电子与其他 2 分子水上的氢形成氢键，水分子上 2 个氢与另外 2 个水分子上的氧形成氢键（图 2-2）。氢键的离解能约为 25kJ/mol。

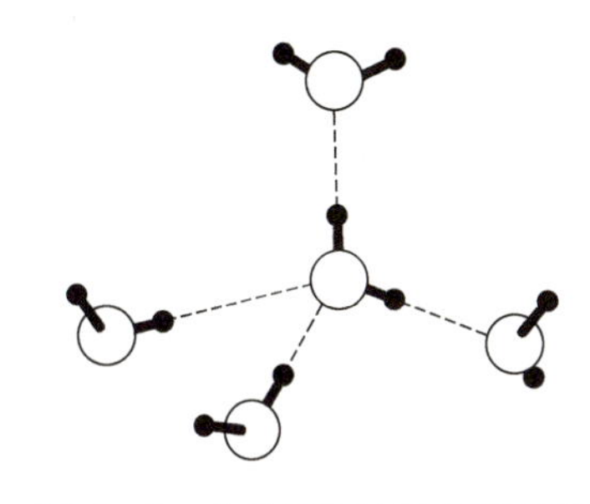

图 2-2 水分子配位结合形成的正四面体结构示意图

○ 氧原子；● 氢原子；▬ σ 键；--- 氢键

在水分子形成配位结构中，由于同时存在 2 个氢键的给体和受体，可形成四个氢键，能够在三维空间形成较稳定的氢键网络结构。这种结构使水表现出与其他小分子不同的物理特性，如乙醇及一些与水分子等电位偶极相似的 NH_3 和 HF。NH_3 由 3 个氢键给体和 1 个氢键受体形成四面体排列，HF 的四面体排列只有 1 个氢键给体和 3 个氢键受体，它们没有相同数目的氢给体和受体。因此，它们只能在二维空间形成氢键网络结构。

2.1.2 冰和水的结构

2.1.2.1 冰的结构

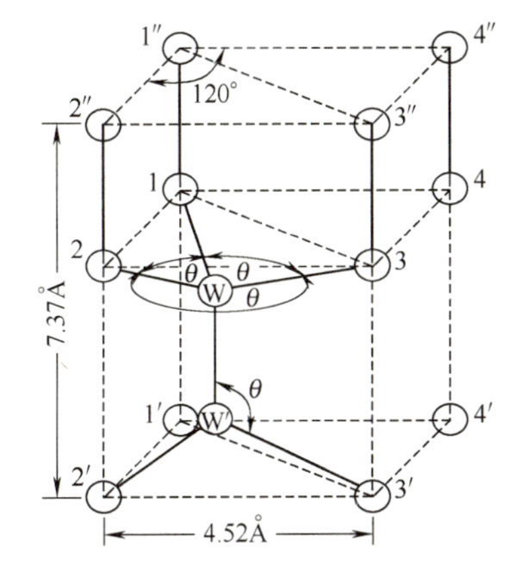

图 2-3 0℃时普通冰的晶胞

（圆圈表示水分子中的氧原子）

冰是由水分子有序排列形成的结晶。水分子之间靠氢键连接在一起形成非常稀疏（低密度）的刚性结构（图 2-3）。最邻近的水分子的 O—O 核间距为 2.76Å[1]，O—O—O 键角约为 109°，十分接近理想四面体的键角 109° 28′。从图 2-3 可以看出，每个水分子能够缔合另外 4 个水分子（配位数为 4），即 1、2、3 和 W′，形成四面体结构。由于纯冰不仅含有普通水分子，而且含有 H^+（H_3O^+）和 OH^- 以及 HOH 的同位素变体（数量非常少，在大多数情况下可忽略），因此冰的结构并非像上述那么完整的晶体。由于 H_3O^+ 和 OH^- 的运动以及 HOH 的振动，导致冰结晶并不是完整的晶体，通常是有方向性或离子型缺陷的。仅当冰

[1] 1Å=0.1nm。

的温度接近 -180℃或更低时，所有的氢键才会保持原来完整的状态。随着温度上升，由于热运动体系混乱程度增大，原来的氢键平均数将会逐渐减少。

食品中由纯粹的水结冰是不存在的，食品中溶质的数量和种类对冰晶的数量、大小、结构、位置和取向都有影响。当有溶质存在时冰的结构就会变化，如六方型的、不规则树枝状的、粗糙球状的结构等。此外，还存在各种各样中间形式的结晶。

六方型是大多数冷冻食品中重要的冰结晶形式，它是一种高度有序的普通结构。食品在最适的低温冷却剂中缓慢冷冻，并且溶质的性质及浓度均不严重干扰水分子的迁移时，才有可能形成六方型冰结晶。高浓度明胶水溶液冷冻时则形成较无序的冰结晶形式。

2.1.2.2 水的结构

纯水是具有一定结构的液体。液体水的结构与冰的结构的区别在于它们的配位数和两个水分子之间的距离（表 2-2）。温度对氢键的键合程度影响较大，在 0℃时冰中水分子的配位数为 4，最邻近的水分子间的距离为 2.76Å，当温度上升，冰融化成水时，邻近的原子距离增大。例如 0℃时为 2.76Å，1.5℃时为 2.90Å，83℃时为 3.05Å。邻近的原子距离增大会减小水的密度。但随着温度上升，水的配位数增多，如 0℃时为 4.0，1.5℃时为 4.4，83℃时为 4.9。配位数的增多可提高水的密度。综合原子距离和配位数对水的密度影响，冰在转变成水时，净密度增大，当继续升温至 3.98℃时密度可达到最大值，但随着温度继续上升密度开始逐渐下降。显然，温度在 0℃和 3.98℃之间水分子的配位数相对增大较多，而 O—H…O 距离又相对增加不多，所以在 3.98℃时，水的密度最大。

表 2-2 水与冰结构中水分子之间的配位数和距离

项目	配位数	O—H…O距离
冰（0.0℃）	4.0	0.276 nm
水（1.5℃）	4.4	0.290 nm
水（83℃）	4.9	0.305 nm

水的结构是不稳定的，并不是单纯的由氢键构成的四面体形状。通过“H 桥”（H-bridges）的作用，水分子可形成短暂存在的多边形结构，这种结构处在不断形成与解离的平衡状态中。也就是说，水分子的排列是动态的，它们之间的氢键可迅速断裂，同时通过彼此交换又可形成新的氢键，因此能很快地改变各个分子氢键键合的排列方式。“H 桥”的这种非刚性性质使水分子具有低黏度。

水分子中氢键可被溶于其中的盐及具有亲水 / 疏水基团的分子破坏。在盐溶液里水分子中氧上未配对电子占据了阳离子的游离空轨道，形成较稳定的“水合物”（aqua complexes），与此同时，另外一些水分子通过“H 桥”的配位作用，在阳离子周围形成水化层（hydration shell），从而破坏了纯水的结构。另外，极性基团也可通过偶极 - 偶极（dipole-dipole）相互作用或者“H 桥”形成水化层，从而破坏纯水的结构。

水和冰的三维网状的氢键状态赋予它们一些特有的性质，要破坏它们这一结构就需要额外的能量。这就是为什么水比相似的甲醇和二甲醚有更高的熔点、沸点的原因（表 2-3）。

表 2-3 水、甲醇和二甲醚的一些物理常数比较

分子式	熔点F_p/℃	沸点K_p/℃
H_2O	0.0	100.0
CH_3OH	−98.0	64.7
CH_3OCH_3	−138.0	−23.0

另外，通过在水中或水表面进行等离子体放电可得到等离子体活化水（plasma-activated water，PAW），也称为等离子体处理水（plasma-treated water，PTW）。PAW 具有良好的杀菌作用，对细菌、真菌、病毒、细菌孢子和生物膜都有一定的破坏作用，同时对食品的营养和风味影响小，在食品生产和安全控制领域有较好的应用前景。

概念检查 2.1

○ 请介绍水在不同温度下的体积或形态变化。

2.2　食品中水的存在状态

除食用油外，其他食品都含有水和非水成分，有些非水成分是亲水性的，有些是疏水性的。亲水性成分靠离子 - 偶极或偶极 - 偶极相互作用同水发生强烈作用，因而改变了水的结构和流动性，以及亲水性物质的结构和反应性。疏水性成分的疏水基团与邻近的水分子仅产生微弱的相互作用，邻近疏水基团的水比纯水的结构更为有序，疏水基团产生聚集，发生疏水相互作用。由此可见，水与非水成分产生多种作用。

2.2.1　水与溶质的相互作用

2.2.1.1　水与离子和离子基团的相互作用

在水中添加可解离的溶质，会使纯水靠氢键键合形成的四面体排列的正常结构遭到破坏。对于既不具有氢键受体又没有给体的简单无机离子，它们与水相互作用时仅仅是离子 - 偶极的极性结合。如 NaCl 邻近的水分子（图 2-4 中仅指出了纸平面上第一层水分子）可能出现的相互作用方式，这种作用通常被称为离子水合作用。

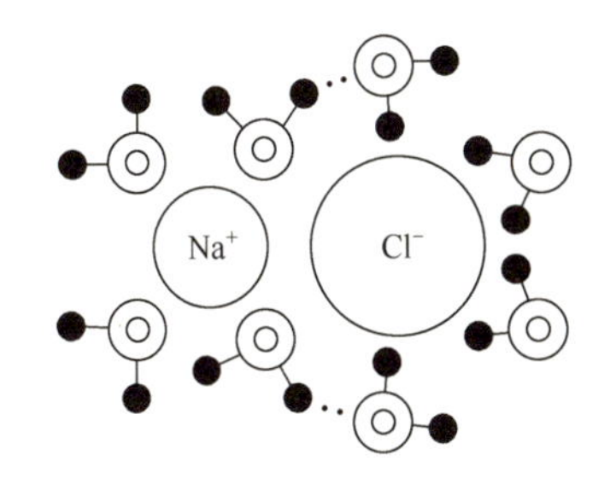

图 2-4　NaCl 邻近的水分子可能出现的排列方式

（图中仅表示出纸平面上第一层水分子）

在不同的稀盐溶液中，离子对水结构的影响是不同的，某些离子，例如 K^+、Rb^+、Cs^+、NH_4^+、Cl^-、Br^-、I^-、NO_3^-、BrO_3^-、IO_3^- 和 ClO_4^- 等，具有破坏水的网状结构效应，其中 K^+ 的作用很小，而大多数是电场强度较弱的负离子和离子半径大的正离子，它们阻碍水形成网状结构，这类盐溶液的流动性比纯水更大。另一类是电场强度较强、离子半径小的离子，或多价离子，它们有助于水形成网状结构，因此这类离子的水溶液比纯水的流动性小，例如 Li^+、Na^+、H_3O^+、Ca^{2+}、Ba^{2+}、Mg^{2+}、Al^{3+}、F^- 和 OH^- 等属于这一类。实际上，从水的正常结构来看，所有的离子对水的结构都起破坏作用，因为它们能阻止水在 0℃下结冰。

离子的效应显然不止上述的对水结构的影响。通过它们对水结合能力的不同，除改变水的结构外，还影响水的介电常数，决定胶体粒子周围双电层的厚度；离子还显著影响水对其他非水溶质和悬浮物质的相容程度；离子的种类和数量同样也影响蛋白质的构象和胶体的稳定性。

2.2.1.2　水与具有氢键键合能力的中性基团的相互作用

食品中蛋白质、淀粉、果胶等成分含有大量的具有氢键键合能力的中性基团，它们可与水分子通过氢键键合。水与这些溶质之间的氢键键合作用比水与离子之间的相互作用弱，与水分子之间的氢键相近。当然，各种有机成分上极性基团不同，则与水形成氢键的键合作用强弱也有区别。蛋白质多肽链中赖氨酸和精氨酸侧链上的氨基，天冬氨酸和谷氨酸侧链上的羧基，肽链两端的羧基和氨基，以及果胶中未酯化的羧基，它们与水形成的氢键，键能大，结合得牢固。而蛋白质中的酰氨基，淀粉、果胶、纤维素等分子中的羟基，它们与水形成的氢键，键能小，结合得不牢固。

由氢键结合的水，其流动性较小。凡能够产生氢键键合的溶质都可以强化纯水的结构，至少不会破坏这种结构。然而在某些情况下，溶质氢键键合的部位和取向在几何构型上与正常水不同，因此，这些溶质通常对水的正常结构也会产生破坏。像尿素这种小的氢键键合溶质，由于几何构型原因，对水的正常结构有明显的破坏作用。同样，大多数氢键键合溶质都会阻碍水结冰。但当体系中添加具有氢键键合能力的溶质时，每摩尔溶液中的氢键总数，可能由于已断裂的水 - 水氢键被水 - 溶质氢键所代替，不会明显地改变。因此，这类溶质对水的网状结构几乎没有影响。

另外，在生物大分子的两个部位或两个大分子之间，由于存在可产生氢键作用的基团，于是在生物大分子之间可形成由几个水分子所构成的“水桥”。图 2-5（a）、（b）分别表示水与蛋白质分子中的两种功能团之间形成的氢键，以及木瓜蛋白酶中肽链之间由水分子构成的水桥，将肽链之间维持在一定的构象。

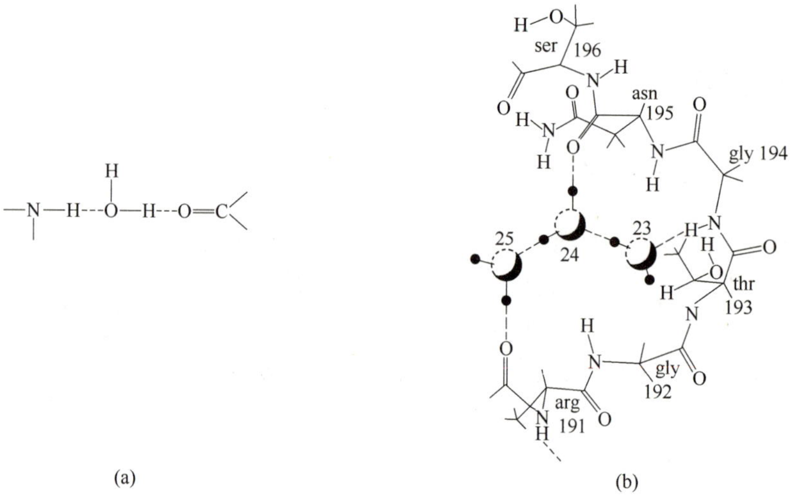

图 2-5　水与蛋白质分子中两种功能团之间形成的氢键（虚线）（a）及水在木瓜蛋白酶中的水桥（b）

2.2.1.3　水与非极性物质的相互作用

水与疏水性物质，例如烃、稀有气体及引入脂肪酸、氨基酸、蛋白质等非极性基团，因它们与水分子产生斥力，从而使疏水基团附近的水分子之间的氢键键合增强。处于这种状态的水与纯水的结构相似，甚至比纯水的结构更为有序，使得熵下降，此过程称为疏水水合作用（hydrophobic hydration）[图 2-6（a）]。由于疏水水合作用是热力学上不利的过程，因此，水倾向于尽可能少地与疏水基团缔合。如果水体系中存在多个分离的疏水基团，那么疏水基团之间就会相互聚集，从而使它们与水的接触面积减小，此过程称为疏水相互作用（hydrophobic interaction）[图 2-6（b）]。由于疏水相互作用是热力学上有利的过程，所以这一过程会自发地进行。

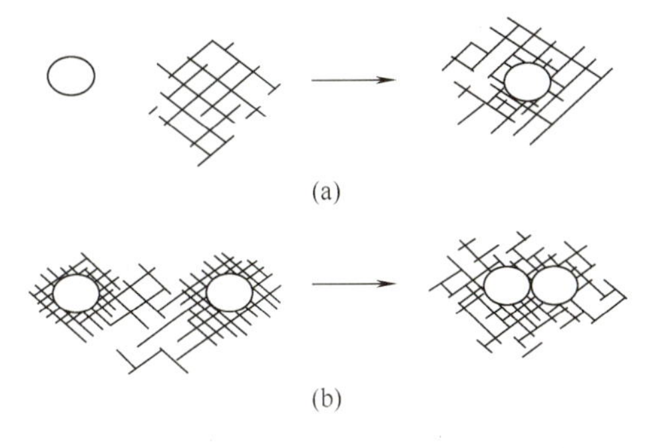

图 2-6　非极性物质与水相互作用示意图

非极性物质具有两种特殊的性质，一种是像上面介绍的与蛋白质分子产生的疏水相互作用，另一种是与水形成笼形水合物（clathrate hydrates）。笼形水合物就是水靠氢键键合形成像笼一样的结构，通过物理作用方式将非极性物质截留在笼中。通常被截留的物质称为“客体”，水为“宿主”。笼形水合物的“宿主”一般由 20 ～ 74 个水分子组成。“客体”是低分子量化合物，只有它们的形状和大小适合于笼的“宿主”才能被截留。典型的“客体”包括低分子量烃、稀有气体、短链的胺、烷基铵盐、卤烃、二氧化碳、二氧化硫、环氧乙烷、乙醇、硫、磷盐等。“宿主”水分子与“客体”分子的相互作用力一般是弱的范德华力，在某些情况下，也存在静电相互作用。此外，分子量大的“客体”如蛋白质、糖类、脂类和生物细胞内的其他物质也能与水形成笼形水合物，使水合物的凝固点降低。

笼形水合物的微结晶与冰的晶体很相似，但当形成大的晶体时，原来的四面体结构逐渐变成多面体结构。笼形水合物晶体在 0℃以上和适当压力下仍能保持稳定的晶体结构。生物物质中天然存在类似晶体的笼形水合物结构，对蛋白质等生物大分子的构象、反应及稳定等都有重要作用。

在水溶液中，溶质的疏水基团间的疏水相互作用是很重要的，因为大多数蛋白质分子中大约 40% 的氨基酸含有非极性基团，因此疏水基团相互聚集的程度很高，从而对蛋白质的构象及功能性都有影响。蛋白质在水溶液环境中尽管产生疏水相互作用，但球状蛋白质的非极性基团大约有 40% ～ 50% 仍然占据在蛋白质的表面，暴露在水中，暴露的疏水基团与邻近的水除了产生微弱的范德华力外，它们相互之间并无吸引力。从图 2-7 可看出疏水基团周围的水分子对正离子产生排斥，吸引负离子，这与许多蛋白质在等电点以上 pH 值时能结合某些负离子的实验结果一致。

蛋白质的非极性基团暴露在水中，这在热力学上是不利的，因而促使了疏水基团缔合或发生“疏水相互作用”，引起了蛋白质的折叠（图 2-8），体系总的效果（净结果）是一个熵增过程。疏水相互作用是蛋白质折叠的主要驱动力，同时也是维持蛋白质三级结构的重要因素。因此，水及水的结构在蛋白质结构中起着重要作用。疏水相互作用与温度有关，降低温度，疏水相互作用变弱，而氢键增强。

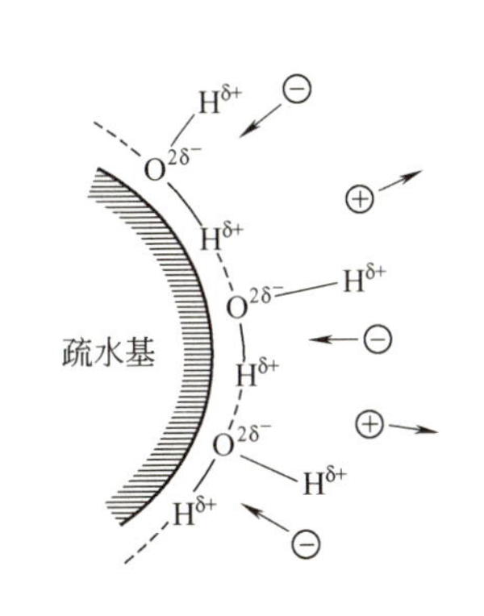

图 2-7　水在疏水表面的取向

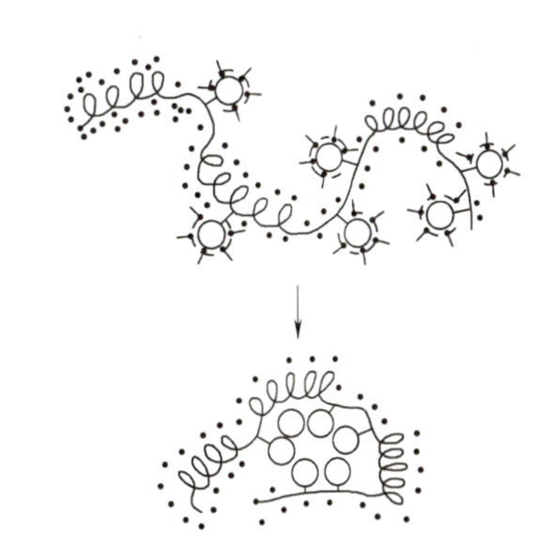
图 2-8　球状蛋白质的疏水相互作用

如图 2-8 所示，蛋白质的疏水基团受周围水分子的排斥而互相靠范德华力或疏水键结合得更加紧密，如果蛋白质暴露的非极性基团太多，就很容易聚集并产生沉淀。

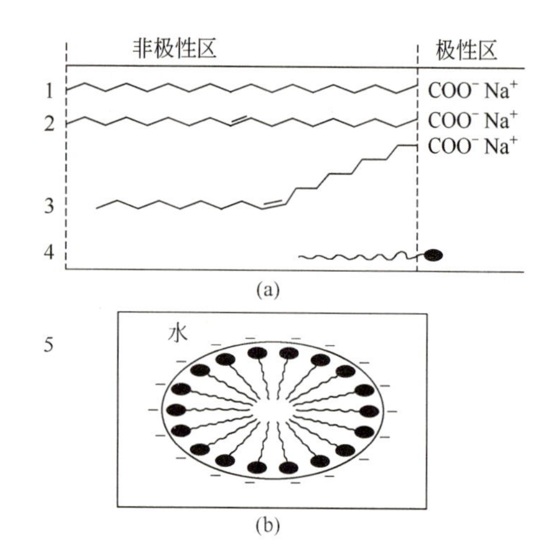

图 2-9 水与双亲分子作用示意图

1～3—双亲脂肪酸盐的各结构；4—双亲分子的一般结构；5—双亲分子在水中形成的胶团结构

2.2.1.4 水与双亲分子的相互作用

水也能作为双亲分子的分散介质。在食品体系中这些双亲分子是指脂肪酸盐、蛋白脂质、糖脂、极性脂类和核酸等。双亲分子的特征是在同一分子中同时存在亲水和疏水基团（图 2-9）。水与双亲分子亲水部位羧基、羟基、磷酸基、羰基或一些含氮基团的缔合导致双亲分子的表观“增溶”。双亲分子可在水中形成大分子聚合体，即胶团。参与形成胶团的双亲分子数有几百到几千（图 2-9）。从胶团结构示意图可知，双亲分子的非极性部分指向胶团的内部，而极性部分定向到水环境。

2.2.2 食品中水分存在状态

食品中存在着多种成分，水分与非水成分之间发生着多种理化作用，从而使食品中水分有着多种存在状态。一般可将食品中的水分为自由水（或称游离水、体相水）和结合水（或称束缚水、固定水）。

2.2.2.1 结合水

结合水（bound water） 通常是指存在于溶质或其他非水成分附近的、与溶质分子之间通过化学键结合的那部分水。根据结合水被结合的牢固程度，结合水可细分为以下形式：

（1）化合水（constitutional water） 是指那些结合最牢固的、构成非水物质组成的那些水。如化学水合物中的水。化合水也称结构水。

（2）邻近水（vicinal water） 是指在非水成分中亲水基团周围结合的第一层水。与离子或离子基团缔合的水是结合最紧密的邻近水。水与它们的结合力主要有水 - 离子和水 - 偶极缔合作用，其次是一些具有呈电离或离子状态的基团与水形成的水 - 溶质氢键力。邻近水也称单层水（monolayer water）。

（3）多层水（multilayer water） 是指位于上述的第一层的剩余位置的水和邻近水的外层形成的几个水层。多层水主要靠水 - 水和水 - 溶质间氢键而形成。尽管多层水不像邻近水那样牢固地结合，但仍然与非水组分结合得较为紧密，且性质也发生明显的变化，所以与纯水的性质也不相同。

因此，这里所指的结合水包括化合水和邻近水以及几乎全部多层水。由上可知，结合水通常是指存在于溶质或其他非水组分附近的那部分水，它与同一体系中的体相水比较，分子的运动减小，并且使水的其他性质明显地发生改变（表 2-4）。

表 2-4 食品中不同状态水的性质比较

项目	结合水	自由水
一般描述	存在于溶质或其他非水成分附近的那部分水，包括化合水、邻近水及几乎全部的多层水	距离非水成分位置最远，主要以水-水氢键存在
冰点（与纯水比较）	冰点下降至-40℃都不结冰	能结冰，冰点略有下降
溶解溶质的能力	无	有
平动运动（分子水平）与纯水比较	大大降低，甚至无	变化较小
蒸发焓（与纯水比较）	增大	基本无变化
在高水分食品（约90% H_2O）中占总水分含量的百分比	＜0.03～3	约96

2.2.2.2 自由水（free water）

自由水（游离水、体相水）是指那些没有被非水物质化学结合的水。主要是通过一些物理作用而滞留的水。根据这部分水在食品中物理作用方式可细分为以下形式：

（1）滞化水（entrapped water） 是指被组织中的显微和亚显微结构及膜所阻留的水。由于这部分水不能自由流动，所以称为滞化水或不移动水。

（2）毛细管水（capillary water） 是指生物组织的细胞间隙或食品的结构组织中所存在的一些毛细管，由于受到这些毛细管的物理作用的限制所滞留的水。这部分水与滞化水有相似的理化性质，如流动性降低、蒸气压下降等。

（3）自由流动水（free-to-flow water） 是指动物的血浆、植物的导管和细胞内液泡中的水。由于它可以自由流动，所以称为自由流动水。

上述对食品中水分的划分只是相对的。食品中常说的水分含量，一般是指在常压、100 ～ 105℃条件下恒重后受试食品的减少量。

水在食品中的存在状态取决于食品中的化学成分和这些成分的物理状态。水与非水成分的结合十分复杂，食品中水分存在状态的不同及含量的高低，对食品的结构、加工特性、稳定性等产生重要影响。这与食品中不同状态的水的性质有关（表 2-4）。

根据表 2-4 所述，食品中结合水和自由水的性质区别在于：①食品中结合水与非水成分缔合强度大，其蒸气压也比自由水的低得多，随着食品中非水成分的不同，结合水的量也不同，要想将结合水从食品中除去，需要的能量比除去自由水要多得多，且如果强行将结合水从食品中除去，食品的风味、质构等性质也将发生不可逆的改变。②结合水的冰点比自由水的低得多，这也是植物的种子及微生物孢子由于几乎不含自由水，可在较低温度生存的原因之一；而多汁的果蔬，由于自由水较多，所以冰点相对较高，易结冰破坏其组织。③结合水不能作为溶质的溶剂。④自由水能被微生物所利用，结合水则不能，所以自由水较多的食品易腐败。

概念检查 2.2

○ ①疏水水合作用；②自由水和结合水。

2.3 水分活度

不同种类的食品即使水分含量相同，其腐败变质的难易程度却存在着明显的差异，以含水量作为判断食品稳定性的指标是不可靠的。这是由于食品中各种非水成分与水氢键键合的能力不同，只有与非水成分牢固结合的水才不可能被食品中的微生物生长和化学水解反应所利用，于是人们提出了水分活度这一概念。

2.3.1 水分活度的定义

水分活度（water activity a_w）是指水与各种非水成分缔合的强度，是食品中可“使用”的水，是水的自由程度的度量。a_w 比水分含量能更可靠地预示食品的稳定性、安全性和其他性质。a_w 的定义可用下式表示：

$$a_w = \frac{p}{p_0} = \frac{\mathrm{ERH}}{100} \tag{2-1}$$

式中，p 为某食品在密闭容器中达到平衡状态时的水蒸气分压；p_0 为在同一温度下纯水的饱和蒸气压；ERH（equilibrium relative humidity）是食品样品周围的空气平衡相对湿度。

严格地说，式（2-1）仅适用于理想溶液和热力学平衡体系。然而，食品体系一般与理想溶液和热力学平衡体系是有一定差别的，因此式（2-1）应看为一个近似值，更确切的表示是 $a_w \approx p/p_0$。由于 p/p_0 项是可以测定的，所以常测定 p/p_0 值来近似表示 a_w（如相对湿度传感器测定方法：将已知含水量的样品置于恒温密闭的小容器中，使其达到平衡，然后用电子或湿度测量仪测定样品和环境空气平衡的相对湿度，即可得到 a_w）。一般说来，物质溶于水后，该溶液的蒸气压总要低于纯水的蒸气压，所以食品中的 a_w 值总在 0 ～ 1 之间。

2.3.2 水分活度与温度的关系

相同的 a_w 在不同的温度下测定，其结果不同。因此，测定样品 a_w 时，必须标明温度。克劳修斯 - 克拉伯龙（Clausius-Clapeyron）方程，精确地表示了 a_w 与热力学温度的关系。

$$\frac{\mathrm{d}\ln a_w}{\mathrm{d}(1/T)} = \frac{-\Delta H}{R} \tag{2-2}$$

式中，T 为热力学温度；R 为气体常数；ΔH 为样品中水分的等量净吸着热。

式（2-2）经过整理，可推出式（2-3）方程。

$$\ln a_w = -\kappa(\Delta H / R)(1/T) \tag{2-3}$$

式中，a_w、R 和 T 的意义同式（2-2）；ΔH 则为纯水的汽化潜热（40.5372 kJ/mol）；κ 的意义可由下式表示：

$$\kappa = \frac{\text{样品的热力学温度} - \text{纯水的蒸气压为}p\text{时的热力学温度}}{\text{纯水的蒸气压为}p\text{时的热力学温度}}$$

显然，以 $\ln a_w$ 对 $1/T$ 作图（当水分含量一定时）应该是一条直线。也就说水分含量一定时，在一定的温度范围内，a_w 随着温度升高而增加（图 2-10）。a_w 起始值为 0.5 时，在 2 ～ 40℃范围内，温度系数为 0.0034 /℃。一般说来，温度每变化 10℃，变化值约在 0.03 ～ 0.2 范围内改变。

当温度范围较大时，以 $\ln a_w$ 对 $1/T$ 作图并非始终是一条直线，当温度下降到开始结冰时，曲线一般会出现断点（图 2-11），因此在冰点温度以下时的食品 a_w 按下式定义：

$$a_w = \frac{p_{\mathrm{ff}}}{p_{0(\mathrm{SCW})}} = \frac{p_{\mathrm{ice}}}{p_{0(\mathrm{SCW})}} \tag{2-4}$$

式中，p_{ff} 为未完全冷冻的食品中水的蒸气分压；$p_{0(\mathrm{SCW})}$ 为过冷的纯水的蒸气压；p_{ice} 为纯冰的蒸气压。

p_0 之所以用过冷纯水的蒸气压来表示，是因为如果用冰的蒸气压，那么含有冰晶的样品在冰点温度以下时是没有意义的，因为在冰点温度以下时，所有样品的 a_w 随温度变化的差都是相同的。另外，冷冻食品中水的蒸气压与同一温度下冰的蒸气压相等（过冷纯水的蒸气压是在温度降低至 -15℃时测定的，而测定冰的蒸气压，温度比前者要低得多）。

图 2-11 所示为 a_w 的对数值对 $1/T$ 作图所得的关系图。图中说明：①在低于冰点温度时也是线性关系；②温度对 a_w 的影响在低于冰点温度时远比在高于冰点温度以上时要大得多；③样品在冰点时，图中直线出现明显的折断。

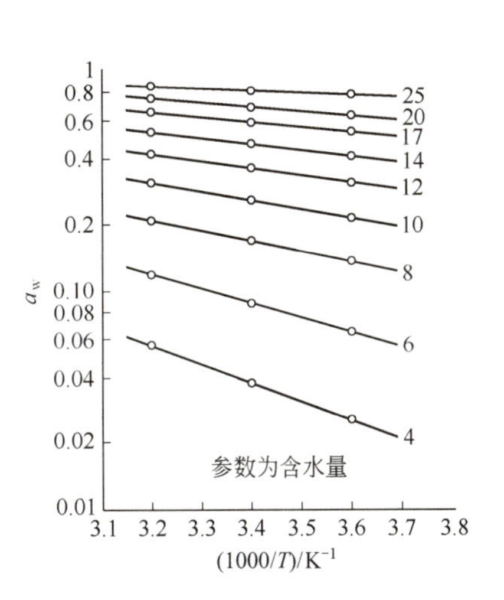

图 2-10　马铃薯淀粉的水分活度和温度的克劳修斯－克拉伯龙关系

图中 4，6，8，…，25 表示干淀粉中含水量

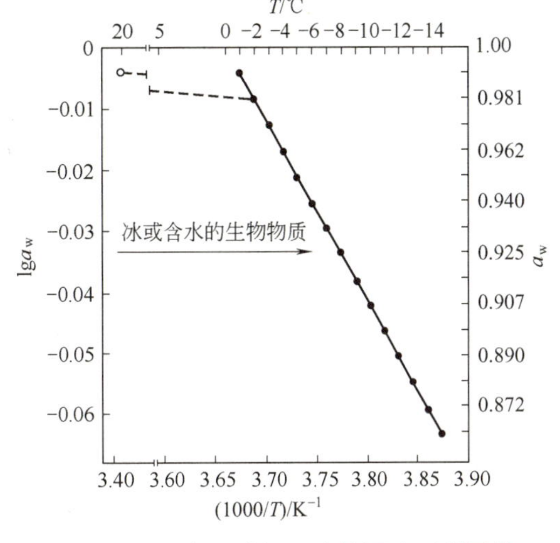

图 2-11　高于或低于冻结温度时样品的水分活度和温度之间的关系

在比较冰点以上和冰点以下温度的 a_w 时，应注意以下两点：①在冰点温度以上，a_w 是样品成分和温度的函数，成分是影响 a_w 的主要因素。但在冰点温度以下时，a_w 与样品中的成分无关，只取决于温度，也就是说在有冰相存在时，a_w 不受体系中所含溶质种类和比例的影响。因此，不能根据 a_w 值来准确地预测在食品冰点以下温度时的体系中溶质的种类及其含量对体系变化所产生的影响。所以，在低于冰点温度时用 a_w 值作为食品体系中可能发生的物理化学和生理变化的指标，远不如在高于冰点温度时更有应用价值。②食品冰点温度以上和冰点以下时的 a_w 值的大小对食品稳定性的影响是不同的。例如，一种食品在 −15℃和 a_w0.86 时，微生物不生长，化学反应进行缓慢，但在 20℃，a_w0.86 时，则出现相反的情况，有些化学反应将迅速地进行，某些微生物也能生长。因此，即使对于同一种食品，不能根据低于食品冰点温度时的 a_w 来预测冰点以上同一 a_w 的食品稳定性。

概念检查 2.3

○ 水分活度。

2.4　水分吸着等温线

2.4.1　定义和区间

（1）水分吸着等温线（moisture sorption isotherms，MSI）的定义　在恒温条件下，食品的含水量（用

每单位干物质质量中水的质量表示）与 a_w 的关系曲线。了解 MSI 在食品工业有重要意义：①在浓缩和干燥过程中样品脱水的难易程度与 a_w 有关；②配制混合食品必须避免水分在配料之间的转移；③测定包装材料的阻湿性的必要性；④了解水分含量与微生物生长的关系；⑤预测食品的化学和物理稳定性与水分含量的关系。

图 2-12 是高水分含量食品的水分 MSI。从图 2-12 可知在食品中含水量 >10% 时，a_w 的微小改变，水含量有较大变化。而低水分含量时，含水量的微小改变，其 a_w 的变化就不能十分详细地表示出来。为此，扩大低水分含量范围，就得到如图 2-13 所示的更实用的 MSI 示意图。不同物质的 MSI 具有不同的形状，图 2-14 表示具有不同形状等温线的物质的真实水分吸着等温线。由图 2-14 可知，并不是所有物质都呈现如图 2-13 那样的“S”形。一般说来，大多数食品的等温线呈 S 形，而水果、糖制品、含有大量糖和其他可溶性小分子的咖啡提取物以及多聚物含量不高的食品的等温线为 J 形（图 2-14 曲线 1）。

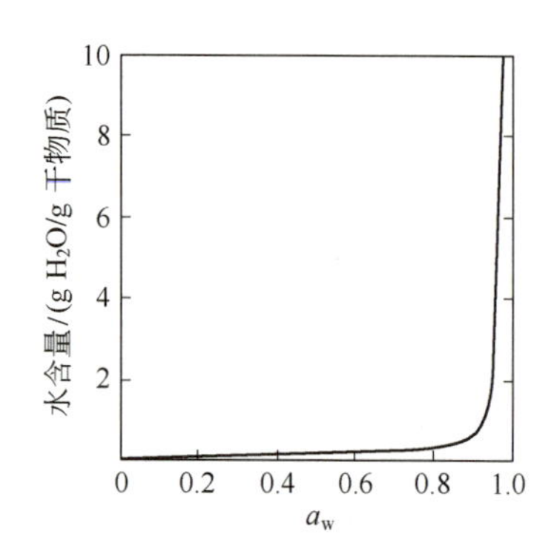

图 2-12　高水分含量范围食品的水分吸着等温线

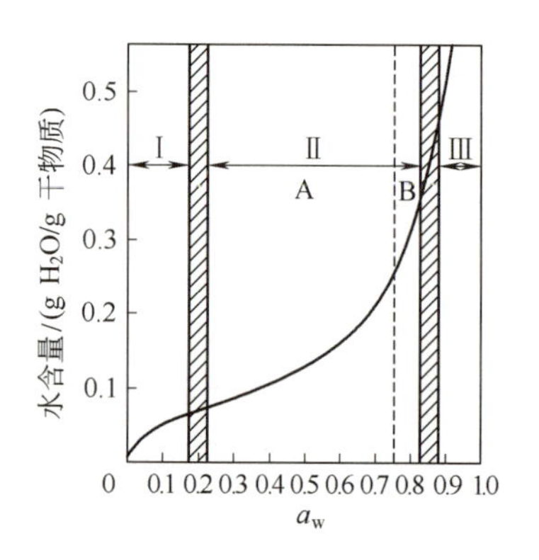

图 2-13　低水分含量范围食品的水分吸着等温线

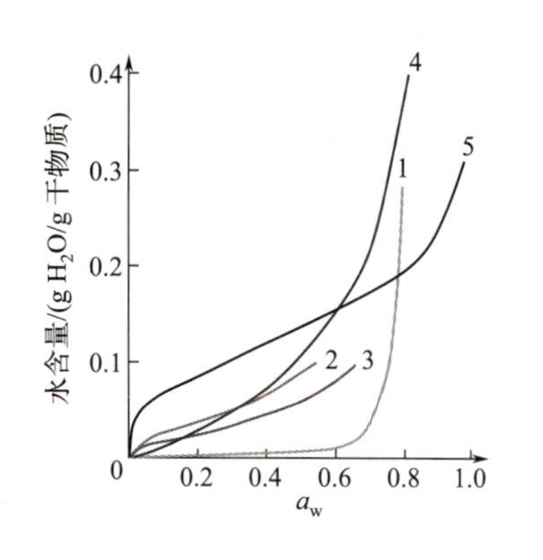

图 2-14　食品和生物粉末的真实水分吸着等温线

1—糖果（主要成分为粉末状蔗糖）；2—喷雾干燥的菊苣根提取物；3—焙烤后的咖啡；4—猪胰脏提取物粉末；5—天然稻米粉（1 为 40℃ 时样品的 MSI 曲线，其余的均为 20℃ 时样品的 MSI 曲线）

为了深入理解 a_w 与水分含量的关系，可将图 2-13 中的曲线分成三个区间。每个区间水的主要特性如下：

在区间Ⅰ中的水，是食品中吸附最牢固和最不容易移动的水。这部分水靠水 - 离子或水 - 偶极相互作用吸附在极性部位，它在 -40℃时不结冰，没有溶解溶质的能力，对食品的固形物不产生增塑效应，相当于固形物的组成部分。

在区间Ⅰ的高水分末端（区间Ⅰ和区间Ⅱ的分界线）位置的这部分水相当于食品的“BET 单分子层”水含量。目前对分子水平 BET 的单分子层的确切含义还不完全了解，最恰当的解释是把单分子层值看成是在干物质可接近的强极性基团周围形成 1 个单分子层所需水的近似量。对于淀粉，此量相当于每个脱水葡萄糖残基结合 1 个 H_2O 分子。在高水分食品中，属于区间Ⅰ的水只占高水分食品中总水量的很小一部分。

区间Ⅱ的水占据固形物表面第一层的剩余位置和亲水基团周围的另外几层位置，形成了多分子层结合水，主要靠水 - 水和水 - 溶质的氢键键合作用与邻近的分子缔合，同时还包括直径 < 1μm 的毛细管中的水。

区间Ⅱ的 a_w 在 0.25 ～ 0.8 之间，在区间Ⅱ的低 a_w 区与区间Ⅱ的高 a_w 区的水分性质是有区别的。区间Ⅱ这部分水的流动性比体相水稍差，其蒸发焓比纯水大，这种水大部分在 -40℃时不能结冰。区间Ⅱ的高 a_w 的水开始有溶解作用，并且具有增塑和促进基质溶胀的作用，此部分水可引起体系中反应物移动，使某些反应速率加快。

区间Ⅲ范围内增加的水是食品中结合最不牢固和最容易流动的水，一般称为体相水，a_w 在 0.8 ～ 0.99。在凝胶和细胞体系中，因为体相水以物理方式被截留，所以宏观流动性受到阻碍，与稀盐溶液中水的性质相似。区间Ⅲ的水，蒸发焓基本上与纯水相同，可结冰，可作为溶剂，参与化学反应和微生物生长。

虽然等温线可划分为三个区间，但还不能准确地确定区间的分界线，而且除化合水外，等温线每一个区间内和区间与区间之间的水都能发生交换。另外，向干燥物质中增加水虽然能够稍微改变原来所含水的性质，即基质的溶胀和溶解过程，但是当等温线的区间Ⅱ增加水时，区间Ⅰ水的性质几乎保持不变。同样，在区间Ⅲ内增加水，区间Ⅱ水的性质也几乎保持不变。食品中结合得最不牢固的那部分水与食品的稳定性有更为密切的关系。

（2）单分子层水（BET）的概念　1938 年 Brunauer、Emett 及 Teller 提出了单分子层吸附理论，简称 BET 概念。固体表面吸附一层气体分子后，由于气体本身的范德华引力，还可以继续发生多分子层吸附。由于第一层吸附的是气体分子和固体表面的直接作用，从第二层起的以后各层中被吸附气体同各种分子之间的相互作用，因为它们吸附的本质不同，第一层的吸附热和以后各层的吸附热也不一样。

用食品的单分子层水的值可以准确地预测干燥产品最大稳定性时的含水量，因此，它具有很大的实用意义。利用吸着等温线数据按布仑奥尔（Brunauer）等人提出的下述方程可以计算出食品的单分子层水值。

$$\frac{a_w}{m(1-a_w)}=\frac{1}{m_1c}+\frac{c-1}{m_1c}\times a_w$$

式中，a_w 为水分活度；m 为水含量，gH_2O/g 干物质；m_1 为单分子层水值；c 为常数。

根据此方程，显然以 $a_w/[m(1-a_w)]$ 对 a_w 作图应得到一条直线，称为 BET 直线。图 2-15 表示马铃薯淀粉的 BET 直线。在 a_w 值大于 0.35 时，线性关系开始出现偏差。

单分子层水值可按下式计算：

$$单分子层水值(m_1)=\frac{1}{(Y截距)+斜率}$$

根据图 2-15 查得，Y 截距为 0.6，斜率等于 10.7，于是可求出（在这个例子中，单分子层水值对应的 a_w 为 0.2）：

$$m_1=\frac{1}{0.6+10.7}=0.088g\ H_2O/g\ 干物质$$

（3）等温线的制作方法　对于高水分食品，可通过测定脱水过程中水分含量与 a_w 的关系，制作解吸等温线；对于低水分食品，可通过向干燥的样品中逐渐加水，然后测定加水过程中水分含量与 a_w 的关系，制作回吸等温线。同一样品，不同的制作方法，其等温线形状有所不同。因此，等温线形状除与试样的组成、物理结构、预处理、温度有关外，还与制作方法等因素有关。

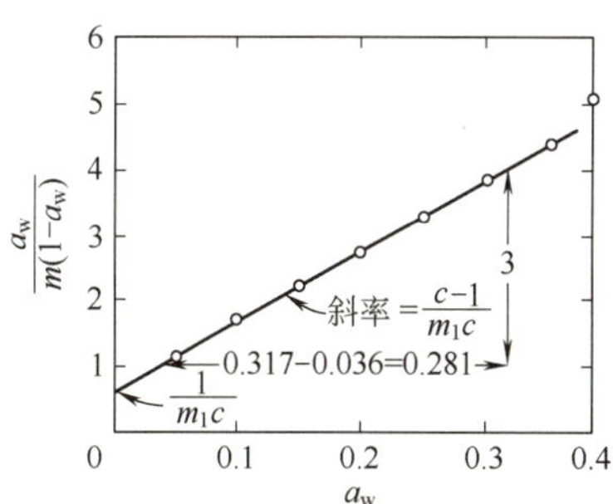

图 2-15　马铃薯淀粉的 BET 直线

（回吸数据，20℃）

2.4.2 水分吸着等温线与温度的关系

温度对水分吸着等温线也有重要影响。在一定的水分含量时，a_w 随温度的上升而增大。由此，MSI 的图形也随温度的上升向高 a_w 方向迁移（图 2-16）。

2.4.3 滞后现象

MSI 的制作有两种方法，即回吸（resorption）法和解吸（desorption）法。同一种食品按这两种方法制作的 MSI 图形并不一致，不互相重叠。这种现象称为滞后现象（hysteresis）（图 2-17）。

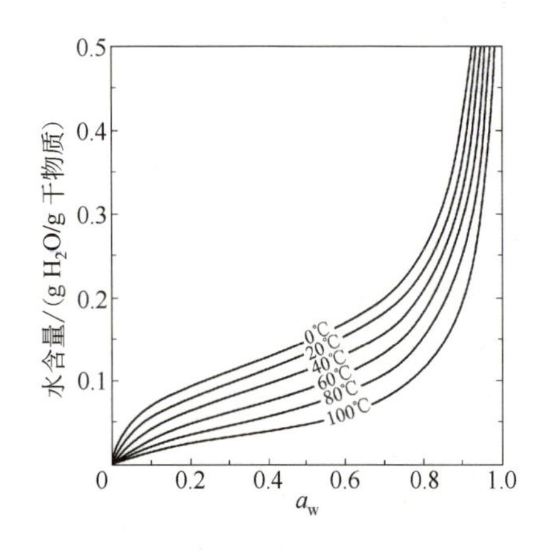

图 2-16　马铃薯在不同温度下的水分解吸等温线

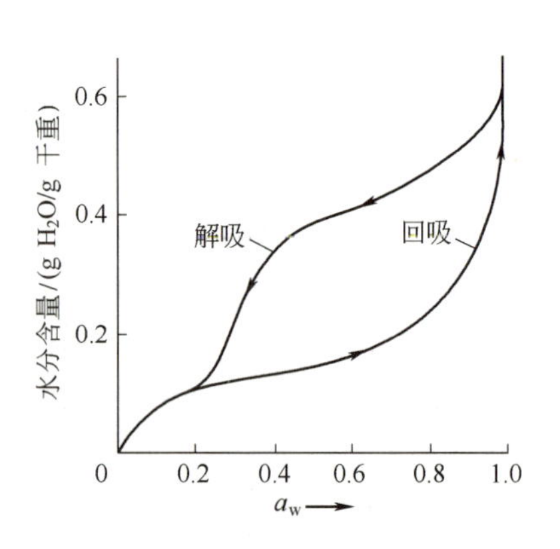

图 2-17　一种食品的 MSI 滞后现象示意图

图 2-17 表明，在一指定的 a_w 时，解吸过程中试样的水分含量大于回吸过程中的水分含量，这就是滞后现象的结果。造成滞后现象的原因主要有：①解吸过程中一些水分与非水成分结合紧密而无法放出水分。②不规则形状产生毛细管现象的部位，欲填满或抽空水分需不同的蒸气压（要抽出需 $p_内 > p_外$，要填满则需 $p_外 > p_内$）。③解吸作用时，因组织改变，当再吸水时无法紧密结合水，由此可导致回吸相同水分含量时处于较高的 a_w。也就是说，在给定的水分含量时，回吸的样品比解吸的样品有更高的 a_w 值。④温度、解吸的速度和程度及食品类型等都影响滞后环的形状。

由造成滞后现象产生的原因可知，食品种类不同，其组成成分也不同，滞后作用的大小、曲线的形状和滞后曲线（hysteresis loop）的起始点和终止点都会不同。对于高糖 - 高果胶食品，如空气干燥的苹果片［图 2-18（a）］，滞后现象主要出现在单分子层水区域，a_w 超过 0.65 时就不存在滞后现象。对于高蛋白质食品，如冷冻干燥的熟猪肉［图 2-18（b）］，在 a_w 低于 0.85 后一直存在滞后现象。对于高淀粉质食品，如干燥的大米［图 2-18（c）］，存在一个较大的滞后环现象。

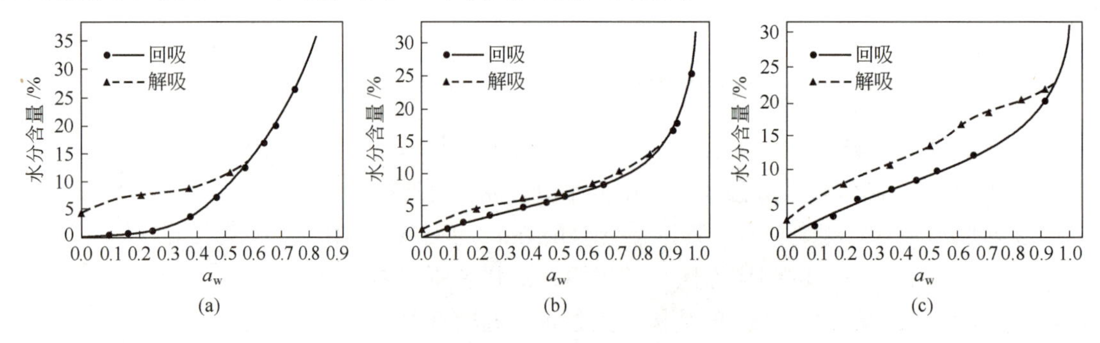

图 2-18　不同食品的 MSI 滞后现象示意图

（a）空气干燥的苹果片；（b）冷冻干燥的熟猪肉；（c）干燥的大米

○ 水分吸着等温线。

2.5　水分活度与食品稳定性

用 a_w 比用水分含量能更好地反映食品稳定性，其原因与下列因素有关：① a_w 与微生物生长有更为密切的关系（表 2-5）。② a_w 与引起食品品质下降的诸多化学反应、酶促反应及质构变化有高度的相关性（图 2-19）。③用 a_w 比用水分含量更清楚地表示水分在不同区域移动情况。④从 MSI 图中所示的单分子层水的 a_w（0.20 ～ 0.30）所对应的水分含量是干燥食品的最佳要求。⑤另外，a_w 比水分含量易测，且又不破坏试样。

2.5.1　食品中水分活度与微生物生长的关系

表 2-5 表明了适合于各种普通微生物生长的 a_w 范围。从表 2-5 可知，细菌生长需要的 a_w 较高，而霉菌需要的 a_w 较低。在 a_w 低于 0.5 后，所有的微生物都不能生长。

表 2-5　食品中 a_w 与微生物生长的关系

a_w范围	一般能抑制的微生物	在a_w范围的食品
1.00～0.95	假单胞菌属、埃希氏杆菌属、变形杆菌属、志贺氏杆菌属、芽孢杆菌属、克雷伯氏菌属、梭菌属、产生荚膜杆菌、几种酵母菌	极易腐败的新鲜食品、水果、蔬菜、肉、鱼和乳制品罐头、熟香肠和面包。含约40%（质量分数）的蔗糖或7%NaCl的食品
0.95～0.91	沙门氏菌属、副溶血弧菌、肉毒杆菌、沙雷氏菌属、乳杆菌属、足球菌属、几种霉菌、酵母（红酵母属、毕赤酵母属）	奶酪、咸肉和火腿、某些浓缩果汁、蔗糖含量为55%（质量分数）或含12%NaCl的食品
0.91～0.87	许多酵母菌（假丝酵母、汉逊氏酵母属、球拟酵母属）、微球菌属	发酵香肠、蛋糕、干奶酪、人造黄油及含65%蔗糖（质量分数）或15%NaCl的食品
0.87～0.80	大多数霉菌（产霉菌毒素的青霉菌）、金黄色葡萄球菌、德巴利氏酵母	大多数果汁浓缩物、甜冻乳、巧克力糖、枫糖浆、果汁糖浆、面粉、大米、含15%～17%水分的豆类、水果糕点、火腿、软糖
0.80～0.75	大多数嗜盐杆菌、产霉菌毒素的曲霉菌	果酱、马茉兰、橘子果酱、杏仁软糖、果汁软糖
0.75～0.65	嗜干性霉菌、双孢子酵母	含10%水分的燕麦片、牛轧糖块、勿奇糖（一种软质奶糖）、果冻、棉花糖、糖蜜、某些干果、坚果、蔗糖
0.65～0.60	嗜高渗酵母、几种霉菌（二孢红曲霉）	含水15%～20%的干果，某些太妃糖和焦糖、蜂蜜
0.50	微生物不繁殖	含水分约12%的面条和水分含量约10%的调味品
0.40	微生物不繁殖	水分含量约5%的全蛋粉
0.30	微生物不繁殖	含水量为3%～5%的甜饼、脆点心和面包屑
0.20	微生物不繁殖	水分为2%～3%的全脂奶粉、含水分5%的脱水蔬菜、含水约5%的玉米花、脆点心、烤饼

2.5.2　食品中水分活度与化学及酶促反应关系

a_w 与化学及酶促反应的关系较为复杂。这是由于食品中水分有多种途径参与它们的反应：其一是水分不仅参与其反应，而且由于伴随水分的移动促使各反应的进行；其二是通过与极性基团及离子基团的水合作用影响它们的反应；其三是通过与生物大分子的水合作用和溶胀作用，使其暴露出新的作用位点。高含量的水，由于稀释作用可减慢反应。

2.5.3 食品中水分活度与脂质氧化的关系

图 2-19（c）表示了脂类非酶氧化与 a_w 之间的相互关系。从等温线的左端开始加入水至 BET 单分子层，脂类氧化速率随着 a_w 值的增加而降低，若进一步增加水，直至 a_w 值达到接近区间Ⅱ和区间Ⅲ分界线时，氧化速率逐渐增大。一般脂类氧化的速率最低点在 a_w = 0.35 左右。

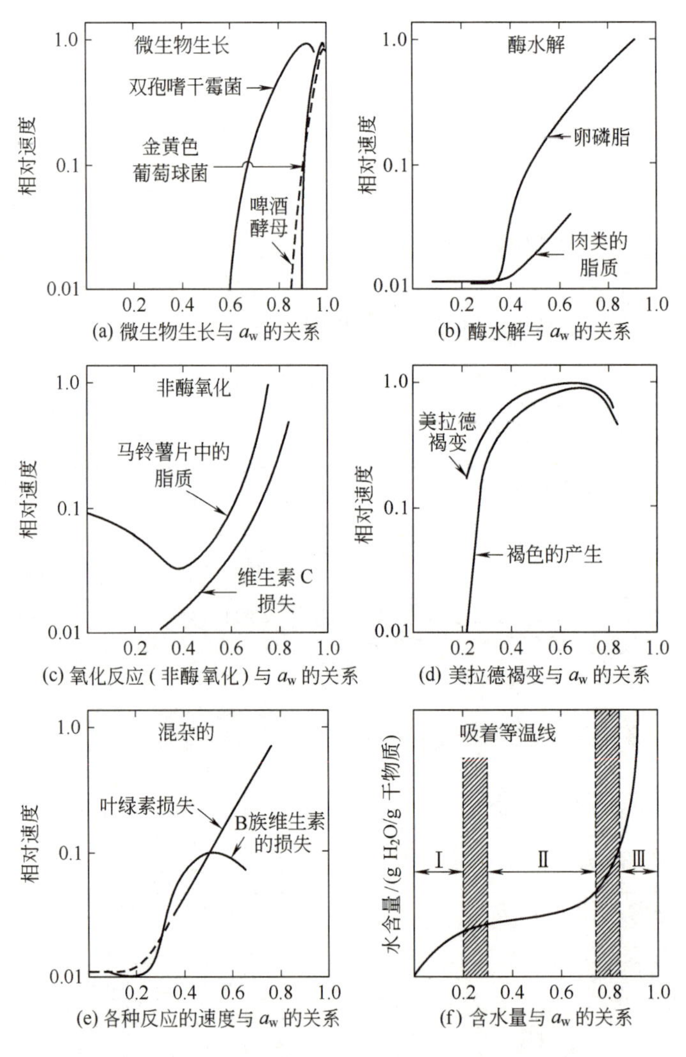

图 2-19 a_w、食品稳定性和吸着等温线之间的关系

食品水分对脂质氧化既有促进作用，又有抑制作用。当食品中水分处在 BET（a_w = 0.35 左右）时，可抑制氧化作用，原因可能主要有以下方面：其一是覆盖了可氧化的部位，阻止它与氧的接触；其二是与金属离子的水合作用，消除了由金属离子引发的氧化作用；其三是与氢过氧化物的氢键结合，抑制了由此引发的氧化作用；其四是促进了自由基间相互结合，由此抑制了自由基在脂质氧化中链式反应。

当食品中 a_w 大于0.35后，水分对脂质氧化的促进作用可能原因有：其一是水分的溶剂化作用，使反应物和产物便于移动，有利于氧化作用的进行；其二是水分对生物大分子的溶胀作用，暴露出新的氧化部位，有利于氧化的进行。

2.5.4 食品中水分活度与美拉德褐变的关系

食品中 a_w 与美拉德褐变的关系表现出一种钟形曲线形状（图2-20）。当食品中 a_w = 0.3～0.7时，多数食品就会发生美拉德褐变反应。造成食品中 a_w 与美拉德褐变的钟形曲线关系的主要原因可能有：虽然高于BET的 a_w 以后美拉德褐变就可进行，但 a_w 较低时，水多呈水-水和水-溶质的氢键键合作用与邻近的分子缔合作用，不利于反应物和反应产物的移动，限制了美拉德褐变的进行。随着的 a_w 增大，有利于反应物和反应产物的移动，美拉德褐变增大至最高点。但 a_w 继续增大，反应物被稀释，美拉德褐变下降。

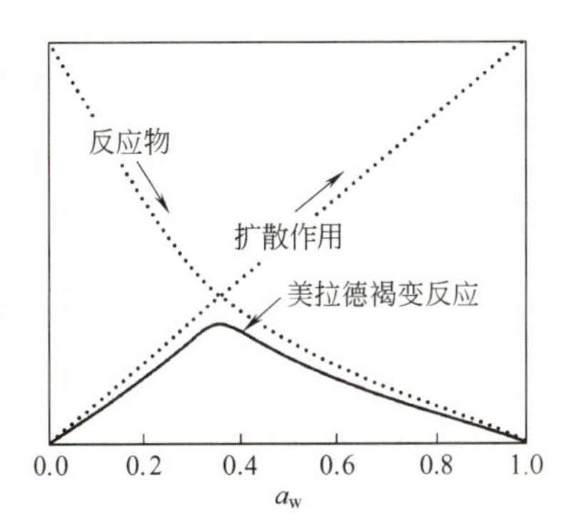

图2-20 食品中 a_w 与美拉德褐变的关系示意图

a_w 值除影响化学反应和微生物生长外，对食品的质构也有重要影响。例如保持饼干、膨化玉米花和油炸马铃薯片的脆性，防止砂糖、奶粉和速溶咖啡结块，以及硬糖果、蜜饯等黏结，均应保持适当低的 a_w 值。干燥物质保持需宜特性的允许最大 a_w 范围为0.35～0.5。反之，对于生鲜的果蔬，则需要较大 a_w 值。

概念检查 2.5

○ ①水分活度与微生物的关系；②水分活度与脂质氧化的关系。

2.6 冰对食品体系的影响

在水结冰的过程中以及完全结冰后，水的存在形态、溶解性、密度等性质均产生巨大的变化，这些变化直接作用于食品体系中，对食品体系的影响是巨大的。

2.6.1 冷冻浓缩

溶液在冰点以下时，水以冰的形式结晶析出，使得溶液中的液体水含量降低，而此时溶质仍留存在溶液中，浓度增加，即溶液被浓缩。在图2-21所示烧杯中，假设每个圆点代表1mol溶质，由于图中共5个圆点，则溶液中溶质含量为5mol；每个“H_2O”代表1L水，冷冻前烧杯中共10个“H_2O”，可理

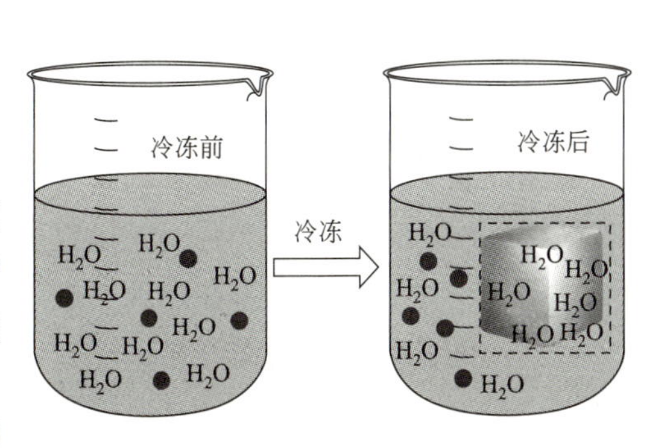

图2-21 冷冻浓缩原理示意图

解为 10L 水，则冷冻前烧杯中溶液的浓度为 5mol 溶质 /10L 水 =0.5mol/L。将溶液缓慢冷冻后，一部分水分子形成冰，以固体形式从溶液中析出，假设此过程中有 6 个“H_2O”以纯冰的形式析出，则溶液中的“H_2O”还剩 4 个，代表还剩 4L 水（忽略温度变化导致的水体积变化）。从图 2-21 可知，冷冻后，剩余溶液的浓度为 5mol 溶质 / 4L 水 =1.25mol/L。可见，冷冻后剩余液体中溶质被浓缩。

冷冻浓缩是食品冷冻过程中常见的现象，最直接结果是溶质的浓度增加，对食品有着很大的影响。例如，某些生鲜食品体系中的酶促反应在冷冻过程中的某个时段速率会大幅上升，这是由于冷冻过程中产生的冷冻浓缩现象，导致被冷冻食品体系中的酶和底物的浓度均升高，因此反应速率提升。冷冻浓缩也可能导致食品中各个组分的分布不均匀。比如经过浓缩后，食品中某些位点会有大量高浓度的溶质，味道浓重，而析出的冰晶仅是水分子没有溶质，这些冰晶没有味道，这一过程会导致调味食品的味道失衡。

降温速度是最直接影响冷冻浓缩程度的加工因素。一般来说，降温速度越快，则冷冻浓缩越被抑制，对食品的均一性的破坏就越小。这也是冷冻食品主要采用“速冻”而不采用“缓冻”的原因之一。

另一方面，冷冻浓缩在食品工业中也有积极的一面，这集中体现在低温浓缩过程对溶质的保护作用，尤其是对液体食品体系。其一，食品体系中有时存在一些热不稳定关键成分（如营养成分、风味成分），这一体系如果加热浓缩则会导致这些热不稳定成分的分解变质，造成食品品质的下降，冷冻浓缩由于发生在低温，会大大提升这些热不稳定物质在浓缩过程中的稳定性。其二，食品的风味往往由一些易挥发的小分子物质产生，这些物质在加热浓缩或减压浓缩过程中，会快速从食品体系中逸出，导致风味的改变。冷冻浓缩条件下温度低，且不需要减压，很大程度上保留了这些易挥发的组分。例如丁中祥发现，经冷冻浓缩的苹果汁中维生素 C 和乙酸丁酯的保留率均在 90% 以上，而蒸发浓缩的苹果汁的维生素 C 保留率为 84.5%，乙酸丁酯保留率仅为 43.9%，可见，冷冻浓缩的苹果汁在营养和香气成分方面，均优于蒸发浓缩。

2.6.2 体积变化

在 0℃时，水的密度大约为 1.00g/mL，而冰的密度约为 0.92g/mL。因此，同质量的水结冰后体积是结冰前的 1.00/0.92 ≈ 1.09 倍。这一体积变化就要求一些需要冷冻的食品在包装时必须预留至少 9% 的包装体积，以应对水结冰后的体积增幅，否则将会发生包装容器破裂现象。

2.6.3 冰的刚性

冰有一定刚性，水结冰后对食品体系的宏观及微观结构均产生一定影响。例如，在水果冷冻后，再经解冻常会发生质构强度下降、汁液外溢的情况。这是由于冷冻后植物细胞内的水结冰产生冰晶。刚性冰晶长大过程中将植物细胞膜、细胞壁刺破，破坏了其微观结构。当冷冻水果解冻后，由于其微观结构已经被破坏，在宏观上就展现出软烂、塌陷的质构缺陷。同时，由于细胞完整性被破坏，内部液体外流，导致解冻水果在宏观上展示出汁液外流的现象。此外，在肉类的冷冻贮藏过程中，冰晶的产生会切断其周围的肌肉纤维，导致肌肉组织的完整性下降，这也是冻肉的咀嚼性较鲜肉更低的原因之一。

2.6.4 冰的升华与冷冻干燥

在温度与水蒸气分压（相对湿度）适合的条件下，冰可以发生升华现象，直接转化为水蒸气。在冷冻食品贮藏过程中，升华现象会导致冷冻食品脱水变干，例如，在冰箱中久冻的鱼、肉表面会变得干燥。为了防止或延缓鱼、肉中的水分在冷冻贮藏过程中的升华，在冷冻前，常采用磷酸盐类保水剂浸泡食品。

另一方面，利用冰的升华现象，可以实现在低温下使食品干燥，这一技术即为冷冻干燥（freeze-drying 或 lyophilization）。目前已经成功工业化的冷冻干燥设备均采用真空冻干的方式来提升干燥效率。Phing 等人研究了包括冻干在内的 5 种常见干燥方法对沙柑（*Citrus nobilis*）中维生素 C 和总类胡萝卜素这两种热敏性营养成分的影响，发现以冻干法制备的沙柑果粉中的上述二种营养素的含量均高于其他干燥方法（表 2-6）。

表 2-6 不同方式干燥的沙柑果粉中维生素 C 及总类胡萝卜素的含量　　单位：mg/g

项目	干燥前	喷雾干燥	冷冻干燥	鼓式干燥	真空烘箱干燥	对流式烘箱干燥
维生素C	37.42	15.03	28.31	13.72	18.1	24.36
总类胡萝卜素	122.83	40.08	91.32	36.9	67.41	79.7

概念检查 2.6

○ ①冷冻浓缩；②冰的升华现象及利用。

2.7 玻璃态相转变与食品稳定性

2.7.1 玻璃态

玻璃态是混合物在较低的温度下（小于玻璃态相变温度 T_g），分子热运动的能量很低，只有较小的运动单元，导致混合物内部各个组分均匀混合，各个组分均不结晶的一种状态。这一状态与玻璃的存在状态极为相似，因此被称为玻璃态。玻璃态有以下特点：①玻璃态物质的分子的热运动能量极低，各种化学反应受到抑制，这与晶体相似。但是，玻璃态下物质分子呈无序排列（无定形态），各个组分高度混合，任何一个组分都不结晶，也没有特定的晶型，这一性质又与液体相似（图 2-22）。②玻璃态展现出诸多固体的特性，如有相对固定的形状，有一定机械强度。例如，食品中常见的硬糖，就是由水分子、多种糖分子、风味分子等组分组成的一个玻璃态的食品，硬糖有较高的硬度和一定的脆碎度，但里面的组分均呈无定形态，均不结晶。

物质由液态结晶转为晶体（固态）后，分子由高度无序的状态，变为分子整齐排列的有序状态。结晶过程需要一定时间，因此当温度缓慢降低时，液体中的分子有足够的时间形成晶格，进行有序排列，最终形成晶体；如果降温速度过快，分子尚未能形成结晶时，分子热运动的动能就已经不足以支持其形成稳定的排列，此时分子被“冻在原地”，形成玻璃态。玻璃态的物质其黏度非常大（$>10^{12}$ Pa·s），分子的流动性很低，导致分子向周围扩散的速率几乎为零，因此玻璃态下化学反应受到极大的抑制。但是，玻璃态下的分子排列尚未优化，其自由能高于晶体。因此，从热力学角度分析，物质的玻璃态是一个亚稳定状态，有自发结晶，形成更稳定的晶体的倾向，只是速率非常低。此外，物质在玻璃态下没有明确的熔点。

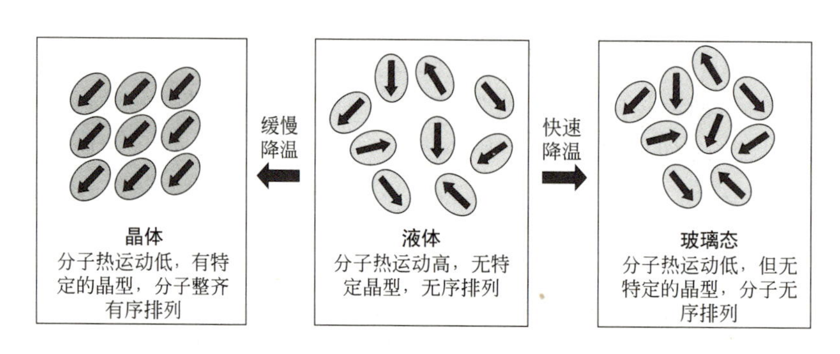

图 2-22 晶体（固体）、液体、玻璃态的结构特点

2.7.2 玻璃态相变温度

物质（或混合物）转变为玻璃态的临界温度，称为玻璃态相变温度（T_g），当温度快速降低到 T_g 以下时，液体将转化为玻璃态。影响 T_g 的因素有很多，但在食品体系中，主要影响因素包括水分含量和溶质的分子量。

2.7.2.1 水分含量对 T_g 的影响

水的 T_g 极低，为 -135℃，水分可看作一种强力增塑剂。一方面，水的分子量比较小，活动比较容易，可以很方便地提供分子链段活动所需的空间，从而使体系 T_g 降低；另一方面，当成分与水相溶后，水可以与其他成分的分子上的极性基团相互作用，减小其本身分子内外的氢键作用，使其刚性降低而柔性增强，表现 T_g 的降低。通常添加 1% 水能使 T_g 降低 5℃～10℃。

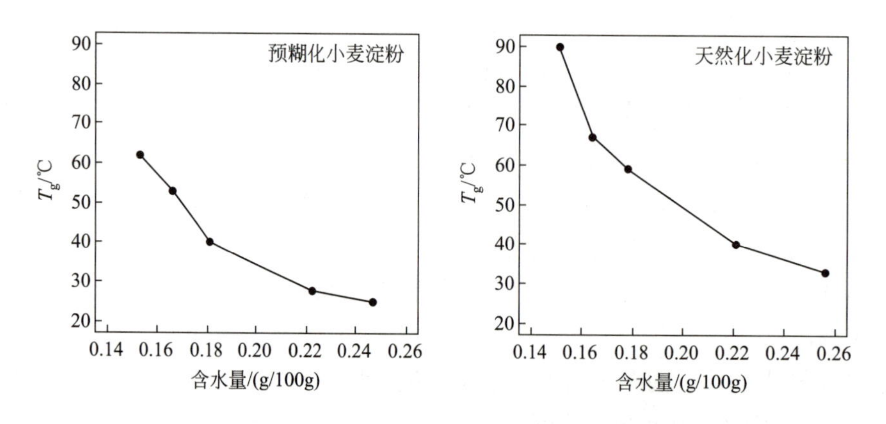

图 2-23 不同处理的小麦淀粉 T_g 值与含水量的关系

在没有其他外界因素的影响下，水分含量是影响食品体系玻璃态相变温度的主要因素。特别是水分含量相对较低的干燥食品，其加工贮藏中的物理性质和质构受水分增塑影响更显著。如任意比例的淀粉蔗糖混合物无水时，T_g 为 60℃；当水分上升到 2% 时，T_g 降低到 20℃；当水分升至 6% 时，T_g 仅为 10℃。从图 2-23 可以看出，尽管预糊化作用对淀粉的 T_g 有一定的影响，但两种淀粉的 T_g 都随水分含量的升高而降低。

对于中高含水量的食品（水的质量分数大于 20%），其 T_g 往往较低，在现实生产加工中，一般的降温速率不可能很快，样品温度不能快速达到 T_g。因此，这类食品一般不能实现完全玻璃态，而是在冷冻过程中会出现冷冻浓缩现象，导致一部分水分以冰晶的形式析出，而残留的溶液经冷冻浓缩后，溶质浓度提高。高水分含量的食品体系在冷冻降温过程中，一方面体系温度下降，另一方面由于冷冻浓缩，剩余溶液的玻璃态相变温度升高。在某一时刻，温度正好下降到该时刻冷冻浓缩溶液的玻璃态相变温度，于是引起这些剩余溶液的玻璃态相变，此时的温度记为 T_g'。在 T_g' 时的溶液浓度也是该体系中能实现的最大冷冻浓缩浓度，这是由于这些剩余溶液已经玻璃态，不会再发生结晶，即水分不会再结冰析出，因而冷冻浓缩不会继续进行，溶液浓度也不会继续提升。因此，T_g' 也被定义为高水分含量食品体系达到最大冷冻浓缩溶液发生玻璃态相变时的温度。

T_g' 对于中高含水量食品指导意义较大，由于冷冻浓缩的存在，冷冻温度仅需要达到 T_g' 即可实现玻璃态相变，并不需要继续降温至 T_g，但此时整个食品体系中包括一部分在冷冻浓缩过程中形成的冰晶，以及一部分玻璃态的其余组分混合物。表 2-7 列出了部分碳水化合物和蛋白质水溶液（20%）的 T_g' 及在此温度下未能冻结水的含量 W_g'（表 2-7）。

表 2-7 部分碳水化合物和蛋白质水溶液（20%）的 T_g' 和 W_g' 值

物质	T_g'	W_g'	物质	T_g'	W_g'
甘油	-65	0.85	海藻糖	-29.5	0.20
木糖	-48	0.45	棉子糖	-26.5	0.70
核糖	-47	0.49	麦芽糖	-23.5	0.45
核糖醇	-47	0.82	异麦芽糖	-30.5	0.50
葡萄糖	-43	0.41	明胶	-13.5	0.46
果糖	-42	0.96	可溶性胶质	-15	0.71
半乳糖	-41.5	0.77	牛血清白蛋白	-13	0.44
山梨醇	-43.5	0.23	α-酪蛋白	-12.5	0.61
蔗糖	-32	0.56	α-酪蛋白酸钠	-10	0.64
乳糖	-28	0.69	面筋	-5 ~ -10	0.07 ~ 0.41

2.7.2.2 碳水化合物及蛋白质对 T_g 的影响

可溶性的小分子碳水化合物和可溶性蛋白质对 T_g（或 T_g'）有重要的影响。一般来说，平均分子量越大，分子结构越坚固，分子自由体积越小，体系黏度越高，T_g 也越高。不同 DE 值的麦芽糊精在不同水分含量时有不同的 T_g 值（表 2-8）。在相同水分含量时，随 DE 值增大，麦芽糊精的玻璃态相变温度降低。

表 2-8 不同 DE 值的麦芽糊精的 T_g 比较

DE5		DE10		DE15	
含湿量/（g/100g）	T_g/℃	含湿量/（g/100g）	T_g/℃	含湿量/（g/100g）	T_g/℃
0.00	188	0.00	160	0.00	99
0.02	135	0.02	103	0.02	83
0.04	102	0.05	84	0.05	65
0.11	44	0.10	30	0.11	8
0.18	23	0.19	−6	0.20	−15

一般说来，T_g 显著地依赖于溶质的种类和水分含量，而 T_g' 则主要与溶质的类型有关，水分含量的影响很小。对于糖苷和多元醇（最大分子量约为 1200），T_g' 或 T_g 随着溶质平均分子量（M_w）的增加成比例地提高。当 M_w 大于 3000 时，T_g 或 T_g' 与 M_w 关系较小，呈一个定值。但有一些例外，当大分子是以形成“缠结网络”（entanglement networks，EN）的形式时，T_g 将会随着 M_w 的增加而继续升高。

图 2-24 是不同水解程度的淀粉水解产物的 M_w 与 T_g' 的关系图。由图 2-24 可知，位于竖线部分的产品主要是一些水解所得到的小分子，其 M_w 位于 3000 以内（图 2-24，①区），而位于该曲线的水平部分的产品主要是一些水解所得到的大分子（M_w>3000，图 2-24，②区）。

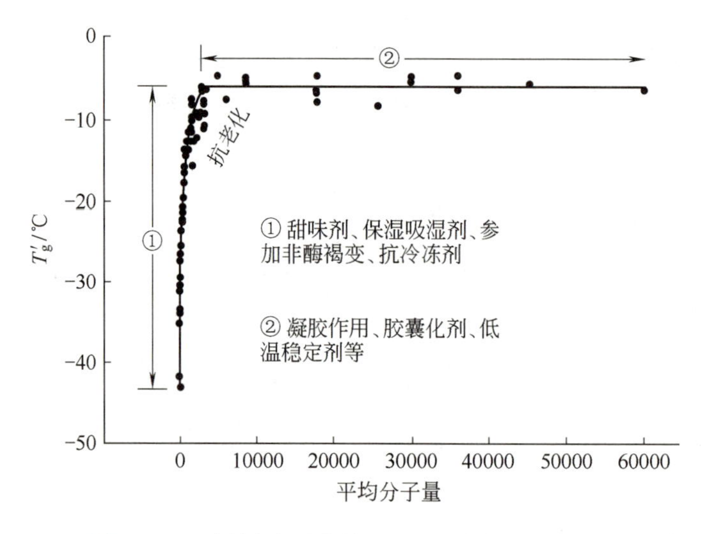

图 2-24 淀粉水解产物的平均分子量与 T_g' 的关系

由于蛋白质的分子量往往较大，其对 T_g 的影响趋向一个定值。大多数生物大分子化合物，它们具有非常类似的玻璃态曲线和 T_g'（接近 −10℃）。这些大分子主要是多糖类（淀粉、糊精、纤维素、半纤维素、羧甲基纤维素、葡聚糖和黄原胶等）和蛋白质（面筋蛋白、麦谷蛋白、麦醇溶蛋白、玉米醇溶蛋白、胶原蛋白、弹性蛋白、角蛋白、清蛋白、球蛋白、酪蛋白和明胶等）。

2.7.3 食品玻璃态与食品稳定性

玻璃态下，食品的稳定性会大幅提高。从化学反应以及酶促反应的角度分析，由于玻璃态下的食品分子的动能很低，扩散性能（流动性）非常差，导致能参与反应的分子（包括酶）难以有效地接触，因此化学反应的速率大幅降低。同样的，微生物体内的酶系统在玻璃态下也不能有效运行，导致微生物代谢趋于停止，不能对食品体系造成实质性影响。此外，由于玻璃态下食品中的各个组分均不结晶，不会产生冰晶破坏细胞组织的问题。

为描述不同含水量的食品在不同温度下所处的物理状态及 T_g 或 T_g' 情况，将食品二元体系（液态和固态）的温度 - 组成制成简化的状态图 2-25。根据图 2-25 可粗略判断食品的相对稳定性，从而达到预测食品货架期的目的。

一般是低水分含量食品的贮藏温度低于 T_g 时，食品呈玻璃态，其品质稳定性就较好。在中高水分含量的食品体系的冷冻贮藏中，冷冻温度只需要低于 T_g' 即可获得高贮藏稳定性。

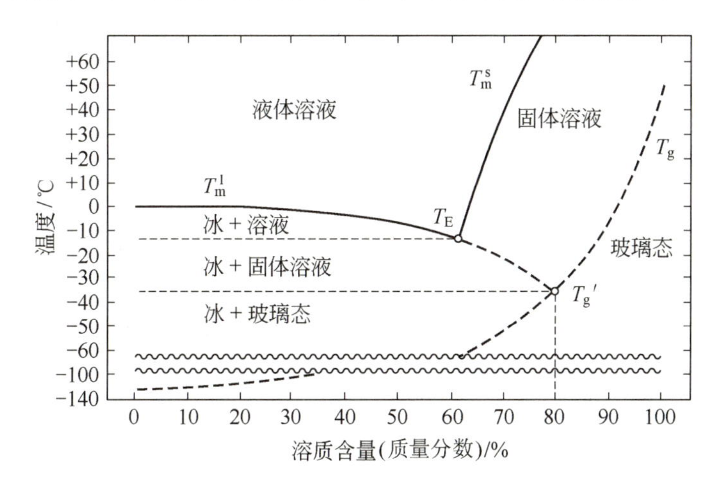

图 2-25　二元体系的状态图

假设：最大冷冻浓缩、无溶质结晶、恒压、无时间依赖性

T_m^l—熔点曲线；T_E—低共熔点；T_m^s—溶解度曲线；T_g—玻璃态相变温度曲线；

T_g' —特定溶质的最大冷冻浓缩的玻璃态相变温度；

粗虚线—亚稳态平衡条件；所有其他的线—平衡条件

概念检查 2.7

○ ① T_g' 与 T_g；②食品的玻璃态与其品质稳定性的关系。

参考文献

[1] 丁中祥 . 悬浮结晶冷冻浓缩果汁的应用基础研究 . 广州：广东工业大学，2020.

[2] 阚健全 . 食品化学 . 北京：中国农业大学出版社，2002.

[3] 张佳程，等 . 食品物理化学 . 北京：中国轻工业出版社，2007.

[4] Belitz H D，et al. Food Chemistry. Berlin，Germany：Springer-Verlag Heidelberg，2004.

[5] Blanshard J M V，et al. The Glassy State in Foods. Nottingham University Press，1993.

[6] Hartel R W. Crystallization in Foods. Gaitherburg：Aspen，2001.

[7] Kiani H，et al. Water crystallization and its importance to freezing of foods：A review.Trends in Food Science&Technology，2011，22（8）：407.

[8] Maneffa A J, et al. Water activity in liquid food systems : A molecular scale interpretation. Food Chemistry, 2017, 237: 1133.

[9] Phing P, et al. The effect of drying methods on the physicochemical and antioxidant properties of bintangor orange (*Citrus nobilis*) powders. Acta Scientiarum Polonorum Technologia Alimentaria, 2022, 21 (1): 111.

[10] Shafiur R M, et al. Food Properties Handbook. New York : CRC Press, Inc, 1995.

[11] Damodaran S, et al. Fennema's Food Chemistry.4th ed.New York Basel, Hong Kong : Marcel Dekker inc, 2008.

[12] Thirumdasa R, et al. Plasma activated water (PAW): Chemistry, physico-chemical properties, applications in food and agriculture. Trends in Food Science & Technology, 2018, 77: 21.

[13] Walstra P. Physical Chemistry of Foods. New York : Marcel Dekker, Inc, 2003.

总结

水和冰结构

○ 水是通过其分子间氢键连接在一起形成的稀疏的刚性结构，冰是由水分子有序排列形成的结晶。水分子间氢键受非水分子成分及温度影响。

水的存在状态

○ 食品水的存在状态与非水成分有关。非水成分有亲水性的，也有疏水性的，对水的存在产生多种作用。

○ 食品中的水可分为自由水和结合水。

○ 不同状态的水其冰点、溶解溶质能力、蒸发焓等也不同。

水分活度

○ 水分活度是指水与各种非水成分缔合的强度。

○ 水分活度随着温度升高而增加。

○ 水分活度与含水量有很大关系，该关系曲线又称水分吸着等温线，它与温度和制作方法有关。

水分活度与食品稳定性

○ 多数食品水分活度越低稳定性越好。

○ 水分活度低时，微生物生长、诸多化学反应（除脂质成分）、酶促反应及质构变化等受抑制。

冰对食品影响

○ 冷冻浓缩的影响。

○ 体积增大的影响。

○ 刚性冰晶的影响。

玻璃态与食品稳定性

○ 随温度降低食品呈现与玻璃极为相似的状态，故称为玻璃态。

○ 玻璃态相变温度与水分含量和溶质分子量关系最密切。

○ 玻璃态下，食品的稳定性会大幅提高。

思考练习

1. 试从理论上解释水的有序网络结构、高沸点、高熔点等特殊理化性质。

2. 食品中水分与非水组分间存在哪些相互作用？这些作用的理论基础是什么？

3. 食品中水分存在哪些状态？它们在干燥脱水的过程中损失的难易程度如何？
4. 温度如何影响食品的水分活度？食品实验中有哪些方法可以测定水分活度？
5. 为什么一般情况下水分活度越大食品的保藏性越差？低温、干燥、盐腌制提高食品稳定性的原理有何不同？
6. 冷冻面团技术是实现主食工业化的重要途径之一，可用于生产面包、馒头、包子等，但冻藏或速冻处理会引起面团品质劣变，导致面团的货架期缩短。试分析面团品质劣变的原因？如何减少由于冷冻而造成的面团品质劣变？

能力拓展

○ **冷冻食品冰晶的形成及生长演变**

食品在冷冻贮藏过程中会形成冰晶，冰晶的形状和生长速率会显著影响食品的质地、口感和营养组分。请基于本章节学习内容，通过查阅文献资料，设计出采用哪些工艺或应用哪些物质可以抑制冰晶形成？

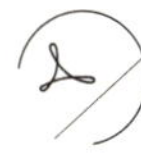

第3章　碳水化合物

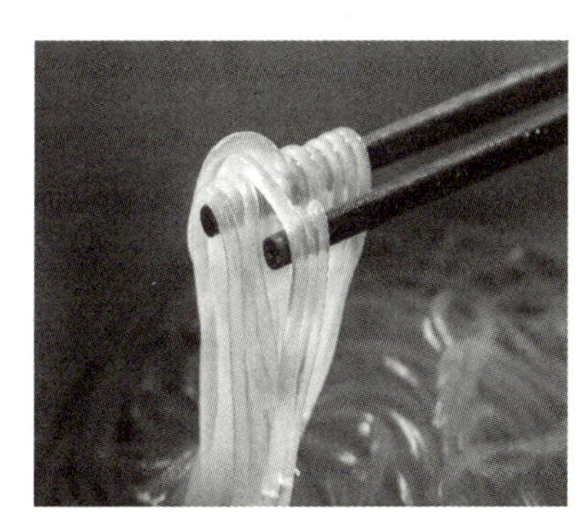

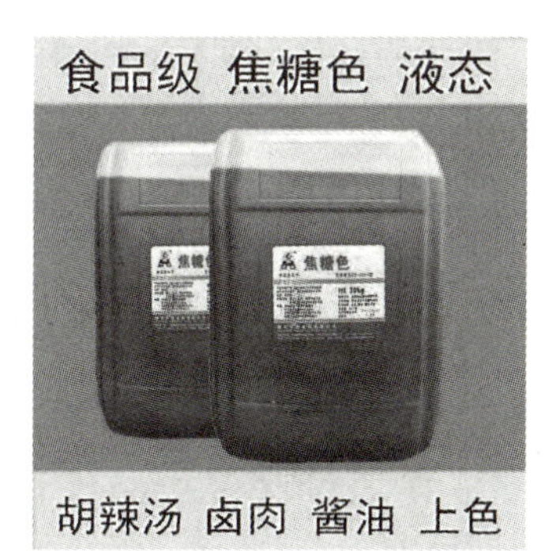

碳水化合物是人体三大营养素之一，是食品的主要组成成分。

◆ 吃火锅剩下的粉条第二天就无黏性、易碎，老化了；

◆ 同样原料的饺子油煎后风味和色泽都很诱人；

◆ 还有我们常说的焦糖色等。

上述食品质构、香气和色泽变化是如何产生的？其机理是什么？

为什么要学习“碳水化合物”？

食品中的碳水化合物可以满足多种功能要求。多数碳水化合物被人体摄入后除提供主要的热量外，还参与了机体代谢和构成，而那些不被人体消化的膳食纤维，也有诸多营养功能，是人体“第七大营养素”。另外，碳水化合物还有助于提高许多食品的甜度、外观和质地特征。碳水化合物是人体六大营养素之一，也是食品的主要组成。因此，有必要了解它对食品的营养、色泽、口感、质构及食品功能有什么影响？影响机制是什么？在加工及贮藏过程中其成分有何变化？是否会影响食品的风味、质量及安全性等？

学习目标

- 了解单糖、寡糖及多糖的化学结构及在食品质量中的作用。
- 掌握碳水化合物的理化性质及对食品质量的影响。
- 知晓食品中重要的低聚糖和多糖，其中淀粉的相关性质及作用是本章的重点，需要掌握。
- 掌握碳水化合物在加工贮运过程中的变化，尤其是非酶褐变的类型及历程是本章的难点，需要掌握。
- 掌握上述变化对食品的营养、色泽、口感、质构及食用安全性的影响及应用。
- 掌握具有生理功能的膳食纤维等相关知识，为推进健康中国建设打好专业基础。

3.1 概述

3.1.1 碳水化合物的一般概念

碳水化合物主要是植物通过光合作用，由 CO_2 和水转变成的天然有机化合物。根据化学结构和性质，碳水化合物是一类多羟基醛或酮，或者经水解能生成多羟基醛或酮的化合物。

碳水化合物根据组成其单糖单位的数量可分为单糖（monosaccharide）、寡糖（oligosaccharide）和多糖（polysaccharide）。单糖是一类结构最简单的不能再被水解的碳水化合物基本单位，根据其所含碳原子的数目分为丙糖、丁糖、戊糖和己糖等，或称为三碳糖、四碳糖、五碳糖、六碳糖等。单糖根据官能团的特点又分为醛糖和酮糖。寡糖一般是由 2 ～ 20 个单糖分子缩合而成，水解后产生单糖。寡糖又称低聚糖，且多存在于糖蛋白或脂多糖中。根据组成寡糖的单糖种类，寡糖又分为均寡糖或杂寡糖，前者是指由某一种单糖所组成，如麦芽糖、聚合度少于 20 的糊精等；后者是指由两种或两种以上的单糖所组成，如蔗糖、棉子糖等。多糖是由多个单糖分子缩合而成，其聚合度大于 20。根据组成多糖的单糖种类，多糖又分为均多糖或杂多糖，前者如纤维素、淀粉等，后者如海藻多糖、茶多糖等；根据多糖的来源，多糖又可分为植物多糖、动物多糖和微生物多糖；根据多糖在生物体内的功能，多糖又可分为结构性多糖、贮藏性多糖和功能性多糖。由于多糖上有许多羟基，这些羟基可与肽链结合，形成了糖蛋白（glycoprotein）或蛋白多糖；与脂类结合可形成脂多糖（lipopolysaccharide）；与硫酸结合而含有硫酸基，则称为硫酸酯化多糖；多糖上的羟基还能与一些过渡性金属元素结合，形成金属元素结合多糖。一般又把上述这些多糖衍生物称为多糖配合物。

3.1.2 食品原料中的碳水化合物

食品原料中的碳水化合物根据是否溶于水，大致分为水溶性和水不溶性碳水化合物。一般来说，游离的单糖及寡糖是水溶性的，而多糖由于分子量较大，其疏水性也随之增大，因此它的水溶性较差，甚至是不溶的。淀粉是食物中最普通的碳水化合物，是由单一类型的糖单元组成的多糖。糖原是动物体内糖的贮存形式，其用途在于当机体需要葡萄糖时它可以迅速被水解以供急需。淀粉和糖原都是一种葡聚糖。淀粉在水溶液中溶解性很小，它对食品的甜味没有贡献，只有水解成低聚糖或葡萄糖后起甜味作用。

大多数植物源食物中只含少量的游离糖（表 3-1、表 3-2）。通常食用的谷物也只含少量的游离糖，大部分游离糖输送至种子中并转变为淀粉（表 3-3）。如玉米粒中仅含有 0.2% ～ 0.5% 的 D- 葡萄糖、0.1% ～ 0.4% 的 D- 果糖和 1% ～ 2% 的蔗糖；小麦粒中这几种糖的含量分别小于 0.1%、0.1% 和 1%。游离糖不仅本身能赋予食品甜味，而且在热加工过程还能产生大量风味成分和一定的色泽。因此，如何使植物源食物中大量的不溶性多糖变成水可溶性游离糖是食品加工工艺中值得考虑的重要方面。如甜玉米具有甜味，就是基于在蔗糖尚未全部转变为淀粉时采摘。市场上销售的水果一般在成熟前采收，一方面果实有一定硬度利于运输和贮藏；另一方面在贮藏和销售过程中，淀粉在酶的作用下生成寡糖或葡萄糖，水果经过这种后熟作用而变甜变软。目前加工的食品中水溶性糖含量比其相应的原料要多得多（表 3-4）。

表 3-1 水果中游离糖含量（鲜重计） %

水果	D-葡萄糖	D-果糖	蔗糖	水果	D-葡萄糖	D-果糖	蔗糖
苹果	1.17	6.04	3.78	温州蜜橘	1.5	1. 10	6.01
葡萄	6.86	7.84	2.25	甜柿肉	6.2	5.41	0.81
桃子	0.91	1.18	6.92	枇杷肉	3.52	3.6	1.32
生梨	0.95	6.77	1.61	杏	4.03	2	3.04
樱桃	6.49	7.38	0.22	香蕉	6.04	2.01	10.03
草莓	2.09	2.4	1.03	西瓜	0.74	3.42	3.11

表 3-2 蔬菜中游离糖含量（鲜重计） %

蔬菜	D-葡萄糖	D-果糖	蔗糖	蔬菜	D-葡萄糖	D-果糖	蔗糖
甜菜	0.18	0.16	6.11	菠菜	0.09	0.04	0.06
硬花甘蓝	0. 73	0.67	0.42	甜玉米	0.34	0.31	3.03
胡萝卜	0.85	0.85	4.24	甘薯	0.33	0.30	3.37
黄瓜	0.86	0.86	0.06	番茄	1. 12	1. 12	0.12
莴苣	0.07	0.16	0.07	嫩荚青刀豆	1.08	1.20	0.25
洋葱	2.07	1.09	0.89	青豌豆	0.32	0.23	5.27

表 3-3 常见部分谷物食品原料中碳水化合物含量（按每 100 g 可食部分计）

谷物名称	碳水化合物/g	纤维素/g	谷物名称	碳水化合物/g	纤维素/g
全粒小麦	69.3	2.1	全粒稻谷	71.8	1.0
强力粉	70.2	0.3	糙米	73.9	0.6
中力粉	73.4	0.3	精白米	75.5	0.3
薄力粉	74.3	0.3	全粒玉米	68.6	2.0
黑麦全粉	68.5	1.9	玉米糙	75.9	0.5
黑麦粉	75.0	0.7	玉米粗粉	71.1	1.4
全粒大麦	69.4	1.4	玉米细粉	75.3	0.7
大麦片	73.5	0.7	精小米	72.4	0.5
全粒燕麦	54.7	10.6	精黄米	71.7	0.8
燕麦片	66.5	1.1	高粱米	69.5	1.7

表 3-4　普通食品中的糖含量

食品	糖的百分含量/%	食品	糖的百分含量/%
可口可乐	9	蛋糕（干）	36
脆点心	12	番茄酱	29
冰淇淋	18	果冻（干）	83
橙汁	10		

3.1.3　碳水化合物与食品质量

碳水化合物与食品的营养、色泽、口感、质构及某些食品功能等都有密切关系。具体表现在：①碳水化合物是六大营养素之一。人体所需要的能量中有 70% 左右是由糖提供的。②糖类在热作用下与食品中其他成分反应，或在水分较少情况下加热反应，均可产生有色物质，从而对食品的色泽产生一定的影响。③游离糖本身有甜度，对食品口感有重要作用。④食品的黏弹性也与碳水化合物有很大关系，如果胶、卡拉胶等。⑤食品中纤维素、果胶等不易被人体吸收，除对食品的质构有重要作用外，还能促进肠道蠕动，降低某些疾病发生的概率。⑥某些多糖或寡糖具有特定的生理功能，如香菇多糖、茶叶多糖等，这些功能性多糖是保健食品的主要活性成分。

概念检查 3.1

○ 碳水化合物在食品中的作用。

3.2　碳水化合物的结构与理化性质

3.2.1　碳水化合物的结构

3.2.1.1　单糖

单糖的分子量较小，分子式为 $C_n(H_2O)_n$。单糖分子是不对称化合物，具有旋光性。由 D- 甘油醛衍生的单糖就为 D 型醛糖（D- 甘油醛一般是右旋的，用“+”或“*d*”符号表示），L 型醛糖是 D 型醛糖的对映体（L- 甘油醛一般是左旋的，用“-”或“*l*”符号表示）。同样由二羟丙酮衍生的单糖就为酮糖。图 3-1 为由 D- 甘油醛衍生单糖示意图。

单糖分子的羰基可以与糖分子本身的一个醇基反应，形成比较稳定的五元环的呋喃糖环或六元环的吡喃糖环，并产生了半缩酮或半缩醛。例如，葡萄糖分子的 C5 羟基和 C1 羰基反应（图 3-2），C5 旋转 180° 使氧原子位于环的主平面，而 C6 处于平面的上方，C1 是手性碳原子，具有两种不同的端基异构体，形成了立体构型不同的 *α* 和 *β* 两种异头体。

糖分子中除 C1 外，任何一种手性碳原子具有不同的构型，则称为差向异构。例如，D- 甘露糖是 D- 葡萄糖的 C2 差向异构体，D- 半乳糖为 D- 葡萄糖的 C4 差向异构体。自然界的单糖大多以 D- 构型存在。葡萄糖、果糖、核糖等都是 D 构型的，而它们的对映体 L 型只是为证明其结构由化学合成的（用时须注明）。

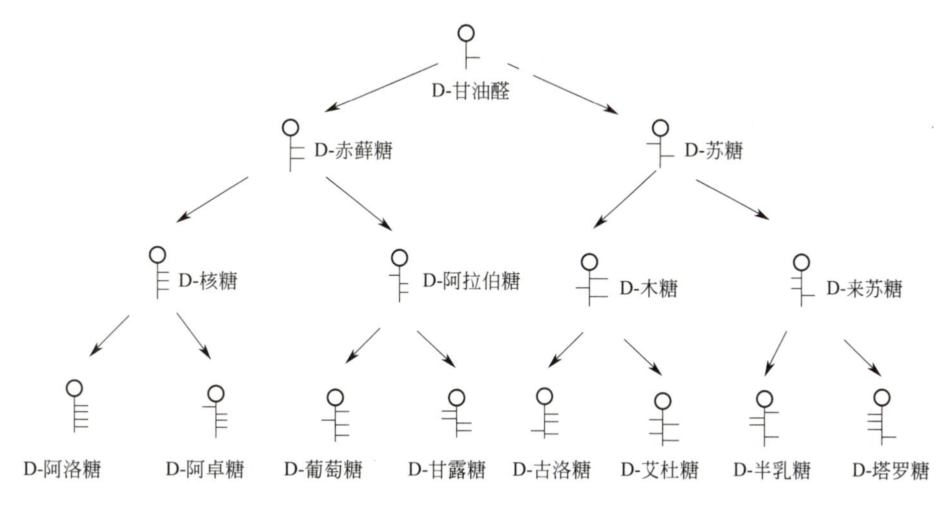

图 3-1　由 D- 甘油醛衍生单糖示意图

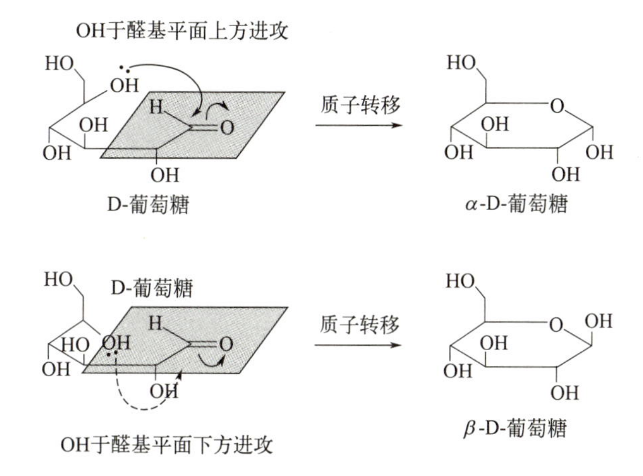

图 3-2　D- 葡萄糖形成不同异头体的原理示意图

生物体内的单糖，有部分基团发生变化，形成单糖衍生物。食品中主要的单糖衍生物有：单糖的磷酸酯、脱氧单糖、氨基糖、糖酸、糖醛酸、糖二酸、抗坏血酸（维生素 C）、糖醇、肌醇、糖苷等。

3.2.1.2　单糖衍生物

（1）糖醇　糖醇指由糖经氢化还原后的多元醇（polyol），按其结构可分为单糖醇和双糖醇。目前所知，除海藻中有丰富的甘露糖醇外，自然界糖醇存在较少。目前食品中所用的糖醇多由相应糖的醛基、酮基或半缩醛羟基（还原性双糖）被还原为羟基所形成的多元羟基化合物。糖醇的商品名称原则上均以相应糖加上“醇”来称呼。糖醇大都是白色结晶，具有甜味，易溶于水，是低甜度、低热值物质。作为糖类重要的氢化产物，不具备糖类典型的鉴定性反应，具有对酸碱热稳定，具备醇类的通性，不发生美拉德褐变反应。

（2）肌醇　肌醇是环己六醇，结构上可以排出九个异构体，其中七个是内消旋化合物，二个是旋光对映体。肌醇的异构体如表 3-5 中所示。肌醇异构体中具有生物活性的只有肌 - 肌醇，一般就称它为肌醇。肌醇通常以游离形式存在于动物的肌肉、心脏、肝、肺等组织中，同时多与磷酸结合形成磷酸肌醇。在高等植物中，肌醇的六个羟基都成磷酸酯，即肌醇六磷酸。磷酸肌醇还易与体内的钙、镁结合，形成肌醇六磷酸的钙镁盐。

表 3-5 肌醇的异构体

异构体	向上羟基位置	异构体符号
顺-肌醇	1，2，3，4，5，6	Cis
表-肌醇	1，2，3，4，5	Epi
别-肌醇	1，2，3，4	Allo
肌-肌醇	1，2，3，5	Myo
黏-肌醇	1，2，4，5	Muco
新-肌醇	1，2，3	Neo
D-（手性）-肌醇	1，2，4	D-chiro
L-（手性）-肌醇	1，2，4	L-chiro
间-肌醇	1，3，5	Scyllo

肌-肌醇

（3）糖苷　糖苷是单糖的半缩醛上羟基与非糖物质缩合形成的化合物。糖苷的非糖部分称为配基或非糖体，连接糖基与配基的键称苷键。根据苷键的不同，糖苷可分为含氧糖苷、含氮糖苷和含硫糖苷等。

糖苷通常包含一个呋喃糖环或一个吡喃糖环，新形成的手性中心有 α 和 β 型两种。因此，D- 吡喃葡萄糖应看成是 α-D- 异头体和 β-D- 异头体的混合物，形成的糖苷也是 α-D- 吡喃葡萄糖苷和 β-D- 吡喃葡萄糖苷的混合物。一般在自然界中存在的糖苷多为 β- 糖苷。

3.2.1.3 寡糖

寡糖又称为低聚糖，可溶于水，普遍存在于自然界。自然界中以游离状态存在的低聚糖的聚合度一般不超过 6 个糖单位，其中主要是二糖和三糖，熟知的二糖有蔗糖、麦芽糖，三糖有棉子糖。低聚糖的命名通常采用系统命名法，但在食品工业上常用习惯名称，如蔗糖、乳糖、麦芽糖、海藻糖、棉子糖、水苏四糖等。

此外，在食品工业中常用到一些分子量较大的低聚糖，如饴糖和玉米糖浆中的麦芽糖低聚物（聚合度或单糖残基数为 4 ～ 20），以及环状糊精（cyclodextrin）或简称环糊精。环状糊精是由 6 ～ 8 个 D- 吡喃葡萄糖通过 α-1,4- 糖苷键连接而成的低聚物，分别称为 α- 环状糊精、β- 环状糊精和 γ- 环状糊精。这三种环状糊精除分子量不同外，水中溶解度、空穴内径等也有不同（表 3-6）。X 射线衍射和核磁共振分析证明，α- 环状糊精的结构（图 3-3）具有高度的对称性，是一个中间为空穴的圆柱体，其底部有 6 个 C6 羟基，上部排列 12 个 C2、C3 羟基，内壁被 C—H 所覆盖，与外侧相比有较强的疏水性。因此，环状糊精能稳定地将一些非极性化合物截留在环状空穴内，从而起到稳定食品香味的作用。

表 3-6 环状糊精一些理化特征

项目	α-环状糊精	β-环状糊精	γ-环状糊精
葡萄糖残基数	6	7	8
分子量	972	1135	1297
水中溶解度（25℃）/（g/100mL）	14.5	1.85	23.2
旋光度[α]/（°）	+150.5	+162.5	+174.4
空穴内径 / nm	0.57	0.78	0.95
空穴高 / nm	0.67	0.70	0.70

3.2.1.4 多糖

（1）多糖的结构　多糖的分子量较大，DP（degree of polymerization，聚合度）值由 21 到几千（也有教材将 DP 值大于 10 时定义为多糖）；多糖的形状有直链和支链两种，前者如纤维素和直链淀粉，后者如支链淀粉、糖原、瓜尔豆聚糖。多糖可由一种或几种单糖单位组成，单糖残基序列可以是周期性交替重复的，一个周期包含一个或几个交替的结构单元；结构单元序列也可能包含非周期性链段分隔的较短或较长的周期性排列残基链段（图 3-4）；也有一些多糖链的糖基序列全是非周期性的（如糖蛋白的多糖部分）。

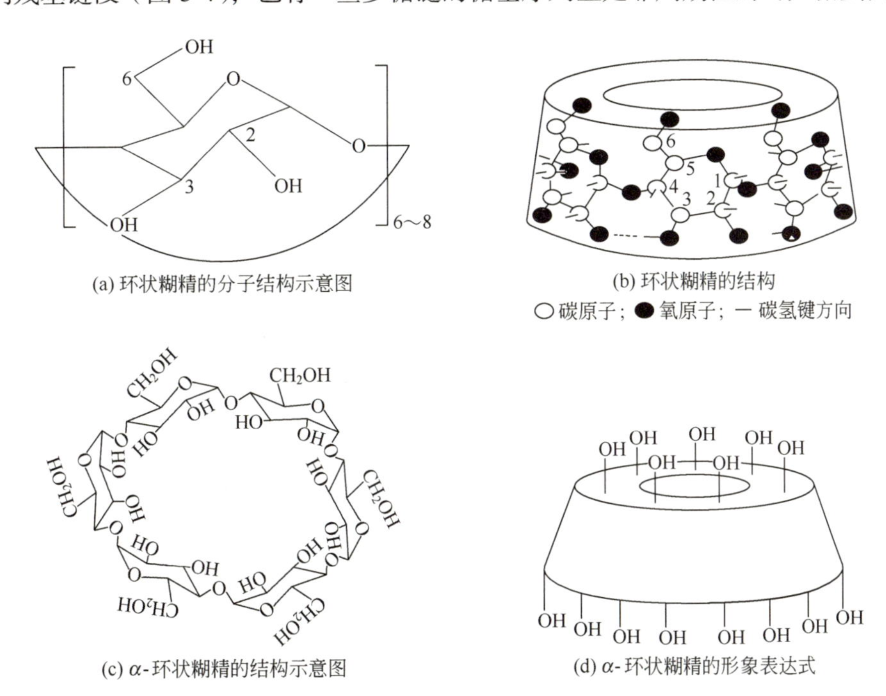

(a) 环状糊精的分子结构示意图　(b) 环状糊精的结构 ○碳原子；●氧原子；一 碳氢键方向

(c) α-环状糊精的结构示意图　(d) α-环状糊精的形象表达式

图 3-3　环状糊精的结构示意图

纤维素　直链淀粉　支链淀粉　瓜尔豆聚糖　果胶

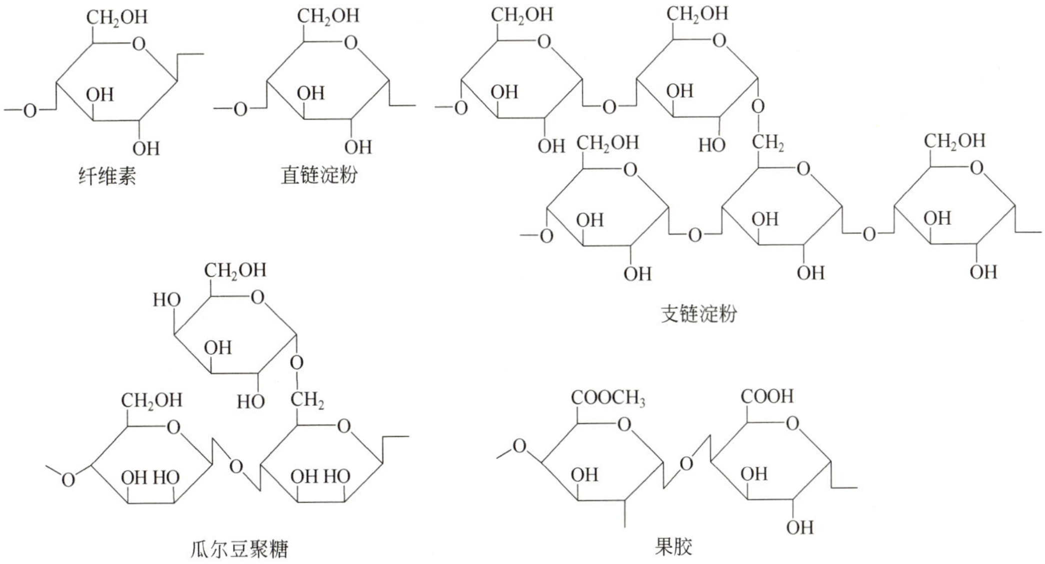

图 3-4　多糖结构中的交替重复单元示意图

多糖的聚合度实际上是不均一的，也就是说多糖的分子量没有固定值，多呈高斯分布。多糖分子的不均一性主要与体内代谢状态有关，如动物体内的糖原分子量就与血糖水平有密切关系，当血糖较低时，肝脏中糖原进行水解，以补充血液中葡萄糖，此时糖原的分子量较小；否则反之。此外，某些多糖以糖复合物或混合物形式存在，例如糖蛋白、糖肽、糖脂、糖缀合物等糖复合物，它们的分子量大小受影响因素更多。

（2）多糖的构象　多糖在形状上虽然可分为两种，即直链形和支链形，但多糖的构象远比其形状要复杂。下面以葡聚糖和几种其他多糖为例，介绍某些有代表性的多糖链构象（图 3-5）。

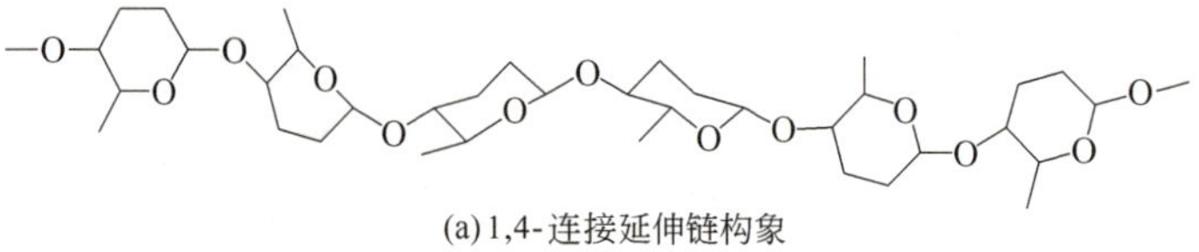

(a) 1,4- 连接延伸链构象

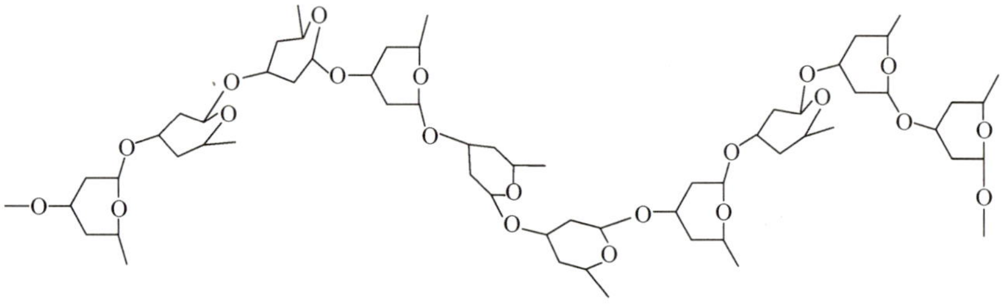

(b) 1,3- 连接空心螺旋状构象

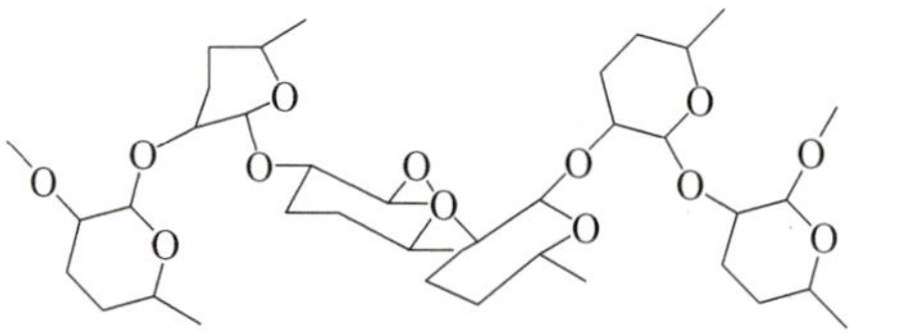

(c) 1,2- 连接褶裥螺条构象

图 3-5　一些 β-D- 葡聚糖的构象

① 延伸或拉伸的带状构象（extended or stretched ribbon-type conformation）　延伸或拉伸的带状构象是 β-D- 吡喃葡萄糖残基以 1,4- 糖苷键连接成的多糖的特征（图 3-6）。由图 3-6 可知，延伸链构象是由于参与氧连接的单键的锯齿形几何构造形成的。这种链可以被缩短或压紧一些，从而使相邻残基之间的氢键形成，有利于构象的稳定。在带状类型延伸构象中，拐点处单糖的数量以 n 表示，每个单体单元轴方向的倾斜度为 h，n 的范围为 2 到 ±4。

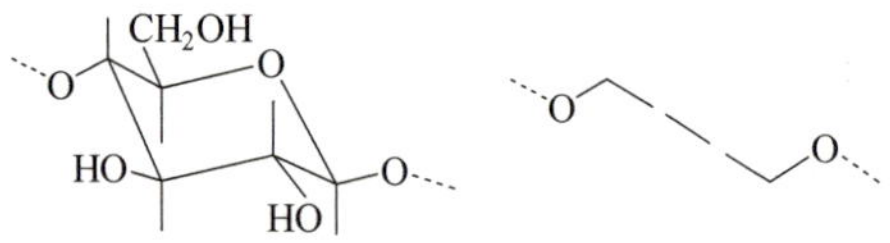

图 3-6　以 1,4-β-D- 吡喃葡萄糖单位的多糖周期构象

另一种链构象是强褶裥螺条构象（plated ribbon-type conformation），如果胶和海藻酸（图 3-7）。果胶链段是由 1,4- 连接的 α-D- 吡喃半乳糖醛酸单位组成，海藻酸链段由 1,4- 连接的 α-L- 吡喃古洛糖醛酸单位构成。

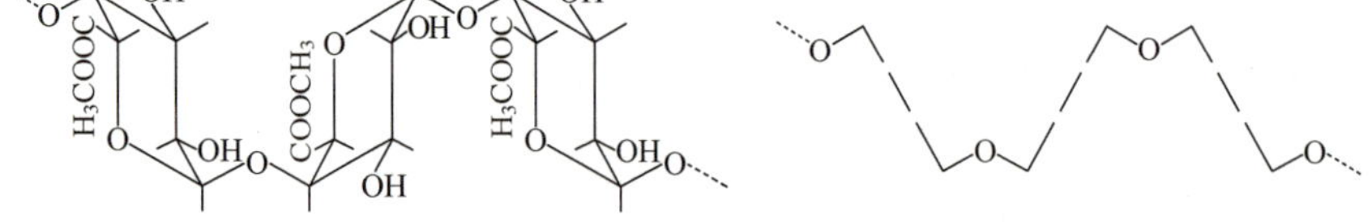

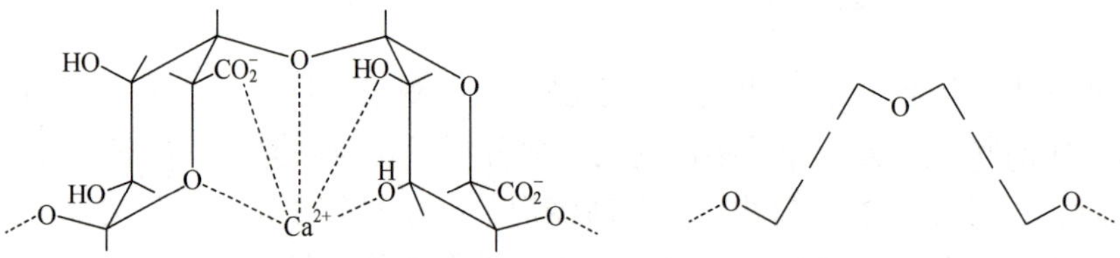

图 3-7　果胶和海藻酸的褶裥螺条构象链段

由于海藻酸链段上有许多氧原子，可与某些过渡性金属元素呈配位结合。从图 3-7 海藻酸链段结构示意图可看出，海藻酸链段结合了 Ca^{2+} 能使构象保持稳定。海藻酸链的上述结构特征，常呈现出二个海藻酸链装配成类似蛋箱的构象，通常称为蛋箱型构象。

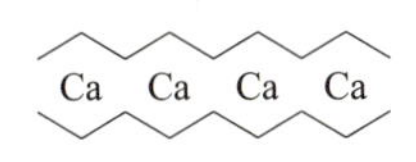

蛋箱型构象示意图

② 空心螺旋状构象（hollow helix-type conformation）　这种是以 1,3- 糖苷键连接的 *β*-D- 吡喃葡萄糖残基的典型构象，存在于苔藓状植物中的地衣多糖内，它是由 1,3- 连接的 *β*-D- 吡喃葡萄糖单位组成，以具有空心螺旋型构象为其结构特征［图 3-8（a）］。直链淀粉也具有这种几何形状，所以呈现螺旋构象［图 3-8（b）］。螺旋构象可以通过许多方式来稳定。当螺旋直径较大时笼形复合物就形成了［图 3-9（a）］。较多的带有小螺旋直径的延伸链可以形成双螺旋或三螺旋［图 3-9（b）］，较强的延伸链为了稳定构象会形成锯齿状［图 3-9（c）］。

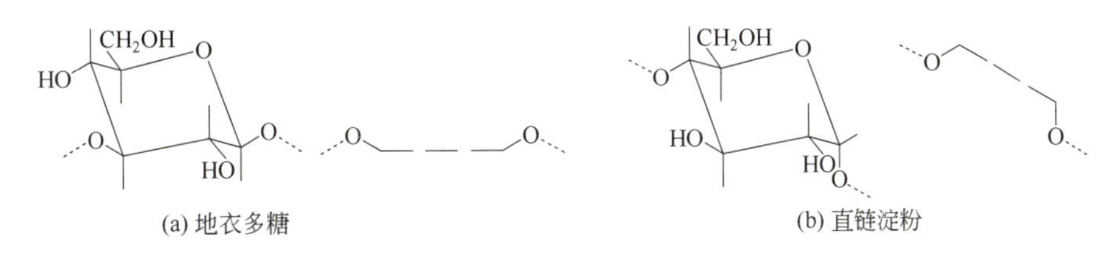

图 3-8　地衣多糖和直链淀粉的链构象

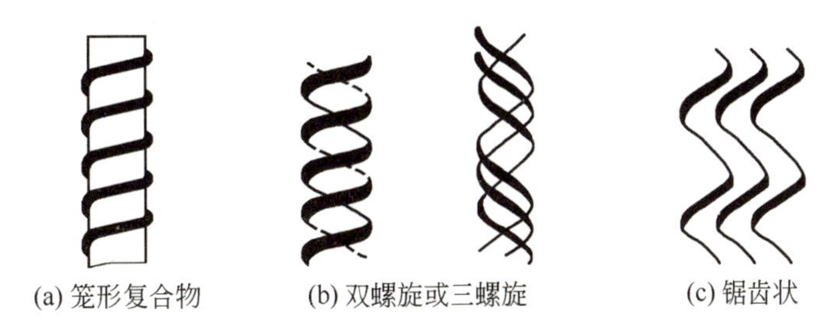

图 3-9　螺旋构象的稳定

③ 褶皱型构象（crumpled-type conformation）　这种构象存在于 1,2- 连接的 *β*-D- 吡喃葡萄糖残基中，这种构象是由单体氧桥连接的褶皱几何形状引起的。*n* 值的范围为 4 到 −2，*h* 为 0.2 ～ 0.3nm。这种构象类型的多糖在自然界中存在少。

④ 松散结合构象（loosely-joined conformation）　由 1,6- 连接的 *β*-D- 吡喃葡萄糖单位构成的葡聚糖，是这类多糖结构的典型，其构象表现出特别大的易变性。葡聚糖的这种构象具有很大的柔顺性，它与连接单体间的连接桥性质有关。连接桥有 3 个能自由旋转的键，而且糖残基之间相隔较远。

⑤ 杂多糖构象　从上面的例子可知，根据保持多糖的单体、单位键和氧桥的几何形状，可以预计均多糖的构象，但很难预计包含不同构象的几个单体周期序列的杂多糖构象，例如 *ι*- 卡拉胶中的 *β*-D- 吡喃半乳糖 -4- 硫酸酯单位呈 U 形几何形状（图 3-10），而 3,6- 脱水 -*α*-D- 吡喃半乳糖 -2- 硫酸酯残基是锯齿形。

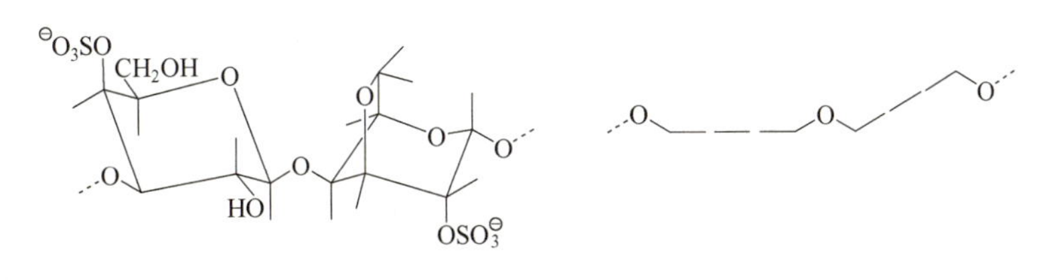

图 3-10　*ι*- 卡拉胶中的链构象

ι- 卡拉胶的构象可从短的压缩螺条形到拉伸的螺旋形不等，但实际上 X 射线衍射分析结果证明 ι- 卡拉胶存在拉伸螺旋，而且是稳定的双股螺旋构象。

⑥ 链间的相互作用 多糖中周期性排列的单糖序列可以被非周期性的片断所中断，这种序列的中断导致了构象的无序。ι- 卡拉胶可以更详细地解释上述现象，ι- 卡拉胶在其生物合成反应中最初得到的是 β-D- 吡喃半乳糖 -4- 硫酸酯（图 3-11 Ⅰ）和 α-D- 吡喃半乳糖 -2,6- 二硫酸酯（图 3-11 Ⅱ）单位相互交替构成的周期序列。当链生物合成完全时，由于受到酶催化反作用，α-D- 吡喃半乳糖 -2,6- 二硫酸酯（Ⅱ）去掉了一个硫酸基，转变成 3,6- 脱水 -α-D- 吡喃半乳糖 -2- 硫酸酯（图 3-11 Ⅲ），这种转变与链的几何形状变化有关。某些已脱去一个硫酸酯的残基单位，在链序列中起到干扰作用。而一个链中未发生这种转变的有序链段，可以与另一个链的相同链段发生缔合，形成双螺旋。非周期或无序的链段则不能参与这种缔合（见图 3-12）。

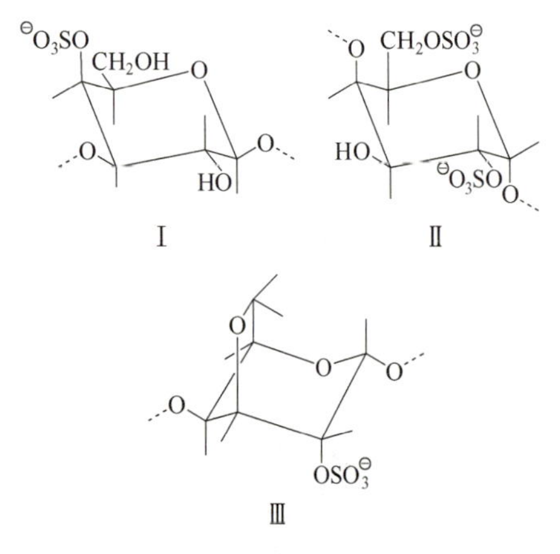

图 3-11 ι- 卡拉胶的结构单元

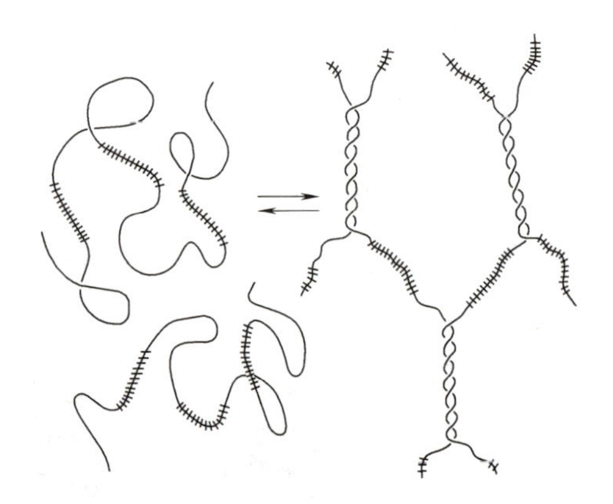

图 3-12 凝胶的胶凝过程示意图

—— 周期序列；卌卌 非周期序列

ι- 卡拉胶由于链与链的相互作用而形成具有三维网络结构的凝胶，溶剂被截留在网络之中，凝胶强度受 α-D- 吡喃半乳糖 -2,6- 二硫酸酯残基数和分布的影响。

ι- 卡拉胶凝胶形成机制可以解释其它大分子凝胶的形成。这种机制涉及了有序构象的序列片断中链与链之间的相互反应，并被对应的无序随机盘绕的片断所中断。除了充足的链长度，凝胶形成的结构上的前提条件是周期性序列和它的有序构象的中断。这种中断可以通过插入一个不同几何形状的糖残基来实现，也可以通过游离的和酯化的羧基（糖醛酸）的合理分布或通过插入支链来完成。凝胶形成过程中的链间结合（网状构象）可能存在双螺旋 [图 3-13（a）]；双螺旋束 [图 3-13（b）]；延伸带状构象之间的连接，例如蛋箱模型 [图 3-13（c）]；一些其它的相似连接 [图 3-13（d）]；或者还有双螺旋和带状构象组成的形式 [图 3-13（e）]。

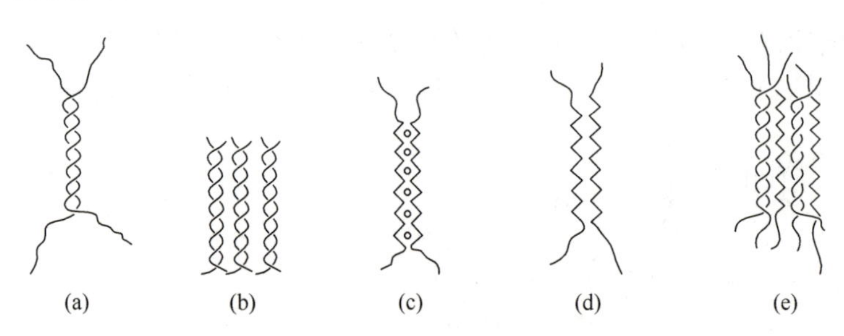

图 3-13 正规构象间链的聚集

（a）双螺旋；（b）双螺旋束；（c）蛋箱模型；（d）螺条 - 螺条；（e）双螺旋、螺条相互作用

3.2.2 碳水化合物的理化性质

3.2.2.1 溶解性

单糖、糖醇、糖苷、低聚糖等一般可溶于水。如在 20℃时 100g 水中能溶解 195 g 蔗糖。糖醇则因品种不同水溶性有很大差别，溶解度大于蔗糖的为山梨醇（220g/100g）；溶解度低于蔗糖的有甘露醇（17g/100g）、赤藓糖醇（50g/100g）、异麦芽酮糖醇（25g/100g）；同蔗糖相近的有麦芽糖醇、乳糖醇和木糖醇。由于糖醇在水中溶解时吸收的热量要比蔗糖高得多，如木糖醇的溶解热为 153.0J/g，而蔗糖为 17.9J/g，因此糖醇尤其是木糖醇特别适宜制备具有清凉感的食品。

糖苷的溶解性能与配体有很大关系，一般是糖苷的溶解性能要比相应的配体好得多。黄酮类一般难溶于水中，但它与糖形成糖苷后，就有利于在水中溶解，从而对食品的色泽和滋味产生重要影响。

多数情况下多糖分子链中的每个糖基单位平均含有 3 个羟基，每个羟基均可和一个或多个水分子形成氢键。此外，环上的氧原子以及糖苷键上的氧原子也可与水形成氢键。因此，多糖分子链中单糖单位能够完全被溶剂化，使之具有较强的持水能力和亲水性，易于水化和溶解。在食品体系中多糖具有控制水分移动的能力，同时水分又是影响多糖的物理和功能性质的重要因素。因此，食品的许多功能性质都与多糖和水分有关。

与多糖的羟基通过氢键结合的水被称为水合水或结合水，这部分水由于使多糖分子溶剂化而自身运动受到限制，通常这种水不会结冰（见第 2 章），也称为塑化水。这部分水的运动虽受到阻滞，但能自由地与其他水分子迅速发生交换，在凝胶和新鲜组织食品的总水分中，这种水合水所占的比例较小。

水虽能使多糖分子溶剂化，但多糖不会增加水的渗透性而显著降低水的冰点，因此，多糖是一种冷冻稳定剂，例如淀粉溶液冻结时形成了两相体系，一相为结晶水（即冰），另一相是由大约 70% 淀粉与 30% 非冻结水组成的玻璃态（见第 2 章）。非冻结水构成了高浓度的多糖溶液，由于黏度很高，因而体系中的非冻结水的流动性受到限制。另一方面多糖在低温时的冷冻浓缩效应，不仅使分子的流动性受到了极大的限制，而且使水分子不能被吸附到晶核和结合在晶体生长的活性位置上，从而抑制了冰晶的生长。上述原因使多糖在低温下具有很好的稳定性。因此在冻藏温度（−18℃）以下，多糖能有效阻止食品的质地和结构受到破坏，从而有利于提高产品的质量和贮藏稳定性。

在大分子碳水化合物中还有一部分高度有序的多糖，其分子链因相互紧密结合而形成结晶结构，与水接触的羟基极大地减少，因此不溶于水，只有使分子链间氢键断裂才能增溶。例如纤维素，由于它的结构中 *β*-D- 吡喃葡萄糖基单位的有序排列和线性伸展，使得纤维素分子的长链和另一个纤维素分子中相同的部分相结合，导致纤维素分子在结晶区平行排列，使得水不能与纤维素的这些部位发生氢键键合，所以纤维素的结晶区不溶于水，而且非常稳定。

在大分子碳水化合物中大部分多糖不具有结晶结构，因此易在水中溶解或溶胀。在食品工业和其他工业中使用的水溶性多糖和改性多糖，通常被称为胶或亲水胶体。

大分子多糖溶液都有一定的黏稠性，其溶液的黏度取决于分子的大小、形状、所带净电荷和溶液中的构象。多糖（胶或亲水胶体）的增稠性和胶凝性对食品有重要的影响。

3.2.2.2 水解反应

（1）糖苷的水解 在食品中糖苷的含量虽然不高，但具有重要的生理效应和食品功能性。如天然存在的皂角苷是强泡沫形成剂和稳定剂，黄酮糖苷使食品产生苦味和颜色。除少量糖苷［如斯切维苷（stevoside）和奥斯莱丁（osladin）等］有较强的甜味外，大多数糖苷如芸香苷（rutin）、槲皮苷（quercetin），特别是当配基部分比甲基大时，则会产生微弱以至极强的苦味、涩味。一旦糖苷发生水解不仅其苷元的溶解度相应降低，而且其苦涩味也相应减轻，对食品的色泽及口感都产生重要影响。

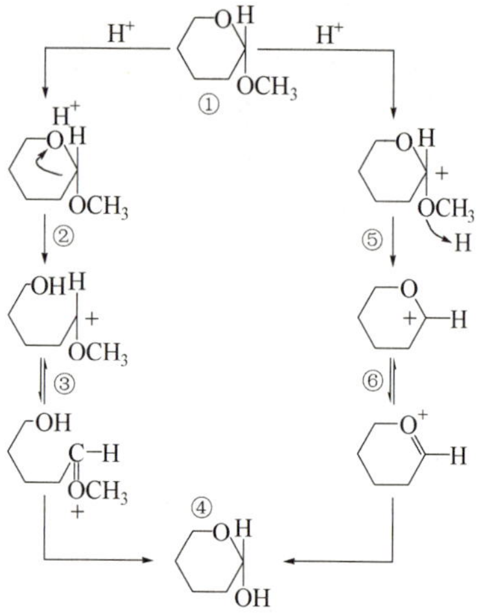

氧糖苷连接的 *O*- 苷键在中性和弱碱性 pH 环境中是稳定的，而在酸性条件下易水解。食品（除酸性较强的食品外）中大多数糖苷都是稳定的。糖苷在酸性条件下水解过程以甲基吡喃糖苷①为例加以说明（图 3-14），其酸水解过程是：其一通过锌盐②和离子③；其二经过⑤和环离子⑥。最终都生成吡喃糖④。但以①→⑤→⑥→④途径为主。糖苷的酶水解时，糖基部分变为反应活性高的半椅式构象，使糖苷键变弱，糖苷从酶分子上得到质子给糖苷氧原子，当氧从这个碳原子上分离出来时，即产生一个碳正离子，此碳正离子与酶分子上的阴离子基团—COO^- 作用而暂时稳定，直到与溶剂中的—OH^- 作用完成水解作用。酶水解对糖苷和配基均有一定的专一性。

图 3-14　甲基吡喃糖苷在酸性条件下水解示意图

氮糖苷键连接的 *N*- 糖苷不如 *O*- 糖苷稳定，在水中易水解，如 *N*- 糖苷（糖基胺）在水中不稳定，并通过一系列复杂反应产生有色物质，这些反应是引起美拉德褐变的主要原因。

S- 糖苷的糖基和配基之间存在一个硫原子，这类化合物多是芥子和辣根中天然存在的成分，称为硫代葡萄糖苷或者硫葡萄糖苷。硫代葡萄糖苷是非常稳定的水溶性物质，但在硫代葡萄糖苷酶作用下可产生异硫氰酸酯等产物（图 3-15）。

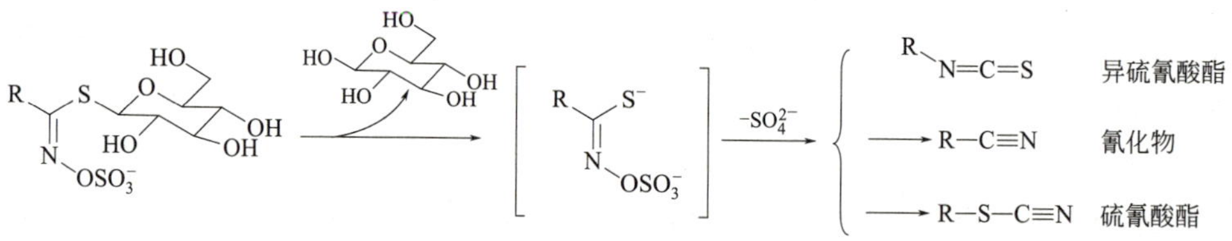

图 3-15　硫代葡萄糖苷在硫代葡萄糖苷酶作用下的水解示意图

某些食物中含另一类重要的糖苷即生氰糖苷，在体内水解即产生氢氰酸，它们广泛存在于自然界，特别是杏、木薯、高粱、竹、利马豆中。苦杏仁苷（amygdalin）、扁桃腈（mandelonitrile）糖苷是人们熟知的生氰糖苷。苦杏仁苷彻底水解则生成 D- 葡萄糖、苯甲醛和氢氰酸（图 3-16）。食物中主要的硫代糖苷及其水解产物详见第 12 章。

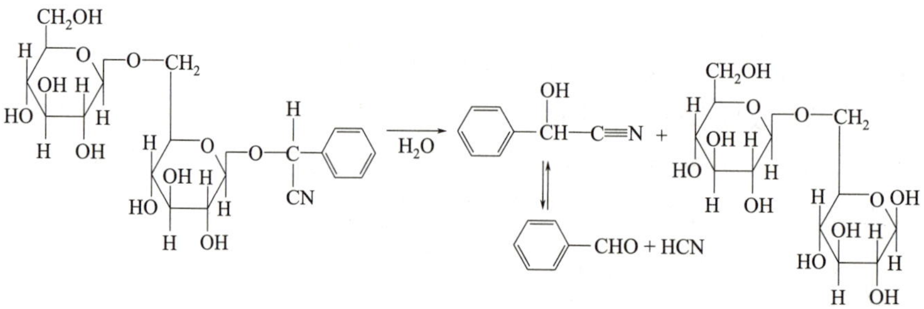

图 3-16　苦杏仁苷酸水解或酶水解示意图

糖苷水解速率除受酶活性及酸、碱性强弱影响外，还受以下因素影响：糖苷键的构型，一般是 β 型 > α 型；糖环上是否有取代基，一般是有取代基后其水解速率减慢；糖基氧环的大小，一般呋喃糖比吡喃糖苷水解速率快得多（表 3-7）。糖苷的水解速率随温度升高而急剧增大，符合一般反应速率常数的变化规律（表 3-7）。

表 3-7　温度对糖苷水解速率的影响

糖苷（0.5mol/L硫酸溶液中）	k①/×10^6s^{-1}		
	70℃	80℃	90℃
甲基-α-D-吡喃葡萄糖苷	2.82	13.8	76.1
甲基-β-D-呋喃果糖苷	6.01	15.4	141.0

① k为一级反应速率常数。

（2）低聚糖及多糖的水解　低聚糖如同其他糖苷一样容易被酸和酶水解，但对碱较稳定。蔗糖水解称为转化，生成等摩尔葡萄糖和果糖的混合物称为转化糖。多糖在酸或酶的催化下也易发生水解，并伴随黏度降低、甜度及溶解性增加。在果汁、果葡糖浆等生产过程中常利用酶水解多糖。工业上采用 α- 淀粉酶和葡萄糖糖化酶水解玉米淀粉得到近乎纯的 D- 葡萄糖。然后用异构酶使 D- 葡萄糖异构化，形成由 54%D- 葡萄糖和 42%D- 果糖组成的平衡混合物，称为果葡糖浆。这种廉价甜味剂可以代替蔗糖。

正如糖苷的水解速率受它的结构、pH、时间、温度和酶的活力等因素的影响，低聚糖和多糖的水解速率也受它的结构、pH、时间、温度和酶活性等因素的影响。

3.2.2.3　氧化反应

含有游离醛基的醛糖或能产生醛基的酮糖都是还原糖，如葡萄糖及果糖等。它们在碱性条件下，有弱的氧化剂存在时即可被氧化成醛糖酸；有强的氧化剂存在时，醛糖的醛基和伯醇基均被氧化成羧基，形成醛糖二酸。

醛糖在酶作用下也可发生氧化。如某些醛糖在特定的脱氢酶作用下其伯醇被氧化，而醛基被保留，生成糖醛酸。常见的糖醛酸主要有 D- 葡萄糖醛酸、D- 半乳糖醛酸和 D- 甘露糖醛酸，它们都是很多杂多糖的组成成分。

D- 葡萄糖在葡萄糖氧化酶作用下易氧化成 D- 葡糖酸，D- 葡糖酸及其内酯的制备如图 3-17 所示。D- 葡糖酸 -δ- 内酯（D- 葡萄糖 -1,5- 内酯）可通过中间双环的形式转变为 γ- 内酯，葡糖酸 -δ- 内酯和 γ- 内酯可相互转换，在室温下葡糖酸 -δ- 内酯和 γ- 内酯都可以水解生成 D- 葡糖酸，是一种温和的酸化剂，可用于要求缓慢释放酸的食品中。例如肉制品、乳制品和豆制品，特别是焙烤食品中作为发酵剂。

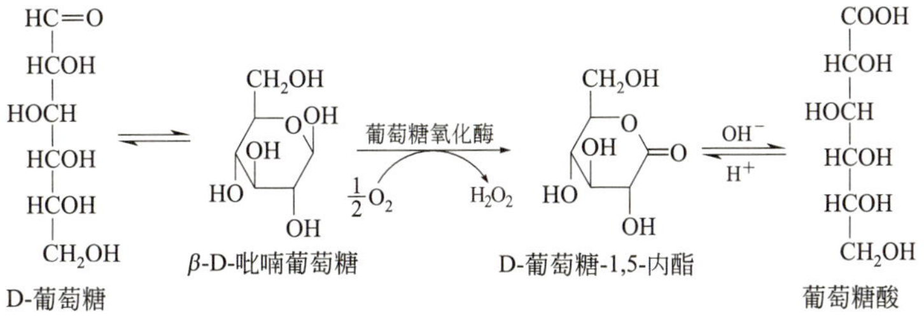

D-葡萄糖　β-D-吡喃葡萄糖　葡萄糖氧化酶　$\frac{1}{2}O_2$　H_2O_2　D-葡萄糖-1,5-内酯　OH^-　H^+　葡萄糖酸

图 3-17　D- 葡萄糖在葡萄糖氧化酶作用下的氧化

3.2.2.4　还原反应

单糖的羰基在适当还原条件下可被还原成对应的糖醇（polyol），酮糖还原由于形成了一个新的手性

碳原子，因此能得到两种相应的糖醇。图 3-18 是 D- 葡萄糖及果糖还原产生的糖醇。

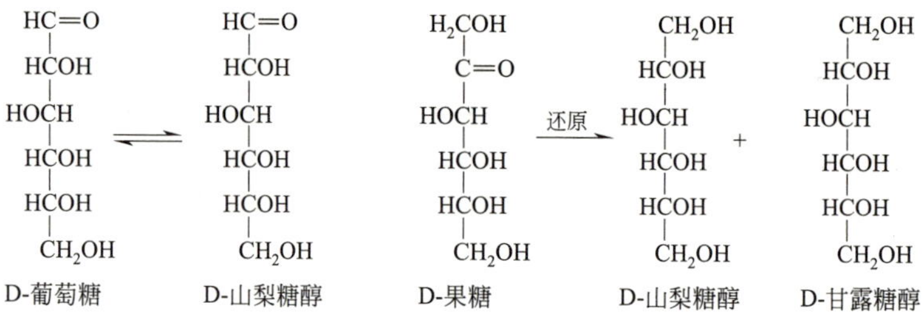

图 3-18 D- 葡萄糖和果糖的还原

3.2.2.5 酯化与醚化反应

糖分子中的羟基与小分子醇的羟基类似，能同有机酸和一些无机酸形成酯，如 D- 葡萄糖 -6- 磷酸酯、D- 果糖 -1,6- 二磷酸酯等（图 3-19）。马铃薯淀粉中发现含有少量磷酸酯基，卡拉胶中含有硫酸酯基。商业上常将玉米淀粉衍生化生成单酯和双酯，最典型的是琥珀酸酯、琥珀酸半酯和二淀粉己二酸酯。蔗糖脂肪酸酯是食品中一种常用的乳化剂。

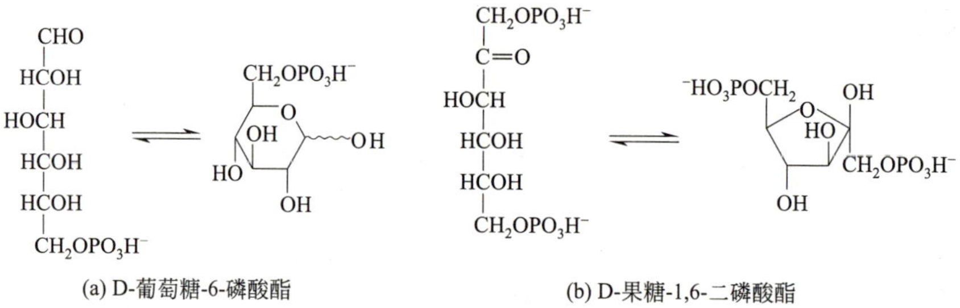

图 3-19 糖磷酸酯结构示意图

糖中羟基，除能形成酯外还可生成醚。但天然存在的多糖醚类化合物不如多糖酯那样多。然而多糖醚化后可明显改善其性能，例如食品中使用的羧甲基纤维素钠和羟丙基淀粉等。

在红藻多糖特别是琼脂胶、κ- 卡拉胶和 ι- 卡拉胶中存在一种特殊的醚，即这些多糖中的 D- 半乳糖基的 C3 和 C6 之间脱水形成的内醚（图 3-20）。

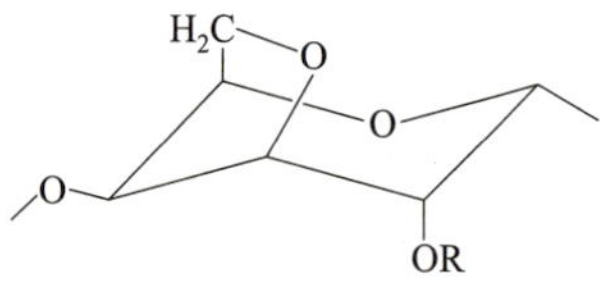

图 3-20 3,6- 脱水 -α-D- 半乳糖吡喃基

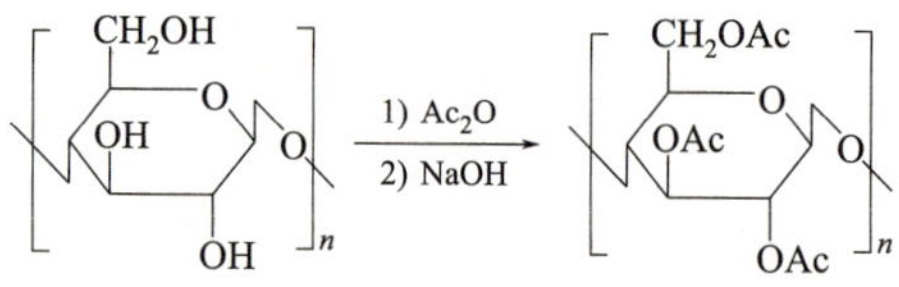

图 3-21 多糖乙酰化反应示意图

3.2.2.6 乙酰化反应

多糖的乙酰化修饰是改变其理化性质又一方法。天然多糖链上羟基基团，在适当条件下可与乙酰化试剂（如乙酸或乙酸酐）发生亲核取代反应，生成相应的多糖酯（图 3-21）。

多糖的乙酰取代度大小将影响多糖的理化性质。乙酰化后的多糖水溶性明显增加，且随取代度增加越易溶解，如低取代的乙酰化绿豆淀粉溶解度及膨润力均增大，其水溶液的透明度增加；乙酰化淀粉的抗凝沉性增强，同时具有较好的凝胶特性。近年来，乙酰化反应已被广泛用于增加多糖的疏水性，多糖经乙酰化后显示出更好的降低油 / 水界面张力，赋予其两亲性（amphiphilic character）。且乙酰化的方法可根据多糖特性和改性的目的而变化。

概念检查 3.2

○ 简述碳水化合物氧化还原性。

3.3 食品中重要的低聚糖和多糖

食品中低聚糖和多糖除本身的组成及理化性质对食品质量及营养有作用外，食品在加工及贮藏过程中也利用多糖的某些属性来改善品质或加工出特定产品，如作为增稠剂、胶凝剂、结晶抑制剂、澄清剂、稳定剂（用作泡沫、乳胶体和悬浮液的稳定）、成膜剂、絮凝剂、缓释剂、膨胀剂和胶囊剂等。利用功能性碳水化合物还能加工出功能性食品。

3.3.1 食品中重要的低聚糖

低聚糖存在于多种天然食物中，尤以植物源食品较多，如果蔬、谷物、豆科和海藻等。此外，在牛奶、蜂蜜和昆虫类中也含有低聚糖。蔗糖、麦芽糖、乳糖和环状糊精是食品加工中最常用的低聚糖。许多特殊的低聚糖（如低聚果糖、低聚木糖、甲壳低聚糖和低聚魔芋葡甘露糖）具有显著的生理功能，如在机体胃肠道内不被消化吸收而直接进入大肠内为双歧杆菌所利用，作为双歧杆菌的增殖因子；还有防龋齿、降低血清胆固醇、增强免疫等功能。

常见的双糖主要有纤维二糖、麦芽糖、异麦芽糖、龙胆二糖和海藻糖等，它们是均低聚糖。除海藻糖外，都有还原性。

蔗糖、乳糖、乳酮糖（lactulose）和蜜二糖是杂低聚糖，除蔗糖外其余都有还原性。糖的还原性或非还原性在食品加工中具有重要的作用，特别是当食品中同时含有蛋白质或其他含氨基的化合物时，在加工或保藏时易受热效应的影响而发生非酶褐变反应。乳糖，存在于牛奶和其他非发酵型乳制品中。乳糖在到达小肠前不能被消化，当到达小肠后在乳糖酶的作用下水解成 D- 葡萄糖和 D- 半乳糖，因此被小肠所吸收。但如果缺乏乳糖酶，乳糖在大肠内被厌氧微生物发酵生成醋酸、乳酸和其他短链酸，倘若这些产物大量积累则会引起腹泻，营养学上称为乳糖不耐症。

三糖有同聚三糖和杂聚三糖、还原性糖和非还原性糖之分，如麦芽三糖（同聚三糖，还原性 D- 葡萄糖低聚物）、甘露三糖（杂三糖，由 D- 葡萄糖和 D- 半乳糖组成的还原性低聚物）和蜜三糖（非还原性的杂聚三糖，由 D- 半乳糖基、D- 葡萄糖基和 D- 果糖基单位组成的杂三糖）。在一般的食品中三糖的含量都较少。

在一些天然食物中还存在一些不被消化吸收并具有某些特殊功能的低聚糖，如低聚果糖、低聚木糖等，它们又称功能性低聚糖。功能性低聚糖一般具有以下特点：不被人体消化吸收，提供的热量很低，能促进肠道双歧杆菌的增殖，预防牙齿龋变、结肠癌等。

3.3.1.1 大豆低聚糖

大豆低聚糖（soyben oligosaccharide）广泛存在于各种植物中，以豆科植物含量居多，典型的大豆低聚糖是从大豆中提取，主要成分是水苏糖（stachyose，占成熟大豆干基 3.7%）、棉子糖（raffinose，占大豆干基 1.3%）和蔗糖（占大豆干基 5%）。成人每天服用 3 ～ 5g 大豆低聚糖即可起到增殖双歧杆菌的作用。

3.3.1.2 低聚果糖

低聚果糖（fructo-oligosaccharide）是在蔗糖分子上结合 1 ～ 3 个果糖的寡糖，存在于果蔬中，如牛蒡（3.6%）、洋葱（2.8%）、大蒜（1.0%）、黑麦（0.7%）、香蕉（0.3%）。天然的和微生物法得到的低聚果糖几乎都是直链结构（图 3-22）。有试验表明，如果成人每天服用 5 ～ 8g 低聚果糖，2 周后粪便中双歧杆菌数可增加 10 ～ 100 倍。低聚果糖还可作为高血压、糖尿病和肥胖症患者的甜味剂，它也是一种防龋齿的甜味剂。

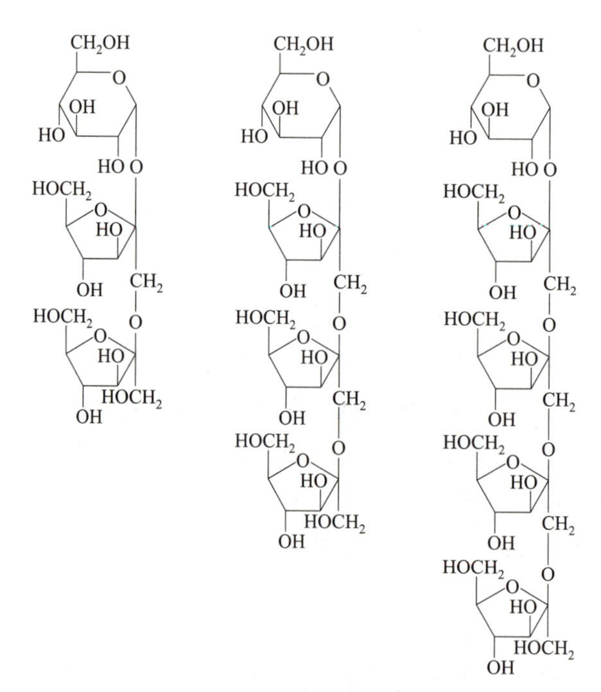

图 3-22 低聚果糖的化学结构

3.3.1.3 低聚木糖

低聚木糖（xylo-oligosaccharide）是由 2 ～ 7 个木糖以 β-1,4- 糖苷键结合而成的寡糖，其甜度约为蔗糖的 40%。低聚木糖的热稳定性好，在酸性条件下（pH2.5 ～ 7.0）加热也基本不分解，可用在酸奶、乳酸菌饮料和碳酸饮料等酸性饮料中。

低聚木糖产品的主要成分为木糖、木二糖、木三糖及少量三糖以上的木聚糖，其中以木二糖为主要成分。木二糖含量越高，则低聚木糖的质量越好。低聚木糖一般是以富含木聚糖（xylan）的植物如玉米芯、蔗渣、棉子壳和麸皮等为原料，通过木聚糖酶水解而制得。自然界中很多霉菌和细菌都产木聚糖酶，工业上多采用球毛壳酶产生内切木聚糖酶水解木聚糖，然后分离提取低聚木糖。低聚木糖在肠道内难以消化，是极好的双歧杆菌生长因子，每天仅摄入 0.7g 即有明显效果。

3.3.1.4　甲壳低聚糖

甲壳低聚糖是一类由 *N*- 乙酰 -D- 氨基葡萄糖和 D- 氨基葡萄糖通过 β-1,4- 糖苷键连接起来的低聚合度的水溶性氨基葡聚糖，结构式见图 3-23。由于分子中有氨基，在酸性溶液中易成盐，呈阳离子性质，甲壳低聚糖的许多性质都与此有关。甲壳低聚糖有许多生理活性，如提高机体免疫力、增强机体的抗病抗感染能力、促进双歧杆菌增殖等。

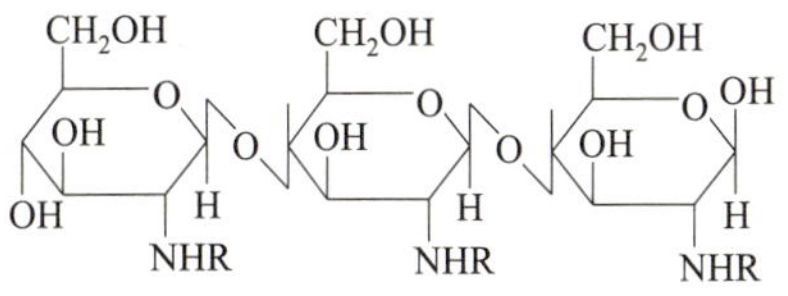

图 3-23　甲壳低聚糖

R=H（氨基葡萄糖）;

$R=-\overset{O}{\overset{\|}{C}}-CH_3$（*N*- 乙酰氨基葡萄糖）

3.3.1.5　其他低聚糖

帕拉金糖（palatinose，6-*O*-α-D- 吡喃葡糖基 -D- 果糖）是在甜菜制糖过程中发现的一种结晶状双糖，具有还原性，后来在蜂蜜和甘蔗汁中也发现了天然帕拉金糖的存在。从化学结构上看它是异麦芽酮糖（isomaltulose），与蔗糖和乳糖不同的是帕拉金糖没有吸湿性，将它与柠檬酸混合保藏 22 天，也没有转化糖出现。这表明对含有机酸或维生素 C 的食品来说，用帕拉金糖为增甜剂比用蔗糖稳定。大多数细胞和酵母不能发酵帕拉金糖，因此，在发酵食品和饮料生产中添加，其甜味易于保存。

乳酮糖（lactulose）也称异构化乳糖。乳糖是由半乳糖和葡萄糖组成的，而乳酮糖是半乳糖和果糖以 β-1,4- 糖苷键结合而成的双糖，其化学名为 4-*O*-β-D- 吡喃型半乳糖 -D- 果糖。乳酮糖的制取通常是用碱液处理使乳糖异构化而得的。新鲜生乳中没有，加热的乳中能检测到少量的乳酮糖。

低聚异麦芽糖、低聚半乳糖、低聚乳果糖以及低聚龙胆糖等都是双歧杆菌生长因子，可使肠内双歧杆菌增殖，保持双歧杆菌菌群优势，有保健作用。

3.3.2　淀粉

淀粉是多数食品的主要组成成分之一，也是人类营养最重要的碳水化合物来源。淀粉生产的原料为玉米、小麦、马铃薯、甘薯、稻等农作物（表 3-8）。糖原是动物淀粉，是肌肉和肝脏组织中储存的主要碳水化合物。它在肌肉和肝脏中的浓度都很低，所以糖原在食品中的含量很少，不在此介绍。

表 3-8　主要食物中淀粉含量　%

品种	含量	品种	含量
糙米	73	马铃薯	16
玉米	70	小麦	66
大麦	40	高粱	60
蚕豆	49	荞麦面	72
甘薯（鲜）	19	豌豆	58

淀粉一般由直链淀粉和支链淀粉构成。常见的食物中直链淀粉和支链淀粉的构成见表 3-9。当直链淀粉比例较高时不易糊化；甚至有的在温度 100℃以上才能糊化；否则反之。直链淀粉糊化形成的糊化物不稳定，而支链淀粉糊化后是非常稳定的。

表 3-9 一些淀粉中直链淀粉与支链淀粉的比例

淀粉来源	直链淀粉/%	支链淀粉/%	淀粉来源	直链淀粉/%	支链淀粉/%
高直链玉米	50～85	15～50	籼米	26～31	74～69
玉米	26	74	马铃薯	21	79
蜡质玉米	1	99	木薯	17	83
小麦	28	72	粳米	17	83

淀粉具有独特的理化性质及营养功能，人类对淀粉消耗量是其他多糖所不能比拟的。由于制备淀粉的原料易得，价格低廉，在食品工业中淀粉被广泛用作增稠剂、黏合剂、稳定剂等，还被大量用作布丁、汤汁、沙司、粉丝、婴儿食品、馅饼、蛋黄酱等的原料。

3.3.2.1 淀粉的结构特性

直链淀粉是由 α-D- 吡喃葡萄糖残基以 1,4- 键连接而成的直链分子（图 3-24），分子量为 10^6 左右，呈右手螺旋结构，在螺旋内部只含氢原子，具亲油性；糖链上羟基在螺旋外部，具亲水性。大多数直链淀粉分子链上还存在很少量的 α-D-1,6- 键分支，平均每 180 ～ 320 个糖单位有一个支链，分支点的 α-D-1,6- 键占总糖苷键的 0.3% ～ 0.5%。

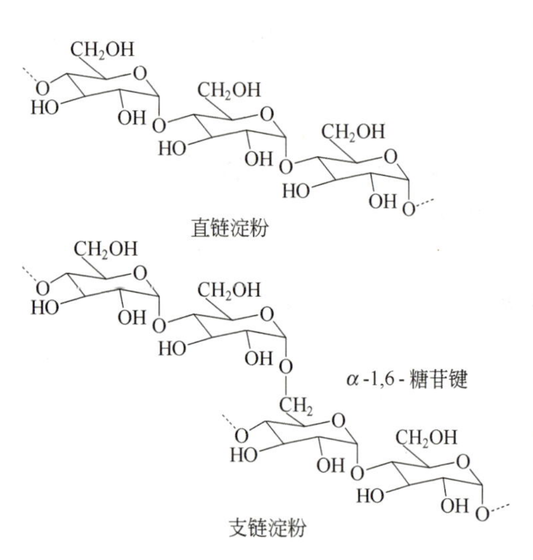

图 3-24 淀粉的化学结构示意图

支链淀粉是一分支很高的大分子（图 3-24，图 3-25）。葡萄糖基通过 α-1,4- 糖苷键连接构成它的主链，支链通过 α-1,6- 糖苷键与主链连接，分支点的 α-D-1,6- 键占总糖苷键的 4% ～ 5%。支链淀粉含有还原端的 C 链，即线形主链，主链上有很多支链，称为 B 链，B 链上又有侧链，称为 A 链。支链淀粉的分支平行排列成簇状或以双螺旋形式存在。因此，很可能淀粉粒的主要结晶部分是由支链淀粉形成的，例如蜡质玉米淀粉的结晶区。支链淀粉的分子量很大，为 10^7 ～ 5×10^8。大多数淀粉中含有大约 75% 的支链淀粉（表 3-9），蜡质玉米淀粉中几乎全为支链淀粉。马铃薯淀粉因含有磷酸酯基，略带负电荷，在水中加热可形成非常黏的透明溶液，一般不易老化。

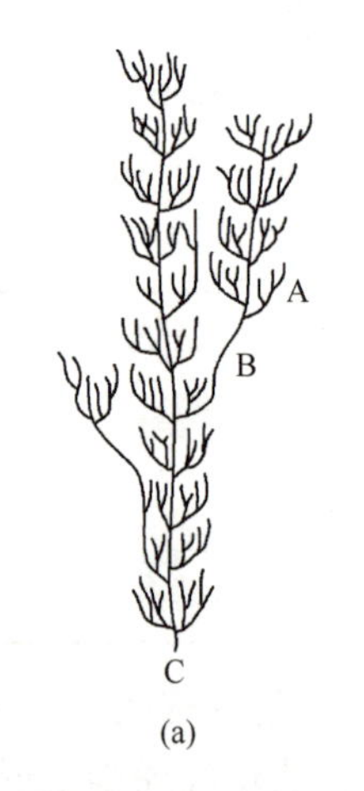

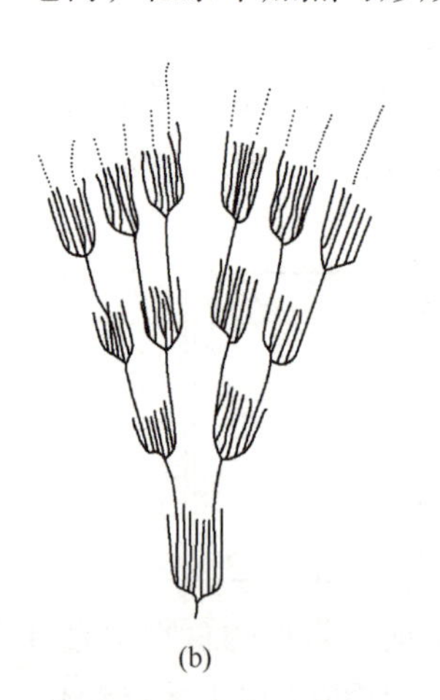

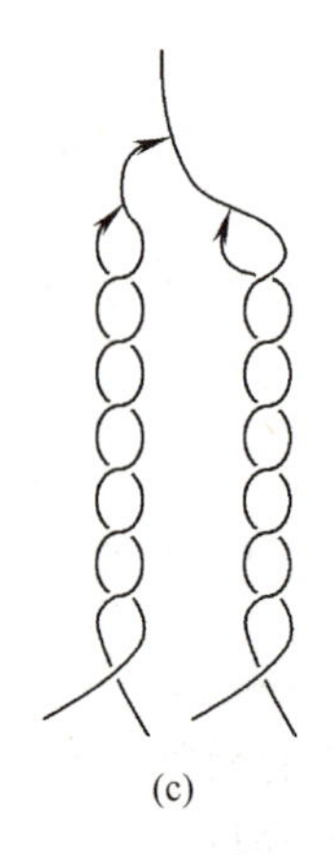

图 3-25 支链淀粉分子结构形状（a）、平行排列成簇状（b）和双螺旋（c）示意图

淀粉在植物细胞内以颗粒状存在，故称淀粉粒。淀粉粒形状主要有圆形、椭圆形、多角形等；淀粉粒大小 0.001 ～ 0.15mm 之间，马铃薯淀粉粒最大，谷物淀粉粒最小（图 3-26）。用偏振光显微镜观察及 X 射线研究，淀粉粒能产生双折射及 X 射线衍射现象，说明它有结晶结构的一些特点，结晶区与无定形区呈现交替的层状结构（图 3-27）。在淀粉颗粒中约有 70% 的淀粉处在无定形区，30% 为结晶状态，无定形区中主要是直链淀粉，但也含少量支链淀粉；结晶区主要为支链淀粉，支链与支链彼此间形成螺旋结构，并缔合成束状。直链淀粉分子易形成能截留脂肪酸、烃类物质的螺旋结构，这类复合物称为包含复合物。在溶液中直链淀粉以双螺旋形式存在，甚至在淀粉粒中也是这种形式存在。在淀粉粒中直链淀粉与支链淀粉分子呈径向排列。

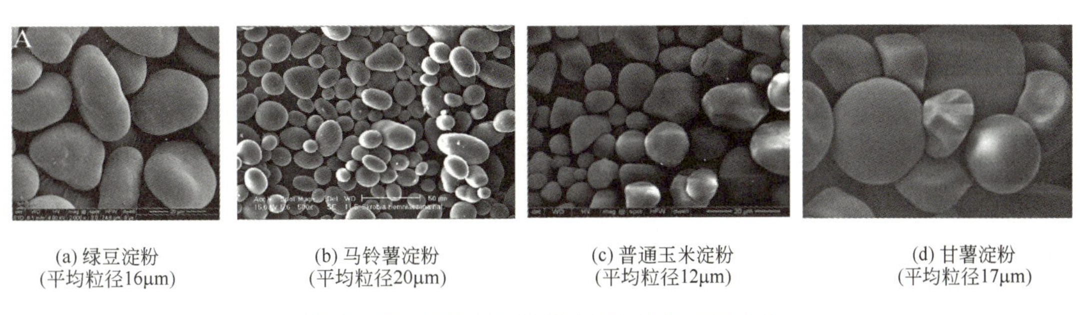

(a) 绿豆淀粉（平均粒径16μm）　(b) 马铃薯淀粉（平均粒径20μm）　(c) 普通玉米淀粉（平均粒径12μm）　(d) 甘薯淀粉（平均粒径17μm）

图 3-26　不同淀粉颗粒在扫描电镜下的形状

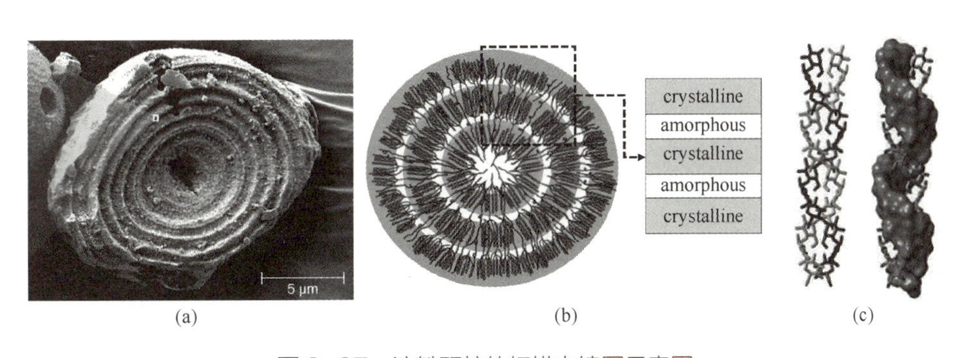

(a)　(b)　(c)

图 3-27　淀粉颗粒的扫描电镜图示意图

（a）结晶；（b）非结晶叠加排列形成的簇状；（c）双螺旋分子

3.3.2.2　淀粉的糊化

淀粉分子结构上虽有许多羟基，但由于羟基之间通过氢键缔合形成完整的淀粉粒不溶于冷水，能可逆地吸水并略微溶胀。如果给水中淀粉粒加热，则随着温度上升淀粉分子的振动加剧，分子之间的氢键断裂，因而淀粉分子有更多的位点可以和水分子发生氢键缔合。水渗入淀粉粒，使更多和更长的淀粉分子链分离，导致结构的混乱度增大，同时结晶区的数目和大小均减小。继续加热，淀粉发生不可逆溶胀。此时支链淀粉由于水合作用而出现无规卷曲，淀粉分子的有序结构受到破坏，最后完全成为无序状态，双折射和结晶结构也完全消失，淀粉的这个过程称为糊化（dextrinization）。淀粉糊化的本质是淀粉微观结构从有序转变成无序。

淀粉糊化分为三个阶段。第一阶段：水温未达到糊化温度时，水分只是由淀粉粒的孔隙进入粒内，与许多无定形部分的极性基相结合，或简单地吸附，此时若取出脱水，淀粉粒仍可以恢复。第二阶段：加热至糊化温度，这时大量的水渗入到淀粉粒内，引起淀粉粒溶胀并像蜂窝一样紧密地相互推挤。扩张的淀粉粒流动受阻使之产生黏稠性（图 3-28），这可用 Brabender 仪记录淀粉糊的黏度 - 温度曲线。此阶段水分子进入微晶束结构，淀粉原有的排列取向被破坏，随着温度的升高，黏度增加。第三阶段：使膨胀的淀粉粒继续分离支解。当在95℃恒定一段时间后，则黏度急剧下降。淀粉糊冷却时，一些淀粉分子重新缔合形成不可逆凝胶（图3-29）。

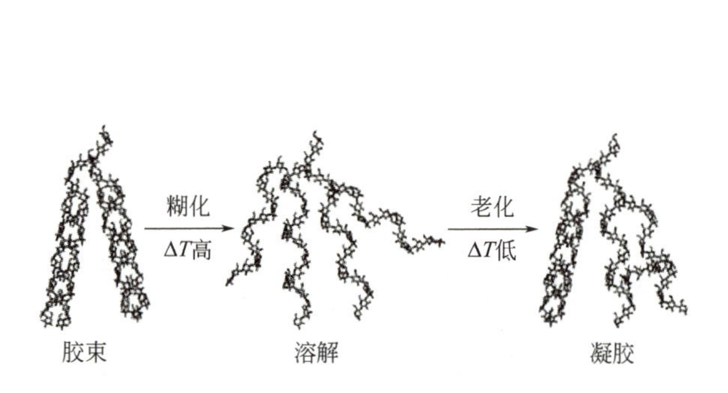

图 3-28 淀粉的凝胶形成示意图

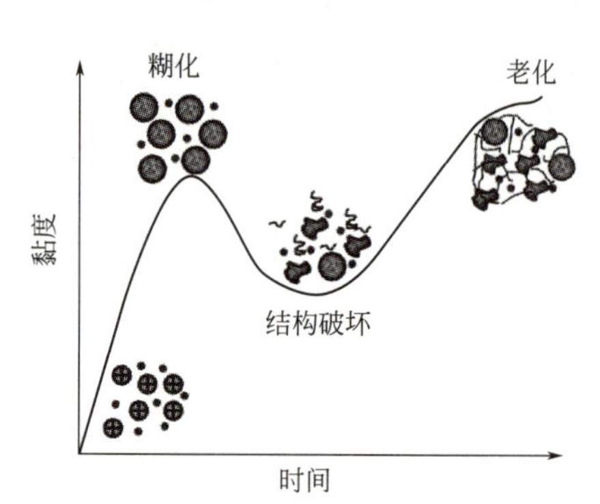

图 3-29 淀粉颗粒构象转变过程中黏度变化曲线

以淀粉及淀粉含量较高的原料在加工过程中，由于直链淀粉和支链淀粉发生部分分离，会影响淀粉糊和加工食品的特性。已糊化的淀粉混合物在温度约65℃以下贮存时，因直链淀粉和支链淀粉分离，易出现老化现象。直链淀粉和支链淀粉的性质概括于表3-10。

表 3-10 直链淀粉和支链淀粉的性质

性 质	直链淀粉	支链淀粉
分子量	50000～200000	一百万到几百万
糖苷键	主要是α-D-（1→4）	α-D-（1→4），α-D-（1→6）
对老化的敏感性	高	低
β-淀粉酶作用的产物	麦芽糖	麦芽糖，β-极限糊精
葡萄糖淀粉酶作用的产物	D-葡萄糖	D-葡萄糖
分子形状	主要为线形	灌木形

影响淀粉糊化的因素很多，首先是淀粉粒中直链淀粉与支链淀粉的含量和结构，其次是温度、水分活度、淀粉中其他共存物质和pH等。

a. 水分活度 食品中盐类、低分子量的碳水化合物和其他成分对水分活度有很重要的影响，这些成分的存在将会降低水分活度，进而会抑制淀粉的糊化，或仅产生有限的糊化。如高浓度的水溶性糖的存在会使淀粉糊化受到严重抑制，因为同水结合力强的小分子糖与淀粉争夺结合水，因而抑制淀粉糊化。

b. 淀粉结构 当淀粉中直链淀粉比例较高时不易糊化，甚至有的在温度100℃以上才能糊化；否则反之。

c. 盐 高浓度的盐使淀粉糊化受到抑制；低浓度的盐，对糊化几乎没有影响。但对马铃薯淀粉例外，因为它含有磷酸酯基，低浓度的盐影响它的电荷效应。

d. 脂类 脂类可与淀粉形成包合物，即脂类被包含在淀粉螺旋环内（图3-30），不易从螺旋环中浸出，并可阻止水渗透入淀粉粒。因此，凡能直接与淀粉配位的脂肪都将阻止淀粉粒溶胀，从而影响淀粉的糊化。在淀粉中添加含16～18碳脂肪酸的单酰甘油，会使糊化温度上升，形成凝胶的温度下降，凝胶的强度减弱。

e. pH值 食品中pH值对淀粉糊化的影响主要表现在以下方面：当食品的pH<4时，淀粉将被水解为糊精，黏度降低。为防止酸对淀粉增稠的影响，对于那些高酸食品的增稠需用交联淀粉作为食品的增稠剂，由于这类淀粉分子非常庞大，只有在完全水解时黏度才明显降低。当食品的pH=4～7时，对淀粉糊化几乎无影响。pH≥10时，糊化速度迅速加快，但pH≥10的食品几乎不存在，故在食品工业中意义不大。

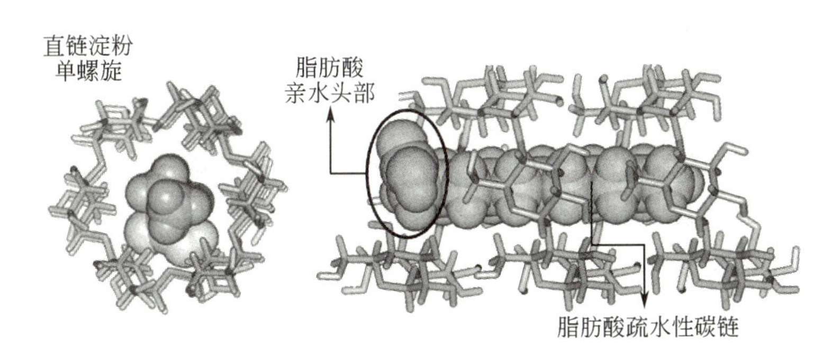

图 3-30　脂类被淀粉包围

f. 淀粉酶　在糊化初期，淀粉粒吸水膨胀已经开始而淀粉酶尚未被钝化前，可使淀粉降解（稀化），淀粉酶的这种作用使淀粉糊化加速。故新米（淀粉酶活性较高）比陈米更易煮烂。

g. 淀粉粒大小　同一种淀粉，颗粒大小不一样，糊化温度也不一样，颗粒大的先糊化，颗粒小的后糊化。一般来说，小颗粒淀粉的糊化温度高于大颗粒淀粉的糊化温度。

3.3.2.3　淀粉的老化

热的淀粉糊冷却时，通常形成黏弹性的凝胶，凝胶中联结区的形成表明淀粉分子开始结晶，并失去溶解性。通常将淀粉糊冷却或贮藏时，淀粉分子通过氢键相互作用产生沉淀或不溶解的现象，称作淀粉的老化（retrogradation）。淀粉老化实质上是一个再结晶的过程。许多食品在贮藏过程中品质变差，如面包的陈化（staling）、米汤的黏度下降并产生白色沉淀等，都是淀粉老化的结果。影响淀粉老化的因素主要有以下方面。

① 淀粉的种类。直链淀粉分子呈直链状结构，在溶液中空间障碍小，易与氢键结合，所以容易老化。分子量大的直链淀粉由于取向困难，比分子量小的老化慢。聚合度在 100 ～ 200 的直链淀粉，由于易于扩散，最易老化。而支链淀粉分子呈树枝状结构，不易老化。

② 淀粉的浓度。溶液浓度大，分子碰撞机会多，易于老化。但水分含量在 10% 以下时，淀粉难以老化；水分含量在 30% ～ 60%，尤其是在 40% 左右，淀粉最易老化。

③ 无机盐的种类。无机盐离子有阻碍淀粉分子定向取向的作用，阻碍作用大小的顺序如下：$SCN^- > PO_4^{3-} > CO_3^{2-} > I^- > NO_3^- > Br^- > Cl^-$，$Ba^{2+} > Ca^{2+} > K^+ > Na^+$ 。

④ 食品的 pH 值。溶液的 pH 值对淀粉老化有影响，pH 值在 5 ～ 7 时，老化速度快。而在偏酸或偏碱性时，因带有同种电荷，老化减缓。

⑤ 温度的高低。淀粉老化的最适温度是 2 ～ 4℃，60℃以上或 -20℃以下就不易老化，但温度恢复至常温，老化仍会发生。

⑥ 冷冻的速度。糊化的淀粉缓慢冷却时，淀粉分子有足够的时间取向排列，会加重老化。而速冻使淀粉分子间的水分迅速结晶，不易“脱水收缩”，阻碍淀粉分子靠近，淀粉分子来不及取向，分子间的氢键结合不易发生，故可降低老化程度。

⑦ 共存物的影响。脂类和乳化剂可抗老化；多糖（果胶例外）、蛋白质等亲水大分子可与淀粉竞争水分子，干扰淀粉分子平行靠拢，从而起到抗老化作用。表面活性剂或具有表面活性的极性脂如单酰甘油及其衍生物硬脂酰 -*α*- 乳酸钠（SSL）添加到面包和其他食品中，可延长货架期。直链淀粉的疏水螺旋结构，使之可与极性脂分子的疏水部分相互作用形成配合物，从而影响淀粉糊化、抑制淀粉分子的重新排列，可推迟淀粉的老化过程。

3.3.2.4　淀粉的消化特性

淀粉的消化特性通常与晶体结构有关。通常，支链淀粉的精细结构决定了天然淀粉颗粒中的结晶类型。支链淀粉的侧链由十几个葡萄糖残基组成，通过氢键连接成双螺旋，双螺旋可以堆叠和排列形成 a、b 和 c 型晶体。a 型晶体存在于谷物淀粉中，b 型晶体存在于块茎淀粉和直链淀粉中，c 型晶体存在于豆类淀粉中。研究表明，a 型晶体结构决定了天然谷物淀粉的缓慢消化特性，b 型晶体结构对酶消化具有抵抗力。

根据酶的作用和消化的速度和程度，淀粉可分为三种，即快速消化淀粉（rapidly digestible starch，RDS）、缓慢消化淀粉（slowly digestible starch，SDS）和抗性淀粉（resistant starch，RS），这三种类型的淀粉在小肠中消化所需时间不同。快速消化淀粉能在小肠上部被迅速消化和吸收，并导致血糖水平升高，即通过酶在 20min 内消化水解为葡萄糖分子。缓慢消化淀粉是一种消化时间较长但在小肠中完全消化的淀粉，即酶消化 20 ～ 120min 之内转化为葡萄糖分子。抗性淀粉在摄入后 120min 内不会在小肠中消化吸收，而是在结肠中发酵。

3.3.2.5　淀粉的水解

淀粉中糖苷键在酸及酶的催化下可发生不同程度的随机水解。淀粉水解后，其产品的功能性质发生了较大改变（表 3-11）。淀粉分子用酸进行轻度水解，只有少数的糖苷键被水解，这个过程即为变稀，也称酸改性或变稀淀粉。用酸改性淀粉后，其凝胶的透明度和强度有所提高，且不易老化。酸改性淀粉有多种用途，可用作成膜剂和黏合剂，如用作焙烤果仁和糖果的涂层、风味保护剂、风味物质微胶囊化的壁材（或胶囊剂、包香剂）和微乳化的保护剂。

表 3-11　淀粉水解产品的功能性质

水解度较大的产品①	水解度较小的产品②	水解度较大的产品①	水解度较小的产品②
甜味	黏稠性	风味增强剂	抑制糖结晶
吸湿性和保湿性	形成质地	可发酵性	阻止冰晶生长
降低冰点	泡沫稳定性	褐变反应	

① 高DE糖浆。

② 低DE糖浆和麦芽糖浆。

商业上以玉米淀粉为原料，应用酶水解作用制成不同类型的糖浆。如生产高果糖玉米糖浆，以玉米为原料，用 α- 淀粉酶和葡萄糖淀粉酶进行水解，得到较高纯度的 D- 葡萄糖，再用 D- 葡萄糖异构酶，将 D- 葡萄糖转化成 D- 果糖，一般可得到约含 58%D- 葡萄糖和 42%D- 果糖的玉米糖浆。欲制备高果糖玉米糖浆（high-fructose corn syrup，HFCS，果糖含量达到 55% 以上），可将异构化的糖浆通过钙离子交换树脂，使果糖与树脂结合，然后回收得到富含果糖的玉米糖浆。高果糖玉米糖浆一般用作软饮料甜味剂。

淀粉转化为 D- 葡萄糖的程度（即淀粉糖化值）可用淀粉水解为葡萄糖当量（dextrose equivalency，DE）来衡量，其定义是还原糖（按葡萄糖计）在玉米糖浆中所占的百分数（按干物质计）。DE 与聚合度（DP）的关系式如下：

$$DE=\frac{100}{DP}$$

通常将 DE ＜ 20 的水解产品称为麦芽糊精，DE 为 20 ～ 60 的叫做玉米糖浆。

3.3.2.6　淀粉改性

天然淀粉由于具有易老化、脱水收缩及持水力低等缺陷，在食品工业中的应用受限。然而，通过物理、化学或生物化学的方法进行改性（表 3-12）能提高淀粉的持水能力、耐热性，增强其结合能力，最大限度地减少淀粉的脱水收缩并增强稠度，可增强其食品功能性，甚至可作为化工及医药等方面的材料。随着对淀粉微观结构的进一步认识和纳米科技的发展，淀粉的纳米级改性技术备受人们的重视。淀粉的纳米级改性是指利用生物、化学、机械等方法，将淀粉的粒度降至纳米尺度（1 ～ 1000nm）制备淀粉纳米颗粒（starch nanoparticle，SNP）。SNP 作为新型改性淀粉，尤其是粒径小于 200nm、单分散及粒径均匀的高端 SNP，具有比表面积大、表面活性高及荷载能力强等纳米材料特性，而且还具有可生物降解和生物相容性好等优点，在益生元、食品活性成分递释载体、脂肪代替品及 Pickering 乳化剂等功能性食品胶体研发和应用方面具有很大的潜力。SNP 形态见图 3-31。

表 3-12　淀粉改性的方法

改性类型	改性方法	在食品工业中的应用
化学改性	酸水解	
	氧化作用	
	酯化作用	
	交联作用	用于冷藏和冷冻食品
物理改性	热湿处理	改善其烘焙品质和婴儿食品的制备
	微波辐照	烘焙和乳品中的脂肪替代品
	挤出处理	
	预糊化处理	在许多食品中用作增稠剂
	高静水压力	
生物改性	酶促修饰	生产麦芽糊精、环糊精和直链淀粉等

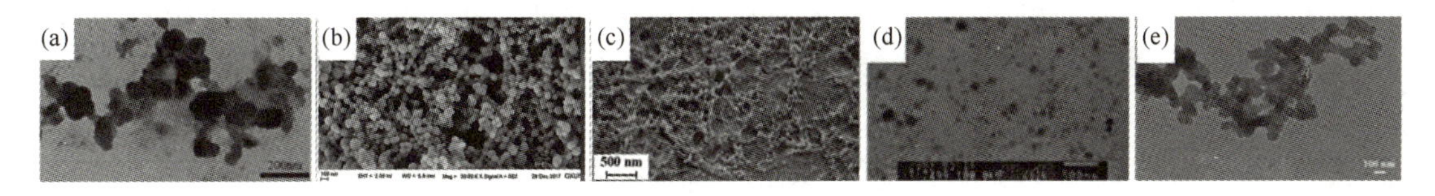

图 3-31　酸水解法（a）、超声波法（b）、沉淀法（c）、微乳液法（d）和自组装法（e）制备的 SNP 形态

① 低黏度变性淀粉　低于糊化温度时的酸水解，在淀粉粒的无定形区发生，剩下较完整的结晶区。玉米淀粉的支链淀粉比直链淀粉酸水解更完全，淀粉经酸处理后，生成在冷水中不易溶解而易溶于沸水的产品。这种产品称为低黏度变性淀粉或酸变性淀粉，其热糊黏度、特性黏度和凝胶强度均有所降低，而糊化温度提高，不易发生老化，可用于增稠和制成膜。

② 预糊化淀粉　淀粉悬浮液在高于糊化温度下加热，采用滚筒干燥法、喷雾干燥法或挤压膨胀法干燥脱水后，即得到可溶于冷水和能发生胶凝的淀粉产品。预糊化淀粉可用于生产老人及婴幼儿食品、鱼糜系列产品、火腿、腊肠以及烘烤食品等。预糊化淀粉在冷水中可溶，省去了食品蒸煮的步骤，且原料丰富，价格低，比其他食品添加剂经济，故常用于方便食品中。

③ 淀粉醚化　淀粉含有大量的羟基，其中少量的羟基被酯化、醚化或氧化，则淀粉的性质将发生相当大的变化，从而扩大了淀粉的用途。

淀粉分子中 D- 吡喃葡萄糖上三个游离羟基均可进行醚化。低取代度（degree of substitution，DS）的羟乙基淀粉糊化温度降低，淀粉颗粒的溶胀速度加快，淀粉糊形成凝胶和老化的趋势减弱。羟烷基淀粉如羟丙基淀粉可作为色拉调味汁、馅饼食品的添加剂和其他食品的增稠剂。

④ 淀粉酯 淀粉和酸式正磷酸盐、酸式焦磷酸盐以及三聚磷酸盐的混合物在一定温度范围内反应可制成淀粉磷酸单酯。典型反应条件为 50 ～ 60℃加热 1h，取代度一般低于 0.25，制备较高取代度的衍生物需提高温度和磷酸盐浓度并延长反应时间。淀粉磷酸单酯也可在 120 ～ 175℃下干法加热淀粉和碱性磷酸盐或碱性三聚磷酸盐制得。

$$R{-}OH \xrightarrow[\text{POCl}_3/\text{碱性磷酸盐}]{OH^-} R{-}OPO_3H^-$$

淀粉磷酸单酯和未改性的淀粉比较，糊化温度更低。取代度 0.07 或更高的淀粉磷酸酯在冷水中可发生溶胀。与其他淀粉衍生物比较，淀粉磷酸酯糊状物的黏度和透明度增大，老化现象减弱。其特性与马铃薯淀粉很相似，因为马铃薯淀粉也含有磷酸酯基。

淀粉磷酸单酯因具有极好的冷冻 - 解冻稳定性，所以适合于加工冷冻食品，通常作为冷冻肉汁和冷冻奶油馅饼的增稠剂，在这类食品中，使用淀粉磷酸单酯优于未改性淀粉。预糊化淀粉磷酸酯在冷水中易分散，适用于速溶甜食粉和糖霜的加工。

淀粉可与有机酸在加热条件下反应生成酯，例如与醋酸、长链脂肪酸（C_6 ～ C_{26}）、琥珀酸、己二酸或柠檬酸反应生成的淀粉有机酸酯，其增稠性、糊的透明性和稳定性均优于天然淀粉，可用作焙烤食品、汤汁粉料、沙司、布丁、冷冻食品的增稠剂和稳定剂，以及脱水水果的保护涂层、保香剂和微胶囊包被剂。

低取代度的淀粉醋酸酯可形成稳定的溶液，因为这种淀粉只含有几个乙酰基，所以能够抑制直链淀粉分子和支链淀粉的外层长链发生缔合。在有（或无）催化剂存在的条件下（例如醋酸或碱性水溶液），用醋酸或醋酐处理粒状淀粉便可得到低取代度的淀粉醋酸酯。在 pH7 ～ 11 和 25℃条件下，用淀粉和醋酸酐反应可制成取代度为 0.5 的产品。

低取代度淀粉醋酸酯的糊化温度低，形成的糊冷却后具有良好的抗老化性能，这种淀粉糊透明而且稳定，可用于冷冻水果馅饼、焙烤食品、速溶布丁、馅饼和肉汁。取代度较高的淀粉醋酸酯能降低凝胶生成的能力。表 3-13 列举了各种淀粉改性前后的性质。

表 3-13 玉米淀粉改性前后的性质比较

种类	直链淀粉/支链淀粉	糊化温度范围/℃	性质
普通淀粉	1∶3	62～72	冷却解冻稳定性不好
糯质淀粉	0∶1	63～70	不易老化
高直链淀粉	（3∶2）～（4∶1）	66～92	颗粒双折射小于普通淀粉
酸变性淀粉	可变	69～79	与未变性淀粉相比，热糊的黏性降低
羟乙基化	可变	58～68（$DS_{0.04}$）	增加糊的透明性，降低老化作用
磷酸单酯	可变	56～66	降低糊化温度和老化作用
交联淀粉	可变	高于未改性的淀粉，取决于交联度	峰值黏度减小，糊的稳定性增大
乙酰化淀粉	可变	55～65	糊状物透明，稳定性好

⑤ 交联淀粉 交联淀粉是由淀粉与含有双或多官能团的试剂反应生成的衍生物。常用的交联试剂有三偏磷酸二钠、氧氯化磷、表氯醇或醋酸与二元羧酸酐的混合物等。

与淀粉磷酸单酯比较，淀粉磷酸二酯有两个被磷酸酯化的羟基，通常是两条相邻的淀粉链各有一个羟基被酯化，因此，在毗邻的淀粉链之间可形成一个化学桥键，这类淀粉称为交联淀粉。这种由淀粉链之间形成的共价键能阻止淀粉粒溶胀，对热和振动的稳定性更大。

淀粉的水悬浊液与磷酰氯反应生成交联淀粉，淀粉与三偏磷酸盐反应或淀粉浆与 2% 三偏磷酸盐在 50℃和 pH10 ～ 11 反应 1h，均可形成交联淀粉（图 3-32）。

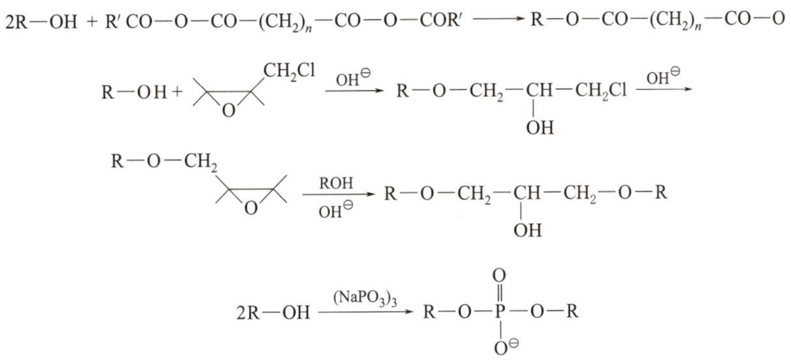

$$2R-OH + R'CO-O-CO-(CH_2)_n-CO-O-COR' \longrightarrow R-O-CO-(CH_2)_n-CO-O$$

$$R-OH + \text{epoxide}(CH_2Cl) \xrightarrow{OH^{\ominus}} R-O-CH_2-\underset{\displaystyle OH}{\underset{|}{CH}}-CH_2Cl \xrightarrow{OH^{\ominus}}$$

$$R-O-CH_2\text{-epoxide} \xrightarrow[OH^{\ominus}]{ROH} R-O-CH_2-\underset{\displaystyle OH}{\underset{|}{CH}}-CH_2-O-R$$

$$2R-OH \xrightarrow{(NaPO_3)_3} R-O-\overset{\displaystyle O}{\overset{\|}{\underset{\displaystyle O^{\ominus}}{\underset{|}{P}}}}-O-R$$

图 3-32　交联淀粉形成示意图

磷酸交联键能增强溶胀淀粉粒的稳定性，与淀粉磷酸单酯相反，淀粉磷酸二酯的糊不透明。交联度大的淀粉在高温、低 pH 和机械振动条件下都非常稳定，淀粉糊化温度随交联度加大成比例增大。若淀粉高度交联则可抑制溶胀，甚至在沸水中也不溶胀。

交联淀粉主要用于婴儿食品、色拉调味汁、水果馅饼和奶油型玉米食品。作为食品增稠剂和稳定剂，淀粉磷酸二酯优于未改性的淀粉，因为它能使食品在煮过以后仍然保持悬浮状态，能阻止胶凝和老化，有良好的冷冻 - 解冻稳定性，放置后也不发生脱水收缩。

⑥ 氧化淀粉　淀粉水悬浮液与次氯酸钠在低于糊化温度下发生水解和氧化反应，生成的氧化产物平均每 25 ～ 50 个葡萄糖残基有一个羧基。氧化淀粉用于色拉调味料和蛋黄酱等较低黏度的填充料，但它不同于低黏度变性淀粉，既不易老化也不能凝结成不透明的凝胶。TEMPO 淀粉氧化反应见图 3-33。

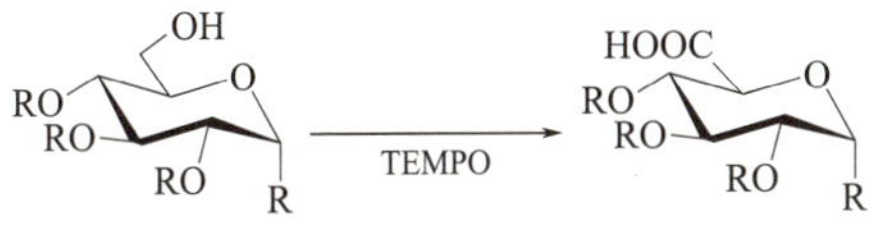

图 3-33　四甲基哌啶氧化物（TEMPO）淀粉氧化反应

3.3.3　纤维素和半纤维素

3.3.3.1　纤维素

纤维素是植物细胞壁的主要结构成分，通常与半纤维素、果胶和木质素结合在一起，其结合方式和程度对植物源食品的质地影响很大。而植物在成熟和后熟时质地的变化则是由果胶物质发生变化引起的。人体消化道不存在纤维素酶，纤维素是一类重要的膳食纤维（详见 3.5）。

纤维素（图 3-34）是由 D- 吡喃葡萄糖通过 β-D-1,4- 糖苷键连接构成的线形同聚糖。纤维素有无定形区和结晶区之分，无定形区容易受溶剂和化学试剂的作用，利用无定形区和结晶区在反应性质上的这种差别，可以将纤维素制成微晶纤维素。即无定形区被酸水解，剩下很小的耐酸结晶区，这种产物（分子量一般在 30000 ～ 50000）商业上叫做微晶纤维素，它仍然不溶于水，常在低热量食品加工中被用作填充剂和流变控制剂。

纤维素的聚合度（DP）视植物的来源和种类的不同而不同，可从 1000 至 14000，相当于分子量 162000 ～ 2268000。纤维素由于分子量大且具有结晶结构，所以不溶于水，而且溶胀性和吸水性都很小。纯化的纤维素常作为配料添加到面包中，可增加持水力和延长货架期，提供一种低热量食品。

（1）羧甲基纤维素　纤维素经化学改性，可制成纤维素基食物胶。最广泛应用的纤维素衍生物是羧甲基纤维素钠（CMC-Na），它是用氢氧化钠 - 氯乙酸处理纤维素制成的，一般产物的取代度（DS）为 0.3 ～ 0.9，聚合度为 500 ～ 2000。其反应如图 3-35 所示。

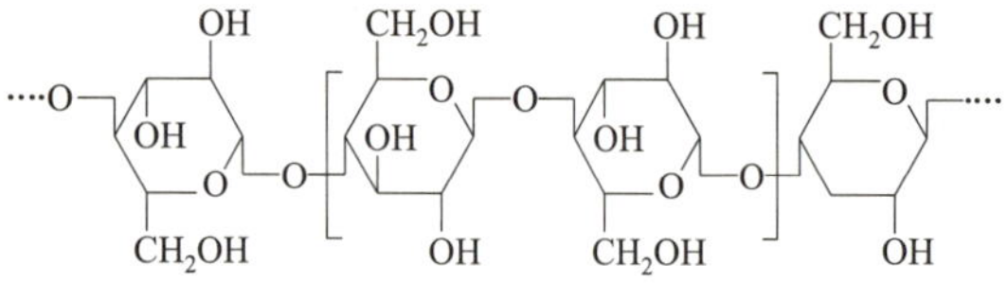

图 3-34　纤维素

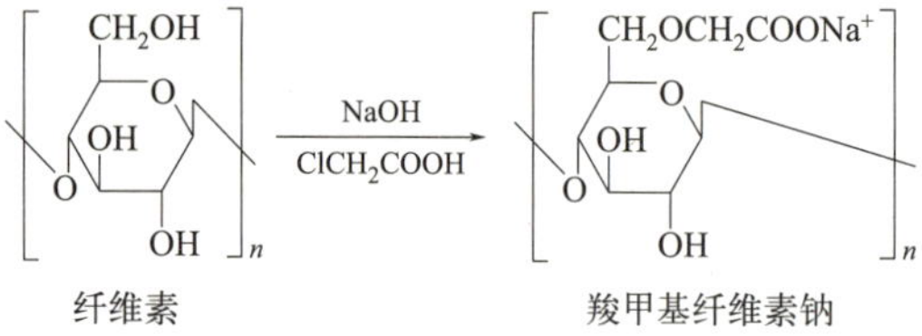

图 3-35　羧甲基纤维素钠

CMC 分子链长、具有刚性、带负电荷，在溶液中因静电排斥作用使之呈现高黏度和稳定性，它的这些性质与取代度和聚合度密切相关。低取代度（DS ≤ 0.3）的产物不溶于水而溶于碱性溶液；高取代度（DS ＞ 0.4）CMC 易溶于水。此外，溶解度和黏度还取决于溶液的 pH 值。

取代度 0.7 ～ 1.0 的 CMC 可用来增加食品的黏性，溶于水可形成非牛顿流体，其黏度随着温度上升而降低；pH5 ～ 10 时溶液较稳定，pII7 ~ 9 时稳定性最大。CMC 一价阳离子形成可溶性盐，但当二价离子存在时则溶解度降低并生成悬浊液，三价阳离子可引起胶凝或沉淀。

CMC 有助于食品蛋白质的增溶，例如明胶、干酪素和大豆蛋白等。在增溶过程中，CMC 与蛋白质形成复合物。特别在蛋白质等电点附近，可使蛋白质保持稳定的分散体系。

CMC 具有适宜的流变学性质、无毒以及不被人体消化等特点，因此在食品中得到广泛的应用，如在馅饼、牛奶蛋糊、布丁、干酪涂抹料中作为增稠剂和黏合剂。因为 CMC 对水的结合能力大，在冰淇淋和其他食品中用以阻止冰晶的生成，防止糖果、糖衣和糖浆中产生糖结晶。此外，还用于增加蛋糕及其他焙烤食品的体积、延长货架期，保持色拉调味汁乳胶液的稳定性，使食品疏松、增加体积，并改善蔗糖的口感。在低热量碳酸饮料中 CMC 用于防止 CO_2 的逸出。

（2）甲基纤维素和羟丙基甲基纤维素　甲基纤维素（methylcellulose，MC）是纤维素的醚化衍生物，其制备方法与 CMC 相似，在强碱性条件下将纤维素同三氯甲烷反应即得到 MC（图 3-36），取代度依反应条件而定，商业产品的取代度一般为 1.1 ～ 2.2。

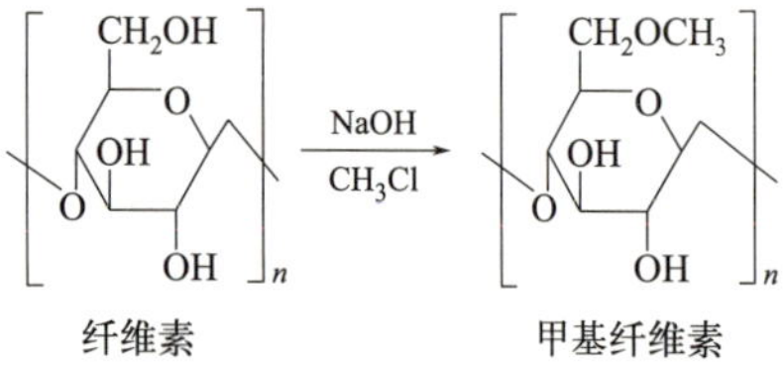

图 3-36　甲基纤维素

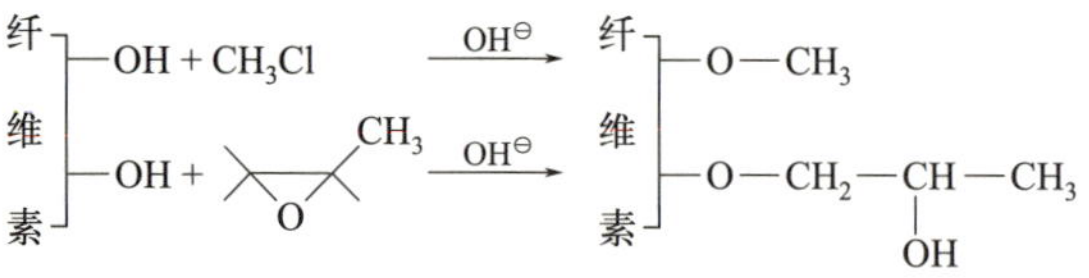

图 3-37　羟丙基甲基纤维素

MC 的特点是热胶凝性，即溶液加热时形成凝胶，冷却后又恢复溶液状态。MC 溶液加热时，最初黏度降低，然后迅速增大并形成凝胶，这是由各个分子周围的水合层受热后破裂，聚合物之间的疏水键作用增强引起的。电解质例如 NaCl 和非电解质例如蔗糖或山梨醇均可使胶凝温度降低，因为它们争夺水分子的作用很强。MC 不能被人体消化，是膳食中的无热量多糖。

羟丙基甲基纤维素（hydroxypropylmethylcellulose，HPMC，图 3-37）是纤维素与氯甲烷和环氧丙烷在碱性条件下反应得到的，取代度通常在 0.002 ～ 0.3 范围。同 MC 一样，可溶于冷水，这是因为在纤维素分子链中引入了甲基和羟丙基两个基团，从而干扰了羟丙基甲基纤维素分子链的结晶堆积和缔合，因此有利于链的溶剂化，增加了纤维素的水溶性，但由于极性羟基减少，其水合作用降低。纤维素被醚化后，分子具有一些表面活性且易在界面吸附，这有助于乳浊液和泡沫稳定。

MC 和羟丙基甲基纤维素的起始黏度随着温度上升而下降，在特定温度可形成可逆性凝胶，胶凝温度和凝胶强度与取代基的种类和取代度及水溶胶的浓度有关，羟丙基可以使大分子周围的水合层稳定，从而提高胶凝温度。改变甲基与羟丙基的比例，可使凝胶在较广的温度范围内凝结。

MC 和羟丙基甲基纤维素可增强食品对水的吸收和保持，使油炸食品不至于过度吸收油脂，例如炸油饼。在某些保健食品中甲基纤维素被用作脱水收缩抑制剂和填充剂；在不含面筋的加工食品中作为质地和结构物质；在冷冻食品中用于抑制脱水收缩，特别是沙司、肉、水果、蔬菜；在色拉调味汁中可作为增稠剂和稳定剂。此外，甲基纤维素和羟丙基甲基纤维素还用于各种食品的可食涂布料和代脂肪。

3.3.3.2　半纤维素

半纤维素也是植物细胞壁的构成成分，它是一类聚合物，水解时生成大量戊糖、葡萄糖醛酸和某些脱氧糖。食品中最普遍存在的半纤维素是由 *β*-1,4-D- 吡喃木糖单位组成的木聚糖，这种聚合物通常含有连接在某些 D- 木糖基 3 碳位上的 *β*-L- 呋喃阿拉伯糖基侧链，其他特征成分包括 D- 葡萄糖醛酸 -4-*O*- 甲基醚、D- 或 L- 半乳糖和乙酰酯基。

半纤维素在食品焙烤中最主要的作用是提高面粉对水的结合能力，改善面包面团的混合品质，降低混合所需能量，有助于蛋白质的掺和，增加面包体积。含植物半纤维素的面包比不含半纤维素的可推迟变干硬的时间。半纤维素也是膳食纤维的来源之一。

3.3.4　果胶

果胶广泛分布于植物体内，是由 *α*-1,4-D- 吡喃半乳糖醛酸单位组成的聚合物，主链上还存在 *α*-L- 鼠李糖残基，在鼠李糖富集的链段中，鼠李糖残基处于毗连或交替的位置。果胶的伸长侧链还包括少量的半乳聚糖和阿拉伯聚糖。果胶存在于植物细胞的胞间层，各种果胶的主要差别是它们的甲氧基含量或酯化度不相同。植物成熟时甲氧基和酯化度略微减少。酯化度（DE）用 D- 半乳糖醛酸残基总数中 D- 半乳糖醛酸残基的酯化分数 ×100 表示。例如酯化度 50% 的果胶物质的结构如图 3-38 所示。

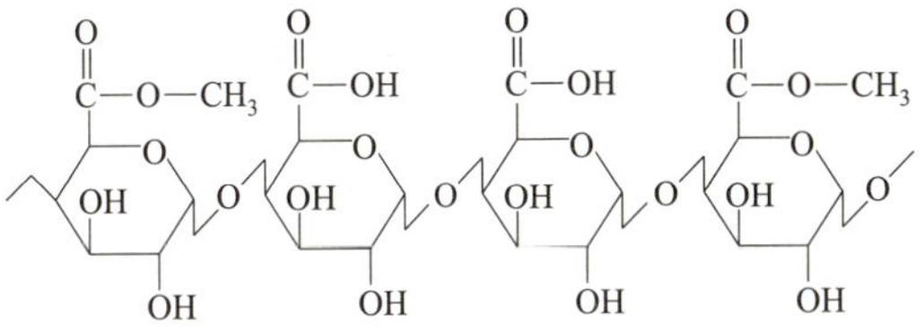

图 3-38　酯化度 50% 的果胶物质的结构

通常将酯化度大于 50% 的果胶称为高甲氧基果胶（high-methoxyl pectin），酯化度低于 50% 的果胶称为低甲氧基果胶（low-methoxyl pectin）。原果胶是未成熟的果实、蔬菜中高度甲酯化且不溶于水的果胶，它使果实、蔬菜具有较硬的质地。

果胶酯酸（pectinic acid）是甲酯化程度不太高的果胶，原果胶在原果胶酶和果胶甲酯酶的作用下转变成果胶酯酸。果胶酯酸因聚合度和甲酯化程度的不同可以是胶体形式或水溶性的，水溶性果胶酯酸又称为低甲氧基果胶。果胶酯酸在果胶甲酯酶的持续作用下，甲酯基可全部脱去，形成果胶酸。

果胶酶有助于植物后熟过程中产生良好的质地，在此期间，原果胶酶使原果胶转变成胶态果胶或水溶性果胶酯酸。果胶甲酯酶（果胶酶）裂解果胶的甲酯，生成多聚 D- 半乳糖醛酸（poly-D-galacturonic acid）或果胶酸，然后被多聚半乳糖醛酸酶部分降解为 D- 半乳糖醛酸单位。上述酶在果实成熟期共同起作用，对改善水果和蔬菜的质地起着重要的作用。

果胶能形成具有弹性的凝胶，不同酯化度的果胶形成凝胶的机制是有差别的，高甲氧基果胶必须在低 pH 值和高糖浓度中才能形成凝胶，一般要求果胶含量＜ 1%、蔗糖浓度 58% ～ 75%、pH2.8 ～ 3.5。

因为在 pH2.0 ～ 3.5 时可阻止羧基离解，使高度水合作用和带电的羧基转变为不带电荷的分子，从而使其分子间的斥力减小，分子的水合作用降低，结果有利于分子间的结合和三维网络结构的形成。蔗糖浓度达到 58% ～ 75% 后，由于糖争夺水分子，致使中性果胶分子溶剂化程度大大降低，有利于形成分子间氢键和凝胶。果胶凝胶加热至接近 100℃时仍保持其特性。果胶的胶凝作用不仅与其浓度有关，而且因果胶的种类而异，普通果胶在浓度 1% 时可形成很好的凝胶。果胶的高凝胶强度与分子量和分子间缔合呈正相关。一般说来，果胶酯化度从 30% 增加到 50% 将会延长胶凝时间，随着如甲酯基的增加，果胶分子间氢键键合的立体干扰增大。酯化度为 50% ～ 70% 时，由于分子间的疏水相互作用增强，从而缩短了胶凝时间。果胶的胶凝特性是果胶酯化度的函数（表 3-14）。

表 3-14 果胶酯化度对形成凝胶的影响

酯化度/%①	形成凝胶的条件			凝胶形成的快慢
	pH	糖/%	二价离子	
＞70	2.8～3.4	65	无	快
50～70	2.8～3.4	65	无	慢
＜50	2.5～2.6	无	有	快

① 酯化度=（酯化的D-半乳糖醛酸残基数/D-半乳糖醛酸残基总数）×100。

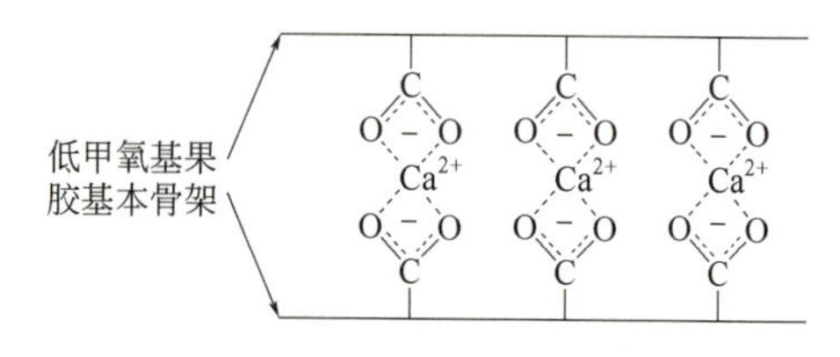

图 3-39 低甲氧基果胶基本骨架结构

低酯化度（低甲氧基）果胶（图 3-39）在没有糖存在时也能形成稳定的凝胶，但必须有二价金属离子（M^{2+}）存在。例如钙离子，在果胶分子间形成交联键，随着 Ca^{2+} 浓度的增加，胶凝温度和凝胶强度也增加，这同褐藻酸钠形成蛋箱形结构的凝胶机理类似，这种凝胶为热可塑性凝胶，常用来加工不含糖或低糖营养果酱或果冻。低甲氧基果胶对 pH 的变化不及普通果胶那样敏感，在 pH2.5 ～ 6.5 范围内可以形成凝胶，而普通果胶只能在 pH2.7 ～ 3.5 范围内形成凝胶，最适 pH 为 3.2。虽然低甲氧基果胶不添加糖也能形成凝胶，但加入 10% ～ 20% 的蔗糖可明显改善凝胶的质地。低甲氧基果胶凝胶中如果不添加糖或增塑剂，则比普通果胶的凝胶更容易脆裂，且弹性小。钙离子对凝胶的硬化作用适用于增加番茄、酸黄瓜罐头的硬度，以及含低甲氧基果胶的营养果酱和果冻的制备。

果胶凝胶在受到弱的机械力作用时，会出现可塑性流动，作用力强度增大会使凝胶破碎。这表明凝胶结构中可能存在两种键，一种是容易断裂但能复原的弱键，另一种是无规则分布的较强的键。

果胶常用于制作果酱和果冻的胶凝剂、生产酸奶的水果基质，以及饮料和冰淇淋的稳定剂与增稠剂。

3.3.5 琼胶

琼胶（agar）又名琼脂、洋菜、冻粉、凉粉等，日本称“寒天”，是一种复杂的水溶性多糖化合物，是由红海藻纲的某些海藻提取的亲水性胶体。

生产琼胶的原料过去一直是以石花菜（*Gelidium amansii*）为主。后来，发现碱处理可大大改善江蓠琼胶的性能，在石花菜资源被过度开采以及江蓠大面积养殖获得成功之后，江蓠（*Gracilaria*）已成为世界范围内生产琼胶的主要原料。

3.3.5.1 琼胶的结构与性质

琼胶为无色或淡黄色的细条或粉末；半透明，表面皱缩，微有光泽，质轻软而韧，不易折断，完全干燥后，则脆而易碎；无臭，味淡；不溶于冷水，但能膨胀成胶块状，在沸水中能缓缓溶解。琼胶是由 1,3- 连接的 β-D- 吡喃半乳糖与 1,4- 连接的 3,6- 内醚 -α-L- 吡喃半乳糖（3,6-AG）交替连接而成的线性多糖。不过，琼胶糖分子中不同位置的羟基，不同程度地被甲基、硫酸基和丙酮酸所取代。土壤和海洋生物中的琼胶分解酶能特异性切断 β-1,4- 糖苷键，由此可得到琼胶低聚糖。琼胶糖的结构如图 3-40。

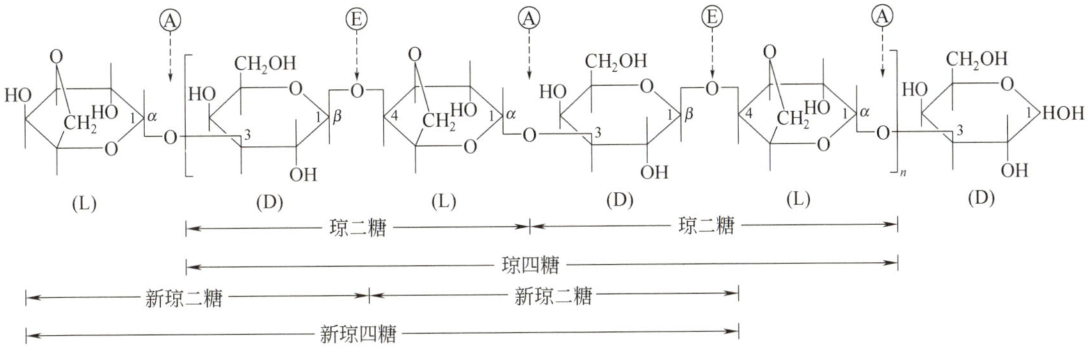

图 3-40　琼胶糖的结构

A—易被酸水解的键；E—易被 β- 琼胶酶水解的键；L—3,6- 内醚 -α-L- 吡喃半乳糖（3,6-AG）；D—β-D- 吡喃半乳糖

3.3.5.2　琼胶在食品工业中的应用

琼胶除作为一种海藻类膳食纤维外，还可作为软糖、羊羹、果冻布丁、果酱、鱼肉类罐头、冰淇淋等的凝固剂、稳定剂、增稠剂，发酵工业固定化酶和固定化细胞的载体，也可凉拌直接食用，是优质的低热量食品。

3.3.6　卡拉胶

卡拉胶也称鹿角菜胶、角叉菜胶等。卡拉胶主要存在于红藻纲中的麒麟菜属、角叉菜属、杉藻属和沙菜属等的细胞壁中，主要产自角叉菜（*Chondrus ocellatus*）、伊谷草（*Ahnfeltia furcellata*）、琼枝（*Eucheuma gelatinae*）和麒麟菜（*Eucheuma muricatum*）等，是海藻胶的重要组成部分，也是一种重要的亲水凝胶。

3.3.6.1　卡拉胶的结构和性质

卡拉胶是从红藻中提取的一种水溶性、天然高分子多糖化合物。其分子量一般介于（1 ～ 5）× 10^5 之间，食品级卡拉胶的平均分子量约为 20 万。卡拉胶是以 1,3-β-D- 吡喃半乳糖和 1,4-α-D- 吡喃半乳糖作为基本骨架，交替连接硫酸酯的钙、钾、钠、镁、铵盐和 3,6- 内醚 - 半乳糖直链聚合物。一般来说，κ- 卡拉胶结构中的硫酸基约占 25%，3,6- 内醚 - 半乳糖的含量为 34%；ι- 卡拉胶硫酸基含量为 32%，3,6- 内醚 - 半乳糖的含量为 30%；λ- 卡拉胶含 35% 硫酸基，而 3,6- 内醚 - 半乳糖的含量极低。根据半酯式硫酸基在半乳糖上连接位置的不同（即组成和结构的不同），卡拉胶可分为七种类型：κ- 卡拉胶、ι- 卡拉胶、λ- 卡拉胶、μ- 卡拉胶、ν- 卡拉胶、θ- 卡拉胶、ξ- 卡拉胶。前三种为其基本卡拉胶（图 3-41）。

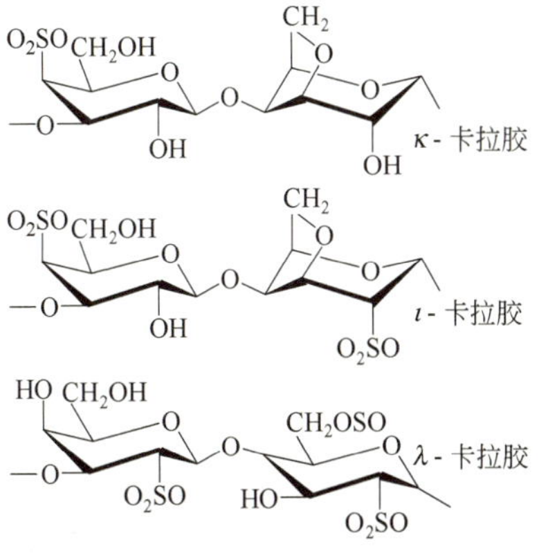

图 3-41　三种基本卡拉胶的结构示意图

卡拉胶产品一般为无臭、无味的白色至淡黄色粉末。卡拉胶形成的凝胶是热可逆的，即加热可使之熔化成溶液，溶液放冷时，又形成凝胶。在热水或热牛奶中所有类型的卡拉胶都能溶解；在冷水中，卡拉胶可以溶解，卡拉胶的钠盐也能溶解，但卡拉胶的钾盐或钙盐只能吸水膨胀而不能溶解。卡拉胶不溶于甲醇、乙醇、丙醇、乙丙醇和丙酮等有机溶剂。食品工业上有应用价值的三种卡拉胶（κ-、ι-、λ-）的基本性质归纳见表 3-15。

表 3-15 卡拉胶的基本性质

性质	条件	κ-卡拉胶	ι-卡拉胶	λ-卡拉胶
溶解性	热水	70℃以上溶解	70℃以上溶解	溶解
	冷水	Na^+盐可溶；NH_4^+盐膨胀	Na^+盐可溶；Ca^{2+}盐形成触变分散体	所有盐类溶解
	热牛奶	溶解	溶解	溶解
	冷牛奶	不溶	不溶	分散并增稠
	冷牛奶（加焦磷酸钠）	增稠或凝固	增稠或凝固	增稠或凝固
	浓糖水	热溶	难溶	热溶
	浓盐水	冷、热不溶	热溶	热溶
	有机溶剂	不溶	不溶	不溶
凝固性	阳离子影响	加K^+形成硬凝胶	加Ca^{2+}形成强凝胶	不凝固
	凝胶类型	脆硬并泌水	有弹性，不泌水	不凝固
	刺槐豆胶的影响	协同	不协同	不协同
	中性和碱性	稳定	稳定	稳定
	酸性（pH=3.5）	溶液水解，加热加速水解；凝胶态稳定		水解
可混性		通常可与非离子表面活性剂和阴离子表面活性剂相混，但不能与阳离子表面活性剂相混		

3.3.6.2 卡拉胶在食品工业中的应用

卡拉胶在食品工业中已得到广泛应用。一方面卡拉胶在价格上比琼胶便宜，可以代替琼胶使用；另一方面卡拉胶的性质特殊，有凝固力很强的κ-卡拉胶，有凝固力适宜且富有弹性的ι-卡拉胶，还有黏度很高但无凝固力的λ-卡拉胶。卡拉胶具有凝固性、溶解性、稳定性、黏性和反应性等特点，所以在食品工业中卡拉胶主要用作凝固剂、增稠剂、乳化剂、悬浮剂和稳定剂（表 3-16）。其凝胶强度、黏度和其它特性在很大程度上取决于卡拉胶的类型、分子量、pH 值、盐含量、酒精、氧化剂和其它食品胶的状况。在实际应用时，需要考虑的是凝胶强度、成胶温度、胶特性、黏度及流体特性、蛋白质作用活性和冷冻脱水收缩等。

表 3-16 卡拉胶在食品工业中的应用

食品	卡拉胶的作用	食品	卡拉胶的作用
冰淇淋（雪糕）	预防乳清分离，延缓溶化	果汁饮料	使细小果肉粒均匀，悬浮，增加软糖口感，优良胶凝剂
巧克力牛奶、胶脂牛乳	悬浮，增加质感；滑润，增加质感	面包	增加保水能力，延缓变硬
炼乳	乳化稳定	馅饼	糊状效应，增加质感
加工干酪	防止脱液收缩	调味品	悬浮剂，赋形剂，带来亮泽感觉
婴儿奶粉	防止脱脂和乳浆分离	罐装食品	胶凝，稳定脂肪
牛奶布丁	胶凝剂，增加质感	肉食品	防止脱液收缩，黏结剂
奶昔	悬浮，增加质感	啤酒工业	澄清剂，稳定剂
酸化乳品	增加质感，滑腻		
甜果冻、羊羹	胶凝剂		

3.3.7 褐藻胶

褐藻胶（algin），又称海藻胶，包括水溶性褐藻酸钠、钾等碱金属盐类和水不溶性褐藻酸（alginic acid）及其与二价以上金属离子结合的褐藻酸盐类（alginates）。市场上出售的褐藻胶一般是指水溶性的褐藻酸钠或海藻酸钠（sodium alginate）。

褐藻胶是褐藻细胞壁的填充物质，是所有褐藻共有的。如巨藻（*Macrocystis pyrifera*）、海带类（*Laminaria*）、泡叶藻（*Ascophyllum nodosum*）、马尾藻类（*Sargassum*）、爱森藻（*Eisenia bicylis*）、雷松藻（*Lessonia*）等。

3.3.7.1　褐藻胶的结构和性质

褐藻胶是由糖醛酸聚合成的大分子线性聚合物，大多以钠盐形式存在。褐藻酸是由两种单体 β-D- 吡喃甘露糖醛酸（M）和 α-L- 吡喃古洛糖醛酸（G）单位组成的。褐藻胶分子长链不均匀，分为 $(M)_n$、$(G)_n$ 和 $(MG)_n$ 各段。M 段区域是平的，像一条带状构象，类似于纤维素，这是因为 M 段区域结构是由平伏 - 平伏成键所致。G 段区域具有褶状（波纹的）构象，这是由于形成了轴向 - 轴向糖苷键。从不同的褐藻提取得到的褐藻胶（褐藻酸盐）M/G 的比例是不同的，因而具有不同的性质。研究发现，褐藻中所含的褐藻胶在生物合成过程中由 D- 甘露糖醛酸随着成熟而逐步地在分子水平上转变成 L- 古洛糖醛酸。其在分子中转变的量和位置等依海藻种类、生态环境、季节有明显的变化。

褐藻酸在纯水中几乎不溶，为无色非晶体物，也不溶于乙醇、四氯化碳等有机溶剂。但褐藻酸在 pH 值 5.8 ～ 7.5 之间可吸水膨胀，成均匀透明的液体状，当在其中加入酸时，大部分褐藻酸析出。褐藻酸钠易与蛋白质、糖、盐、甘油、少许淀粉和磷酸盐共溶。

褐藻酸钠溶于水后具有较高的黏性，黏度的高低与褐藻酸分子量有关，分子量越大，黏度也越大，产品的黏度还会随加工工艺的不同而不同。一般的褐藻胶产品浓度在 3% 以上时溶液便失去了流动性，无论是低黏度的还是高黏度的褐藻酸钠，其溶液的黏度随浓度的增加而急剧上升，随着温度上升而逐渐下降。温度每上升 1℃，黏度约下降 3%，当加热温度到 80℃以上时会发生脱羧反应，黏度明显下降。褐藻胶在储藏、生产过程中受温度、光照、金属离子、微生物等的影响，也会引起聚合度降低、黏度下降。

褐藻胶在 pH 5.8 以上时易溶于水，当 pH 值在 5.8 以下时，水溶性降低并逐渐形成褐藻酸凝胶。在褐藻酸溶液中加入部分钙离子可置换褐藻酸钠中的钠离子，从而形成较坚固的凝胶。褐藻酸钙不溶于水，这是由于钙离子和分子链中 G 段区域自动相互作用产生不溶性盐，因两条分子链的 G 段间存在一个结合钙离子的空洞，所以褐藻胶的凝胶强度与 G 段含量以及钙离子浓度有关。

3.3.7.2　褐藻胶在食品工业中的应用

因褐藻酸钠具有增稠、悬浮、乳化、稳定、形成凝胶和形成薄膜的作用，所以褐藻酸钠在食品工业等方面有广泛应用。如冰淇淋、巧克力牛奶、冰牛奶等制品，在制作时加入 0.05% ～ 0.25% 的褐藻酸钠可起到很好的热稳定性作用。在冰淇淋中加入褐藻酸钠可抑制冰晶长大。褐藻酸钠是很好的增稠剂，可代替果胶、琼胶等，在果酱、果冻、色拉、调味汁、布丁（甜点心）、肉卤罐头等的制作中有广泛的应用。另外，褐藻酸钙还用作肠衣薄膜、蛋白纤维、固定化酶的载体（以生产各种氨基酸、醇类等）。褐藻胶在食品工业中的主要用途和性能见表 3-17。

表 3-17　褐藻胶在食品工业中的主要用途和性能

褐藻胶种类	用途	主要利用性能
褐藻酸钠、褐藻酸钙、褐藻酸丙二酯（PGA）褐	冷食（冰淇淋、雪糕等）	增稠性，水合性，钙反应
藻酸钠、褐藻酸钙、PGA	乳制品（奶油、干酪、乳剂等）	稳定性，增稠性，乳化性
PGA，褐藻酸钠	酱类（果酱、蛋黄酱、番茄酱、调味汁）	胶凝性，增稠性，耐酸性
PGA，褐藻酸钠	面食（挂面、方便面、通心粉、面包）	水合性，组织改良性
PGA，褐藻酸钠	胶冻食品（肉冻、果冻等）	胶凝性
PGA，褐藻酸钠	酒类（啤酒、白酒、果酒等）	泡沫稳定性，凝集澄清性
褐藻酸钠、褐藻酸钙，PGA	糖果（饴糖、胶奶糖、巧克力等）	增稠性，黏结性
褐藻酸钠，PGA	肉糜、鱼糜等	稳定性，黏结性

3.3.8 海藻硒多糖

海藻硒多糖（selenium polysaccharide，SPS）是硒同海藻多糖分子结合形成的新型有机硒化物。目前研究的海藻硒多糖主要有：硒化卡拉胶、微藻（螺旋藻）硒多糖和单细胞绿藻（绿色巴夫藻）硒多糖等几种。其中硒可能以硒氢基（—SeH）和硒酸酯两种形式存在。

硒化卡拉胶（kappa-selenocarrageenan）又称硒酸酯多糖，是以海洋藻类的提取物 κ- 卡拉胶为载体人工合成的硒多糖。硒化卡拉胶为浅黄色粉末，无臭、无味，可溶于热水（> 75℃）中，溶解度仅受粒度的影响，不溶于有机溶剂。在中性和碱性电解质中很稳定，但在 pH < 4 时易发生水解，若加热水解更快。在热水中溶解，冷却后形成半固体透明凝胶，其强度（1.5% 溶液）达 $800g/cm^3$ 以上。

硒化卡拉胶是亚硒酸钠与卡拉胶反应制得的。硒化 κ- 卡拉胶和 λ- 卡拉胶中硒含量分别达 2512μg/g 和 1157μg/g。经分析表明，硒化产物仍保持硫酸酯多糖的基本构型，其中硒以两个不同的价态存在，卡拉胶中部分硫被硒取代，形成硒酸酯，其末单元的 3,6- 内醚 -D- 半乳糖在 C1 位开环形成 C—SeH 结构。

硒化卡拉胶既含有人体所必需的有机硒元素，又具有 κ- 卡拉胶的黏性、凝固性、带有负电荷、能与一些物质形成络合物的理化特性，使它具有营养强化、凝胶、增稠、悬浮、稳定等性能，因此它在食品、医药、日用化妆品应用和推广中有较好的市场前景。

3.3.9 甲壳质与壳聚糖

甲壳质（chitin）又名甲壳素、几丁质、蟹壳素、乙酰氨基葡聚糖等。甲壳质资源丰富，蕴藏量仅次于纤维素，在地球的天然有机高分子物质中占第二位，估计年产量达 1×10^{11}t。壳聚糖（chitosan），又名甲壳胺、脱乙酰甲壳质、可溶性甲壳素、氨基葡聚糖。

3.3.9.1 甲壳质和壳聚糖的结构和性质

甲壳质的化学名为 β-1,4-2- 乙酰氨基 -2- 脱氧 -D- 葡聚糖，分子式为（$C_8H_{13}NO_5$）$_n$，分子量在 10^6 左右。甲壳质是呈白色或灰白色、半透明无定形固体，大约在 270℃分解，不溶于水、乙醇等一般有机溶剂以及稀酸和稀碱。甲壳质仅能溶于少数溶剂，如六氟丙酮、三氯乙酸 - 二氯甲烷、吡咯烷酮 - 氯化锂、一些氯醇等；虽可溶于无机浓酸，但同时主链发生降解。

壳聚糖的化学名为 β-1,4-2- 氨基 -2- 脱氧 -D- 葡聚糖，分子量通常在几十万左右。壳聚糖呈白色或灰白色，略有珍珠光泽，半透明无定形固体，约在 185℃分解，不溶于水和稀碱溶液，可溶于稀有机酸和部分无机酸（盐酸），但不溶于稀硫酸、稀硝酸、稀磷酸、草酸等。壳聚糖极性强，易结晶，但由于熔点高于自身的分解温度，故不易得到非结晶态的壳聚糖。甲壳质和壳聚糖的分子结构与纤维素相似，具体结构见图 3-42。

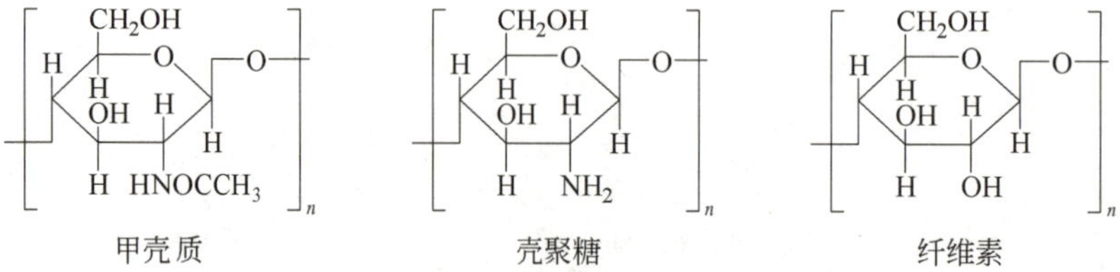

甲壳质　　壳聚糖　　纤维素

图 3-42　甲壳质、壳聚糖和纤维素的化学结构

3.3.9.2 壳聚糖在食品工业中的应用

（1）壳聚糖及其衍生物有较好的抗菌活性。壳聚糖分子的正电荷和细菌细胞膜上的负电荷相互作用，使细胞内的蛋白酶和其它成分泄漏，从而达到抗菌、杀菌作用。

（2）壳聚糖膜有较好的果蔬保鲜作用，可较好控制桃子、日本梨、猕猴桃、黄瓜、胡椒、草莓和西红柿的腐烂变质，延长贮存时间和货架寿命。这是由于壳聚糖膜可阻碍大气中氧气的渗入和水果呼吸产生的 CO_2 逸出，但可使水果熟化的乙烯气体逸出，从而抑制真菌的繁殖和延迟水果的成熟。

（3）壳聚糖有一定抑制氧化作用。用 1% 的壳聚糖处理过的牛肉，在 4℃下贮藏 3d，用硫代巴比土酸法测定牛肉中过氧值减少 70%，说明壳聚糖有增强牛肉氧化稳定性的效果。这种抑制氧化作用的机理是肉中游离铁离子和壳聚糖螯合形成螯合物，从而抑制铁离子的催化活性。

（4）壳聚糖进入人体胃肠道后，可与脂类络合，不被消化吸收而排出体外，达到减肥的功效。

（5）壳聚糖的正电荷与带负电荷的果胶、纤维素、鞣质等物质有吸附絮凝作用，在果汁、葡萄酒生产中可作为澄清剂应用。

（6）壳聚糖还可以作为固定化酶的载体、医学生物材料、食用材料等。

3.3.9.3 甲壳低聚糖在食品工业中的应用

甲壳低聚糖是甲壳素和壳聚糖经降解生成的一类低聚物。甲壳低聚糖具有较高的溶解度，所以很容易被机体吸收利用。甲壳低聚糖在食品工业中应用在以下方面：甲壳低聚糖是一种双歧杆菌增殖因子，能选择性地激肠道内有益菌（双歧杆菌、乳杆菌等）的生长繁殖和增强其代谢功能，从而提高肠内益生菌群的数量，同时可抑制肠内有害菌群的生长繁殖和腐败物质的生成，起到增强宿主机体健康的作用。甲壳二、三糖具有非常爽口的甜味，在保温性、耐热性等方面优于蔗糖，不易被体内消化液降解，故几乎不产生热量，是糖尿病人、肥胖病人理想的功能性甜味剂。另外，它有很好的防腐性能，可作为食品防腐剂和果蔬的保鲜剂等。

3.3.10 瓜尔豆胶和角豆胶

瓜尔豆胶又称瓜尔聚糖，是豆科植物瓜尔豆（*Cyamopsis tetragonolobus*）种子中的胚乳多糖，黏度较高，是重要的增稠多糖。瓜尔豆胶原产于印度和巴基斯坦，由（1→4）-D- 吡喃甘露糖单位构成主链，主链上每隔一个糖单位连接一个（1→6）-D- 吡喃半乳糖单位侧链。其分子量约为 220000，是一种较大的聚合物，分子结构见图 3-43。

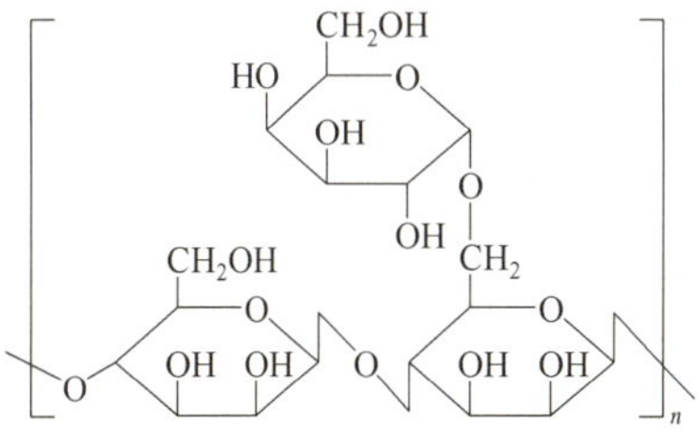

图 3-43 瓜尔豆胶重复单位

瓜尔豆胶能结合大量的水，在冷水中迅速水合生成高度黏稠和触变的溶液，黏度大小与体系温度、离子强度和其他食品成分有关。分散液加热时可加速树胶溶解，但温度很高时树胶将会发生降解。由于这种树胶能形成非常黏稠的溶液，通常在食品中的添加量不超过 1%。

瓜尔豆胶溶液呈中性，黏度几乎不受 pH 变化的影响，可以和大多数其他食品成分共存于体系中。盐类对溶液黏度的影响不大，但大量蔗糖可降低黏度并推迟达到最大黏度的时间。

瓜尔豆胶与小麦淀粉和某些树胶可显示出黏度的协同效应，在冰淇淋中可防止冰晶生成，并在稠度、咀嚼性和抗热刺激等方面都起着重要作用；阻止干酪脱水收缩；焙烤食品添加瓜尔豆胶可延长货架期，降低点心糖衣中蔗糖的吸水性；还可用于改善肉食品品质，例如提高香肠肠衣馅料的品质。沙司和调味料中加入 0.2% ～ 0.8% 瓜尔豆胶，能增加黏稠性和产生良好的口感。

角豆胶（carob bean gum）又名利槐豆胶（locust bean gum），存在于豆科植物角豆树（*Ceratonia siliyua*）的种子中，主要产自近东和地中海地区。这种树胶的主要结构与瓜尔豆胶相似，分子量约 310000，是由 β-D- 吡喃甘露糖残基以 β-（1 → 4）键连接成主链，通过（1 → 6）键连接 α-D- 半乳糖残基构成侧链，甘露糖与半乳糖的比为（3 ～ 6）：1。但 D- 吡喃半乳糖单位为非均一分布，保留一长段没有 D- 吡喃半乳糖基单位的甘露聚糖链，这种结构导致它产生特有的增效作用，特别是和海藻的卡拉胶合并使用时可通过两种交联键形成凝胶。角豆胶的物理性质与瓜尔豆胶相似，两者都不能单独形成凝胶，但溶液黏度比瓜尔豆胶低。

角豆胶用于冷冻甜食中，可保持水分并作为增稠剂和稳定剂，添加量为 0.15% ～ 0.85%。在软干酪加工中，它可以加快凝乳的形成、减少固形物损失。此外，还用于混合肉制品，例如作为肉糕、香肠等食品的黏结剂。在低面筋含量面粉中添加角豆胶，可提高面团的水结合量，同能产生胶凝的多糖合并使用可产生增效作用，例如 0.5% 琼脂和 0.1% 角豆胶的溶液混合所形成的凝胶比单独琼脂生成的凝胶强度高 5 倍。

3.3.11 黄蓍胶

黄蓍胶是一种植物渗出液，来源于紫云英属的几种植物，这种树胶像阿拉伯树胶一样，是沿用已久的一种树胶，大约有两千多年的历史，主要产地是伊朗、叙利亚和土耳其。采集方法与阿拉伯树胶相似，割伤植物树皮后收集渗出液。

黄蓍胶的化学结构很复杂，与水搅拌混合时，其水溶性部分称为黄蓍质酸，占树胶质量的 60% ～ 70%，分子量约 800000，水解可得到 43%D- 半乳糖醛酸、10% 岩藻糖、4%D- 半乳糖、40%D- 木糖和 L- 阿拉伯糖；不溶解部分为黄蓍胶糖，分子量 840000，含有 75%L- 阿拉伯糖、12%D- 半乳糖、3%D- 半乳糖醛酸甲酯以及 L- 鼠李糖。黄蓍胶水溶液的浓度低至 0.5% 仍有很大的黏度。

黄蓍胶对热和酸均很稳定，可作色拉调味汁和沙司的增稠剂，在冷冻甜点心中提供需宜的黏性、质地和口感。另外还用于冷冻水果饼馅的增稠，并可产生光泽和透明性。

3.3.12 微生物多糖

微生物多糖主要有葡聚糖和黄原胶。葡聚糖是由 α-D- 吡喃葡萄糖单位构成的多糖，各种葡聚糖的糖苷键和数量都不相同，据报道肠膜状明串珠菌 NRRL B512 产生的葡聚糖（1 → 6）键约为 95%，其余是（1→3）键和（1→4）键，由于这些分子在结构上的差别，使有些葡聚糖是水溶性的，而另一些不溶于水。

葡聚糖可提高糖果的保湿性、黏度，抑制糖结晶，在口香糖和软糖中作为胶凝剂。还可防止糖霜发生糖结晶，在冰淇淋中抑制冰晶的形成，对布丁混合物可提供适宜的黏性和口感。

黄原胶（xanthan）是几种黄杆菌所合成的细胞外多糖，生产上用的菌种是甘蓝黑腐病黄杆菌（*X. campestris*）。这种多糖的结构，是连接有低聚糖基的纤维素链，主链在 O3 位置上连接有一个 β-D- 吡喃甘露糖 -（1 → 4）-β-D- 吡喃葡萄糖醛酸 -（1 → 2）-α-D- 吡喃甘露糖 3 个糖基侧链，每隔一个葡萄糖残基出现一个三糖基侧链。分子中 D- 葡萄糖、D- 甘露糖和 D- 葡萄糖醛酸的摩尔比为 2.8：2：2，部分糖残基被乙酰化，分子量大于 2×10^6。在溶液中三糖侧链与主链平行，形成稳定的硬棒状结构，当加热到

100℃以上，这种硬棒状结构转变成无规线团结构，在溶液中黄原胶通过分子间缔合形成双螺旋，进一步缠结成为网状结构。黄原胶易溶于热水或冷水，在低浓度时可以形成高黏度的溶液，但在高浓度时胶凝作用较弱。它是一种假塑性黏滞悬浮体，并显示出明显的剪切稀化作用（shear thinning）。温度在 60 ～ 70℃范围内变化对黄原胶的黏度影响不大，在 pH6 ～ 9 范围内黏度也不受影响，甚至 pH 超过这个范围黏度变化仍然很小。黄原胶能够和大多数食用盐和食用酸共存于食品体系之中，与瓜尔豆胶共存时产生协同效应，黏性增大，与角豆胶合并使用则形成热可逆性凝胶（图 3-44）。

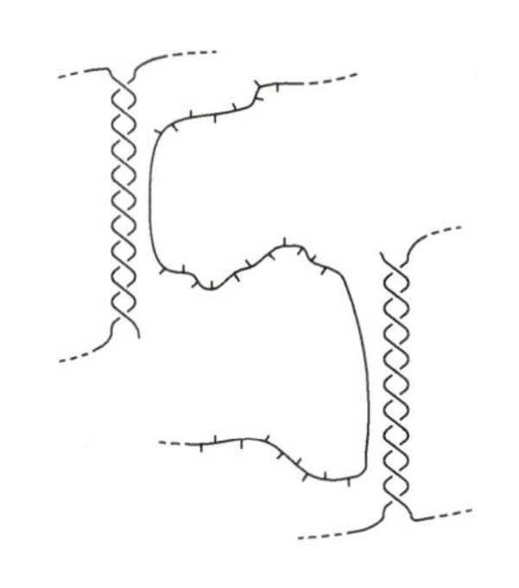

图 3-44 黄原胶或卡拉胶的双螺旋和角豆胶分子相互作用形成三维网络结构和胶凝机制

黄原胶可广泛应用在食品工业中，如用于饮料可增强口感和改善风味，在橙汁中能稳定混浊果汁。由于它具有热稳定性，在各种罐头食品中用作悬浮剂和稳定剂。淀粉增稠的冷冻食品例如水果饼馅中添加黄原胶，能够明显提高冷冻 - 解冻稳定性和降低脱水收缩作用。由于黄原胶的稳定性，也可用于制作含高盐分或酸的调味料。黄原胶 - 角豆胶形成的凝胶可以用来生产以牛奶为主料的速溶布丁，这种布丁不黏结并有极好的口感，在口腔内可发生假塑性剪切稀化，能很好地释放出布丁风味。黄原胶的这些特性与其线性的纤维素主链和阴离子三糖侧链结构有关。多糖的性质概括于表 3-18。

表 3-18 某些多糖的性质

名称	主要单糖组成	来源	可供区别的性质
瓜尔豆胶	D-甘露糖，D-半乳糖	瓜尔豆	低浓度时形成高黏度溶液
角豆胶	D-甘露糖，D-半乳糖	角豆树	与卡拉胶产生协同作用
阿拉伯树胶	L-阿拉伯糖，L-鼠李糖，D-半乳糖，D-葡萄糖醛酸	金合欢树	水中溶解性大
黄蓍胶	D-半乳糖醛酸，D-半乳糖，L-岩藻糖，D-木糖，L-阿拉伯糖	黄蓍属植物	在广泛pH 范围内性质稳定
琼脂	D-半乳糖，3,6-内醚-L-半乳糖	红海藻	形成极稳定的凝胶
卡拉胶	硫酸化D-半乳糖，硫酸化3,6-内醚-D-半乳糖	鹿角藻	与 K^+ 以化学方式凝结成为凝胶
海藻酸盐	D-甘露糖醛酸，L-古洛糖醛酸	褐藻	与 Ca^{2+} 形成凝胶
葡聚糖	D-葡萄糖	肠膜状明串珠菌	在糖果或冷冻甜食中防止糖结晶
黄原胶	D-葡萄糖，D-甘露糖，D-葡萄糖醛酸	甘蓝黑腐病黄杆菌	分散体为强假塑性

3.3.13 魔芋葡甘露聚糖

魔芋葡甘露聚糖是由 D- 吡喃甘露糖与 D- 吡喃葡萄糖通过 *β*-（1→4）糖苷链连接构成的多糖，在主链的 D- 甘露糖 C3 位上存在由 *β*-（1→3）糖苷键连接的支链，每 32 个糖残基约有 3 个支链，支链由几个糖单位组成，每 19 个糖基有 1 个乙酰基，是具有一定刚性的半柔顺性分子。魔芋葡甘露聚糖分子中 D- 甘露糖与 D- 葡萄糖的摩尔比为 1：（1.6 ～ 1.8），重均分子质量与魔芋品种有关，一般为 10^5 ～ 10^6。

魔芋葡甘露聚糖能溶于水，形成高黏度假塑性流体，在碱性条件下可发生脱乙酰反应，分子间相互聚集成三维网络结构，形成强度较高的热不可逆弹性凝胶。能与黄原胶产生协同效应，生成热可逆凝胶。

魔芋葡甘露聚糖的高度亲水性、胶凝性和成膜性常用于制作魔芋食品和仿生食品，也可用于生产果冻、果酱、糖果，在乳制品、冰淇淋、肉制品和面包中作为增稠剂和稳定剂，以及用于制作食品保鲜膜。

3.3.14　阿拉伯树胶

在植物的渗出物多糖中，阿拉伯树胶是最常见的一种，它是金合欢树皮受伤部位渗出的分泌物，收集方法和制取同松脂相似。

阿拉伯树胶是一种复杂的蛋白质杂聚糖，分子量为 260000 ～ 1160000，多糖部分一般由 L- 阿拉伯糖（3.5mol）、L- 鼠李糖（1.1mol）、D- 半乳糖（2.9mol）和 D- 葡萄糖醛酸（1.6mol）组成，占总树胶的 70% 左右。多糖分子的主链由 *β*-D- 吡喃半乳糖残基以（1 → 3）键连接构成，残基部分 C6 位置连有侧链。阿拉伯树胶以中性或弱酸性盐形式存在，组成盐的阳离子有 Ca^{2+}、Mg^{2} 和 K^{+}。蛋白质部分约占总树胶的 2%，特殊品种可达 25%，多糖通过共价键与蛋白质肽链中的羟脯氨酸和丝氨酸相连接。阿拉伯树胶易溶于水形成低黏度溶液，只有在高浓度时黏度才开始急剧增大，这一点与其他许多多糖的性质不相同。它最大的特点是溶解度高，可达到 50%（质量分数），生成和淀粉相似的高固形物凝胶。溶液的黏度与黄蓍胶溶液相似，浓度低于 40% 的溶液表现牛顿型流体的流变学特性；浓度大于 40% 时为假塑性流体。高质量的树胶可形成无色无味的液体。若有离子存在时，阿拉伯树胶溶液的黏度随 pH 改变而变化，在低和高 pH 值时黏度小，pH6 ～ 8 时黏度最大。添加电解质时黏度随阳离子的价数和浓度成比例降低。阿拉伯树胶和明胶、海藻酸钠有配伍禁忌，但可以与大多数其他树胶合并使用。

阿拉伯树胶能防止糖果产生糖结晶，稳定乳胶液并使之产生黏性，阻止焙烤食品的顶端配料糖霜或糖衣吸收过多的水分。在冷冻乳制品，例如冰淇淋、冰水饮料、冰冻果子露中，有助于小冰晶的形成和稳定。在饮料中，阿拉伯树胶可作为乳化剂和乳胶液及泡沫的稳定剂。在粉末或固体饮料中，能起到固定风味的作用，特别是在喷雾干燥的柑橘固体饮料中能够保留挥发性香味成分。阿拉伯树胶的这种表面活性是由于它对油的表面具有很强的亲和力，并有一个足够覆盖分散液滴的大分子，使之能在油滴周围形成一层空间稳定的厚的大分子层，防止油滴聚集。通常将香精油与阿拉伯树胶制成乳状液，然后喷雾干燥制备固体香精。阿拉伯树胶的另一个特点是与高浓度糖具有相溶性，因此，可广泛用于高糖或低糖含量的糖果，如太妃糖、果胶软糖和软果糕等，以防止蔗糖结晶和乳化，分散脂肪组分，阻止脂肪从表面析出产生“白霜”。

概念检查 3.3

○ ①淀粉的糊化和老化；②甲壳质、壳聚糖和纤维素的化学结构比较；③微生物多糖。

3.4　碳水化合物在食品中的作用

3.4.1　碳水化合物的食品功能性

3.4.1.1　亲水功能

碳水化合物含有许多亲水性羟基，它们靠氢键键合与水分子相互作用，因而对水有较强的亲和力。例如将不同结构的单糖或低聚糖放置在不同的湿度（RH）若干时间后就能结合一定的空气中水分（表

3-19)。糖醇除了甘露醇、异麦芽酮糖醇外，均有一定吸湿性，特别是在相对湿度较高的情况下。此外糖醇的吸湿性和其自身的纯度有关，一般纯度低其吸湿性高。鉴于糖醇的吸湿性，它适于制取软式糕点和膏体的保湿剂。但也应注意在干燥条件下保存糖醇，以防止吸湿结块。多糖放置在不同的湿度（RH）若干时间后也能结合一定的空气中水分并有较好的持水性，即保湿性。

表 3-19　糖吸收潮湿空气中水分的百分含量　%

糖	20℃、不同相对湿度（RH）和时间		
	60%，1h	60%，9d	100%，25d
D-葡萄糖	0.07	0.07	14.5
D-果糖	0.28	0.63	73.4
蔗糖	0.04	0.03	18.4
麦芽糖（无水）	0.80	7.0	18.4
含结晶水麦芽糖	5.05	5.1	未测
无水乳糖	0.54	1.2	1.4
含结晶水乳糖	5.05	5.1	未测

碳水化合物的亲水能力是最重要的食品功能性质之一，碳水化合物结合水的能力通常体现在吸湿性和保湿性方面（图 3-45）。根据这些性质可以确定不同种类食品是需要限制从外界吸入水分或是控制食品中水分的损失。例如糖霜粉可作为前一种情况的例子，糖霜粉在包装后不应发生黏结，添加不易吸收水分的糖如乳糖或麦芽糖能满足这一要求。另一种情况是防止水分损失，如糖果蜜饯和面包，必须添加吸湿性较强的糖，即玉米糖浆、高果糖玉米糖浆或转化糖、糖醇等。

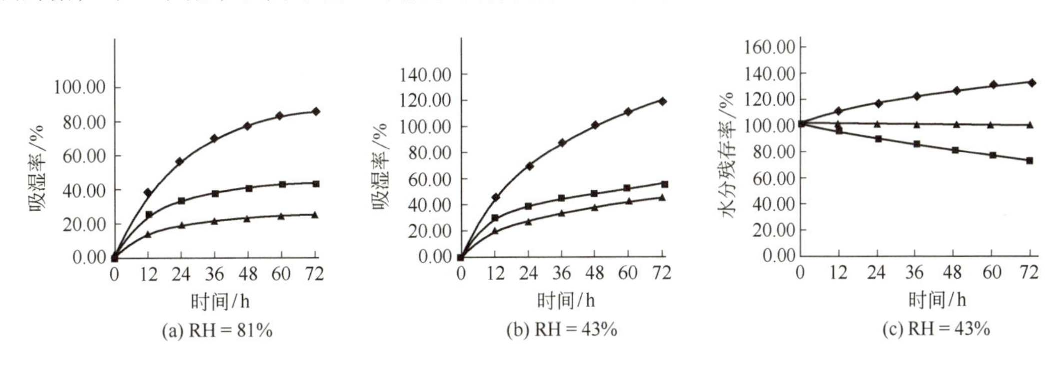

图 3-45　茶多糖的吸湿性与保湿性

—◆— 甘油；—■— TPS Ⅰ；—▲— TPS Ⅱ

3.4.1.2　黏度

黏度（viscosity）是表征流体流动时所受内摩擦阻力大小的物理量，是流体在受剪切应力作用时表现出的特性。黏度常用毛细管黏度计、旋转黏度计、落球式黏度计和振动式黏度计等来测定。

单糖、糖醇、低聚糖及可溶性大分子多糖都有一定的黏度，如 70% 的山梨醇的黏度为 180mPa·s，75% 的麦芽糖醇浆为 1500mPa·s。影响碳水化合物黏度的因素较多，主要有内在因素（如平均分子量大小、分子链形状等）和外界因素（如浓度、温度等）。

多糖溶液的黏度与相应食品的黏稠性及胶凝性都有重要关系，影响食品的功能。此外，通过控制多糖溶液的黏度还可控制液体食品及饮料的流动性与质地，改变半固体食品的形态及 O/W 型乳浊液的稳定性。如糖厂在煮糖过程中，需要控制并降低糖浆的黏度。因为糖浆的黏度过高，会使糖浆的对流性能下降，不仅延长了煮糖的时间，额外地增加能耗；而且由于煮糖时间的延长，使糖浆与煮糖罐壁、加热管壁接触的时间也延长，加深了成品糖的色泽，并会出现一些不良晶体，如“伪晶”“并晶”等。但在某些食品生产时需要一定的黏度，以便形成凝胶，此时可通过增加多糖浓度来实现，多糖的使用量在0.25%～0.50%范围内，即可产生很高的黏度甚至形成凝胶。

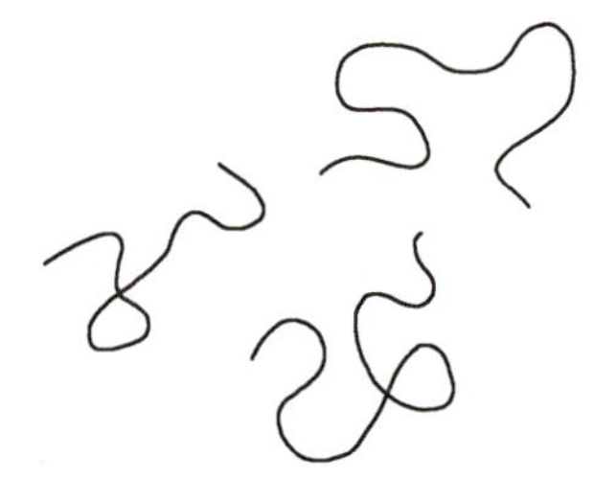
图 3-46　多糖分子的无规线团状

多糖溶液的黏度同分子的大小、形状、所带净电荷及其所在溶液中的构象有关。多糖分子在溶液中的形状是围绕糖基连接键振动的结果，一般呈无序的无规线团状（图 3-46）。大多数多糖在溶液中所呈现的无规线团状性质与多糖的组成及连接方式有密切关系。

同样聚合度（DP）的直链多糖和支链多糖在水溶液中的黏度就大不一样。直链多糖即线性多糖在溶液中占有较大的屈绕回转空间，其“有效体积”和流动产生的阻力一般都比支链多糖大，分子间彼此碰撞的频率高。因此，直链多糖即使在低浓度时也能产生很高的黏度。

支链多糖在溶液中链与链之间的相互作用不太明显，因而分子的溶剂化程度较直链多糖高，更易溶于水。特别是高度支化的多糖比同等 DP 的直链多糖占有的“有效体积”的回转空间要小得多（图 3-47），因而分子之间相互碰撞的频率也较低，溶液的黏度也就远低于相同 DP 的直链多糖溶液。

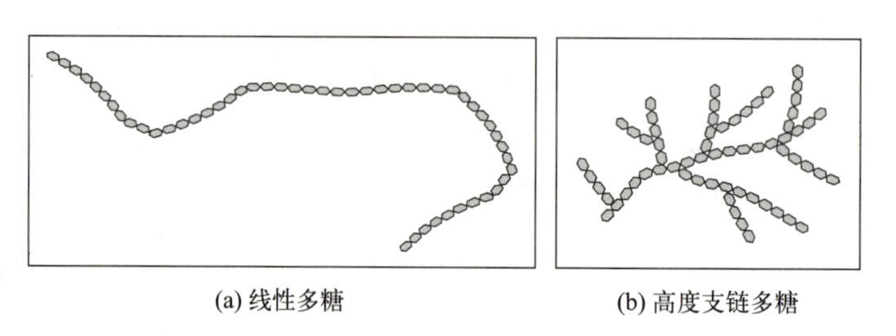

图 3-47　相同分子量的线性多糖和高度支链多糖在溶液中占有的相对体积

多糖溶液的黏度大小除与多糖的聚合度（DP）、伸展程度和刚性有关外，还与多糖链溶剂化后的形状和柔顺性有关。

另外，多糖在溶液中所带电荷状态对其黏度也有重要影响。对于仅带一种电荷的直链多糖（一般是带负电荷，例如羧基、硫酸半酯基或磷酸基的电离），由于同种电荷产生静电斥力，使得分子伸展、链长增加、占有的“有效体积”也增加，因而溶液的黏度大大提高。pH 值对黏度大小有较显著的影响，其原因与多糖在溶液中所带电荷状态有密切关系。如含羧基的多糖在 pH 2.8 时电荷效应最小，这时羧基电离受到了抑制，这种聚合物的行为如同不带电荷的分子。

一般而言，不带电荷的直链均多糖，因其分子链中仅具有一种中性单糖的结构单元和一种键型，如纤维素或直链淀粉，分子链间倾向于缔合和形成部分结晶，这些结晶区不溶于水，而且非常稳定。通过加热，多糖分子溶于水并形成不稳定的分散体系，随后分子链间又相互作用形成有序排列，快速形成沉淀或胶凝现象。例如直链淀粉在加热后溶于水，分子链伸长，当溶液冷却时，分子链段相互碰撞，分子间形成氢键相互缔合，成为有序的结构，并在重力的作用下形成沉淀。淀粉中出现的这种不溶解效应称为“老化”。伴随老化，水被排除，则称为“脱水收缩”。面包和其他焙烤食品，会因直链淀粉分子缔合而变硬。支链淀粉在长期储藏后，分子间也可能缔合产生老化。

带电荷的直链均多糖会因静电斥力阻止分子链段相互接近，同时引起链伸展，产生高黏度，形成了稳定的溶液，因此很难发生老化现象。例如海藻酸、黄原胶和卡拉胶等都带电荷，因而能形成稳定的具有高黏度的溶液。卡拉胶直链分子中具有很多带负电的硫酸半酯基，是带负电的直链混合物，即使溶液的 pH 值较低时也不会出现沉淀，因为卡拉胶分子中的硫酸根在食品 pH 范围内都处于完全电离状态。

多糖溶液的黏度随着温度升高而下降，但黄原胶溶液除外，黄原胶溶液在 0 ～ 100℃内黏度基本保持不变。因此，可利用温度对黏度的影响即在较高温度下溶解较多的多糖，降低温度后即可得到稠的胶体。

3.4.1.3 胶凝作用

胶凝作用是多糖的又一重要特性。在食品加工中，多糖或蛋白质等大分子，可通过氢键、疏水相互作用、范德华力、离子桥接（ionic bridging）、缠结或共价键等相互作用，形成海绵状的三维网状凝胶结构（图 3-48）。网孔中充满着液相，液相是由较小分子量的溶质和部分高聚物组成的水溶液。

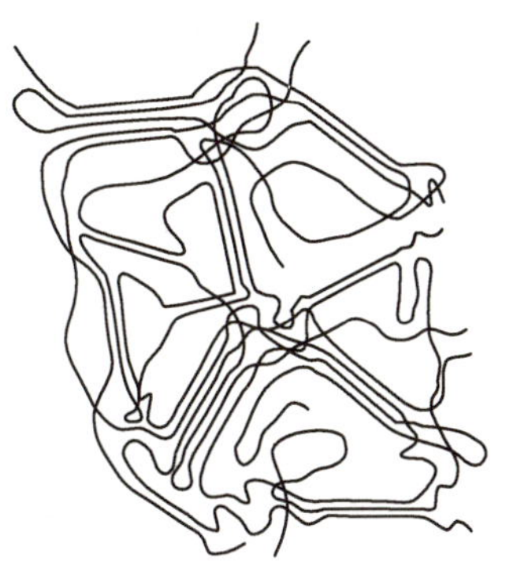

图 3-48 典型的三维网状凝胶结构示意图

很明显，凝胶具有二重性，既有固体的某些特性，又有液体的某些属性。凝胶不像连续液体那样具有完全的流动性，也不像有序固体那样具有明显的刚性，而是一种能保持一定形状，可显著抵抗外界应力作用，具有黏性液体某些特性的黏弹性半固体。凝胶中含有大量的水，有时甚至高达 99%，例如带果块的果冻、肉冻、鱼冻等。

凝胶强度依赖于联结区结构的强度，如果联结区不长，链与链不能牢固地结合在一起，那么在压力或温度升高时，聚合物链的运动增大，于是分子分开，这样的凝胶属于易破坏和热不稳定凝胶。若联结区包含长的链段，则链与链之间的作用力非常强，足可耐受所施加的压力或热的刺激，这类凝胶硬而且稳定。因此，适当地控制联结区的长度可以形成多种不同硬度和稳定性的凝胶。

支链分子或杂聚糖分子间不能很好地结合，因此不能形成足够大的联结区和一定强度的凝胶。这类多糖分子只形成黏稠、稳定的溶胶。同样，带电荷基团的分子，例如含羧基的多糖，链段之间的负电荷可产生库仑斥力，因而阻止联结区的形成。

不同的凝胶具有不同的用途，选择标准取决于所期望的黏度、凝胶强度、流变性质、体系的 pH 值、加工时的温度、与其他配料的相互作用、质构等。

多糖溶液的上述性质，赋予多糖在食品及轻工业广泛的应用，如作为增稠剂、絮凝剂、泡沫稳定剂、吸水膨胀剂和乳状液稳定剂等。

3.4.1.4 风味调节作用

碳水化合物是一类很好的风味固定剂，能有效地保留挥发性风味成分，如醛类、酮类及酯类。环状糊精由于内部呈非极性环境，能够有效地截留非极性的风味成分和其他小分子化合物。阿拉伯树胶在风味成分的周围形成一层厚膜，从而可以防止水分的吸收、挥发和化学氧化造成的损失。如阿拉伯树胶和明胶的混合物用于微胶囊和微乳化技术。对于喷雾或冷冻干燥脱水的那些食品，食品中的碳水化合物在脱水过程中对保持挥发性风味成分起着重要作用，随着脱水的进行，使糖 - 水的相互作用转变成糖 - 风味剂的相互作用。

所有糖、糖醇及低聚糖均有一定甜度，某些糖苷、多糖复合物也有很好的甜度，这是赋予食品甜味的主要原因。另外，碳水化合物在非酶褐变过程中除了产生深颜色类黑精色素外，还生成了多种挥发性物质，使加工食品产生特殊的风味，例如花生、咖啡豆在焙烤过程中产生的褐变风味。褐变产物除了能使食品产生风味外，它本身也可能具有特殊的风味或者能增强其他的风味，具有这种双重作用的焦糖化产物是麦芽酚和乙基麦芽酚。

3.4.2 非酶褐变反应

非酶褐变（上）

碳水化合物在热的作用下发生一系列化学反应，产生了大量的有色成分和无色成分、挥发性和非挥发性成分，并使食品变成褐色，故将这类反应统称为非酶褐变反应。就碳水化合物而言，非酶褐变反应主要是美拉德反应和焦糖化褐变。食品中其它非酶褐变反应，请参考相关教材。

3.4.2.1 非酶褐变的类型及历程

3.4.2.1.1 美拉德反应及其反应历程

美拉德反应是非酶褐变的主要类型，主要是指还原糖与氨基酸、蛋白质之间的复杂反应。自从烧烤食品出现以来，美拉德反应就广泛应用在食品加工业上。美拉德反应不仅与传统食品的生产有关，也与现代食品工业化生产有关，如焙烤食品、咖啡等。美拉德反应为食品提供了可口的风味和诱人的色泽。

1912 年，法国人 Louis-Camille Maillard 发现了这个反应，1953 年 John Hodge 等把这个反应正式命名为 Maillard（美拉德）反应，并将其反应历程归纳成图 3-49。

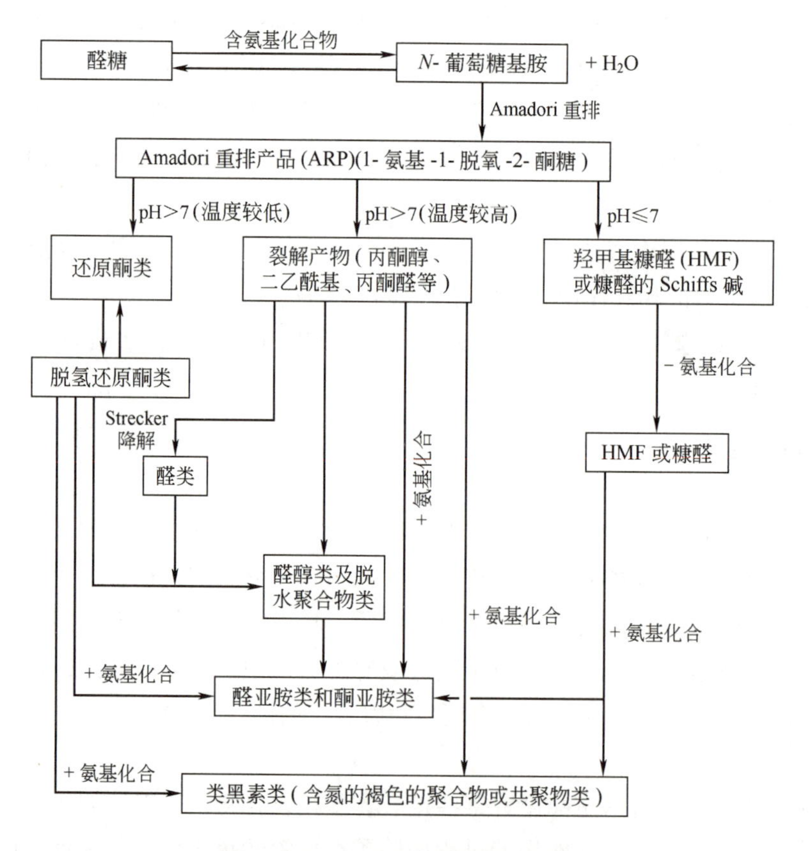

图 3-49 美拉德反应历程示意图

（1）开始阶段 还原糖如葡萄糖和氨基酸或蛋白质中的自由氨基失水缩合生成 *N*- 葡萄糖基胺，*N*- 葡萄糖基胺经 Amadori 重排反应生成 1- 氨基 -1- 脱氧 -2- 酮糖（图 3-50）。

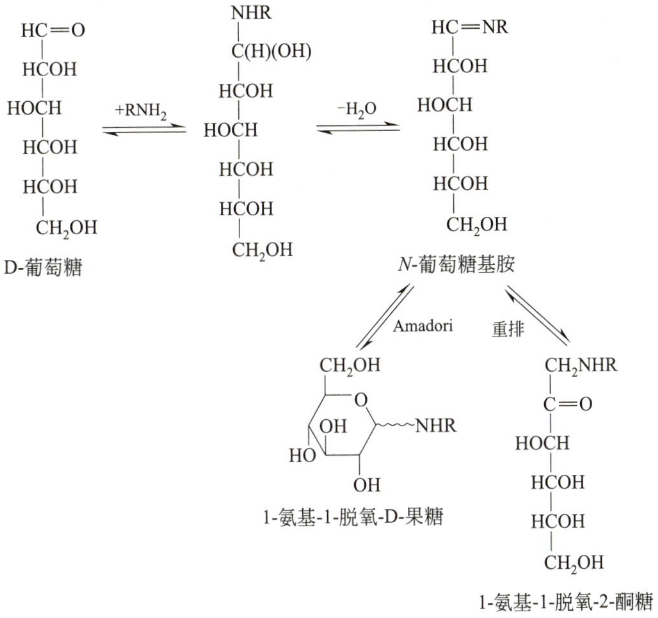

图 3-50 美拉德反应的起始反应

（2）中间阶段 1- 氨基 -1- 脱氧 -2- 酮糖根据 pH 值的不同发生降解，当 pH 值等于或小于 7 时，Amadori 产物主要发生 1,2- 烯醇化而形成糠醛（furfural）（当糖是戊糖时）或羟甲基糠醛（HMF）（当糖为己糖时）（图 3-51）。当 pH 值大于 7、温度较低时，1- 氨基 -1- 脱氧 -2- 酮糖较易发生 2,3- 烯醇化而形成还原酮类，还原酮较不稳定，既有较强的还原作用，也可异构成脱氢还原酮（二羰基化合物类）（反应历程如图 3-52）。当 pH 值大于 7、温度较高时，1- 氨基 -1- 脱氧 -2- 酮糖较易裂解，产生包括 1- 羟基 -2- 丙酮、丙酮醛、二乙酰基在内的很多产物。所有这些都是高活性的中间体，将继续参与反应。如脱氢还原酮易使氨基酸发生脱羧、脱氨反应形成醛类和 *α*- 氨基酮类，这个反应又称为 Strecker 反应（图 3-53）。

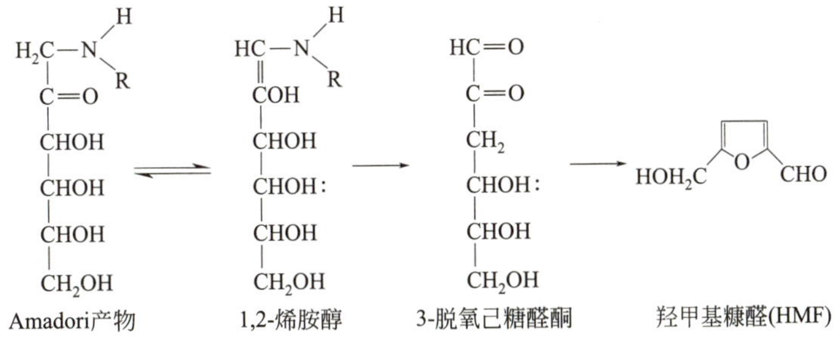

图 3-51 羟甲基糠醛（HMF）形成示意图

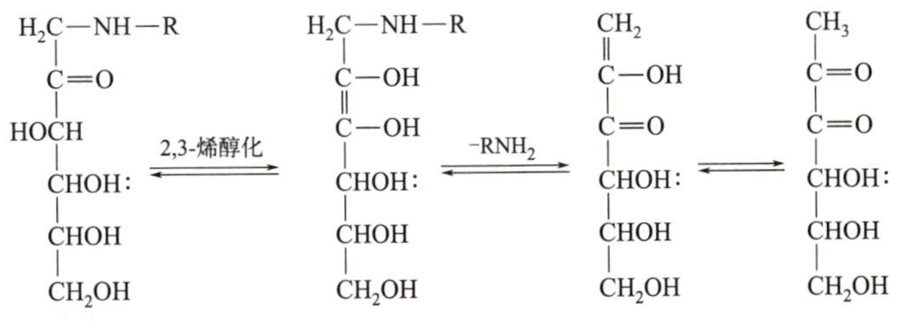

图 3-52 二羰基化合物反应历程示意图

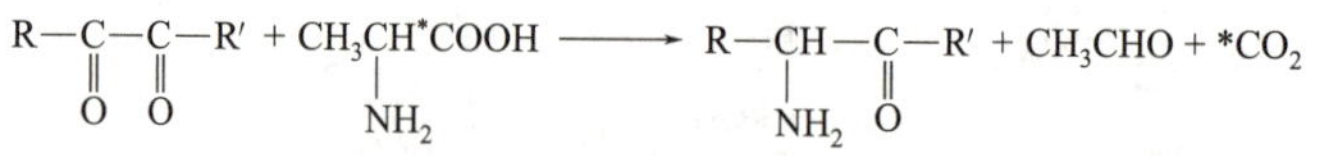

$$R-\underset{\underset{O}{\|}}{C}-\underset{\underset{O}{\|}}{C}-R' + CH_3\underset{\underset{NH_2}{|}}{C}H^*COOH \longrightarrow R-\underset{\underset{NH_2}{|}}{CH}-\underset{\underset{O}{\|}}{C}-R' + CH_3CHO + {}^*CO_2$$

图 3-53 Strecker 反应历程示意图

（3）结束阶级 反应过程中形成的醛类、酮类都不稳定，它们可发生缩合作用产生醛醇类及脱水聚合物类（图 3-54）。在有氨基存在时，由美拉德反应历程示意图（图 3-49）所示，碳水化合物与氨基发生一系列反应，包括缩合、脱氢、重排、异构化等，最终形成含氮的棕色聚合物或共聚物，统称为类黑素（melanoidin）。类黑素是分子结构未知的复杂高分子色素。在聚合作用的早期，色素是水溶性的，在可见光谱范围内没有特征吸收峰，它们的吸光值随波长降低而以连续的无特征吸收光谱的状态增加。红外光谱、化学成分分析等试验表明，类黑素中含有不饱和键、杂环结构以及一些完整的氨基酸残基等。类黑素广泛存在于食品中，尤其是谷类烘烤类食品中类黑素含量较高。

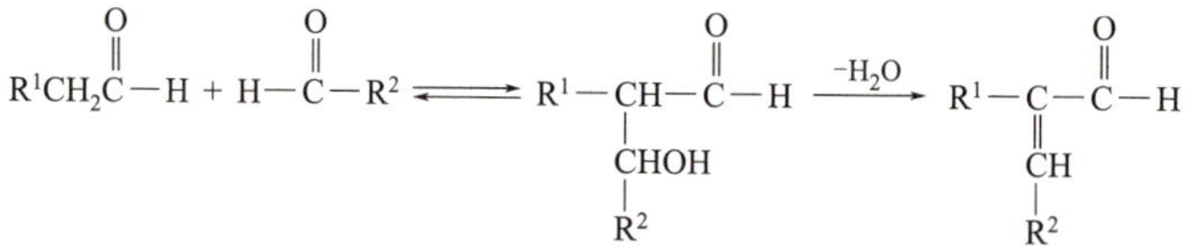

$$R^1CH_2\overset{\overset{O}{\|}}{C}-H + H-\overset{\overset{O}{\|}}{C}-R^2 \rightleftharpoons R^1-\underset{\underset{\underset{R^2}{|}}{CHOH}}{\underset{|}{CH}}-\overset{\overset{O}{\|}}{C}-H \xrightarrow{-H_2O} R^1-\underset{\underset{\underset{R^2}{|}}{CH}}{\underset{\|}{C}}-\overset{\overset{O}{\|}}{C}-H$$

图 3-54 醛酮缩合作用示意图

虽然上述的 Hodge 的美拉德反应历程至今仍被广泛应用，但也有其不足之处：① Hodge 的美拉德反应历程仅仅是大致过程，更多的细节至今仍不清楚；②近 50 年来，又有许多有关美拉德反应的研究成果，在 Hodge 的美拉德反应历程中没有表示出来，尤其是与食品工业密切相关的一些研究成果，如美拉德反应所产生的风味成分途径、美拉德反应产物的抗氧化作用以及影响美拉德反应的因素等。

3.4.2.1.2 焦糖化褐变及其反应历程

糖类在没有含氨基化合物存在时加热到熔点以上，也会变为黑褐的色素物质，这种作用称为焦糖化作用（caramelization）。温和加热或初期热分解能引起糖异头移位（anomeric shifts）、环的改变和糖苷键断裂以及生成新的糖苷键。热分解脱水主要引起左旋葡聚糖的形成或者在糖环中形成双键，后者可产生不饱和的环状中间体，例如呋喃环。共轭双键具有吸收光和产生颜色的特性，也能发生缩合反应使之聚合，使食品产生色泽和风味。一些食品，例如焙烤、油炸食品，如果焦糖化作用控制得当，可使产品得到悦人的色泽与风味。各种糖类生成的焦糖在成分上都相似，但较复杂，至今还不清楚。一般可将焦糖化作用所产生的成分分为两类：一类是糖脱水后的聚合产物，即焦糖或称酱色（caramel）；另一类是一些热降解产物，如挥发性的醛、酮、酚类等物质。焦糖化作用的历程可概括如下：

（1）焦糖的形成 糖类在无水及无含氨基化合物存在条件下加热或高浓度时以稀酸处理，可发生焦糖化作用。从图 3-55 可知焦糖化作用是以连续的加热失水、聚合作用为主线，所产生的焦糖是一类结构不明的大分子物质；与此同时，糖环的大小改变和糖苷键断裂以及产生一些热分解产物，使食品产生色泽和风味。焦糖的水溶液呈胶态，其等电点（p*I*）多数在 pH3.0 ～ 6.9 范围内，少数可低于 pH3.0。催化剂可加速这类反应的发生，例如，蔗糖在酸或酸性铵盐存在的溶液中加热可制备出焦糖色素，并广泛适用于食品的调色。

由蔗糖形成焦糖素的反应历程可分三阶段：

第一阶段由蔗糖熔化开始，经一段时间起泡，蔗糖脱去一水分子，生成异蔗糖酐，结构式如图 3-56，无甜味而具温和的苦味，这是焦糖化的开始反应，起泡暂时停止。

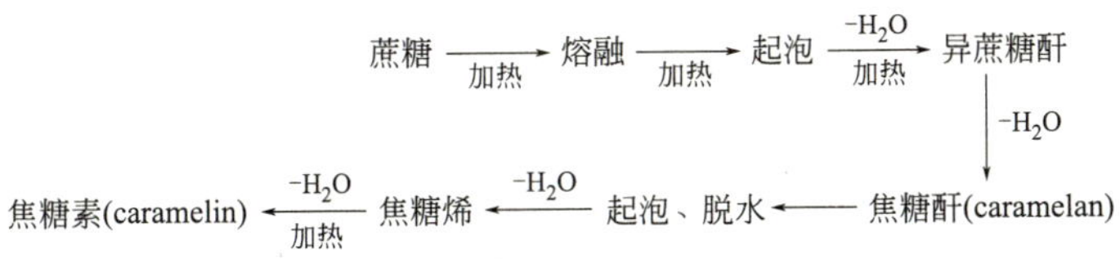

蔗糖 $\xrightarrow{\text{加热}}$ 熔融 $\xrightarrow{\text{加热}}$ 起泡 $\xrightarrow[\text{加热}]{-H_2O}$ 异蔗糖酐 $\xrightarrow{-H_2O}$ 焦糖酐(caramelan) $\longrightarrow$ 起泡、脱水 $\xrightarrow{-H_2O}$ 焦糖烯 $\xrightarrow[\text{加热}]{-H_2O}$ 焦糖素(caramelin)

图 3-55　焦糖形成示意图

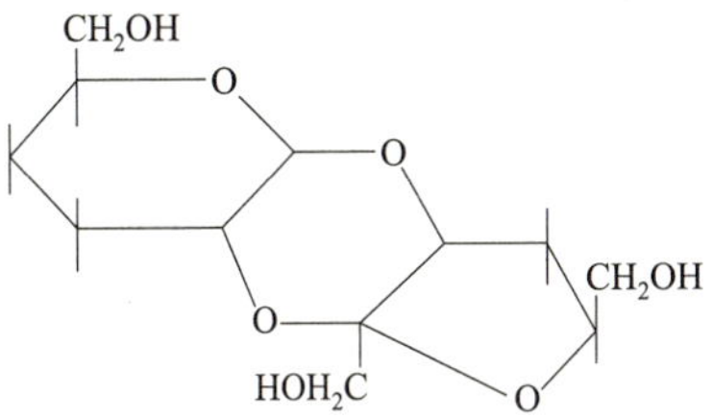

图 3-56　异蔗糖酐（1,3′,2,2′ - 双脱水 -α-D- 吡喃葡萄糖苷基 -β-D- 呋喃果糖）结构示意图

第二阶段是持续较长时间的失水阶段，在此阶段由异蔗糖酐脱去一水分子缩合为焦糖酐。焦糖酐是由二个蔗糖脱去四个水分子所形成，平均分子式为 $C_{24}H_{36}O_{18}$，浅褐色色素。焦糖酐的熔点为 138℃，可溶于水及乙醇，味苦。

$$2C_{12}H_{22}O_{11}-4H_2O \longrightarrow C_{24}H_{36}O_{18}$$

第三阶段是由焦糖酐进一步脱水形成焦糖烯（caramelen），若再继续加热，则生成高分子量的难溶性焦糖素（caramelin）。焦糖烯的熔点为 154℃，可溶于水，味苦，分子式为 $C_{36}H_{50}O_{25}$；焦糖素的分子式为 $C_{125}H_{188}O_{80}$，难溶于水，外观为深褐色。

$$3C_{12}H_{22}O_{11}-8H_2O \longrightarrow C_{36}H_{50}O_{25}$$

铁的存在能强化焦糖色泽。磷酸盐、无机盐、碱、柠檬酸、氨水或硫酸铵等对焦糖形成有催化作用。氨和硫酸铵可提高糖色出品率，加工也方便，其缺点是在高温下形成 4- 甲基咪唑，它是一种惊厥剂，长期食用，影响神经系统健康。

焦糖是一种焦状物质，溶于水呈棕红色，是我国一种传统的着色剂。它的等电点在 pH3.0 ～ 6.9 之间，甚至可低于 pH3，随制造方法而异。一种 pH 为 4 ～ 5 的饮料，若使用等电点为 4.6 的焦糖，就会发生絮凝、混浊以至沉淀的现象，应注意。

（2）热降解产物的产生

① 酸性条件下醛类的形成。在酸性条件下加热，醛糖或酮糖进行烯醇化，生成 1,2- 烯醇式己糖。随后进行一系列的脱水步骤，形成羟甲基糠醛。

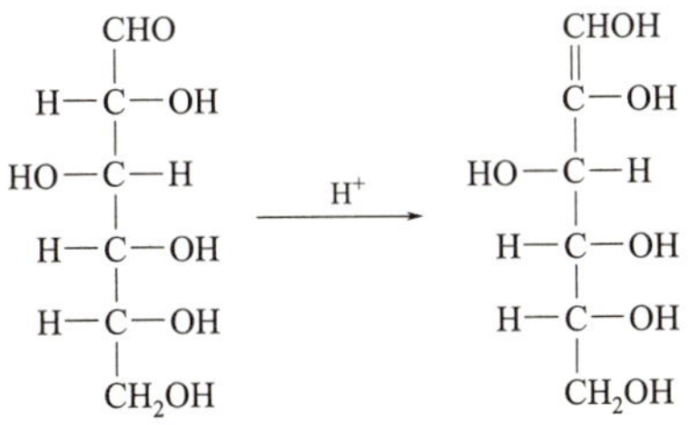

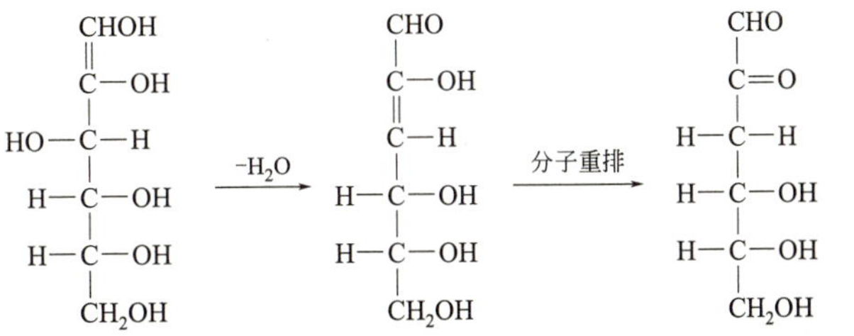

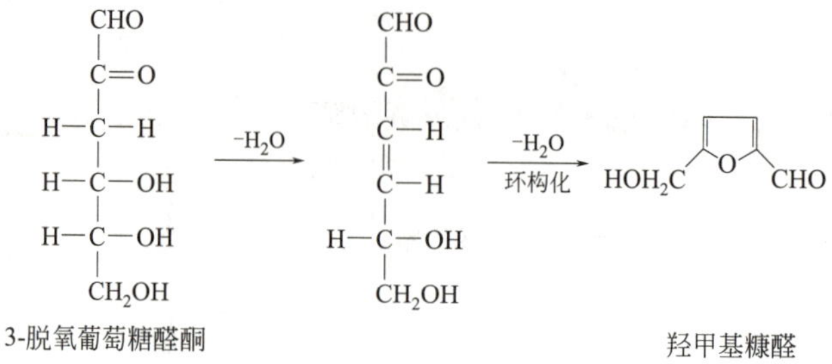

3-脱氧葡萄糖醛酮 → $-H_2O$ → $-H_2O$ 环构化 → 羟甲基糠醛

糠醛形成后可进一步反应生成黑色素，反应历程目前还没有完全清楚，但可肯定的是一旦有糠醛的形成，就有一些结构不明的黑色素产生。

② 碱性条件下醛类的形成。还原糖在碱性条件下发生互变异构作用，形成中间产物 1,2- 烯醇式己糖，例如果糖。1,2- 烯醇式己糖形成后，在强热下可裂解（图 3-57）。

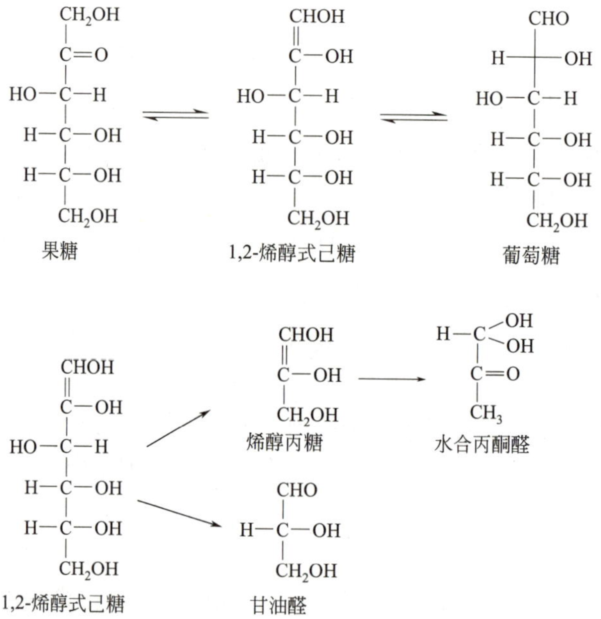

果糖 ⇌ 1,2-烯醇式己糖 ⇌ 葡萄糖

1,2-烯醇式己糖 → 烯醇丙糖 → 水合丙酮醛；1,2-烯醇式己糖 → 甘油醛

图 3-57 1,2- 烯醇式己糖在强热下裂解示意图

3.4.2.2 非酶褐变对食品的影响

非酶褐变反应产物主要有挥发性和非挥发性两大类，它们对食品的色、香、味及食品的营养与安全等都有重要的影响。

（1）非酶褐变对食品色泽的影响　非酶褐变反应中可以产生两大类对食品色泽有影响的成分：一类是低分子量的有色物质，分子量低于 1000 的水可溶的小分子成分；另一类是分子量可达 10 万的水不可溶的大分子高聚物。非酶褐变反应中呈色成分较多且复杂，到目前为止，人们根据不同的模拟反应结果得到水可溶的小分子呈色成分主要有以下几种（图 3-58）：

在木糖 - 赖氨酸模拟美拉德反应体系中分离出两种黄色物质，通过质谱（MS）、核磁共振（NMR）等仪器分析得出结构式为 **2** 和 **3**。

在呋喃 -2- 羧醛与 L- 丙氨酸反应时，可生成两种红色产物，结构式为 **4** 和 **5**。用木糖和 L- 丙氨酸反应时，生成一生色产物，结构式为 **6**。从葡萄糖和丙基胺的乙醇溶液中分离到一种黄色产物，结构式为 **7**。

在羰基化合物存在下，通过逐渐稀释和仪器分析等方法，从木糖和丙氨酸反应中分离出橘黄色的化合物，结构式为 **8** 和 **9**；红色的化合物，结构式为 **10**。

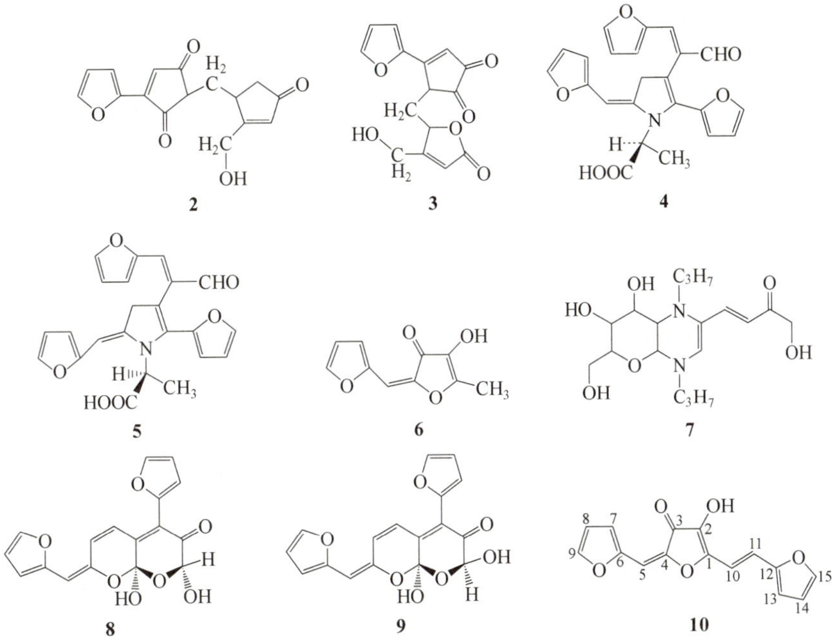

图 3-58 非酶褐变中的呈色成分

关于水不可溶大分子高聚物的结构还不是很清楚。正如水可溶的小分子生色成分随起始原料及反应条件的不同，其结构也有很大不同一样，大分子高聚物质类黑素的结构受多方面的影响，如起始原料、反应条件等对其结构和组成有重要影响。有关类黑素的结构形成历程可能如下：类黑素聚合物主要是由重复单元的吡咯或呋喃组成，通过缩聚反应最终形成美拉德反应的高聚物质类黑素，或者低分子量的生色团通过赖氨酸的 ε-NH_2 或精氨酸和蛋白质交联形成高分子量的有颜色物质。类黑素聚合物可能的形成历程见图 3-59。

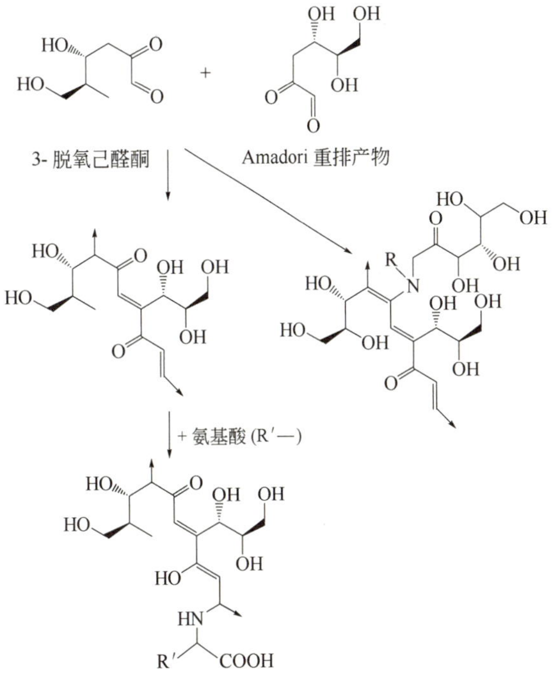

图 3-59 类黑素聚合物形成历程

（2）非酶褐变对食品风味的影响 非酶褐变反应过程中的中间产物及终产物对食品的风味有重要的作用。在高温条件下，糖类脱水后，碳链裂解、异构及氧化还原反应可产生一些化学物质，例如乙酰丙酸、甲酸、丙酮醇（1- 羟 -2- 丙酮）、3- 羟基丁酮、二乙酰、乳酸、丙酮酸和醋酸；非酶褐变反应过程中产生的二羰基化合物，可促进很多成分的变化，如氨基酸的脱氨脱羧，产生大量的醛类（图 3-60，表 3-20）。非酶褐变反应可产生需宜或非需宜的风味。例如麦芽酚（3- 羟基 -2- 甲基吡喃 -4- 酮）和异麦芽酚（3- 羟基 -2- 乙酰呋喃）使焙烤的面包产生香味；4- 羟基 -5- 甲基 -3（2*H*）呋喃 -3- 酮有烤肉的焦香味，可作为风味和甜味增强剂；非酶褐变反应产生的吡嗪类及某些醛类等是食品高火味及焦煳味的主要成分。

$-CO_2$

2,3-丁二酮 + L-赖氨酸 → 3-氨基-2-丁酮 + 甲基丙醛

图 3-60 L- 赖氨酸与 2,3- 丁二酮的 Strecker 降解反应

表 3-20 氨基酸与葡萄糖（1：1）混合加热后的香型变化

氨基酸	Strecker 反应中生成的醛	香型	
		100℃	180℃
Gly	甲醛	焦糖香	烧煳的糖味
Ala	乙醛	甜焦糖香	烧煳的糖味
Val	异丁醛	黑麦面包的风味	沁鼻的巧克力香
Leu	异戊醛	果香、甜巧克力香	烧煳的干酪味
Ile	2-甲基丁醛	霉腐味、果香	烧煳的干酪味
Thr	α-羟基丙醛	巧克力香	烧煳的干酪味
Phe	α-甲基苯丙醛	紫罗兰、玫瑰香	紫罗兰、玫瑰香

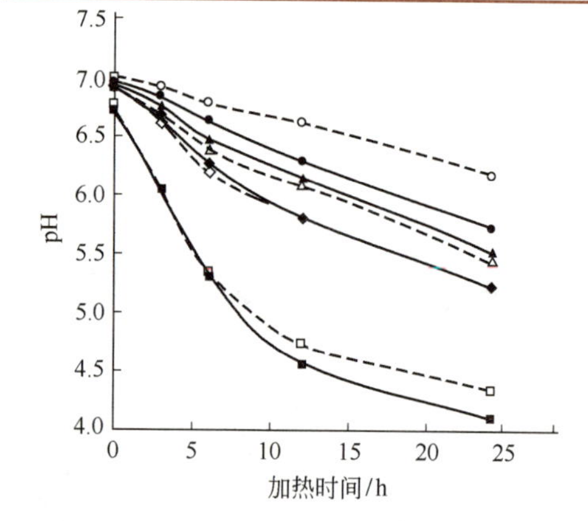

图 3-61 糖 / 氨溶液在 100℃加热不同时间情况下的 pH 变化

○ 葡萄糖；● 乳糖；▲ 乳糖＋丙氨酸；△ 葡萄糖＋丙氨酸；◇ 乳糖＋甘氨酸；◆ 葡萄糖＋甘氨酸；□ 葡萄糖＋赖氨酸；■ 乳糖＋赖氨酸

Strecker 降解产生了 CO_2。CO_2 的逸出率与二羰基化合物的含量成正比。当还原糖与氨基酸反应时，可生成各种还原性醛酮，它们都易氧化成酸性物质。因此，非酶褐变反应会引起食品的 pH 值降低（图 3-61），这对食品的风味也有一定的影响。

（3）非酶褐变产物的抗氧化作用　褐变反应过程中生成醛、酮等还原性物质，它们有一定的抗氧化能力，对防止食品中油脂的氧化较为显著。如葡萄糖与赖氨酸共存，经焙烤后着色，对稳定油脂的氧化有较好作用。众所周知，脂质过氧化是食品在有氧条件下哈败的主要机理，脂质过氧化会损坏食品的风味、芳香、色泽、质地和营养价值，而且会生成一些有毒物质，对食品稳定性和安全性造成极大危害。传统上，食品工业主要是添加人工合成抗氧化剂以抑制脂质过氧化，鉴于人工合成的抗氧化剂没有天然的安全营养，因此，自二十世纪八十年代以来，美拉德产物（MRPs）抗氧化性引起广泛关注。现将目前有关这方面的研究成果简介如下：

Elizalde 等报道葡萄糖 - 甘氨酸反应系统加热褐变程度对抗氧化性的影响，结果发现在加热 12 ～ 18h 下 MRPs 抗氧化活性最佳。添加了葡萄糖 - 甘氨酸的 MRPs 的大豆油氧化诱导时间较未添加 MRPs 的样品增长 3 倍，氧化链传播的速度降低一半，且能减少己醛的形成。Bedingbaus 和 Ockerman 研究不同氨基酸与糖类的 MRPs 对冷藏的加工牛排脂类氧化抑制作用，结果发现不同来源的 MRPs 能良好抑制脂类氧化作用，如木糖 - 赖氨酸、木糖 - 色氨酸、二羟基丙酮 - 组氨酸和二羟基丙酮 - 色氨酸的 MRPs 等对脂类氧化有较好抑制作用。Yamaguchi 等将由木糖 - 甘氨酸的 MRPs 经 Sephadex G-15 分离出低分子量的类黑精，再进一步用 Sephadex G-50 和 G-100 分离，其中一部分类黑精的抗氧化能力在亚油酸中超过 BHA、没食子酸丙酯等。Yoshimura 等通过电子自旋共振研究葡萄糖 - 甘氨酸系统 MRPs 对活性氧抑制作用，结果表明此模式下的 MRPs 可抑制 90% 以上以 ·OH 形式存在的活性氧。

F.J.Morales 等以 DPPH ·（1,2- 二苯基 -2- 苦基肼基，2,2-diphenyl-1-pycrylhydrazyl）为指标，考察了

不同的糖 - 氨热反应产物对其的清除作用。结果发现不论是葡萄糖与丙氨酸、甘氨酸或赖氨酸的热反应产物，还是乳糖与丙氨酸、甘氨酸或赖氨酸的热反应产物，它们对 DPPH · 都有很好的清除作用（图 3-62）。

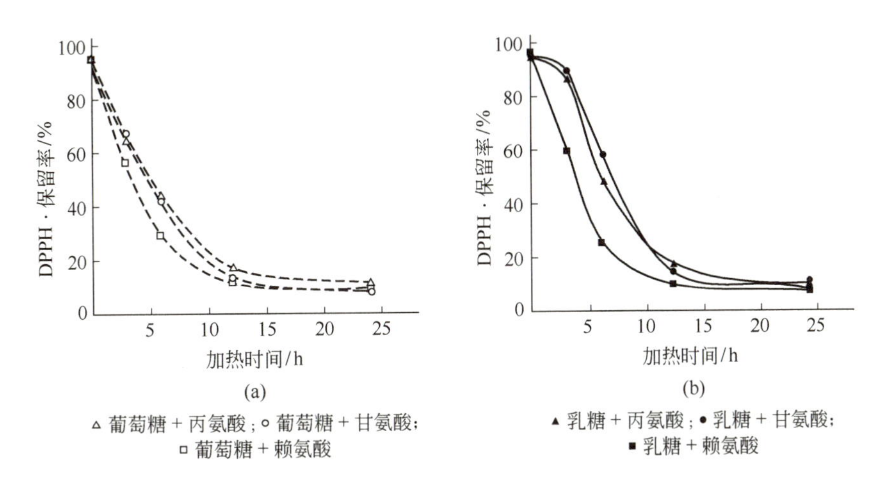

图 3-62　糖 / 氨溶液在 100℃加热不同时间情况下的对自由基的清除能力变化

虽然 MRPs 的抗氧化研究已经很全面，但将其作为有效的抗氧化剂应用于其他食品中仍存在许多问题，主要是对 MRPs 的特殊结构和对其抗氧化机理还不完全清楚。早期研究认为，MRPs 中间体——还原酮类化合物的还原能力及 MRPs 的螯合金属离子的特性与其抗氧化能力有关；近年来研究表明，MRPs 具有很强的消除活性氧的能力。也认为 MRPs 的中间体——还原酮类化合物通过供氢原子而终止自由基的反应链。

（4）非酶褐变降低了食品的营养性　食品褐变后，有些营养成分损失，有些营养成分变得不易消化，其营养价值有所下降，主要表现在：

① 氨基酸的损失　当一种氨基酸或一部分蛋白质参与美拉德反应时，显然会造成氨基酸的损失，这种损失对必需氨基酸来说显得特别重要，其中以含有游离 ε- 氨基的赖氨酸最为敏感，因而最容易损失。另外，碱性氨基酸（如 L- 精氨酸和 L- 组氨酸）侧链上有相对呈碱性的氮原子存在，所以比其他氨基酸对降解反应敏感。氨基酸的损失除了糖氨反应外，Strecker 降解也能造成氨基酸的损失。由于非酶褐变中有大量的二羰基化合物产生，无疑也有大量的氨基酸在 Strecker 降解中损失。

② 糖及维生素 C 等的损失　从非酶褐变反应的历程中可知，可溶性糖及维生素 C 在非酶褐变反应过程中将大量损失；蛋白质上氨基如果参与了非酶褐变反应，其溶解度也会降低。由此，人体对它们的利用率也随之降低。

③ 矿物质的损失　食品一旦发生非酶褐变，矿质元素的生物有效性也有下降。Whitelaw 等将 $^{65}ZnCl_2$、甘氨酸、D- 亮氨酸、L- 脯氨酸、L- 赖氨酸、L- 谷氨酸同 D- 葡萄糖混合并进行热处理，产生美拉德反应后，用透析的方法制得高分子（6 ～ 8kDa）的 ^{65}Zn 化合物，然后进行动物实验，与对照相比，用上述方法制备出的美拉德反应产物结合锌的生物有效性大大降低。给大鼠饲喂含有 0.5% 的可溶性葡萄糖 - 谷氨酸的 MRPs 时，结果发现粪尿中锌分泌增多，而体内锌含量减少。

（5）非酶褐变产生有害成分　食物中氨基酸和蛋白质通过非酶褐变反应生成了能引起突变和致畸的杂环胺物质；乳糖 - 赖氨酸、乳果糖 - 赖氨酸和麦芽糖 - 赖氨酸等由美拉德反应产生的糠氨酸（ε-*N*-2- 呋喃甲基 -L- 赖氨酸，FML），美拉德反应的热转化产物 D- 糖胺等，它们都有一定的安全隐患。但由于非酶褐变反应的复杂性、中间体的不稳定性等原因，目前对非酶褐变产生有害成分研究较为清楚的只有丙烯酰胺（详见第 12 章）。

丙烯酰胺（acrylamide）为已知的致癌物，并能引起神经损伤。据对200多种经煎、炸或烤等高温加工处理的富含碳水化合物的食品进行多次重复检测的结果表明，热加工碳水化合物等食品可产生大量的丙烯酰胺（表3-21）。

表3-21　碳水化合物食品高温加热后含丙烯酰胺值

食品	丙烯酰胺含有量/（μg/kg）		样品数
	中间值	最小值～最大值	
马铃薯片	1200	330～2300	14
法式油炸食品	450	300～1100	9
饼干、椒盐饼干	410	<30～650	14
油炸面包	140	<30～1900	21
美式早餐	160	<30～1400	15
玉米片	150	12～80	3
面包	50	<30～160	20
其他（烤饼、油煎鱼、比萨饼等）	40	<30～60	9

注：符号“<”表示样品分析结果似于实验室分析方法的检测限。

3.4.2.3　影响非酶褐变反应的因素及控制方法

（1）糖类与氨基化合物等的影响　糖类与氨基化合物发生褐变反应的速度，与参与反应的糖及氨基化合物的结构有关。还原糖是主要成分，其中以五碳糖的反应最强，约为六碳糖的10倍。部分五碳糖的褐变反应速度是：核糖＞阿拉伯糖＞木糖。部分六碳糖的褐变反应的速度是：半乳糖＞甘露糖＞葡萄糖。

在羰基化合物中，以α-己烯醛褐变最快，其次是α-双羰基化合物，酮的褐变最慢。抗坏血酸属于还原酮类，其结构中烯二醇的还原力较强，在空气中易被氧化而生成α-双羰基化合物，故容易褐变。

至于氨基化合物，在氨基酸中碱性的氨基酸易褐变，氨基酸的氨基在ε-位或在末端者比在α-位易褐变；胺类一般较氨基酸易于褐变。有报道表明，在氨基酸中，天冬酰胺最易与碳水化合物反应，形成的丙烯酰胺也较多。

蛋白质也能与羰基化合物发生美拉德反应，但其褐变的速度要比肽和氨基酸缓慢。

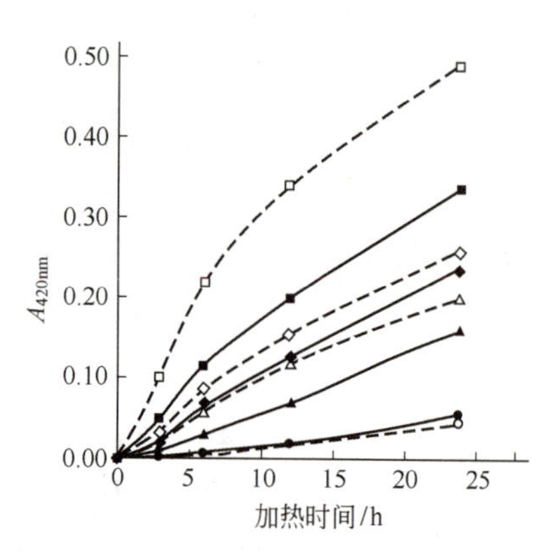

图3-63　糖/氨溶液在100℃加热不同时间与褐色形成的关系

□ 葡萄糖＋赖氨酸；■ 乳糖＋赖氨酸；◇ 葡萄糖＋甘氨酸；◆ 乳糖＋甘氨酸；△ 葡萄糖＋丙氨酸；▲ 乳糖＋丙氨酸；● 乳糖；○ 葡萄糖

（2）温度和时间的影响　褐变反应受温度的影响较大。一般来说，温度相差10℃，褐变速度相差3～5倍。30℃以上褐变较快，20℃以下较慢，所以置于10℃以下贮藏较妥。

热作用时间对褐变反应的影响也较大。将双糖或单糖与不同的氨基酸溶液在100℃下反应不同时间，然后考察其吸光值A_{420nm}的变化，结果表明褐色的形成与热作用时间基本上成正相关（图3-63）。

褐变反应温度和时间不仅对食品色泽和风味有影响，对非酶褐变产生的有害成分也有重要影响。用等摩尔（0.1mol）的天冬酰胺和葡萄糖加热处理，发现120℃时开始产生丙烯酰胺，随着温度的升高，丙烯酰胺产生量增加，至170℃左右达到最高。加热时间对丙烯酰胺也有较大影响。将葡萄糖与天冬酰胺、谷氨酰胺和蛋氨酸在180℃下共热5～60min，发现3种氨基酸产生丙烯酰胺的表现不同，天冬酰胺产生量最高，但5min后随反应时间的增加而下降；谷氨酰胺在10min时达到最高，而后保持不变；蛋氨酸在30min前随加热时间延长而增加，而后达到一个平稳水平。

（3）pH的影响 pH可影响美拉德反应进而影响食品的质量。用木糖-赖氨酸溶液分别在pH5和pH4条件下加热回流15min，经HPLC分析比较，结果发现一些峰是两种pH反应体系中共有的，一些峰只在一种反应体系中出现。

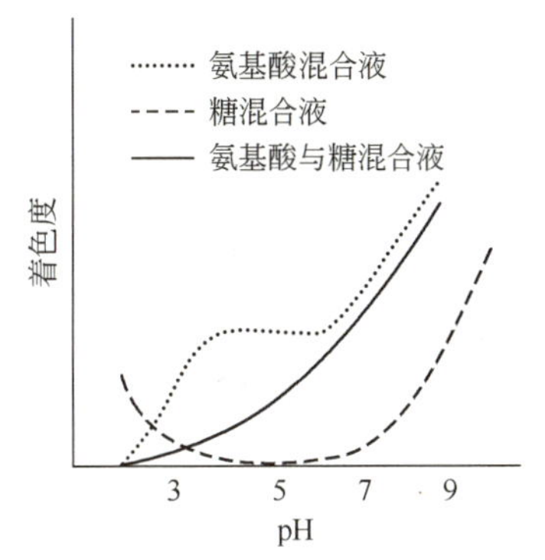

图3-64 褐变与pH的关系

一般说来，当糖与氨基酸共存，pH值在3以上时，褐变随pH增加而加快；pH2.0～3.0间，褐变与pH值成反比；在较高pH值时，食品很不稳定，容易褐变。pH与美拉德褐变可用图3-64示意。降低pH可防止食品褐变，如酸度高的食品，褐变就不易发生（如泡菜）。也可加入亚硫酸盐来防止食品褐变，因亚硫酸盐能抑制葡萄糖生成5-羟基糠醛，从而可抑制褐变发生。

（4）水分活度的影响 非酶褐变反应与水分有密切关系。一般情况下，食品中水分含量在10%～15%时容易发生非酶褐变；水分含量在3%以下时，非酶褐变反应会受到抑制。含水量较高有利于反应物和产物的流动，因此水分含量的多少对于美拉德反应、抗坏血酸及酚类的褐变有重要的影响。但并不是含水量越高越利于美拉德反应，因为水过多会使反应物被稀释，反应速度下降。非酶褐变中产生的丙烯酰胺与食品中含水量也有重要关系。在一定的水分含量范围内食品中水分含量越多，产生的丙烯酰胺量也多；但也不是含水量越高越利于丙烯酰胺的产生，这与热加工中的Maillard反应相一致。

（5）高压的影响 最近人们对利用高压（通常在100～800MPa）作为保存食品的手段或使食品产生不同的属性表现出很大兴趣，高压技术将成为食品加工中又一新技术。高压技术对非酶褐变的影响也引起了人们的极大兴趣。将葡萄糖-赖氨酸水溶液在50℃、pH6.5～10.1范围和不同的压力保温反应相同的时间，结果发现，在常压或者600MPa下，颜色形成速率（A_{420nm}/h，其数值大小表示褐变的快慢）随pH增加而增大。然而，压力对褐变的影响，则随着体系中的pH不同而变化（表3-22）。在pH6.5时褐变率在常压下较快，但是在pH8.0和pH10.1时，高压下较快。

表3-22 葡萄糖-赖氨酸水溶液在不同pH及不同压力下的褐变率（A_{420nm}/h）

pH	常压	高压（600MPa）
6.5	0.02	0.006
8.0	0.1	0.5
10.1	3	23

（6）非酶褐变的控制 某些食品需要非酶褐变反应，而某些食品需要采取控制措施以防止非酶褐变反应的发生。根据上述影响非酶褐变反应的因素可知，防止非酶褐变反应主要采取以下措施。

非酶褐变（下）

① 降温 降温可减缓化学反应速度，因此低温冷藏的食品可延缓非酶褐变。

② 亚硫酸处理 羰基可与亚硫酸根生成加成产物，此加成产物与RNH_2反应的生成物不能进一步生成席夫碱，因此，SO_2和亚硫酸盐可用来抑制羰氨反应褐变。

③ 改变pH值 一般来说羰氨反应在碱性条件下较易进行，所以降低pH值是控制褐变方法之一。

④ 降低产品浓度 适当降低产品浓度，也可降低褐变速率。如柠檬汁比橘子汁易褐变，故柠檬汁的浓缩比常为4∶1，橘子汁为6∶1。

⑤ 使用不易发生褐变的糖类 因为游离羰基的存在是发生羰氨反应的必要条件，所以可用蔗糖代替还原糖。

⑥ 发酵法和生物化学法　有的食品中糖含量甚微，可加入酵母用发酵法除糖，例如蛋粉和脱水肉末的生产中就采用此法。生物化学法是用葡萄糖氧化酶和过氧化氢酶混合酶制剂除去食品中微量葡萄糖和氧。此法也用于除去罐装食品容器顶隙中的残氧。

⑦ 钙盐　钙可与氨基酸结合成不溶性化合物，因此，钙盐有协同 SO_2 防止褐变的作用。

概念检查 3.4

○ ①胶凝作用；②美拉德反应；③焦糖化作用；④丙烯酰胺。

3.5 膳食纤维

随着植物源食品尤其是粗粮的摄入量明显减少，高热能、高蛋白质、高脂肪的动物性食品摄入量大大增加，使得人体膳食营养失衡。以前被认为是没有营养价值的膳食纤维（dietary fibre，DF），被现代医学界和营养学界公认为继蛋白质、脂肪、碳水化合物、矿物质、维生素、水等六大营养素之后影响人体健康所必需的“第七大营养素”。

3.5.1 膳食纤维的结构与性质

3.5.1.1 膳食纤维的定义

膳食纤维定义工作委员会对 DF 定义是“凡是不能被人体内源酶消化吸收的可食用植物细胞、多糖、木质素以及相关物质的总和”，这一定义包括了食品中的大量组成成分：纤维素、半纤维、低聚糖、果胶、木质素、脂质类质素、胶质、改性纤维素、黏质及动物性壳质、胶原等。在有些情况下，那些不被人体消化吸收的、在植物体内含量较少的成分，如糖蛋白、角质、蜡和多酚酯等也包括在广义的膳食纤维范围内。虽然 DF 在人的口腔、胃、小肠内不能消化吸收，但人体大肠内的某些微生物能降解部分 DF，从这种意义上来说，膳食纤维的净能量严格意义上不等于零。

3.5.1.2 膳食纤维的分类

（1）按膳食纤维在水中的溶解能力分　按溶解能力可分为水溶性膳食纤维（SDF）和水不溶性膳食纤维（IDF）两类。

SDF 是指不被人体消化道酶消化，但可溶于温水、热水，和水结合会形成凝胶状物质，且其水溶液又能被其四倍体积的乙醇再沉淀的那部分膳食纤维，主要是细胞壁内的储存物质和分泌物，另外还包括部分微生物多糖和合成多糖，其组成主要是一些胶类物质。SDF 主要包括：植物类果实和种子黏质物、果胶、胍胶、阿拉伯胶、角叉胶、瓜尔豆胶、愈疮胶、琼脂，以及半乳糖、甘露糖、葡聚糖、海藻酸钠、微生物发酵产生的胶（如黄原胶）和人工合成半合成纤维素，另外还有真菌多糖等。

IDF 是指不被人体消化道酶消化且不溶于热水的那部分膳食纤维，主要是植物细胞壁的组成成分，包括纤维素、半纤维素、木质素、原果胶、植物蜡和动物性的甲壳质及壳聚糖、软骨类等。

SDF 和 IDF 二者在人体内所具有的生理功能和保健作用是不同的，IDF 主要作用在于，使肠道产生机械蠕动效果，而 SDF 成分则更多地发挥代谢功能。已经确认，SDF 可以防止胆结石、排除有害金属离子、降低血清及肝脏胆固醇、抑制餐后血糖上升、防止高血压及心脏病等；而 IDF 可增加粪便量，防止肥胖症、便秘、肠癌等。因此，膳食纤维生理功能的显著性与 SDF 和 IDF 的比例有很大关系。

（2）按膳食纤维的来源分　可分为植物类 DF、动物类 DF、合成类 DF。其中，植物类 DF 是目前人类 DF 的主要来源，也是研究和应用最为广泛的一类。粮谷类食物中的纤维主要以纤维素和半纤维素为主，水果和蔬菜中的纤维主要以果胶为主。海藻 DF 主要有细胞壁结构多糖，它由纤维素、半纤维素等构成，基本上同陆生植物一样，但也有甘露聚糖、木聚糖等特例。此外，藻类植物细胞间质多糖，如琼胶、卡拉胶、褐藻胶、马尾藻聚糖、岩藻聚糖、硫酸多糖等都属于海藻膳食纤维的成分。动物类 DF，主要是甲壳质类和壳聚糖。合成类 DF，主要以葡聚糖为代表。葡聚糖属于合成或半合成的水溶性 DF，具有优良的品质改良作用，如颗粒悬浮、控制黏度、利于膨胀、奶油口感、热处理稳定性等，在冷饮、糕点等食品中应用广泛。DF 的来源不同，其化学性质差异很大，但基本组成成分较相似，相互间的区别主要是分子量、分子糖苷链、聚合度、支链结构等方面。

3.5.1.3　膳食纤维的理化性

（1）溶解性与黏性　构成 DF 的碳水化合物结构组成方式决定了其溶解性能。DF 分子结构越规则有序，支链越少，成键键合力越强，分子越稳定，其溶解性就越差，像纤维素等线形有序结构为水不溶性。而 DF 分子结构越杂乱无序，支链越多，键合力越弱，其溶解性就越好，像果胶及果胶类物质等，由于其主链与侧链形成不规则的均匀区和毛发区，整个分子结构呈现无序状态，其水溶解性较好。海藻酸等含带电子基团的 DF 在钠盐溶液中易于溶解。另外，一些 DF 在高温、高压或剪切力作用下，其键合力遭到破坏，形成了无序结构，溶解性大大增强。因此，将不溶性 DF 转变为可溶性 DF 生产高品质 DF 的重要手段。

果胶、瓜尔豆胶、卡拉胶、琼脂、海藻酸等具有良好的黏性与胶凝性，能形成高黏度的溶液。另外，溶剂、浓度及温度等也是影响其黏度的重要因素。高黏度的 DF 溶液在一定条件下还会进一步形成凝胶。DF 的黏性和胶凝性也是 DF 在胃肠道发挥生理作用的重要原因。

（2）具有很高的持水性　DF 有许多亲水基团，具有良好的持水性。其持水能力为 DF 自身质量的数倍，甚至数十倍。DF 的持水力因其品种、组成、结构、物理性质、测定方法和制备方式不同而不同。其次，DF 的粒度大小也会影响 DF 的持水力。一般来说，含有较多纤维素成分的谷物 DF 的持水力较低。DF 粉碎粒度过小，其持水力会下降。加工手段，如高压、蒸煮、酶解等，可改变 DF 的物理性质从而使其持水力升高。DF“持水”这一物理特性，使其具有吸水功能与预防肠道疾病的作用，而且水溶性 DF 持水性高于水不溶性 DF 的持水性。

（3）对有机化合物的吸附作用　DF 表面带有很多活性基团而具有吸附肠道中胆汁酸、胆固醇、变异原等有机化合物的功能，从而影响体内胆固醇和胆汁酸类物质的代谢，抑制人体对它们的吸收，并促进它们迅速排出体外。具有预防胆石症、高血脂、肥胖症、冠状动脉硬化等心血管系统疾病的作用。

（4）对阳离子的结合和交换作用　DF 的一部分糖单位具有糖醛酸羧基、羟基和氨基等侧链活性基团。通过氢键作用结合了大量的水，呈现弱酸性阳离子交换树脂的作用和溶解亲水性物质的作用。既可与 Ca^{2+}、Fe^{2+}、Zn^{2+}、Cu^{2+}、Pb^{2+} 等阳离子结合，也可与 DF 分子中原有的阳离子，如 K^{+}、Na^{+} 发生交换作用，此类交换为可逆性的，它不是单纯结合而减少机体对离子的吸收，而是改变离子的瞬间浓度（一般是起稀释作用）并延长它们的转换时间，从而对消化道的 pH 值、渗透压及氧化还原电位产生影响，产生一个更益于消化吸收的缓冲环境。有研究表明，DF 优先吸附极化度大的阳离子，如 Pb^{2+} 等有害离子，因此吸附在DF上的有害离子可随粪便排出，从而起到解毒的作用。但是，DF对阳离子的结合和交换作用，也必然引起机体和DF对某些有益矿物质元素的竞争结合，从而影响机体对某些矿物质元素的吸收。

（5）改变肠道系统中微生物群系组成 DF经过食道到达小肠后，由于它不被人体消化酶分解吸收而直接进入大肠，DF在肠内经发酵，会繁殖100～200种总量约在1×10^8个细菌，其中相当一部分是有益菌，在提高机体免疫力和抗病变方面有着显著的功效。

（6）容积作用 DF吸水后产生膨胀，体积增大，食用后DF会对胃肠道产生容积作用而易引起饱腹感。同时DF的存在影响了机体对食物其它成分的消化吸收，使人不易产生饥饿感。因此，DF对预防肥胖症大有益处。

3.5.2 膳食纤维的代谢

DF在人的口腔、胃和小肠内不能消化，一般认为直接通过人体消化系统随粪便排出体外，在这一过程中发挥着重大的生理作用。但是，在大肠和结肠内的一些微生物可对部分DF进行不同程度的降解，被降解的程度、速度与DF的溶解性、化学结构、粒度大小及进食方式等多种因素相关。其中，组成DF的单糖和糖醛酸的种类、结构、数量及其主链间的成键方式是DF被肠道微生物降解程度的主要影响因素。水溶性DF，像果胶、海藻胶等，在大肠和结肠中容易被降解，然而纤维素等不溶性DF却不易被肠道微生物所降解。

一些DF在肠道内可被部分代谢，像其它能源物质一样提供能量。然而，未被机体所代谢的DF，进入肠道后成为肠道中上百兆级有益微生物的“食物”，不仅供给繁殖需要的能量，并在纤维代谢中产生大量CO_2和挥发性脂肪酸。其中挥发性脂肪酸，一方面可作为能源物质为机体提供能量，最后以CO_2的形式排出体外；另一方面在改善肠道环境发挥着重要的生理作用。

3.5.3 膳食纤维的生理功能

（1）营养功能 DF并非一定是纤维或纤维状的物质，它没有稳定的理化性质，但它是一种营养术语，和其它营养素一样，在维持机体正常生理功能方面起着重要的作用。可溶性DF可增加食物在肠道中的滞留时间，延缓胃排空，有减少血液胆固醇水平、减少心脏病及结肠癌发生等预防作用；不溶性DF可促进肠道产生机械蠕动，降低食物在肠道中的滞留时间，增加粪便的体积和含水量、防止便秘等。因此，是“第七大营养素”。

（2）预防肥胖症 DF可以通过调节食物的摄入、消化、吸收和新陈代谢，阻止脂肪吸收并减少能量摄入。DF预防肥胖的主要机制为：① IDF的黏度高，可减缓营养物质的迁移，同时DF具有良好的持水、持油和胆固醇吸附的能力，可增强脂肪的吸附；② DF具有良好的水溶胀能力，可以增强饱腹感，减少食物摄入量；③ DF通过肠道微生物发酵产生短链脂肪酸，同时促进胰高血糖素样肽-1（GLP-1）分泌，GLP-1可增强饱腹感。

（3）预防心血管疾病 据报道，DF通过降低胆酸及其盐类的合成与吸收，加速了胆固醇的分解代谢，从而阻碍中性脂肪和胆固醇的肠道再吸收，限制了胆酸的肝肠循环，进而加快了脂肪物的排泄。因此对冠状动脉硬化、胆石症、高脂血症等有预防作用。

（4）降低血压 DF尤其是酸性多糖类，具有较强的阳离子交换功能。它能与肠道中的Na^+、K^+进行交换，促使尿液和粪便中大量排出Na^+、K^+，从而降低血液中的Na/ K，直接产生降低血压的作用。

（5）降血糖　研究发现，DF 在预防和治疗糖尿病方面具有重要作用。DF 降低血糖的机制如下：① DF 的网络结构可以形成物理屏障，延缓葡萄糖的扩散；②黏性纤维可以延缓胃排空，增强胰岛素对降血糖作用的敏感性；③ DF 通过肠道微生物发酵产生短链脂肪酸，从而刺激饱腹感激素（GLP-1 和 PYY）的分泌，从而增加胰岛素分泌控制血糖水平。

（6）提高人体免疫力　DF 中的黄酮、多糖类物质具有清除超氧离子自由基和羟自由基的能力。从香菇、金针菇、灵芝、蘑菇、茯苓和猴头菇等食用真菌提取的 DF，有提高人体免疫力的生理功能。

（7）改善牙齿的功能　增加膳食中的纤维素，则可增加使用口腔肌肉、牙齿咀嚼的机会，长期下去，会使口腔保健功能得到改善，防止牙齿脱落、龋齿等。

（8）预防癌症　据报道，高 DF 饮食可有效预防多种癌症的发生。DF 预防癌症的机制主要体现在：① DF 有持水能力和水溶胀能力，可以增加粪便量，加快排便时间，降低肠道致癌物浓度；② DF 可以降低循环激素的浓度，增加排泄；③ DF 发酵产生丁酸盐等短链脂肪酸，可抑制培养癌细胞中的组蛋白脱乙酰酶和相关信号通路，促进癌细胞凋亡。

（9）预防和改善肠道疾病　肠道疾病的发病率与生活方式和饮食密切相关。体内 DF 发酵可以促进有益菌的生长，抑制有害菌的生长，对预防治疗疾病起至关重要的作用；DF 具有良好的持水能力和水溶胀能力，可以缓解功能性便秘，促进肠道消化；DF 发酵产生的短链脂肪酸可以抑制炎症因子，从而保障肠道屏障的完整性，增加肠道长度。

3.5.4　膳食纤维的安全性

DF 虽然与人体健康密切相关，但也并非越多越好。DF 如果摄入太多，不仅会引起一些身体不适，而且还会影响人体对脂肪、蛋白质、无机盐和某些微量元素的吸收等一系列副作用。这些营养素的摄入量不足会造成骨骼、心脏、血液等脏器功能的损害，降低人体免疫抗病能力等。DF 各组成成分对人体健康的作用是不同的，因此不同种类的 DF 对人体的影响也是多方面的，人与之间的差异性也增加了 DF 作用的复杂性。

大量摄入 DF，尤其是摄取那些凝胶性强的可溶性纤维，如瓜尔豆胶等，因为肠道细菌对纤维素的酵解作用产生挥发性脂肪酸、CO_2 及甲烷等，可引起人体腹胀、胀气等不适反应；也可能会影响人体对蛋白质、脂肪、碳水化合物的吸收，DF 的食物充盈作用引起膳食脂肪和能量摄入量的减少，还可直接吸附或结合脂质，增加其排出；具有凝胶特性的纤维在肠道内形成凝胶，可以分隔、阻留脂质，影响蛋白质、碳水化合物和脂质与消化酶及肠黏膜的接触，从而影响人体对这些能量物质的生物利用率。对于一些结构中含有羟基或羧基基团的 DF，可以与人体内的一些有益矿物元素，如 Fe、Cu、Zn 等，发生交换或形成复合物，最终随粪便一起排出体外，进而影响肠道内矿物元素的生理吸收。

关于 DF 的副作用及安全性，是目前 DF 研究的热点之一。由于 DF 的复杂性和各地人群的差异性，国际上对 DF 的日摄取量还没有统一的标准。各国的营养学家根据该国的膳食情况推荐不同的摄入量：美国 FDA 建议成人摄取 DF 20 ～ 35g/d，而美国癌症协会推荐健康成人为 30 ～ 40g/d；欧洲共同体食品科学委员会推荐标准为30g/d；中国营养学会在2022 年最新颁布的中国居民膳食营养素参考摄入量规定为25 ～ 35g/d。

概念检查 3.5

○ ①膳食纤维；②膳食纤维功能性。

参考文献

[1] 王延平，等 . 美拉德反应产物抗氧化性能研究进展 . 食品与发酵工业，1998，24（1）：70-73.

[2] 欧仕益，等 . 淀粉老化 //“1000 个科学难题”农业科学编委会著 .1000 个科学难题（农业科学卷）. 北京：科学出版社，2011：428-430.

[3] 房芳，等 . 多糖乙酰化修饰的最新研究进展 . 黑龙江八一农垦大学学报，2017，29（2）：42.

[4] 赵谋明，等 . 淀粉结构与食品品质 //“1000 个科学难题”农业科学编委会著 .1000 个科学难题（农业科学卷）. 北京：科学出版社，2011：425-426.

[5] 景浩 . 食品加工中的美拉德反应 //“1000 个科学难题”农业科学编委会著 .1000 个科学难题（农业科学卷）. 北京：科学出版社，2011：437-441.

[6] Li J，et al. Effects of acetylation on the emulsifying properties of *Artemisia sphaerocephala* Krasch. Polysaccharide. Carbohydrate Polymers，2016，144：531.

[7] Narchi I，et al. Effect of protein–polysaccharide mixtures on the continuous manufacturing of foamed food products. Food Hydrocolloids，2009，1：188-201.

[8] Persin Z，et al. Novel cellulose based materials for safe and efficient wound treatment.Carbohydrate Polymen，2011，84：22.

[9] Zaidel D N A，et al. Biocatalytic cross-linking of pectic polysaccharides for designed food functionality：Structures，mechanisms，and reactions Review Article.Biocatalysis and Agricultural Biotechnology，2012，3：207.

总结

碳水化合物

- 根据组成中单糖数量和种类可分为单糖、寡糖、多糖、均寡糖、杂寡糖、均多糖及杂多糖。
- 对食品的营养、色泽、口感、质构及某些食品功能等都有重要影响。

理化性质

- 单糖、糖醇、糖苷、低聚糖等一般可溶于水；多糖大多具有较强的持水能力和亲水性。多糖溶液都有一定的黏稠性。
- 糖苷在一定条件下水解产生多种效果。
- 糖链上醛基可被氧化成醛糖酸，也可还原成糖醇。糖链上羟基可与有机酸和无机酸形成酯，与乙酰化试剂发生亲核加成反应，生成相应的多糖酯。

重要的低聚糖

- 食品中一些低聚糖，如低聚果糖、低聚木糖、甲壳低聚糖和低聚魔芋葡甘露糖等，具有显著的生理功能。

淀粉

- 淀粉一般由直链淀粉和支链淀粉构成，当直链淀粉比例较高时不易糊化，否则反之。
- 淀粉在水中加热分子之间的氢键断裂，水渗入淀粉粒，分子链分离，淀粉发生不可逆溶胀，有序结构被破坏，双折射和结晶结构也完全消失，此过程称为糊化。影响糊化的因素有淀粉粒结构、温度、水分活度、其他共存物质和 pH 等。
- 淀粉糊冷却或贮藏时，分子通过氢键相互作用产生沉淀或不溶解的现象，称作淀粉的老化，它是一个再结晶的过程。影响淀粉老化的因素有淀粉分子结构、浓度、无机盐等其它成分、pH 值、温度、冷冻的速度等。
- 通过物理、化学或生物化学的方法对淀粉改性，可产生新的功能。

其它多糖

- 纤维素、半纤维素、果胶、琼胶、褐藻胶、壳聚糖、卡拉胶等。

食品功能性	○ 有吸湿和保湿作用，有黏稠性及胶凝作用，能保留挥发性风味成分，有很好的甜度，通过非酶褐变产生颜色和风味成分。
非酶褐变反应	○ 美拉德反应是指还原糖与氨基酸、蛋白质之间的复杂反应，包括缩合、脱氢、重排、异构化等，最终形成类黑素。 ○ 糖类在没有含氨基化合物存在时加热到熔点以上，也会变为黑褐的色素物质，称为焦糖化作用。 ○ 产生大量对色泽、滋味和气味有影响的化学成分，也会产生有一定安全隐患的成分。 ○ 通过糖类与氨基种类选择、温度和时间控制、改变 pH 和水分活度等，可控制非酶褐变反应。
膳食纤维	○ 是人体健康所必需的“第七大营养素”。

第3章

思考练习

1. 寡糖的亲水功能特性以及它们在食品中的作用。
2. 碳水化合物的非酶褐变对食品质量与安全的影响体现在哪些方面？
3. 什么是淀粉老化？淀粉老化对食品质量有何影响？作为企业主管拟采用哪些措施防止淀粉老化？
4. 纤维素的改性方法有哪些？改性纤维素在食品中有何应用？
5. 什么是多糖的胶凝作用？果胶凝胶的形成条件和影响因素。
6. 请自主查阅文献，综述咖啡焙烤中美拉德反应的过程及其对咖啡风味品质的影响。
7. 选择一种你感兴趣的天然多糖，请自主查阅文献，阐述它们的功能特性和在食品中的应用前景。
8. 苹果汁以苹果为原料，经破碎、压榨、酶解、澄清、杀菌等加工而制得，含有多酚、氨基酸、抗坏血酸、寡糖等营养组分，但热加工和长时间贮藏易发生褐变现象而导致品质降低。根据苹果汁的化学组分和加工贮藏条件，分析高温杀菌和产品贮藏中有哪些反应引起了苹果汁的褐变。作为一名实验员，请证实哪种反应是其褐变的主要反应？

能力拓展

○ 茶多糖的功能性

中国民间有用粗老茶防治糖尿病的单方。也就用老茶树的老叶用冷水浸泡，常年饮用对辅助控制血糖有一定效果。请结合所学相关知识，设计出对该单方控制血糖效果的验证实验和富含茶多糖的产品。

第4章　脂类

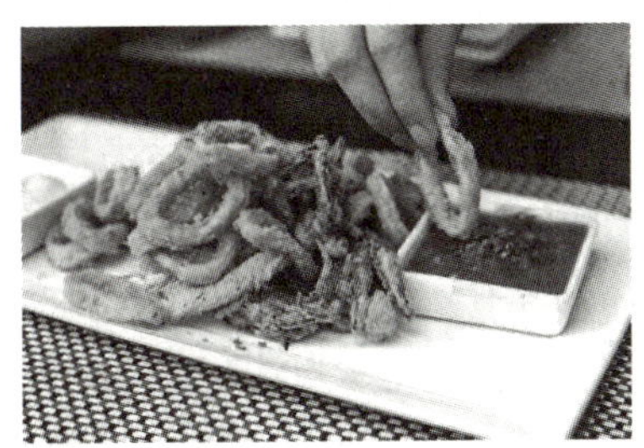

巧克力、冰淇淋口感细腻甜美。油炸食品具有金黄的颜色和诱人的香味。蛋糕制作师用奶油在蛋糕表面裱出各种各样的图案。这些美食为什么会有这些特性？它们主要同食品中哪类成分有关？

为什么要学习“脂类”？

为什么要学习脂类？脂类是食品的重要组成成分，一方面，它与食品的外观、质构和色香味等密切相关，如为巧克力、人造奶油、冰淇淋等食品提供滑润的口感和光滑的外观，并赋予焙烤类加工食品特殊的风味；另一方面，脂类物质在食品加工和贮藏过程中的化学变化，特别是氧化、水解等反应，也是导致食品品质劣变的重要原因。此外，过高的脂肪摄入量还会带来一系列健康问题，如增加肥胖症、心血管疾病的患病风险。

学习目标

- ○ 指出食品中的典型脂类，了解脂肪及脂肪酸的种类和命名方法。
- ○ 知晓脂类密度、熔点、沸点、烟点、闪点和着火点等，并懂得如何评价油脂质量。
- ○ 明确饱和脂肪酸、不饱和脂肪酸、反式脂肪酸、复合脂质等对人体健康的影响，为推进健康中国建设打好专业基础。
- ○ 熟悉油脂的物理和化学性质及其在食品加工和贮藏中的应用，如同质多晶现象、塑性、乳化及破乳等化学本质。
- ○ 掌握油脂氧化的分类及反应过程，油脂的精制、氢化及其对食品品质和安全性的影响等。

脂类是生物体内的一类重要化合物，不溶于水但能溶于有机溶剂。脂肪酸甘油酯即三酰基甘油是其主要存在形式，约占总量的99%。此外，其种类还包括磷脂、糖脂、固醇等。习惯上将室温条件下呈液态的脂类称为油，呈固态的脂类称为脂肪，它们统称为油脂或中性脂肪。尽管脂类的化学结构及功能因种类不同而有所差异，但它们通常具有以下共同特征：①绝大多数不溶于水，而易溶于乙醚、石油醚、氯仿等有机溶剂；②大多数具有三酰基甘油的结构，并以脂肪酸形成的酯最多；③都是由生物体产生，并能被生物体所利用。

4.1 概述

4.1.1 脂类的作用

脂类是人体必需的营养成分，是热能密度最高的营养素，每克脂肪可提供39.58 kJ能量。脂类是人体必需脂肪酸的来源，是脂溶性维生素的载体，也是用于合成多种活性物质（前列腺素、性激素及肾上腺素等）的前体物质。此外，磷脂、糖脂、固醇等还是构成生物膜的重要组分。作为食品的重要组成成分，脂类化合物的种类、晶体结构、熔化性能以及同其他非脂物质间的相互作用等与食品的外观、质构以及色香味的形成密切相关，如为巧克力、人造奶油、冰淇淋等食品提供滑润的口感和光滑的外观，并赋予焙烤类加工食品特殊的风味等；此外，脂肪还是一种热媒介质，可用于油炸脱水。

脂类化合物在食品加工和贮存过程中所发生的氧化、水解等反应，会给食品的品质带来需宜的或不需宜的影响。值得注意的是，近年来，过高的脂肪特别是饱和脂肪酸的摄入，也会带来一系列健康问题，例如增加人体患心脑血管疾病的风险。

4.1.2 脂类的分类

按照脂类物质的结构和组成可分为：简单脂质、复合脂质和衍生脂质。简单脂质是指仅由脂肪酸和醇形成的酯，包括酰基甘油酯、蜡等；复合脂质是指除脂肪酸和醇之外还含有其它化学基团的酯，主要包括磷脂和糖脂；衍生脂质是指具有脂类一般性质的简单脂质或复合脂质的衍生物，如类胡萝卜素、固醇类、脂溶性维生素等。

按照酰基能否皂化，可将脂类物质分为不可皂化的简单脂质（如脂肪酸、类固醇、类胡萝卜素等）和可皂化的酰基脂质（包括脂肪酸甘油酯、磷脂等）。

按照来源可以分为：动物油脂、植物油脂、微生物油脂等。

4.1.3 食品中的典型脂类

① 动物脂肪　动物脂肪由家畜的储存脂肪组成，如猪油、牛油、羊油等，这类脂肪含有大量 C_{16} 和 C_{18} 脂肪酸，中等含量的不饱和脂肪酸（主要是油酸和亚油酸），以及少量的奇数碳脂肪酸。由于该类脂肪中饱和三酰基甘油所占比例较高，故其熔点也较高。

② 乳脂　乳脂来源于哺乳动物的乳汁，主要是牛乳。乳脂中所含的脂肪酸主要是棕榈酸、油酸和硬脂酸。与其他动物脂肪不同的是，乳脂中含有相当多的 C_4 ～ C_{12} 短链脂肪酸以及少量的支链脂肪酸、奇数碳脂肪酸以及反式脂肪酸。

③ 植物奶油　植物奶油以热带植物的种子为原料加工制成，其主要特征是熔点范围窄。尽管植物奶油中，饱和脂肪酸含量大于不饱和脂肪酸，但却不存在完全饱和的三酰基甘油。植物奶油广泛应用于糖果生产，可可脂是这类脂肪中最重要的一种。

④ 油酸 - 亚油酸酯　油酸 - 亚油酸酯是自然界中最丰富的脂类，全部来自于植物。它含有大量的油酸和亚油酸，饱和脂肪酸含量低于 20%。花生油、玉米油、橄榄油、棕榈油、芝麻油、棉子油和葵花子油都属于这一类。

⑤ 亚麻酸酯　此类油脂中含有大量亚麻酸。豆油、小麦胚芽油、亚麻籽油和紫苏油都属于这类油脂。

⑥ 月桂酸酯　月桂酸酯来源于棕榈植物，如椰子和巴巴苏。该类脂肪的特征是月桂酸含量高，可达 40% ～ 50%，C_6、C_8 和 C_{10} 脂肪酸的含量中等，不饱和脂肪酸含量少，熔点较低。

⑦ 海产动物油脂　海产动物油脂中含大量长链多不饱和脂肪酸，如二十碳五烯酸和二十二碳六烯酸，由于不饱和度高，容易氧化。此外，该类油脂还富含维生素 A 和维生素 D。

概念检查 4.1

○ 请介绍脂类的定义及其分类。

4.2 脂类的结构和命名

4.2.1 脂肪酸的结构和命名

4.2.1.1 脂肪酸的结构

因为天然油脂中的绝大多数是脂肪酸甘油三酯，故构成甘油三酯的脂肪酸种类、长度、双键数量以及几何构型等对油脂的性质有重要影响。自然界中存在的天然脂肪酸绝大多数是含偶数碳的长链（碳数≥14）直链脂肪酸，也有少量其他脂肪酸，如奇数碳脂肪酸、支链脂肪酸和羟基脂肪酸等。根据分子中烃基是否饱和，脂肪族羧酸可以分为饱和脂肪酸和不饱和脂肪酸。饱和脂肪酸的烃链完全为氢所饱和，如棕榈酸、硬脂酸等；不饱和脂肪酸的烃链含有双键，分为单不饱和脂肪酸（含 1 个双键）和多不饱和脂肪酸（含 2 个及以上的双键），前者包括油酸、棕榈油酸等，后者包括亚油酸（含两个双键）、亚麻酸（含三个双键）、花生四烯酸（含四个双键）。某些多不饱和脂肪酸，如亚油酸和亚麻酸等，在人体内有特殊的生理作用，是机体不可或缺的，但人体不能自身合成，必须从食物中摄取，这类脂肪酸被称为必需脂肪酸（essential fatty acid，EFA）。

4.2.1.2 脂肪酸的命名

（1）俗名或普通名　通常是根据其来源命名，例如棕榈酸、月桂酸、酪酸、花生酸和油酸等。

（2）系统命名法　选择含有羧基和双键（对于不饱和脂肪酸）的最长碳链为主链，从羧基端开始编号，然后按照有机化学中的系统命名方法进行命名，并标出双键的位置。例如：

$CH_3(CH_2)_4CH=CHCH_2CH=CH(CH_2)_7COOH$　　9,12- 十八碳二烯酸

（3）数字命名法　用 n:m 的形式来表示，其中 n 表示碳原子数，m 表示双键数。例如：

$CH_3(CH_2)_{14}COOH$　　十六碳酸（棕榈酸），表示为 16:0

$CH_3(CH_2)_4CH=CHCH_2CH=CH(CH_2)_7COOH$　　9,12- 十八碳二烯酸，表示为 18:2

对于不饱和脂肪酸，有时还需标出双键的位置，可从碳链甲基端开始编号，以“ω 数字”或“n 数字”表示其第一个双键的碳原子位置。由于天然多烯酸（一般含 2 ～ 6 个双键）的双键都是被亚甲基隔开，因此，只要确定了第一个双键的位置，其余双键的位置也就确定了，如油酸为 18:1 ω9，亚油酸为 18:2 ω6，α- 亚麻酸则为 18:3 ω3。

不饱和脂肪酸双键的几何构型一般可用顺式（c-）和反式（t-）来表示，它们分别表示烃基在分子的同侧或异侧。不饱和脂肪酸天然存在的形式多为顺式构型，但在加工和储藏过程中部分双键会转变为反式，反式构型在热力学上更稳定。近年来，反式脂肪酸与人体健康的关系备受关注。

R_1, R_2 / C=C / H, H
顺式 (*cis*-)

R_1, H / C=C / H, R_2
反式 (*trans*-)

（4）英文缩写　每种脂肪酸可以用其英文名称的第一个字母表示。例如，P 和 L 分别表示棕榈酸（palmitic acid）和亚油酸（linoleic acid）。常见脂肪酸的命名见表 4-1。

表 4-1　某些常见脂肪酸的命名

分子结构式	系统命名	数字名命	俗名	英文缩写
$CH_3(CH_2)_2COOH$	丁酸	4:0	酪酸	B
$CH_3(CH_2)_4COOH$	己酸	6:0	己酸	H
$CH_3(CH_2)_6COOH$	辛酸	8:0	辛酸	Oc
$CH_3(CH_2)_8COOH$	癸酸	10:0	癸酸	D
$CH_3(CH_2)_{10}COOH$	十二酸	12:0	月桂酸	La
$CH_3(CH_2)_{12}COOH$	十四酸	14:0	肉豆蔻酸	M
$CH_3(CH_2)_{14}COOH$	十六酸	16:0	棕榈酸	P
$CH_3(CH_2)_{16}COOH$	十八酸	18:0	硬脂酸	St
$CH_3(CH_2)_{18}COOH$	二十酸	20:0	花生酸	Ad
$CH_3(CH_2)_5CH{=}CH(CH_2)_7COOH$	9-十六碳烯酸	16:1	棕榈油酸	Po
$CH_3(CH_2)_7CH{=}CH(CH_2)_7COOH$	9-十八碳烯酸	18:1 $\omega 9$	油酸	O
$CH_3(CH_2)_4CH{=}CHCH_2CH{=}CH(CH_2)_7COOH$	9,12-十八碳二烯酸	18:2 $\omega 6$	亚油酸	L
$CH_3CH_2CH{=}CHCH_2CH{=}CHCH_2CH{=}CH(CH_2)_7COOH$	9,12,15-十八碳三烯酸	18:3 $\omega 3$	α-亚麻酸	α-Ln
$CH_3(CH_2)_4CH{=}CHCH_2CH{=}CHCH_2CH{=}CH(CH_2)_4COOH$	6,9,12-十八碳三烯酸	18:3 $\omega 6$	γ-亚麻酸	γ-Ln
$CH_3(CH_2)_4(CH{=}CHCH_2)_4(CH_2)_2COOH$	5,8,11,14-二十碳四烯酸	20:4 $\omega 6$	花生四烯酸	ARA
$CH_3CH_2(CH{=}CHCH_2)_5(CH_2)_2COOH$	5,8,11,14,17-二十碳五烯酸	20:5 $\omega 3$	二十碳五烯酸	EPA
$CH_3(CH_2)_7CH{=}CH(CH_2)_{11}COOH$	13-二十二碳一烯酸	22:1 $\omega 9$	芥酸	E
$CH_3CH_2(CH{=}CHCH_2)_6CH_2COOH$	4,7,10,13,16,19-二十二碳六烯酸	22:6 $\omega 3$	二十二碳六烯酸	DHA

4.2.2　脂肪的结构和命名

4.2.2.1　酰基甘油

天然脂肪是由甘油与脂肪酸结合而成的单酰基甘油、二酰基甘油和三酰基甘油混合物，但主要是以三酰基甘油形式存在，其结构式如下：

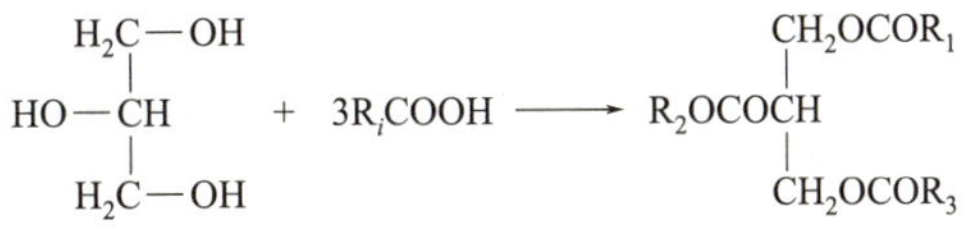

$$\begin{array}{l} H_2C-OH \\ \quad\ | \\ HO-CH \\ \quad\ | \\ H_2C-OH \end{array} \quad + \quad 3R_iCOOH \longrightarrow \begin{array}{l} \quad\ CH_2OCOR_1 \\ \quad\ \ | \\ R_2OCOCH \\ \quad\ \ | \\ \quad\ CH_2OCOR_3 \end{array}$$

甘油　　脂肪酸　　三酰基甘油

如果 R_1、R_2 和 R_3 相同，就称之为简单三酰基甘油，否则称之为混合三酰基甘油。当 R_1 和 R_3 不相同时，C2 原子具有手性，在表示构型时，可采用 L- 或 R- 表示。自然界中的油脂多为混合三酰基甘油，且构型多为 L- 型。

对三酰基甘油的命名，目前广泛采用赫尔斯曼（Hirschman）提出的立体有择位次编排命名法（stereospecific numbering，Sn）命名。它是在甘油的 Fischer 投影式中，将中间的羟基写在中心碳原子的左边，碳原子由上至下编号为 1、2、3。

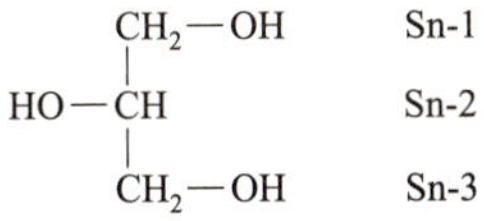

$$\begin{array}{ll} \quad\ CH_2-OH & \quad Sn\text{-}1 \\ \quad\ \ | & \\ HO-CH & \quad Sn\text{-}2 \\ \quad\ \ | & \\ \quad\ CH_2-OH & \quad Sn\text{-}3 \end{array}$$

甘油

例如，当硬脂酸在 Sn-1 位酯化、油酸在 Sn-2 位酯化、亚油酸在 Sn-3 位酯化时，形成的三酰基甘油可命名为：Sn- 甘油 -1- 硬脂酸酯 -2- 油酸酯 -3- 亚油酸酯，或 Sn-18:0-18:1-18:2，或 Sn-StOL。

在 Sn 系统命名法中，常用一些词头来指明脂肪酸在三酰基甘油分子中分布的位置。

Sn：在甘油的前面，表明 Sn-1、Sn-2 和 Sn-3 的位置。

Rac：表示两个对映体的外消旋混合物，缩写中的中间脂肪酸连接在 Sn-2 位置，而其余两种脂肪酸在 Sn-1 和 Sn-3 之间均等分配，如 Rac-StOM 表示等量的 Sn-StOM 和 Sn-MOSt 的混合物。

β：表示缩写符号中间的脂肪酸在 Sn-2 位置，而其余两种脂肪酸的位置可能是 Sn-l 或 Sn-3，如 β-StOM 表示任何比例的 Sn-StOM 和 Sn-MOSt 的混合物。

简单三酰基甘油（如 MMM）或者脂肪酸的分布位置是未知的，也可以不写词头，可能是异构体的混合物，如 StOM 用来表示 Sn-StOM、Sn-MOSt、Sn-OStM、Sn-MStO、Sn-StMO 和 Sn-OMSt 的任一比例混合物。

4.2.2.2 磷脂

磷脂是含磷酸的复合脂类，根据其所含醇是甘油还是鞘氨醇，可分为甘油磷脂类和鞘氨醇磷脂类。对食品来说，甘油磷脂更为重要。

甘油磷脂即磷酸甘油酯，所含甘油的 1 位和 2 位的两个羟基被脂肪酸酯化，3 位羟基被磷酸酯化，称为磷脂酸。磷脂酸中的磷酸基团再与氨基醇（胆碱、乙醇胺或丝氨酸）或肌醇进一步酯化，生成多种磷脂，如磷脂酰胆碱、磷脂酰乙醇胺、磷脂酰丝氨酸、磷脂酰肌醇等。甘油磷脂的命名是按磷脂酸衍生物命名的，或者按与三酰基甘油相类似的系统名称命名，例如 3-Sn- 磷脂酰胆碱（俗名卵磷脂），又可称为 Sn- 甘油 -1- 硬脂酰 -2- 亚油酰 -3- 磷酸胆碱。

$$
\begin{array}{l}
\qquad\qquad\qquad\qquad\qquad\qquad\qquad\quad CH_2OOC(CH_2)_{16}CH_3 \\
\qquad\qquad\qquad\qquad\qquad\qquad\qquad\quad | \\
CH_3(CH_2)_4CH{=}CHCH_2CH{=}CH(CH_2)_7COOCH \qquad O \\
\qquad\qquad\qquad\qquad\qquad\qquad\qquad\quad | \qquad\qquad \| \\
\qquad\qquad\qquad\qquad\qquad\qquad\qquad\quad CH_2O-P-O-(CH_2)_2N(CH_3)_3 \\
\qquad\qquad\qquad\qquad\qquad\qquad\qquad\qquad\qquad\; | \\
\qquad\qquad\qquad\qquad\qquad\qquad\qquad\qquad\quad\;\; OH
\end{array}
$$

Sn-甘油-1-硬脂酰-2-亚油酰-3-磷酸胆碱

鞘氨醇磷脂以鞘氨醇为骨架，鞘氨醇的第二位碳原子上的氨基以酰胺键与长链脂肪酸连接成神经酰胺；神经酰胺的羟基与磷酸连接，再与胆碱或乙醇胺相连接，生成鞘磷脂。

4.2.3 天然脂肪中脂肪酸的分布

4.2.3.1 三酰基甘油分布理论

油脂的性质除了与脂肪酸的种类和含量有关外，也会受脂肪酸在三酰基甘油中分布的影响。有不少关于脂肪酸在三酰基甘油分子中的分布理论，如下几种较为重要。

（1）均匀或最广泛分布　均匀或最广泛分布理论是 Hilditch 和 Williams 于 1964 年提出的。该理论认为，天然脂肪的脂肪酸倾向于广泛地分布在全部三酰基甘油分子中，如果一种脂肪酸 S 的含量低于总脂肪酸量的 1/3，那么这种脂肪酸在任何三酰基甘油分子中最多只能有出现一次的机会，若以 X 表示另一种脂肪酸，那么，只会形成 XXX 和 SXX 两种三酰基甘油分子。若 S 脂肪酸介于总脂肪酸含量的 1/3 到 2/3 之间，则它在三酰基甘油分子中应该至少出现 1 次，但绝对不会出现 3 次，即仅 SXX 和 SSX 存在。当 S

脂肪酸超过总脂肪酸含量的2/3时，它在每个分子中至少可以出现两次，即只可能存在SSX和SSS两种三酰基甘油。

对于很多天然脂肪特别是动物来源的脂肪中脂肪酸的分布很难用均匀分布理论来解释。事实上，在饱和脂肪酸低于67%的脂肪中也存在三饱和基酰基甘油。这种理论只适用于由两种脂肪酸组分构成的体系，而且没有考虑位置异构体，因此这种理论是不完善的。

（2）随机（1,2,3-随机）分布 按照这种理论，脂肪酸在每个三酰基甘油分子内和全部三酰基甘油分子间都是随机分布的。因此，甘油基所含3个位置的脂肪酸组成应该相同，而且与总脂肪的脂肪酸组成相等。这样，一个给定脂肪酸（Sn-XYZ）组成的三酰基甘油分子，它在整个脂肪中的含量可以根据相应脂肪酸在脂肪中的总含量来计算确定。

Sn-XYZ（%）=（总脂肪中X的摩尔分数）×（总脂肪中Y的摩尔分数）×（总脂肪中Z的摩尔分数）$\times 10^{-4}$

例如，假若一种脂肪含8%棕榈酸、2%硬脂酸、30%油酸和60%亚油酸，就可能有64种三酰基甘油分子（n=4，n^3=64）。以下是其中三种三酰基甘油的百分含量的计算：

Sn-OOO（%）$=30\times30\times30\times10^{-4}=2.7$

Sn-PLSt（%）$=8\times60\times2\times10^{-4}=0.096$

Sn-LOL（%）$=60\times30\times60\times10^{-4}=10.8$

大多数脂肪并不完全符合随机分布模式。在天然脂肪中，Sn-2位置的脂肪酸组成不同于结合在Sn-1,3位的脂肪酸。随机分布理论对于天然脂肪中脂肪酸分布的预测，存在相当的差异，但是它应用于经过随机酯交换反应的脂肪，则是可行的。

（3）有限随机分布 有限随机分布是Kartha于1953年提出的。这个假说认为，动物脂肪中饱和与不饱和脂肪酸是随机分布的，而全饱和三酰基甘油（SSS）的量只能达到使脂肪在体内保持流动的程度。按照这种理论，过量的SSS将会同UUS和UUU进行交换，形成SSU和SUU。Kartha的假说不能解释位置异构体或单个脂肪酸在甘油基上的位置分布。

（4）1,3-随机-2-随机分布 该理论是在胰脂酶定向水解Sn-1、Sn-3位脂肪酰研究基础上，于1960～1961年分别由Vander Wal、Coleman和Fulton提出的。这个理论认为：脂肪酸在Sn-1,3位和Sn-2位的分布是独立的，互相没有联系，而且脂肪酸是不同的；Sn-1,3位和Sn-2位的脂肪酸的分布是随机的，且Sn-1和Sn-3位上的脂肪酸组成是相同的。根据这种假说，对一个给定的三酰基甘油的含量可计算如下。

Sn-XYZ（%）=（X在1,3位的摩尔分数）×（Y在2位的摩尔分数）×（Z在1,3位的摩尔分数）$\times 10^{-4}$

Sn-2和Sn-1,3位置上脂肪酸的组成可以用化学方法或酶法部分脱酰基，对所生成的单酰基或二酰基甘油进行分析测定得到。

这一理论对于植物种子油脂具有普遍意义，计算结果非常准确，有很强的实用价值。

（5）1-随机-2-随机-3-随机分布 该理论1962年由津田滋提出。按照这种理论，天然油脂中脂肪酸在甘油分子的3个位置上的分布相互独立且随机。根据这种假说，对一个给定的三酰基甘油的含量可计算如下。

Sn-XYZ（%）=（X在1位的摩尔分数）×（Y在2位的摩尔分数）×（Z在3位的摩尔分数）$\times 10^{-4}$

1-随机-2-随机-3-随机分布理论对一般动物脂肪、乳脂、种子油脂应用效果良好。

4.2.3.2 天然脂肪中脂肪酸的位置分布

植物源油脂，一般来说不饱和脂肪酸优先占据甘油酯 Sn-2 位置，特别是亚油酸；而饱和脂肪酸几乎都分布在 Sn-1,3 位置。在大多数情况下，饱和的或不饱和的脂肪酸在 Sn-1 和 Sn-3 位置基本上是等量分布的。

动物源油脂，一般 Sn-2 位置的饱和脂肪酸含量比植物源油脂高，Sn-1 和 Sn-2 位置的脂肪酸组成也有较大差异。大多数动物源油脂中，棕榈酸优先在 Sn-1 位置酯化，肉豆蔻酸优先在 Sn-2 位置酯化。猪脂肪不同于其他动物脂肪，棕榈酸主要分布在甘油基的 Sn-2 位置，硬脂酸主要在 Sn-1 位置，亚油酸在 Sn-3 位置，而油酸主要在 Sn-3 和 Sn-1 位置。乳脂中短链脂肪酸有选择地结合在 Sn-3 位置。海产动物油的长链多不饱和脂肪酸优先在 Sn-2 位置上酯化。

部分天然脂肪的三酰基甘油中脂肪酸的位置分布见表 4-2。

表 4-2 部分天然脂肪的三酰基甘油中脂肪酸的位置分布（脂肪酸摩尔分数）

油脂来源	位置	14:0	16:0	18:0	18:1	18:2	18:3	20:0	20:1	20:2	22:0
可可脂	Sn-1		34	50	12	1					
	Sn-2		2	2	87	9					
	Sn-3		37	53	9	—					
花生	Sn-1		14	5	59	19		1	1		1
	Sn-2		2	—	59	39		—	—		0.5
	Sn-3		11	5	57	10		4	3	6	3
大豆	Sn-1		14	6	23	48	9				
	Sn-2		1	22	70	7					
	Sn-3		13	6	28	45	8				
牛脂	Sn-1	4	41	17	20	4	1				
	Sn-2	9	17	9	41	5	1				
	Sn-3	1	22	24	37	5	1				
猪脂	Sn-1	1	10	30	51	6					
	Sn-2	4	72	2	13	3					
	Sn-3	—	—	7	73	18					

概念检查 4.2

○ 请介绍脂肪酸和脂肪的常用命名方法。

4.3 脂类的物理特性

4.3.1 色泽和气味

纯净的油脂在可见光区没有吸收，因此是无色的。在加工过程中由于脱色不完全，类胡萝卜素、叶绿素等脂溶性色素物质会使油脂稍带黄绿色。此外，折射率也是用于评价油脂光学性质的重要指标。不同油脂的折射率因其组成和结构不同而具有特征性，折射率通常随着脂肪酸链长度、双键数量、共轭程度增加而增加。通过测定油脂的折射率，可以鉴别油脂的种类、纯度以及是否掺假等。

绝大多数油脂是无味的，油脂的气味多由非脂成分产生，如芝麻油的香气是由乙酰吡嗪引起的，椰子油的香气是由壬基甲酮引起的。此外，脱臭不完全、油脂氧化等原因也会使油脂带有原料本身特征风味或产生异味。

4.3.2　密度

绝大多数脂类是酰基甘油的混合物，其密度大小与酰基甘油分子间的堆积效率有关。堆积效率越高，密度相应越高。常温下液体油的密度约在 910 ～ 930mg/mL，完全固化的脂肪密度约在 1000 ～ 1060mg/mL。同一种油脂，温度升高会降低其密度。一般来讲，脂肪酸和甘油酯的密度通常随碳链的增长而减小；相同碳数但含有线性饱和脂肪酸的酰基甘油比含非线性或不饱和脂肪酸的甘油酯密度更高。

4.3.3　熔点和沸点

天然脂肪是各种甘油酯的混合物，所以没有确定的熔点和沸点，只有一段油脂熔化或沸腾的温度范围。油脂的熔点一般最高在 40 ～ 55℃。

饱和脂肪酸的熔点主要取决于碳链的长度，但在偶数碳和奇数碳饱和脂肪酸之间存在交互现象，即奇数碳饱和脂肪酸的熔点低于相邻偶数碳饱和脂肪酸的熔点，这种熔点差随着碳链的增长而减小。支链脂肪酸熔点低于同碳数的直链脂肪酸。羟基脂肪酸由于形成氢键而导致熔点上升。不饱和脂肪酸的熔点通常低于饱和脂肪酸。双键数量越多，熔点越低；双键越靠近碳链的两端，熔点越高。

游离脂肪酸、单酰基甘油、二酰基甘油和三酰基甘油熔点依次降低，这是由于它们之间的极性依次降低，相互间作用力依次减弱的缘故。三酰基甘油的熔点随其所含饱和脂肪酸的量及脂肪酸碳链长度的增加而升高（分子间作用力增大）；含有反式脂肪酸的脂肪的熔点高于含有顺式脂肪酸相应的脂肪的熔点（顺式双键由于空间形状妨碍了脂肪酸之间的相互作用）；含共轭双键的脂肪也比含非共轭双键的脂肪熔点高（共轭作用有利于脂肪酸之间的相互作用）。

油脂的沸点一般在 180 ～ 220℃，它随着脂肪酸链增长而增高，但碳链长度相同、饱和度不同的脂肪酸沸点变化不大。油脂在贮藏和使用过程中，随着游离脂肪酸增多，其冒烟的发烟点会逐渐低于沸点。

4.3.4　烟点、闪点和着火点

烟点：是指油脂受热时肉眼能看见样品的热分解物或杂质连续挥发的最低温度。

闪点：是在严格规定的条件下加热油脂，油脂挥发物能被点燃但不能维持燃烧的温度。

着火点：是在严格规定的条件下加热油脂，油脂被点燃后能够维持燃烧 5s 以上时的温度。

烟点、闪点和着火点俗称油脂的三点，是加工过程中反映油脂品质的重要指标。例如精炼后的油脂烟点一般高于 240℃，但对于含有较多游离脂肪酸的油脂（如未经精炼加工的油脂），其烟点会大幅度下降。一般植物油的闪点不低于 225 ～ 240℃，着火点通常比闪点高 20 ～ 60℃。

4.3.5 油脂的同质多晶现象

4.3.5.1 油脂的结晶特性及同质多晶现象

同质多晶是指具有相同化学组成的物质，可以有不同的晶体结构，但熔化后生成相同的液相。各同质多晶体的稳定性不同，稳定性较低的亚稳态会自发地向稳定性高的同质多晶体转化（不必经过熔化过程，相应温度为转换点），并且这种转变是单向的。当同质多晶体的稳定性均较高时，发生的转化是多向的，转化进行的方向与温度有关。由于脂类是长碳链化合物，在其温度处于凝固点以下时，其存在晶型通常不止一种，即脂类具有同质多晶现象。

对三酰基甘油的 X 射线衍射和红外光谱研究表明，三酰基甘油中主要存在 α、β′、β 三种不同的晶型（图 4-1）。α 型油脂中脂肪酸侧链为无序排列，它的熔点低，密度小，稳定性最差，熔解潜热和熔解膨胀最小，不易过滤。β′ 和 β 型油脂中脂肪酸侧链为有序排列，其中 β 型的脂肪酸倾斜方向一致，排列的规则性更强，它们的熔点高，密度大，稳定性好，熔解潜热和熔解膨胀最大，晶粒粗大，容易过滤。

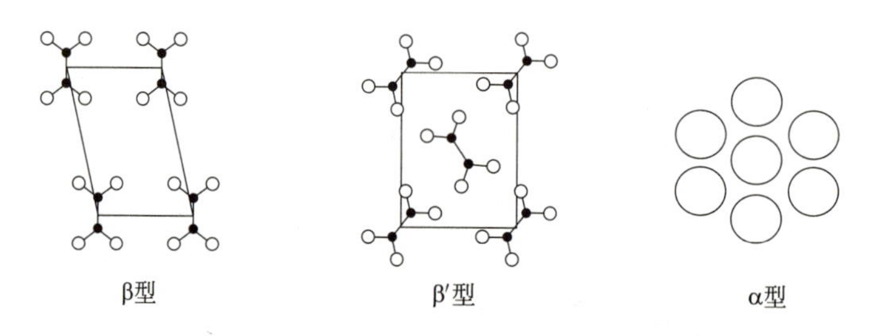

图 4-1 三酰基甘油各晶型

天然油脂的同质多晶性质会受到酰基甘油中脂肪酸组成及其位置分布的影响。一般来说，当脂类中所包含的三酰基甘油种类较为相近时，更容易快速转变成稳定的 β 型晶体，如天然油脂中，分子结构整齐或对称性极强的大豆油、花生油、玉米油、橄榄油、椰子油、红花油、可可脂和猪油等。而三酰基甘油种类不均匀时，更易缓慢地转化成稳定的 β′ 型晶体，如分子结构不整齐（如脂肪酸链长度不同、部分脂肪酸链中有双键或分子形状不同）的棉子油、棕榈油、菜籽油、乳脂和牛脂等。

4.3.5.2 油脂的同质多晶现象在食品加工中的应用

同质多晶现象在食品加工中有重要的应用价值。在以棉子油为原料生产色拉油时，需要进行冬化处理以除去高熔点的固体脂。此工艺要求冷却速度要缓慢，以便有足够的时间形成颗粒较粗大的 β 型结晶。若冷却速度太快，析出的晶体细小，就会为过滤分离带来困难。

人造奶油需具备良好的涂布性和细腻的口感，这就要求人造奶油的晶型为 β′ 型。在生产上可以使油脂先经过急冷形成 α 型晶体，然后再保持在略高的温度继续冷冻，使之转化为熔点较高的 β′ 型结晶。

巧克力的熔点需控制在 35℃左右，使之能够在口腔中熔化而且不产生油腻感，同时表面要光滑，晶体颗粒不能太粗大。在生产上可以通过对可可脂结晶温度和速度的精确控制来得到稳定且符合要求的 β 型结晶。具体操作流程是，以 55℃以上温度加热可可脂使之熔化，随后缓慢冷却，在 29℃时停止降温，然后继续加热到 32℃，目的是使 β 型以外的晶体熔化。重复多次 29℃冷却到 32℃加热的处理过程，最终使可可脂完全转化成 β 型结晶。

4.3.6 油脂的塑性

室温下呈固态的油脂（如猪油、牛油）实际是由液体油和固体脂两部分组成的混合物，通常只有在很低的温度下才能完全转化为固体。这种由液体油和固体脂均匀融合并经一定加工而成的脂肪称为塑性脂肪。这种脂肪在一定的外力范围内具有抗变形的能力。油脂的塑性主要取决于以下几点：

（1）固液两相比　油脂中固液两相比适当时，塑性最好。固体脂过多，则形成刚性交联，油脂过硬，塑性不好；液体油过多则流动性大，油脂过软，易变形，塑性也不好。

（2）油脂的晶型　油脂为 β′ 型时，塑性最好，因为 β′ 型在结晶时会包含大量小气泡，从而赋予产品较好的塑性；β 型结晶所包含的气泡大而少，塑性较差。

（3）熔化温度范围　从开始熔化到熔化结束的温度范围越大，油脂的塑性越好。

固液两相比例又称为固体脂肪指数（solid fat index，SFI），可通过测定塑性脂肪的膨胀特性来确定油脂中的固液两相的比例，或者通过测定脂肪中的固体脂的含量，来了解油脂的塑性特征。

固体脂和液体油在加热时都会引起比体积的增加，这种非相变膨胀称为热膨胀。由固体脂转化为液体油时因相变化引起的体积增加称为熔化膨胀。用膨胀计来测量液体油与固体脂的比容（比体积）随温度的变化，可得到塑性脂肪的熔化膨胀曲线（图 4-2）。固体在 *X* 点开始熔化，在 *Y* 处全部转化为液体，曲线 *XY* 表示体系中固体成分的逐步熔化。油脂在曲线 *b* 点处是固 - 液混合物，此时固体脂的比例是 *ab*/*ac*，液体油的比例是 *bc*/*ac*，SFI 是 *ab*/*bc*，也就是固液比。

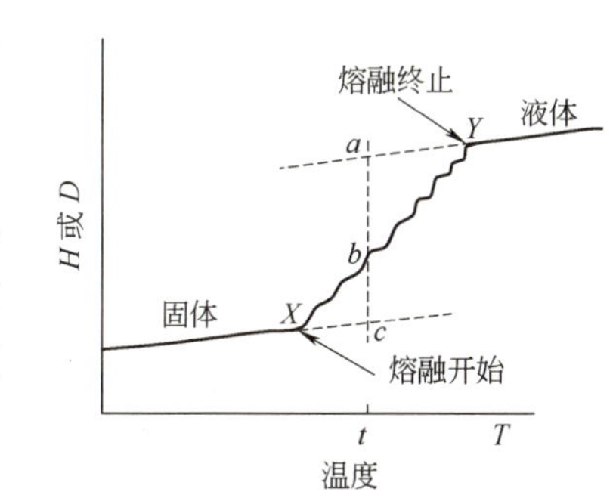

图 4-2　甘油酯混合物的熔化热（*H*）或膨胀（*D*）曲线

如果脂类的熔化温度范围很窄，那么 *XY* 的斜率会很大；反之，如果脂类的熔点范围很大，那么脂类就会具有较宽的塑性范围。因此，可以通过添加相对熔点较高或较低的成分来改变脂肪的塑性范围。

采用膨胀法测定 SFI 时，虽然精确度较高，但是比较费时，且只适用于 10℃时 SFI 低于 50% 的脂肪的测定，对于可可脂等固体脂肪含量较高的油脂并不适用。目前，脉冲核磁共振是最普遍的 SFI 检测方法。此外，因固体脂中的超声速率大于液体油，故超声技术也被用来测定 SFI。表 4-3 列出了部分天然脂肪的 SFI。

表 4-3　部分天然脂肪的固体脂肪指数（SFI）

脂肪	熔点/℃	SFI				
		10℃	21.1℃	26.7℃	33.3℃	37.8℃
奶油	36	32	12	9	33	0
可可脂	29	62	48	8	0	0
椰子油	26	55	27	0	0	0
猪油	43	25	20	12	4	2
棕榈油	39	34	12	9	6	4
棕榈仁油	29	49	3	13	0	0
牛脂	46	39	30	28	23	18

4.3.7 油脂的乳化和乳化剂

4.3.7.1 乳状液

乳状液是由两种互不相溶的液相组成的分散体系，其中一相以直径 0.1 ～ 50 μm 的液滴分散在另一相中，以液滴或液晶的形式存在的液相称为“内”相或分散相，使液滴或液晶分散的相称为“外”相或连续相。常见的乳状液类型包括水包油（O/W）型、油包水（W/O）型以及多重乳液（如 W/O/W、O/W/O）型（图 4-3）。牛奶是典型的 O/W 型乳状液，奶油是 W/O 型乳状液。

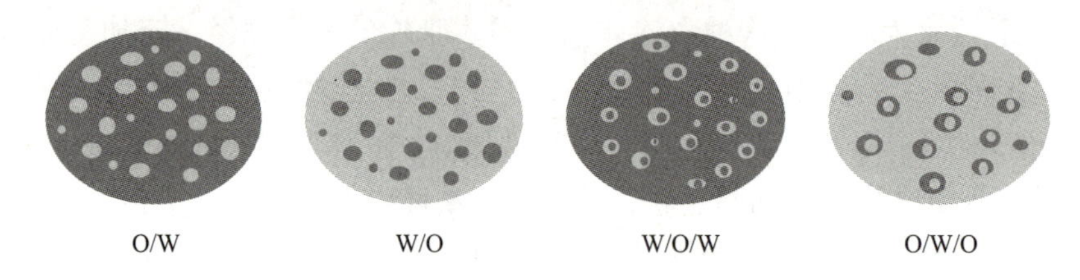

图 4-3 乳状液的常见类型

● 水相；● 油相

小分散液滴的形成使两种液体之间的界面面积增大，并随着液滴的直径变小，界面面积成指数关系增加。由于液滴分散增加了两种液体的界面面积，需要较高的能量，使界面具有大的正自由能，所以乳状液是热力学不稳定体系，在一定条件下会发生破乳现象。破乳主要有以下几种类型：

（1）分层或沉降　由于重力作用，使密度不相同的相产生分层或沉降。液滴半径越大，两相密度差越大，分层或沉降就越快。

（2）絮凝或群集　分散相液滴表面的静电荷量不足，液滴间斥力不足，液滴与液滴互相靠近而发生絮凝，发生絮凝的液滴的界面膜没有破裂。

（3）聚结　液滴的界面膜破裂，分散相液滴相互结合，界面面积减小，严重时会在两相之间产生平面界面。

4.3.7.2 乳化剂的作用

乳状液是食品常见的存在形式，而如何防止乳状液聚结是食品加工过程中非常重要的问题。添加乳化剂可阻止乳状液聚结。乳化剂是表面活性物质，其分子中同时具有亲水基和亲油基，它聚集在油 / 水界面上，可以通过降低界面张力和减少形成乳状液所需要的能量来提高乳状液的稳定性（图 4-4）。尽管添加表面活性剂可降低张力，但界面自由能仍然是正值，因此，还是处在热力学不稳定的状态。

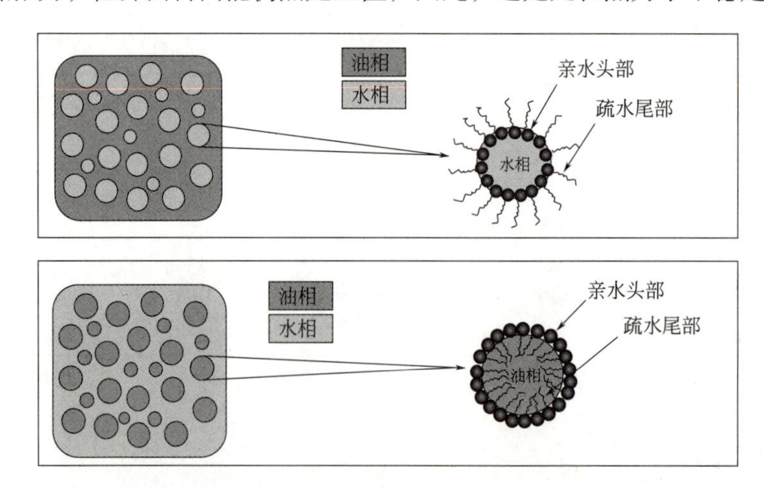

图 4-4 乳化剂提高乳状液稳定性示意图

乳化剂的乳化作用主要体现在以下方面：

（1）增大分散相之间的静电斥力。有些离子型表面活性剂可在含油的水相中建立双电子层，导致小液滴之间的静电斥力增大，使小液滴保持稳定，减少絮凝，这类乳化剂适用于 O/W 型体系。

（2）增大连续相的黏度或生成有弹性的厚膜。明胶等能使乳浊液连续相的黏度增大，蛋白质能在分散相周围形成有弹性的厚膜，以抑制分散相的絮凝和聚结，这类乳化剂适用于 O/W 型体系。如牛乳中脂肪球外有一层酪蛋白膜，可起到乳化作用。

（3）减小两相间的界面张力。大多数乳化剂是具有两亲性的表面活性剂，同时具有亲水基团和疏水基团，在两相界面上，亲水基团与水作用，疏水基团与油作用，降低了两相间的界面张力，起到稳定乳液的作用。

（4）形成液晶态。有些乳化剂可使油滴周围形成液晶多分子层，这种作用使液滴间的范德华力减弱，抑制液滴的絮凝和聚结。

乳化剂的分类及选择详见本书第 11 章食品添加剂部分。

概念检查 4.3

○ 请简述油脂的同质多晶现象，举例说明其在食品加工中的应用。

4.4 脂类的化学性质

4.4.1 脂类的水解

脂类化合物在酸、碱、加热条件或酶作用下发生水解反应，释放出游离脂肪酸。三酰基甘油的水解是逐步进行的，经由二酰基甘油、单酰基甘油最后生成甘油。

在活体动物的脂肪组织中不存在游离脂肪酸，但动物被宰杀后在脂水解酶的作用下会有游离脂肪酸生成。成熟的油料种子在收获时，油脂已经发生明显水解，并产生游离脂肪酸。由于游离脂肪酸不如甘油酯稳定，对氧更为敏感，会导致油脂更快地氧化酸败，因此，为提高油脂的品质，延长货架期，油脂精炼过程中需要用碱进行中和处理，以降低游离脂肪酸含量。

在食品油炸过程中，高温条件下水分与油脂作用，引起油脂水解，释放出游离脂肪酸，导致油的发烟点降低，食品品质劣化。

在大多数情况下，油脂的水解反应对食品品质是不利的，应尽量防止其发生。但在某些特殊情况下，如制作面包和酸奶时，油脂的轻度水解会赋予食品特有的风味。此外，在有些干酪的生产中，也会通过加入微生物和乳脂酶来促进特殊风味的形成。

4.4.2 脂类的氧化

脂类氧化是油脂及含脂食品品质劣变的主要原因之一。油脂受空气中氧气、光照、微生物、酶等因素的影响，产生令人不愉快的气味和苦涩味，同时伴有有害化合物的生成，该过程统称为油脂的酸败。氧化反应通常会降低食品的营养价值，甚至产生某些毒性化合物，因此，如何防止油脂氧化是油脂化学中的一个重要问题。但某些情况下油脂的适度氧化，对于油炸、腌制等食品风味的产生又是必需的。

油脂氧化包括自动氧化、光敏氧化、酶促氧化、热氧化等类型。其中，以自动氧化最具代表性，也最为重要。

4.4.2.1 自动氧化

脂类的自动氧化是指活化的含不饱和键的脂肪酸或脂肪与基态氧发生的自由基反应。它具有以下特征：凡能干扰自由基反应的化学物质，都会明显地抑制氧化转化速率；光和产生自由基的物质对反应有催化作用；反应初期产生大量的氢过氧化物 ROOH；光引发氧化反应时量子产率超过 1；用纯底物反应时，可检测到较长的诱导期。

脂类自动氧化的反应历程可分为三个阶段，即链引发（initiation）、链增殖（propagation）和链终止（termination）。

链引发 $RH \xrightarrow{\text{引发剂}} R\cdot + H\cdot$

链增殖 $R\cdot + O_2 \longrightarrow ROO\cdot$

$ROO\cdot + RH \longrightarrow ROOH + R\cdot$

链终止 $R\cdot + R\cdot \longrightarrow R{-}R$

$R\cdot + ROO\cdot \longrightarrow R{-}O{-}O{-}R$

$ROO\cdot + ROO\cdot \longrightarrow R{-}O{-}O{-}R + O_2$

在链引发阶段，不饱和脂肪酸及其甘油酯（RH）在金属催化或光、热的作用下，使 RH 的双键 α-碳原子上的氢发生均裂，生成烷基自由基 R· 和 H· ；在链增殖阶段，氧与 R· 结合形成过氧化自由基 ROO·，ROO· 又夺取另一 RH 分子中 α- 亚甲基上的氢，形成氢过氧化物 ROOH 和新的 R·，如此重复以上反应步骤。一旦这些自由基相互结合生成稳定的环状或无环的二聚体或多聚体等非自由基产物，则链反应终止。

在脂类自动氧化的反应历程中，相对于链增殖反应，链引发反应的活化能较高，是脂类自动氧化速率的决定步骤。因该阶段反应速率较慢，所以通常靠催化方法生成最初用于引发正常传递反应所必需的自由基，如氢过氧化物的分解或引发剂的作用。

4.4.2.2 氢过氧化物的形成

氢过氧化物是脂类自动氧化的主要初期产物，其结构与其底物（不饱和脂肪酸）的结构有关。生成自由基时，所裂解出来的 H 是与双键相连的亚甲基—CH_2—上的氢，然后氧分子攻击连接在双键上的 α-碳原子，并生成相应的氢过氧化物。在此过程中，一般伴随着双键位置的转移。

（1）油酸（酯） 油酸分子中 C8 和 C11 的氢，可生成两个烯丙基中间产物，氧攻击每个基团的末端碳原子，生成 8-、9-、10- 和 11- 烯丙基氢过氧化物的异构体混合物（图 4-5）。

反应中形成的 8- 和 11- 氢过氧化物略微多于 9- 和 10- 异构体。在生成的新过氧化物中，新形成的双键的构型取决于温度。在 25℃时，8- 和 11- 氢过氧化物中，顺式和反式数量相等，但 9- 和 10- 异构体主要是反式。

（2）亚油酸（酯） 亚油酸具有戊二烯结构，第 11 位上的亚甲基与两个双键相邻，因此第 11 位碳上的氢特别活泼，只有一种自由基生成并产生两种氢过氧化物，9- 和 13- 氢过氧化物的量是相等的，同时由于发生异构化，存在顺，反 - 和反，反 - 异构体（图 4-6）。

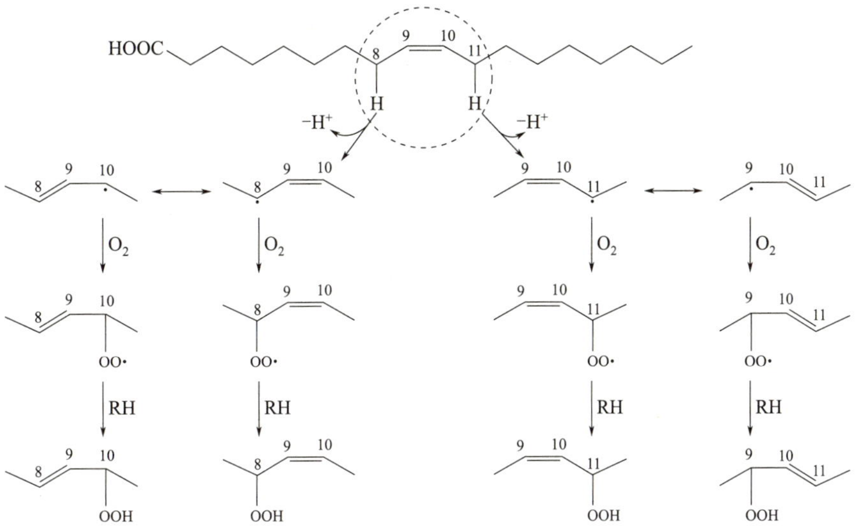

图 4-5　油酸的氧化产物结构

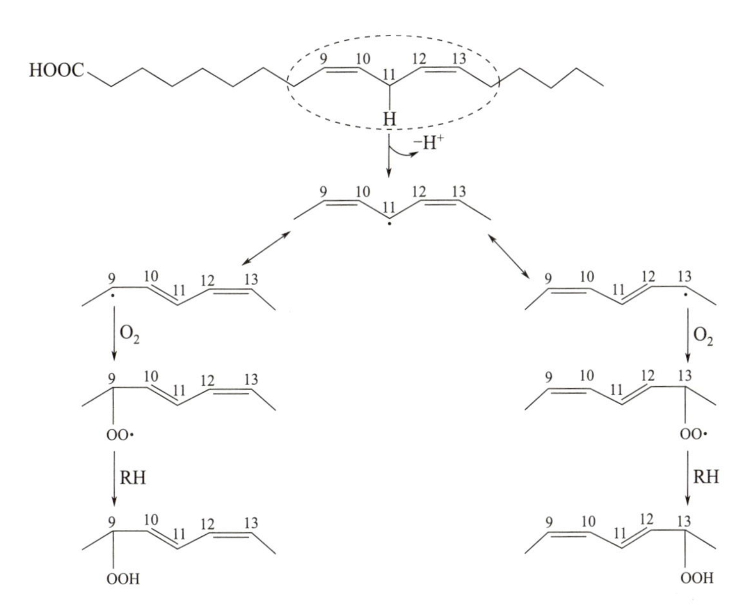

图 4-6　亚油酸的氧化产物结构

（3）亚麻酸（酯）　亚麻酸分子中存在两个 1,4- 戊二烯结构，氧化时生成 9-、12-、13- 和 16- 氢过氧化物混合物（图 4-7）。这 4 种产物均有几何异构体，且每种都具有顺式，反式或反式，反式构型的共轭双烯体系，但隔离双键总是顺式的。在反应中形成的 9-、16- 氢过氧化物较多，12- 和 13- 异构体较少。这是因为氧优先与 C9 和 C16 反应，且 12- 和 13- 氢过氧化物分解较快，此外，12- 和 13- 氢过氧化物还可通过 1,4- 环化形成六元环过氧化物的氢过氧化物，或通过 1,3- 环化形成像前列腺素的环过氧化物。

4.4.2.3　光敏氧化

光敏氧化是脂类的不饱和脂肪酸双键与单重态氧发生的氧化反应。光敏氧化可以引发脂类的自动氧化反应。食品中存在的天然色素如叶绿素、核黄素和血红蛋白是光敏剂，光敏剂受到光照后吸收能量被激发，成为活化的分子。光敏氧化有两种途径：第一种是光敏剂（Sens）被激发后，直接与油脂作用，生

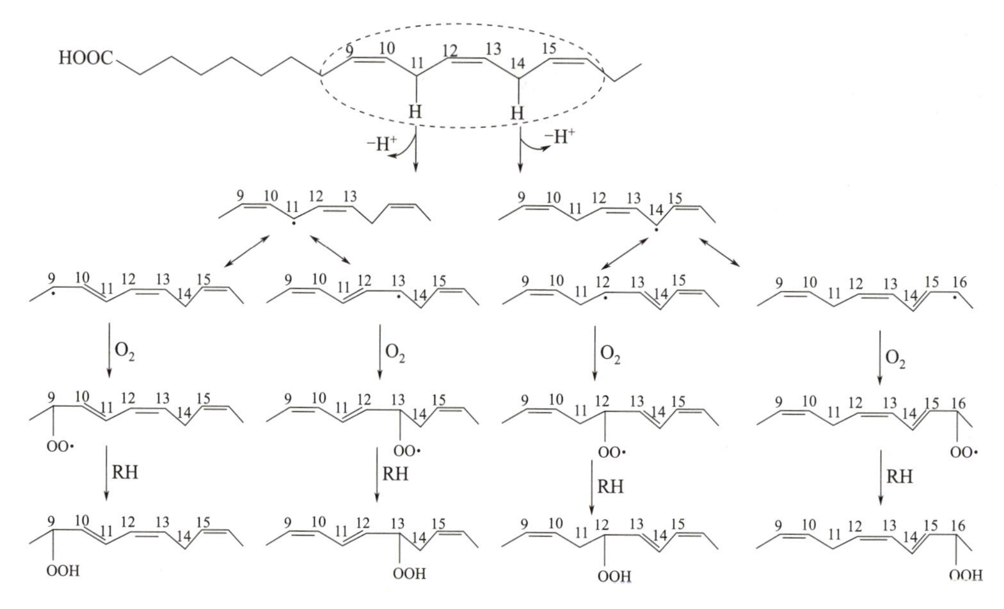

图 4-7 亚麻酸的氧化产物结构

成自由基，从而引发油脂的自动氧化反应；第二种途径是光敏剂被光照激发后，通过与基态氧（三重态$^3O_2$）反应生成激发态氧（单重态$^1O_2$），高度活泼的单重态氧可以直接进攻高电子云密度的不饱和脂肪酸双键部位上的任一碳原子，双键位置发生变化，生成反式构型的氢过氧化物，生成氢过氧化物的种类数为双键数的两倍。亚油酸的光敏反应机理如图4-8所示。

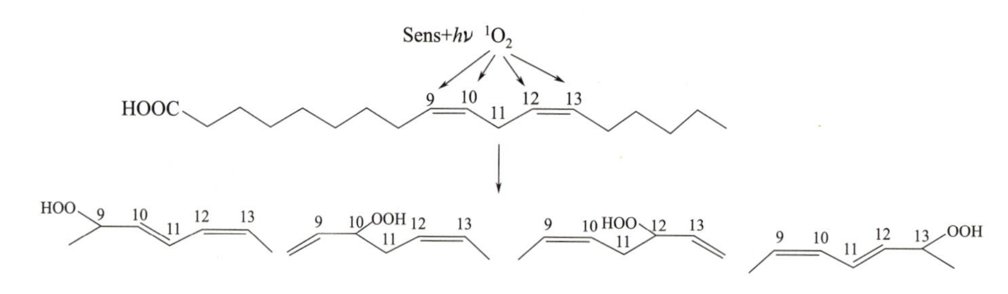

图 4-8 亚油酸的光敏反应机理

由于单重态氧（$^1O_2$）能量高，反应活性大，所以光敏氧化的速率比自动氧化快约 1500 倍。光敏反应产生的氢过氧化物裂解生成自由基，可引发脂类的自动氧化反应。

在光敏氧化中，由于单重态氧的活性很高，所以底物的不同对其影响并不明显，它可以与不饱和脂肪酸的任何双键作用，与双键数目成正比，而与双键的位置无关，这一点可从单重态氧与油酸、亚油酸、亚麻酸、花生四烯酸的反应速度常数看出，反应速度常数分别为 0.74×10^5L/（mol · s）、1.3×10^5L/（mol · s）、1.9×10^5L/（mol · s）、2.4×10^6L/（mol · s），基本正比于分子中的双键数目（即单重态氧作用位点数）。而对于三重态氧，由于其能量较低，反应活性差，对亚油酸的反应速度常数只有 89L/（mol · s）。所以在一般条件下，单重态氧对不饱和脂肪酸的氧化起决定性作用。

4.4.2.4 酶促氧化

脂肪在酶参与下发生的氧化反应，称为脂类的酶促氧化。该类反应主要由脂肪氧合酶（lipoxygenase，LOX）催化，它广泛分布于生物体中，特别是植物体内。脂肪氧合酶专一性作用于具有 1,4- 顺，顺 - 戊二烯结构且其中心亚甲基处于 ω8 位的多不饱和脂肪酸，如亚油酸、亚麻酸、花生四烯酸等，生成氢过氧化物。

以亚油酸为例，首先在 ω8 位的亚甲基脱氢生成自由基，自由基再通过异构化使双键位置转移，并转变为反式构型，形成具有共轭双键的 ω6 和 ω10 氢过氧化物（图 4-9）。

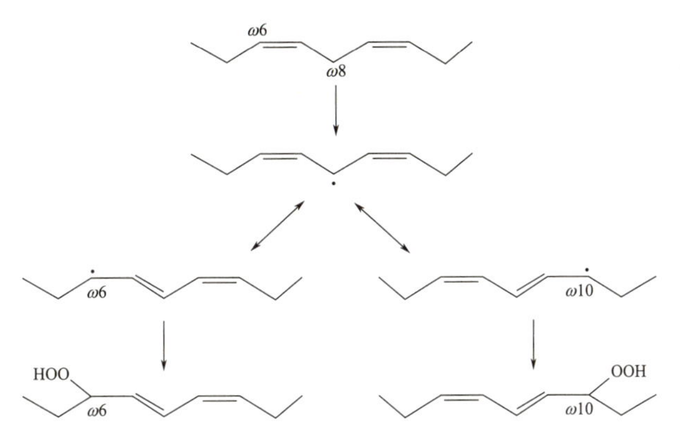

图 4-9　亚油酸酶促氧化机理及产物

在动物体内脂肪氧合酶选择性地氧化花生四烯酸，生成前列腺素、凝血素等活性物质。大豆加工中产生的豆腥味与脂肪氧合酶对亚麻酸的氧化有密切关系。

酮型酸败通常也属于酶促氧化，是由某些微生物繁殖时产生的酶（如脱氢酶、脱羧酶、水合酶）的作用引起的。该氧化反应多发生在饱和脂肪酸的 α- 碳位和 β- 碳位之间，因而也称为 β- 氧化作用。氧化的最终产物酮酸和甲基酮具有令人不愉快的气味，故称为酮型酸败。其反应过程如图 4-10 所示。

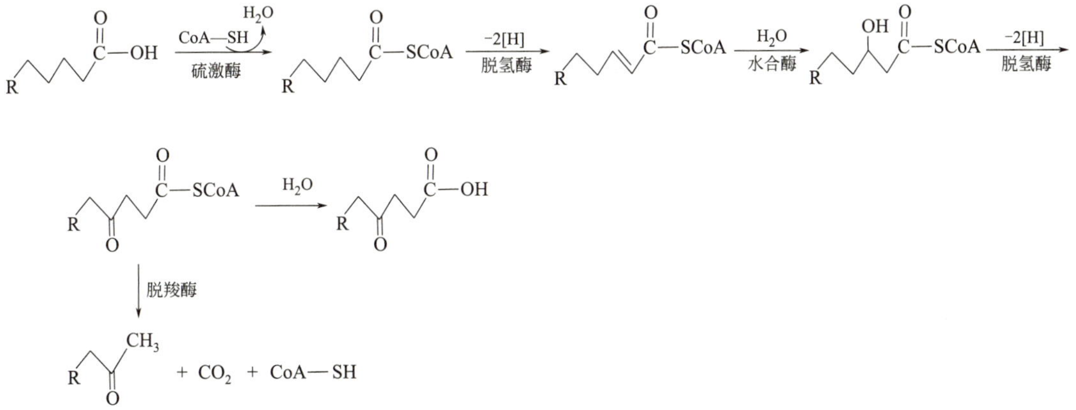

图 4-10　酮型酸败反应过程

4.4.2.5　氢过氧化物的分解

脂类氧化后生成的氢过氧化物极不稳定，易发生分解反应。氢过氧化物的分解首先是在过氧键处断裂生成烷氧自由基，而后进一步分解。烷氧自由基的分解产物主要包括醛、酮、醇、酸等化合物，除此之外，还可以生成环氧化合物、碳氢化合物等。生成的醛、酮类化合物主要有壬醛、2- 癸烯醛、2- 十一烯醛、己醛、顺 -4- 庚烯醛、2,3- 戊二酮、2,4- 戊二烯醛、2,4- 癸二烯和 2,4,7- 癸三烯醛，而生成的环氧化合物主要是呋喃同系物（图 4-11）。

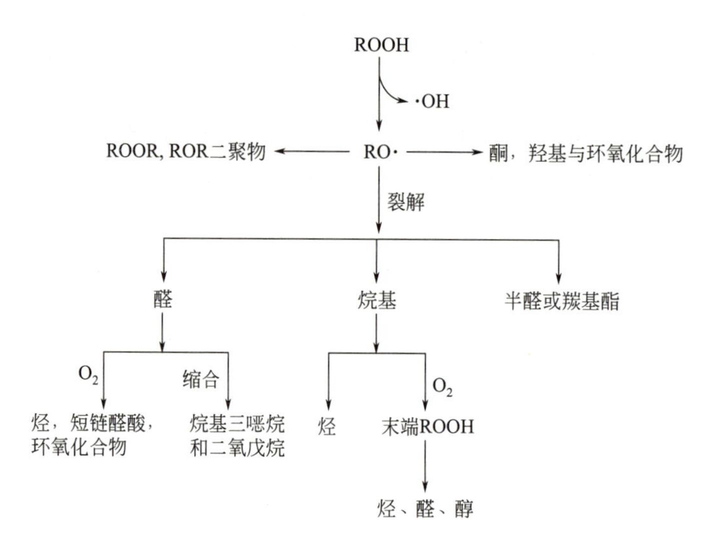

图 4-11 氢过氧化物的分解过程及产物

油脂氧化后生成的丙二醛（MDA）不仅会对食品风味产生不良影响，而且会引起食用安全性问题。丙二醛可以由反应产生的不饱和醛类化合物通过进一步的氧化而产生。

$$R-CH_2-CH=CH-CHO \longrightarrow R-\underset{}{\overset{OOH}{\overset{|}{CH}}}-CH=CH-CHO \longrightarrow RCHO + \underset{\text{MDA}}{\overset{CHO}{\overset{|}{\underset{\underset{CHO}{|}}{CH_2}}}}$$

分解产物中生成的醛易进一步氧化成相应的酸，还可以多聚或缩合生成新的化合物，例如己醛三聚生成三戊基三噁烷，具有强烈的气味。

$$3C_5H_{11}CHO \longrightarrow \text{2,4,6-三}(C_5H_{11})\text{-1,3,5-三噁烷}$$

4.4.2.6 影响脂类氧化速度的因素

（1）脂肪酸组成 脂类氧化速度与脂肪酸的不饱和度、双键位置和顺反构型有关。饱和脂肪酸自动氧化速度远远低于不饱和脂肪酸，双键数目越多，氧化速度越快。花生四烯酸、亚麻酸、亚油酸和油酸的相对氧化速度近似为 40∶20∶10∶1。顺式脂肪酸相比其反式异构体更容易被氧化；含共轭双键较无共轭双键的脂肪酸更易氧化；游离脂肪酸比甘油酯氧化速度略高，在油脂中游离脂肪酸含量大于 0.5% 时，油脂的自动氧化速度会增加；油脂中脂肪酸的无序分布有利于降低脂肪的自动氧化速度。

（2）温度 一般说来，脂类的氧化速度随着温度升高而增加。一方面，高温既可以促进自由基的产生，又可以加快氢过氧化物的分解；另一方面，温度升高，氧的溶解度降低。但总体上看，油脂自动氧化的速度是随温度升高而增加的。

（3）氧 $^1O_2$ 氧化速度约为 $^3O_2$ 的 1500 倍。体系中供氧充分时，氧分压对氧化速度没有影响；而当氧分压很低时，氧化速度与氧分压近似成正比。故采用真空包装、充氮包装及使用低透气性材料包装，可以防止或降低含油食品的氧化变质。

（4）表面积 脂类的自动氧化速度与它和空气接触的表面积成正比。所以当表面积与体积之比较大时，降低氧分压对降低氧化速度的效果不大。在O/W型乳状液中，氧化速度主要由氧向油相中的扩散速度所决定。

（5）水分活度 在含水量很低（a_w低于0.1）的干燥食品中，脂类发生氧化反应很迅速。随着水分活度的增加，氧化速度降低，当水分含量增加到相当于水分活度0.33时，可阻止脂类氧化，使氧化速度变得最小，这是由于水可降低金属催化剂的催化活性，同时可以猝灭自由基，非酶褐变反应加快（产生具有抗氧化作用的化合物）并阻止氧同食品接触。随着水分活度的继续增加（a_w=0.33～0.73），脂类氧化速度又加快进行，这与高水分活度时水中溶解氧增加、催化剂流动性增加，以及分子暴露出更多的反应位点有关。水分活度过高（如a_w大于0.8）时，由于催化剂、反应物被稀释，脂肪的氧化反应速度降低。

（6）助氧化剂 一些具有合适氧化还原电位的二价或多价过渡金属元素，是有效的助氧化剂，如Co、Cu、Fe、Mn和Ni等。这些金属元素在浓度低至0.1mg/kg时，仍可以缩短引发期，使氧化速度增大。食品中金属助氧化剂通常是变价金属，它们中一部分是以游离或结合形式天然存在于食品中的微量金属，还有一部分可能来自油料作物生长的土壤、动物体及加工储运所用的金属设备和包装容器等，其中最重要的天然成分是羟高铁血红素。不同金属的催化能力如下：铅＞铜＞黄铜＞锡＞锌＞铁＞铝＞不锈钢＞银。

（7）光和射线 可见光、紫外线和高能射线都能促进脂类自动氧化，特别是紫外线和γ射线，这是因为它们能引发自由基的生成并促使氢过氧化物分解。因此油脂或含油脂食品应该避光保藏，或使用不透明的包装材料。在食品的辐照杀菌过程中也应该注意由此引发的油脂的自动氧化问题。

（8）抗氧化剂 抗氧化剂能延缓和减慢脂类的自动氧化速度。

4.4.2.7 抗氧化剂

油脂的氧化不仅会导致油脂品质的下降，而且在氧化过程中产生的自由基也会引起食品中其他组分的氧化，从而导致食品品质的劣变，所以防止油脂氧化具有非常重要的意义。阻止或延缓油脂的氧化，既可采用物理方法，如低温贮存、隔绝空气、避光保藏等消除促进自动氧化的一些因素；也可以采用化学等方法，如用铁粉、活性炭等脱氧剂，除去油脂液面顶空中或者食品包装内的氧气，而采用抗氧化剂来抑制或延缓油脂的氧化，则是最经济、方便、有效的方法。

（1）抗氧化剂的抗氧化机理 抗氧化剂按抗氧化机理可以分为自由基清除剂、单重态氧猝灭剂、氢过氧化物分解剂、酶类抗氧化剂、氧清除剂、金属螯合剂等。

① 自由基清除剂分为氢供体和电子供体。氢供体如酚类抗氧化剂可以与自由基反应，脱去一个H•给自由基，原来的自由基被清除，抗氧化剂自身转变为比较稳定的自由基，不能引发新的自由基链式反应，从而使链反应终止。电子供体抗氧化剂也可以与自由基反应生成稳定的产物，来阻断自由基链式反应。

② 单重态氧猝灭剂，如维生素E，与单重态氧作用，使单重态氧转变成基态氧，而单重态氧猝灭剂本身变为激发态，可直接释放出能量回到基态。

③ 氢过氧化物分解剂，可以将链式反应生成的氢过氧化物转变为非活性物质，从而抑制油脂氧化。

④ 酶类抗氧化剂。超氧化物歧化酶可以将超氧化物自由基转变为基态氧和过氧化氢，过氧化氢在过氧化氢酶作用下生成水和基态氧，从而起到抗氧化的作用。谷胱甘肽过氧化物酶、过氧化氢酶、葡萄糖氧化酶等均属于酶类抗氧化剂。

⑤ 金属螯合剂，如柠檬酸、富马酸、氨基酸、抗坏血酸等，可以与金属离子螯合，使金属离子的催化性能降低或失活。

⑥ 氧清除剂，如抗坏血酸可以除去食品中的氧而起到抗氧化作用。

（2）常用的抗氧化剂 抗氧化剂按其来源可分为天然抗氧化剂和合成抗氧化剂，我国食品添加剂使用卫生标准允许使用的抗氧化剂主要有生育酚、茶多酚、没食子酸丙酯、抗坏血酸、丁基羟基茴香醚（BHA）、二丁基羟基甲苯（BHT）、2-叔丁基对苯二酚（TBHQ）等，具体可参见第11章。

4.4.3 脂类在高温下的化学反应

油脂在150℃以上高温下会发生氧化、分解、聚合、缩合等反应，生成低级脂肪酸、羟基酸、酯、醛以及产生二聚体、三聚体，导致油脂的品质下降，如色泽加深，黏度增大，碘值降低，烟点降低，酸价升高等，还会产生刺激性气味。一般来说，油脂在油炸过程中的变化与油脂组成、油炸食品种类、油炸温度、油炸时间、金属离子的存在等因素有关。油脂热分解和聚合反应如图4-12所示。

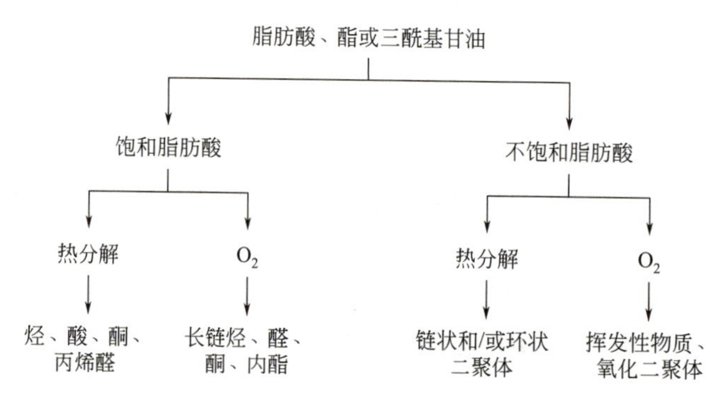

图4-12 油脂热分解和聚合反应

4.4.3.1 热分解

在高温下，饱和脂肪酸和不饱和脂肪酸都会发生热分解反应。热分解反应可以分为氧化热分解反应和非氧化热分解反应。

饱和脂肪酸酯在很高温度下才会发生非氧化热分解反应。反应过程详见图4-13。

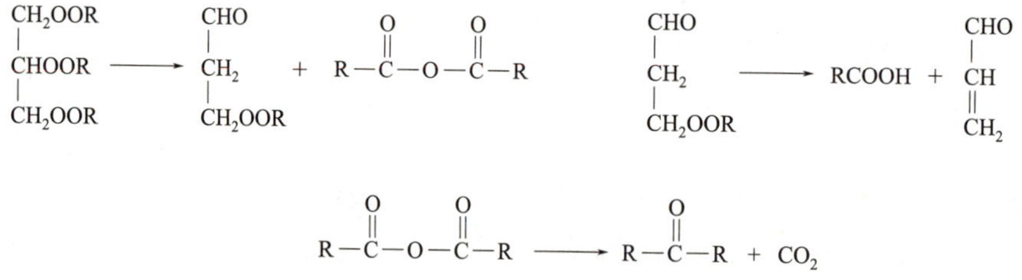

$$\begin{matrix}CH_2OOR\\ |\\ CHOOR\\ |\\ CH_2OOR\end{matrix} \longrightarrow \begin{matrix}CHO\\ |\\ CH_2\\ |\\ CH_2OOR\end{matrix} + R-\overset{\overset{\large O}{\|}}{C}-O-\overset{\overset{\large O}{\|}}{C}-R \qquad \begin{matrix}CHO\\ |\\ CH_2\\ |\\ CH_2OOR\end{matrix} \longrightarrow RCOOH + \begin{matrix}CHO\\ |\\ CH\\ \|\\ CH_2\end{matrix}$$

$$R-\overset{\overset{\large O}{\|}}{C}-O-\overset{\overset{\large O}{\|}}{C}-R \longrightarrow R-\overset{\overset{\large O}{\|}}{C}-R + CO_2$$

图4-13 饱和脂肪酸酯的热分解反应

饱和脂肪酸酯在高温及有氧时会发生氧化热分解反应，脂肪酸的全部亚甲基都可能受到氧的攻击，但一般优先在脂肪酸的α-碳、β-碳和γ-碳上形成氢过氧化物。形成的氢过氧化物裂解生成醛、酮、烃等低分子化合物。

不饱和脂肪酸酯的非氧化热分解反应主要生成各种二聚化合物，此外还生成一些低分子量的物质。

不饱和脂肪酸酯的氧化热分解反应与低温下脂类的自动氧化反应的主要途径是相同的，只是反应速度要快得多。

4.4.3.2　热聚合

脂类的热聚合反应将导致油脂黏度增大，泡沫增多。热聚合反应分为非氧化热聚合和氧化热聚合。非氧化热聚合是 Diels-Alder 反应，即共轭二烯烃与双键加成反应，生成环已烯类化合物。这个反应可以发生在不同脂肪分子间（图 4-14），也可以发生在同一个脂肪分子的两个不饱和脂肪酸酰基之间（图 4-15）。

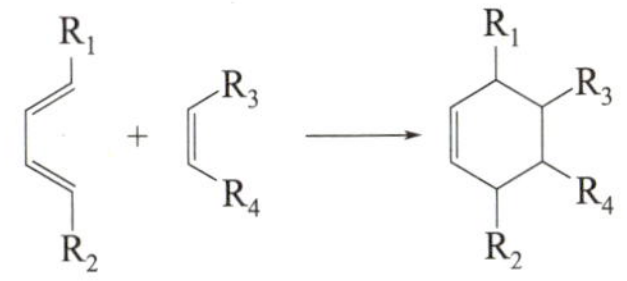

图 4-14　脂肪分子间的 Diels-Alder 反应

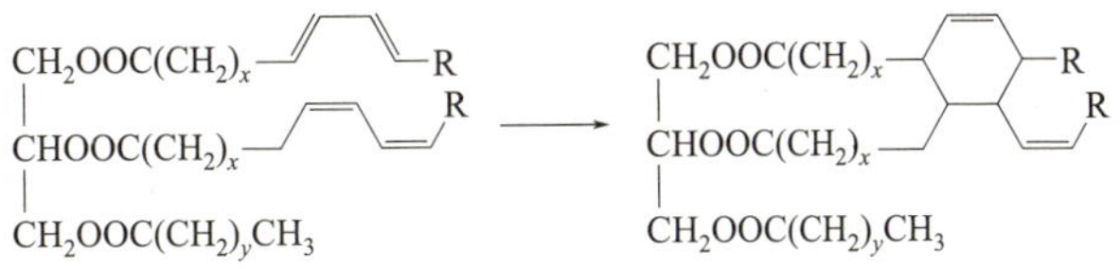

图 4-15　脂肪分子内的 Diels-Alder 反应

脂类的氧化热聚合是在高温 220 ～ 230℃下，甘油酯分子在双键的 α- 碳上均裂产生自由基，通过自由基互相结合形成非环二聚物，或者自由基对一个双键加成反应，形成环状或非环状化合物。

4.4.3.3　缩合

在高温下，脂类还会发生缩合反应。食品中的水进入油中，相当于水蒸气蒸馏，将油中的挥发性氧化物赶走，同时也使油脂发生部分水解，酸价增高，发烟点降低。然后，水解产物通过缩合形成分子量较大的环氧化合物，如图 4-16 所示。

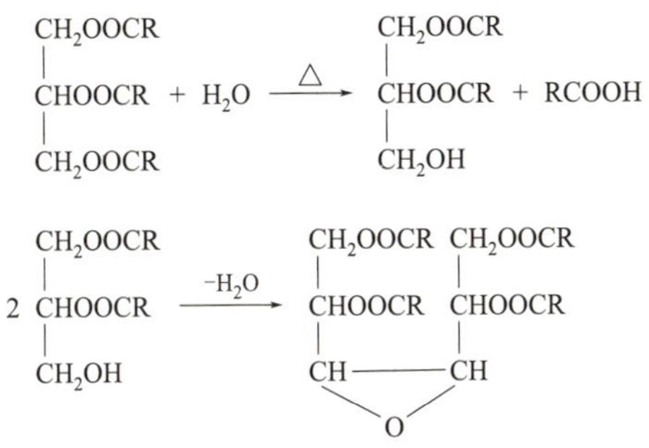

图 4-16　油脂的综合反应及其产物

油脂热分解对食品品质的影响主要表现在：油炸食品香气的形成与油脂在高温条件下反应生成的某些产物有关，如羰基化合物（烯醛类）；然而，油脂在高温下的过度反应，对于油的品质及营养价值均是不利的，因此，在食品加工时通常将油脂的加热温度控制在 150℃以下为宜。

4.4.4　油脂加工化学

4.4.4.1　油脂精炼

一般将经过压榨、有机溶剂浸提、熬炼等方法从油料作物、动物脂肪组织等原料得到的油脂称为毛油或粗油。毛油中含有各种杂质，如游离脂肪酸、磷脂、糖类、蛋白质、水、色素等，这些杂质不但会影响油脂的色泽、风味、稳定性，甚至还会影响到食用安全性（如花生油中的黄曲霉素，棉子油中的棉酚等）。除去这些杂质的加工过程即为油脂的精炼，旨在提高油的品质，改善其风味并延长油的货架期。

（1）脱胶　脱胶主要是除掉油脂中的磷脂。磷脂存在时，油脂加热易产生泡沫、冒烟、变色并伴有臭味形成，影响油炸食品的感官质量，甚至在加工时产生危险。而且磷脂易氧化，也不利于油脂的贮藏。

当油脂含水量很低或不含水时，磷脂可以溶于油中；而当油脂中水分含量较多时，磷脂则可发生水合形成胶团，易于从油中析出。在脱胶预处理时，向油中加入 2% ～ 3% 的水或通入水蒸气，加热油脂并搅拌，然后静置或机械分离水相即可实现脱胶。脱胶也可除去油脂中的部分蛋白质。

（2）碱炼　碱炼主要是除去油脂中的游离脂肪酸。碱炼时向油脂中加入适宜浓度的氢氧化钠溶液，然后混合加热，游离脂肪酸被碱中和生成脂肪酸钠盐（皂脚）而溶于水。分离水相后，用热水洗涤油脂，静置离心，即可除去残留的皂脚。该过程可同时去除部分磷脂、色素等杂质。碱炼同时可除去棉子油中的棉酚，对黄曲霉素也有破坏作用。

（3）脱色　油脂中含有叶绿素、叶黄素、胡萝卜素等色素，色素会影响油脂的外观，同时叶绿素还是光敏剂，会影响油脂的稳定性。脱色除可脱除油脂中的色素物质外，同时还能除去残留的磷脂、皂脚以及油脂氧化产物，提高油脂的品质和稳定性。经脱色处理后的油脂呈淡黄色甚至无色。

脱色方法较多，如氧化脱色、加热脱色和试剂脱色等。目前，工业上主要通过活性白土、酸性白土、活性炭等吸附剂处理，最后过滤除去吸附剂。脱色时应注意防止油脂氧化。

（4）脱臭　油脂中含有的异味化合物主要是由油脂氧化产生的，这些化合物的挥发性大于油脂的挥发性，可以用减压蒸馏的方法，即在高温、减压的条件下向油脂中通入过热蒸汽来除去。这种处理方法不仅可除去挥发性的异味化合物，也可以使非挥发性异味物质通过热分解转变成挥发性物质，并蒸馏除去。

油脂精炼处理可对油脂中的一些杂质、有害物质进行有效脱除，其残留量得到了很好的控制，使油脂的食用品质得到有效提高。菜籽油经精炼处理对有害化合物的脱除情况见表 4-4。但精炼过程中同样会造成油脂中有用成分如脂溶性维生素、天然抗氧化物质等的损失。因此，精炼处理后，需向油脂中补充抗氧化剂以提高油脂的抗氧化性能。

表 4-4　菜籽油精炼处理过程中有害成分的变化情况

单位：μg/kg

化合物	原料油	碱炼	脱色	脱臭
蒽	10.1	5.8	4.0	0.4
菲	100	68	42	15
1,2-苯并蒽	14	7.8	5.0	3.1
3,4-苯并芘	2.5	1.8	1.0	0.9

4.4.4.2 油脂氢化

油脂氢化是指在高温和催化剂的作用下，三酰基甘油的不饱和脂肪酸双键与氢发生加成反应的过程。天然来源的固体脂难以满足需求，通过油脂的氢化可以把室温下呈液态的油转化为半固态的脂，用于制造起酥油或人造奶油等。

油脂氢化分为全氢化和部分氢化。当油脂中所有双键都被氢化后，得到全氢化脂肪，用于制造肥皂。部分氢化的油脂中减少了油脂中含有的多不饱和脂肪酸的含量，稍微减少亚油酸的含量，增加油酸的含量，不生成太多的饱和脂肪酸，碘价控制在 60 ～ 80 的范围内，使油脂具有适当的熔点和稠度、良好的热稳定性和氧化稳定性。部分氢化产品可用于食品工业。

全氢化以骨架镍作为催化剂，在 8atm[1]、250℃条件下进行。部分氢化可以用镍粉催化，在 1.5 ～ 2.5 atm、125 ～ 190℃下进行。油脂的氢化程度可根据油脂折射率的变化而得知。当氢化反应达到所需程度时，冷却并将催化剂滤除即可终止反应。油脂氢化前必须经过精炼，游离脂肪酸和皂盐的含量要低，氢气必须干燥且不含硫、SO_2 和氨等杂质。催化剂可以是镍、铂以及铜、铜铬混合物，其中铂的价格相对较高，铜难于分离，容易残留致人中毒，所以实际生产中更多以镍作为催化剂。磷脂、水、肥皂、SO_2、硫化物等都可以使催化剂中毒失活，所以油脂需要经过精炼处理后才能进行氢化。

一般认为，油脂的氢化是不饱和液体油脂和被吸附在金属催化剂表面的原子氢之间的反应。反应包

[1] 1atm=101325Pa。

括3个步骤：首先，在双键两端任何一端形成碳-金属复合物；接着这种中间体复合物与催化剂所吸附的氢原子反应，形成不稳定的半氢化态，此时只有一个烯键与催化剂连接，因此可以自由旋转；最后这种半氢化合物与另一个氢原子反应，同时和催化剂分离，形成饱和的产物（图4-17）。

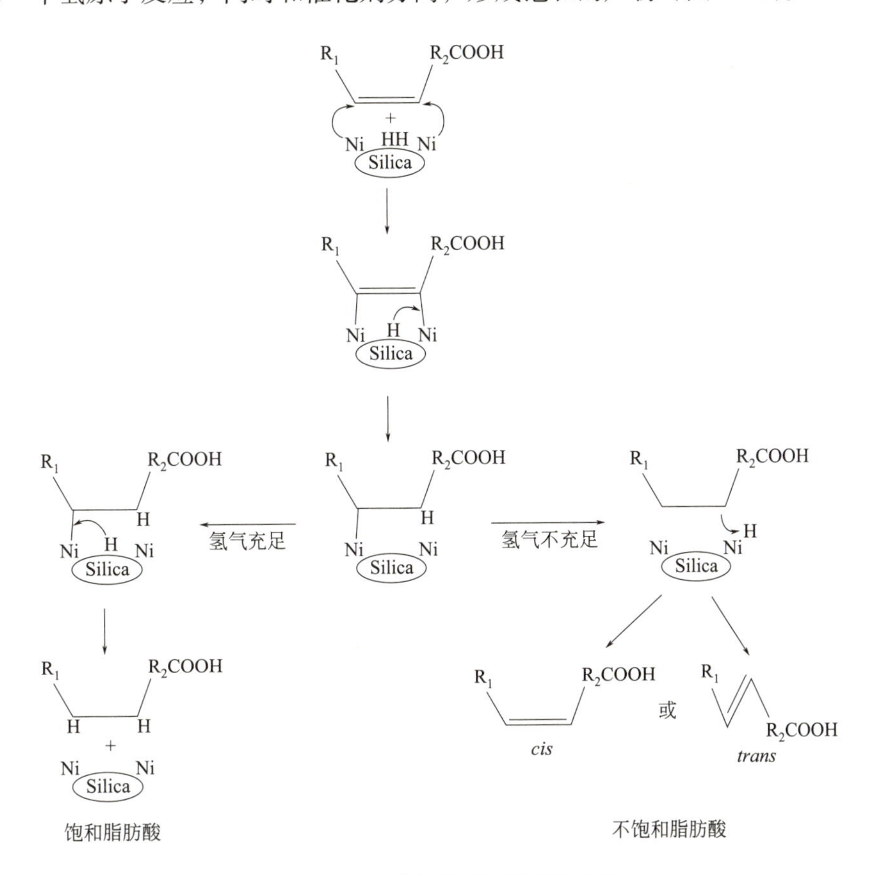

图4-17 油脂氢化反应过程及产物

氢化过程中由于仅有某些双键被氢化还原，所以可能会生成天然脂肪中不存在的脂肪酸，同时有些双键会产生移位并且发生顺-反构型互变（即生成反式不饱和脂肪酸，简称为反式脂肪酸），因此油脂部分氢化产生的是复杂的脂肪酸混合物。亚麻酸氢化反应的系列产物如图4-18所示。

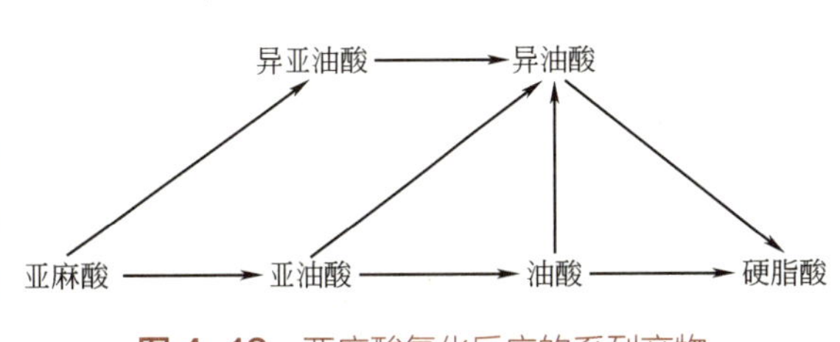

图4-18 亚麻酸氢化反应的系列产物

在油脂氢化过程中，可以通过选择不同的氢化条件及催化剂来对其中某种不饱和脂肪酸优先加氢，即选择性氢化。氢化的选择性一般以选择性比率（SR）来表示，按阿布里特（Albright）定义的选择性比率可定量地用式子表示：亚油酸氢化生成油酸的速率/油酸氢化形成硬脂酸的速率。根据氢化过程起始和终止时脂肪酸的组成及氢化时间可计算出转化速率常数。采用选择性更大的氢化操作条件，能减少全饱和甘油酯的生成，防止油脂过度硬化，而且还可降低得到的油脂产品中的亚油酸含量，稳定性提高。但是选择性越大，生成的反式异构体体量也越多，从营养角度看这是不利的，因为人体的必需脂肪酸都是顺式构型，而且对于反式脂肪酸的安全性，目前也存在着争议。

各种催化剂有不同的选择性，操作参数对选择性有很大影响，如表4-5所示。低压、高温、高浓度催化剂和低搅拌强度，都可以获得较大的SR值。

表 4-5 操作参数对选择性和氢化速率的影响

操作参数	SR	反式脂肪酸	氢化速率
高温	高	高	高
高压	低	低	高
高浓度催化剂	高	高	高
高强度搅拌	低	低	高

4.4.4.3 酯交换

天然油脂中脂肪酸的分布模式，赋予了油脂特定的物理性质，如结晶特性、熔点等。但这种天然分布模式有时会限制油脂在工业上的应用。酯交换可以改变脂肪酸在三酰基甘油中的分布，能使脂肪酸与甘油分子自由连接或定向重排，以改善其性能。如天然猪油的结晶颗粒粗大、口感粗糙，不利于产品形成合适的稠度，也不适合应用于糕点等产品的制作。但经过酯交换后，改性猪油可结晶成细小颗粒，稠度改善，熔点和黏度降低，就很适合作为人造奶油和糖果用油。此外，酯交换在制备零反式塑性脂肪方面也受到人们青睐。

酯交换包括三酰基甘油分子内的酯交换和不同分子间的酯交换反应。

分子内的酯交换：

$$R_2-\left[\begin{matrix}R_1\\R_3\end{matrix}\right. \rightleftharpoons R_1-\left[\begin{matrix}R_2\\R_3\end{matrix}\right. \rightleftharpoons R_3-\left[\begin{matrix}R_1\\R_2\end{matrix}\right.$$

分子间的酯交换：

$$R_1-\left[\begin{matrix}R_1\\R_1\end{matrix}\right. + R_2-\left[\begin{matrix}R_2\\R_2\end{matrix}\right. \rightleftharpoons R_2-\left[\begin{matrix}R_1\\R_1\end{matrix}\right. + R_1-\left[\begin{matrix}R_2\\R_2\end{matrix}\right.$$

$$\rightleftharpoons R_1-\left[\begin{matrix}R_1\\R_2\end{matrix}\right. + R_2-\left[\begin{matrix}R_2\\R_1\end{matrix}\right.$$

酯交换的方法分为化学酯交换和酶促酯交换两类。

（1）化学酯交换　化学酯交换可以通过在高温下长时间加热油脂来完成，或在催化剂作用下在低温下短时间内（50℃，30min）完成。碱金属和烷基化碱金属都是有效的低温催化剂，其中甲醇钠是最普通的一种。催化剂用量一般约为油脂质量的 0.1%，若用量较大，会因反应中形成肥皂和甲酯使油脂损失过多。油脂在酯交换时必须非常干燥，游离脂肪酸、过氧化物以及其他能与甲醇钠发生反应的物质都必须含量很低。酯交换结束后用水或酸终止反应，催化剂失活后将其除去。

酯交换可分为随机酯交换和定向酯交换两种。酯交换反应温度若高于油脂的熔点，则是随机酯交换，脂肪酸在甘油分子上的连接方式是随机分布的，不同种类的甘油酯分子的比例取决于原来脂肪中每种脂肪酸含量。例如，50% 的三棕榈酸酯和 50% 的三油酸酯发生随机酯交换反应（图 4-19）。

但若酯交换反应温度低于油脂熔点，则发生定向酯交换，因为反应生成的高熔点三酰基甘油先结晶析出，剩下的脂肪在液相中继续反应直到平衡；不断除去结晶的三酰基甘油，可以使反应重复进行。定向酯交换的结果是同时增加了油脂中三饱和脂肪酸酯 S_3（结晶）的量和三不饱和脂肪酸酯 U_3（液态）的量。

$$\underset{(50\%)}{\text{PPP}} + \underset{(50\%)}{\text{OOO}} \xrightarrow{\text{NaOCH}_3} \underset{(12.5\%)}{\text{PPP}}\ \ \underset{(12.5\%)}{\text{POP}}\ \ \underset{(25\%)}{\text{OPP}}\ \ \underset{(25\%)}{\text{POO}}\ \ \underset{(12.5\%)}{\text{OPO}}\ \ \underset{(12.5\%)}{\text{OOO}}$$

图 4-19　随机酯交换示意图

$$\text{OPO} \xrightarrow{\text{NaOCH}_3} \text{PPP}(33.3\,\%)+\text{OOO}(66.7\,\%)$$

酯交换反应广泛应用在起酥油的生产中，猪油中二饱和酸三酰基甘油分子的碳 2 位置上大部分是棕榈酸，形成的晶粒粗大，外观差，温度高时太软，温度低时又太硬，塑性差。随机酯交换能够改善低温时的晶粒，但塑性仍不理想；定向酯交换则扩大了其塑性范围。

（2）酶促酯交换　与化学酯交换相比，酶促酯交换的优点主要表现在：反应条件温和，副产物少且易分离，反应过程相对简单、安全、绿色，在食品工业中有较大的发展空间。酶促酯交换是指在脂肪酶的催化下，甘油三酯之间或甘油三酯与其它酯类之间交换酯基得到目标新产物的一类反应。脂肪酶来源于细菌、酵母菌和真菌等，其种类不同，催化效果也不同。脂肪酶主要包括两种类型：一种可水解甘油三酯所有位置（Sn-1、Sn-2 和 Sn-3）上的脂肪酸，即进行随机酯交换；另一种可选择性水解 Sn-1,3 位置上的脂肪酸，进行定向酯交换。

棕榈油中存在大量的 Sn-POP，加入硬脂酸或其三酰基甘油，以 Sn-1,3 位的脂肪酶催化进行酯交换，可得到可可脂的主要成分 Sn-POSt 和 Sn-StOSt，实现可可脂的人工合成。

近年来，国内外利用酶促酯交换对油脂进行改性的技术已日趋完善，母乳脂肪替代品、代可可脂、低热量功能性油脂等产品已实现成功制备。由于成本等因素的制约，酶促酯交换尚不能完全替代化学酯交换。但是，随着酶工程技术的进步以及人们健康意识的提高，相信酶促酯交换技术的应用将会越来越广泛。

概念检查 4.4

○ ①请简述油脂氧化的机制及其影响因素；②油脂的精炼及其主要工艺；③反式脂肪酸的产生过程及其安全性。

参考文献

[1] 李安，等. 高温加热大豆油中反式脂肪酸分析及理化指标变化研究. 中国食品学报，2015，15（03）：237.

[2] 王光国，等. 油脂化学. 北京：科学出版社，2012.

[3] 王文君. 食品化学. 武汉：华中科技大学出版社，2016.

[4] 谢明勇. 高等食品化学. 北京：化学工业出版社，2014.

[5] 朱婷伟，等 . 酶促酯交换对速冻专用油脂理化性质的影响 . 华南理工大学学报：自然科学版，2017，45（03）：132.
[6] Damodaran S. et al. Fennema's Food Chemistry.5th. New York：CRC Press，2017.
[7] Belitz H D，et al. Food Chemistry.4th.Berlin：Springer-Verlag Berlin Heidelberg，2009.
[8] Berton-Carabin C C，et al. Lipid oxidation in oil-in-water emulsions：involvement of the interfacial layer. Comprehensive Reviews in Food Science and Food Safety，2014，13（5）：945.
[9] Guo Y F. Suppressing lipid oxidation products. Nature Food，2022，3（1）：4.
[10] Onyango A N. Small reactive carbonyl compounds as tissue lipid oxidation products；and the mechanisms of their formation thereby. Chemistry and Physics of Lipids，2012，165（7）：777.

总结

脂类作用

- 按照脂类结构和组成可分为：简单脂质、复合脂质和衍生脂质。
- 脂类是人体必需的营养成分，脂类与其他非脂类物质间的相互作用对食品的外观、质构及色香味都有重要作用。

物理性质

- 脂类无色无味，也没有确定的熔点和沸点，但有一定的烟点、闪点和着火点，可用于判断质量。
- 相同化学组成的脂质，会有不同的晶体结构和特性，即同质多晶现象。
- 液体油和固体脂均匀融合可制成塑性脂肪。
- 乳状液不稳定易分层，可用乳化剂维稳。

化学性质

- 在酸、碱、加热或酶作用下易发生水解反应，产生游离脂肪酸，不利于食品质量稳定。
- 油脂在不同条件下会自动氧化、光敏氧化、酶促氧化或热氧化，对品质有影响。
- 油脂氧化历程较多，其氧化产物复杂，对食品质量与安全都有重要影响。
- 影响脂类氧化的因素主要有：脂类结构、温度、时间、酸碱度、光与氧、水分活度、表面积和其它添加剂等。
- 在高温下除发生氧化外，还会产生分解、聚合、缩合等反应，生成低级脂肪酸、酯、醛以及多聚体等，对食品质量与安全产生重要影响。

加工化学

- 原料油经脱胶、碱炼、脱色和脱臭等加工处理，可改善油脂特性，提高油脂质量和耐藏性。
- 油脂中部分或所有双键被氢化后，可得到不同固态的氢化脂。
- 通过化学或酶法进行酯交换，改变油脂中脂肪酸的分布模式，可赋予特定的理化特性。

思考练习

1. 什么是油脂的同质多晶现象？它在食品加工中有哪些应用？

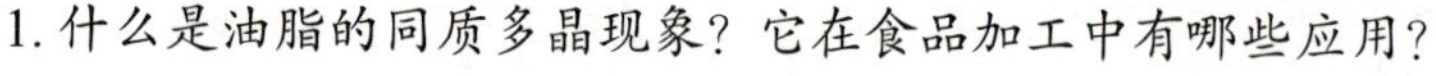

2. 长时间油炸处理的油脂会发生哪些变化？作为食品安检人员，请就其可能对食品的质量和安全有哪些影响，形成独立分析问题的报告。

3. 油脂的氢化和自动氧化分别对油脂碘值产生何种影响？原因是什么。
4. 自主查阅文献，请阐述反式脂肪的来源及其食品安全性和危害性。
5. 脂类的氧化反应有哪些途径？脂类的氧化及对食品质量或安全有何影响？
6. 某企业生产了一批核桃乳，常温且未避光的条件下保存 3 个月以后，发现产品发生了液体分层和沉淀的现象，且出现难闻的味道。请从食品化学的角度分析核桃乳体系中分子间的相互作用以及上述劣变现象出现的原因。

能力拓展

○ 设计出富含海洋磷脂的食品

海洋磷脂是一种重要的新型脂质，具有丰富的生理活性功能，如保护心脑血管健康、促进大脑发育和改善认知等。然而，由于地理环境、饮食习惯等多种因素的影响，许多人在日常生活中难以获取富含海洋磷脂的食品。请根据所学的知识设计富含海洋磷脂的食品。

第5章　蛋白质

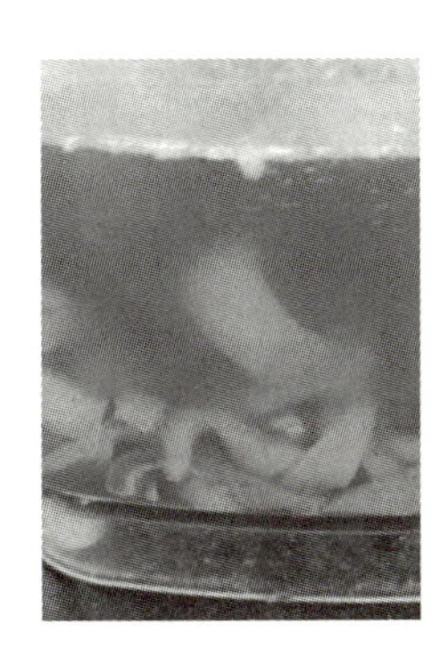

说起蛋白质，我们就想到吃牛排时服务员常询问需要几成熟；大家也好奇皮冻一旦冷冻就呈现固态，稍加温就变成液体，而牛奶却不是这样。这是为什么？

某些食品充分搅打会产生令人愉悦的气泡，这又是什么原理？

为什么要学习“蛋白质”？

蛋白质是人体六大营养素之一，也是对食品安全性和享受性有重要影响的成分。因此，除需要了解不同来源蛋白质的营养性外，更要清楚蛋白质有哪些食品功能性？影响蛋白质营养性和安全性的因素是什么？传统的蛋白质资源已不能满足人们日益增长的生活需求，那么新型蛋白质资源有哪些？

学习目标

- 了解食品中常见蛋白质以及它们的基本结构和性质。
- 掌握蛋白质溶解性、黏度、持水性、胶凝作用、乳化和泡沫等食品功能性，以及各种食品对蛋白质功能特性的要求等。
- 掌握蛋白质的营养性、安全性及影响因素。
- 熟知蛋白质在食品加工与贮藏过程中的变化，尤其是能引起蛋白质变性的理化因素和变性蛋白质特性。
- 知晓新型蛋白质资源的开发与利用现状和前景等，具备研发新型蛋白质“未来食品”的创新意识。

蛋白质是组成食品最重要的成分之一，其多样化功能与它们的化学组成密切相关。蛋白质通常由二十多种氨基酸组成，这些氨基酸以酰胺键连接，其种类和排列顺序决定了蛋白质的结构。蛋白质组成的复杂性及结构的多样化，使其表现出多种不同的生物功能和食品功能。

理论上，由生物产生的蛋白质都可作为食品蛋白质。然而，实际上，食品蛋白质是指那些来源丰富、易于消化、无毒、富有营养且在食品中显示功能性质的蛋白质。畜禽、鱼、乳、蛋、谷物、豆类和油料种子是传统食品蛋白质的主要来源。随着世界人口的不断增长，为了满足人类营养的需要，有必要开发非传统的蛋白质资源。

5.1 食品中常见的蛋白质

食品中常见蛋白质主要有植物蛋白质和动物蛋白质。

5.1.1 植物蛋白质

植物蛋白质资源占总蛋白质资源的 70%，它不但是人类蛋白质的重要来源，而且也是肉蛋奶动物蛋白质的初级提供者。从营养学上说，植物蛋白质大致分为两类，即完全蛋白质和不完全蛋白质。绝大多数的植物蛋白质属于不完全蛋白质，如大部分植物蛋白质中缺乏免疫球蛋白，谷类中则相对缺乏赖氨酸等。植物蛋白质主要有三类来源：一是油料种子，包括花生、芝麻、油菜籽等；二是豆类种子，豆类蛋白质中大部分蛋白质为球蛋白；三是谷类蛋白质，在谷物胚中也含有较多的蛋白质，且必需氨基酸比较齐全，营养价值较高。

虽然植物蛋白质资源丰富，价格相对低廉，但大部分植物蛋白质外侧包被有纤维层，消化率比较低，而且一些主要的植物蛋白质还伴随有害物或感官难以接受的物质，如大豆会使人产生胀气且有豆腥味。随着科技的进步，植物蛋白质的利用水平越来越高。如大豆蛋白质的脱腥、缺乏赖氨酸以及食用易胀气的问题都已解决；大豆蛋白肽得到进一步开发，通过加热、挤压、喷雾等工艺过程把大豆蛋白粉制成大小、形状不同的瘦肉片状植物蛋白——“蛋白肉”等。我国还自主研制了配套豆粉、速溶豆粉、组织蛋白、豆乳、豆腐、豆浆的生产技术与机械，生产出了琳琅满目的植物蛋白质类产品，促进了植物蛋白质的利用。

5.1.2　动物蛋白质

动物蛋白质的主要来源包括畜禽肉、鱼类、乳制品等，是一种优质的、营养全面的蛋白质资源，目前占总蛋白质供给的 30% 左右。作为人类传统的蛋白质来源，人类对蛋白质资源的研究与新蛋白质食品的开发，总是围绕着模拟肉类蛋白质制品而进行。从来源上讲，动物蛋白质主要包括如下几类：其一是动物的肉，主要包括牲畜类（如牛、羊、猪）和家禽类（如鸡、鸭等）的肌肉；其二是乳制品，主要包括牛乳、羊乳等；再有就是蛋类，主要包括鸡蛋、鸭蛋、鹌鹑蛋等卵生动物的卵等。

动物蛋白质大部分为完全蛋白质，人类在摄取这些蛋白质资源的同时，也伴随着摄入了大量的脂肪、胆固醇等，这些成分的过量摄入对人体健康不利。随着一些高新技术的发展及广泛应用，如利用酶法脱脂技术对肌肉、鱼肉等进行加工，不仅可获得高蛋白质含量的新型食品，同时也解决了食用动物性食品时伴随摄入超量脂肪的烦恼。

肌肉蛋白质肉制品的原料主要取自哺乳类、禽类、鱼类肌肉，这些动物的骨骼肌中含有 16% ～ 22% 的肌肉蛋白质。肌肉蛋白质可分为肌浆蛋白质、肌纤维蛋白质和基质蛋白质。肌浆蛋白质是存在于肌肉细胞肌浆中的各种水溶性蛋白质的总称，其中包含大量酶蛋白。各类肌浆蛋白质的分子量一般在 1.0×10^4 至 3.0×10^4 之间。此外，色素蛋白中的肌红蛋白亦存在于肌浆中。肌纤维蛋白质由肌球蛋白、肌动蛋白以及被称为调节蛋白的原肌球蛋白和肌钙蛋白组成，是肌肉质量变化的关键。肌纤维蛋白质约占动物肌肉中蛋白质总量的一半，在生理条件下，它们是不溶解的，且高度带电并含有部分结合水。基质蛋白质包括胶原蛋白和弹性蛋白。胶原蛋白是纤维状蛋白质，存在于整个肌肉组织中。弹性蛋白是略带黄色的纤维状物质。它们是构成结缔组织的主要成分，共同形成了肌肉的结缔组织骨架。肌浆蛋白质、肌纤维蛋白质和基质蛋白质的溶解性有显著差别。采用水或低离子强度的缓冲液（0.15mol/L 或更低浓度）能将肌浆蛋白质提取出来，提取肌纤维蛋白质则需要采用更高浓度的盐溶液，而基质蛋白质不溶于水和盐类溶液。

概念检查 5.1

○ 食品蛋白质主要来源及各有哪些特点？

5.2　蛋白质的结构

蛋白质是一种以氨基酸为分子单位构成的复杂生物大分子，由碳、氢、氧、氮、硫等元素组成，某些蛋白质分子中还含有铁、碘、磷、锌等元素。机体中蛋白质的功能与其组成和结构密切相关。

5.2.1 蛋白质的组成

蛋白质由二十几种氨基酸通过酰胺键连接而成。氨基酸的种类及其排列顺序决定了蛋白质结构和功能的差异。在氨基酸分子中，氨基是碱性的，羧基是酸性的，但它们的酸碱解离常数比一般的羧基（—COOH）和氨基（—NH_2）都低，能起氨基和羧基的化学反应，该类反应在食品加工中常会发生，对食品不同风味的形成有重大贡献。

5.2.2 蛋白质的一级结构

蛋白质的一级结构是蛋白质多肽链中氨基酸残基的排列顺序，也是蛋白质最基本的结构，它决定了蛋白质的二级、三级等高级结构。组成蛋白质的 20 余种氨基酸侧链各异，其上基团具有不同的理化性质和空间排布，当它们按照不同的序列关系组合时，就可构成多种多样的空间结构，从而形成不同的生物学活性和食品特性。

5.2.3 蛋白质的二级结构

蛋白质的二级结构是指多肽链中不涉及侧链部分的主链原子的局部空间排布，即构象。主要有 α 螺旋结构和 β 片层结构。

α 螺旋的结构特点如下：

① 多个肽键平面通过 *α*- 碳原子旋转，相互之间紧密盘曲成稳固的右手螺旋。

② 主链呈螺旋上升，每 3.6 个氨基酸残基上升一圈，相当于 0.54 nm。

③ 相邻两圈螺旋之间借肽键中 C═O 和 H 形成许多链内氢键，即每一个氨基酸残基中的 NH 和前面相隔三个残基的 C═O 之间形成氢键，这是稳定 α 螺旋的主要键。

④ 肽链中氨基酸侧链 R，分布在螺旋外侧，其形状、大小及电荷均影响 α 螺旋的形成。由于电荷同性相斥，故在酸性或碱性氨基酸集中的区域不易形成 α 螺旋；较大的 R（如 Phe、Trp、Ile）集中的区域，也妨碍 α 螺旋形成；Pro 也不易形成上述 α 螺旋，因其 *α*- 碳原子位于五元环上，不易扭转，加之它是亚氨基酸，不易形成氢键；Glu 的 R 基为 H，空间占位很小，也会影响该处螺旋的稳定。

β 片层的结构特点如下：

①是肽链相当伸展的结构，肽链平面之间折叠成锯齿状，相邻肽键平面间呈 110° 角。氨基酸残基的 R 侧链在锯齿的上方或下方伸出。

② 依靠两条肽链或一条肽链内的两段肽链间的 C═O 与 —NH 形成氢键，使构象稳定。

③ 两段肽链可以是平行的，也可以是反平行的。即前者两条链从“N 端”到“C 端”是同方向的，后者是反方向的。β 片层结构的形式多样，正、反平行能相互交替。

④ 在平行的 β 片层结构中，两个残基的间距为 0.65 nm，而在反平行结构中其间距为 0.7 nm。

5.2.4 蛋白质的三级结构

蛋白质的多肽链在各种二级结构的基础上再进一步盘曲或折叠形成具有一定规律的三维空间结构，

称为蛋白质的三级结构。蛋白质三级结构主要靠次级键维持其稳定性，包括氢键、疏水键、盐键以及范德华力等（图5-1）。在蛋白质分子主链折叠盘曲形成构象的基础上，分子中的各个侧链也形成一定的构象。侧链构象主要是形成微区，或称结构域（domain）。对球状蛋白质来说，形成疏水区和亲水区。亲水区多在蛋白质分子表面，由很多亲水侧链组成。疏水区多在分子内部，由疏水侧链集中构成，疏水区常形成一些“洞穴”或“口袋”，某些辅基就镶嵌其中，构成活性部位。

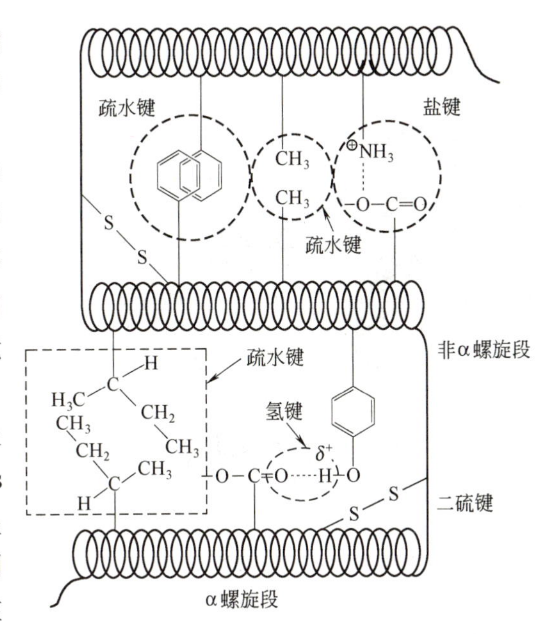

图5-1 蛋白质三级结构中某些次级键

具备三级结构的蛋白质从其外形上看，有的细长（长轴比短轴大10倍以上），属于纤维状蛋白质（fibrous protein），如丝心蛋白；有的长短轴相差不多，基本上呈球形，属于球状蛋白（globular protein），如肌红蛋白（图5-2）、血浆清蛋白和球蛋白。球状蛋白的疏水基多聚集在分子的内部，而亲水基则多分布在分子表面，因而球状蛋白是亲水的，更重要的是，多肽链经过如此盘曲后，可形成某些发挥生物学功能的特定区域，例如酶的活性中心等。

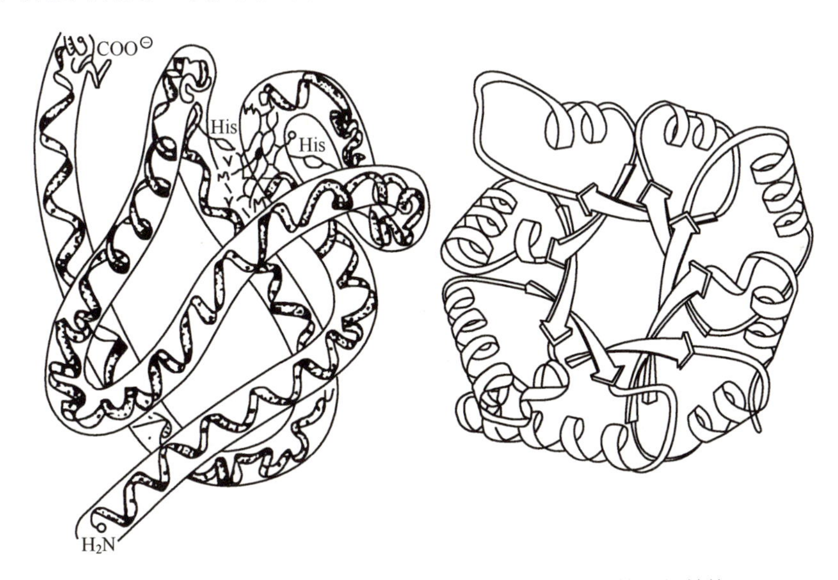

图5-2 肌红蛋白的三级结构和丙糖磷酸异构酶的三级结构

5.2.5 蛋白质的高级结构

由两条或两条以上具有独立三级结构的多肽链组成的蛋白质，其多肽链间通过次级键相互结合而形成的空间结构称为蛋白质的四级结构。其中，每个具有独立三级结构的多肽链单位称为亚基（subunit）。四级结构实际上是指亚基的立体排布、相互作用及接触部位的布局。亚基之间不含共价键，亚基间次级键的结合比二、三级结构疏松，因此在一定的条件下，四级结构的蛋白质可分离为组成其结构的亚基，而亚基本身构象不变。

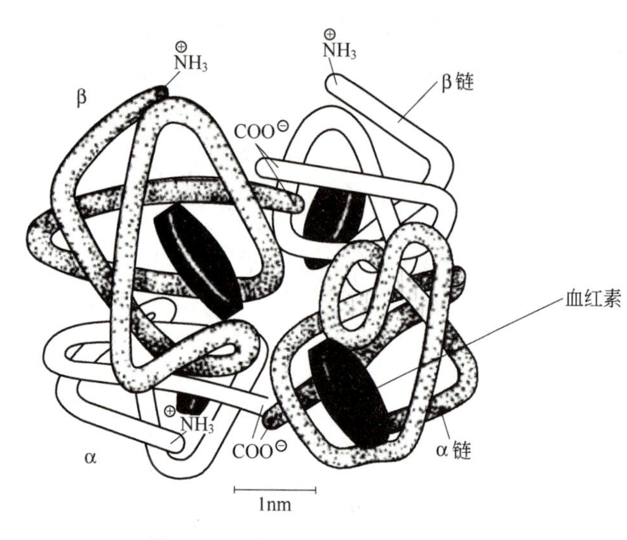

图 5-3　血红蛋白亚基结合模式图

同种蛋白质中包含的亚基结构可以相同，也可以不同。如烟草斑纹病毒的外壳蛋白是由 2200 个相同的亚基形成的多聚体；正常人血红蛋白 A 是由两个 α 亚基与两个 β 亚基形成的四聚体（图 5-3）；天冬氨酸氨甲酰基转移酶由六个调节亚基与六个催化亚基组成。有人将具有全套不同亚基的最小单位称为原聚体（protomer），如一个催化亚基与一个调节亚基结合成天冬氨酸氨甲酰基转移酶的原聚体。

某些蛋白质分子可进一步聚合成聚合体（polymer）。聚合体中的重复单位称为单体（monomer）。聚合体可按其中所含单体的数量不同而分为二聚体、三聚体……寡聚体（oligomer）和多聚体（polymer），如胰岛素（insulin）在体内可形成二聚体及六聚体。

概念检查 5.2

○ 蛋白质高级结构。

5.3　蛋白质的功能性

蛋白质的功能性是指，在加工、运输、贮藏和消费过程中，食品中所包含的蛋白质赋予食品特殊的物理和化学特性。不同种类食品对蛋白质功能特性的要求是不一样的（表 5-1）。

表 5-1　食品体系中蛋白质的功能特性

功能	作用机制	食品	蛋白质类型
溶解性	亲水性	饮料	乳清蛋白
黏度	持水性，流体动力学的大小和形状	汤、调味汁、色拉调味汁、甜食	明胶
持水性	氢键、离子水合	香肠、蛋糕、面包	肌肉蛋白，鸡蛋蛋白
胶凝作用	水的截留和不流动性，网络的形成	肉、凝胶、蛋糕焙烤食品和奶酪	肌肉蛋白，鸡蛋蛋白，牛奶蛋白
黏结-黏合	疏水作用，离子键和氢键	肉、香肠、面条、焙烤食品	肌肉蛋白，鸡蛋蛋白，乳清蛋白
弹性	疏水键，二硫交联键	肉和面包	肌肉蛋白，谷物蛋白
乳化	界面吸附和膜的形成	香肠、汤、蛋糕、甜食	肌肉蛋白，鸡蛋蛋白，乳清蛋白
泡沫	界面吸附和膜的形成	搅打配料，冰淇淋，蛋糕，甜食	鸡蛋蛋白，乳清蛋白
脂肪和风味的结合	疏水键，界面	低脂肪焙烤食品，油炸面圈	牛奶蛋白，鸡蛋蛋白，谷物蛋白

食品的感官品质是食品中各种原料相互作用的结果。如蛋糕的风味、质地、颜色和形态等性质是由原料的热胶凝性、起泡性、吸水作用、乳化作用、黏弹性和褐变等多种功能性综合作用的结果。因此，当蛋白质作为蛋糕或其他类似产品的配料使用时，应具备多种功能特性（表 5-2）。动物蛋白由多种蛋白质组成，它们有着较宽范围的物化性质及多种功能特性。例如蛋清具有持水性、胶凝性、黏合性、乳化

性、起泡性和热凝结等功能性质。蛋清的这些功能来自复杂的蛋白质组成及它们之间的相互作用，这些蛋白质成分包括卵清蛋白、伴清蛋白、卵黏蛋白、溶菌酶和其他清蛋白。虽然植物蛋白、乳清蛋白等也是由多种类型的蛋白质组成，但是它们的功能特性与动物蛋白不同，可有选择地应用在食品中。

表 5-2　各种食品对蛋白质功能特性的要求

食品	功能性
饮料、汤、沙司	在相应pH条件下的溶解性、热稳定性、黏度、乳化作用、持水性
面团焙烤产品（面包、蛋糕等）	成型和形成黏弹性膜、内聚力、热性变和胶凝作用、吸水作用、乳化作用、起泡、褐变反应
乳制品（精制干酪、冰淇淋、甜点等）	乳化作用、对脂肪的保留作用、黏度、起泡、胶凝作用、凝结作用
鸡蛋代用品	起泡、胶凝作用
肉制品（香肠等）	乳化作用、胶凝作用、内聚力、对水和脂肪的吸收与保持
肉制品增量剂（植物组织蛋白）	对水和脂肪的吸收与保持、不溶性、硬度、咀嚼性、内聚力、热变性
食品涂膜	内聚力、黏合作用
糖果制品（牛奶巧克力）	分散性、乳化作用

5.3.1　水合性质

蛋白质水合性质

蛋白质的水合是通过肽键和氨基酸侧链与水分子间的相互作用实现的，该作用赋予蛋白质许多功能性质，如分散性、湿润性、溶解性、持水能力、凝胶作用、增稠、黏度、凝结、乳化和起泡等。此外，食品的流变性质和质构性质也取决于水与蛋白质等食品组分的相互作用。干燥的蛋白质或蛋白质的浓缩离析物在应用时必须进行水合，因此，了解蛋白质的水合性质和复水性质对食品加工有重要的意义。

除了与水结合的能力以外，持水能力也是表征蛋白质水合性质的重要指标。蛋白质的持水能力是指蛋白质吸收水分并将其保留在自身组织中的能力。蛋白质的持水能力与其结合水的能力呈正相关。蛋白质截留水的能力影响绞肉制品的多汁性和嫩度，也与焙烤食品及其他凝胶类食品的质构性能密切相关。

5.3.1.1　溶解性

蛋白质的溶解是“蛋白质 - 蛋白质”和“蛋白质 - 溶剂”相互作用达到热力学平衡时的表现形式。作为有机大分子化合物，蛋白质在水中并不是以真正化学意义上的溶解态而是以胶体态存在，所以蛋白质在水中形成的是胶体分散系，只是习惯上将它称为溶液。蛋白质的溶解性，可以用水溶性蛋白质（WSP）、水可分散性蛋白质（WDP）、蛋白质分散性指标（PDI）和氮溶解性指标（NSI）等来评价，其大小一方面与蛋白质所处的外界因素，如 pH 值、离子强度、温度和蛋白质浓度等密切相关；另一方面与蛋白质本身的特性有关，如蛋白质的氨基酸侧链发生衍生化时，其溶解性也可能产生较为明显的变化。

5.3.1.2　黏性

溶液的黏性用黏度来表示，黏度反映了溶液对成分分散流动所表现出的阻力。黏性往往与食品的口感有关，例如在加工过程中需要控制食品中某些成分结晶、限制冰晶的成长等。影响蛋白质黏度的主要因素是溶液中蛋白质分子或颗粒的表观直径，而表观直径主要取决于蛋白质分子固有的特性，即“蛋白质 - 溶剂”和“蛋白质 - 蛋白质”间的相互作用。此外，高温杀菌、蛋白质水解等加工处理以及无机离子存在等因素也会影响溶液的黏度。

5.3.2 表面性质

蛋白质是两性分子，它们能自发地迁移至气 - 水界面或油 - 水界面，不同蛋白质具有不同的表面性质。蛋白质的表面性质受内在因素和外在因素影响，前者主要包括蛋白质中氨基酸组成、结构、立体构象、分子中极性和非极性残基的分布与比例，二硫键的数目与交联情况，以及分子的大小、形状和柔顺性等；后者则与外界环境中 pH、温度、离子强度和盐的种类、界面的组成、蛋白质浓度、糖类和低分子量表面活性剂，能量的输入，甚至形成界面加工的容器和操作顺序等有关。

5.3.2.1 乳化性

乳化性是指两种以上互不相溶的液体，例如油和水，经机械搅拌或添加乳化剂后形成均相乳浊液的能力。乳状液类产品种类繁多，如牛奶、豆奶、奶油等。蛋白质一般对水 / 油（W/O）型乳状液的稳定性较差，可能因为大多数蛋白质具有强亲水性，而使大量被吸附的蛋白质分子位于界面的水相一侧。

迄今为止，尚没有对蛋白质乳化性能的标准评价指标，这是因为蛋白质的乳化性受多种因素影响，包括如 pH、离子强度、温度、低分子量的表面活性剂、糖、油相体积分数、蛋白质类型和使用的油的熔点等内在因素；以及制备乳状液的设备类型、几何形状、能量输入强度和剪切速度等外在因素。目前对蛋白质乳化性能的评价方法主要有三种，即乳化活力、乳化能力和乳化稳定性。乳化活力指数（emulsification activity index，EAI）的计算如下：

$$\text{EAI}=2\times 3.303A_0\times N/(1\times 10^4\Theta LC) \tag{5-1}$$

式中，N 为稀释倍数；Θ 为体系中油相所占体积分数；L 为比色池光径；C 为蛋白质溶液浓度，g/mL；A_0 为 0min 的吸光值。

常见蛋白质的乳化活力指数如表 5-3 所示。

表 5-3 各种蛋白质的乳化活力指数① 单位：m²/g

蛋白质	乳化活力指数		蛋白质	乳化活力指数	
	pH 6.5	pH 8.0		pH 6.5	pH 8.0
合成（88%）酵母蛋白	322	341	大豆蛋白离析物	41	92
牛血清蛋白		197	血红蛋白		75
酪蛋白酸钠	149	166	酵母蛋白	8	59
β-乳球蛋白		153	溶菌酶		50
乳清蛋白粉末	119	142	卵清蛋白		49

① 蛋白质分散在0.5%的磷酸盐缓冲液中，pH 6.5，离子强度0.1，琥珀酰化（%）表示酵母蛋白中琥珀酰化的赖氨酸基数；乳化活力指数是指每克供试蛋白质的界面（m^2）的稳定性。

乳化容量或乳化能力（emulsification capacity，EC）是指乳状液发生相转变之前，每克蛋白质能够乳化油的体积（mL）。在一定温度下，向搅拌中的蛋白质水溶液（或盐溶液）或分散液中以恒定速率不断地加入油或熔化的脂肪，当黏度陡然降低、颜色变化（特别是含油溶性染料）或者电阻增大时，即说明发生了相转变。

乳化稳定性（emulsification stability，ES）通常以乳化后其乳状液在一定温度下放置一定时间前后的体积变化值表示，也可按式（5-2）计算乳化稳定性指数（emulsification stability index，ESI）。

$$\text{ESI}=A_0\times \Delta T/(A_0-A_t)\times 100 \tag{5-2}$$

式中，A_0 为 0 min 的吸光值；A_t 为 t min 的吸光值；ΔT 为时间差。

在利用这些指标进行测定时，所得结论通常与外界条件有关。影响条件有：①当溶解度在25%～80%范围内时，蛋白质的溶解度和乳化容量（或乳化稳定性）通常成正相关；②蛋白质分子量大小对其乳化性也有影响（图5-4）；③在肉馅胶体中加入氯化钠（0.5～1mol/L）可提高蛋白质的乳化容量（图5-5）；④pH影响如下，某些蛋白质在等电点pH值时溶解度下降，因而乳化能力降低；另外，在等电点或一定的离子强度时，由于蛋白质以高黏弹性紧密结构形式存在，可防止其伸展或在界面吸附（不利于乳状液的形成），同时也可稳定已吸附的蛋白质膜，阻止其形变或解吸，从而有利于乳状液的稳定。有些蛋白质在等电点时具有最令人满意的乳化性质（明胶、血清蛋白和卵清蛋白），而有些蛋白质则在非等电点时乳化作用更好（大豆蛋白、花生蛋白、酪蛋白、乳清蛋白、牛血清蛋白和肌原蛋白），这主要取决于当时蛋白质的溶解性能。这些内外因素的综合作用，使得对蛋白质乳化性质的评价成为一个极具挑战性的问题。

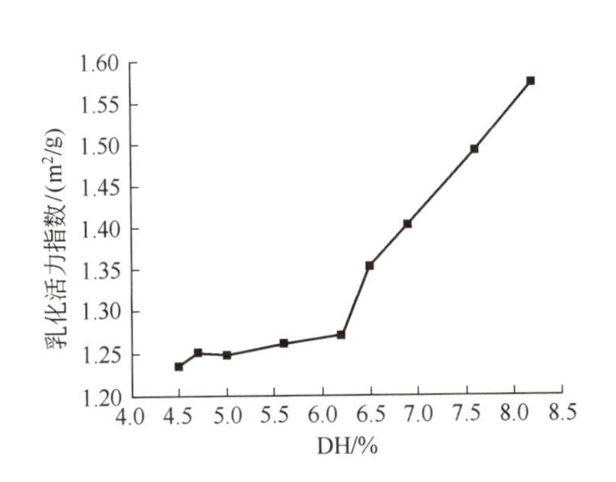

图5-4 蛋白质分子量与乳化性

DH—大豆蛋白的水解度

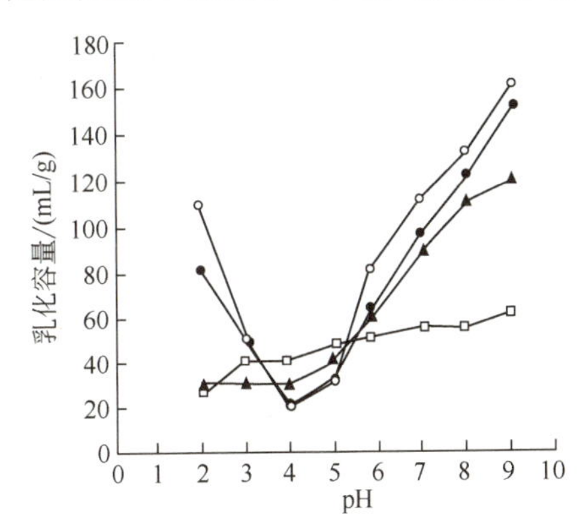

图5-5 pH和氯化钠浓度对花生蛋白离析物乳化容量的影响

○ 0.1 mol/L NaCl；● 0.2 mol/L NaCl；▲ 0.5 mol/L NaCl；□ 1.0 mol /L NaCl

5.3.2.2 起泡性质

泡沫通常是指气泡分散在连续液相或半固体的分散体系。泡沫型食品种类较多，如搅打奶油、蛋糕、冰淇淋等。蛋白质能作为起泡剂主要取决于蛋白质的表面活性和成膜性，例如鸡蛋清中的水溶性蛋白质在搅打蛋液时可被吸附到气泡表面来降低表面张力，又因为搅打过程中的变性，逐渐凝固在气液界面间形成具有一定刚性和弹性的薄膜，从而使泡沫稳定。

蛋白质起泡性质

产生泡沫主要有三种方法：最简单的方法是让鼓泡的气体通过多孔分配器（例如烧结玻璃），然后通入到低浓度（0.01%～2.0%，质量/体积）蛋白质水溶液中，最初的气体乳胶体因气泡上升和排出而被破坏，由于气泡被压缩成多面体而发生畸变，使泡沫产生一个大的分散相体积（φ）（图5-6）。如果通入足够量气体，液体可完全转变成泡沫，甚至用稀蛋白质溶液同样也能得到非常大的泡沫体积，一般可膨胀10倍（膨胀率为1000%），在某些情况下可能达到100倍，对应的φ值分别为0.9和0.99（假定全部液体都转变成泡沫），泡沫密度也相应地改变。

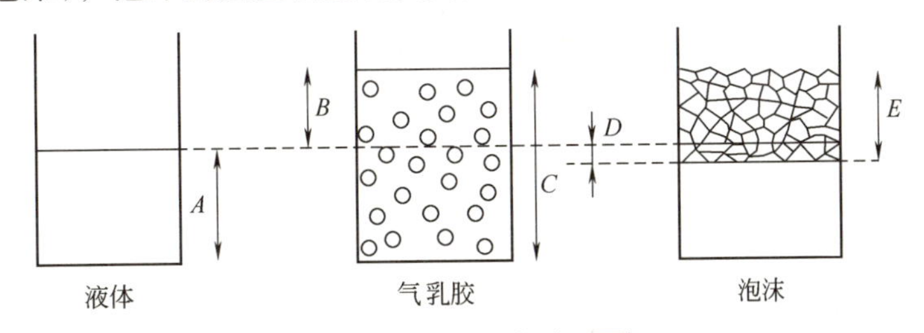

图5-6 泡沫形成过程图解

A—液体体积；*B*—掺入的气体体积；*C*—分散体的总体积；*D*— 泡沫中的液体体积（=*E*-*B*）；*E*— 泡沫体积

泡沫体积定义为 100 × E/A，膨胀量为 100 × B/A=100 ×（$C-A$）/A，起泡能力为 100 × B/D，泡沫相体积为 100 × B/E。

第二种起泡方法是在有大量气相存在时搅打（搅拌）或振摇蛋白质水溶液产生泡沫，搅打是大多数食品充气最常用的方法，与鼓泡法相比，搅打可产生更强的机械应力和剪切作用，使气体分散更均匀。剧烈的机械应力会影响气泡的聚集和形成，特别是阻碍蛋白质在界面的吸附，导致对蛋白质的需求量增加（1% ～ 40%，质量 / 体积）。在搅打时，试样体积通常增加 300% ～ 2000% 不等。在意大利咖啡卡布奇诺等饮品的调制中常用到奶沫，而奶沫的制作就是用了搅打法。

第三种产生泡沫的方法是突然解除预先加在溶液上的压力，例如在分装气溶胶容器中加工成的掼奶油（搅打奶油）。

影响蛋白质泡沫形成和稳定性的因素较多，如蛋白质的氨基酸组成和空间构象，溶液的 pH，盐类、糖、脂类和蛋白质浓度，设备或容器种类、搅打速度及强度等。

pH 对泡沫的影响主要与蛋白质溶解度有关。一般说来，蛋白质的溶解度是起泡能力大和泡沫稳定性高的必要条件，但不溶性蛋白质微粒（在等电点时的肌原纤维蛋白、胶束和其他蛋白质）也能起到稳定泡沫的作用。有些蛋白质在等电点 pH 时泡沫膨胀量不大，但稳定性相当好，如球蛋白（pH 5 ～ 6）、谷蛋白（pH 6.5 ～ 7.5）和乳清蛋白（pH 4 ～ 5）都具有这种特性。但也有某些蛋白质在极限 pH 值时泡沫的稳定性增大，可能是由于黏度增加的原因。卵清蛋白在天然泡沫的 pH 值（8 ～ 9）和接近等电点 pI（4 ～ 5）时都显示最大的起泡性能。大多数食品泡沫都是在与它们的蛋白质等电点不同的 pH 条件下制成的。

糖类通常能抑制泡沫膨胀，但可提高泡沫的稳定性，这与糖类能增大体相黏度，降低薄片流体的脱水速率有关。由于糖类提高了蛋白质结构的稳定性，使蛋白质不能在界面吸附和伸长，因此，在搅打时蛋白质就很难产生大的界面面积和大的泡沫体积。所以制作蛋白酥皮和其它含糖泡沫甜食，最好在泡沫膨胀后再加入糖。

盐类通过影响蛋白质的溶解度、黏度、伸展和聚集等特性来影响蛋白质起泡性和稳定性。因此，盐的种类和蛋白质在盐溶液中的溶解特性都是蛋白质起泡性的影响因素。包括牛血清清蛋白、卵清蛋白、谷蛋白和大豆蛋白等在内的大多数球状蛋白质的起泡性和泡沫稳定性随着氯化钠浓度的增加而增加。相反，另外一些蛋白质（如乳清蛋白，特别是 β- 乳球蛋白），由于盐溶效应，其起泡性和泡沫稳定性则随着盐浓度的增加而降低。在特定盐溶液中，蛋白质的盐析作用通常可以改善起泡性。反之，盐溶使蛋白质显示较差的起泡性。氯化钠通常能增大膨胀量并降低泡沫稳定性（表 5-4），该现象可能是由其降低了蛋白质溶液黏度所致。二价阳离子例如 Ca^{2+} 和 Mg^{2+} 在 0.02 ～ 0.04mol/L 范围，能与蛋白质的羧基反应形成桥键，使之生成黏弹性较好的蛋白质膜，从而提高泡沫的稳定性。

表 5-4 NaCl 对乳清分离蛋白起泡性和稳定性的影响

NaCl浓度 /（mol/L）	总界面面积 /（cm^2/mL泡沫）	泡沫面积破裂50%的时间/s
0.00	333	510
0.02	317	324
0.04	308	288
0.06	307	180
0.08	305	165
0.10	287	120
0.15	281	120

目前尚无测定蛋白质起泡性能的标准方法，但可在同等条件下，对比不同蛋白质的起泡能力。常用蛋白质的起泡能力如表 5-5 所示。

表 5-5　常用蛋白质的起泡能力

蛋白质	起泡能力（0.5%蛋白质溶液）/%	蛋白质	起泡能力（0.5%蛋白质溶液）/%
牛血清清蛋白	280	β-乳球蛋白	480
乳清分离蛋白	600	血纤维素原蛋白	360
卵清蛋白	40	大豆蛋白（酶水解）	500
蛋清	240	明胶（酸法加工猪皮）	760

5.3.3　风味

蛋白质能与风味成分或其他物质结合，在加工过程中或食用时释放出来，从而对食品的感官质量产生影响。蛋白质与风味物质的结合方式包括物理吸附和化学吸附。物理吸附主要是通过范德华力和毛细血管作用吸附；化学吸附主要是静电吸附、氢键的结合和共价键的结合等。在制作食品时，蛋白质可以用作风味物质的载体和改良剂，如在加工含有植物蛋白质的仿真肉制品时，成功地模仿肉类风味是这类产品能被消费者接受的关键。作为风味载体的蛋白质，必须能同风味物质牢固结合并保护其在加工过程中不被破坏，当食品被咀嚼时，风味就可释放出来。

除了与水分、脂类、挥发性物质结合之外，蛋白质还可以与金属离子、色素、调味料以及其他生物活性成分相结合。上述结合反应会对食品的营养性、食品中所包含有害成分的毒性等产生多种影响。从有利的角度看，蛋白质与金属离子的结合可以促进某些矿物质的吸收，也可减轻有害重金属的安全隐患；与色素的结合便于对蛋白质的定量分析，而与大豆蛋白中的异黄酮结合，则增强了大豆蛋白的营养功能特性。

5.3.4　质构性

5.3.4.1　蛋白质的质构化

蛋白质是许多食品质地或结构的构成基础，但是有些天然蛋白质不具备相应的组织结构和咀嚼性，将它们应用到食品中时就会存在一些限制，如从植物组织中分离出的植物蛋白或从牛乳中得到的乳蛋白。通过加工处理使它们形成具有良好咀嚼性能和持水性能的薄膜或者纤维状的制品，仿造出肉或其代用品，就是蛋白质的质构化。蛋白质的质构化是在开发利用植物蛋白和新蛋白质中特别强调的一种功能性质。此外，质构化加工方法还可用于一些动物蛋白的“重组织化”或“重整”。

常见的蛋白质质构化方式有三种：热凝固和形成薄膜；热塑性挤压；形成纤维。目前用于植物蛋白质质构化的主要方法是热塑性挤压。挤压较为经济，工艺也较为简单，对原料要求比较宽松。采用该方法可得到干燥的纤维状多孔颗粒或小块，待复水时具有耐咀嚼质地。蛋白质含量较低的原料如脱脂大豆粉可以进行热塑性挤压组织化加工，蛋白质含量为 90% 以上的分离蛋白也可以作为加工原料。

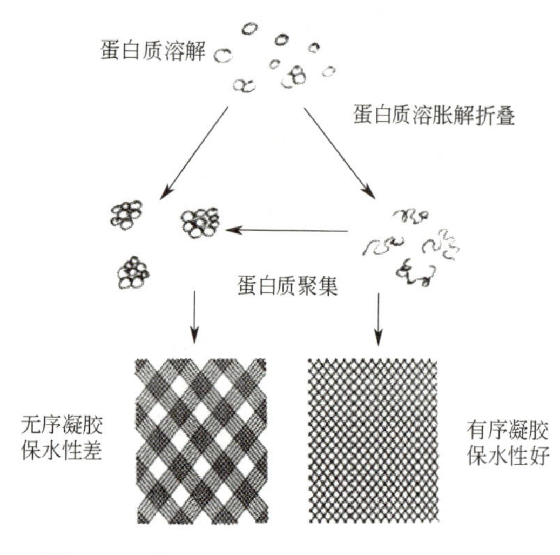

图 5-7　热诱导球蛋白形成的不同类型凝胶

5.3.4.2　热诱导凝胶化

热诱导凝胶是蛋白质最重要的功能特性之一。当加热一定浓度的蛋白质溶液时，蛋白质分子会因变性而解折叠发生聚集，然后形成凝胶。蛋白质变性和聚集的相对速率决定了凝胶的结构和特性，当蛋白质变性速率大于聚集速率时，蛋白质分子能充分伸展、发生相互作用从而形成高度有序的半透明凝胶；当蛋白质变性速率低于聚集速率时会形成粗糙、不透明凝胶（图 5-7）。蛋白质凝胶既具有液体黏性又表现出固体弹性，是介于固体和液体之间的一种状态。热诱导凝胶对产品的质构、形状、黏聚性、保油性、保水性等具有重要作用。热诱导凝胶过程中，蛋白质分子从天然状态到变性状态的转变包括二级、三级和四级结构构象的变化，涉及疏水相互作用、静电力、二硫键等化学作用力的参与，这些变化决定了蛋白质凝胶的最终结构。加热时蛋白质结构的变化使疏水基团暴露在分子的表面，形成疏水相互作用，疏水基团在胶凝过程中起很重要的作用。

迄今为止，蛋白质热诱导凝胶的形成机制及形成过程中涉及的相互作用尚未明晰，但一般认为，蛋白质网络的形成是由于“蛋白质 - 蛋白质”、“蛋白质 - 溶剂”和“蛋白质 - 脂肪”等的相互作用以及邻近肽链之间的吸引力和排斥力达到平衡的结果。

5.3.4.3　面团的形成

小麦、大麦、燕麦等谷物食品具有一个共同的特性，就是胚乳中面筋蛋白质在与水混合后经过揉搓可形成黏稠具有弹性和可塑性的面团。其中，小麦粉形成面团的能力最强，这也是以小麦面粉为原料制作面团并经发酵烘烤形成面包的基础。

面筋蛋白主要由麦谷蛋白和麦醇溶蛋白组成，占面粉中蛋白质总量的 80%，其性质与面团特性密切相关。其一，这些蛋白质中可解离的氨基酸含量低，在中性水中不溶解；其二，面筋蛋白含有大量的谷氨酰胺和羟基氨基酸，易形成分子间氢键，使面筋具有强吸水能力和黏聚性质；其三，面筋蛋白含有巯基，能形成二硫键，增强疏水作用，使面筋蛋白转化形成立体、网状结构。

因为面筋蛋白在面粉中部分伸展，在揉搓面团时得到进一步伸展，因此，在正常温度下焙烤面包时面筋蛋白不会再伸展变形。但是焙烤能使面粉中可溶性蛋白质变形和凝集，这有利于面包的形成。当焙烤温度高于 80℃时，面筋蛋白释放出来的水分能被部分糊化的淀粉颗粒吸收，故即使在焙烤时，面筋蛋白也能使面包柔软和保持水分。

概念检查 5.3

○ ①请简介蛋白质的食品功能。②蛋白质可以作为起泡剂吗？③介绍面筋蛋白作用。

5.4　蛋白质的营养及安全性

不同蛋白质的营养价值因来源不同而有所差别，这与其所含必需氨基酸的量和消化率有关。因此，计算人体对蛋白质的日摄入量时应考虑膳食中蛋白质的品质和含量。

5.4.1　蛋白质的质量

蛋白质的质量主要取决于其必需氨基酸组成和消化率。高质量蛋白质含有全部种类的必需氨基酸，且其含量高于 FAO/WHO/UNU（联合国粮食与农业组织 / 世界卫生组织 / 联合国大学）规定的参考水平，蛋白质的消化率不低于蛋清或乳蛋白。

主要的植物蛋白质往往缺乏至少一种必需氨基酸。谷类（大米、小麦、大麦、燕麦）蛋白质缺乏赖氨酸而富含蛋氨酸；豆类和部分油料种子蛋白质缺乏蛋氨酸而富含赖氨酸；花生蛋白等部分油料种子蛋白质则同时缺乏蛋氨酸和赖氨酸。蛋白质中浓度（含量）低于参考蛋白质中相应水平的必需氨基酸被称为限制性氨基酸。成年人仅食用谷类或豆类蛋白质难以维持身体健康，若年龄低于 12 岁的儿童的膳食中仅含有上述一种蛋白质则不能维持其正常的生长速度。表 5-6 列出了各种蛋白质中必需氨基酸的含量。

表 5-6　各种蛋白质中必需氨基酸含量和营养价值　　单位：mg/g

项 目	蛋白质来源												
	鸡蛋	牛乳	牛肉	鱼	小麦	大米	玉米	大麦	大豆	蚕豆	豌豆	花生	菜豆
氨基酸浓度													
His	22	27	34	35	21	21	27	20	30	26	26	27	30
Ile	54	47	48	48	34	40	34	35	51	41	41	40	45
Leu	86	95	81	77	69	77	127	67	82	71	70	74	78
Lys	70	78	89	91	23①	34①	25①	32①	68	63	71	39①	65
Met+Cys	57	33	40	40	36	49	41	37	33	22②	24②	32	26
Phe+Tyr	93	102	80	76	77	94	85	79	95	69	76	100	83
Thr	47	44	46	46	28	34	32②	29②	41	33	36	29②	40
Trp	17	14	12	11	10	11	6②	11	14	8①	9①	11	11
Val	66	64	50	61	38	54	45	46	52	46	41	48	52
总必需氨基酸	512	504	480	485	336	414	422	356	466	379	394	400	430
蛋白质含量/%	12	3.5	18	19	12	7.5	—	—	40	32	28	30	30
化学评分（根据FAO/WHO模型）/%	100	100	100	100	40	59	43	55	100	73	82	67	—
PER	3.9	3.1	3.0	3.5	1.5	2.0	—	—	2.3	—	2.65	—	—
BV（根据大鼠试验）	94	84	74	76	65	73	—	—	73	—	—	—	—
NPU	94	82	67	79	40	70	—	—	61	—	—	—	—

① 主要限制性氨基酸；②次要限制性氨基酸。

注：化学评分指1g被试验的蛋白质中一种限制性氨基酸的量与1g参考蛋白质中相同氨基酸的量之比。PER指蛋白质效率比。BV指生物价。NPU指净蛋白质利用。

动物和植物蛋白质一般含有足够数量的 His、Ile、Leu、Phe + Tyr 和 Val，因此，这些氨基酸通常不是限制性氨基酸。然而，Lys、Thr、Trp 或含硫氨基酸往往是限制性氨基酸。

如果蛋白质缺乏一种必需氨基酸，那么将其与富含此种必需氨基酸的蛋白质混合即可提高它的营养质量。例如，将谷类蛋白质与豆类蛋白质混合就能提供完全和平衡的必需氨基酸。低营养质量的蛋白质也可通过补充所缺乏的必需氨基酸得到改进。例如，豆类和谷类在分别补充 Met 和 Lys 后，营养质量得到较大提高。

如果蛋白质或蛋白质混合物含所有的必需氨基酸，并且其含量或比例使人体具有最佳的生长速度或保持健康的能力，就认为它们具有理想的营养质量。表 5-7 列出了不同年龄段人群理想的必需氨基酸模型。

表 5-7　推荐的食品蛋白质中必需氨基酸模型

单位：mg/g

氨基酸	推荐的模型			氨基酸	推荐的模型		
	婴幼儿（2～5岁）	学龄前儿童	成人		婴幼儿（2～5岁）	学龄前儿童	成人
His	26	19	16	Phe+Tyr	72	22	19
Ile	46	28	13	Thr	43	28	9
Leu	93	44	19	Trp	17	9	5
Lys	66	44	16	Val	55	25	13
Met+Cys	42	22	17	总计	434	222	111

5.4.2　蛋白质的消化率

蛋白质消化率是指人体从蛋白质中吸收的氮占总摄入氮的比例。虽然必需氨基酸的含量是评价蛋白质质量的主要指标，但这些氨基酸在体内被利用的程度，即蛋白质的消化率也会影响蛋白质的质量。表 5-8 列出了各种食品蛋白质在人体内的消化率。动物蛋白质比植物蛋白质消化率高。

表 5-8　各种食品蛋白质在人体内的消化率

蛋白质来源	消化率/%	蛋白质来源	消化率/%
鸡蛋	97	豌豆	88
牛乳、乳酪	95	花生	94
肉、鱼	94	大豆粉	86
玉米	85	大豆分离蛋白	95
大米（精制）	88	蚕豆	78
小麦（全）	86	玉米制品	70
面粉（精制）	96	小麦制品	77
面筋	99	大米制品	75
燕麦	86	小麦	79

（1）蛋白质的构象　蛋白质的结构状态影响酶对其催化水解的程度，天然蛋白质通常较部分变性蛋白质更难被水解完全。因此，食物经加工变性后更容易被人体消化吸收。一般来说，不溶性纤维蛋白和广泛变性的球状蛋白难以被酶水解。

（2）抗营养因子　大多数植物蛋白含有抗营养因子胰蛋白酶和胰凝乳蛋白酶抑制剂以及外源凝集素。这些抑制剂使豆类和油料种子蛋白质不能被胰蛋白酶完全水解。外源凝集素阻碍氨基酸在肠内的吸收。加热处理能破坏这些抑制剂使植物蛋白质更易消化。植物蛋白质中还含有单宁和植酸等其他类型的抗营养因子。

（3）结合　蛋白质与多糖及膳食纤维相互作用也会降低其水解速度，进而影响营养性。

（4）加工　蛋白质经受高温和碱处理会导致某些化学变化，此类变化也会降低蛋白质的消化率。蛋白质与还原糖发生美拉德反应会降低赖氨酸残基的消化率。

5.4.3　蛋白质的安全性

并不是所有的蛋白质都是有营养和安全的。在自然界进化的过程中，生物体产生了很多有毒害的蛋白质，如过敏蛋白、毒肽类、有毒氨基酸类、凝集素和酶抑制剂等（详见第 12 章）。

概念检查 5.4

○ 影响蛋白质质量因素有哪些？

5.5　蛋白质在食品加工与贮藏过程中的变化

5.5.1　蛋白质变性

蛋白质分子在受到外界一些物理或化学因素影响时，其性质会发生改变，如溶解度降低或活性丧失等。这些变化是蛋白质分子空间结构改变的结果，并不涉及一级结构的变化。蛋白质分子的这类变化称为变性作用，变性后的蛋白质称为变性蛋白质。

引起蛋白质变性的原因可分为物理和化学因素两类。物理因素有加热、加压、脱水、搅拌、振荡、紫外线照射、超声波作用等；化学因素有强酸、强碱、尿素、重金属盐、十二烷基磺酸钠（SDS）等。在温和条件下，蛋白质的空间构象只是松弛而不混乱，当变性因素解除后蛋白质可恢复到天然构象，这种变性称为可逆变性。例如，核糖核酸酶用 8mol/L 的尿素和巯基乙醇作用时，由于分子中的二硫键被还原，酶蛋白的空间结构也随之破坏而变性，失去活性。但用透析法除去这些试剂后，变性的酶蛋白就自动氧化恢复原来的空间结构，酶的活性也随之恢复（图 5-8）。

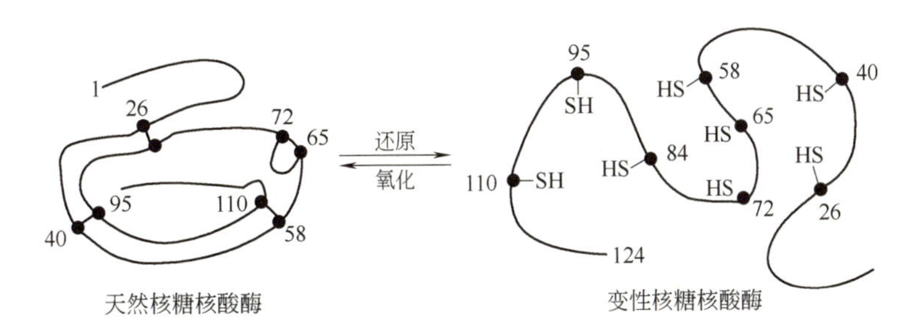

图 5-8　核糖核酸酶的变性与复性

大部分蛋白质在变性以后，不能恢复其原来的各种性质，这种变性称为不可逆变性。如生鸡蛋蛋白煮熟变成蛋白块就是不可逆的，大豆蛋白变性成豆腐的过程也是不可逆的。蛋白质变性是否可逆与导致变性的因素、蛋白质的种类以及蛋白质空间结构变化程度有关。一般认为在可逆变性中，蛋白质分子的三级、四级结构遭到了破坏，而二级结构不被破坏，故在除去变性因素后，有可能恢复天然状态。然而在不可逆变性中，蛋白质分子的二级、三级、四级结构均遭破坏，不能恢复原来的状态，因此也不能恢复原有功能。

5.5.1.1 热变性

大多数蛋白质在 45 ～ 50℃时就开始变性，到 55℃时变性进行得很快。温度偏高时蛋白质热变性仅涉及非共价键的变化（即蛋白质二级、三级、四级结构的变化），蛋白质分子变形伸展，如天然血清蛋白的形状是椭圆形的（长：宽是 3：1），变性后长：宽为 5：5。此温度下短时间的变性为可逆变性。当温度达到 70 ～ 80℃以上时，蛋白质二硫键受热而断裂，在此较高温度下长时间变性是不可逆变性。

变性作用的速度取决于温度的高低，几乎所有蛋白质在受热时都会发生变性作用。热变性的机制是在较高的温度下，肽链受过分的热振荡而导致氢键或其他次级键遭到破坏，使原有的空间构象发生改变。在典型的变性作用范围内，温度每上升 10℃，变性速度可增大 600 倍左右。

蛋白质对热变性作用的敏感性受许多因素影响。例如，蛋白质的性质和浓度、水分活度、pH、离子强度和离子种类等。蛋白质（包括酶）和微生物在低含水量下耐受热变性失活的能力更强，浓蛋白质液受热变性后的复性更加困难。食品热加工的温度大多在 100℃，在此温度下蛋白质都会发生变性，同时致病菌被灭活。

5.5.1.2 辐射

不同波长和能量的辐射对蛋白质的影响不同。紫外辐射可被芳香族氨基酸残基（Trp、Val 和 Phe）所吸收，因而能导致蛋白质构象改变。如果能量较高，二硫键会断裂。γ 辐射和其他电离辐射也可以使蛋白质构象发生变化，同时使氨基酸残基氧化、共价键断裂、电离、形成自由基以及发生重组和聚合反应。

5.5.1.3 酸和碱

蛋白质所处介质的 pH 对变性过程有很大的影响，在较温和的酸碱条件下，变性可能是可逆的；而在强酸或强碱条件下，变性则是不可逆的。因为处于极端环境时，pH 的改变会引起多肽链中某些基团的解离程度的变化，进而破坏了维持蛋白质分子空间构象所必需的氢键和某些带相反电荷的基团之间以静电作用形成的键。分子内离子基团会产生强烈的静电排斥，破坏蛋白质分子中的盐键或酯键，这将促使蛋白质分子伸展（变性）。如鲜牛奶制成酸奶时，酸致蛋白质变性，蛋白质就由液体变成了半流体。

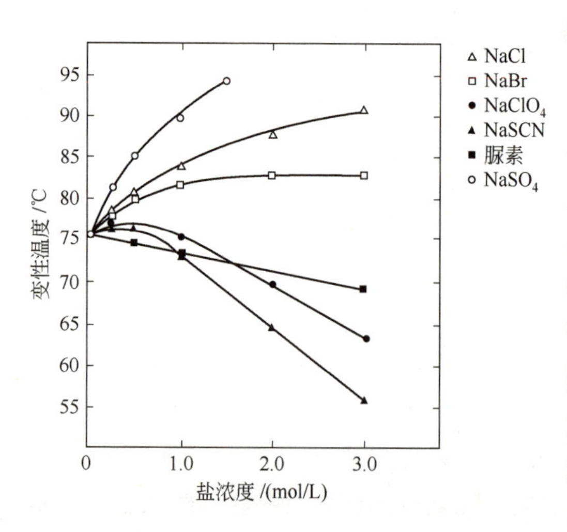

图 5-9 不同阴离子钠盐在 pH7.0 时对乳球蛋白 T_d 的影响

5.5.1.4 金属盐

金属离子使蛋白质变性在于它们能与蛋白质分子中的某些基团结合形成难溶的复合物，同时破坏了蛋白质分子的立体结构而造成变性。碱金属离子如 Na^+ 和 K^+ 有限地与蛋白质发生反应；而碱土金属离子如 Ca^{2+}、Mg^{2+} 则较为活泼，Ca^{2+}、Fe^{2+}、Cu^{2+} 和 Mg^{2+} 可以成为某些蛋白质分子中的组成部分。当用透析法或螯合剂将这些金属离子从蛋白质分子中除去时，会明显降低蛋白质结构对热和某些蛋白酶活性的稳定性。过渡金属如 Cu、Fe、Hg 和 Ag 等离子容易同蛋白质起作用，能与巯基形成稳定的络合物，从而使蛋白质变性。卤水点豆腐是典型的金属离子致蛋白质变性的实例。

金属离子相同的条件下，阴离子也对蛋白质变性有较大的影响（图 5-9）。相同的离子强度，$NaSO_4$ 和 NaCl 使变性温度（T_d）提高；而 NaSCN 和 $NaClO_4$ 使 T_d 降低。在相同的离子强度时，阴离子对蛋白质结构稳定性影响能力的大小按下列顺序：$F^- < SO_4^{2-} < Cl^- < Br^- < I^- < ClO_4^- < SCN^- < Cl_3CCOO^-$。

5.5.1.5 有机试剂

大多数有机溶剂可用作蛋白质变性剂，除了减小溶剂（水）与蛋白质的作用外，它们还能通过改变介质的介电常数来影响稳定蛋白质的静电作用力，非极性有机溶剂能够渗入疏水区，破坏疏水相互作用，进而促使蛋白质变性。这类溶剂的变性作用也可能是由它们与水之间产生的相互作用引起的。将乙醇、丙酮等有机溶剂加入到蛋白质溶液中，能引起蛋白质变性。此类变性可以是可逆的或者不可逆的。有机溶剂的变性作用可能与降低蛋白质溶液的介电常数有关。介电常数的降低使相邻蛋白质分子间静电吸引力增大，使分子中原有的弱键（如氢键、疏水键等）断裂。此外，它们还能与蛋白质分子形成新的氢键。

尿素使蛋白质变性的原因也在于它破坏了蛋白质本身的氢键等次级键。尿素易于同蛋白质结合形成新的氢键。盐酸胍的作用与尿素相似，能破坏氢键，使巯基暴露。

振荡变性是由于使蛋白质分子受到表面力作用的影响，在溶液表面的蛋白质单分子层的分子受到不平衡的吸引力，导致肽链伸展、维持原构象的次级键被破坏。表面力引起的变性是不可逆的。利用明矾脱出海蜇的水分，就是利用化学试剂对蛋白质变性，造成蛋白质脱水。

5.5.1.6 冻藏

冻藏对肉制品质量的影响主要体现在蛋白质的变性上，如持水能力下降，蛋白质聚集而导致肉质发柴等。现有研究表明，冷冻对畜禽肉肌肉的变性情况影响不甚明显；而鱼肉因肌原纤维蛋白组织比较脆弱，故极易发生蛋白质变性而导致功能性质的改变（图 5-10）。鱼肉蛋白质冻藏期间的变性主要发生在肌原纤维蛋白，且以其中的肌球蛋白为主，肌动蛋白的变化很小。其机制大致为冻藏过程中水被冻结，溶质浓缩，导致了蛋白质周围 pH 和离子强度的变化，从而形成新键；蛋白质分子周围的水还发挥着维持蛋白质天然构象的作用，这些水会因冻结而被迫迁移，导致蛋白质发生脱水现象并引起构象变化。

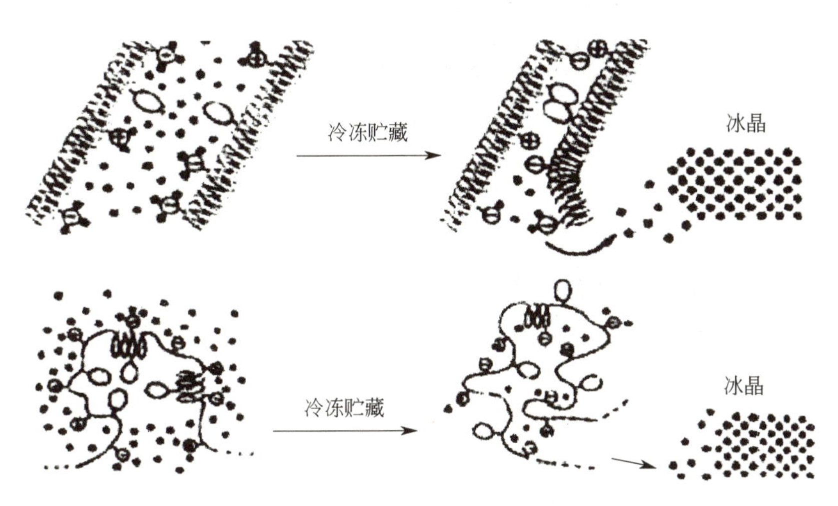

图 5-10 蛋白质分子在冻藏过程中冷冻变性的模型

5.5.1.7　界面

吸附在水和空气、水和非水溶液或水和固相等界面上的蛋白质分子，一般会发生不可逆变性。由于蛋白质可作为界面活性剂，许多蛋白质倾向于向界面迁移及被吸附，吸附速率受天然蛋白质向界面扩散速率的控制，当界面被变性蛋白质饱和（约 $2mg/m^2$）时即停止吸附。图 5-11 表示在水溶液中球形蛋白质从天然状态［图 5-11（a）］转变成吸附在水和非水相界面时的变性状态［图 5-11（c）］的过程。

蛋白质大分子向界面扩散并开始变性，可能与其同界面高能水分子（与远离界面的那部分水分子相比较）的相互作用有关，许多蛋白质 - 蛋白质之间的氢键遭到破坏，使结构发生“微伸展”［图 5-11（b）］。由于许多疏水基团和水相接触，使部分伸展的蛋白质被水化和活化，处于不稳定状态。蛋白质在界面进一步伸展和扩展，亲水和疏水残基分别趋向在水相和非水相中取向［图 5-11（a）和（c）］，因此界面吸附引起蛋白质变性。但某些主要靠二硫交联键稳定结构的蛋白质，由于不易被界面吸附，因此界面性质对其变性作用较小。吸附在界面上的蛋白质有助于乳浊液和泡沫的形成和稳定。但若保持蛋白质的天然构象和功能性质，应避免在食品加工或分离中产生泡沫或乳状液。若在此时搅打会加速其变性。

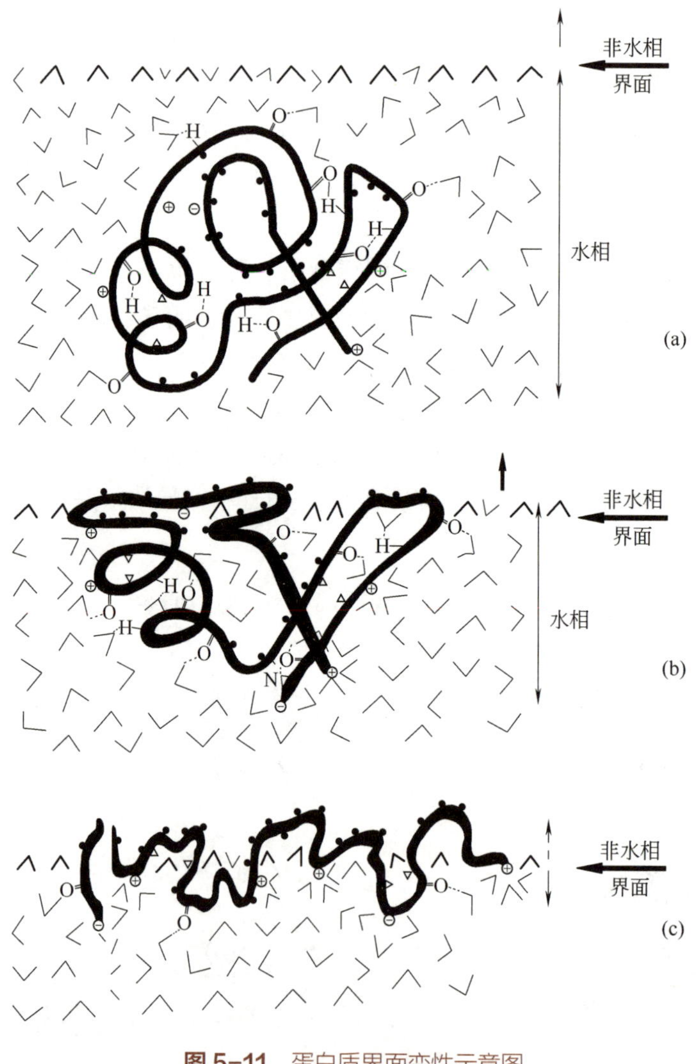

图 5-11　蛋白质界面变性示意图

∧ 高能水；∧ 普通水；• 疏水残基；⊖⊕ 极性基团；=O┄H— 氢键；▷ 偶极基团

5.5.1.8　其它处理

高压和热结合处理技术对蛋白质变性也有重要影响。据报道，该技术在提高牛肉的嫩度和强化灭菌效果的同时，会使肌肉的构成发生变化，从而影响制品的功能特性，如颜色、组织结构、脂肪氧化和风味等，而这些变化都与蛋白质密切相关。

Fernandez 发现，当以不同压力（200MPa 和 400MPa）与不同的温度（10 ～ 70℃）结合处理猪肉饼时，压力能对抗温度引起的蛋白质变性，对部分蛋白质起到保护作用。

虽然压力和热结合处理对蛋白质的影响相当复杂，但其应用前景十分广阔，其作用主要包括：通过蛋白质的解链和聚合，改善制品的组织结构，嫩化肉质；钝化酶、微生物和毒素的活性，延长制品保藏期，提高安全性；增加蛋白质对酶的敏感性；提高肉制品的可消化性；通过蛋白质的解链作用，增加分子表面的疏水性以及蛋白质对特种配合基的结合能力，提高保持风味物质、色素、维生素的能力，改善制品风味和总体可接受性等。

近年来，非热加工逐渐成为食品工业中的热点和研究重点，特别是热敏性食品成分。其中大气压冷等离子体（ACP）技术就是一种新兴的非热加工技术。目前，实验室研究和工业应用中常使用电磁场激发等离子体。ACP 在气体放电过程中会产生大量活性组分，包括激发或非激发分子、带电粒子、活性氧（ROS）、活性氮（RNS）等，这些物质可以与食物成分（包括食物蛋白质）相互作用。冷等离子体与蛋白质的相互作用可导致氨基酸的二聚化、氧化、脱酰胺化、硝化、亚砜化、脱氢和 / 或羟化，从而致使蛋白质变性。该非热技术在食品保鲜、成分修饰、脱敏等方面有较好的应用前景。

5.5.2　变性蛋白质特性

蛋白质变性往往会导致其物化性质和生物活性的改变。

① 原来包埋在分子内部的疏水基暴露在分子表面，空间结构和水化层同时遭到破坏，导致蛋白质溶解度显著下降，如煮熟的鸡蛋。

② 失去了天然蛋白质原有的结晶能力。

③ 空间结构变为无规则的散漫状态，分子间摩擦力增大、流动性下降，从而使蛋白质黏度增大，扩散系数下降。

④ 变性的蛋白质旋光性发生变化，等电点也有所提高。

⑤ 变性后的蛋白质易被酶水解。如天然血红蛋白变性后能被胰蛋白酶水解，这可能是由于变性导致肽链结构松散开来，使肽键更易被酶作用。这也是食品经加热煮熟后更易被消化吸收的原因之一。

⑥ 蛋白质分子侧链中反应基团数目增加，如巯基、羟基等。这是由于蛋白质构象改变使原来包埋在分子内部的基团暴露出来。利用这些增加的基团与相应试剂的特异性反应，可判断蛋白质的变性程度。

⑦ 原有的生物活性往往减弱或丧失，这是蛋白质变性的主要特征。例如，酶变性后，失去催化活性；血红蛋白变性后，失去输送氧气的功能；抗体蛋白变性后则丧失免疫能力等。

5.5.3　蛋白质氧化

食品蛋白质氧化是指所有导致电子从蛋白质结合位点移出和后续的已被氧化的蛋白质稳定的反应，包括个别游离氨基酸和多肽的氧化。该反应可在食品加工过程中的各个环节发生，其反应历程类似脂质氧化。

引发反应：由活性氧、氮或硫分子（ROS、RNS 或 RSS）引发，形成蛋白质自由基和氢过氧化物。自由基可以直接在侧链位点形成，特别是芳香氨基酸。例如，暴露在紫外线或γ射线照射下，Trp 的直接光氧化可形成 Trp 自由基（图 5-12）。

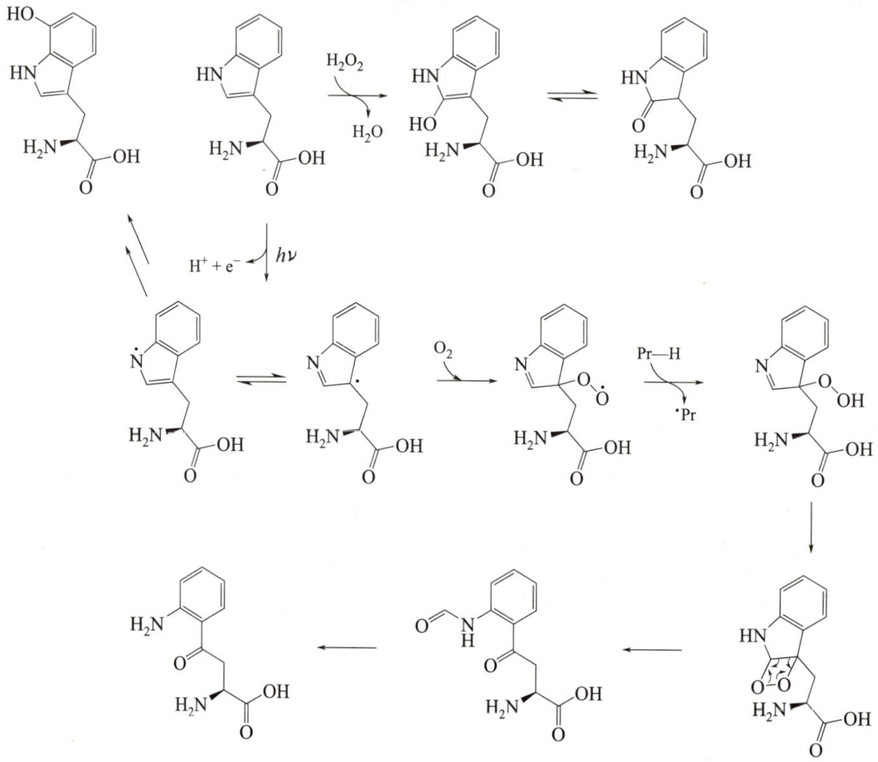

图 5-12 Trp 的氧化反应示意图

传递反应：多肽和蛋白质的分子内自由基转移。由于蛋白质链上含有多种官能团，故在蛋白质中可以发生更多的分子内自由基传递反应。最简单的分子内自由基转移的方式之一，即伯或仲烷氧基自由基可互化为 C 中心的羟基烷基自由基（图 5-13）。

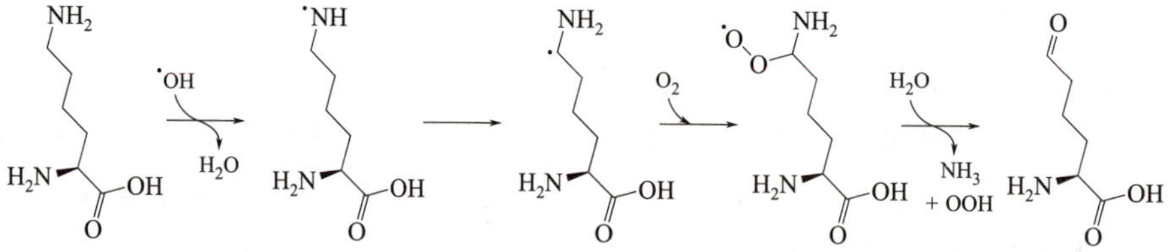

图 5-13 Lys 的氧化反应过程中 N 位上自由基转移示意图

终止反应：非自由基产物的形成。在没有氧气的情况下，以 C 为中心的蛋白质自由基可以通过二聚化稳定下来，氧化反应终止。

蛋白质的氧化导致蛋白质结构与功能发生变化，易于水解、聚合、交联，致使细胞功能损害甚至死亡，一些蛋白质的食品功能性也发生了改变，例如，新鲜肉类产品发生蛋白质氧化后会使得加工肉制品的持水性和质构变差，从而影响产品的嫩度和多汁性。此外，氨基酸降解形成的衍生物包括羰基类化合物等，也会引起蛋白质变性。这些变化改变了肉制品的功能性，如改变了肌肉蛋白的凝胶性、乳化性和持水能力，甚至会导致产品色泽发暗、口感和风味劣化等。

5.5.4　蛋白质分解

食物蛋白质在加工与贮藏过程中由于受到微生物、光、热、水等外界因素的作用，部分蛋白质会被水解，其氨基酸残基会发生侧链衍生化或者分解反应等，生成一系列分解产物，其中，有些具有多种生理功能，如活性肽；有些则有安全隐患，如生物胺等。

5.5.4.1　活性肽

蛋白质水解后，会产生由不同的氨基酸组成和序列构成的肽类，这些肽类不仅更易被消化吸收，而且某些肽类还具有多种生理功能，如有促进免疫、激素调节、抗菌、抗病毒、降血压、降血脂等作用，这类肽又称活性肽。目前，高纯度且稳定的活性肽因难以规模化生产而尚未实现产品商业化，除少量的保健品外，在食品中应用更不多见。随着“组学技术”和计算机预测与分析技术的发展，不难预见活性肽类产品将很快在功能食品市场占领自己的一席之地。

5.5.4.2　生物胺

食品中生物胺的产生需要三个条件：①可利用的自由氨基酸；②存在产生氨基酸脱羧酶的微生物；③利于细菌生长、脱羧酶合成和提高脱羧酶活性的适宜环境条件。生物胺通常是由自由氨基酸在细菌中酶的作用下脱羧基而形成的。无论是在新鲜的还是经过加工的肉类产品中都可以检测出多种生物胺。4℃不包装牛肉贮藏 12d 和真空包装牛肉贮藏 35d，腐胺、尸胺和组胺含量的变化明显，在不包装的样品中，12d 时腐胺和尸胺的含量分别达到 10.4mg/g 和 5.2mg/g，5d 时组胺含量达到 2.2mg/g，牛肉质量显著下降。而在发酵食品中，由于杂菌的作用，生物胺的产生更是屡见不鲜，现有研究表明，在香肠的发酵过程中或成熟贮存阶段，发酵剂和原料肉中的微生物会产生的蛋白酶，该些蛋白酶作用于蛋白质生成氨基酸，而后经过脱羧作用形成生物胺，发酵香肠中大部分生物胺是经此途径形成的。

第5章

5.5.4.3　亚硝胺

亚硝胺是一种致癌物质，在已检测的 300 种亚硝胺类化合物中，大部分被证明具有致癌作用。一般新鲜的肉制品中不含有挥发性的 *N*- 亚硝胺，但腌肉制品中常含有 *N*- 亚硝胺物质，这主要是因为在腌制加工时，蛋白质分解产生了胺类物质，而且在腌制过程中使用的亚硝酸盐，在适宜的条件下也会与胺类发生亚硝基化作用。

5.5.4.4　赖丙氨酸

碱性条件下蛋白质肽链上特定残基易发生交联反应，生成赖丙氨酸（LAL）。LAL 产生机理包括两步：① Ser 或 Cys 发生消去反应，生成脱氢丙氨酸；② 脱氢丙氨酸反应活性较高，易与 Lys 侧链氨基发生反应，生成 LAL。LAL 是一种潜在的有害物质，如可导致小白鼠肾细胞肥大，降低蛋白质消化率和部分金属酶活性等。

概念检查 5.5

○　①哪些因素会引起蛋白质变性？②活性肽和生物胺。

5.6 新型蛋白质资源开发与利用

作为膳食中的重要营养素，蛋白质的全球需求量越来越大，到2050年，其需求预计将翻一番。在开发与利用新型蛋白质资源时，应考虑蛋白质质量及非蛋白质成分的影响。蛋白质的质量可以根据必需氨基酸的数量、分布以及消化率等来评估。非蛋白质成分，除考虑脂肪、碳水化合物、微量营养素等因素外，还应重点考虑其中的有害成分。是否成为新型食用蛋白质资源必须通过《新食品原料安全性审查管理办法》评估。目前开发与利用较好的新型蛋白质资源主要有以下方面。

5.6.1 昆虫蛋白

全世界的昆虫可能有1000万种，约占地球生物物种总数的一半。我国昆虫的种类约有15万，其中可食用昆虫约1000多种。昆虫体内蛋白质含量很高（一般在20%～80%），且氨基酸组成比较合理，饲养昆虫对环境的影响又较小。因此，昆虫被认为是高品质动物蛋白质的来源之一。

人类开发昆虫蛋白质资源渊源已久，随着科技的进步，该领域也已取得了较好进展，并形成了介于昆虫学和营养学之间的边缘交叉学科——“食用昆虫学”“资源昆虫学”等。

到目前为止，已用蚂蚁、蜂王浆、蜜蜂幼虫以及蜂花粉等为原料开发出多种保健饮料和食品；用蚕蛹制成的复合氨基酸粉、蛋白粉、蛋白肽及运动饮料，具有独特的保健功效，不但营养价值高，而且别具风味；蚕丝可制成糖果、面条等，因其蛋白质含量高，具有能增强肝功能、降血脂、补充纤维质等功效，尤其适合老年人食用；以黄粉虫为主要原料制备的“汉虾粉”、虫酱、罐头、酒、蛋白功能饮料以及氨基酸口服液等产品也已经引起人们的持续关注。

5.6.2 单细胞蛋白

单细胞蛋白（SCP）是指利用各种基质大规模培养酵母菌、细菌、真菌和微藻等获得的微生物蛋白。通常情况下SCP的蛋白质含量高达40%～80%。酵母是最早广泛用于生产SCP的微生物，其蛋白质含量达45%～55%，是一种接近鱼粉的优质蛋白质。细菌蛋白的蛋白质含量占干重的3/4以上，它的营养价值与大豆分离蛋白相近。用于生产SCP的细菌较多，如光合细菌、小球藻和螺旋藻等。在开发SCP方面存在以下优势：

① SCP生产投资少，生产速率高。细菌几十分钟便可增殖一代，其重量倍增之快是动植物不能比拟的。有人估计，一头500kg的牛每天产蛋白质约0.4kg，而500kg的酵母每天至少能生产5000kg蛋白质。

② 原料丰富。工农业废渣、废水，如秸秆、蔗渣、甜菜、木屑、废糖蜜、废酒糟水、亚硫酸纸浆废液等；石油、天然气及相关产品，如原油、柴油、甲烷、甲醇、乙醇、CO_2、H_2等，都可作为用于生产的基质原料。

③ 可以工业化大量生产，设备简单，操作便捷；需要的劳动力少，不受地区、季节和气候的限制。如年产10万吨SCP的工厂，以酵母计，一年可产蛋白质4000多吨；以大豆计，相当于50多万亩大豆所含的蛋白质量。

5.6.3 油料蛋白

油料蛋白（OMP）主要是用油料种子制取油脂后的饼粕经提取所得。饼粕以前常作为饲料或肥料，其蛋白质资源未得到高值化利用。如大豆蛋白质含量达40%左右，脱脂大豆蛋白质含量最高可达50%，除蛋氨酸和半胱氨酸含量稍低外，其他 6 种人体必需氨基酸的组成与联合国粮农组织推荐值接近，是优良的植物蛋白质。OMP 的提取方法主要有：

（1）酸性水溶液处理。用酸性溶液、水 - 乙醇混合溶液或热水处理，可除去可溶性糖类（低聚糖）和矿物质，大多数蛋白质在上述条件下可保持适宜的不溶解状态。用蛋白质等电点 pH 的酸性水溶液处理，蛋白质的伸展、聚集和功能性丧失最小，形成的蛋白质浓缩物经干燥后含大约 65% ～ 75% 的蛋白质、15% ～ 25% 的不溶解多糖、4% ～ 6% 的矿物质和 0.3% ～ 1.2% 的脂类。

（2）使脱脂大豆粉在碱性水溶液中增溶，然后过滤或离心沉淀，除去不溶性多糖，在等电点（pH 4.5）溶液中再沉淀，随后离心，洗涤蛋白质凝乳，除去可溶性糖类化合物和盐类，干燥（通常是喷雾干燥）后得到含蛋白质 90% 以上的分离蛋白。

类似的湿法提取和提纯蛋白质成分的方法，可用于花生、棉子、向日葵和菜籽等脱脂蛋白粉，以及其他低油脂种子例如刀豆、豌豆、鹰嘴豆等豆科植物种子。而空气分级法（干法），适用于低油脂种子磨粉，可以利用富含蛋白质的浓缩物与大的淀粉颗粒之间在大小和密度上的差异进行分离。

目前 OMP 的主要应用种类是大豆蛋白，在面制品中用量大幅度增加，如面条类、烘焙类以及主食系列产品。如对面粉有增白作用，取代现有的化学增白剂；添加在面条、饺子中可以提高其韧劲，水煮过程中减少淀粉溶出率，不浑汤；添加在烘焙食品中，可以提高饼干的酥脆度，强化面包的韧劲，改善蛋糕的松软度；添加在馒头、包子等蒸制食品中，使其表面光滑；添加在方便面、油条等油炸食品中，可减少油耗，并减少食用时的油腻感。

5.6.4　叶蛋白

叶蛋白亦称植物浓缩蛋白或绿色蛋白浓缩物（简称 LPC），它是以青绿植物的生长组织（茎、叶）为原料，经榨汁后利用蛋白质等电点原理提取的植物蛋白。按照溶解性一般可以将植物茎叶中的蛋白质分为两大类：一类为固态蛋白，存在于经粉碎、压榨后分离出的绿色沉淀物中，主要包括不溶性的叶绿体与线粒体构造蛋白、核蛋白和细胞壁蛋白，这类 LPC 一般难溶于水。另一类蛋白质为可溶性蛋白，存在于经离心分离出的上清液中，包括细胞质蛋白和线粒体蛋白的可溶性部分，以及叶绿体的基质蛋白，这类 LPC 具有可溶性。可用来提取叶蛋白的植物高达 100 多种，主要有野生植物牧草、绿肥类、树叶及一些农作物的废料，豆科牧草（苜蓿、三叶草、草木樨、紫云英等）、禾本科牧草（黑麦草、鸡脚草等）、叶菜类（苋菜、牛皮菜等）、根类作物茎叶（甘薯、萝卜等）、瓜类茎叶和鲜绿树叶等也是很好的 LPC 来源。

相比较上述蛋白质新资源，LPC 不仅来源广泛，而且含蛋白质 55% ～ 72%，LPC 含有 18 种氨基酸，其中包括 8 种人体必需的氨基酸，且其组成比例平衡，与联合国粮农组织推荐的成人氨基酸模式基本相符，特别是赖氨酸含量较高。LPC 中 Ca、P、Mg、Fe、Zn 的含量高，是各类种子的 5 ～ 8 倍，胡萝卜素和叶黄素含量比叶子分别高 20 ～ 30 倍和 4 ～ 5 倍，无动物蛋白所含的胆固醇，具有多种生理功能，被 FAO 认为是一种高质量的食品。将叶蛋白用于食物，需要从富含纤维的叶基质中提取蛋白质。常用制备 LPC 的方法有压榨取汁、汁液中蛋白质的絮凝分离和叶蛋白的浓缩干燥。目前，工业生产的 LPC 主要来源于苜蓿，其蛋白质产量高，凝聚颗粒大、易分离、品质好，主要应用于饲料工业。LPC 是一种具有高开发价值的新型蛋白质资源，应用于食品工业指日可待。

5.6.5　人造蛋白

目前，人造蛋白肉包括三种生产方式：其一，是以植物蛋白为原料制作植物人造肉或植物基肉制品。

应用高水分挤压、纺丝、剪切细胞技术使植物基蛋白质纹理化，产生类似肉类的纤维结构，再采用热加工、干燥等方法使产品凝固，以最大限度模拟真实肉品的外观和口感，这类产品较多。其二，是发酵微生物蛋白也叫单细胞蛋白，主要有酵母蛋白、真菌蛋白、细菌蛋白和藻类蛋白，以这些蛋白质为原料进行加工，可呈现具有肉感的产品，如以真菌蛋白生产的人造肉。上述两种人造蛋白制品，产品种类较多。其三是细胞培养肉，这是具有颠覆性的未来食品生产技术。

细胞培养肉是指利用细胞培养工程和组织工程等技术，在体外培养动物肌肉组织作为食用肉食料。国内外多家公司先后报道用动物干细胞可研发出肌肉干细胞培养肉。欧洲新食品法规明确将细胞培养肉列为新型食品。我国也加快“人造蛋白”等新型食品的研发速度，以实现食品工业迭代升级。

概念检查 5.6

○ ①蛋白质变性后会有哪些变化？②新型蛋白质资源有哪些？

参考文献

[1] 王盼盼．食品中蛋白质的功能特性综述．肉类研究，2010，（05）：62.

[2] 张哲奇，等．国内外肉品品质变化机制机理研究进展．肉类研究，2017，31（2）：57.

[3] 郑子懿，等．面条冷冻过程中蛋白质组分和二硫键的变化研究．粮食与饲料工业，2013，（07）：34.

[4] 孟彤，等．蛋白质氧化及对肉品品质影响．中国食品学报，2015，15（1）：173.

[5] 赵中辉．水产品贮藏中生物胺的变化及组胺形成机制的研究．青岛：中国海洋大学，2011.

[6] 胡燕，等．食品加工中蛋白质结构变化对食品品质的影响．食品研究与开发，2011，32（12）：204.

[7] Albarracín W，et al. Salt in food processing；usage and reduction：a review. International Journal of Food Science & Technology，2011，46（7）：1329.

[8] Foegeding E A，et al. Food protein functionality：A comprehensive approach. Food Hydrocolloids，2011，25（8）：1853.

[9] Gastaldello A，et al. The rise of processed meat alternatives：A narrative review of the manufacturing，composition，nutritional profile and health effects of newer sources of protein，and their place in healthier diets. Trends in Food Science & Technology，2022，127：263.

[10] Hellwig M，et al. The chemistry of protein oxidation in food. Angewandte Chemie-International Edition，2019，58（47）：16742.

[11] Hemung B O，et al. Thermal stability of fish natural actomyosin affects reactivity to cross-linking by microbial and fish transglutaminases. Food Chemistry，2008，111（2）：439.

[12] Kim Y S，et al. Negative Roles of Salt in Gelation Properties of Fish Protein Isolate. Journal of Food Science，2008，73(8)：C585.

[13] Krogdahl Å，et al. Carbohydrates in fish nutrition：digestion and absorption in postlarval stages. Aquaculture Nutrition，2005，11（2）：103.

[14] Liu R，et al. Effect of pH on the gel properties and secondary structure of fish myosin. Food Chemistry，2010，121（1）：196.

[15] Lund M N，et al. Protein oxidation in muscle foods：A review. Molecular Nutrition & Food Research，2011，55（1）：83.

[16] Mollakhalili M N，et al. Effect of atmospheric cold plasma treatment on technological and nutrition functionality of protein in foods. European Food Research and Technology，2021，247（7）：1579.

[17] Shaviklo G R，et al. The influence of additives and drying methods on quality attributes of fish protein powder made from saithe. Journal of the Science of Food and Agriculture，2010，90（12）：2133.

[18] Sirtori E, et al. The effects of various processing conditions on a protein isolate from Lupinus angustifolius. Food chemistry, 2010, 120 (2): 496.
[19] Wolfe R R, et al. Factors contributing to the selection of dietary protein food sources. Clinical Nutrition, 2018, 37 (1): 130.

总结

食品蛋白质
- 主要有植物蛋白质类和动物蛋白质类，细胞培养蛋白和发酵微生物蛋白等随“大食物观”推进，将是食品蛋白质新资源。

食品功能性
- 蛋白质的某些功能特性，赋予食品特殊的物理和化学特性。
- 通过肽键和氨基酸侧链与水分子间的相互作用，产生诸多食品功能性：分散性、湿润性、溶解性、持水能力、凝胶作用、增稠、黏度、凝结、乳化和起泡等。
- 蛋白质是两性分子，赋予其乳化性和起泡性等食品功能。
- 对风味物质有物理吸附和化学吸附作用，使其用于风味成分的载体和改良剂。
- 蛋白质质构化加工可开发新的功能性、仿生肉或其代用品等。

营养及安全性
- 蛋白质必需氨基酸组成和消化率与营养质量关系密切。
- 某些蛋白质有安全隐患：过敏蛋白、毒肽类、有毒氨基酸类、凝集素和酶抑制剂等。

化学变化
- 在加工或贮藏期间，受到物理或化学因素影响会使蛋白质变性，如热变性、辐射变性、酸碱变性、金属盐和界面因素引起的变性等。
- 蛋白质变性会导致其物化性质和生物活性发生改变。
- 类似脂质氧化，在加工贮藏中蛋白质也会发生氧化作用。
- 受微生物、光、热、水等外界因素影响，部分蛋白质会被水解、链衍生化或者分解反应等，生成一系列分解产物，影响质量与安全。

新型蛋白质资源
- 昆虫蛋白、单细胞蛋白、油料蛋白、叶蛋白、人造蛋白等。
- 蛋白质是人类主要营养素，需求量越来越大，按“新食品原料安全性审查管理办法”研发更多的未来蛋白质食品原料。

思考练习

1. 维持蛋白质空间结构的作用力有哪几种？各级结构的作用力主要是哪些？
2. 举例说明蛋白质的水合作用，并论述它们对食品质量形成的影响。
3. 蛋白质凝胶和多糖凝胶有哪些共同点？它们在食品加工和保藏中有哪些应用？
4. 蛋白质具有乳化作用的原理是什么？请自主查阅文献，列举一些新型的食品乳液体系及其应用。
5. 蛋白质变性的化学本质是什么？低温处理能否导致蛋白质变性？举例说明蛋白质变性在食品加工中的应用。
6. 食品蛋白质在加工贮藏中存在哪些化学变化？对食品营养、安全有何影响？
7. 面团的揉捏成团和焙烤是面包加工的两个关键步骤，对面包的质地、色泽、口感和风味具有决定性作用。请从蛋白质和碳水化合物的角度分析上述步骤中发生的物理或化学变化。

第6章 维生素

在膳食中添加动物肝脏可治疗夜盲症；吃橘子和柠檬可治疗坏血病；患脚气病后，增加肉、蔬菜和面包摄入后，症状大大减轻。为什么调整膳食组成后可以治疗或缓解上述疾病？这些膳食中起关键作用的物质是什么？

维生素又称维他命，知道其由来吗？

为什么要学习“维生素”？

食品中的维生素（vitamins）既不是构成机体组织的成分，也不是能量的来源，但在人体生长、代谢、发育过程中起着不可或缺的调节作用。人类在长期进化过程中，不断地发展和完善对营养的需要。在摄取的食物中，不但需要水分、蛋白质、糖类、脂肪等宏量营养素，而且还需要维生素和矿物质等微量营养素。如果维生素供给量不足，就会出现营养缺乏症或某些疾病，摄入过多也会发生中毒。这就是将维生素称为维他命的原因所在。另外，除了我们熟悉的一些作用以外，食品中维生素还有哪些功能？不同维生素的性质和功能有何不同？怎样才能从食品中获得这些维生素？食品加工和贮藏过程中维生素会发生哪些变化？

学习目标

- ○ 了解食品中常见维生素的种类、在机体中的主要作用和食物来源。
- ○ 熟悉常见维生素的化学结构、理化性质、稳定性和降解机制。
- ○ 掌握影响维生素的生物有效性的主要因素。
- ○ 掌握维生素在食品加工和贮藏过程中的理化变化，引起变化的主要工艺因素。

6.1 概述

维生素是多种不同类型的低分子量有机化合物，有着不同的化学结构和生理功能，是动植物源食品的重要组成成分，人体每日需要量较少，但却是机体维持生命所必需的要素。目前已发现有几十种维生素和类维生素物质，但对人体营养和健康有直接关系的约为20种。主要维生素的分类、功能见表6-1。

表6-1 主要维生素分类及生理功能

分类	名称		俗名	生理功能
水溶性维生素	B族	V_{B1}	硫胺素	抗神经炎、预防脚气病
		V_{B2}	核黄素	预防唇、舌发炎，促进生长
		V_{B3}	烟酸、烟酰胺	预防癞皮病，形成辅酶Ⅰ、Ⅱ的成分
		V_{B5}	泛酸	参与糖类、脂类及蛋白质的代谢
		V_{B6}	吡哆素	与氨基酸代谢有关
		V_{B7}	生物素	预防皮肤病，促进脂类代谢
		V_{B11}	叶酸	预防恶性贫血
		V_{B12}	钴维生素、钴胺素	预防恶性贫血
	V_C		抗坏血酸	预防及治疗坏血病、促进细胞间质生长
脂溶性维生素	V_A		视黄醇	替代视觉细胞内感光物质、预防表皮细胞角化、促进生长，防治干眼病
	V_D		钙化醇	调节钙、磷代谢，预防佝偻病和软骨病
	V_E		生育酚	预防不育症
	V_K		凝血维生素	促进血液凝固

6.2　食品中的维生素

维生素一般不能在体内合成，肠道微生物可合成一些，但远不能满足机体需要，通常都由食物来供给。维生素与蛋白质、碳水化合物及脂肪不同，它既不提供能量，也不是构成各种组织的成分。它的主要功能是参与生理代谢，例如，许多 B 族维生素都是作为辅酶的成分，起调节代谢的作用。当膳食中长期缺乏某一种维生素时，就会引起代谢紊乱，因而产生相应的疾病，此类疾病称为维生素缺乏症。

维生素的种类很多，化学结构与生理功能各异。维生素用大写英文字母 A、B、C、D 等作标记，同时又可根据它的生理功能及化学结构来命名。根据其溶解性质的不同，维生素分为脂溶性维生素和水溶性维生素两大类。前者不溶于水，而溶于有机溶剂，常与脂肪混存，主要有维生素 A、维生素 D、维生素 E 和维生素 K；后者溶于水和乙醇，主要有 B 族维生素和维生素 C。

6.2.1　食品中常见的脂溶性维生素

6.2.1.1　维生素 A

维生素 A 又称抗干眼病维生素，包括 A_1 及 A_2 两种。维生素 A 存在于动物组织、植物体及真菌中，以具有维生素 A 活性的类胡萝卜素形式存在，经动物摄取吸收后，类胡萝卜素经过代谢转变为维生素 A。动物源食物中，以鱼肝油中维生素 A 含量最多，其它动物的肝脏及卵黄中亦很丰富。类胡萝卜素（表 6-2）广泛存在于绿叶蔬菜、胡萝卜、棕榈油等植物性食物中，其主要有胡萝卜素类和叶黄素类。

表 6-2　类胡萝卜素结构及维生素 A 前体活性

化合物	结构	相对活性
β-胡萝卜素	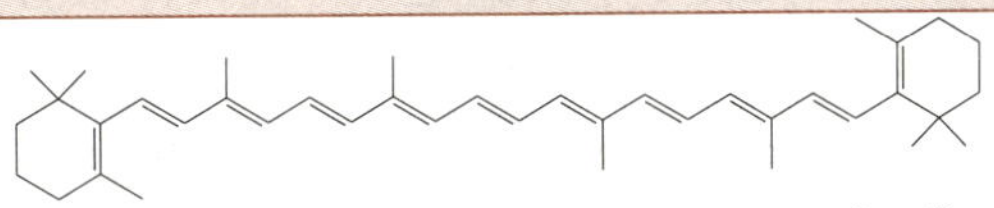	50
α-胡萝卜素	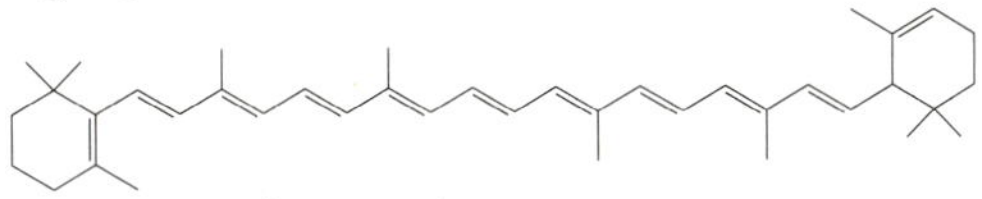	25
β-阿朴-8′-胡萝卜醛	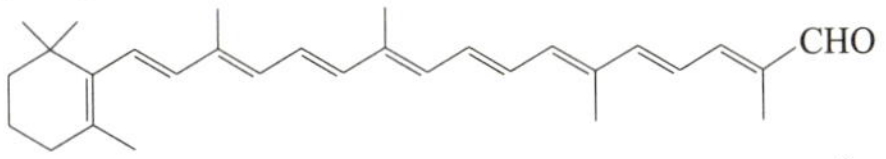 CHO	25～30
玉米黄素	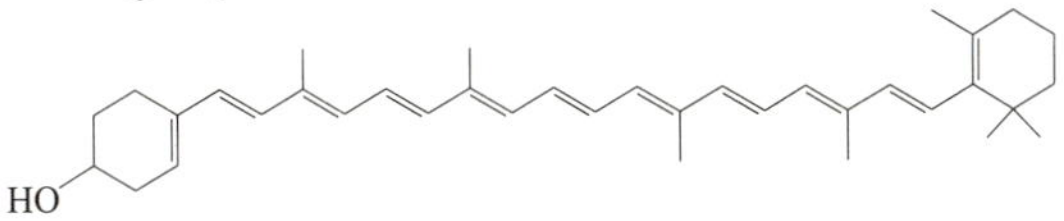 HO	0
角黄素	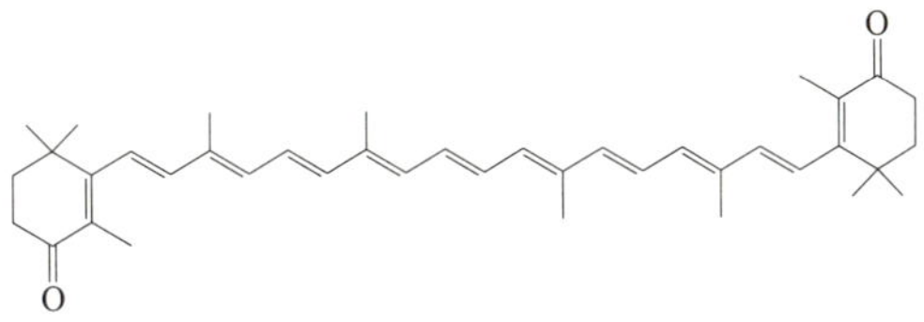 O　O	0
虾红素	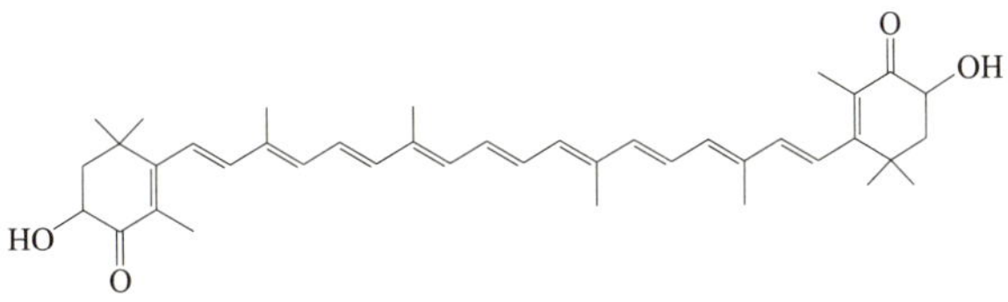 O　OH　HO　O	0
番茄红素	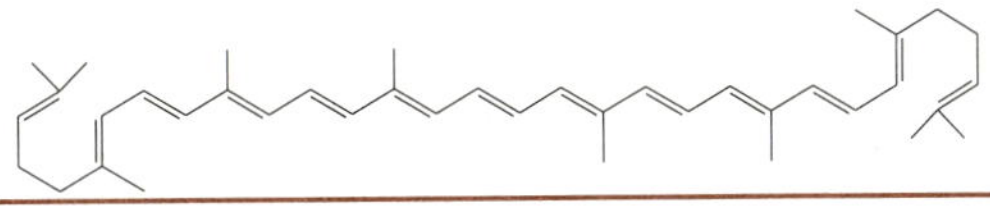	0

食物中维生素A的含量多以视黄醇当量（retinol equivalents）表示，1 μg视黄醇等于6 μg β-胡萝卜素。也可用国际单位（IU）表示，1个国际单位维生素A等于0.3 μg视黄醇。

（1）结构 维生素A_1和维生素A_2都是含β-紫罗宁（ionine）环的不饱和一元醇。环上的支链由两个2-甲基丁二烯（1,3）和一个醇基所组成。维生素A_1与维生素A_2不同之处在于：维生素A_2的紫罗宁环内C3与C4之间多一个双键。维生素A_1即视黄醇，维生素A_2则是3-脱氢视黄醇，维生素A_2的生物效用仅为维生素A_1的40%。它们的结构式如图6-1。

CH_2OH

维生素A_1

CH_2OH

维生素A_2(3-脱氢视黄醇)

图6-1 维生素A的结构

（2）性质 维生素A是一种淡黄色的黏稠液体，不溶于水，而溶于脂肪及有机溶剂，对碱稳定。在不与空气接触的情况下，对热稳定，即使加热至120～130℃，也不会遭到破坏。空气、氧化剂和紫外线都能使它氧化而被破坏。

（3）生理功能及缺乏症 维生素A与其它维生素一样能促进年幼动物的生长，其主要生理功能是维持上皮细胞组织的完整与健康，以及维持正常视觉。

长期食用缺乏维生素A的食物，最初产生夜盲症，失去对黑暗的适应能力。严重时，消化道及眼部的角膜都会产生上皮细胞的角质化。最具特征的是干眼病，即眼角膜充血、硬化和感染发炎，故维生素A又叫抗干眼病维生素。但如果长期摄入过多维生素A，例如每日超过75000～500000IU，3～6个月后即可引起中毒症状，严重者危害健康，停止供给维生素A几天后症状就会消失。

（4）稳定性与降解 天然存在的类胡萝卜素都是以全反式构象为主，受热作用可转变为顺式构象，同时失去维生素A前体的活性。类胡萝卜素的这种异构化在不适当的贮藏条件下也常发生。如水果和蔬菜的罐装将会显著引起异构化和维生素A活性损失（表6-3）。此外，光照、酸化、次氯酸或稀碘溶液都可能导致热异构化，使类视黄醇和类胡萝卜素全反式部分转变为顺式结构。

表6-3 某些新鲜加工果蔬中的β-胡萝卜素异构体分布

产品	状态	占总β-胡萝卜素的百分数/%		
		13-顺	反式	9-顺
红薯	新鲜	0.0	100.0	0.0
	罐装	15.7	75.4	8.9
胡萝卜	新鲜	0.0	100.0	0.0
	罐装	19.1	72.8	8.1
南瓜	新鲜	15.3	75.0	9.7
	罐装	22.0	66.6	11.4
菠菜	新鲜	8.8	80.4	10.8
	罐装	15.3	58.4	26.3
羽衣甘蓝	新鲜	16.3	71.8	11.7
	罐装	26.6	46.0	27.4
黄瓜	新鲜	10.5	74.9	14.5
腌黄瓜	巴氏灭菌	7.3	72.9	19.8
番茄	新鲜	0.0	100.0	0.0
	罐装	38.8	53.0	8.2
桃	新鲜	9.4	83.7	6.9
	罐装	6.8	79.9	13.3

续表

产品	状态	占总β-胡萝卜素的百分数/%		
		13-顺	反式	9-顺
杏	脱水	9.9	75.9	14.2
	罐装	17.7	65.1	17.2
油桃	新鲜	13.5	76.6	10.0
李	新鲜	15.4	76.7	8.0

食品在加工过程中，维生素A前体的破坏随反应条件不同而有不同的途径（图6-2）。缺氧状况下热作用时β-胡萝卜素会发生顺-反异构，在高温时，β-胡萝卜素会分解成一系列的芳香族碳氢化合物，其中最主要的分解产物是紫多烯（lonene），对食品的风味有重要的影响，这也是在食品加工时，添加胡萝卜素可产生香气的原因。

在有氧状况下，类胡萝卜素受光、酶和脂类过氧化物的直接或间接氧化作用而导致严重损失。β-胡萝卜素发生氧化作用，首先生成5,6-环氧化物，然后异构化为β-胡萝卜素氧化物，即5,7-环氧化物（mutachrome）。在高温有氧处理时，β-胡萝卜素可分解成许多小分子的挥发性化合物，影响食品的风味。

另外，光对维生素A有异构化作用，在异构化过程中还伴随一系列的可逆反应和光化学降解，光催化氧化主要生成β-胡萝卜素氧化物。

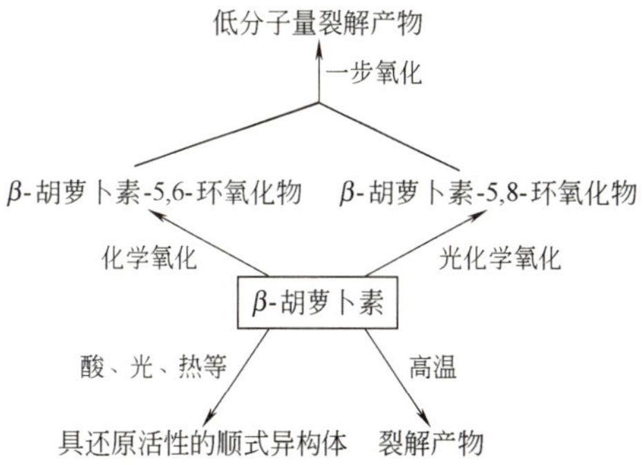

图6-2 β-胡萝卜素的裂解

脱水食品在贮藏过程中，维生素A和维生素A前体易被氧化失去活性。贮藏时a_w和氧浓度低，则类胡萝卜素损失就小。另外，不同脱水工艺对胡萝卜中β-胡萝卜素的含量也有重要的影响。

6.2.1.2 维生素D

维生素D又称抗软骨病或抗佝偻病维生素。现已确知的有六种，即维生素D_2、维生素D_3、维生素D_4、维生素D_5、维生素D_6和维生素D_7。其中以维生素D_2和维生素D_3最为重要。

维生素D在食物中常与维生素A伴存。鱼类脂肪及动物肝脏中含有丰富的维生素D，其中以海产鱼肝油中的含量最多，蛋黄、牛奶、奶油次之。夏天的牛奶和奶油中维生素D的含量比冬天的多，这是由于夏季的阳光较强有利于动物体产生维生素D的缘故。

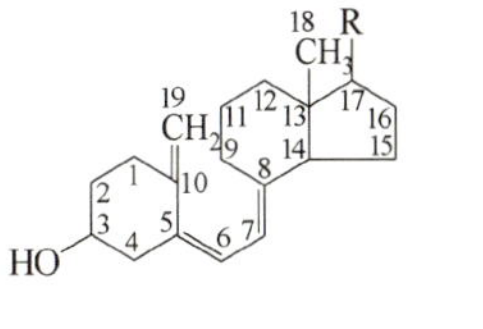

图6-3 维生素D的通式

维生素D的含量用国际单位表示。1IU的维生素D等于0.025μg晶形维生素D_3，因此，每微克维生素D_3等于40 IU的维生素D。

（1）结构 维生素D是固醇类物质，具有环戊烷多氢菲结构。各种维生素D在结构上极为相似，仅支链R不同（图6-3，表6-4）。

表6-4 维生素D的结构

名称	结构
维生素D_2	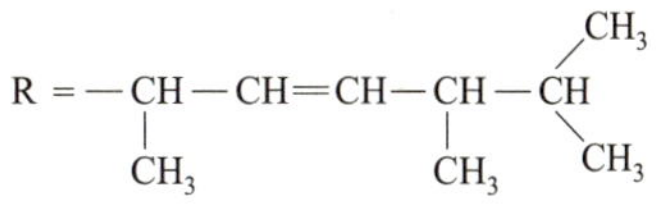 $R = -CH(CH_3)-CH=CH-CH(CH_3)-CH(CH_3)_2$
维生素D_3	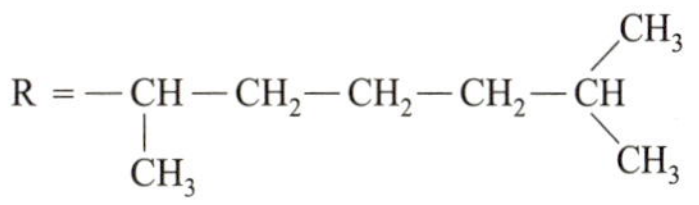 $R = -CH(CH_3)-CH_2-CH_2-CH_2-CH(CH_3)_2$

续表

名称	结构
维生素 D_4	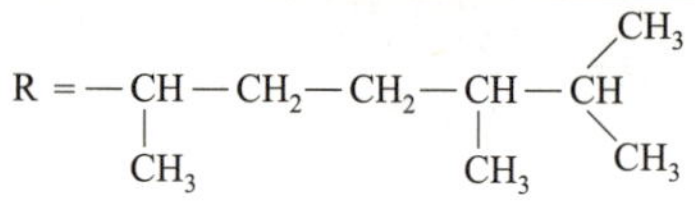 $R = -CH(CH_3)-CH_2-CH_2-CH(CH_3)-CH(CH_3)_2$
维生素 D_5	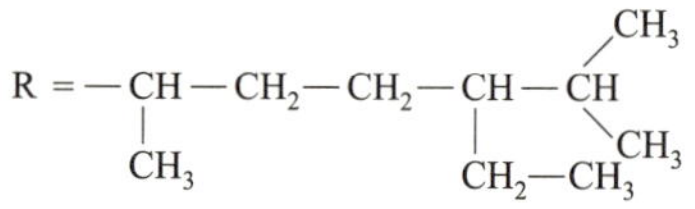 $R = -CH(CH_3)-CH_2-CH_2-CH(CH_2-CH_3)-CH(CH_3)_2$
维生素 D_6	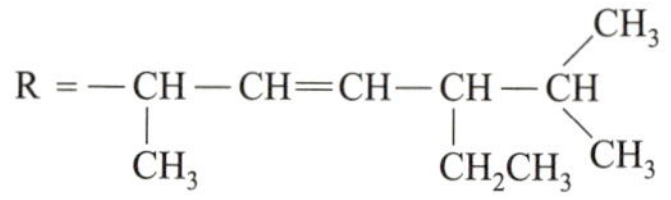 $R = -CH(CH_3)-CH=CH-CH(CH_2CH_3)-CH(CH_3)_2$
维生素 D_7	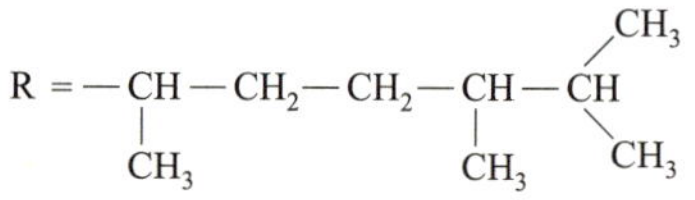 $R = -CH(CH_3)-CH_2-CH_2-CH(CH_3)-CH(CH_3)_2$

维生素 D 仅存在于动物体内，植物体中不含维生素 D。但大多数植物中都含有固醇，不同的固醇经紫外线照射后可变成相应的维生素 D，因此这些固醇又称为维生素 D 原。各种维生素 D 原与所形成的维生素 D 的关系见表 6-5。

表 6-5 维生素 D 原与所形成的维生素 D 的关系

维生素D原的名称	维生素D原支链R的结构	维生素D的名称	相对生物效价
麦角固醇	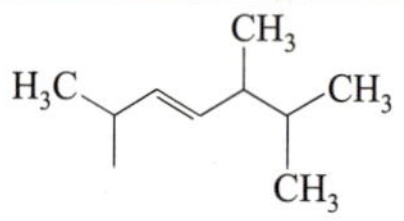 H_3C CH_3 CH_3 CH_3	维生素D_2，麦角钙化醇	1
7-脱氢胆固醇	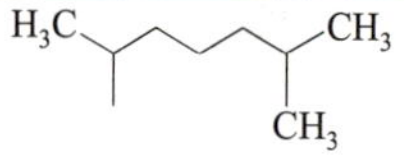 H_3C CH_3 CH_3	维生素D_3，胆钙化醇	1
22-双氢麦角固醇	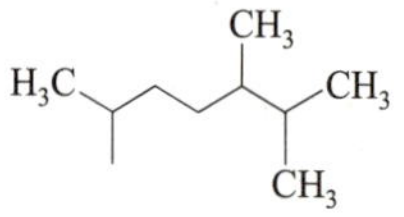 H_3C CH_3 CH_3 CH_3	维生素D_4，双氢麦角钙化醇	$\frac{1}{2} \sim \frac{1}{3}$
7-脱氢谷固醇	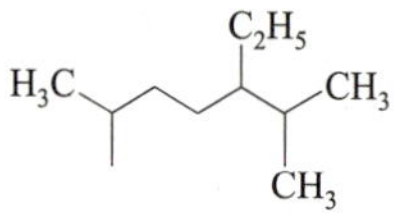 H_3C C_2H_5 CH_3 CH_3	维生素D_5，谷钙化醇	$\frac{1}{40}$
7-脱氢豆固醇	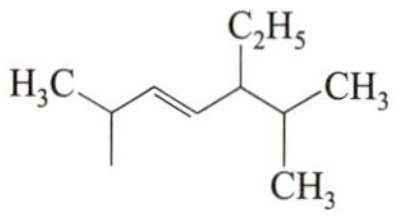 H_3C C_2H_5 CH_3 CH_3	维生素D_6，豆钙化醇	$\frac{1}{300}$
7-脱氢菜籽固醇	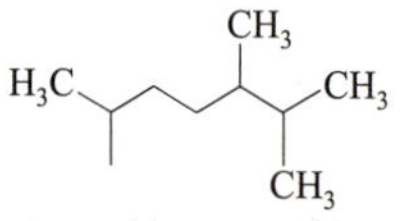 H_3C CH_3 CH_3 CH_3	维生素D_7，菜籽钙化醇	1

人体和动物皮肤内的 7- 脱氧胆醇，经日光或紫外线照射后，即可转变为维生素 D_3。其转变速度受到皮肤色素的多寡和皮肤角质化程度的制约，所以日光浴能防佝偻病。此外皮肤色素和种族特异性（白种人皮肤色素少，黄种人较多，黑种人最多）有利于人类适应不同的气候和调节维生素 D 的生物合成。

（2）性质 维生素 D 是无色晶体，不溶于水，而溶于脂肪和有机溶剂。其性质相当稳定，不易被酸、碱或氧破坏，有耐热性，但可被光及过度的加热（160 ～ 190℃）所破坏。

（3）生理功能及缺乏症　维生素 D 的主要功能是调节钙、磷代谢，维持血液钙、磷浓度正常。维生素 D 的需要量必须与钙、磷的供给量联系起来考虑。在钙、磷供给充分的条件下，成人每日获得 300 ～ 400IU 的维生素 D 即可使钙的储留量达到最高水平。孕妇或乳母由于对钙、磷的需要量增加，此时必须由膳食补充维生素 D。

缺乏维生素 D 会使儿童骨骼发育不良，发生佝偻病。患者骨质软化，膝关节发育不良，两腿形成内曲或外曲畸形。成人则引起骨骼脱钙，而发生骨质软化病。孕妇或乳母脱钙严重时导致骨质疏松病，患者骨骼易折，牙齿易脱落。

正常膳食不会出现维生素 D 摄取过量，但对于食用过量补充维生素制剂的个体来说，有可能出现维生素 D 摄取过量。维生素 D 摄取过量也会引起中毒，因为维生素 D 不易排泄。急性中毒表现为食欲下降、恶心、呕吐、腹泻、头痛、多尿等。慢性中毒伴有体重减轻，皮肤苍白，便秘和腹泻交替发生，发热，以及骨化过度，甚至软组织也钙化。严重时能导致肾脏功能衰竭。

6.2.1.3　维生素 E

维生素 E 又称生育酚（tocopherol）。自然界中具有维生素 E 功效的物质已知有 8 种，其中 α-、β-、γ-、δ- 四种生育酚较为重要，以 α- 生育酚的生理效价最高。一般所谓的维生素 E 即指 α- 生育酚。

维生素 E 的分布甚广（表 6-6）。维生素 E 的含量也用国际单位表示，1IU 维生素 E 等于 1mg DL-α-生育酚醋酸酯，1mg D-α- 生育酚等于 1.49 IU。

表 6-6　植物油和某些食品中各种生育酚的含量

食品	α-T	α-T_3	β-T	β-T_3	γ-T	γ-T_3	δ-T
植物油/（mg/100g）							
向日葵籽油	56.4	0.013	2.45	0.207	0.43	0.023	0.087
花生油	0.013	0.007	0.039	0.394	13.1	0.03	0.922
豆油	17.9	0.021	2.80	0.437	60.4	0.078	37.1
棉子油	40.3	0.002	0.196	0.87	38.3	0.089	0.457
玉米胚芽油	27.2	5.37	0.214	1.1	56.6	6.17	2.52
橄榄油	9.0	0.008	0.16	0.417	0.471	0.026	0.043
棕榈油	9.1	5.19	0.153	0.4	0.84	13.2	0.002
其他食品/（μg/mL或μg/g）							
婴儿配方食品（皂化）	12.4		0.24		14.6		7.41
菠菜	26.05	9.14					
牛肉	2.24						
面粉	8.2	1.7	4.0	16.4			
大麦	0.02	7.0		6.9		2.8	

注：T表示生育酚；T_3表示生育三酚。

（1）结构　各种维生素 E 都是苯并二氢吡喃的衍生物，其基本结构如图 6-4。不同的维生素 E 支链都相同，只是苯环上甲基的数目和位置各有差异，见表 6-7。

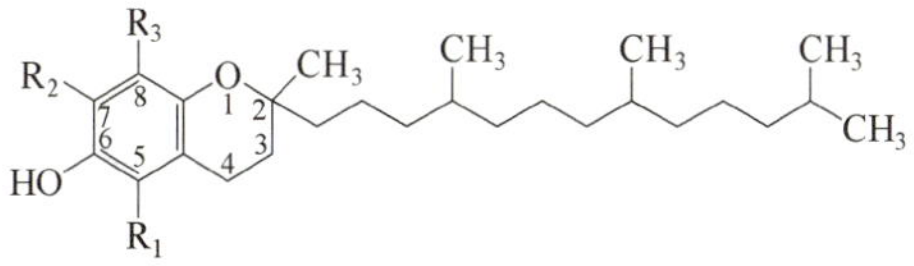

图 6-4　维生素 E 的基本结构

表 6-7 生育酚的种类及生理效价

支链	名称	R_1	R_2	R_3	存在	相对生理效价
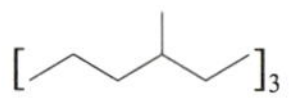	α-生育酚	—CH_3	—CH_3	—CH_3	小麦胚芽	1
	β-生育酚	—CH_3	—H	—CH_3	小麦胚芽	0.5
$[\ \ ]_3$	γ-生育酚	—H	—CH_3	—CH_3	玉米	0.2
	δ-生育酚	—H	—H	—CH_3	大豆	0.1
	Σ-生育酚	—CH_3	—CH_3	—H	稻米	0.5
	η-生育酚	—H	—CH_3	—H	稻米	0
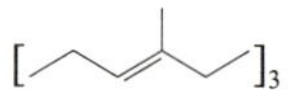 $[\ \ ]_3$	ε-生育酚	—CH_3	—H	—CH_3	玉米	0.5
	$Σ_1$-生育酚	—CH_3	—CH_3	—CH_3	稻米	0.5

（2）性质 维生素 E 为透明的淡黄色油状液体，不溶于水而溶于脂肪及有机溶剂，不易被酸、碱及热破坏，在无氧时加热至 200℃也很稳定，但极易被氧化（主要在羟基及氧桥处氧化）。对白光相当稳定，但易被紫外线破坏，在紫外线 259 nm 处有一吸收光带。由于维生素 E 很容易被氧化，因而能起抗氧化作用。

（3）生理功能及缺乏 维生素 E 与动物的生殖功能有关。动物缺乏维生素 E 时，其生殖器官受损而不育。雄性呈睾丸萎缩，不能产生精子；雌性虽仍能受孕，但易死胎，或胚胎的神经肌肉机能失调，导致早期流产。

（4）稳定性与降解 食品在加工、贮藏和包装过程中，一般都会造成维生素 E 的大量损失。如将小麦磨成面粉及加工玉米、燕麦和大米时，维生素 E 损失约 80%；在油脂精炼过程中也能造成维生素 E 损失。维生素 E 的氧化通常伴随着脂肪氧化，也就是说维生素 E 在抗脂肪氧化的同时，它本身被氧化损失。如 α- 生育酚在清除脂肪氧化过程中产生的过氧自由基时，它本身被氧化成 α- 生育酚氧化物、α- 生育酚醌及 α- 生育酚氢醌（图 6-5）。此外，单重态氧还能攻击生育酚分子的环氧体系，使之形成氢过氧化物衍生物，再经过重排生成 α- 生育酚醌和 α- 生育酚醌 -2,3- 环氧化物（图 6-6），因此维生素 E 是一种单重态氧抑制剂。正是因为维生素 E 具有消除自由基、单重态氧等作用，所以维生素 E 是食品的天然抗氧化剂。

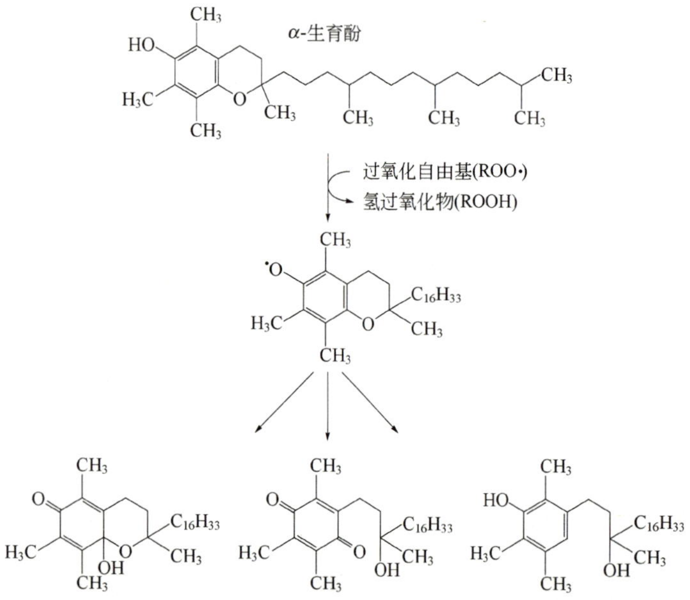

α-生育酚；过氧化自由基(ROO·)；氢过氧化物(ROOH)；α-生育酚氧化物；α-生育酚醌；α-生育酚氢醌

图 6-5 维生素 E 与过氧自由基作用时的降解途径

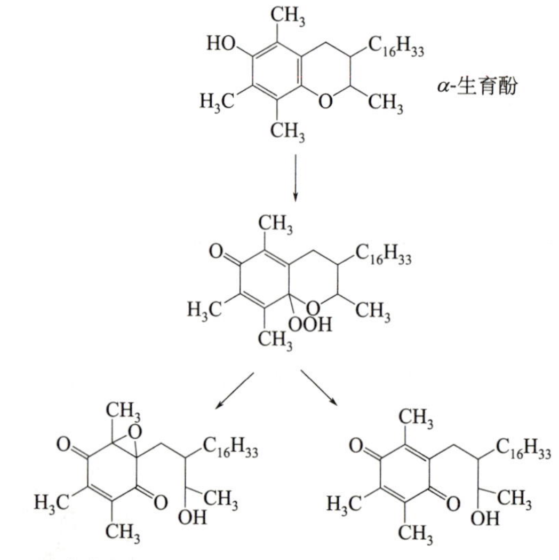

α-生育酚；α-生育酚醌-2,3-环氧化物；α-生育酚醌

图 6-6 α- 生育酚与单重态氧反应途径

6.2.1.4　维生素 K

维生素 K 又称为凝血维生素。天然的维生素 K 有两种：一种是从苜蓿中提出的油状物，称为维生素 K_1；另一种是从腐败的鱼肉中获得的结晶体，称为维生素 K_2。

维生素 K 多存在于植物组织中，绿叶蔬菜如苜蓿、白菜、菜花、菠菜等，其中维生素 K_1 的含量特别丰富。维生素 K_2 是许多细菌的代谢产物，腐鱼肉含维生素 K_2 最多。哺乳动物的肠道细菌也能合成维生素 K。

（1）结构　维生素 K_1 和 K_2 都是 2- 甲基 -1,4- 萘醌的衍生物，不同之处仅在于侧链上。其化学结构式如图 6-7 所示。

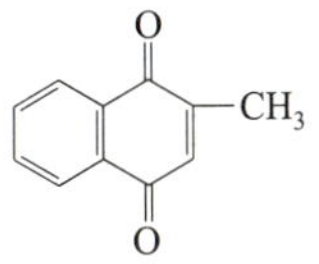

2-甲基-1,4-萘醌

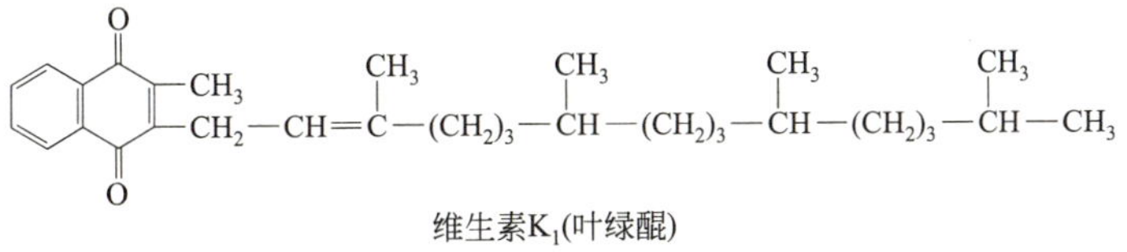

$-CH_2-CH=\overset{CH_3}{\overset{|}{C}}-(CH_2)_3-\overset{CH_3}{\overset{|}{CH}}-(CH_2)_3-\overset{CH_3}{\overset{|}{CH}}-(CH_2)_3-\overset{CH_3}{\overset{|}{CH}}-CH_3$

维生素K_1(叶绿醌)

$-CH_2-[CH=\overset{CH_3}{\overset{|}{C}}-CH_2-CH_2]_5-CH=\overset{CH_3}{\overset{|}{C}}-CH_3$

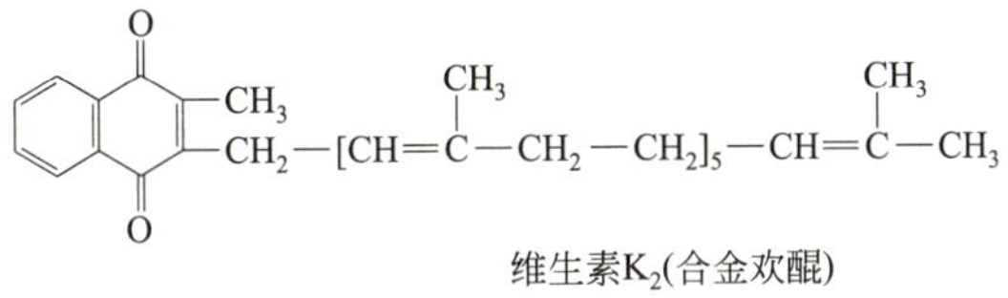

维生素K_2(合金欢醌)

图 6-7　维生素 K 的结构

（2）性质　维生素 K 都是脂溶性物质。维生素 K_1（$C_{31}H_{46}O_2$）为黏稠的黄色油状物，其醇溶液冷却时可呈结晶状析出，熔点为 −20℃；维生素 K_2（$C_{41}H_{56}O_2$）为黄色结晶体，熔点为 53.5 ～ 54.5℃。维生素 K_1 和维生素 K_2 均有耐热性，但易被碱和光破坏，必须避光保存，维生素 K_2 较维生素 K_1 更易于氧化。

（3）生理功能及缺乏症　维生素 K 的主要功能是促进血液凝固，因为它是促进肝脏合成凝血酶原（prothrombin）的必需因子。如果缺乏维生素 K，则血浆内凝血酶原含量降低，便会使血液凝固时间延长。

概念检查 6.1

○ 食品中常见的脂溶性维生素有哪些?

6.2.2　食品中常见的水溶性维生素

6.2.2.1　维生素 B_1

维生素 B_1 的化学名称为硫胺素（thiamine）。维生素 B_1 的含量以酵母为最多，瘦肉、核果及蛋类中的含量也较多。粮食籽粒中维生素 B_1 大多集中在皮层和胚部，其中以子叶为最多，而胚乳中极少。

（1）结构 维生素 B_1 的分子中含有一个带氨基的嘧啶环和一个含硫的噻唑环，因而又称硫胺素。其结构如下：

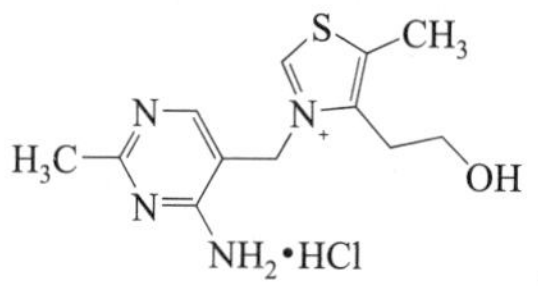

维生素B_1（硫胺素）盐酸盐

（2）性质 维生素 B_1 的盐酸盐是白色结晶体。这种结晶体能抗热到 100℃达 24h 之久，加热到熔点（249℃）即行分解。维生素 B_1 具有潮解性，能溶于水，1g 硫胺素能溶于 1mL 的水、18mL 的甘油、100mL 的酒精（95%）或 315 mL 的 100% 酒精中，但不溶于乙醚、丙酮、氯仿或苯。硫胺素具有与酵母类似的气味，微苦。

硫胺素在 $pH < 3.5$ 条件下较稳定，虽加热至 120℃仍可保持其生理活性。当溶液的 pH 值 > 3.7 时，则不稳定，在高温下特别容易分解。当 pH 值为 4.3 时在 97℃的温度条件下，加热 1h，其破坏率为 25%；当 pH 值为 7.0 时则破坏率可达 80%。

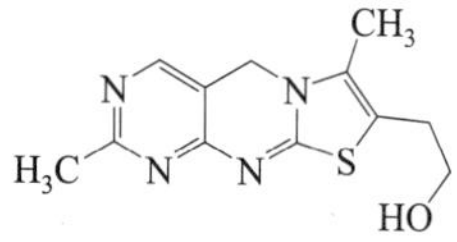

硫色素（脱氢硫胺素）

硫胺素及其焦磷酸酯在被温和的氧化剂（如高铁氰化钾的碱性溶液）氧化以后，即生成硫色素（thiochrome）。硫色素是一种深蓝色的荧光物质，被紫外线照射时即产生荧光，此反应可用于测定维生素 B_1 的含量。

此外，硫胺素为乳酸菌生长所必需。因此，微生物测定法也是维生素 B_1 的定量法之一。

硫胺素在生物体内可经硫胺素激酶催化与 ATP 作用转化成硫胺素焦磷酸（thiamine pyrophosphate，TPP），TPP 在糖代谢中有重要作用。

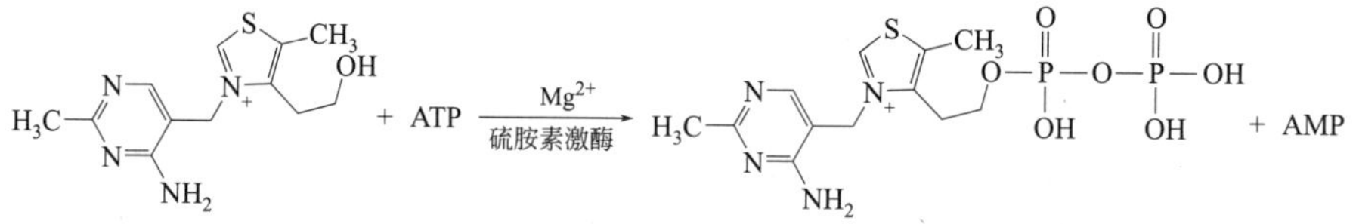

硫胺素 + ATP →（Mg^{2+}，硫胺素激酶）→ 硫胺素焦磷酸 + AMP

（3）生理功能及缺乏症 维生素 B_1 的主要功能是以辅酶的形式参加单糖代谢中间产物 *α*- 酮酸（例如丙酮酸、*α*- 酮戊二酸）的氧化脱羧反应。人体缺乏维生素 B_1 时，血液组织内便有丙酮酸累积。同时过量的丙酮酸可以阻止脱氢酶对乳酸的作用，这样又造成乳酸的积累，以致新陈代谢不正常，从而影响到神经组织的正常功能。

维生素 B_1 的另一功能是促进年幼动物的发育，它对幼小动物的影响较维生素 A 更加显著。人类食物中缺乏维生素 B_1 时，最初神经系统失常，脑力体力容易疲乏，消化不良，食欲缺乏，继续发展则成多发性神经炎，即脚气病。

（4）稳定性与降解 维生素 B_1 稳定性易受 a_w、pH、温度、离子强度、缓冲液以及其它反应物的影响。维生素 B_1 的降解历程多是在两环之间的亚甲基碳上发生亲核取代反应，因此强亲核试剂如 HSO_3^- 易导致维生素 B_1 的破坏。维生素 B_1 在碱性条件下发生的降解和与亚硫酸盐作用发生的降解反应类似，两者均生成降解产物 5-（*β*- 羟乙基）-4- 甲基噻唑以及相应的嘧啶取代物（前者生成羟甲基嘧啶，后者为 2- 甲基 -5- 磺酰甲基嘧啶）。

维生素 B_1 在低 a_w 和室温时相对稳定，例如早餐谷物制品在 a_w 为 0.10 ～ 0.65 和 37℃以下贮存时，其维生素 B_1 的损失几乎为零。当 45℃、a_w 在 0.2 ～ 0.5 范围时，随 a_w 的增加，维生素 B_1 的降解加快；

当 a_w 为 0.5 左右时，其降解达到最大值，随水分活度的增加，维生素 B_1 降解速率下降（图 6-8）。维生素 B_1 受热作用发生降解，产生影响食品风味的化合物，如硫化氢、呋喃、噻吩和二氢硫酚等。

维生素 B_1 降解的速率与 pH 关系如图 6-9 所示。谷物和磷酸缓冲液中的维生素 B_1 在酸性 pH 范围内（pH ＜ 6）降解较为缓慢，而在 pH 6 ～ 8 时降解加快。

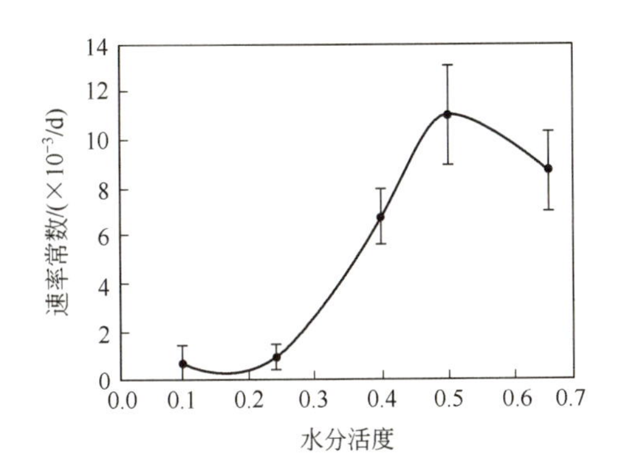

图 6-8　谷物食品在 45℃时维生素 B_1 的降解速率与水分活度的关系

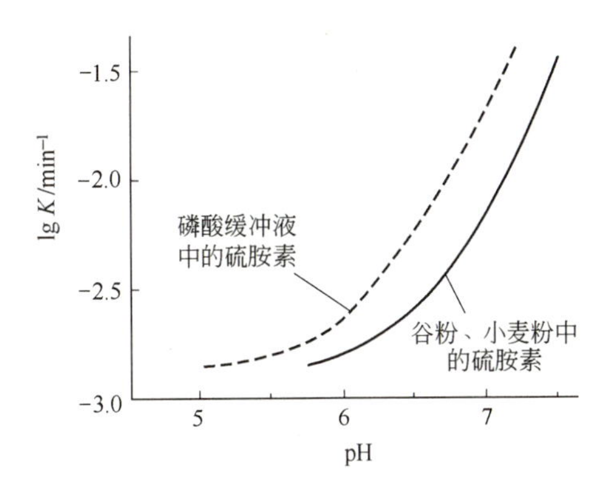

图 6-9　维生素 B_1 降解速率与 pH 的关系

6.2.2.2　维生素 B_2

维生素 B_2 又称核黄素（riboflavin）。维生素 B_2 主要分布在酵母、肝脏、乳类、瘦肉、蛋黄等食物中，绿叶蔬菜、粮食籽粒及发芽种子中含量也较高。

（1）结构　核黄素是 D- 核糖醇与 7,8- 二甲基异咯嗪的缩合物，异咯嗪即黄素（flavin），因此得名。其结构式如下：

(核糖醇基)

(异咯嗪基)

核黄素

（2）性质　核黄素是橙黄色的针状结晶，熔点为 282℃，味苦，微溶于水（100mL 室温水中溶解 12mg），易溶于碱性溶液。

核黄素的水溶液具有黄色的荧光，在紫外线与可见光中，它的最大吸收光带位于 225nm、269nm、273nm、455nm 和 565nm 等处，据此可作核黄素的定量分析。

核黄素对热很稳定，天然干燥状态下核黄素的抗热能力比维生素 B_1 强。核黄素对光和紫外线都不稳定，在碱性及高温条件下易破坏。在碱液中经光作用产生光黄素（lumiflavin），与核黄素具有同样的颜色和荧光。在酸性或中性溶液中则生成具有蓝色荧光的光色素（lumichrome）。

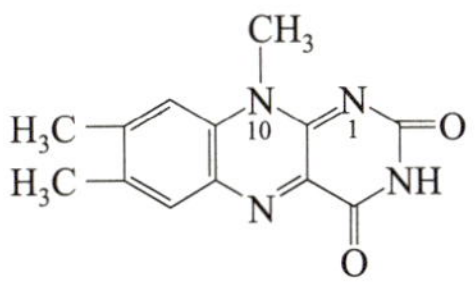

光黄素（7,8,10-三甲基异咯嗪） 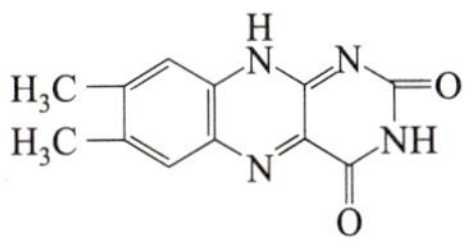　　光色素（7,8-二甲基异咯嗪）

核黄素的异咯嗪环上，第 1 位和第 5 位氮原子与活泼的双键相连，能接受氢而被还原，还原后很容易再脱氢，因此，在生物氧化过程中有递氢作用，参与体内各种氧化还原反应。

（3）生理功能及缺乏症　维生素 B_2 是构成呼吸酶和其脱氢酶的辅酶所必需的物质。这些辅酶广泛参与体内各种氧化还原反应，能促进糖、脂肪及蛋白质的代谢。人类食物中如果缺少维生素 B_2 则呼吸能力减弱，整个新陈代谢受阻碍。儿童易表现出生长停止，成人则出现口腔炎、口角炎、眼角膜炎和皮肤炎等病症。

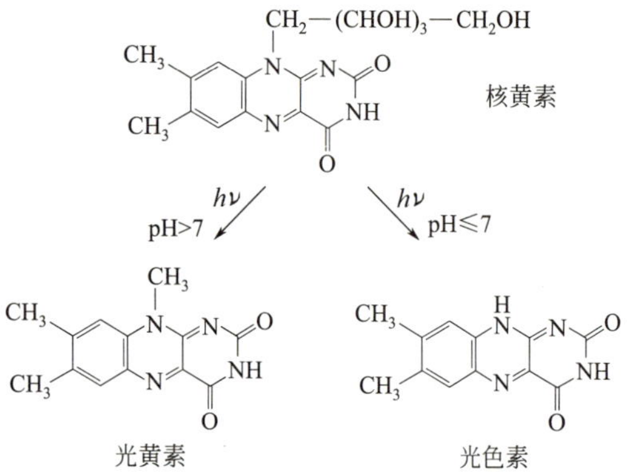

核黄素　光黄素　光色素

图 6-10　核黄素的光化学变化

（4）稳定性与降解　核黄素具有热稳定性，不受空气中氧的影响，在酸性溶液中稳定，在碱性溶液中不稳定，光照容易分解。在碱性溶液中光照射，可导致核糖醇部分的光化学裂解生成非活性的光黄素及一系列自由基（图 6-10）。在酸性或中性溶液中光照射，可形成具有蓝色荧光的光色素和不等量的光黄素。光黄素是一种比核黄素更强的氧化剂，它能加速其它维生素的破坏，特别是维生素 C 的破坏。牛乳受光影响产生日光臭味，就是上述反应的结果。

在大多数加工或烹调过程中，食品中的核黄素比较稳定，各种加热方法对六种新鲜或冷冻食品中核黄素稳定性影响的研究表明，核黄素的保留率常大于 90%。

6.2.2.3　烟酸（烟酰胺）

烟酸和烟酰胺的分布都很广，以酵母、肝脏、瘦肉、牛乳、花生、黄豆等含量较多，禾谷类籽粒的皮层及胚中含量也很丰富。

（1）结构　烟酸和烟酰胺都是吡啶衍生物，在生物体内主要以烟酰胺的形式存在。它们的结构式如下：

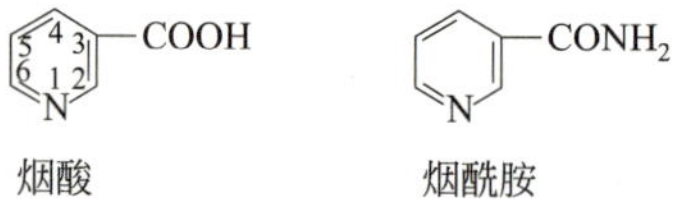

烟酸　烟酰胺

（2）性质　烟酸和烟酰胺都是无色针状结晶体。前者的熔点为 235.5 ～ 236℃，微溶于水，易溶于乙醇；后者的熔点为 129 ～ 131℃，易溶于水。烟酸不被光、空气及热所破坏，在酸性或碱性溶液中亦很稳定。烟酰胺在酸性溶液中加热即变成烟酸。

烟酰胺在生物体中，可与磷酸核糖焦磷酸结合转化为烟酰胺 - 腺嘌呤二核苷酸（nicotinamide dinucleotide，NAD），或称二磷酸吡啶核苷酸（diphospho-pyridine nucleotide，DPN），即辅酶Ⅰ（CoⅠ）。后者再被 ATP 磷酸化可产生烟酰胺 - 腺嘌呤二核苷酸磷酸（nicotinamide dinucleotide phosphate，NADP），或称为三磷酸吡啶核苷酸（tri-phospho-pyridine nucleotide，TPN），即辅酶Ⅱ（CoⅡ）。

（3）生理功能及缺乏症　烟酰胺是辅酶Ⅰ和辅酶Ⅱ的主要成分。而辅酶Ⅰ和辅酶Ⅱ是脱氢酶的辅酶，它们都有带氢和脱氢两种状态，在生物氧化过程中起着传递氢的重要作用。

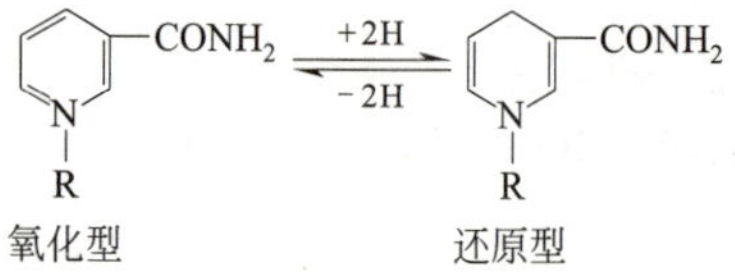

氧化型　还原型

人体缺乏烟酸时会引起癞皮病。最先是皮肤发痒发炎，常常在两手、两颊、左右额及其他裸露部位出现对称性皮炎，同时还伴有胃肠功能失常、口舌发炎、消化不良和腹泻等，严重时则引起神经错乱，甚至死亡。

（4）稳定性与降解　烟酸在食品中稳定性较高，但蔬菜经非化学处理，例如修整和淋洗，也会产生与其他水溶性维生素同样的损失。猪肉和牛肉在贮藏过程中产生的烟酸损失是由生物化学反应引起的，而烤肉则不会带来损失，不过烤出的液滴中含有肉中烟酸总量的 26%，乳类加工中似乎没有损失。

6.2.2.4　泛酸

泛酸广泛存在于生物界，它是水溶性维生素 B 族的一种，酵母、肝、肾、蛋、瘦肉、脱脂奶、豌豆、花生、甘薯等的泛酸含量都较丰富。

（1）结构　泛酸的化学名称为：*N*-（*α*,*γ*- 二羟基 -*β*,*β*- 二甲基丁酰）-*β*- 氨基丙酸。其结构式如下：

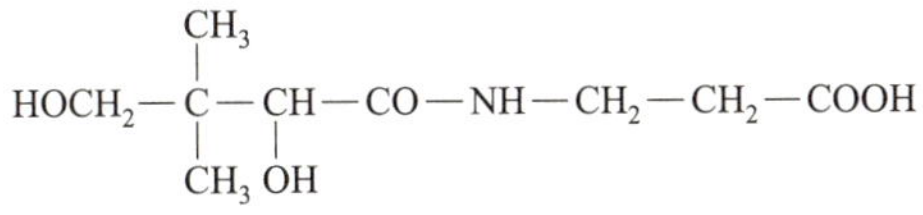

$$HOCH_2-\underset{CH_3}{\overset{CH_3}{\underset{|}{\overset{|}{C}}}}-\underset{OH}{\underset{|}{CH}}-CO-NH-CH_2-CH_2-COOH$$

（2）性质　泛酸为淡黄色黏状物，溶于水和醋酸，不溶于氯仿和苯。在中性溶液中对湿热、氧化和还原都稳定。酸、碱、干热可使它分裂为 *β*- 丙氨酸及其它产物。泛酸的钙盐为无色粉状晶体，微苦，溶于水，对光和空气都稳定，但在 pH 值 5 ～ 7 的溶液中可被热破坏。

在生物体内，泛酸呈结合状态，即与 ATP 和半胱氨酸经过一系列反应合成乙酰基转移酶的辅酶（辅酶 A，CoA），因此，CoA 是泛酸的主要活性形式。

（3）生理功能　泛酸的生理功能是以乙酰辅酶 A 形式参加糖类、脂类及蛋白质的代谢，起转移乙酰基的作用。多种微生物的生长都需要泛酸。

（4）稳定性与降解　泛酸在中性溶液中较为稳定，在酸性溶液中易分解，在 pH 4 ～ 6 范围，分解速率常数随 pH 降低而增加。鉴于游离泛酸的热不稳定与强吸湿性，生产上多应用其钙盐。泛酸在食品中含量变化除与原料有关外，还与加工方法有关，牛乳经巴氏消毒和灭菌，泛酸损失一般低于 10%；蔬菜中泛酸的损失主要是由于清洗过程，一般损失 10% ～ 30%。

6.2.2.5　维生素 B_6

维生素 B_6 又称吡哆素，包括吡哆醇（pyridoxine）、吡哆醛（pyridoxal）和吡哆胺（pyridoxamine）三种化合物，在动植物界中分布很广，麦胚、米糠、大豆、花生、酵母、肝脏等中含量都比较高。

（1）结构　吡哆醇、吡哆醛和吡哆胺都是吡啶的衍生物。其结构式如下：

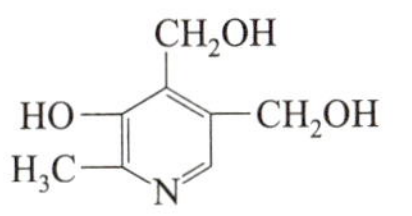

CH_2OH / HO / CH_2OH / H_3C / N　吡哆醇

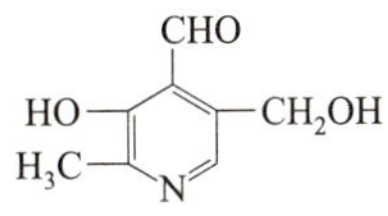

CHO / HO / CH_2OH / H_3C / N　吡哆醛

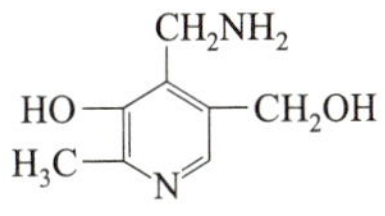

CH_2NH_2 / HO / CH_2OH / H_3C / N　吡哆胺

（2）性质　吡哆素为无色晶体，易溶于水及酒精，在酸液中稳定，在碱液中易被破坏，在空气中稳定，易被光破坏。吡哆醇耐热，吡哆醛和吡哆胺不耐高温。

在动物组织中吡哆醇可转化为吡哆醛或吡哆胺，它们都可通过磷酸化形成各自的磷酸化合物。吡哆醛与吡哆胺、磷酸吡哆醛与磷酸吡哆胺都可以互变，最后都以活性较强的磷酸吡哆醛和磷酸吡哆胺的形式存在于生物体中，构成氨基酸脱羧酶和氨基转移酶所必需的辅酶。

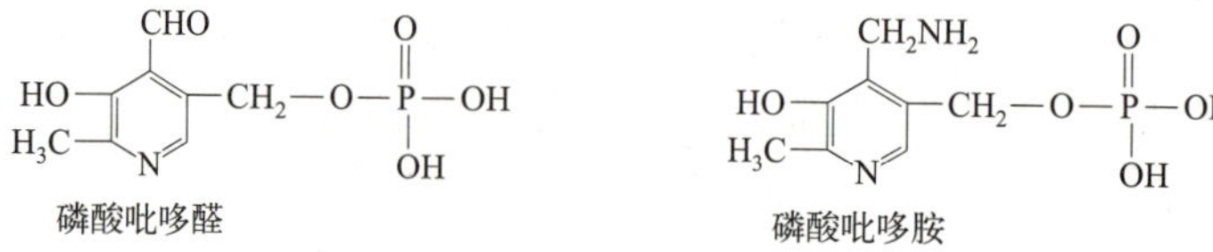

磷酸吡哆醛　　磷酸吡哆胺

（3）生理功能及缺乏症　维生素 B_6 的功能是作为辅酶的成分参加生物体中多种代谢反应，是氨基酸代谢中多种酶的辅酶。长期缺乏维生素 B_6，会引起皮肤发炎，并使中枢神经系统和造血功能受到损害。

（4）稳定性与降解　维生素 B_6 的三种形式都具有热稳定性，其中吡哆醛最为稳定，通常用来强化食品。维生素 B_6 在氧存在下经紫外线照射后可转变为无生物活性的 4- 吡哆酸。维生素 B_6 在碱性条件下易分解，在酸性条件下较稳定。在低 pH 条件下（如 0.01mol/L HCl）所有形式的维生素 B_6 都是稳定的。但当 pH ＞ 7 时，维生素 B_6 不稳定，其中吡哆胺损失最大。

维生素 B_6 在热作用下与氨基酸反应生成席夫碱（图 6-11），当在酸性条件下席夫碱会进一步解离。此外，上述席夫碱还可以进一步重排生成多种环状化合物。

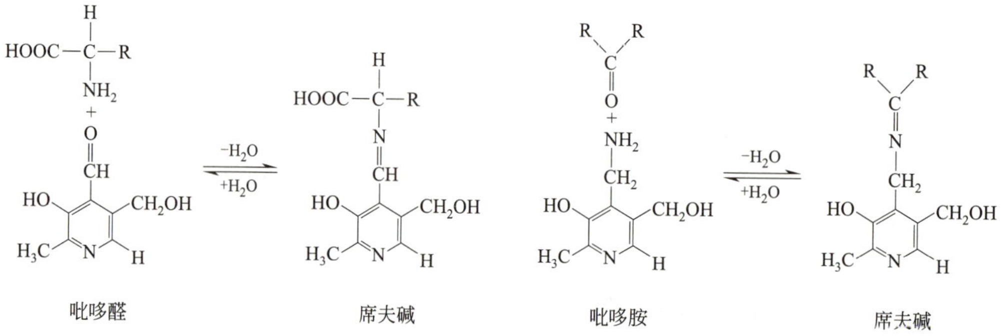

吡哆醛　席夫碱　吡哆胺　席夫碱

图 6-11　吡哆醛、吡哆胺的席夫碱结构的形成

维生素 B_6 在加工过程中会有不同程度的损失。据研究，液体牛乳和配制牛乳在灭菌后，维生素 B_6 活性比加工前减少一半，且在贮藏的 7 ～ 10d 内仍继续下降。据报道，用高温短时巴氏消毒（HTST，92℃，2 ～ 3s）和煮沸 2 ～ 3min 消毒，维生素 B_6 仅损失 30%；但瓶装牛乳在 119 ～ 120℃消毒 13 ～ 15min，维生素 B_6 减少 84%；采用高温瞬时灭菌，维生素 B_6 的损失很小。

6.2.2.6 生物素

在自然界存在的有 *α*- 及 *β*- 生物素两种。前者在蛋黄中含量较高，后者在肝脏中含量较高。

生物素分布于动植物组织中，一部分以游离状态存在，大部分同蛋白质结合。卵白的抗生物素蛋白就是一种与生物素结合的蛋白质。许多生物都能自身合成生物素，人体肠道细菌也能合成部分生物素。

（1）结构　生物素为含硫维生素，具有噻吩与尿素相结合的并环，并带戊酸侧链。其结构式如图 6-12。

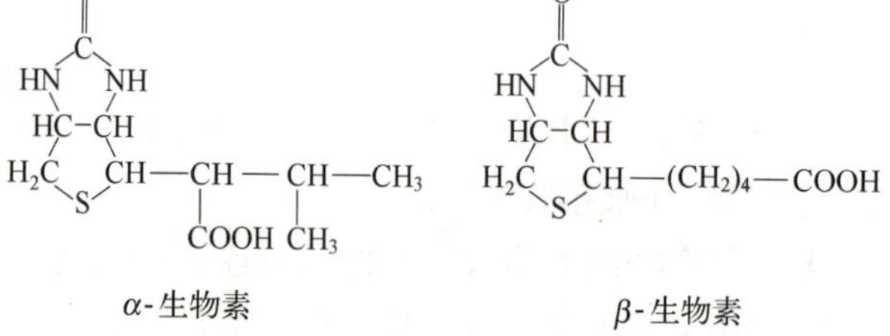

α- 生物素　*β*- 生物素

图 6-12　生物素的结构式

（2）性质　生物素为无色的细长针状结晶，熔点为 232 ～ 233℃，能溶于热水和乙醇，不溶于乙醚及氯仿。对光、热、酸稳定，高温和氧化剂可使其破坏，同时丧失生理活性。

（3）生理功能及缺乏症　生物素为多种羧化酶的辅酶，在 CO_2 的固定反应中起着 CO_2 载体的作用。

人体一般不易缺乏生物素，因为除了可以从食物中获得部分生物素外，肠道细菌还可合成一部分。人类若缺乏生物素可导致皮炎、肌肉疼痛、感觉过敏、怠倦、厌食、轻度贫血等。

6.2.2.7 维生素 B_{11}

维生素 B_{11} 即叶酸（folic acid）。叶酸分布较广，绿叶、肝、肾、菜花、酵母中含量都较高，其次为牛肉、麦粒等。

（1）结构　维生素 B_{11} 是由蝶啶（pteridine）、对氨基苯甲酰基及 L- 谷氨酸基连接而成。其结构式如下：

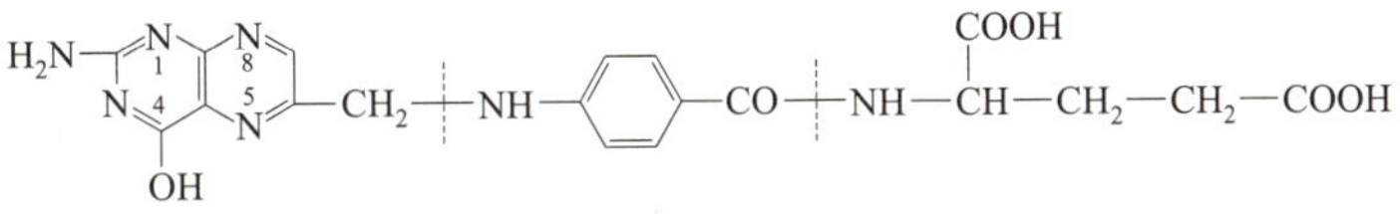

H_2N—(蝶啶环, OH)—CH_2—NH—C_6H_4—CO—NH—CH(COOH)—CH_2—CH_2—COOH

蝶啶　对氨基苯甲酰基　L-谷氨酸基

（2）性质　叶酸为鲜黄色晶体，微溶于水，在水溶液中易被光破坏，在酸性溶液中耐热。

叶酸的 5、6、7、8 位置，在 NADPH 存在下，可被还原成四氢叶酸（tetrahydrogen folic acid，THFA）。四氢叶酸的第 5 或第 10 氮位可与多种一碳单位（包括甲酸基、甲醛和甲基）结合，作为它们的载体，然后转给其他受体，供给合成新的物质。

（3）生理功能及缺乏症　由于叶酸间接与核酸和蛋白质的生物合成有关，缺乏时可引起血液等方面的疾病。叶酸是合成红细胞的主要成分之一，缺乏时易引起巨幼红细胞贫血、抗病力降低、舌炎和肠胃病等。人类肠道细菌能合成叶酸，故一般不易患缺乏症。

（4）稳定性与降解　叶酸在厌氧条件下对碱稳定。在有氧条件下，遇碱会发生水解，水解后的侧链生成氨基苯甲酸 - 谷氨酸（PABG）和蝶啶 -6- 羧酸，在酸性条件下水解则得到 6- 甲基蝶啶。叶酸酯在碱性条件下隔绝空气水解，可生成叶酸和谷氨酸。叶酸溶液暴露在日光下亦会发生水解生成 PABG 和蝶呤 -6- 羧醛，蝶呤 -6- 羧醛经辐射后转变为蝶呤 -6- 羧酸，然后脱羧生成蝶呤，核黄素和黄素单核苷酸（FMN）可催化上述反应。

二氢叶酸（FH_2）和四氢叶酸（FH_4）在空气中容易氧化，对 pH 也很敏感，在 pH 8 ～ 12 和 pH 1 ～ 2 最稳定。在中性溶液中，FH_4 与 FH_2 同叶酸一样迅速氧化为 PABG、蝶啶、黄嘌呤、6- 甲基蝶呤和其他蝶呤类化合物。在酸性条件下 FH_4 比在碱性溶液中氧化更快，其氧化产物为 PABG 和 7,8- 二氢蝶呤 -6- 羧醛。硫醇和抗坏血酸盐这类还原剂能使 FH_2 和 FH_4 的氧化减缓。

四氢叶酸的几种衍生物稳定性顺序为：5- 甲酰基四氢叶酸＞ 5- 甲基 - 四氢叶酸＞ 10- 甲基 - 四氢叶酸＞四氢叶酸。

6.2.2.8 维生素 B_{12}

维生素 B_{12} 是含钴的化合物，又称钴维素或钴胺素，至少有五种。一般所称的维生素 B_{12} 是指分子中钴同氰结合的氰钴胺素。

肝脏中维生素 B_{12} 最多，其次是奶、肉、蛋、鱼等，植物大多不含维生素 B_{12}。在自然界中只有微生物能够合成维生素 B_{12}。动物组织中的维生素 B_{12} 一部分从食物中得来，一部分是肠道微生物合成的。天然维生素 B_{12} 是与蛋白质结合存在的，需经热或蛋白酶分解成游离态才能被吸收。

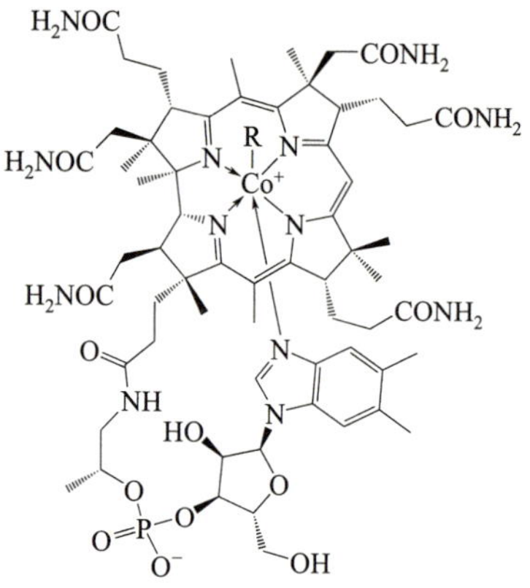

（1）结构 维生素 B_{12} 是含三价钴的多环化合物。其结构式如图 6-13。

图 6-13 维生素 B_{12} 的结构

钴维素包括氰钴胺素（与 Co 连接的基团为—CN）、羟基钴维素（Co—OH）、水化钴维素（Co—H_2O）、亚硝基钴维素（Co—NO_2）、甲基钴维素（Co—CH_3）等。

（2）性质 维生素 B_{12} 为粉红色针状结晶，熔点高于 320℃，溶于水、乙醇和丙醇，不溶于氯仿。晶体及其水溶液（pH 值 4.5 ～ 5.0）都相当稳定，强酸和强碱下极易分解，日光、氧化剂和还原剂都可使之破坏。

（3）生理功能及缺乏症 维生素 B_{12} 以辅酶的形式参加体内各种代谢。它作为甲基载体参加蛋氨酸和胸腺嘧啶的生物合成，间接参与氨基酸和蛋白质的合成。维生素 B_{12} 与叶酸的作用具有相关性，它可以增加叶酸的利用率来促进核酸和蛋白质的合成，从而促进细胞的发育和成熟。

肠道的维生素 B_{12} 需要与胃黏膜所分泌的特殊黏蛋白（又称内源因素）结合才能被吸收。若内源因素缺乏，维生素 B_{12} 吸收时发生障碍，可引起恶性贫血，并可出现神经系统、舌、胃黏膜的病变。

（4）稳定性及降解 维生素 B_{12} 的水溶液在室温避光条件下是稳定的，最适宜 pH 范围是 4 ～ 6，在此范围内，即使高压加热，也仅有少量损失。在碱性溶液中加热，能大量地破坏维生素 B_{12}。还原剂如低浓度的巯基化合物，能防止维生素 B_{12} 破坏，但高浓度时，起破坏作用。维生素 C 或亚硫酸盐也能破坏维生素 B_{12}。在溶液中，维生素 B_1 与尼克酸的结合可缓慢地破坏维生素 B_{12}；铁与来自维生素 B_1 中具有破坏作用的硫化氢结合，可以保护维生素 B_{12}，三价铁盐对维生素 B_{12} 有稳定作用，而低价铁盐则导致维生素 B_{12} 的迅速破坏。

6.2.2.9 维生素 C

（1）结构 维生素 C 又名抗坏血酸，为酸性己糖衍生物，是烯醇式己糖酸内酯。维生素 C 主要来源于新鲜水果和蔬菜。维生素 C 有 L 型和 D 型两种异构体，只有 L 型的才具有生理功能，还原型和氧化型都有生理活性。

（2）性质 维生素 C 为无色片状晶体，熔点为 190 ～ 192℃，比旋光度为 +22° 。味酸，溶于水和乙醇。由于分子具有两个烯醇式羟基，在水溶液中可以离解生成氢离子，故呈酸性。加热或光线照射，易使维生素 C 破坏。

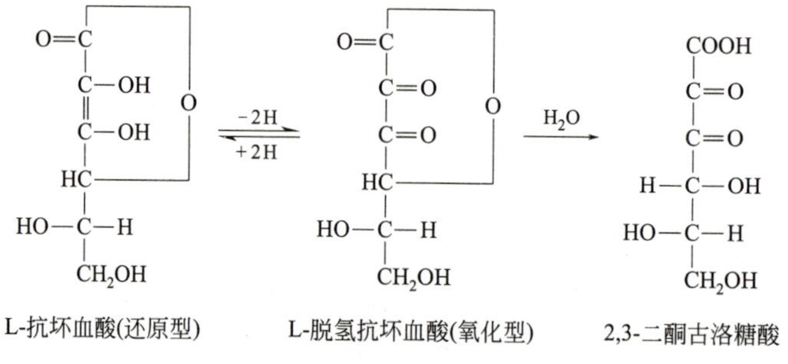

L-抗坏血酸(还原型) ⇌（−2H / +2H）L-脱氢抗坏血酸(氧化型) →（H_2O）2,3-二酮古洛糖酸

维生素 C 是一种较强的还原剂，易被氧化成脱氢维生素 C。维生素 C 与脱氢维生素 C 在体内能相互转变。因此，它能在生物氧化作用中，构成一种氧化还原体系。在食品工业中广泛用作抗氧化剂。而在

面团改良剂中又可用作氧化剂，它能被抗坏血酸氧化酶氧化为脱氢抗坏血酸，后者可使面团中巯基氧化为二硫键，从而使面筋强化。

脱氢抗坏血酸水化转变为2,3-二酮古洛糖酸，后者无生物活性。维生素C可还原2,6-二氯酚溶液（蓝色）使之褪色，亦可与2,4-二硝基苯肼结合生成有色的腙。这两种反应都可作为维生素C的定性与定量的基础。

（3）生理功能及缺乏症　维生素C可促进各种支持组织及细胞间黏合物的形成；能在细胞呼吸链中作为细胞呼吸酶的辅助物质，促进体内氧化作用。它既可作供氢体，又可作受氢体，在体内重要的氧化还原反应中发挥作用。此外，维生素C还有增强机体抗病能力及解毒作用。

由于人体内不能合成自身所需的维生素C，当人体缺乏维生素C时，会引起多种症状。其中最显著的是坏血病，最初表现是皮肤局部发炎、食欲不振、呼吸困难和全身疲倦，进而则是内脏、皮下组织、骨端或齿龈等处的微血管破裂出血，严重的可导致死亡。

（4）稳定性与降解　维生素C极易受温度、pH、氧、酶、盐和糖、金属催化剂（特别是Cu^{2+}和Fe^{3+}）、a_w、维生素C的初始浓度以及维生素C与脱氢维生素C的比例等因素影响而发生降解。尽管维生素C在厌氧情况下非酶氧化较慢，但在弱酸或碱性尤其是碱性情况下通过维生素C酮式→酮式阴离子→二酮式古洛糖酸而发生降解（图6-14）。

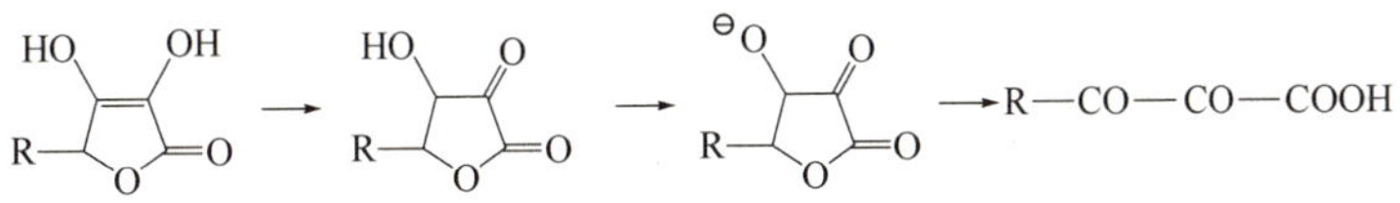

$$\text{R—CO—CO—COOH}$$

图6-14　维生素C降解产生二酮式古洛糖酸的反应历程

二酮式古洛糖酸通过转化产生多种产物，如还原酮类、糠醛、呋喃-2-羧酸等。在有氨基酸存在情况下，维生素C、脱氢维生素C和它们的降解产物会进一步发生美拉德反应，产生褐色产物（图6-15）。

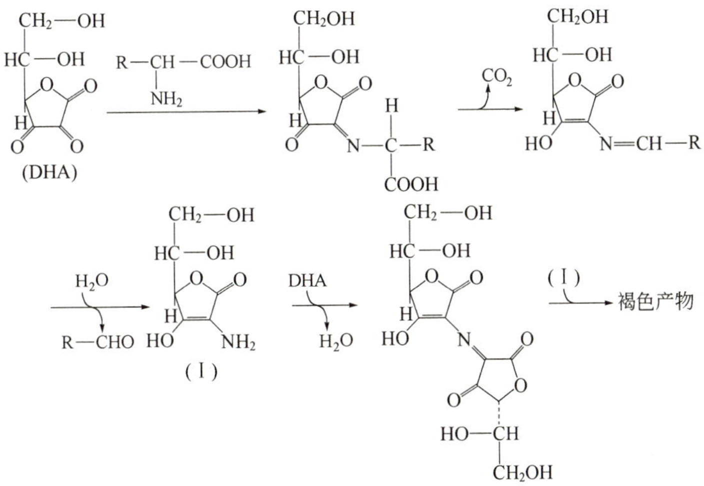

图6-15　维生素C褐变的反应历程示意图

维生素C具有强的还原性，因而是食品中一种常用的抗氧化剂，例如利用维生素C的还原性使邻醌类化合物还原，从而有效抑制酶促褐变。由于维生素C具有较强的抗氧化活性，常用于保护叶酸等易被

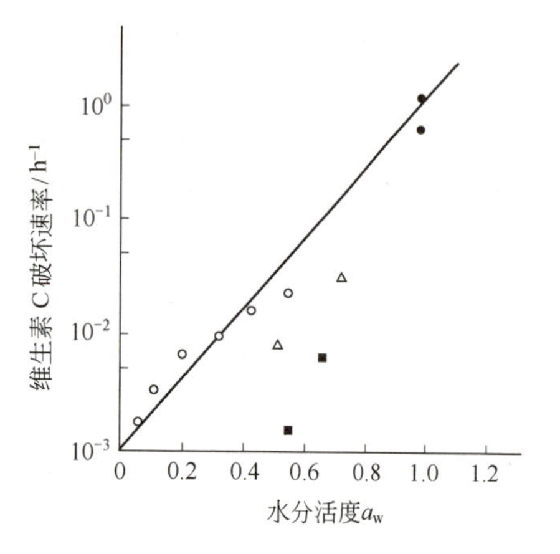

图 6-16 贮藏过程中水分活度与维生素 C 破坏速率的关系

○ 橙汁晶体；● 蔗糖溶液；△ 玉米、大豆乳混合物；■ 面粉

氧化的物质。此外维生素 C 还可以清除单重态氧、还原氧和以碳为中心的自由基，以及使其它抗氧化剂（如生育酚自由基）再生。维生素 C 在食品贮藏过程中的变化常可用于指示食品贮藏的质量变化。

由于维生素 C 对热、pH 和氧敏感，且易溶于水，因此，维生素 C 在加工和贮藏过程中常会造成较多损失。贮藏过程中 a_w 与维生素 C 破坏速率的关系如图 6-16 所示。

在加工时如用二氧化硫（SO_2），可减少维生素 C 损失。例如水果、蔬菜经二氧化硫处理后，可减少在加工贮藏过程中维生素 C 的损失。此外，糖和糖醇可保护维生素 C 免受氧化降解，这可能是它们结合金属离子从而降低了后者的催化活性，其详细的反应机理有待进一步研究。

概念检查 6.2

○ ①维生素 B_{12} 为什么又称钴维素？②维生素 C 在加工和贮藏过程中哪些因素常会造成其损失？

6.3 影响食品中维生素生物有效性的因素

6.3.1 维生素的生物有效性

维生素的生物有效性又称生物利用率，是指所摄入的维生素被肠道吸收、在体内起的代谢功能和被利用的程度。广义上生物有效性包括所摄取的维生素吸收和利用两个方面，并不涉及摄入前维生素的损失。

评价各种食物中维生素的营养是否充分，需考虑三个因素：①在摄入时食物中维生素的含量；②食物中所含维生素的化学结构之间的差异性；③所摄入食物中不同结构的维生素的生物有效性。

6.3.2 影响维生素生物有效性的因素

人们通过膳食摄入维生素后，影响维生素生物有效性的因素很复杂，除维生素的来源、维生素的存在形式及含量、膳食组成、维生素的拮抗物等因素外，还受消费者的年龄、健康状况和生理状态以及食品加工和烹调方式的影响。

（1）维生素的来源 不同膳食来源维生素的生物有效性差别较大。如玉米中的生物素全部可以利用，而在其他大多数谷物中只有 20% ～ 30% 可以利用，但小麦中没有可利用的生物素；鱼肉、羊肉、鸡肉中维生素 B_{12} 的生物利用率分别大约为 42%、56% ～ 89%、61% ～ 66%，蛋中维生素 B_{12} 的吸收率一般小于 9%。通常植物性食品中的叶酸的生物有效性不及动物性食品。尽管某些海藻含有较高的维生素 B_{12}，但因其生物利用率低，故未被推荐为维生素 B_{12} 的来源。

（2）维生素的存在形式及含量　维生素的吸收速度和程度、消化前在胃及肠道中的稳定性、转化为活性代谢物或辅酶形式的难易程度以及代谢功效等方面因维生素形式的不同而各不相同。如许多植物来源的食品中存在着无营养利用价值的烟酸形式。人体摄入的多聚谷氨酰叶酸的生物利用率只有单聚谷氨酰叶酸的 60% ～ 80%。吡哆醇糖苷的生物利用率约为游离吡哆醇的 60%，吡哆醇糖苷的存在能减少共同摄入的游离吡哆醇的利用；吡哆醛糖苷很少被消化，吡哆醛和吡哆醛 -5′ - 磷酸盐与蛋白质或肽类的加合物不仅不能利用，还会显示出维生素 B_6 的拮抗活性。

此外，某些维生素的摄入量也影响其生物有效性。如摄入维生素 B_{12} 的量大于 2mg/d，超过肠主动转运机制饱和的量，则其生物利用率迅速下降；食物中的维生素 C 在营养剂量（5 ～ 200mg）范围内表现出生物活性，超过此剂量生物活性就开始下降，当剂量超过 1000mg 时生物效价下降约 50%。

（3）膳食组成　膳食的蛋白质、淀粉、膳食纤维、脂肪等组成成分可影响维生素在肠道内的停留时间、黏度、乳化性质和 pH，进而影响维生素的吸收和生物有效性。如脂肪的摄入有助于维生素 E 的吸收，而亚油酸则抑制其吸收；此外，植物甾醇、水溶性脂肪也能降低生育酚的吸收；少量膳食脂肪能提高类胡萝卜素的吸收，而植物甾醇、水溶性纤维会降低 β- 胡萝卜素、番茄红素和叶黄素的吸收。

（4）维生素的拮抗物　维生素的拮抗物影响维生素的活性，从而降低维生素的生物有效性。如牛奶中的叶酸结合蛋白质可以阻止膳食中的叶酸被肠道中的微生物吸收，从而增加叶酸在小肠中的吸收；水解多聚谷氨酰叶酸的酶类可被许多食品如酵母、豆类等中的一些成分特异性抑制，导致聚谷氨酰叶酸至可吸收的单谷氨酰叶酸的转化进行不完全，从而降低其生物利用率；新鲜鸡蛋清蛋白含有能结合生物素的抗生物素蛋白，可强烈结合生物素而几乎完全抑制生物素的吸收。

（5）消费者的年龄、健康状况以及生理状态　消费者的年龄、健康状况以及生理状态对维生素的吸收和利用具有较大影响。如能导致肠道机能障碍的寄生虫病或其他疾病对类胡萝卜素的吸收和转化有很大影响，此外持续的腹泻、脂肪吸收障碍、维生素 A 缺乏、蛋白质和锌等同样会对类胡萝卜素的利用产生影响。胃壁细胞受损会减少维生素 B_{12} 的利用。空腹摄入的叶酸的生物利用率分别为随饮食一同摄入的叶酸和作为食品成分的叶酸的生物利用率的 1.7 倍和 2 倍。

（6）食品加工和烹调方式　食品加工和烹调方式也会影响某些维生素的生物有效性。如新鲜绿花菜中维生素 C 的生物利用率比煮后的低 20%；鲜胡萝卜中所含的 β- 胡萝卜素仅有 1% ～ 3% 能被有效吸收；罐藏和新鲜的番茄中能被有效吸收的番茄红素的量小于总量的 1%。

概念检查 6.3

○ 简介影响维生素生物有效性的因素。

6.4　维生素在食品加工与贮藏过程中的变化

食品中维生素含量除与原料中含量有关外，还与原料中维生素在收获、贮藏、运输和加工过程中损失多少有密切的关系。因此，要提高食品中维生素含量除考虑原料的成熟度、生长环境、土壤情况、肥水管理、光照时间和强度以及采后或宰杀后的处理等因素外，还须考虑加工及贮藏过程中各种条件对食物中维生素含量的影响。

6.4.1 食品原料本身

（1）原料成熟度　在果蔬的成熟过程中，维生素的含量由其合成和降解速率决定，成熟度对食品中营养素含量有一定影响。如西红柿中维生素 C 含量随成熟期的不同而变化，西红柿中维生素 C 的含量在其未成熟的某一个时期最高（表 6-8）。又如库尔勒香梨的成熟度不同，维生素 C 含量也不同，据此可了解香梨的成熟情况。研究表明，类胡萝卜素含量随品种差异而急剧变化，成熟度对其无显著影响。

表 6-8 不同成熟时期西红柿中维生素 C 含量的变化

花开后的时间/周	单个平均质量/g	颜色	维生素C含量/（mg/100g）
2	33.4	绿	10.7
3	57.2	绿	7.6
4	102.5	绿-黄	10.9
5	145.7	红-黄	20.7
6	159.9	红	14.6
7	167.6	红	10.1

（2）原料部位　植物的不同部位，维生素含量也不同。一般来说，植物的根部维生素含量最低，其次是果实和茎，含量最高的部位是叶片。对果实而言，表皮维生素含量最高，由表皮到果心，维生素含量依次递减。苹果皮中维生素 C 的含量比果肉高，凤梨心比食用部分含有更多的维生素 C，胡萝卜表皮层的烟酸含量比其他部位高，土豆、洋葱和甜菜等植物的不同部位也存在营养素含量差别。因而在预处理这些蔬菜和水果，如摘去菠菜、花椰菜、芦笋等蔬菜的部分茎和梗时，会造成部分维生素的损失。动物制品中的维生素含量与动物的物种及食物结构有关。如 B 族维生素在肌肉中的浓度取决于肌肉从血液中汲取 B 族维生素并将其转化为辅酶形式的能力。在饲料中补充脂溶性维生素，肌肉中脂溶性维生素的含量就会增加。由表 6-9 可见，随着粮食的精加工，维生素 B_1 的损失增大。

表 6-9 小麦和糙米中维生素 B_1 的含量（以干物计）　单位：mg/100g

名称	维生素B_1含量	名称	维生素B_1含量
小麦	0.37～0.61	糙米	0.3～0.45
麸皮	0.7～2.8	皮层	1.5～3.0
麦胚	1.56～3.0	米胚	3.0～8.0
面粉（出粉率85%）	0.3～0.4	胚乳	0.03

注：1IU的维生素B_1等于3mg的纯维生素B_1盐酸盐。

6.4.2 采后 / 宰后

食品原料从采收或屠宰到加工这段时间，维生素的营养性会发生明显变化。因为许多维生素易受酶，尤其是动、植物死后释放出的内源酶所降解。细胞受损后，原来分隔开的氧化酶和水解酶会从完整的细胞中释放出来，从而改变维生素的化学形式和活性。例如维生素 B_6、维生素 B_1 和维生素 B_2 辅酶的脱磷酸化反应，维生素 B_6 葡萄糖苷的脱葡萄糖基反应和聚谷氨酰叶酸酯的去共轭作用，都会影响植物采收或动物屠宰后的维生素含量和存在状态，其变化程度与贮藏加工过程中的温度高低和时间长短有关。一般而言，维生素的净浓度变化较小，主要是引起生物利用率的变化。脂肪氧化酶的氧化作用可以降低许多维生素的含量，而抗坏血酸氧化酶则专一性地引起抗坏血酸的损失。新鲜蔬菜如果处理不当，在常温或较高温度下存放 24h 或更长时间，维生素也会发生严重损失。如果在采后或宰后采取适当的处理方法，如科学的包装、冷藏运输等措施，果蔬和动物制品中维生素的变化就会减少。

6.4.3 贮藏过程

食品在贮藏过程中，许多反应不仅对食品的感官性状有影响，而且也会引起维生素的损失。维生素的变化程度与贮藏加工过程中的温度、时间、贮藏方式和包装材料等因素有关。

（1）贮藏温度　食品在贮藏期间，维生素的损失与贮藏温度关系密切。例如，食品贮存期间温度对维生素 B_1 的保留率影响很大（表 6-10）。当贮藏温度为 1.5℃时，番茄汁、豌豆、橙汁中维生素 B_1 贮藏 12 个月后保留率几乎为 100%。同样条件下当贮藏温度为 35℃时，番茄汁、豌豆、利马豆等中维生素 B_1 的保留率仅有 50% 左右。

表 6-10 贮存食品中维生素 B_1 的保留率

品种	贮藏12个月后的保留率/%		品种	贮藏12个月后的保留率/%	
	35℃	1.5℃		35℃	1.5℃
杏子	35	72	番茄汁	60	100
绿豆	8	76	豌豆	68	100
利马豆	48	92	橙汁	78	100

冷冻是最常用的食品贮藏方法。冷冻一般包括预冷冻、冷冻储存、解冻三个阶段。维生素的损失主要包括储存过程中的化学降解和解冻过程中水溶性维生素的流失。例如，蔬菜经冷冻后，维生素会损失 37% ～ 56%；肉类食品经冷冻后，泛酸的损失为 21% ～ 70%；肉类解冻时，汁液的流失使维生素损失 10% ～ 14%。

对维生素含量影响较大的酶的活性与温度和时间有密切关系，脂肪氧合酶的氧化作用可以降低许多维生素的浓度，而维生素 C 氧化酶则专一性地引起维生素 C 含量损失。

（2）贮藏时间　采后预处理及贮藏时间越长，所处环境的温度越高，越不利于食物中维生素的保留。例如，当贮存时间由 10d 延长至 60d 时，脱水食物模型中 β- 胡萝卜素的保留率由 98% 降至 15%。

食品贮藏的时间越长，维生素损失就越大。在贮藏期间，食品中脂质氧化产生的氢过氧化物、过氧化物和环过氧化物能够氧化生育酚、抗坏血酸等易被氧化的维生素，导致维生素活性的损失。氢过氧化物分解产生的含羰基化合物会造成一些维生素（如硫胺素、泛酸）的损失。糖类非酶褐变产生的高度活化的羰基化合物也能以同样方式破坏某些维生素。

（3）贮藏方式　食品的贮藏方式对维生素的损失有很大影响，如采用冷冻贮藏比常规的灭菌后贮藏，其食品中维生素损失要少得多（表 6-11）。

表 6-11 不同贮藏方式过程中维生素损失情况

贮藏方式	蔬菜样品	维生素损失率/%①				
		维生素A	维生素B_1	维生素B_2	烟酸	维生素C
冷冻贮藏	10②	12④	20	24	24	26
		0～50⑤	0～61	0～45	0～56	0～78
灭菌后贮藏	7③	10	67	42	49	51
		0～32	56～83	14～50	31～56	28～67

① 贮藏前，所有产品均进行了热加工及脱水处理。

② 蔬菜样品分别是芦笋、利马豆、四季豆、椰菜、花椰菜、青豌豆、马铃薯、菠菜、抱子甘蓝和嫩玉米棒。

③ 蔬菜样品分别是芦笋、利马豆、四季豆、青豌豆、马铃薯、菠菜和嫩玉米棒，其中马铃薯样品中含热处理水。

④ 平均值。

⑤ 为变化范围。

（4）包装材料　包装材料对贮藏食品中维生素的含量有一定影响。例如，透明包装的乳制品在贮藏期间，维生素 B_2 和维生素 D 会发生损失。

6.4.4 食品加工前预处理

（1）切割、修整、去皮等　植物组织经过修整（如水果去皮）会导致维生素的部分丢失。苹果皮中抗坏血酸的含量比果肉高，凤梨心比其他部分含有更多的维生素 C，胡萝卜表皮层的烟酸含量比其它部位高，土豆、洋葱和甜菜等植物的不同部位也存在维生素含量的差别。因而在修整这些蔬菜和水果以及摘去菠菜、花椰菜、芦笋等蔬菜的部分茎、根时，会造成部分维生素的损失。一些食品在去皮过程中，由于使用强烈的化学物质（如碱液处理），使外层果皮的维生素破坏，如桃子去皮。

动植物产品经切割或其他处理而损伤的组织遇到水或水溶液时，会由于浸出（沥水）而造成水溶性维生素的损失。损失程度取决于维生素扩散速度和溶解度等因素，如 pH（能影响溶解度以及组织内维生素从结合部位解离）、抽提液的离子强度、温度、食品与水溶液的体积比以及食品颗粒的比表面。浸提后，维生素的破坏取决于抽提液中的溶解氧浓度、离子强度、具有催化活性的微量金属元素的浓度与种类以及其他破坏性（如氯）或保护性（如某些还原剂）溶质的存在。

（2）清洗、热烫　水果和蔬菜在清洗时，一般维生素的损失很少，但要注意避免挤压和碰撞，也要尽量避免切后清洗造成水溶性维生素的大量流失。对于化学性质较稳定的水溶性维生素（如泛酸、烟酸、叶酸、核黄素等），溶于水而流失是最主要的损失途径。

大米在淘洗过程中会损失部分维生素，这是由于维生素主要存在于米粒表面的浮糠中。大米淘洗后 B 族维生素的损失率为 60%，总维生素损失率为 47%，淘洗次数越多，淘洗时用力越大，B 族维生素损失越多。

热烫（烫漂）是水果和蔬菜加工中不可缺少的处理方法，目的在于钝化影响产品品质的酶类、减少微生物污染、排除组织中的空气，有利于食品贮存期间保持维生素的稳定。热烫的方式有热水、蒸汽和微波。烫漂会造成水溶性维生素的损失，损失程度与 pH、烫漂时间和温度、含水量、切口表面积、烫漂类型及成熟度有关。通常高温短时烫漂维生素损失较少，烫漂时间越长，维生素损失越大；食品切分越细，单位质量表面积越大，维生素损失越多。不同烫漂类型对维生素影响的顺序为热水 > 蒸汽 > 微波。热水烫漂会造成水溶性维生素的大量流失，随温度升高，损失量显著增加。如小白菜在 100℃的水中烫 2min，维生素 C 损失率高达 65%；烫 10min 以上，维生素 C 几乎消失殆尽。甘蓝在热烫过程中维生素 C 含量与时间的关系如图 6-17。

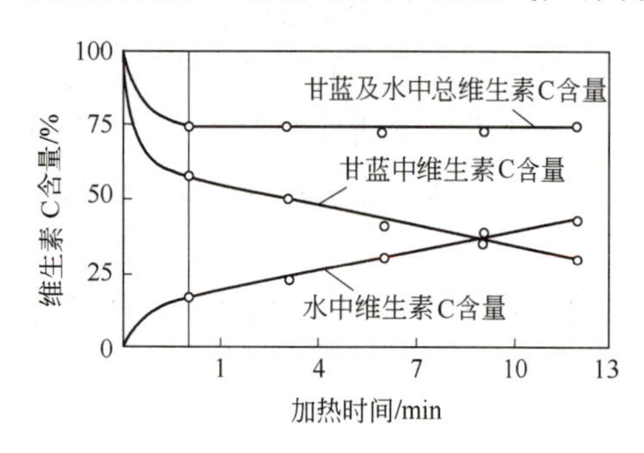

图 6-17　甘蓝在热烫过程中维生素 C 含量与时间的关系

6.4.5 加工方式与维生素的损失

（1）研磨　研磨是谷类食物常见的加工工序之一，由于维生素在谷类食物不同组织中含量不同，加之研磨产生的热作用，研磨后所得食物中各种维生素含量的保留率有很大的不同。谷类在研磨过程中维生素的损失程度依胚乳和胚芽与种子外皮分离的难易程度而异，难分离的研磨时间长，损失率高，反之则损失率低。因此，研磨对各种谷物种子中维生素的影响不一样。即使同一种谷物，各种维生素的损失率也不尽相同。谷物精制程度越高，维生素损失越严重。例如，小麦在碾磨成面粉时，出粉率不同，维生素的存留程度也不同（图 6-18）。要想保留较多的维生素，最好减少研磨次数。

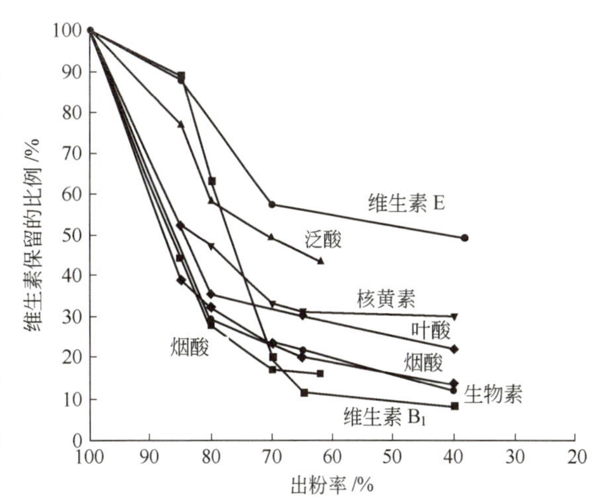

图 6-18　小麦出粉率与面粉中维生素保留比例之间的关系

（2）热处理　蒸和煮是食品加工中常见的热处理工序，蒸是以水蒸气为传热介质，而煮是以较多的汤汁为传热介质，它们对食品中维生素的保留率有较大影响。例如分别采取蒸和煮的方法处理土豆条，蒸比煮会保留更多的水溶性维生素，这是由于在蒸的过程中，原料与水蒸气基本上处于一个密闭的环境中，原料是在饱和热蒸汽作用下成熟的，所以水溶性维生素的损失较少。但蒸煮过程需要较长的时间，故对热敏感的维生素 C 损失较大；而煮采用较多的汤汁，也造成了水溶性维生素的大量流失（表 6-12）。

表 6-12　土豆条在蒸和煮过程中维生素保留率的比较

维生素	煮/%	蒸/%
维生素C	60	89
维生素B_1	88	90
维生素PP	78	93
维生素B_6	77	97
维生素B_{11}	66	93

加热是延长食品保藏期最重要的方法，热加工有利于改善食品的某些感官性状如色、香、味等，提高营养素在体内的消化和吸收，但热处理会造成维生素不同程度的损失。高温加快维生素的降解，pH、金属离子、反应活性物质、溶氧浓度以及维生素的存在形式均会影响降解的速度。隔绝氧气或者除去某些金属离子可提高维生素 C 的存留率。

维生素 B_1 像其他水溶性维生素一样，一旦工艺中有漂、煮沸等工序，就会造成损失。另外热的作用也会产生降解作用（表 6-13），因此在食品加工贮藏过程中应给予注意，否则会造成维生素 B_1 的较大损失。

表 6-13　不同的加工处理对维生素 B_1 保留率的影响

产品	加工处理	保留率/%
谷物	挤压烹调	48～90
土豆	水中浸泡16h后油炸 在亚硫酸溶液浸泡16h后油炸	55～60 19～24
大豆	用水浸泡后在水中或碳酸盐中煮沸	23～52
粉碎的土豆	各种热处理	82～97
蔬菜	各种热处理	80～95
冷冻、油炸鱼	各种热处理	77～100

维生素 B_1 受热作用发生降解会产生可形成具有特殊气味的化合物，如硫化氢、呋喃、噻吩和二氢硫酚等，对食品风味产生影响。

微波加热技术相对于油炒、微波油炒和烫漂等烹调方式，微波加热能够更好地保存蔬菜中的维生素 C（表 6-14）。

表 6-14 不同烹调方式下蔬菜中维生素 C 的损失率（与对照组相比） 单位：%

烹调方式	黄瓜	蒲公英	西红柿
油炒	7.14	3.87	25.00
微波油炒	13.57	11.65	45.50
烫漂	35.16	74.15	—
微波加热	5.15	6.85	—

为了提高食品的安全性，延长食品的货架期，杀死微生物，食品加工中还常进行灭菌处理。高温短时杀菌不仅能有效杀死有害微生物，而且可以较大程度地减少维生素的损失。不同热处理牛乳中维生素的损失见表 6-15。罐装食品杀菌过程中维生素的损失与食品及维生素的种类有关。罐装食品加工时维生素的损失见表 6-16。

表 6-15 不同热处理牛乳中维生素的损失 单位：%

热处理	V_{B1}	V_{B2}	烟酸	V_{B6}	泛酸	叶酸	V_H	V_{B12}	V_C	V_A	V_D
63℃，30min	10	0	0	20	0	10	0	10	20	0	0
72℃，15 s	10	0	0	0	0	10	0	10	10	0	0
超高温杀菌	10	10	0	20	—	<10	0	20	10	0	0
瓶装杀菌	35	0	0	—	—	50	0	90	50	0	0
浓缩	40	0	—	—	—	—	10	90	60	0	0
加糖浓缩	10	0	0	0	—	—	10	30	15	0	0
滚筒干燥	15	0	—	0	—	—	10	30	30	0	0
喷雾干燥	10	0	—	0	—	—	10	20	20	0	0

表 6-16 罐装食品加工时维生素的损失 单位：%

食品	V_{B1}	V_{B2}	V_{B5}	V_{B6}	泛酸	叶酸	V_H	V_C	V_A
芦笋	67	55	47	64	—	75	0	54	43
青豆	62	64	40	50	60	57	—	79	52
甜菜	67	60	75	9	33	80	—	70	50
胡萝卜	67	60	33	80	54	59	40	75	9
玉米	80	58	47	0	59	72	63	58	32
蘑菇	80	46	52	—	54	84	54	33	—
青豌豆	74	64	69	69	80	59	78	67	30
菠菜	80	50	50	75	78	35	67	72	32
番茄	17	25	0	—	30	54	55	26	0

（3）冷却或冷冻 冷却方式不同对食品中维生素的影响不同，空气冷却比水冷却维生素的损失少，主要是因为水冷却时会造成大量水溶性维生素的流失。

冷冻通常认为是保持食品的感官性状、营养及长期保藏的最好方法。冷冻一般包括预冻结、冻结、冻藏和解冻。预冻结前的蔬菜烫漂会造成水溶性维生素的损失，预冻结期间只要食品原料在冻结前贮存时间不长，维生素的损失就小。冷冻对维生素的影响因食品原料和冷冻方式而异。冻藏期间维生素损失较多，损失量取决于原料、预冻结处理、包装类型、包装材料及贮藏条件等。冻藏温度对维生素 C 的影响很大，据报道，温度在 -18 ～ 7℃时，温度上升 10℃可引起蔬菜如青豆、菠菜等的维生素 C 以 6 ～ 20 倍的速度加速降解，水果如桃和草莓等的维生素 C 以 30 ～ 70 倍的速度快速降解。动物性食品如猪肉在冻藏期间维生素损失大，其原因有待于进一步研究。解冻对维生素的影响主要表现在水溶性维生素损失上，动物性食品损失的主要是 B 族维生素。

总之，冷冻对食品中维生素的影响通常较小，但水溶性维生素会因冻前的烫漂或肉类解冻时汁液的流失而损失 10% ～ 14%。

（4）干燥 脱水干燥是保藏食品的主要方法之一。具体方法有日光干燥、烘房干燥、隧道式干燥、滚筒干燥、喷雾干燥和冷冻干燥。脱水干燥方式对相同食品中维生素的损失率影响最大。采用喷雾干燥和滚筒干燥时牛乳中维生素 B_1 的损失率为 10% 和 15%，而脂溶性维生素几乎没有损失。在 B 族维生素中，维生素 B_1 对温度最为敏感，蔬菜烫漂后空气干燥时维生素 B_1 的损失平均为豆类 5%、马铃薯 25%、胡萝卜 29%。蔬菜经鼓式干燥后维生素 B_1 的损失率为 20%，而冷冻干燥时维生素 B_1 的损失率为 10% 以下。

（5）辐照 辐照是利用原子能射线对食品原料及其制品进行灭菌、杀虫、抑制发芽和延期后熟等，以延长食品的保存期，尽量减少食品中营养的损失。辐照对维生素有一定的影响，水溶性维生素对辐照的敏感性主要取决于它们是处在水溶液中还是食品中或是否受到其他组分的保护等。维生素 C 对辐照很敏感，其损失随辐照剂量的增大而增加，这主要是水辐照后产生自由基破坏的结果。B 族维生素中维生素 B_1 最易受到辐照的破坏，其破坏程度与热加工相当，大约为 63%。辐照对烟酸的破坏较小，经过辐照的面粉烤制面包时烟酸的含量有所增高，这可能是面粉经辐照加热后烟酸从结合型转变成游离型引起的。脂溶性维生素对辐照的敏感程度从大到小依次为维生素 E> 胡萝卜素 > 维生素 A> 维生素 D> 维生素 K。

6.4.6 食品添加剂对维生素含量的影响

由于贮藏和加工的需要，常常向食品中添加一些食品添加剂，其中有的能引起维生素损失。食品在加工过程中如果添加的化学添加剂使食品的 pH 增加，如用碱性发酵粉发酵时 pH 会增高，在这种碱性条件下，增加了维生素 B_1、维生素 C 和泛酸这类维生素的破坏，比如在 pH 为 9 时蛋糕烘烤维生素 B_1 损失 95%。食品在弱酸性条件下，维生素的损失较少。在食品中加入抗氧化剂可对某些维生素有保护作用。例如维生素 C 对维生素 E、维生素 A 等有保护作用。氧化剂通常对维生素 A、维生素 E 和维生素 C 有破坏作用。硝酸盐和亚硝酸盐常用于肉类的发色与保藏，但它作为氧化剂会破坏类胡萝卜素、维生素 B_1 和维生素 B_{11}。二氧化硫或亚硫酸盐作为还原剂，常用来抑制水果、蔬菜的酶促褐变和非酶促褐变，对维生素 C 有保护作用，但因其亲核性会导致维生素 B_1 的失活。

不同维生素间也相互影响，例如，食品中添加维生素 C 可提高胡萝卜素、维生素 A、维生素 B_1、维生素 E、维生素 B_2 和叶酸的稳定性，抗氧化剂（BHA、BHT 和维生素 E）可保护维生素 A、维生素 D 和 β-胡萝卜素。

食品中添加乳化剂和增稠剂有利于稳定水溶性维生素。一些金属离子的存在也可使某些维生素破坏，如 Cu^{2+} 可促进维生素 B_1 和维生素 C 的分解，Fe^{2+} 促进维生素 B_2 的降解。此外，食品中油脂氧化产生的过氧化物能促进维生素 A、维生素 D 和维生素 E 的降解。

概念检查 6.4

○ 简述加工方式与维生素 C 的损失。

参考文献

[1] 赵洪静，等 . 食品加工、烹调中的维生素损失 . 国外医学卫生学分册，2003，30（4）：221.
[2] 赵谋明 . 食品化学 . 北京：中国农业出版社，2012.
[3] 周裔彬 . 食品化学 . 北京：化学工业出版社，2020.
[4] Chung K T，et al. Are tannins a double-edged sword in biology and health？.Trends in Food Science & Technology，1998，9：168.
[5] Damodaran S，et al. Fennema's Food Chemistry.Fifth Edition. CRC Press，2017.
[6] Garneiro G，et al. Vitamin andmineral deficiency and glucose metabolism-A review. e-SPEN Journal，2013，8：e73.
[7] Ložnjak P，et al. Stability of vitamin D_3 and vitamin D_2 in oil，fish and mushrooms after household cooking. Food Chemistry，2018，254：144.
[8] Lee S W，et al. A review of the effect of vitamins and other dietary supplements on seizure activity. Epilepsy & Behavior，2010，18（3）：139.
[9] Rietjens Ivonne M C M，et al. The pro-oxidant chemistry of the natural antioxidants vitamin C，vitamin E，carotenoids and flavonoids. Environmental Toxicology and Pharmacology，2002，11：321.
[10] Verkerk R，et al. Effects of processing conditions on Glucosinolates in cruciferous vegetables. Cancer letters，1997，114：193.

总结

维生素
- ○ 维生素是一类低分子量有机化合物，有着不同的化学结构和生理功能，是人体必需的营养素，多数靠食物直接或间接提供。

食物中维生素
- ○ 维生素 A、维生素 D、维生素 E、维生素 K、维生素 B_1、维生素 B_2、烟酸和烟酰胺、泛酸、生物素、维生素 B_6、维生素 B_{11}、维生素 B_{12}、维生素 C 等。
- ○ 光、碱、热、氧等会在不同程度上影响维生素稳定性。

维生素的生物有效性
- ○ 是指人体所摄入的维生素被肠道吸收、在体内起的代谢功能和被利用的程度。
- ○ 维生素的来源、存在形式及含量、膳食组成、消费者生理状态、食品加工和烹调方式等，会影响其生物有效性。

影响含量因素
- ○ 原料本身、采后 / 宰后处理、贮藏温度、贮藏方式和时间、包装材料等的影响。
- ○ 切割、修整、去皮、清洗、热烫等加工前预处理的影响。
- ○ 研磨、热处理、冷冻、辐照、食品添加剂、干燥等加工方式的影响。

思考练习

1. 维生素在食品加工和保藏中有哪些功能作用？
2. 论述食品加工和贮藏中影响维生素含量的主要因素。

3. 维生素 B_{12} 又称钴维素或钴胺素。若结构中钴被镉取代，请结合所学的相关化学知识进行分析。
4. 简述 V_C 的主要性质及其稳定性的影响因素。V_C 对食品色泽有何影响？
5. 维生素A和维生素E是两种重要的脂溶性维生素，但它们的化学性质极其活泼，在食品加工过程和贮藏过程中非常容易遭到破坏。请从化学结构的角度分析它们稳定性较差的原因，并提出一些可以提高它们稳定性的方法或技术。

第 7 章　矿物质

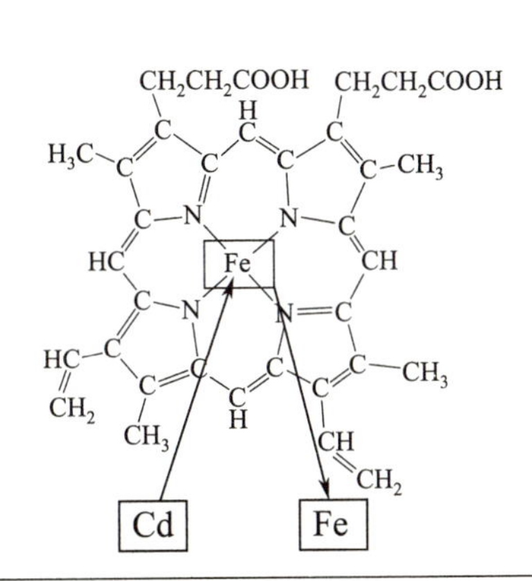

若 Cd 取代了血红素中 Fe 结果如何?

人体自身不能合成生长发育所需要的矿物质，因此需要从食品中摄入。故消费者都很关心：

□ 食品的矿物质含量及存在状态与其营养性有什么关系？

□ 影响食品矿物质生物有效性的因素有哪些？

□ 常见的食品加工方式对矿物质含量及其有效性有何影响？

为什么要学习“矿物质”？

补充微量元素常用有机态的食品，为什么？当钙在体内分别与草酸和蛋白质结合时，对人体的影响有何不同？在《食品安全国家标准 食品中污染物限量》中，对铅、镉、锡、镍、铬等重金属元素的限量都以总量计，而对于汞和砷的要求则是当它们的总量分别不超过甲基汞和无机砷限量值时，可判定符合限量要求，否则需继续测定样品中甲基汞或无机砷的含量，以判定是否符合限量标准。这是为什么？

学习目标

- 了解食品矿物质的定义、功能性及其在食品中的存在状态，尤其是重金属元素的存在状态需要掌握。
- 掌握食品矿物质的溶解性、酸碱性、氧化还原性、活度等理化性质。
- 熟知食品矿物质的营养性、安全性及其影响因素，尤其要掌握食品矿物质的存在状态与其营养性和安全性的关系。
- 掌握影响食品中矿物质含量的主要因素，尤其要从影响原料中原有的矿物质含量和加工贮存过程产生变化这两方面考虑。

食品中的矿物质是六大营养素之一，也是评价食品营养价值的重要指标之一。人体生长发育需要多种矿物质，且多由食品提供，因此，食品中矿物质的含量及存在形态对维持人体健康发挥着重要作用。如果矿物质供给量不足或生物有效性过低，就会导致营养缺乏症或罹患某些疾病，但摄入过多也会产生安全隐患。因此，学习食品中矿物质的理化性质、功能性、含量及存在状态、生物有效性及影响因子以及加工和贮存对其产生的影响，对于了解食品安全、营养强化和加工技术等方面均有重要的意义。

7.1 概述

7.1.1 化学元素分类

目前已发现化学元素 118 种，其中自然界存在的有 92 种，其它为人造元素。在人体中发现有 81 种元素，根据其营养性大致可分为如下 3 类：

（1）生命必需元素　生命必需元素具有以下特征：① 机体必须通过饮食摄入，若缺乏就会表现出某种生理性缺乏症，早期补充该类元素则症状消失；② 有特定的生理功能，其它元素不能完全代替；③ 在同一物种中有较为相似的含量范围。据目前报道，人体内必需元素约有 29 种：氧（O）、碳（C）、氢（H）、氮（N）、钙（Ca）、磷（P）、钾（K）、钠（Na）、氯（Cl）、硫（S）、镁（Mg）、铁（Fe）、氟（F）、锌（Zn）、铜（Cu）、钒（V）、锡（Sn）、硒（Se）、锰（Mn）、碘（I）、镍（Ni）、钼（Mo）、铬（Cr）、钴（Co）、溴（Br）、砷（As）、硅（Si）、硼（B）、锶（Sr）。因前 11 种元素含量较高，其总量约占人体元素总量的 99.95%，故又称为常量元素或宏量元素；后 18 种元素在体内含量较少，其总量仅占人体元素总量的 0.05%，故又称为微量元素。

（2）潜在的有益元素或辅助元素　当该类元素含量很少时对生命体的生理活动是有益的，但摄入量稍大时即存在安全隐患。目前这类元素主要有铷（Rb）、铝（Al）、钡（Ba）、铌（Nb）、锆（Zr）、锂（Li）、稀土元素（RE）等。

（3）有毒元素　该类元素在含量很少时对生命体的生理活动无益，但在体内积蓄量稍大时就表现出有害性。目前这类元素主要有铋（Bi）、锑（Sb）、铍（Be）、镉（Cd）、汞（Hg）、铅（Pb）、铊（Tl）等。

在食品科学中，常将除 C、H、O、N 以外的生命必需元素称为矿物质（minerals）。矿物质又依其在食品中含量的多少分为常量元素（main element 或 major element）、微量元素（trace element 或 micro elements）和超微量元素（ultra-trace elements）。食品中那些非必需的元素称为污染元素（contamination elements）或有毒微量元素（toxic trace elements）。

上述元素划分，尤其是对于潜在的有益元素和有毒元素的归类，都是根据目前的认知而相对划分的。随着科技的进步，它们将会有新的归类。

7.1.2 矿物质功能概述

各种矿物质都具有一定的功能机理（表 7-1），很多研究还发现矿物质之间或矿物质与其他营养素之间存在协同、拮抗或既协同又拮抗的复杂互作关系，影响着它们的生物有效性。这种互作关系不仅与元素本身的含量有关，还受元素之间比例的影响，如饮食中 Ca/P 为 1∶1 时，人体对 Ca 和 P 的吸收效果最好。Fe 与 Zn、Zn 与 Cu 是与健康相关的典型拮抗实例，当膳食中 Fe/Zn 从 1∶1 到 22∶1 变动时，人体对 Zn 吸收的抑制作用逐渐增强；而提高膳食中 Zn 的水平，则会降低对 Cu 的吸收。体内矿物质缺乏往往表现为某种症状，诸多研究表明矿物质的缺乏或含量不平衡都会为人体健康带来安全隐患。

表 7-1　主要矿物质的功能简介

元素	矿物质的主要功能
B	促进生长，是植物生长所必需的
F	与骨骼的生长有密切关系
Fe	组成血红蛋白和肌红蛋白、细胞色素等
Zn	与多种酶、核酸、蛋白质的合成有关
I	甲状腺素的成分
Cu	许多金属酶的辅助因子，铜蛋白的组成
Se	构成谷胱甘肽过氧化物酶的组成成分，与肝功能及肌肉代谢等有关
Mn	酶的激活，并参与造血过程
Mo	是钼酶的主要成分
Cr	主要起胰岛素加强剂的作用，促进葡萄糖的利用
Mg	酶的激活、骨骼成分等
Si	有助于骨骼形成
P	ATP组成成分
Co	维生素B_{12}组成成分
Ca	骨骼成分，神经传递等
S	蛋白质组成
K	电化学及信使功能，胞外阳离子
Na	电化学及信使功能，胞外阳离子
Cl	电化学及信使功能，胞外阴离子

矿物质与其他有机营养物质不同，它不能在体内合成，而是全部来自于生存环境，人体主要通过饮食获得。除了排泄出体外，矿物质也不会在体内代谢过程中消失。因此，一方面饮食和膳食结构对人体中矿物质的组成和比例有重要影响；另一方面，食品中矿物质种类及组成也是食品质量的主要评价指标

之一。此外，某些重金属的含量也是食品卫生安全的评价指标。

矿物质在生命过程中的功能研究逐渐引起人们的重视。矿物质缺乏会导致某些酶的活性降低甚至完全丧失，激素、蛋白质、维生素的合成和代谢也会发生障碍，人类生命过程难以正常进行。近几年人们对金属元素组学，尤其是微量金属元素参与基因表达的调控等都给予了特别的关注。

概念检查 7.1

○ 目前发现人体中有多少元素？食品科学将哪些元素称为矿物质？

7.2 矿物质在食品中的存在状态

对于矿物质在动、植物源食物中的赋存状态有多种分类方法。根据其理化性质可分为：溶解态和非溶解态，胶态和非胶态，有机态和无机态，离子态和非离子态，络合态和非络合态以及不同价态。也可根据分离或测定手段进行划分，如用螯合树脂分离时分为“稳定态”和“不稳定态”，用阳极溶出伏安法（ASV）测定时分“活性态”和“非活性态”等。

赋存状态分析可分为三个层次：① 初级状态分析，旨在考察该成分的溶解情况，相当于区分溶解态和非溶解态，部分有机态和无机态；② 次级状态分析，进一步区分有机态和无机态、离子态和非离子态、络合态和非络合态；③ 高级状态分析，指对各种状态在分子水平上研究，如确定其金属配合物或络合物组成、配位原子及配位数、离子的电荷及价态等。

食品中矿物质的存在状态不同，其营养性及安全性也有所差异。如对于食物中的砷而言，通常认为有机胂毒性小于无机砷。同是无机砷，三价砷毒性又大于五价砷。同是有机胂，它们的毒性又与其中砷元素的价态密切相关，有机三价胂能与蛋白质中巯基作用，因此毒性较大；而有机五价胂与巯基的结合力较弱，因此毒性较小。又如在膳食中，血红素铁虽然比非血红素铁所占的比例少，但前者吸收率却比后者高 2 ～ 3 倍，且很少受其他膳食因素包括铁吸收抑制因子的影响。

由上可见，评价某种矿物质的营养性和安全性，除常规的总量测定外，还应考虑它们在食品中的存在形式。一般来说，矿物质中多数金属主要以配合物状态在食物中存在，仅有少数呈游离态。

7.2.1 与氨基酸及单糖结合

根据配位化学及 Lewis 酸碱理论，金属被归类为 Lewis 酸，提供空轨道；而小分子的糖、氨基酸、核酸、叶绿素、血红素等物质因结构上富含 N、S、O 等原子，可提供孤对电子，被认为是 Lewis 碱。因此，矿物质中多数金属元素能与上述生物小分子形成金属配合物。

就 *α*- 氨基酸而言，其最常见的形式是作为二齿配体，以 *α*- 碳上的氨基和羧基作为配位基团同金属进行离子配位，形成具有五元环结构的较稳定的配合物（图 7-1）。在一定条件下，氨基酸侧链的某些基团也可以参与配位。除肽末端羧基和氨基酸侧链的某些基团可作为配位基团外，肽键中的羧基和亚氨基也可参与配位。

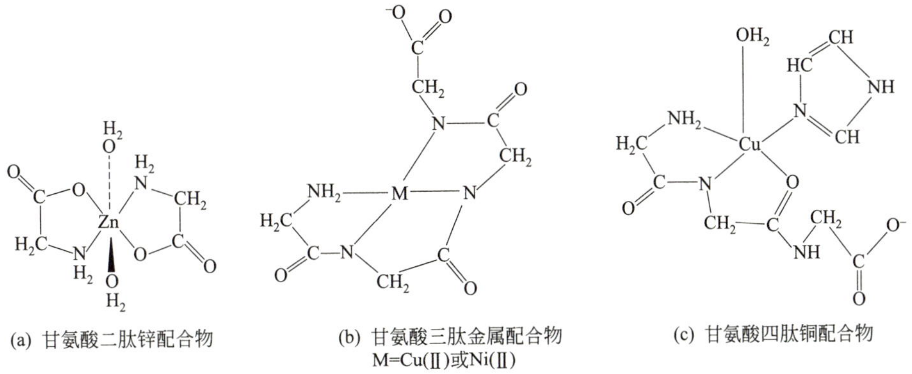

(a) 甘氨酸二肽锌配合物

(b) 甘氨酸三肽金属配合物
M=Cu(Ⅱ)或Ni(Ⅱ)

(c) 甘氨酸四肽铜配合物

图 7-1　金属元素与肽配合物示意图

当糖分子内相邻的羟基处在有利的空间构型时，如吡喃糖上的三个羟基处在轴向 - 横向 - 轴向，或呋喃糖上三个羟基处在顺式 - 顺式 - 顺式的结构，都能与二价及三价金属元素形成配合物。如果糖分子上连接有—COO^- 或—NH_2 基团，这些糖的衍生物与金属元素形成的配合物稳定性将被提高几个数量级。糖与氨基酸在美拉德反应过程中形成的糖胺成分，如葡糖基胺、果糖基胺等也能与金属元素形成较稳定的配合物。据 L.Nagy 等研究，葡萄糖与氨基酸在高温下发生羰氨反应所形成的 Amadori 异构物是较稳定的金属元素配体。

7.2.2　与植酸及草酸的结合

植酸又称肌酸，能与 Ca、Fe、Mg、Zn 等金属离子结合成不溶性化合物，使金属离子的有效性降低；植酸盐还可与蛋白质类形成配合物，同时降低蛋白质和金属离子的生物利用率。蔬菜中约有 10% 左右的 P 因与植酸结合而难被人体吸收；谷物中 P 与植酸结合，一般在 40% 左右，在某些谷物中甚至可达 90%（表 7-2）。

表 7-2　磷与不同植物源食物中植酸结合的情况

食物	植酸结合的磷		食物	植酸结合的磷	
	/（mg/100g）	/%		/（mg/100g）	/%
燕麦	208～355	50～88	马铃薯	14	35
小麦	170～280	47～86	菜豆	12	10
大麦	70～300	32～80	胡萝卜	0～4	0～1
黑麦	247	72	橘子	295	91
米	157～240	68	柠檬	120	81
玉米	146～353	52～97	核桃	120	24
花生	205	57	大豆	231～575	52～68

草酸广泛存在于植物源食品中，是一类比较重要的金属螯合剂。当植物源食品中草酸和植酸含量较高时，一些必需矿物质的生物活性就会降低。同时，一些有害金属元素的毒性也会降低。

7.2.3　与核苷酸的结合

核苷酸分子中磷酸基、碱基和戊糖都可作为金属离子的配位基团，其中以碱基配位能力最强，戊糖的羟基最弱，磷酸基居中。当碱基成为配位基团时，通常是嘧啶的 N3 和嘌呤碱的 N7 为配位原子。与核苷酸作用的金属离子主要有 Ca^{2+}、Mg^{2+}、Cu^{2+}、Mn^{2+}、Ni^{2+} 和 Zn^{2+}。在与 ATP 作用时，Ca^{2+} 和 Mg^{2+} 只与磷酸基成键；而 Cu^{2+}、Mn^{2+}、Ni^{2+} 和 Zn^{2+} 则既与磷酸基成键，又与腺嘌呤的 N7 配位。二价金属离子与磷酸腺苷（ATP、ADP 和 AMP）形成的配合物稳定常数顺序为：$Cu^{2+} > Zn^{2+} > Co^{2+} > Mn^{2+} > Mg^{2+} > Ca^{2+} > Sr^{2+} > Ba^{2+}$、$Ni^{2+}$。

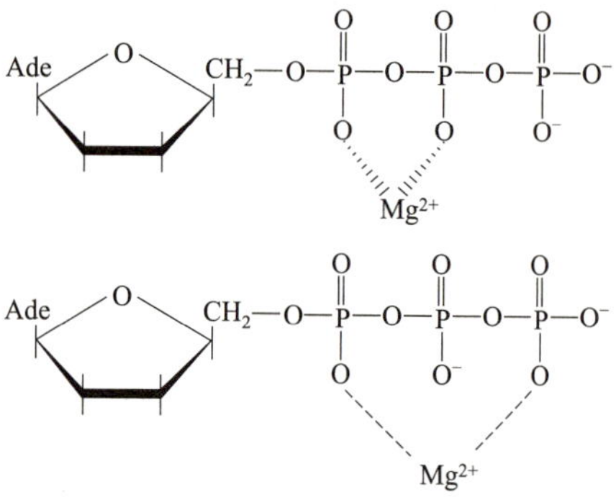

图 7-2 Mg^{2+} 与 ATP 的配合物

用核磁共振（NMR）、拉曼光谱等技术证实，Mg^{2+} 与 ATP 的磷酸基配位，组成 1∶1 的配合物（图 7-2）；用 ^{1}H-NMR 和 ^{31}P-NMR 证实，Cu^{2+} 与几种核苷单磷酸组成配合物时，可与嘌呤碱的 N7 或嘧啶碱的 N3 配位。

据报道 Cu^{2+}、Co^{2+}、Ni^{2+}、Cd^{2+} 等与 ATP 的磷酸基和腺嘌呤 N7 配位有二种形式，它们分别称为大螯合环内配位层［图 7-3（a）］和大螯合环外配位层［图 7-3（b）］。前者是腺嘌呤 N7 直接与金属配位，而 α- 磷酸基通过 H_2O 与金属配位；后者是腺嘌呤 N7 通过 H_2O 与金属配位，而 α-、β-、γ- 磷酸基直接与金属配位（图 7-3）。

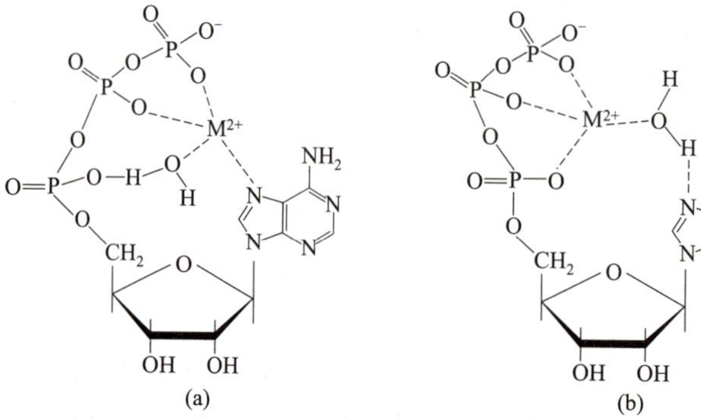

图 7-3 大螯合环内配位层（a）和大螯合环外配位层（b）的两种简化结构（M 表示金属离子）

7.2.4 与环状配体的结合

金属元素还能与生物体内平面环状配体形成配合物，其中卟啉类就是生物配体。卟啉是卟吩的衍生物，卟吩是由 4 个吡咯环通过 4 个碳原子连接构成的一个多环化合物（图 7-4）。当卟吩环上编号位置的 H 原子被一些基团取代后，便成为卟啉类（表 7-3）。

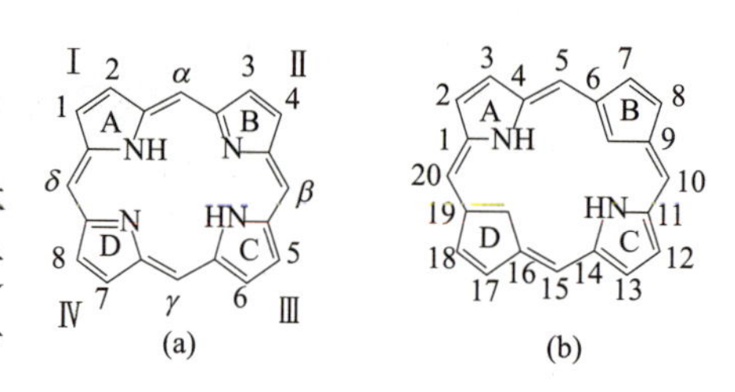

图 7-4 卟吩的结构示意图

表 7-3 一些重要的卟啉

卟啉类	取代基							
	1	2	3	4	5	6	7	8
原卟啉Ⅸ	M	V	M	V	M	P	P	M
中卟啉Ⅸ	M	E	M	E	M	P	P	M
次卟啉Ⅸ	M	H	M	H	M	P	M	P
血卟啉Ⅸ	M	B	M	B	M	P	P	M
血绿卟啉Ⅸ	M	F	M	V	M	P	P	M
类卟啉Ⅲ	M	P	M	P	M	P	P	M
本卟啉Ⅲ	M	E	M	E	M	E	E	M
尿卟啉Ⅲ	A	P	A	P	A	P	P	A

注：A=—CH_2COOH，B=—CH（OH）CH_3，E=—C_2H_5，F=—CHO，M=—CH_3，H=—H，P=—CH_2CH_2COOH，V=—CH=CH_2

叶啉类具有与 Fe^{2+}、Fe^{3+}、Zn^{2+}、Co^{2+}、Cu^{2+}、Mg^{2+} 等许多金属离子形成配合物的能力。如血红素和叶绿素就是 Fe、Mg 离子的主要配体。

血红素由一个 Fe 原子和一个卟啉环组成。卟啉是由 4 个吡咯通过亚甲基（桥）连接构成的平面环，在色素中起发色基团的作用。中心 Fe 原子以配位键与 4 个吡咯环的 N 原子连接，第 5 个连接位点与珠蛋白的组氨酸残基键合，剩下的第 6 个连接位点可与各种配位体中带负荷的原子相结合。图 7-5 表示血红素基团的结构，它与珠蛋白连接时则形成肌红蛋白（图 7-6）。

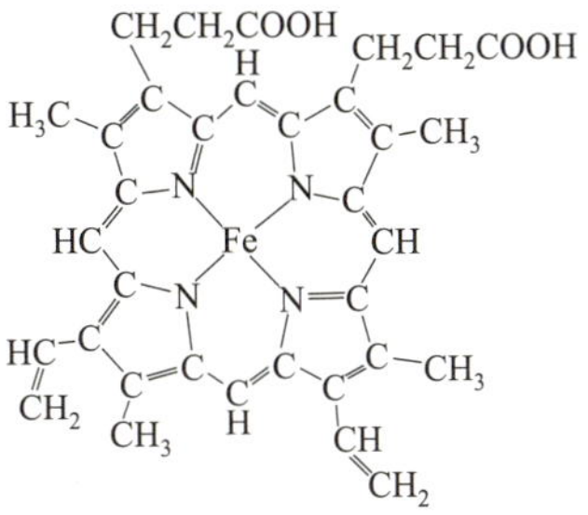

图 7-5　血红素基团的结构

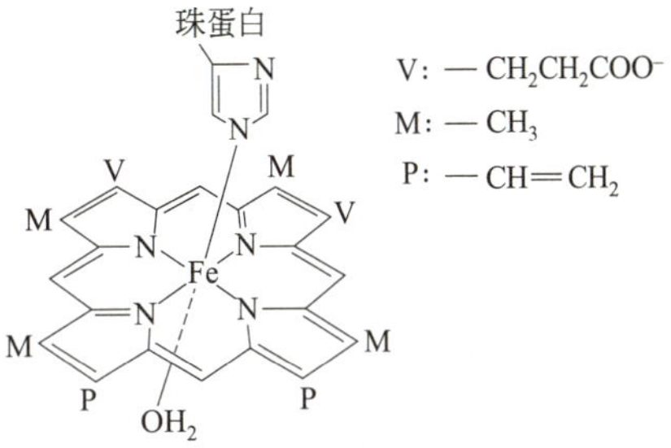

V：$-CH_2CH_2COO^-$

M：$-CH_3$

P：$-CH=CH_2$

图 7-6　肌红蛋白结构简图

叶绿素也是由 4 个吡咯通过亚甲基（桥）连接构成平面环。中心 Mg 原子以配位键与 4 个吡咯环的 N 原子相连接。叶绿素包括不同种类，例如叶绿素 a、b、c 和 d，以及细菌叶绿素和绿菌属叶绿素等。与食品有关的主要是高等植物中的叶绿素 a 和 b 两种（图 7-7）。

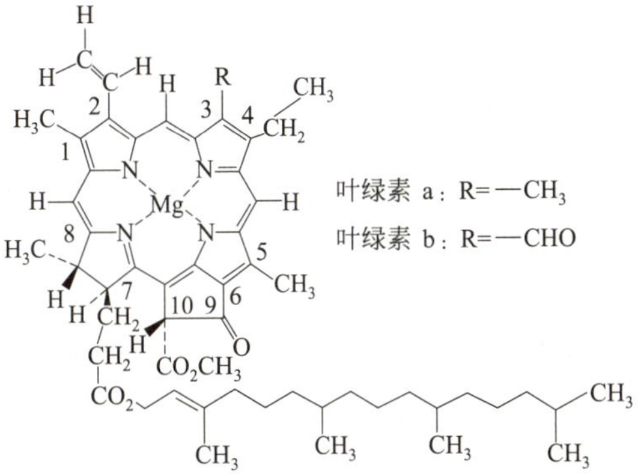

叶绿素 a：$R=-CH_3$

叶绿素 b：$R=-CHO$

图 7-7　叶绿素的结构示意图

叶绿素在食品加工中最普遍的变化是生成脱 Mg 叶绿素，在酸性条件下叶绿素分子的中心 Mg 原子被 H 原子取代，生成暗橄榄褐色的脱 Mg 叶绿素，加热可加快反应的进行。叶绿素中 Mg 离子可被二价金属离子所替代，生成脱 Mg 叶绿素 Zn、脱 Mg 叶绿素 Cu 等。

维生素 B_{12} 中也有一个由 4 个吡咯构成的类似卟啉的咕啉环（corrin ring）系统，它由几种密切相关的具有相似活性的化合物组成，这些化合物都含有钴，故又称为钴胺素。它有两个特征部分，一是类似核苷酸的部分，由 5,6- 二甲苯并咪唑通过 α- 糖苷键与 D- 核糖连接，核糖 3′ 位置上有一个磷酸酯基；二是中心环的部分，它是一个类似卟啉的咕啉环系统，由一个钴原子与咕啉环中四个内 N 原子配位。二价钴原子的第 6 个配位位置可被氰化物取代，生成氰钴胺素。与钴相连的氰基，被一个羟基取代，产生羟基钴胺素，它是自然界中一种普遍存在的维生素 B_{12} 形式；这个氰基也可被一个亚硝基取代，从而产生亚硝基钴胺素，它存在于某些细菌中。在活性辅酶中，第 6 个配位位置通过亚甲基与 5- 脱氧腺苷连接。

7.2.5　与蛋白质结合

除蛋白质中肽键、末端氨基和末端羧基能与金属离子配位结合外，氨基酸残基侧链上的一些基团也可参与配位，如 Ser 和 Thr 的羟基、Tyr 的酚羟基、酸性氨基酸中的羧基、碱性氨基酸中的氨基、His 中的咪唑基、Cys 中的巯基、Met 的硫醚基等。虽然在蛋白质分子中有很多氨基酸残基能与金属离子形成配

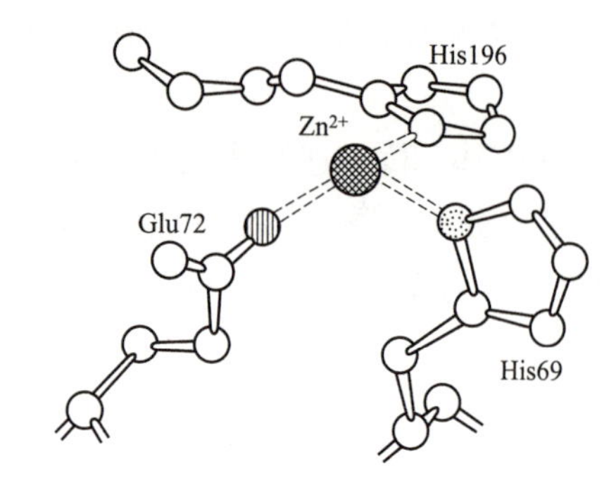

图 7-8 羧肽酶 A 中 Zn^{2+} 配位示意图

合物，但只有当这些基团在生物体内处在特定的构型时才能与金属离子形成配合物。图 7-8 是羧肽酶 A 中 Zn^{2+} 配位示意图。Zn^{2+} 与肽链的两个组氨酸（69 和 196）的咪唑基氮原子以及谷氨酸（72）的羧基氧原子以配价键结合，第 4 个配价键与水分子松弛连接。

现已清楚，金属离子可作为酶的辅基或激活剂。有金属离子参加催化反应的酶称为金属酶（metalloenzyme）。金属酶又可分为两类：① 金属离子作为酶的辅助因子，并与酶蛋白结合牢固，其稳定常数≥ 10^8，这类金属离子与酶蛋白的配合物称为金属酶；② 金属离子作为酶的激活剂，它的存在可提高酶的活性，但它与酶蛋白结合松弛，其稳定常数 $<10^8$，这类金属离子与酶蛋白的配合物称为金属激活酶。目前较为清楚的是 Zn、Fe、Cu、Mn、Mg、Mo、Co、K、Ba 等金属离子可与酶蛋白结合，它们的配合物是公认的金属酶。

除金属离子能与酶蛋白形成配合物外，食物中还有一些结构较为清晰的金属离子结合蛋白：

① 铁蛋白（ferritin）。铁蛋白主要分布在动物的脾脏、肝脏和骨髓中，在植物的叶绿体和某些菌类中也有发现。其主要生理功能是贮存铁，包括体内暂时不用的铁或过多吸收的铁，先由铁传递蛋白运输给脱铁铁蛋白，然后经过中介体焦磷酸铁，生成含铁微团，最后与脱铁铁蛋白形成铁蛋白而贮存起来。

② 铁传递蛋白（transferrin）。铁传递蛋白主要分布在脊椎动物的体液和细胞中。在血清中的铁传递蛋白可称为血清铁传递蛋白（serotransferrin）；在乳及泪腺分泌液中的铁传递蛋白称为乳铁传递蛋白（lactotransferrin）。血清铁传递蛋白是一类与金属结合的糖蛋白，分子量约为（6.7 ～ 7.4）$\times 10^4$。铁传递蛋白也能结合一些二价或三价金属离子，如 Cu^{2+}、Zn^{2+}、Cr^{3+}、Mn^{3+}、Co^{3+}、Ga^{3+} 等。

③ 铁硫蛋白（iron sulphur protein）。铁硫蛋白是一类含 Fe-S 发色团的非血红素铁蛋白。它们的分子质量较小，大多在 10 kDa 左右，主要作为电子传递体参与生物体内多种氧化还原反应，特别是对生物氧化、固氮及光合作用有重要意义。铁硫蛋白通常可分为三大类：一是 $Fe(Cys)_4$ 蛋白；二是 $Fe_2S_2^*(Cys)_4$ 蛋白；三是 $Fe_4S_4^*(Cys)_4$ 蛋白（S^* 称为无机 S 或活泼 S）。

④ 铜蛋白（cuprein）。在食物中铜多与氨基酸、多肽、蛋白质或其他有机物质结合，以配合物形式存在。现发现与蛋白质结合形成的铜蛋白约有 40 多种。常以是否显蓝色将铜蛋白分为两类，即蓝铜蛋白（blue copper protein）和非蓝铜蛋白。

⑤ 金属硫蛋白。金属硫蛋白（metallothionein，MT）广泛存在于生物体内。MT 是一类诱导性蛋白质，分子质量一般为 6 ～ 10kDa，其中 Cys 含量高达 25% ～ 35%，这是 MT 命名的根据，常以 MTs 表示。MTs 主要功能有：抗氧化、清除自由基、消除重金属毒性和平衡体内微量元素分布。MTs 的结构在生物进化中高度保守，MTs 有 4 种异构体，MT- Ⅰ和 MT- Ⅱ异构体在大多数哺乳动物的器官中广泛存在，且参与其功能调节；MT- Ⅲ和 MT- Ⅳ异构体分别存在于大脑和扁平上皮中。金属、非氧化作用金属化合物（包括乙醇烷化剂）和物理及化学的氧化作用均可诱导 MT mRNA 产生 MTs。

动物体内金属元素如 Zn、Cd、Cu、Pb、Hg、Ag 等，可与 MTs 结合形成 MTs 结合态。因此，MTs 在生命体内除有调节细胞内必需过渡金属元素（如 Zn、Cu 等）浓度的缓冲作用外，还可解除重金属的毒害作用，但也不是对所有能诱导它的金属都具此功能。

MTs 在酸性条件下易脱去金属形成脱金属硫蛋白（apoMTs）。MTs 与金属离子的结合能力及其被金属离子诱导的能力使其在金属代谢与解毒方面发挥重要作用。Cd 暴露后机体被诱导产生更多的 MTs 是机体重要的防护机制之一，同时 MTs 水平随 Cd 暴露量而变化，这为评价 Cd 暴露提供了良好的指标。近年来随着测定技术的提高，可采用特异、敏感的测定方法如 ELISA、RIA、FCM、RT-PCR 等测定体液（如血液、尿液）、细胞（外周淋巴细胞）中 MTs 的表达，为 Cd 暴露评价提供了较好的生物标志物。

除某些个例外，哺育动物 MTs 的氨基末端都是乙酰蛋氨酸，羧基末端都是 Ala。整个多肽链有 20 个 Cys 残基，其相对位置不变。它们在多肽链中形成 5 个 Cys-X-Cys 单位、1 个 Cys-Cys-X-Cys-Cys 单位和 1 个 Cys-X-Cys-Cys 单位（X 表示除 Cys 以外的其它氨基酸残基）。这些 Cys 残基既不能形成二硫键，也没有游离巯基存在，它们全部都与金属离子配位结合。

虽然不同的动物源食品中 MTs 的氨基酸组成相似，但其对金属的结合能力常因动物和金属离子的种类而异。每个分子的 MT 通常可结合 7 个金属离子。MTs 上巯基对不同金属离子的亲和力呈以下趋势：$Zn^{2+} < Pb^{2+} < Cd^{2+} < Cu^{2+}$、$Ag^{+}$、$Hg^{+}$。也就是说，当有 Pb^{2+}、Cd^{2+}、Cu^{2+}、Ag^{+}、Hg^{+} 进入体内时，与 MTs 结合的其它金属元素将会被取代出来。

⑥ 植物螯合肽（phytochelatins，PCs）。当用 Cd 诱导植物后，植物体内会产生与 Cd 结合的多肽，该多肽与 MTs 性质差别较大，故将其命名为 PCs。细胞吸收的 Cd^{2+} 90% 以上被 PCs 络合。

PCs 的结构通式是（γ-Glu-Cys）$_n$-Gly，是植物和某些酵母品种中主要的重金属结合多肽。PCs 在体内生物合成被一些重金属快速诱导，特别是 Cd^{2+}、Hg^{2+} 等对生物体有害的重金属，在不经诱导的植物体内则没有这种 PCs。这也是可用某些植物的 PCs 评判环境质量的依据。

PCs 主要与植物体内 Cd^{2+}、Hg^{2+} 等对生物体有害的重金属络合，避免重金属的毒害作用。如 Cd 的解毒机理就是通过 PCs 自身巯基中的硫离子与 Cd 结合形成 PCs-Cd 复合物，然后这些复合物再进入液泡，起到降低细胞内游离 Cd^{2+} 的作用。人们从受重金属胁迫的植物中发现，尽管不同的作物、不同的金属胁迫所产生的 PCs 不同，但它们有以下共同特征：a. 重金属诱导产生的 PCs 有相似的基本结构单元（图 7-9）；b.PCs 结构中 Glu 位于氨基末端位置上；c.PCs 结构中与 γ-Glu 羰基相连接的氨基酸是 Cys；d.PCs 结构中 γ-谷氨酰半胱氨酸二肽（γ-Glu-Cys）单元是其重复单元。

图 7-9　PCs 结构示意图

7.2.6　与多糖类的结合

多糖类结构中有很多羟基。糖蛋白上除有羟基外，还有巯基、氨基、羧基等基团，因此多糖类物质常与金属元素结合，形成多糖复合物。除多糖链上的配位基团外，多糖类链的构象对形成配合物也有影响。金属元素、基团或构象不同，其配合物的稳定常数也不同。金属元素与多糖类物质的结合给食物带来多重影响，一方面，金属元素的存在使多糖物质呈现多种生物功能和食品功能；另一方面，多糖物质对于有害金属的脱除也有重要意义。

概念检查 7.2

○ 食品矿物质中重金属元素多以什么状态存在？

7.3 食品中矿物质的理化性质

7.3.1 矿物质的溶解性

水是所有生物体系必不可少的组成部分，大多数营养元素的传递和代谢都是在水溶液中进行的。因此，矿物质的生物利用率和活性在很大程度上依赖于它们在水中的溶解性。Mg、Ca 和 Ba 是同族元素，仅以 +2 价氧化态存在。虽然这一族的卤化物都是可溶的，但它们的氢氧化物及重要盐类如碳酸盐、磷酸盐、硫酸盐、草酸盐和植酸盐都极难溶解。特别是对于植酸，Fe、Zn、Ca、Mg、Mn 等与其结合后，形成难溶性的植酸 - 矿物质配合物，从而影响了矿物质的生物利用率。

食品中矿物质的溶解性除与其自身性质有关外，还受食品的 pH 及构成成分等因素影响。通常食品的 pH 愈低，矿物质的溶解性就愈高。食品中的蛋白质、肽、氨基酸、有机酸、核酸、核苷酸、糖等均可与矿物质形成不同类型的配合物，多数有利于其溶解。生产中为防止某些微量元素形成不溶性无机盐，常以氨基酸与其螯合，使其分子内电荷趋于中性，便于机体对微量元素的充分吸收和利用。同样，也可利用一些配体与有害金属元素形成难溶性配合物以消减其毒害作用。例如可利用柠檬酸与 Pb 形成难溶性化合物来达到治疗铅中毒的目的。

7.3.2 矿物质的酸碱性

酸碱的电子论定义：酸是指含有电子结构未饱和的质子，可以接受外来电子对的任何分子、基团或离子；碱的定义则是凡含有可以给予电子对的分子、基团或离子。为了划清不同理论的酸碱，一般书上也将电子论定义的酸和碱称为 Lewis 酸或 Lewis 碱。根据 Lewis 的酸碱理论，在食品中，金属元素都是 Lewis 酸，而有机成分则多为 Lewis 碱。

根据硬软酸碱规则，酸碱反应形成配合物的稳定性与酸碱的体积大小、正 / 负电荷高低及极化状态等有密切关系。通常来说，半径大、电荷少的阳离子所生成的配合物稳定性小；否则反之。因此，对于同一配体，即碱来说，不同金属元素与之形成的配合物的稳定性、溶解性、营养性或安全性等都是不同的。

7.3.3 矿物质的氧化还原性

自然界中金属元素常处在不同的氧化还原状态，并在一定条件下可以相互转变。金属元素的氧化还原受食品状态影响，其价态也随之变化，相应配合物的稳定性、营养性及安全性也随之发生改变。同种元素处于不同价态时，其营养性和安全性差异较大，如 Fe^{2+} 是生物有效价态，而 Fe^{3+} 积累较多时会产生有害性。同样是 Cr 元素，当其呈二价、三价时，摄入量控制在一定范围内不会引起中毒症状，且补充的 Cr 试剂多以三价为主。但六价 Cr 盐是致癌物质，重铬酸钾的口服致死量约为 6 ～ 8g。高铬盐被人体吸收后，进入血液夺取部分氧形成氧化铬，使血红蛋白变为高铁血红蛋白，致使红细胞携带氧的机能发生障碍，血中氧含量减少，最终发生缺氧致死。

金属元素的这些价态变化和相互转换的平衡反应，都将影响组织和器官中的环境特性，如 pH、配位体组成、电效应等，从而影响其生理功能，表现出营养性或有害性。

7.3.4　矿物质的浓度与活度

离子或化合物在生化反应中的反应性取决于活度而非浓度。活度的定义为：

$$a_i = f_i C_i$$

式中，a_i 为 i 离子的活度；f_i 为 i 离子的活度系数；C_i 为 i 离子浓度。

f_i 随离子强度增加而减小。但由于食品体系较为复杂，无法准确测定 f_i。在离子强度很小时 f_i 接近于 1，此时，C_i 与 a_i 成正相关，故食品中的离子浓度也能用于评判其作用。矿物质的浓度和存在状态影响着各种生化反应，许多原因不明的疾病（例如癌症和地方病）就可能与此有关。另外，不同浓度的矿物质对生命体的作用不同（图 7-10）。事实上，确定矿物质对生命活动的具体作用机制确非易事，因为除浓度外，矿物质的价态、存在形态以及膳食结构等对其也有影响。因此，仅以矿物质的含量或浓度来判断其在食品中的作用是有局限性的。

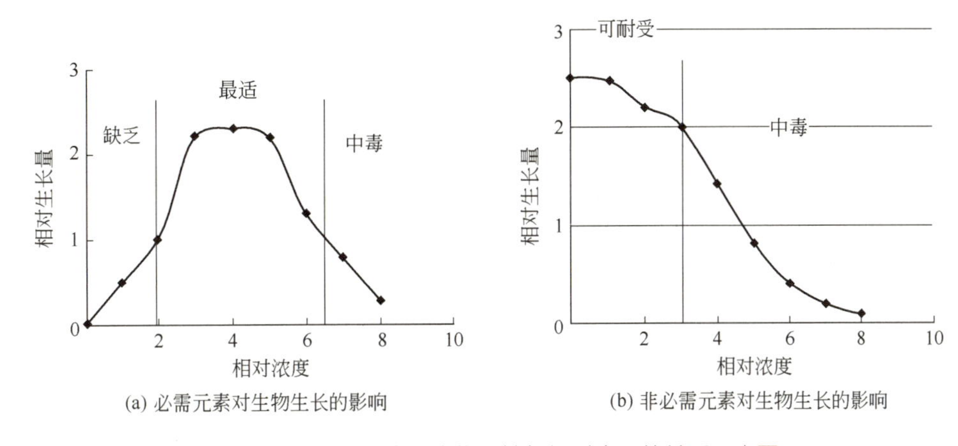

图 7-10　微量元素的生物活性与相对含量的关系示意图

7.3.5　金属元素的螯合效应

在食品中，许多金属离子也可与有机分子配位结合，形成配位化合物或螯合物。根据 Werner 提出的配位理论，配合物可分为内界和外界两个组成部分，如在［$Cu(NH_3)_4$］SO_4 中，$Cu(NH_3)_4^{2+}$ 为内界（络离子），其中 Cu^{2+} 为中心离子，NH_3 为配位体；SO_4^{2-} 为外界离子。食品中常见的中心离子或原子主要是一些过渡金属元素，如 Fe、Co、Mg、Cu 等。对于配位体而言，它以一定的数目和中心原子相结合，配位体上直接和中心原子连接的原子叫配位原子。一个中心原子所能结合的配位原子的总数称为该原子的配位数。配位数的多少受中心原子和配位体的体积大小、电荷多少、彼此间的极化作用、配合物生成的外界条件（浓度、温度）等因素影响。配位原子通常有 14 种，包括 C、H 以及元素周期表中ⅤA、ⅥA、ⅦA 族元素。

如果一个配位体以两个或两个以上自身的配位原子和同一中心原子配位形成一种具有环状结构的配合物，则该配合物又称为螯合物。

配合物状态对于存在其中的金属元素的营养与功能有重要影响。如 Fe 以血红素的形式存在时才具有携氧功能；Mg 以叶绿素形式存在才可进行光合作用；对人体有重要作用的维生素 B_{12} 是一种 Co 的配合物。不少酶分子中也含有金属元素，主要包括 Fe^{2+}、Mg^{2+}、Co^{2+}、Mo^{2+}、Mn^{2+}、Cu^{2+}、Ca^{2+} 等，它们与氨基酸侧链基团结合可形成复杂的金属酶。在食品中加入某些有机成分作为螯合剂可防止由 Fe、Cu 引起的氧化作用；同样，将一些必需微量元素以其配合物形式加入到食品中可提高其生物有效性。

影响食品中配合物或螯合物稳定性的因素主要有如下方面：

（1）从配体的角度：①环的大小，一般五元环和六元环螯合物比其他更大或更小的环稳定；②配位体的电荷，带电的配位体比不带电的配位体形成的配合物更稳定；③配位体碱性的强弱，Lewis 碱性强的配位体与金属离子形成的配合物稳定性更好。

（2）从中心原子的角度：半径大、电荷少的阳离子生成的配合物稳定性弱，否则反之。如 d 轨道未完全充满的 Fe^{2+}、Fe^{3+}、Ag^{+}、Ln^{+} 等过渡金属离子生成配合物的稳定性最强。

概念检查 7.3

○ 简述食品矿物质的理化性质。

7.4 食品中矿物质的营养性及安全性

7.4.1 矿物质的营养性

矿物质是评价食品营养性的重要指标，这是因为人体所需要的矿物质必须通过饮食获取，如果人类的饮食不能满足机体对矿物质的需要就会表现出某种症状，甚至死亡。矿物质对人体营养的重要性可归纳如下：

（1）矿物质是人体诸多组织的构成成分。例如，Ca、P、Mg 等是构成骨骼、牙齿的主要成分。

（2）人体内的某些成分只有与矿物质结合才能表现出功能性。如当 Co 存在时维生素 B_{12} 才具备功能性，血红素、甲状腺素的功能分别与 Fe 和 I 的存在密切相关。

（3）矿物质与维持细胞的渗透压、细胞膜的通透性、体内的酸碱平衡及神经传导等密切相关。

（4）矿物质是机体内许多酶的组成成分或激活剂。如 Cu 是多酚氧化酶的组成成分，Mg、Zn 等为多种酶的激活剂。

食品中矿物质的营养性取决于其生物利用率或生物利用度（bioavailability），同一含量的某元素，利用率不同其营养性也大不一样。影响矿物质利用率的因素主要有：食品中矿物质的存在状态和其他因素，如抗营养因子等。一般测定食品中矿物质生物利用率的方法主要有化学平衡法、生物测定法、体外试验和同位素示踪法。其中同位素示踪法是一种较为理想的方法，该法是指用标记的矿物质饲喂受试动物，通过仪器测定，可追踪标记矿物质的吸收、代谢等情况。该方法灵敏度高、样品制备简单、测定方便。

现以 Fe 元素为例，介绍矿物质的生物利用率及其影响因素。人体摄入的 Fe 主要在小肠上部被吸收。食物中 Fe 可分为血红素铁和非血红素铁两种。血红素铁属于二价铁，来自动物食品中的血红蛋白和肌红蛋白，主要存在于动物血液及含血液的脏器与肌肉中，被肠黏膜直接吸收形成可供人体利用的铁蛋白。非血红素铁是指谷类食物、蔬菜、水果、豆类等植物源食品中所含的铁，属三价铁。三价铁只有被还原为二价的可溶性铁化合物时才较易被吸收。三价铁的吸收率受多种因素影响，如植物源食物中存在有大量的磷酸盐、草酸、鞣酸等会与非血红素铁形成不溶性铁盐，而当植物源食物中又缺少可还原三价铁为二价铁的还原剂时，Fe 的吸收率就会很低。所以不同来源食物中 Fe 的吸收利用率相差较大（图 7-11）。动物源食品中 Fe 的吸收利用率远高于植物源食品。

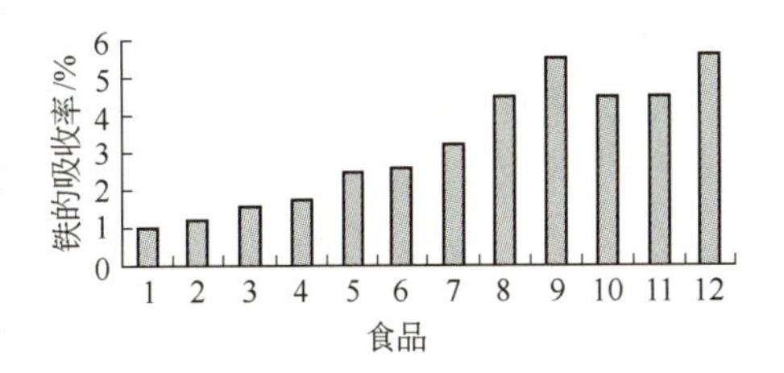

图 7-11　成人对不同来源的食物中 Fe 的吸收利用率示意图

1～12 代表稻、菠菜、豆类、玉米、莴苣、小麦、大豆、铁蛋白、牛肝、鱼肉、血红蛋白和牛肉

Fe 的吸收利用率除与食品来源、存在状态有关外，还受加工和饮食结构影响。如全麦面包中，在面粉发酵 6h 后，Fe 的生物利用度从开始时的 3.08 上升到 3.63，若在酵母中增加 2% 的乳杆菌则可达到 9.58。再如，由于磷酸能同食品中的 Fe 盐发生沉淀反应，故牛奶中含 P 成分较多时则会直接影响 Fe 的吸收。另外，饮茶或体内 Cu 元素缺乏也可抑制 Fe 的吸收，这是由于浓茶中的多酚类物质能与食品中 Fe 相结合，形成不溶性 Fe 沉淀，妨碍 Fe 的吸收。而 Cu 有催化 Fe 合成血红蛋白的功能，所以，当体内缺 Cu 时，对 Fe 的吸收也会减少。因此，对于缺 Fe 性贫血患者应适当增加含 Fe 丰富的动物源食物的摄入。

饮食 Fe 的吸收还与个体或生理因素有关。缺 Fe 或患缺 Fe 性贫血病的群体对 Fe 的吸收率会提高，妇女对 Fe 的吸收比男人高，儿童对 Fe 的吸收随着年龄的增大而减少。

各种矿物质的生理功能见表 7-1 和相关的教科书。矿物质营养性与其含量（图 7-10）、价态（如 Fe^{2+} 和 Fe^{3+}）、化学形态（蛋白钙和草酸钙）等有关。影响矿物质生物有效性的因素都会影响它的营养性（表 7-4）。因此，在考察食品矿物质营养性时，仅从其含量来评判是不够的。

表 7-4　影响食品中矿物质利用率的因素

影响因素	实 例
矿物质的化学形态	难溶形态及稳定螯合物不易被吸收；血红素铁比非血红素铁更易被吸收等
食品中配位体	形成可溶性螯合物的配位体可增强某些矿物质的吸收性（如EDTA可增强一些饮食中铁的吸收性）；难消化的高分子量配位体可减少吸收（如膳食纤维和某些蛋白质）；与矿物质形成不可溶性螯合物的配位体可能降低吸收性（例如，草酸抑制Ca的吸收，植酸抑制Ca、Fe、Zn的吸收）等
食品成分氧化还原反应活性	还原剂（如抗坏血酸）加强Fe的吸收；氧化剂抑制Fe的吸收等
矿物质间的交互作用	一种矿物质的浓度过高时，会抑制其他矿物质的吸收（如Ca抑制Fe的吸收，Fe抑制Zn的吸收，Pb抑制Fe的吸收）等
消费者的生理状态	体内矿物质含量不足时为正调节增加吸收量，含量充足或过量时为负调节减少吸收量；吸收障碍症（如克罗恩病，乳糜泻）会阻碍矿物质和其他营养物质的吸收；年龄影响矿物质的吸收（吸收效率随着年龄的增长而下降）；女性及孕期（孕期铁的吸收量增大）等

7.4.2　食品矿物质的安全性

食品矿物质中微量元素大多存在较敏感的量效关系（图 7-10），它们虽是人体所必需的，但摄入过多也会产生安全隐患。

一些微量矿物质的营养性或安全性除与它们的含量有关外，还受下列因素影响：

（1）微量元素之间的协同效应或拮抗作用　两种及以上金属之间可以出现安全性的增强或降低效应。例如：

Cu 与 Hg：Cu 可增加 Hg 的毒性。

Cu 与 Mo：Cu 可增强 Mo 的安全性，而 Mo 也能显著降低 Cu 的吸收，引起 Cu 的缺乏。

As 与 Pb：它们之间的毒性有协同效应。

As 与 Se：As 可降低 Se 的安全性。

Se 与 Co：少量的 Co 可降低 Se 的安全性。

Se 与 Cd：Se 能降低 Cd 的毒性。

Se 与 Ni：Se 可提高 Ni 的安全性。

Cd 与 Zn：Cd 与 Zn 有竞争作用，Cd 可使 Zn 缺乏。

Cd 与 Cu：Cd 能干扰 Cu 的吸收，而低 Cu 状态可降低 Cd 的耐受性。

Fe 与 Mn：缺乏 Fe 可使 Mn 的吸收率增加，而 Mn 可降低 Fe 的吸收等。

（2）元素的价态 矿物质中一些微量元素的安全性与其价态密切相关。从微量金属元素使生物体中毒的分子机理可看出，金属元素的毒性都是以其与生物大分子的配位能力为基础的，价态不同其配位能力也有所差异。因此，同种金属元素的不同价态具有不同的生物效应，例如，Cr^{3+} 是人体必需的微量元素，而 Cr^{5+} 对人体具有很大的毒性；三价无机砷（As^{3+}）比五价无机砷（As^{5+}）的毒性强 60 倍。

（3）元素的化学形态 矿物质中某些微量元素的安全性还与其化学形态有关，例如，不同砷化物的半致死剂量 LD_{50}（mg/kg）分别为：亚砷酸盐 14.0；砷酸盐 20.0；单甲基砷酸盐 700 ～ 1800；二甲基砷酸盐 700 ～ 2600；砷胆碱络合物 6500；砷甜菜碱络合物 >10000。这些数据表明，易变态的无机砷毒性最大，甲基化砷的毒性较小，而稳定态的砷甜菜碱和砷胆碱有机络合物则通常被认为是无毒的。在同样含量水平下，甲基汞则远比无机汞的毒性大得多。这就是食品安全国家标准中，不仅要对 As、Hg 的总量进行分析，有时还需检测无机砷及甲基汞的原因。

有些微量元素的化学形态较稳定，而有些元素则易变态。易变态的微量元素主要包括游离离子和一些易解离的简单无机络合物，而稳定态的则多为有机络合物。由于易变态的金属可以与细胞膜中运载蛋白结合并被运至细胞内部，因而被认为是可能的毒性形态；而稳定态的有机络合物则因不易被运输到细胞内部，因而多被视为无毒或低毒形态。

7.4.3 在元素周期表中的位置与其营养性及安全性

将矿物质元素与元素周期表联合分析，则可发现人体必需的宏量元素全部集中在元素周期表开头的 20 种元素之内，人体必需的微量元素则多数属于过渡金属元素，它们基本集中在元素周期表的前三、四两个周期之中。金属元素的毒性与各自的化学性质、电极电位、电离势、电正性、电负性等有密切的关系。例如，ⅠA 和ⅡA 族的金属元素尤其是ⅠA 族元素的电正性强，在生物体内主要以阳离子状态存在。然而在同一族内随着原子序数的递增离子半径加大，金属元素的毒性也随之增大，即：$Na < K < Rb < Cs$，$Mg < Ca < Sr < Ba$。但也有少数金属元素与上述规律不符，如轻金属 Li 和 Be，它们的电正性虽弱，但其毒性却强于同族的其它元素。据唐任寰等研究发现，对主族元素而言，同族中从上而下的元素对细胞的营养性渐弱，毒性渐强；对同一周期而言，同族中从左至右的元素对细胞的营养性渐弱，毒性渐强。

7.4.4 存在形态与其营养性及安全性

在生物物质中，除 C、H、O 和 N 参与组成的各种有机化合物以外，其它生物元素各具有一定的化学形态和功能。由于生物体内存在多种配位体和阴离子基团，故金属元素在食物中的存在形态也各有不同。

如在生物体硬组织中 Ca 及少量的 Mg 常以难溶的无机化合物形态存在；而在细胞液中 Na、K、Mg 及少量的 Ca 则多以游离的水合阳离子形态存在。

矿物质中金属元素的存在形态与其营养性及安全性关系可从三方面考虑：

① 金属元素的存在形态决定其溶解性，进而对它的营养性和安全性产生影响。如食品中的 Ca 离子与蛋白质结合形成蛋白 Ca 可大大提高其营养性，而与草酸结合则会大大降低食品中 Ca 的利用率；若人体内的 Ca 离子与草酸结合，则会对人体产生危害。各种金属元素及其化合物在水和脂肪中的溶解性直接影响着它们的可利用性。可溶性金属的盐类及化合物可在生物膜的水性环境中迅速溶解，因而促进了金属元素离子的穿透性，对于必需元素或有益元素来说，其营养性被提高；对有害的重金属元素而言，其安全性降低；如果有害的金属元素形成难溶性化合物形态，则该种金属元素化合物在人体内就不易被吸收，因此安全性也相应增强。同一种金属元素，其氧化物的安全性高于可溶性的氯化物或硝酸盐。一般而言，有害金属元素化合物的毒性大小可按以下排序：硝酸盐 > 氯化物 > 溴化物 > 醋酸盐 > 碘化物 > 高氯酸盐 > 硫酸盐 > 磷酸盐 > 碳酸盐 > 氟化物 > 氢氧化物 > 氧化物。各金属元素的盐类在水中的溶解度随原子量的增加而降低。按元素周期表中的元素周期可进行如下划分：前三个周期的金属元素及其盐类更易溶于水。第六周期的金属元素是元素周期表中毒性最大的，但其盐类的溶解度很低，也正是这种低溶解度掩盖了它们本身的毒性。因此，一些溶解度较高的有机金属元素无疑也使它们本身的毒性增强了。

② 金属元素的形态不同，它们对生命体的作用方式也不同。同样量的 Cr，如果它呈正三价，则是人体必需的微量元素之一，对人体维持正常的葡萄糖、脂肪、胆固醇代谢等有重要作用；而它的正六价形态则是有毒的，对人体有致癌作用。由于人体对 Cr 价态的转化能力较弱，因此，如果体内积蓄的过量 Cr（Ⅵ）不能及时转化成 Cr（Ⅲ）时，就会出现程度不同的中毒症状。又如，Zn 在体内通常是无毒的，但当以 $ZnCl_2$ 或 $ZnSO_4$ 的形态被摄入后，就变得有害了。这些现象足以说明，各种化学元素被摄入人体后以不同化学形态存在，其在人体内的营养性和安全性可能截然不同。

③ 其它成分的影响。食品是一个成分复杂的体系，被摄入体内后又经代谢产生新的物质，因此，在评判一种金属元素的营养性和安全性时，还要考虑其它成分存在对它产生的影响。Rumbeiha 等的研究表明，当给受试动物同时静脉注射 Hg 和脂多糖（LPS）与分别注射 LPS 或 $HgCl_2$ 时，对其产生的生物毒害性是完全不同的（图 7-12 ～图 7-15）。图 7-12 ～图 7-15 横坐标分别为：对照组注射等量的 0.9% 生理盐水（Saline），Hg 处理组注射 1.75mg/kg $HgCl_2$（Hg），LPS 处理组注射 2.0mg/kg LPS，LPS + Hg 处理组注射 2.0mg/kg LPS 和 1.75mg/kg $HgCl_2$。结果发现，LPS + Hg 处理组受试小鼠血清中尿氮浓度和肌酸酐含量比其它处理组高得多，而尿量少得多；LPS + Hg 处理组小鼠体内 Hg 含量明显比 Hg 处理组要高 5 倍以上，说明脂多糖有利于受试小鼠对 Hg 的吸收富集（图 7-15）。

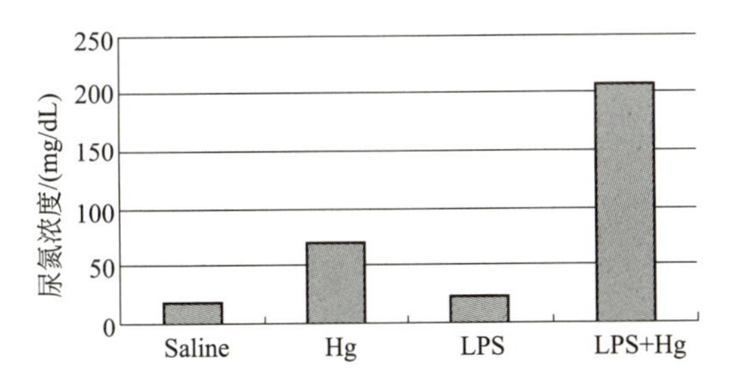

图 7-12 脂多糖、汞及脂多糖 + 汞处理对小鼠血清中尿氮含量的影响

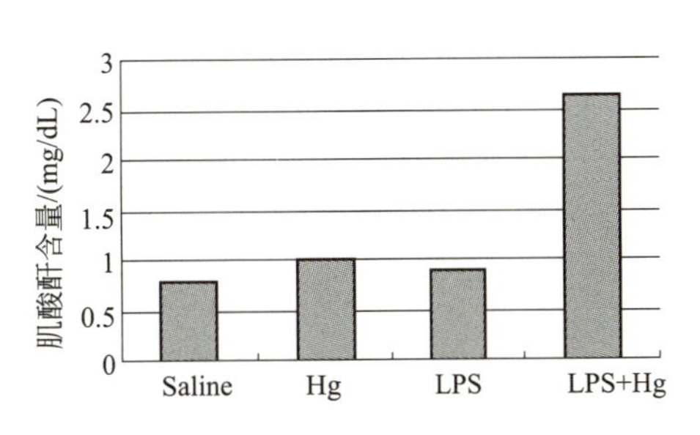

图 7-13 脂多糖、汞及脂多糖 + 汞处理对小鼠肌酸酐的影响

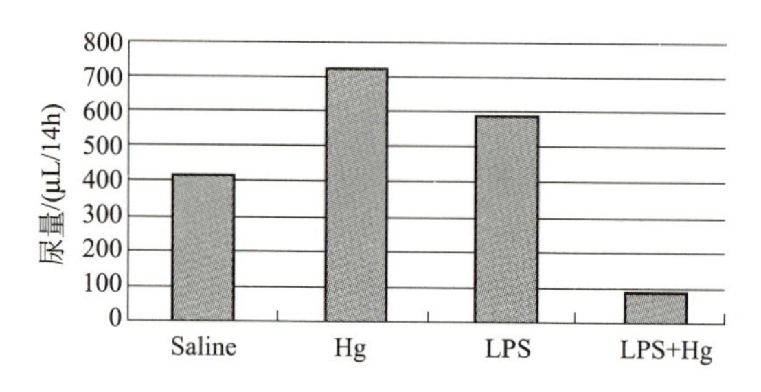

图 7-14 脂多糖、汞及脂多糖 + 汞处理对小鼠尿量的影响

图 7-15 汞及脂多糖 + 汞处理对小鼠体内汞含量的影响

概念检查 7.4

○ ① 在检测某种矿物质安全指标时，为什么既要测总量又要测某形态的量？

② 哪些因素会影响食品矿物质利用率？

7.5 影响食品中矿物质含量的因素

影响矿物质含量

食品种类不同其矿物质含量也各不相同。此外，原料的生长环境、食品加工工艺及贮存方式等因素也会影响食品中矿物质含量。如同是以大米为原料加工得到的食品，其 Cu 含量主要受以下因素影响：水稻生长所在土壤中的 Cu 含量、水源、化肥和农药的使用、加工用水、加工设备、包装材料和添加剂等。因此可见，不同的食品中矿物质含量变化范围是很大的（表 7-5）。

表 7-5 部分食品中矿物质组成 单位：mg/kg

食品名称	Ca	Mg	P	Na	K	Fe	Zn	Cu	Se
炒鸡蛋	57	13	269	290	138	2.1	2.0	0.06	8
白面包	35	6	30	144	31	0.8	0.2	0.04	8
全麦面包	20	26	74	180	50	1.5	1.0	0.10	16
无盐通心粉	5	13	38	1	22	1.0	0.4	0.07	19.0
米饭	10	42	81	5	42	0.4	0.6	0.01	13.0
速食米饭	10	42	81	5	42	0.4	0.6	0.01	13.0
熟黑豆	24	61	120	1	305	2.0	1.0	0.18	6.9
红腰果	25	40	126	2	356	3.0	0.9	0.21	1.9
全脂乳	291	33	228	120	370	0.1	0.9	0.05	3.0
脱脂乳/无脂乳	302	28	247	126	406	0.1	0.9	0.05	6.6
美国乳酪	261	10	316	608	69	0.2	1.3	0.01	3.8
赛达乳酪	305	12	219	264	42	0.3	1.3	0.01	6.0
农家乳酪	63	6	139	425	89	0.1	0.4	0.03	6.3
低脂酸乳	415	10	326	150	531	0.2	2.0	0.10	5.5
香草冰淇淋	88	9	67	58	128	0.1	0.7	0.01	4.7
带皮烤马铃薯	20	55	115	16	844	2.8	0.7	0.62	1.8

续表

食品名称	Ca	Mg	P	Na	K	Fe	Zn	Cu	Se
去皮煮马铃薯	10	26	54	7	443	0.4	0.4	0.23	1.2
椰菜，生的茎	216	114	297	123	1470	4.0	2.0	0.40	0.9
椰菜，熟的新茎	249	130	318	141	1575	4.5	2.1	0.23	1.1
生碎胡萝卜	15	8	24	19	178	0.3	0.1	0.03	0.8
熟的冻胡萝卜	21	7	19	43	115	0.4	0.2	0.05	0.9
鲜整只番茄	6	14	30	11	273	0.6	0.1	0.09	0.6
罐装番茄汁	17	20	35	661	403	1.0	0.3	0.18	0.4
橘汁（解冻）	17	18	30	2	356	0.2	0.1	0.08	0.4
橘汁	52	13	18	0	237	0.1	0.1	0.06	1.2
带皮苹果	10	6	10	1	159	0.3	0.1	0.06	0.6
香蕉（去皮）	7	32	22	1	451	0.4	0.2	0.12	1.1
烤牛肉（圆听）	5	21	176	50	305	1.6	3.7	0.08	—
烤小牛肉（圆听）	6	28	234	68	389	0.9	3.0	0.13	—
烤鸡脯	13	25	194	62	218	0.9	0.8	0.04	—
烤鸡腿	10	20	156	77	206	1.1	2.4	0.07	—
煮熟鲑鱼	6	26	234	56	319	0.5	0.4	0.06	—
罐装带骨鲑鱼	203	25	277	458	231	0.9	0.9	0.07	—

归纳起来，食品矿物质含量主要受两方面影响：原料中原有的矿物质含量和加工贮存过程的影响。

7.5.1　食品原料

植物源食品中矿物质含量的影响因素主要包括：作物品种、土壤、水肥管理、空气状态、元素之间的相互作用等。如产地相同品种不同的猕猴桃，品种间各种矿物质含量有所差异，其中差别较大的为 Ca、P、Cu、Mn 等，含量最高和最低的品种之间相差均在 3 倍以上；而品种相同产地不同的猕猴桃，其微量元素也有较大差异，Ti、Mn、Co、As、Sr 和 Ba 的含量在不同产地间变异系数均在 60% 以上。此外，不同产地的黑糯米中 Zn、Cu、Fe、Mn、Ca、Mg 等含量也明显不同，说明产地环境及水肥管理对其有重要影响（表 7-6）。基于此开发的矿物质元素指纹分析技术可用于食品产地溯源。

表 7-6　不同产地的黑糯米中主要矿物质含量　　单位：mg/kg

产地	Zn	Cu	Fe	Mn	Ca	Mg
湖南	19.48	1.779	17.18	15.46	26.59	12.27
浙江	19.47	2.549	20.13	24.25	59.48	12.00
贵州	16.64	0.702	24.97	25.36	32.00	11.42

动物源食品的矿物质含量也与产品种类密切相关，其影响因素主要包括品种、饲料、动物的健康状况和环境。如产于宁夏、黑龙江和北京的乳粉中 K、Na、Mg、Ca、Fe、Mn、Zn 和 Cu 元素的含量就有所差异，宁夏奶粉中 Zn、Mg 含量较高，而 Mn、Cu 含量较低。除动物物种和产地外，动物饲料对其产品中矿物质含量也有很大影响（表 7-7）。

表 7-7 添加微量元素的牛饲料对牛乳中矿物质含量的影响 单位：mg/100g

项目	Fe	Cu	Zn	Mn	K	Na	Ca	Mg	P
添加组	0.122	0.032	0.417	0.008	81.60	83.70	144.0	11.00	98.60
对照组	0.137	0.007	0.442	0.010	68.39	85.34	76.67	10.06	82.09

由上可知，在多种因素的影响下，不同食品中的矿物质含量各不相同。

7.5.2 食品加工

加工对食品矿物质含量的影响主要包括：加工方式、加工用水、加工设备、加工辅料及添加剂等。如对同样的蕨菜进行如下 4 种不同方式的前处理（表 7-8），其某些微量元素含量会发生不同的变化。如 Ca 含量均有所增加，其他微量元素则有不同程度的减少，其中盐腌脱水处理减少得最多，烫漂处理也会使某些矿物质，如 Zn、Mn 等产生较大的损失。表 7-9 表明，热烫使菠菜中 K、Na 的损失较大，而对 Ca 几乎没有影响。由此可见，加工过程中矿物质的损失程度与其在食品中存在状态有关。某些呈游离态的矿物质，如 K、Na，在漂、烫加工中是极易损失的；而某些以不溶于水的形态存在的矿物质则在漂洗、热烫中不易脱去。

表 7-8 不同加工方式对蕨菜中一些微量元素含量的影响 单位：mg/100g 干重

加工方式	Ca	Mg	Fe	Mn	Cu	Zn
加工前	62.5	238.0	32.0	8.1	26.4	9.5
自然脱水+烫漂	80.0	140.9	30.6	6.3	22.4	7.1
自然脱水+不烫漂	80.1	169.5	21.1	6.3	20.3	7.0
盐腌脱水+烫漂	80.6	126.0	27.6	5.1	20.2	5.7
盐腌脱水+不烫漂	88.0	156.3	20.7	6.7	15.5	6.9

表 7-9 热烫对菠菜中矿物质损失的影响

项目	含量/（g/100g）		损失/%
	未热烫	热烫	
K	6.9	3.0	56
Na	0.5	0.3	43
Ca	2.2	2.3	0
Mg	0.3	0.2	36
P	0.6	0.4	36
亚硝酸盐	2.5	0.8	70

除漂洗、热烫等工序会导致矿物质的损失外，其它加工方式对食品中的矿物质含量也有重要的影响。如表 7-10 所示，油炸及去皮均使土豆中 Cu 含量有所增加。

表 7-10 加工方式对土豆中 Cu 含量的影响 单位：mg/100g 新鲜质量

加工方式	Cu	增、减/%	加工方式	Cu	增、减/%
原料	0.21	0.00	土豆泥	0.10	-52.38
水煮	0.10	-52.38	法式炸土豆片	0.27	+28.57
焙烤	0.18	-14.29	快餐土豆	0.17	-19.05
油炸土豆片	0.29	+36.20	去皮土豆	0.34	+61.90

7.5.3 食品贮藏

食品中矿物质含量还会因与包装材料接触而发生变化。表 7-11 列举了不同罐装食品中的矿物质含量。可以发现，由于固态受试食品会与包装材料反复碰撞，其中的矿物质 Al、Sn 和 Fe 的含量均因污染而有所增加。

表 7-11 蔬菜罐头中微量金属元素含量 单位：mg/kg

蔬菜	罐①	组分②	Al	Sn	Fe
绿豆	La	L	0.10	5	2.8
		S	0.7	10	4.8
菜豆	La	L	0.07	5	9.8
		S	0.15	10	26
小粒青豌豆	La	L	0.04	10	10
		S	0.55	20	12
旱芹菜心	La	L	0.13	10	4.0
		S	1.50	20	3.4
甜玉米	La	L	0.04	10	1.0
		S	0.30	20	6.4
蘑菇	P	L	0.01	15	5.1
		S	0.04	55	16

① La=涂漆罐头；P=素铁罐头。②L=液体；S=固体。

概念检查 7.5

○ 食品矿物质含量受哪些因素影响？

第7章

参考文献

[1] 钱立群，等 . 宁夏地区牛乳及乳粉中 9 种营养元素含量测定及分析 . 微量元素与健康研究，1999，16（2）：55.
[2] 慈云祥，等 . 分析化学中的配位化合物 . 北京：北京大学出版社，1986.
[3] 廖洪波，等 . 食品中金属元素形态分析技术及其应用 . 食品科学，2008，29（01）：369.
[4] 薛长湖，等 . 高级食品化学 .2 版 . 北京：化学工业出版社，2021.
[5] Gharibzahedi S M T，et al. The importance of minerals in human nutrition：Bioavailability，food fortification，processing effects and nanoencapsulation. Trends in Food Science & Technology，2017，62：119.
[6] Israr B，et al. Effects of phytate and minerals on the bioavailability of oxalate from food. Food Chemistry，2013，141（3）：1690.
[7] Zahra A，et al. Enhancement of sensory attributes and mineral content of Sourdough bread by means of microbial culture and yeast（*Saccharomyces cerevisiae*）. Food Chemistry Advances，2022，1:100094.

总结

矿物质

- 将除C、H、O、N以外的生命必需元素称为矿物质，是六大营养素之一。矿物质又依其在食品中含量的多少而分为常量元素、微量元素和超微量元素。
- 食品中那些非必需的元素称为污染元素或有毒微量元素。
- 不能在体内合成，只能通过饮食获得。除了排泄出体外，也不会在体内代谢过程中消失。

存在状态

- 存在状态不同，其营养性及安全性差异大，评价时要注意。
- 少数呈游离态，多数以配合物状态存在。
- 与氨基酸及单糖、植酸及草酸、核苷酸、环状配体、蛋白质和多糖类结合，呈配合物状态。

理化性质

- 溶解性、酸碱性、氧化还原性及螯合效应。

营养性

- 是人体诸多组织的构成成分，有明确的营养功能性。
- 影响营养性的因素主要有：存在状态和抗营养因子等。

安全性

- 矿物质中微量及超微量元素的安全性大多存在较敏感的量效关系。
- 微量元素之间的协同效应或拮抗作用与安全性。
- 微量及超微量元素价态和形态与安全性。

影响含量因素

- 植物源食品主要受品种、土壤、水肥管理和空气状态等影响。
- 动物源食品主要与品种、饲料、环境和健康状况有关。
- 加工方式、用水、设备、辅料及添加剂等也影响其含量。

思考练习

1. 如何评价矿物质元素的生物利用率？影响矿物质的生物利用率的因素有哪些？
2. 什么是微量元素的螯合效应？并说明食品中配合物或螯合物稳定性的影响因素及其营养功能。
3. 矿物质在食品中的存在形式有哪些？
4. 磷酸盐能够增加肉制品的持水性，保持肉制品柔嫩多汁的品质，原理是什么？但过量摄入磷酸盐会危害消费者的健康，您作为食品安检人员可否提出降低磷酸盐策略？
5. 食品加工和保藏中，矿物质元素会对食品其它组分或食品功能性质产生哪些有利或不利的影响？

能力拓展

贝类因其摄食特点而易于富集重金属。请利用无机及分析化学和本章知识，试着设计一条消减鲜活贝类重金属残留的工艺，为保障老百姓舌尖上的安全提供保障。

第 8 章　食品常用酶

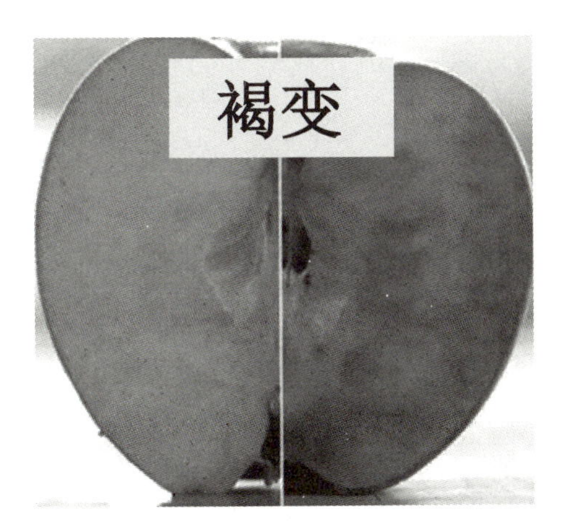

切开的苹果暴露在空气中，其表面会逐渐变成褐色；捞起来的海参放置一段时间后，其体壁会逐渐消失；米饭在口中经过一段时间的咀嚼后，会感觉越来越甜。

- □ 这些生活中我们习以为常的现象是由何种原因导致的？
- □ 能否合理利用上述变化得到具有需宜感官品质的食品呢？

为什么要学习“食品常用酶”？

为什么要学习食品常用酶？以我国传统的茶为例，我们的先辈充分利用了茶叶中内源酶的作用，制得具有不同特征色泽和香气的茶制品。在现代食品工业中，酶的应用更是几乎涉及食品加工与贮藏的各个领域，不管是内源酶还是外源酶，对食品的质量都有着重要影响。合理利用与控制酶的作用对现代食品产业的绿色升级改造至关重要。

学习目标

- 了解酶的化学本质、特性以及环境因素对酶催化反应的影响。
- 熟知常见内源酶和外源酶的种类及其涉及的催化反应。
- 掌握在食品加工及贮藏过程中，利用内源酶和外源酶提高食品品质的生化原理及关键技术。
- 掌握酶与食品营养及安全的关系，在应用外源酶时要遵循的法规条例。

酶（enzyme）是具有生物催化功能的生物大分子，生物体新陈代谢中的各种化学反应都是在酶的催化作用下进行的。在现代食品工业中，酶的应用几乎涉及食品加工及贮藏的各个领域，且采用酶技术改造传统生产工艺已成为食品产业升级的趋势之一。

酶的应用会对食品的品质产生影响。例如，在2022年被列入联合国教科文组织人类非物质文化遗产代表作名录的“中国传统制茶技艺及其相关习俗”中，我们的先辈充分掌握并利用了茶树鲜叶中多酚氧化酶制备出红茶的特征色泽与香气，而当先通过高温“杀青”钝化多酚氧化酶活性时则可得到绿茶的色泽和风味。此外，在食品加工及贮藏过程中添加适宜的外源酶也能有效提高食品的品质。例如，通过添加乳糖酶，将牛乳中的乳糖水解成单糖，可有效缓解部分人群的乳糖不耐症；发挥牛乳中蛋白酶和酯酶的作用，有利于奶酪的成熟和特征风味的形成。

8.1 概述

自然界中天然存在的酶可分为两大类别，即蛋白质类酶（proteozyme）和核酸类酶（ribozyme）。其中在蛋白质类酶中起催化作用的主要组分是蛋白质，而在核酸类酶分子中则是核糖核酸（RNA）。因此，酶被定义为具有生物催化功能的蛋白质或RNA。目前，食品常用酶都是蛋白质类酶。

根据来源可将食品常用酶分为两类：一类是原本即存在于食品中，称为内源酶（endogenous enzymes），例如，葱蒜中蒜酶、豆类中脂肪氧合酶等。内源酶在生物体完整细胞内是区域化分布的，可通过膜等物理障碍与其它酶或底物相隔离，当采用组织捣碎等方式破坏食品中酶与底物的隔离分布状态时，酶的催化反应可立刻发生，并产生有益或有害的作用。例如，在切碎的葱蒜中，内源性的蒜酶作用于蒜氨酸等风味前体物会产生葱蒜的特征香气；而脂肪氧合酶则使得豆类制品产生豆腥味。内源酶的作用效果取决于特定的食品材料、食品质量要求和反应，因此在食品加工和贮藏过程中合理地利用和控制食品原料中的内源酶非常重要。

另一类是在食品加工和贮藏过程中，为达到某些目的而作为加工助剂加入的酶或由污染的微生物分泌产生的酶，称为外源酶（exogenous enzymes），包括葡萄糖氧化酶等氧化还原酶类、乳糖酶等水解酶类、谷氨酰胺转移酶等转移酶类以及葡萄糖异构酶等异构酶类等。在现代食品工业中，外源酶在食品保鲜、食品品质和风味的改善、生产工艺改良以及过程控制等方面的应用越来越多，外源酶可通过多种方式获得，其选择依据需要兼顾酶的功能特性和生产成本。目前我国批准使用的食品加工酶制剂有 54 种，按照《食品添加剂使用标准》(GB 2760—2014) 进行管理。

概念检查 8.1

○ 酶制剂。

8.2　影响酶催化反应的因素

食品加工领域会涉及多种酶，对食品的质量都有着重要的影响。酶作为一种生物催化剂，虽具有催化效率高、专一性强和反应条件温和等优点，但其结构相对脆弱，容易受到外界环境因素的影响而失去催化活性。酶浓度和底物浓度对酶促反应动力学的影响在生物化学课程中已进行了详细分析，本节主要讨论与食品加工贮藏相关的外在因素，如 pH、温度、水分活度、激活剂或抑制剂等对酶促反应的影响。

8.2.1　pH 的影响

在某一特定 pH 下，酶促反应具有最大反应速率，表现出最大酶活，高于或低于此值则反应速率下降，通常称此时的 pH 为酶的最适 pH。每种酶在一定条件下都有其特定的最适 pH。

pH 对酶活力的影响是一个较复杂的问题，底物种类、辅助因子、缓冲液类型和离子强度等都会影响酶的最适 pH。例如，在脲酶对尿素的催化反应中，缓冲液体系不同，脲酶则显示不同的最适 pH，如在柠檬酸盐缓冲液、乙酸盐缓冲液以及磷酸盐缓冲液体系中，脲酶的最适 pH 分别为 6.0、6.5 ～ 7.5 和 8.0。因此，酶的最适 pH 并不是一个常数，只有特定条件下才有意义。表 8-1 列出了一些常用酶的最适 pH，其中食品中酶的最适 pH 范围通常在 5.5 ～ 7.5 之间。

表 8-1　部分常见酶的最适 pH

酶	最适pH	酶	最适pH
酸性磷酸酯酶（前列腺腺体）	5	果胶裂解酶（微生物）	9.0～9.2
碱性磷酸酯酶（牛乳）	10	果胶酯酶（高等植物）	7
α-淀粉酶（人唾液）	7	黄嘌呤氧化酶（牛乳）	8.3
β-淀粉酶（红薯）	5	脂肪酶（胰脏）	7
羧肽酶A（牛）	7.5	脂肪氧化酶-1（大豆）	9
过氧化氢酶（牛肝）	3～10	脂肪氧化酶-2（大豆）	7
纤维素酶（蜗牛）	5	胃蛋白酶（牛）	2
无花果蛋白酶（无花果）	6.5	胰蛋白酶（牛）	8
木瓜蛋白酶（木瓜）	7～8	凝乳酶（牛）	3.5
β-呋喃果糖苷酶（土豆）	4.5	聚半乳糖醛酸酶（番茄）	4
葡萄糖氧化酶（青霉，*Penicillium notatum*）	5.6	多酚氧化酶（桃）	6

pH 影响酶催化活性的原因主要有如下方面：

① 远离酶最适 pH 的酸碱环境会影响蛋白质的构象，甚至使酶变性或失活。

② 偏离酶最适 pH 的酸碱环境虽然不会导致酶变性，但会因为改变了酶活性位点上产生的静电荷数量而影响酶的活力。此外，底物分子和酶分子的解离状态也受 pH 的影响。最适 pH 与酶活力中心结合底物的基团以及参与催化的基团有关，对于一种酶，往往只有一种解离状态即处于最适 pH 时，最有利于二者的结合。因此，高于或低于最适 pH 均会降低酶的催化活力。此外，pH 还会影响酶 - 底物复合物（ES）的形成，从而降低酶活性。

③ pH 影响酶分子中其他基团的解离，进而影响到酶分子的构象和酶的专一性，同时底物的离子化作用也受 pH 的影响，从而使底物的热力学函数发生变化，结果降低了酶的催化作用。

通常是通过测定酶催化反应的初速度和 pH 的关系来确定酶的最适 pH。然而在食品加工中酶作用的时间相当长，因此除确定酶的最适 pH 外，还应当考虑酶的 pH 稳定性。

8.2.2　温度的影响

一般在低温范围内，随温度升高，酶的活性逐渐增加，但当温度超过某一特定值后，酶的活性则随温度的继续升高而下降，甚至失去酶活。通常将酶活达到最大值时所对应的温度称为酶的最适温度。

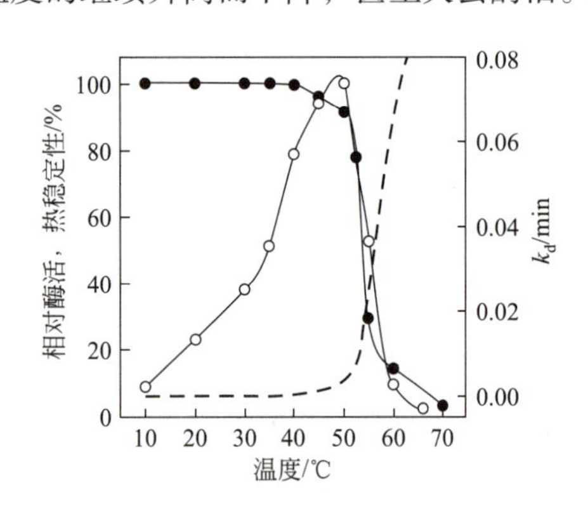

图 8-1　温度对产气杆菌普鲁兰酶活性和稳定性的影响

○ 表示相对酶活；● 表示酶的热稳定性；--- 表示酶失活速率常数与温度的关系

温度对酶促反应速率有双重影响：一方面，当温度升高时，反应速率加快。对于大多数酶来说，当温度低于酶的最适温度时，反应温度每升高 10℃，酶的催化反应速率可达到原来的 2 倍。另一方面，随着温度的升高，酶蛋白逐渐变性直至失活，从而降低酶的催化反应速率。酶的最适反应温度即为温度对酶的激活效应和失活效应相平衡的净结果。图 8-1 是温度对产气杆菌普鲁兰酶活性和稳定性的影响，其中在 10 ～ 40℃范围内，酶活曲线随温度的升高快速上升且酶的热稳定性很强；在 40 ～ 50℃区间，酶活曲线缓慢上升，同时热稳定性逐渐下降；当温度超过 50℃，酶失活速率常数 k_d 急剧增加而酶活和热稳定性则迅速下降，当温度达到 70℃时，酶活几乎全部丧失。因此，在食品加工和贮藏过程中，可通过温度的变化来实现对酶活性的调控。

不同种类酶的热稳定性相差较大，有些酶在较低的温度下就失活，有些酶可在短时间内于较高温度下保持活性，还有些酶在低温下的稳定性低于正常温度下的稳定性。在实际应用时，食品体系中酶反应温度的上限通常应比酶的最适温度低 5 ～ 20℃（图 8-2）。

酶的热不稳定性通常包括可逆和不可逆失活，对于不可逆热失活反应，多数酶通常遵循一级反应动力学方程：

$$[E_t]=[E_0]e^{-kt} \rightarrow \ln[E_t]/[E_0]=-kt \rightarrow \lg[E_t]/[E_0]=-kt/2.303 \rightarrow t=-2.303/k\cdot\lg[E_t]/[E_0]$$

式中，$[E_0]$、$[E_t]$ 分别代表初始酶活和时间为 t 时的酶活；k 为反应速率常数；2.303 为 ln 和 lg 的换算系数。

当在某一温度下，酶的活力降为初始酶活的 10% 时，即 $\lg[E_t]/[E_0]=-1$，定义该过程所需的时间为“D 值”，则此时 $D=-2.303/k\cdot(-1)=2.303/k$。

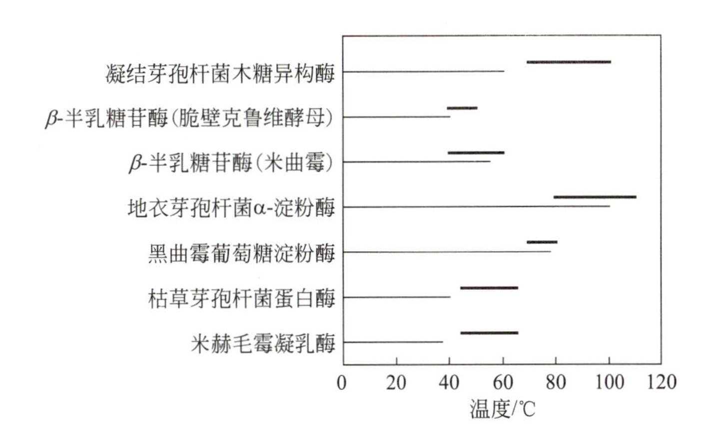

图 8-2　部分商业酶制剂的适宜温度范围

━ 表示酶的最适温度范围；— 表示推荐的温度范围

根据不同酶在热稳定性上的差异，可以通过监测酶活的变化情况判断热处理过程充分与否。例如，牛奶中碱性磷酸酶热稳定性较差，而乳过氧化物酶热稳定性较强，在乳制品的巴氏杀菌过程中，碱性磷酸酶的酶活往往会损失 90% 以上，而乳过氧化物酶仍能保留相当一部分的酶活（图 8-3）。因此在实际生产中，通过检测碱性磷酸酶失活与否即可判断巴氏杀菌过程是否充分，并可用于区分生乳和巴氏杀菌乳，而乳过氧化物酶的活性保留程度则可用于判断加工过程中是否存在过度热处理的现象。此外，在土豆、卷心菜等蔬菜所含有的内源酶中，过氧化物酶的热稳定性最强（$D_{100℃}>100$ s），通常可以作为评价热烫处理过程是否充分的标准。

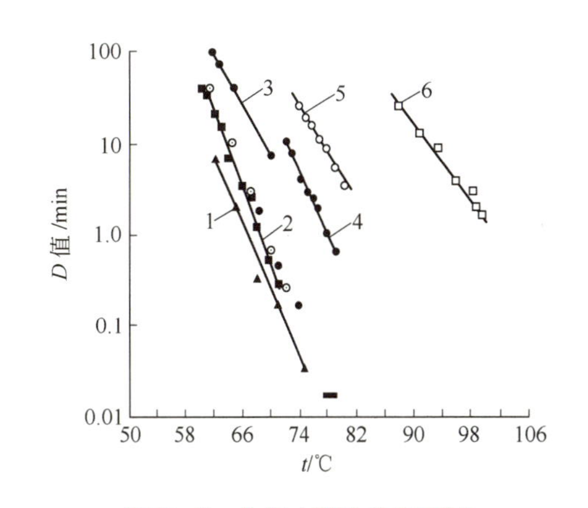

图 8-3　牛奶中酶的热稳定性

1—脂肪酶；2—碱性磷酸酶；3—过氧化氢酶；4—黄嘌呤氧化酶；5—过氧化物酶；6—酸性磷酸酶

低温可以抑制酶的活性，在完全冰冻的食品中，酶促催化作用会暂时停止，但这种影响往往是可逆的。食品应避免被储存在冰点或刚低于冰点的温度下，这是因为当水分刚冻结时，形成的冰晶会使酶和底物被浓缩，反而会促进酶的活力。此外，冷冻和解冻会破坏食品的组织结构，使得酶与底物更容易接触。例如，在低于冷冻点的温度下，鳕鱼肌肉中磷脂酶的活力在 −4℃时相当于 −2.5℃时的 5 倍。

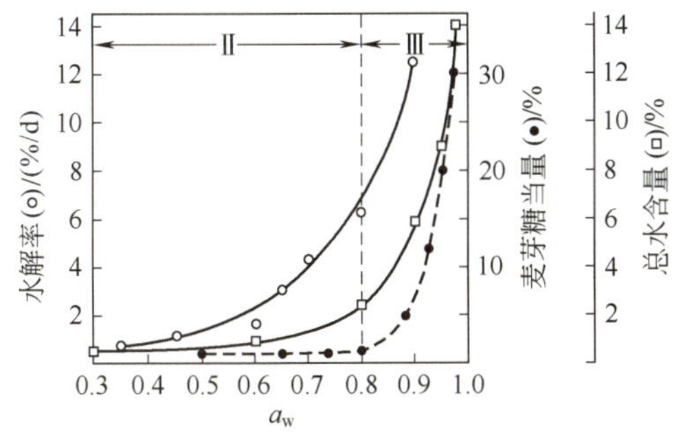

图 8-4　水分活度 a_w 对酶活力的影响

○ 磷脂酶催化卵磷脂水解；● β- 淀粉酶催化淀粉水解

8.2.3　水分活度的影响

控制食品含水量是食品保藏的重要手段，而水作为酶反应的分散介质，对酶蛋白的空间构象、催化活性及稳定性、催化反应速率等都有显著影响。

通常在食品体系中，当水分含量低于 1% ～ 2% 时才能抑制酶的活力，中等含水量的食品在长时间贮藏过程中，即使所含酶仅有很低的残余酶活也会影响食品的品质。图 8-4 是水分活度（a_w）对磷脂酶和 β- 淀粉酶活力的影响。当体系中水分活度低于 0.35（<1% 水分含量）时，磷脂酶水解卵磷脂的活力被

完全抑制；而当水分活度高于0.80（>2%水分含量）时，β-淀粉酶才显示出水解淀粉的活力，且当水分活度达到0.95（约12%水分含量）时，酶的活力提高15倍。

不同酶发挥催化效能所需的最低水分活度各不相同（表8-2）。在工业领域，利用有机溶剂取代水分来改变反应体系中的水分活度，可实现对酶催化反应方向和反应平衡的调控。例如在酶的非水相催化应用中，属于水解酶类的酯酶在微水相有机介质（<1%水分含量）中可以催化有机酸和醇的酯类合成反应；还可以利用嗜热菌蛋白酶在微水相有机介质（2%～3%水分含量）中催化L-天冬氨酸与L-苯丙氨酸甲酯合成阿斯巴甜。

表8-2 部分常见酶的最低 a_w 需求

酶	作用底物	最低 a_w	酶	作用底物	最低 a_w
淀粉酶	淀粉	0.40～0.76	植酸酶	谷物	0.90
淀粉酶	黑麦粉	0.75	葡萄糖氧化酶	葡萄糖	0.40
淀粉酶	面包	0.36	脂酶	三丁酸甘油酯	0.025
磷脂酶	面团	0.45	多酚氧化酶	儿茶酚	0.25
磷脂酶	卵磷脂	0.45	脂肪氧合酶	亚油酸	0.50～0.70
蛋白酶	小麦粉	0.96			

8.2.4 激活剂的影响

凡是能提高酶活性的物质都被称为酶的激活剂。按照分子量大小，激活剂主要分为三类。

（1）无机离子　金属离子不仅会影响很多酶的构象稳定、底物与酶的结合情况等，而且也影响路易斯酸的形成或作为电子载体参与催化反应的过程，从而发挥激活作用。

常作为激活剂的金属离子有 K^+、Na^+、Mg^{2+}、Zn^{2+}、Fe^{2+}、Cu^{2+} 等，例如对于催化水解磷酸酯键的酶，Mg^{2+} 通过亲电路易斯酸的方式作用，使底物或被作用物的磷酸酯基上的P-O键极化，以便产生亲核攻击。Ce^{4+} 可催化核酸磷酸酯键发生水解，其作用机理是 Ce^{4+} 与磷酸基配位，使P原子的电正性增大，并且 Ce^{4+} 的4f轨道与磷酸基的有关轨道形成新的杂化轨道，使P更易接受与 Ce^{4+} 配位的OH的亲核进攻而形成五配位中间体，与 Ce^{4+} 配位的水发生解离并起催化作用，进一步促使P-O（5′）键或P-O（3′）键发生断裂。

金属离子对酶的作用具有一定的选择性，即一种激活剂对某些酶能起激活作用，但对另一些酶可能有抑制作用。有时离子之间还存在拮抗效应。例如 Na^+ 抑制 K^+ 的激活作用，Mg^{2+} 激活的酶则常被 Ca^{2+} 所抑制。而有的金属离子如 Zn^{2+} 和 Mn^{2+} 可替代 Mg^{2+} 起激活作用。

金属离子对酶的作用有浓度的影响，有的金属离子在高浓度时甚至可以从激活剂转为抑制剂。例如 Mg^{2+} 在浓度为（5～10）$\times10^{-3}$mol/L时对 $NADP^+$ 合成酶有激活作用，但在 30×10^{-3}mol/L时则使该酶活性下降；若用 Mn^{2+} 代替 Mg^{2+}，则在 1×10^{-3}mol/L起激活作用，高于此浓度，酶活性下降，也不再有激活作用。

无机阴离子对某些酶的激活作用也很常见。例如，Cl^- 是唾液淀粉酶活力表达所必需的阴离子，当采用透析法去除体系中的 Cl^- 时，唾液淀粉酶便丧失其催化活力。

（2）中等大小的有机分子　某些还原剂，如维生素C、半胱氨酸、还原型谷胱甘肽、氰化物等。这类还原剂能将酶蛋白结构中的二硫键还原成巯基从而提高酶活，可应用于保护木瓜蛋白酶和D-甘油醛-3-磷酸脱氢酶等含有巯基结构的酶类。金属螯合剂EDTA能通过除去重金属来缓解对酶的抑制，也可被视为激活剂。

（3）具有蛋白质性质的大分子物质　一些蛋白酶类，能起到酶原激活的作用，使原来无活性的酶原转变为有活性的酶。

8.2.5 抑制剂的影响

某些物质与酶结合后会抑制甚至阻止酶的催化反应，这种作用称为酶的抑制作用，而这些物质称为酶的抑制剂。抑制剂的种类较多，如无机物中的强酸、强碱、重金属离子（Hg^{2+}、Pb^{2+} 或 Ag^{+}）、CO、H_2S 等，有机化合物中某些碱、染料、EDTA、SDS、脲或酶催化反应的自身产物等。

食品组成成分中常存在酶的抑制剂，例如豆科种子中的胰蛋白酶抑制剂、胰凝乳蛋白酶抑制剂、淀粉酶抑制剂等。其中，白芸豆（white kidney bean，*Phaseolus vulgaris*）种子中富含 α- 淀粉酶抑制剂（alpha-amylase inhibitor，α-AI），约占种子干重比例的 5‰。α-AI 能够特异性地与人体唾液和肠道内 α- 淀粉酶形成酶 - 抑制剂复合物，从而抑制 α- 淀粉酶的活力。白芸豆 α-AI 是一种分子质量为 5.67×10^4 Da 的糖蛋白，糖基含量为 8.6% ～ 15.0%，起辅助维持酶 - 抑制剂复合物构象的作用，亚基组成为 $\alpha_2\beta_2$。在抑制过程中，每一分子白芸豆 α-AI 与两分子 α- 淀粉酶相互作用，抑制作用属于混合非竞争性抑制。白芸豆 α-AI 活性高、特异性强、耐受胃液环境、抗胃蛋白酶和胰蛋白酶降解，具有辅助降血糖、减肥、降低食物血糖指数的作用，被称为“植物拜糖平”，已被广泛应用于控制和治疗糖尿病、肥胖等由糖代谢紊乱引起的疾病。在食品工业中，白芸豆 α-AI 是一种重要的功能性食品原料，被广泛添加于不同形式的功能性食品中，如固体饮料、液体饮料、压片糖果、奶片、方便粥等。另外，食品中还含有非选择性抑制较宽酶谱的组分，比如酚类和芥末油等。

8.2.6 物理因素的影响

酶活性除受上述环境因素影响外，还受其他一些物理因素的影响，包括高压处理、电场作用、超声波处理以及离子辐射等。

8.2.6.1 高压脉冲电场技术的影响

高压脉冲电场技术（high pulsed electric fields，HPEF）是一种近些年发展起来的新型食品非热杀菌技术，可在接近常温条件下有效杀灭微生物，并最大限度保持食品的色泽、风味和营养成分。HPEF 处理还能改变酶蛋白的电荷分布并影响其结构。HPEF 对食品体系中的酶有钝化或活化作用，受脉冲电场强度、作用时间以及酶的种类等因素影响。例如，在 30kV/cm 的电场强度下分别处理溶菌酶 300μs 和 1200μs，其活力依次下降 6.5% 和 27.7%；在 35kV/cm 的电场强度下处理溶菌酶 1200μs，其酶活可降低 38.1%。而对 *β*- 葡糖苷酶，在较低的电场强度下处理 1000μs，其活力反而提高了 18.8%，这可能是因为外加电场激发使得更多的酶活性位点暴露，或增大了酶现存活性位点起催化作用的范围。在实际生产加工中，根据内源酶的特性，选择适宜的 HPEF 处理条件，可有目的性地钝化食品中的内源酶，增加食品的耐贮藏性。

8.2.6.2 高压的影响

传统食品加工过程中所采用的压力一般较低，对酶活性的影响也比较弱。而超高压（400 ～ 1000MPa）

则对大多数酶的活力都有显著的影响，除可改变酶本身的结构外，还会破坏细胞结构。在完整的细胞中酶与底物是隔离分布的，当压力诱导的细胞膜结构被破坏后，就导致了酶与底物的接触，表现出酶活的增加或减少。

近年来超高压技术在食品领域的应用越来越多。例如，在果蔬汁加工及保藏方面，600MPa 的超高压处理可使橘子汁中果胶甲酯酶的活力丧失 90% 以上，比传统热处理更有利于保持产品的原汁原味。此外，多酚氧化酶（PPO）是造成破损果蔬褐变的主要原因，采用超高压处理技术可替代传统热处理以钝化 PPO 的活力。但不同来源的 PPO 对压力的耐受性存在差异，其中蘑菇及马铃薯中的 PPO 需要 800 ～ 900MPa 才能失活，而杏、草莓和葡萄中的 PPO 则分别在 100MPa、400MPa 和 600MPa 下即可失去活性。

8.2.6.3 其它因素的影响

除此以外，超声波处理产生的空化效应、剪切操作、离子辐射、射频处理、红外和微波技术等也会导致酶蛋白的变性，在食品生产加工和贮藏过程中，应根据实际需求选择适宜的处理手段，以充分发挥或抑制内源酶的催化活性，以达到改善食品品质的目的。

概念检查 8.2

○ ①常见酶的最适 pH；②在食品工业控制酶活性的技术有哪些？

8.3 内源酶与食品质量的关系

酶与食品质量

酶在维持和改善食品质量方面发挥着非常重要的作用。食品原料中的内源酶在食品的保藏和加工过程中会催化产物发生反应，这些反应会导致食品发生需宜或不需宜的变化。因此合理调控食品原料中的内源酶对提高食品的质量、安全和延长产品货架期具有重要意义。

8.3.1 酶与色泽

色泽是评估食品质量最为直观的指标，而食品中的内源酶是导致产品色泽变化的关键因素之一。例如，莲藕由白色变为粉红色后，其品质下降，这是莲藕中多酚类物质被多酚氧化酶和过氧化物酶催化氧化导致的结果。蔬菜和水果的色泽在新鲜时和优劣时大不相同，也与果蔬中的内源酶有关。

8.3.1.1 脂肪氧化酶

脂肪氧化酶（EC 1.13.11.12）在植物中广泛存在，尤其是在豆科植物的种子中含量丰富。脂肪氧化酶对底物具有高度特异性，其作用底物脂肪的结构上必须含有顺，顺 -1,4- 戊二烯结构单元（—CH=CH—CH_2—CH=CH—），亚油酸、亚麻酸、花生四烯酸等均为脂肪氧化酶的良好底物。脂肪氧化酶的催化反应历程如图 8-5 所示：反应的第 1 ～ 3 步分别为活泼氢脱氢形成顺，顺 - 烷基自由基，自由基重排生成顺，反戊二烯单元，以及氧化生成过氧化物自由基；第 4 步是脂肪酸过氧化物自由基接收一个质子形成脂肪酸氢过氧化物。最后，脂肪酸氢过氧化物会进一步发生非酶反应形成醛类（包括丙二醛）和其他会产生不良风味的组分。

脂肪氧化酶在食品加工领域可发挥有益作用。例如，可将其用于小麦粉和大豆粉的漂白，还能用于替代碘酸钾等化学氧化剂在制作面团过程中形成二硫键。然而，若利用不当，也会产生不利的影响。如可造成叶绿素、类胡萝卜素等天然色素褪色；破坏维生素和蛋白质类化合物；使食品中的必需脂肪酸（亚油酸、亚麻酸以及花生四烯酸等）遭受氧化性破坏等。

在食品加工及贮藏过程中，控制温度是抑制脂肪氧化酶活力最为有效的方式之一。因为脂肪氧化酶耐受低温能力强，故可采用热烫预处理（80 ～ 100℃）钝化其活力。如预先热烫可防止低温下贮藏的青豆、大豆以及蚕豆等质量劣变；大豆在热水中研磨煮沸，可有效防止脂肪氧化酶作用所产生的豆腥味。食品中存在的一些抗氧化剂，例如维生素 E、没食子酸丙酯（优良的油脂抗氧化剂）、去甲二氢愈创木酸（脂肪氧化酶的强抑制剂）等能有效阻止自由基和氢过氧化物引起的食品损伤。

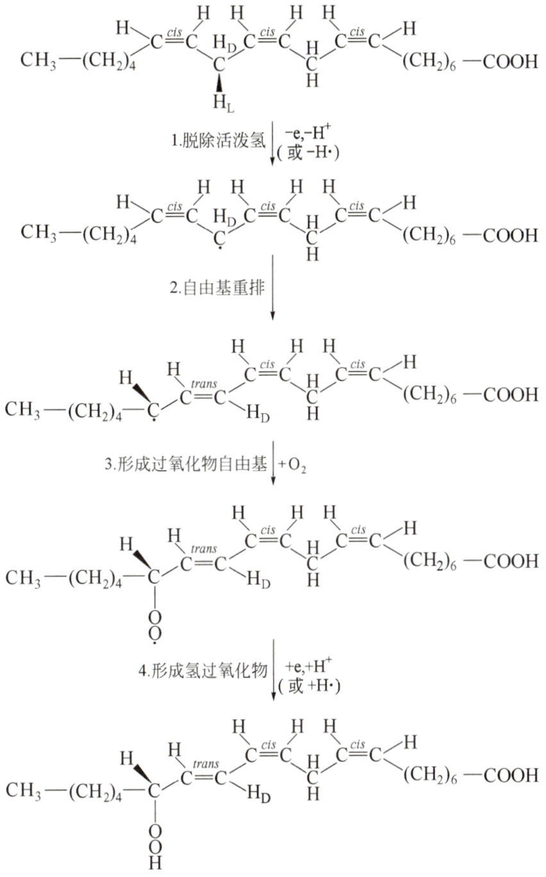

图 8-5　脂肪氧化酶的催化反应历程

8.3.1.2　叶绿素酶

叶绿素酶（EC 3.1.1.14）是一种酯酶，存在于植物和含有叶绿素的微生物中。如图 8-6 所示，叶绿素酶能催化叶绿素和脱镁叶绿素脱植醇，分别生成脱植

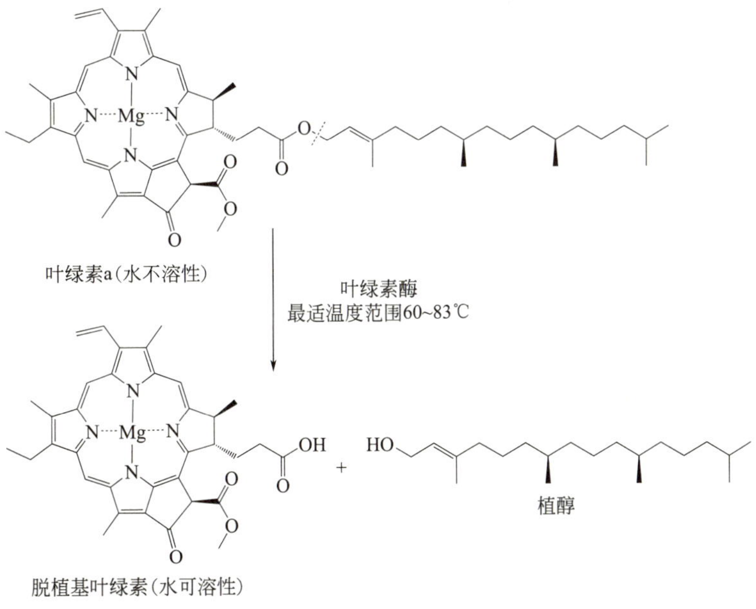

图 8-6　叶绿素酶催化中绿素脱植醇反应示意图

基叶绿素和脱镁脱植基叶绿素。叶绿素酶在水、醇和丙酮溶液中均有活性，在蔬菜中的最适反应温度为60～83℃，因此，若植物采收后未经热加工处理，脱植基叶绿素通常不会在新鲜叶片中形成。如果加热温度超过80℃，叶绿素酶的活力会降低，当温度达到100℃时则完全丧失活性。加热时间的长短对最终叶绿素保留量有重要影响，因为脱植基叶绿素仍然呈现绿色，因此叶绿素酶对食品绿色的破坏作用不大。但是叶绿素酶水解产物脱植基叶绿素和脱镁脱植基叶绿素因不含植醇侧链，易溶于水，在含水食品中，会使食品产生色泽变化。

8.3.1.3　多酚氧化酶

多酚氧化酶（EC 1.10.3.1）存在于植物、动物和一些微生物（特别是霉菌）中，果蔬中的多酚氧化酶多分布于叶绿体和线粒体中。多酚氧化酶能催化两类完全不同的反应，如图8-7所示：一类是单酚的羟基化反应，另一类是多酚的氧化反应。其中单酚羟基化反应产物邻二酚可以在多酚氧化酶的作用下进一步被氧化成邻苯醌。邻苯醌的化学性质不稳定，可与氧气发生非酶催化的氧化和聚合反应并形成黑色素，这也是香蕉、苹果、桃、马铃薯、蘑菇、虾等发生褐变和形成黑斑的原因。然而这一过程对红茶、咖啡、葡萄干和梅干等色素的形成则是有益的，例如，茶鲜叶中的多酚类物质在多酚氧化酶的作用下被氧化成茶黄素，茶黄素进一步自动氧化成茶红素，同时多酚类物质是无色且有涩味的一类成分，被氧化后，其涩味口感减轻，并产生红茶所特有的色泽。

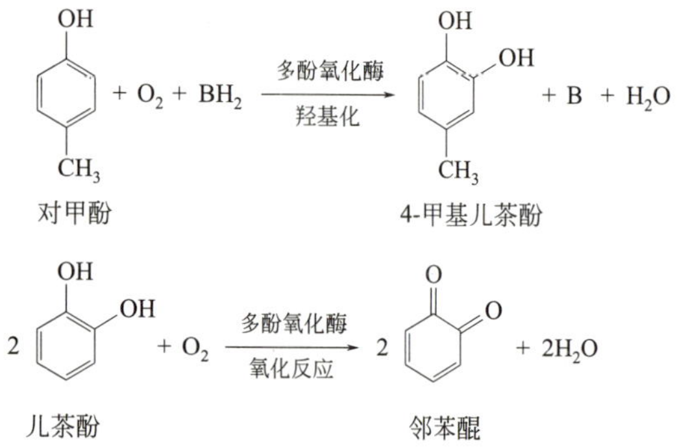

对甲酚 $+ O_2 + BH_2 \xrightarrow[\text{羟基化}]{\text{多酚氧化酶}}$ 4-甲基儿茶酚 $+ B + H_2O$

2 儿茶酚 $+ O_2 \xrightarrow[\text{氧化反应}]{\text{多酚氧化酶}}$ 2 邻苯醌 $+ 2H_2O$

图8-7　多酚氧化酶的催化反应示意图

大多数酶促褐变会对食品尤其是新鲜果蔬的色泽产生不利影响，除此之外，食品的营养、风味以及质构等也与其息息相关。例如，邻苯醌与蛋白质中赖氨酸残基的 ε-氨基反应可引起蛋白质的营养价值损失和溶解度下降。据估计，热带水果50%以上的损失都是由酶促褐变引起的。同时酶促褐变也是造成新鲜蔬菜颜色变化、营养和口感变劣的主要原因。

控制果蔬加工和贮藏过程中酶促褐变的核心是消除多酚类底物、多酚氧化酶和氧气三者中的任一因素。考虑到去除食品中的多酚类物质不现实，因此主要通过调控另外两种物质达到控制酶促褐变的目的，包括：加热处理钝化多酚氧化酶的活性；调节体系pH至3.0以下从而完全抑制多酚氧化酶活性；添加抗坏血酸、亚硫酸氢钠和硫醇类化合物等还原性化合物，将邻苯醌还原成初始底物，从而阻止黑色素的生成；加入柠檬酸、亚硫酸钠和巯基化合物等螯合剂，去除多酚氧化酶活性部位中心必需的 Cu^{2+}，进而使多酚氧化酶失活；以及采用真空和充氮包装等措施去除或隔绝氧气均能有效防止或减缓多酚氧化酶引起的酶促褐变。

8.3.2　酶与质构

质构是描述食品质量的重要指标之一。例如，水果后熟、变甜和变软主要是一种或多种内源酶（果胶酶、纤维素酶、淀粉酶等）作用于碳水化合物的结果，而影响动物组织和高蛋白质植物食品质构变软的酶则主要是蛋白酶。

8.3.2.1　果胶酶

果胶酶广泛分布于高等植物和微生物中，是水解高等植物细胞壁和细胞间层中的原果胶、果胶和果胶酸等胶态聚合碳水化合物的一类酶的总称。根据作用底物的不同可将果胶酶分为三类，即果胶甲酯酶（EC 3.1.1.11）、聚半乳糖醛酸酶（EC 3.2.1.15）和果胶酸裂解酶（EC 4.2.2.2）。

如图 8-8 所示，果胶甲酯酶可水解果胶的甲酯键生成果胶酸和甲醇。当 Ca^{2+} 等二价金属离子存在时，可与水解产物果胶酸结构中的羧基发生交联，从而提高食品的质构强度。

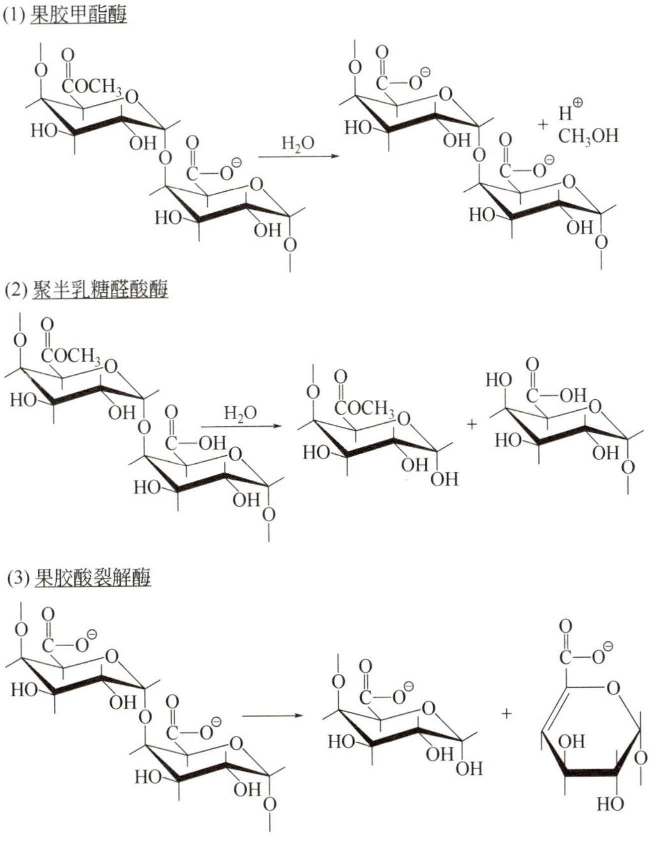

图 8-8　三种不同类型果胶酶的催化反应机制示意图

聚半乳糖醛酸酶可水解果胶分子中半乳糖醛酸单位的 *α*-1,4- 糖苷键。聚半乳糖醛酸酶可分为内切和外切两种类型，前者作用于分子内部的糖苷键，而后者则是从聚合物的末端糖苷键开始水解。聚半乳糖醛酸酶水解果胶酸，会导致某些食品原料物质（如番茄）的质构变软。

果胶酸裂解酶在无水条件下能裂解果胶和果胶酸之间的糖苷键，其反应机制遵从 *β*- 消去反应。果胶酸裂解酶主要存在于微生物中，尚未在高等植物中发现。

果胶酶在食品工业中具有重要价值。在果汁加工领域应用果胶酶处理破碎果实，可加速果汁的过滤和澄清，有效提高出汁率。例如，杨辉等将果胶酶应用于苹果酒生产中的榨汁工艺，可提高 20% 的出汁率，且果汁澄清度可达 90% 以上。应用其他酶与果胶酶共同作用，最终效果更加明显。例如，秦蓝等采用果胶酶和纤维素酶的复合酶系制取南瓜汁，大大提高了南瓜的出汁率和南瓜汁的稳定性。用扫描电子显微镜观察南瓜果肉细胞的超微结构，结果显示单一果胶酶或纤维素酶对南瓜果肉细胞壁的破坏作用远不如复合酶。总之，果胶酶在食品加工行业，尤其是果蔬加工领域有着广阔的应用前景。

8.3.2.2 纤维素酶

纤维素是自然界中分布最广，含量最多的天然可再生多糖。水果和蔬菜中的纤维素含量虽然较少，但其存在却对细胞的结构有着重要影响。纤维素酶是由多种水解酶组成的复杂酶系，主要包括内切 β- 葡聚糖酶、外切 β- 葡聚糖酶、纤维二糖水解酶、β- 葡萄糖苷酶等。

纤维素酶作用于纤维素可导致植物性食品原料中纤维素的增溶和糖化。例如，植物种子萌发时，内源性的纤维素酶水解种皮纤维素，破坏细胞壁，有利于出芽生长，并且还参与花梗的脱落和果实的成熟；草食性反刍动物消化道内共生细菌和原生动物分泌的纤维素酶，能将摄入的纤维素水解为可吸收的糖等。内源性的植物纤维素酶含量极低，提取难度大，目前对其在食品中的应用及特性了解较少。

8.3.2.3 淀粉酶

淀粉酶是一类可水解淀粉的酶，主要包括 α- 淀粉酶、β- 淀粉酶、葡糖淀粉酶和淀粉脱支酶，在动物、高等植物和微生物中均有存在。淀粉在食品中除有营养作用外，还与食品的黏度、质地等特性有关。在食品的加工和贮藏过程中，淀粉可以在淀粉酶的作用下水解生成糊精、低聚糖、麦芽糖和葡萄糖等产物，显著影响食品的质构。

α- 淀粉酶广泛存在于动植物组织及微生物中，在发芽的种子、人的唾液以及动物的胰脏内含量尤其高。α- 淀粉酶对以淀粉为主要成分的食品的黏度有重要影响，例如布丁、奶油沙司等，而唾液和胰脏中的 α- 淀粉酶对食品中淀粉的消化和吸收非常重要。β- 淀粉酶主要存在于高等植物和微生物中，尤其在大麦芽、小麦、白薯和大豆中含量丰富。目前尚未在哺乳动物中发现 β- 淀粉酶，不过近年来 β- 淀粉酶已被证明在少数微生物中存在。葡糖淀粉酶则以细菌和真菌为主要来源。

内源淀粉酶对一些富含淀粉的食品原料的影响具有两面性：一方面，它有利于红薯在贮藏过程中甜度增加；另一方面，在贮藏过程中土豆淀粉被淀粉酶水解成还原糖，则不利于土豆的后续加工，如会导致油炸土豆条或土豆片色泽变深、变暗等不良结果。

8.3.2.4 蛋白酶

蛋白酶是一类催化蛋白质水解的酶类，根据其来源的不同，可将蛋白酶分为动物蛋白酶（如胰蛋白酶、胃蛋白酶等）、植物蛋白酶（如木瓜蛋白酶、菠萝蛋白酶等）和微生物蛋白酶（如枯草杆菌蛋白酶、黑曲霉蛋白酶等）；根据蛋白酶的作用方式可分为内切蛋白酶和外切 / 端解蛋白酶（包括氨肽酶和羧肽酶）两大类；根据最适 pH 的不同，又可将蛋白酶分为酸性蛋白酶、碱性蛋白酶和中性蛋白酶；根据活性中心的化学性质（必需的催化基团）不同，蛋白酶又可分为丝氨酸蛋白酶（活性中心含有丝氨酸残基，包括胰凝乳蛋白酶、胰蛋白酶、弹性蛋白酶、凝血酶以及枯草杆菌蛋白酶等）、巯基蛋白酶（活性中心含有巯基，包括木瓜蛋白酶、无花果蛋白酶、菠萝蛋白酶以及链球菌蛋白酶等）、金属蛋白酶（酶活性中心含有金属离子，如羧肽酶 A 等）和酸性蛋白酶（酶活性中心含两个羧基，如天冬氨酸蛋白酶等）。

内源性蛋白酶通过催化蛋白质水解可显著改善食品蛋白质的性质，同时对食品的质构也有着重要的影响。例如，胃黏膜细胞分泌的胃蛋白酶、胰腺分泌的胰蛋白酶等可将各种水溶性的蛋白质分解成多肽、寡肽以及氨基酸，使之更易被人体吸收利用。蛋白酶另外一个典型应用是在肉类和鱼类加工中分解结缔组织中的胶原蛋白，水解胶原，以促进肉品的嫩化。此外，在动物组织细胞的溶酶体中有一种组织蛋白酶，其最适 pH 为 5.5，当动物死亡之后，随着组织的破坏和 pH 的降低，组织蛋白酶被 Ca^{2+} 激活，它对肌球蛋白 - 肌动蛋白复合物的作用是使肌肉变得柔软多汁。

8.3.3　酶与风味

影响食品风味的因素很多，其中酶在食品风味物质和异味成分的形成过程中起着重要作用。在食品的加工和贮藏过程中可以利用某些酶来再现、强化或改变食品的风味，例如，将奶油风味酶作用于含乳脂的巧克力、冰淇淋、人造奶油等食品，可增强这些食品的奶油风味。

在食品加工和贮藏过程中，包括脂肪氧化酶、半胱氨酸裂解酶和过氧化物酶等酶类能够使食品原有的风味减弱或消失，甚至还会导致不良风味的产生，而且在有些情况下，几种酶协同作用对食品风味产生的影响更为显著。例如，当不恰当的热烫或冷冻干燥处理未能将内源酶完全钝化时，过氧化物酶、脂肪氧化酶等酶的作用可使青刀豆、玉米、莲藕、花椰菜等蔬菜在贮藏过程中产生明显的不良风味。其中，青刀豆和玉米所产生的不良风味主要是由脂肪氧化酶的催化氧化作用引起的，而冬季花椰菜则主要受半胱氨酸裂解酶作用的影响。

过氧化物酶能促进不饱和脂肪酸的氧化降解，并产生挥发性的氧化风味化合物。此外，过氧化物酶在催化过氧化物分解的同时也伴随着自由基的生成，它对食品中许多组分有破坏作用并可影响食品风味。过氧化物酶是一种非常耐热的酶，它存在于所有高等植物中。通常将过氧化物酶作为一种控制食品热处理的温度指示剂，同样也可以根据酶作用产生的异味物质作为衡量酶活力的灵敏方法。

在食品原料中，除了游离的香气成分（多为挥发性）外，还含有很多风味前体物质，这些风味前体物质在内源酶的作用下，会进一步降解或转化成特征香气成分。例如，新鲜的大蒜中含有稳定的蒜氨酸等风味前体物，当其完整的组织被破碎后，原本独立分布的蒜氨酸与内源性的蒜氨酶接触（图 8-9），并在酶的催化下生成大蒜素，大蒜素进一步分解即形成具有强烈特征气味的硫化物。

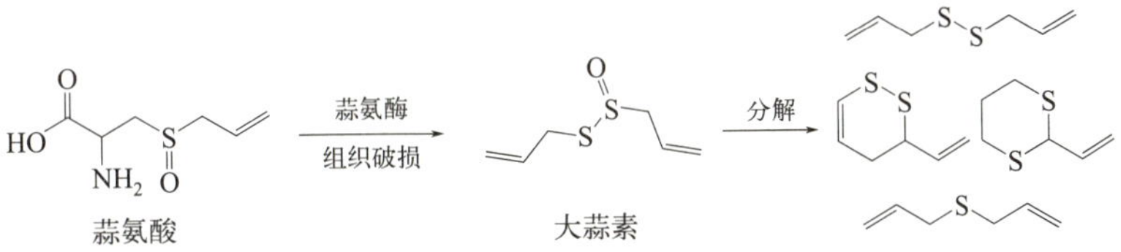

蒜氨酸 —蒜氨酶/组织破损→ 大蒜素 —分解→

图 8-9　大蒜特征风味成分形成示意图

此外，在葡萄汁、苹果汁、柠檬汁等果蔬汁以及茶叶和烟丝中，含有很多以 D- 葡萄糖苷形式存在的潜香物质，在内源性的糖苷酶，如 β- 葡萄糖苷酶作用下，潜香物质被降解，释放出键合态的芳香物质，能显著提高食品的香气，起到自然增香的作用，且香气更显饱满、柔和、圆润，增强了感官效应。

8.3.4　酶与营养

在食品的加工及贮藏过程中，部分内源酶及其活性的变化对食品营养有重要影响。脂肪氧化酶氧化不饱和脂肪酸会导致食品中亚油酸、亚麻酸和花生四烯酸等必需脂肪酸含量降低，同时产生的过氧自由基和氧自由基还能降低食品中的类胡萝卜素（维生素 A 的前体物质）、维生素 E、维生素 C 和叶酸的含量，破坏蛋白质中半胱氨酸、酪氨酸、色氨酸和组氨酸残基，或者引起蛋白质的交联等。此外，部分蔬菜中的抗坏血酸能被抗坏血酸酶降解，硫胺素酶会破坏氨基酸代谢中的必需辅助因子硫胺素，而多酚氧化酶在引起褐变反应产生不需宜的颜色和味道的同时，还会降低蛋白质中赖氨酸的含量，造成食品营养的损失。

部分水解酶类可将蛋白质、多糖等生物大分子降解为可吸收的寡肽、氨基酸以及单糖等小分子，从而提高食品的营养价值，但这些酶类多由外源添加。例如，采摘乳熟期的甜玉米在脱粒后，经过加水打浆、过滤、加热糊化并向糊化液中添加 α- 淀粉酶和糖化酶保温处理，得到甜玉米糖化液。在甜玉米糖化液中加入一定量的木瓜蛋白酶反应后，可极大提高糖液中的氨基酸总量及一些必需氨基酸的含量。此外，植酸酶可水解阻碍矿物质吸收的植酸，提高磷等无机质的利用率，同时由于植酸酶破坏了植酸对矿物质和蛋白质的亲和作用，也能提高蛋白质的消化率。

8.3.5 酶与安全

食品原料及加工贮藏过程中产生的有害成分除包括热转化和氧化等化学反应产物外，还有一部分是酶促代谢产物，如生物毒素、生物胺等，该部分内容在第 12 章介绍。酶在提高食品安全方面的应用主要包括：去除抗营养因子、降解有毒成分以及食品安全检测等。

8.3.5.1 去除抗营养因子

人体内酶的组成会随年龄增长而变化。婴儿胃中能产生凝乳酶，使乳在胃中能停留足够长的时间以开始蛋白质和脂肪的消化，随着年龄的增长，凝乳酶被胃蛋白酶所取代。大多数婴儿的小肠黏膜中存在着较高水平的 β- 半乳糖苷酶，随着年龄的增加其含量水平逐渐下降，这也是成年人易出现乳糖不耐症的原因所在。在乳制品加工过程中，可以通过添加外源乳糖酶将乳制品中绝大部分乳糖水解成葡萄糖和半乳糖，从而满足乳糖不耐症患者的饮用需求。

植酸具有很强的螯合能力，不仅可降低磷的生物功能，还能与钙、镁、氨基酸、淀粉等结合形成难以被机体消化的络合物，使人体吸收这些物质变得困难。植酸酶能催化植酸水解成磷酸和肌醇，显著降低植酸的含量。如在加工豆类和谷类时，添加植酸酶可促进植酸的分解，降低其对植物源食品中营养成分吸收的影响。

8.3.5.2 降解有毒成分

有机磷农药、微生物毒素可被相关酶降解，以消减其带来的安全隐患。有机磷水解酶（磷酸三酯酶，PTE）可以水解多种有机磷酸三酯、硫酯、氟磷酸酯和对硫磷，PTE 不仅可用于治疗有机磷中毒，也有望应用于植物源食物污染的治理。

黄曲霉毒素（aflatoxins，AF）是作物中常见的霉菌毒素污染物。真菌中存在可降解 AF 毒性的黄曲霉毒素解毒酶（ADTZ）。已有研究证明 ADTZ 是一种安全、高效、具有专一性的解毒酶，应用固定化 ADTZ 可较好地脱除花生油中的 AF，且不影响食品的营养物质。

8.3.5.3 食品安全检测

酶法检测是目前食品安全检测的主要检控技术，如酶联免疫测定。目前已在微生物毒素检测（如黄曲霉毒素、T-2 毒素、DON 毒素等）、农药残留检测（如除草剂、杀虫剂和杀菌剂）、微生物污染检测（如李斯特氏菌、沙门氏菌等）、肉类品质检测（如掺假检测等）、重金属污染监测、转基因食品检测、人兽共患疾病病原体检测等方面实现广泛应用。

有机磷农药是一类乙酰胆碱酯酶抑制剂，易使乙酰胆碱酯酶发生不可逆磷酰化而失去酶活，因此通过检测乙酰胆碱酯酶活力即可间接推算有机磷农药的浓度。大田软海绵酸是腹泻性贝类毒素的主要成分之一，它对蛋白质磷酸酶 -2A 有抑制作用，应用此酶制成的生物传感器，其检测限可达 1.25×10^{-8}mol/L。在传统发酵食品的生产过程中，往往伴随着生物胺的生成，给产品造成一定的安全隐患。采用基于二胺氧化酶与磁珠联合的酶电极传感器，可实现生物胺的快速在线检测。

食品中的病原微生物是影响食品安全的主要因素之一，传统检测食源性病原菌的方法繁琐且周期较长，快速、简便、特异的检测方法成为众多科学家的研究目标。肉类、蛋类、禽类、海产品、乳制品、蔬菜等都已被证实是李斯特氏菌的感染源。采用脲酶生物传感器可实现李斯特氏菌的快速检测。基于碱性磷酸酶电化学的方法可快速灵敏地检测沙门氏菌，利用辣根过氧化物酶可实现花生中的过敏原检测等。

概念检查 8.3

○ 食品风味酶。

8.4 外源酶在食品加工及保鲜中的应用

基于内源酶的作用和应用需要，工业上已实现通过生物技术将生物体细胞或组织中产生的酶提取出来，制成具有相应催化活性的酶制剂。在食品加工中应用酶制剂的优点主要包括：改进食品的加工方法，如酶法生产葡萄糖不仅可以提高葡萄糖的得率，而且能够节省原料；改进食品加工条件，降低成本；提高食品质量，作为食品原料的品质改良剂；改善食品的风味和颜色等。

我国食品用酶制剂按照《食品添加剂使用标准》（GB 2760—2014）进行管理，该标准对食品加工用酶制剂的种类及其来源做了明确的规定，目前已批准使用的食品加工酶制剂为 54 种。表 8-3 列出了目前应用在食品加工中的主要酶制剂及其用途，包括 α- 淀粉酶、蛋白酶、葡萄糖异构酶、果胶酶、脂肪酶、纤维素酶、葡萄糖氧化酶等。

表 8-3 食品工业中常用的酶制剂

酶制剂	来源	主要用途
α-淀粉酶	枯草杆菌、米曲霉、黑曲霉	淀粉液化、生产葡萄糖等
β-淀粉酶	麦芽、巨大芽孢杆菌、多黏芽孢杆菌	麦芽糖生产、啤酒生产、焙烤食品
葡糖淀粉酶	米根霉、黑曲霉、米曲霉	淀粉降解为葡萄糖
蛋白酶	胰脏、木瓜、枯草杆菌、霉菌	肉质软化、奶酪生产、啤酒去浊
纤维素酶	木霉、青霉	食品发酵，纤维素降解
果胶酶	霉菌	果汁、果酒的澄清
葡萄糖异构酶	放线菌、细菌	果葡糖浆生产
葡萄糖氧化酶	黑曲霉、青霉	保持食品色泽风味，蛋白质加工
单宁酶	米曲霉	维持饮料稳定性

续表

酶制剂	来源	主要用途
酯酶	黑曲霉、木霉、米黑根毛霉	干酪制造及风味形成，催化酯的水解
过氧化氢酶	牛、猪或马的肝脏，溶壁微球菌	分解罐装食品中的过氧化氢
核酸酶	橘青霉	水解核酸，增加鲜味
乳糖酶	真菌、酵母	水解乳清中的乳糖
脂肪酶	真菌、细菌、动物	乳酪后熟、改良牛奶风味、香肠熟化
凝乳酶	小牛或羔羊的皱胃、基因工程菌	乳制品生产

8.4.1 氧化还原酶类

8.4.1.1 葡萄糖氧化酶

由真菌 *Aspergillus niger*、*Penicillium notatum* 产生的葡萄糖氧化酶能催化葡萄糖与空气中的氧气发生氧化反应，如图 8-10 所示，因此葡萄糖氧化酶可用来除去葡萄糖（脱糖处理）或氧气（除氧保鲜）。反应过程中产生的过氧化氢有时可用作氧化剂，但通常被过氧化氢酶降解。

$$O_2 + \text{葡萄糖} \xrightarrow{\text{葡萄糖氧化酶(GO)}} \text{葡萄糖酸内酯} + H_2O_2$$

图 8-10 葡萄糖氧化酶氧化葡萄糖示意图

应用葡萄糖氧化酶去除蛋白粉中的葡萄糖（0.5% ~ 0.6%）可以避免美拉德反应的发生，保持产品的色泽和溶解度。葡萄糖氧化酶在食品保鲜及包装中最常见的功能是通过除氧来延长食品的保鲜保质期。作为对氧具有专一性的理想脱氧剂，葡萄糖氧化酶可防止氧化变质的发生或阻止氧化变质的进一步发展。例如，在啤酒加工过程中加入适量的葡萄糖氧化酶可以除去啤酒中的溶解氧和瓶颈氧，阻止啤酒的氧化变质。葡萄糖氧化酶又具有酶的专一性，不会对啤酒中的其他物质产生作用。因此，葡萄糖氧化酶在防止啤酒老化、保持啤酒风味、延长保质期方面有显著的效果。此外，还可以防止白葡萄酒在多酚氧化酶作用下的变色、果汁中维生素 C 的氧化破坏、多脂食品中酯类的氧化酸败等。同时，葡萄糖氧化酶也可有效防止罐装容器内壁的氧化腐蚀。

8.4.1.2 过氧化氢酶

过氧化氢酶来源广泛，包括黑曲霉、动物的肝脏以及溶壁微球菌等。如图 8-10 所示，过氧化氢是葡萄糖氧化酶处理食品时的副产物，过氧化氢酶可将其分解，常应用于罐装食品中。例如，采用过氧化氢对牛奶进行低温巴氏消毒，可减少加热时间并避免敏感的酪蛋白遭受过度的热破坏，因此消毒后的牛奶仍可以用来制作干酪，多余的过氧化氢可用过氧化氢酶清除。

8.4.1.3 脂肪氧化酶

内源脂肪氧化酶及其在食品加工与贮藏过程中对食品色泽的影响在前文已有介绍。值得注意的是，脂肪氧化酶尚未被列入我国《食品添加剂使用标准》（GB 2760—2014）中的“食品用酶制剂及其来源名单”。在食品加工领域，脂肪氧化酶主要是以大豆粉的形式添加，用于漂白面粉中的类胡萝卜素，以及通过氧化面筋蛋白中的巯基达到改善生面团流变学特性的目的。

8.4.2　水解酶类

水解酶是催化水解反应的一类酶的总称，也是食品工业中应用最广泛的酶类之一。利用食品原料中原有的水解酶或添加外源水解酶改善食品特性是常用的有效方法。食品工业中应用较多的水解酶主要有蛋白酶、淀粉酶、纤维素酶、果胶酶、脂肪酶、溶菌酶等。

8.4.2.1　蛋白酶

几乎所有的生物材料中都含有内切蛋白酶和外切蛋白酶。蛋白酶催化蛋白质水解后生成的小肽和氨基酸更利于人体消化吸收，同时水解后的蛋白质溶解度增加，其他功能特性如乳化能力和起泡性也随之改变。食品工业中所使用的蛋白水解酶主要是肽链内切酶，通常来源于动物器官、高等植物或微生物。不同来源的蛋白酶在反应条件和底物专一性上存在很大差别。表 8-4 列出了在食品加工中常用的蛋白酶，包括木瓜蛋白酶、菠萝蛋白酶、无花果蛋白酶、胰蛋白酶、胃蛋白酶、凝乳酶、枯草杆菌蛋白酶、嗜热菌蛋白酶等。

表 8-4　在食品加工中常用的蛋白酶

名称	来源	最适pH	最佳稳定的pH范围
A 来源于动物的肽酶			
胰蛋白酶①	胰脏	9.0②	3～5
胃蛋白酶	牛胃内壁	2	
凝乳酶	牛胃内壁或基因工程微生物	6～7	5.5～6.0
B 来源于植物的肽酶			
木瓜蛋白酶	热带瓜果树（番木瓜）	7～8	4.5～6.5
菠萝蛋白酶	果实和茎	7～8	
无花果蛋白酶	无花果	7～8	
C 细菌肽酶			
碱性蛋白酶，如枯草杆菌蛋白酶	枯草芽孢杆菌	7～11	7.5～9.5
中性蛋白酶，如嗜热菌蛋白酶	嗜热杆菌	6～9	6～8
链霉蛋白酶	链霉菌属		
D 真菌肽酶			
酸性蛋白酶③	曲霉	3.0～4.0④	5
中性蛋白酶	曲霉	5.5～7.5④	7.0
碱性蛋白酶	曲霉	6.0～9.5④	7～8
蛋白酶	毛霉	3.5～4.5④	3～6
蛋白酶	根霉	5.0	3.8④～6.5

①胰蛋白酶、胰凝乳蛋白酶和许多带有淀粉酶和脂肪酶的肽酶的混合物；②酪蛋白为底物；③许多内切肽酶和外切肽酶的混合物，包括氨基肽酶和羧基肽酶；④血红蛋白为底物。

蛋白酶在食品中的应用主要有以下几个方面：

（1）制备生物活性肽　利用蛋白酶的水解作用可制备出多种功能不同的活性肽。例如，乳蛋白经蛋白酶水解后可分离获得大量具有免疫调节功能的活性肽；种类繁多的海洋蛋白中，存在着许多具有生物活性的氨基酸序列，用特异的蛋白酶水解，可释放出各类有活性的肽段。此外，很多水产品加工的废弃物会被直接丢弃，造成资源的浪费和对环境的污染，而运用生物技术将其部分转换成优质浓缩蛋白和活性肽，具有良好的市场前景。

（2）肉品嫩化 木瓜蛋白酶或菠萝蛋白酶能分解肌肉结缔组织中的胶原蛋白，用于催熟及肉的嫩化。亟待解决的问题是如何使酶在肌肉组织中均匀分布，可在屠宰前将酶注射到动物血流中，或将冻干的肉置于酶溶液中再水化。此外，利用鱼胃蛋白酶可以在低温下脱除鱼皮。

（3）啤酒澄清 啤酒的冷后混（cold turbidity）与蛋白质（占比15%～65%）和多酚类物质（10%～30%）的沉淀有关。减少啤酒混浊现象的有效办法是在对啤酒进行巴氏杀菌之前加入蛋白酶，通常使用的是具有高耐热性的木瓜蛋白酶，以除去啤酒中的蛋白质，防止啤酒混浊并延长其货架期。

（4）奶酪生产 在乳制品行业，用凝乳酶水解牛乳中酪蛋白的肽键，可使酪蛋白胶束失去稳定性并聚集成酪蛋白凝块，特别适合干酪的制造。此外，在砖状干酪成熟期间特意加入的微生物蛋白酶还有助于干酪特征风味物的形成。

（5）其他应用 生产焙烤食品时往小麦面粉中添加蛋白酶可以改变生面团的流变学性质，促进面筋的软化，增加延伸性，减少揉面时间与动力，优化发酵效果，并最终使成品硬度得到改善。此外，控制蛋白质酶解的关键之一是要避免带有苦味的肽和/或氨基酸的释放。苦味的产生是由于新生肽的C端含有疏水基团，苦味的程度依赖于水解程度及蛋白酶的专一性。因此在加工过程中必须控制酶对蛋白质的水解程度，或者用胰酶、糜蛋白酶、木瓜蛋白酶等几种蛋白酶通过转肽反应，利用已水解的肽和氨基酸形成亲水的合成类蛋白质也可清除苦味。

8.4.2.2 淀粉酶

淀粉酶是水解淀粉的酶类的总称，也是目前使用量最大的工业酶制剂。在淀粉糖生产、酿造和烘焙等食品工业中具有重要应用。表8-5列出了食品工业中常用的淀粉酶及其作用的糖苷键，其中应用最为广泛的淀粉酶主要有四类：α-淀粉酶、β-淀粉酶、葡萄糖淀粉酶（糖化酶）和淀粉脱支酶。

表8-5 一些淀粉和糖原降解的主要酶

名称	糖苷键	说明
内切酶（保持构象不变）		
α-淀粉酶，EC 3.2.1.1	α-1,4	初期产物主要是糊精；终产物是麦芽糖和麦芽三糖
异淀粉酶，EC 3.2.1.68	α-1,6	产物是线性糊精
异麦芽糖酶，EC 3.2.1.10	α-1,6	作用于α-淀粉酶水解支链淀粉的产物
环状麦芽糊精酶，EC 3.2.1.54	α-1,4	作用于环状或线性糊精，生成麦芽糖和麦芽三糖
支链淀粉酶，EC 3.2.1.41	α-1,6	作用于支链淀粉，生成麦芽三糖和线性糊精
异支链淀粉酶，EC 3.2.1.57	α-1,4	作用于支链淀粉生成异潘糖，作用于淀粉生成麦芽糖
新支链淀粉酶	α-1,4	作用于支链淀粉生成异潘糖，作用于淀粉生成麦芽糖
淀粉支链淀粉酶	α-1,4 α-1,6	作用于支链淀粉生成麦芽三糖，作用于淀粉生成聚合度为2～4的产物
外切酶（非还原端）		
β-淀粉酶，EC 3.2.1.2	α-1,4	产物为β-麦芽糖
葡糖糖化酶，EC 3.2.1.3	α-1,6	产物为β-葡萄糖
α-葡萄糖苷酶，EC 3.2.1.20	α-1,4	产物是α-葡萄糖
转移酶		
环状麦芽糊精葡萄糖转移酶，EC 2.4.1.19	α-1,4	由淀粉生成含6～12个糖基单位的α-和β-环状糊精

（1）α- 淀粉酶 α- 淀粉酶是一种内切的 $\alpha\rightarrow\alpha$ 保持型酶（即水解物中异头碳的 α- 构型保持不变），能水解淀粉、糖原和环状糊精分子内的 α-1,4- 糖苷键，迅速降低淀粉聚合物的平均分子量。不同来源的 α- 淀粉酶的最适温度也不同，一般在 55 ~ 70℃之间，但也有少数细菌 α- 淀粉酶最适温度很高，例如，地衣形芽孢杆菌 α- 淀粉酶的最适温度可达 92℃。α- 淀粉酶水解淀粉的典型终产物为 α- 限制糊精和由 2 ～ 12 个葡萄糖单位构成的低聚麦芽糖，其中大部分低聚麦芽糖的聚合度（DP值）在2 ~ 12范围的上端。由于 α- 淀粉酶的水解作用是在内部发生的且具有随机性，直链淀粉 / 支链淀粉的平均分子量迅速降低，导致淀粉黏度急剧下降，因此 α- 淀粉酶也被称为液化酶。

（2）β- 淀粉酶 β- 淀粉酶是一种外切（端解）的 $\alpha\rightarrow\beta$ 转化糖苷酶，能从直链淀粉的非还原末端依次水解 α-1,4- 糖苷键，一次切下一个麦芽糖单位，并且将水解得到的麦芽糖的还原端的异头碳由 α- 构型转变成 β- 构型，即得到 β- 麦芽糖。β- 淀粉酶能将直链淀粉完全水解成麦芽糖，但它不能越过支链淀粉中所遇到的第一个 α-1,6- 糖苷键。因此单独使用 β- 淀粉酶仅能将支链淀粉水解到有限程度，即只能得到麦芽糖与 β- 限制糊精混合物。β- 淀粉酶是外切酶，无法像 α- 淀粉酶一样使淀粉的黏度快速下降。

不同来源的 β- 淀粉酶的最适温度不同，一般在 45 ～ 70℃之间，其热稳定性普遍低于 α- 淀粉酶。在食品工业中，β- 淀粉酶是麦芽糖生产的关键酶制剂，尤其是在酿造领域，同时加入 α- 淀粉酶和 β- 淀粉酶能加速淀粉的降解，生成的麦芽糖可被酵母麦芽糖酶快速转化为葡萄糖，进一步被酿造微生物利用。淀粉酶也应用在焙烤行业中，如在面粉中添加 β- 淀粉酶，可调节麦芽糖的生成量，使产生的二氧化碳和面团气体保持力相平衡，还可改善糕点馅心风味并防止糕点老化。

（3）葡萄糖淀粉酶 葡萄糖淀粉酶（葡聚糖 -1,4-α-D- 葡萄糖苷酶）是一种外切（端解）的 $\alpha\rightarrow\beta$ 转化糖苷酶，能从直链淀粉的非还原末端依次水解 α-1,4- 糖苷键，一次切下一个葡萄糖单位，并且将水解得到的葡萄糖还原端的异头碳由 α- 构型转变成 β- 构型，即得到 β- 葡萄糖，其彻底降解淀粉的唯一产物是葡萄糖。尽管葡萄糖淀粉酶对 α-1,4- 糖苷键具有选择性，但也能缓慢作用于支链淀粉的 α-1,6- 糖苷键，只是水解速度是前者的 $\frac{1}{30}$。除此之外，葡萄糖淀粉酶还能缓慢水解淀粉分子的 α-1, 3- 糖苷键，某些葡萄糖淀粉酶能作用天然（生）淀粉颗粒。

来源于曲霉（*Aspergillus*）和根霉（*Rhizopus*）的葡萄糖淀粉酶在食品领域已得到广泛应用，最适温度范围分别为 40 ～ 70℃和 55 ～ 60℃，最适 pH 均为 3.5 ～ 4.5。与其他淀粉酶相比，葡萄糖淀粉酶作用于淀粉的速度相对较慢。工业上常将葡萄糖淀粉酶用作淀粉的糖化剂，并习惯地称之为糖化酶。在果葡糖浆的生产中，葡萄糖淀粉酶和 α- 淀粉酶通常一起使用，可加快水解速度并提高反应效率。

（4）淀粉脱支酶 淀粉脱支酶是水解支链淀粉和糖原分子中 α-1,6- 糖苷键的一类酶的总称，主要包括普鲁兰酶（pullulanase，EC 3.2.1.41）和异淀粉酶（isoamylase，EC 3.2.1.68）。普鲁兰酶和异淀粉酶虽然都能水解 α-1,6- 糖苷键，但二者底物特异性却有较大的差异。其中普鲁兰酶所切的 α-1,6- 糖苷键的两头至少有 2 个以上的 α-1,4- 糖苷键，而异淀粉酶不能水解 β- 极限糊精分子中由 2 ～ 3 个葡萄糖残基（α-1,4- 糖苷键连接）所构成的侧支的 α-1,6- 糖苷键。普鲁兰酶适宜作用较低分子量的糊精，能够高效地水解普鲁兰多糖，但是对大分子支链淀粉底物水解活力较低，对分支密集的糖原（动物淀粉）几乎没有水解作用。异淀粉酶对大分子量的支链淀粉和糖原表现出较高的水解活力，对低分子量糊精水解活力则较低。

8.4.2.3 纤维素酶

纤维素酶的作用是水解纤维素，从而增加其溶解度并改善食品风味，在食品焙烤、果蔬泥的生产及速溶茶的加工中经常使用。目前常用的纤维素酶主要来源于微生物，根据其作用的纤维素和降解的中间产物可将纤维素酶分为以下四类：

（1）内切葡聚糖酶（endoglucanases，EC 3.2.1.4） 内切葡聚糖酶对微晶粉末纤维素的结晶区没有活性，但是它们能水解底物（包括滤纸、羧甲基纤维素和羟甲基纤维素等可溶性底物）的无定形区。它的催化特点是随机水解 β-1,4- 葡萄糖苷键，可使体系的黏度迅速降低，同时也有相对较少的还原基团生成。反应后期的产物是葡萄糖、纤维二糖和不同分子量的纤维糊精。

（2）外切葡萄糖水解酶（exoglucohydrolases，EC 3.2.1.74） 外切葡萄糖水解酶可从纤维素糊精的非还原末端水解葡萄糖残基，水解速率随底物链长的减小而降低。

（3）纤维二糖水解酶（cellobiohydrolases，EC 3.2.1.91） 纤维二糖水解酶是一种外切（端解）酶，作用于无定形纤维素的非还原末端并依次切下纤维二糖。纯化的纤维二糖水解酶能水解微晶纤维素中近 40% 可水解的键。内切葡聚糖酶和纤维二糖水解酶催化水解纤维素的结晶区具有协同作用，但相关机制尚不清楚。

（4）β- 葡萄糖苷酶（β-glucosidases，EC 3.2.1.21） β- 葡萄糖苷酶可将纤维二糖分解为葡萄糖，还可以从小纤维糊精的非还原末端水解葡萄糖残基。它不同于外切葡萄糖的水解酶，其水解速率随底物大小的降低而增加，以纤维二糖为底物时水解速率最快。

目前，纤维素酶在食品工业中的应用还较为有限，如在果蔬汁生产中添加微生物纤维素酶破坏细胞壁可达到提高出汁率的目的。

8.4.2.4 果胶酶

果胶酶是水果加工中最重要的酶，广泛存在于各类微生物中，可以通过固体培养或液体深层培养法生产。

果胶酶在果蔬汁加工领域主要用于澄清果汁和提高产率。一般认为果胶酶澄清果蔬汁的机制如下：在果蔬汁较低的 pH（约为 3.5）环境中，产生含有糖和蛋白质的混浊颗粒，颗粒中蛋白质的质子异变基团带有正电荷，而带有负电荷的果胶分子形成了颗粒的外壳，可引起聚阴离子的聚集；部分暴露出的正电荷，可引起聚阳离子的聚集，最终导致絮凝。明胶（在 pH 3.5 时带正电荷）对果汁的澄清作用可以被褐藻酸盐（在 pH 3.5 时带负电荷）抑制，该现象证明上述机理是正确的。

此外，果胶酶还有助于增加果汁、蔬菜汁和橄榄油的产量。脱除果胶的果汁即使在酸糖共存的情况下也无法形成果冻，因此可用来生产高浓缩果汁和固体饮料。

果蔬汁的色泽和风味依赖于果汁中的混浊成分，该成分由果胶、蛋白质构成的胶态不沉降的微小粒子形成。若橘汁中的果胶酶不失活，则在果胶甲酯酶作用下释放出的果胶酸会与 Ca^{2+} 发生桥联，导致柑橘类果汁中“云样”凝絮、沉淀和分层现象的出现，从而影响产品的感官品质。因此，在柑橘汁加工时通常采用热处理使果胶酶失活，然而加热处理又往往会导致果汁风味的恶化。近年来，研究发现橘皮果胶酯酶的活性受其竞争性抑制剂聚半乳糖醛酸和果胶酸的影响，因此，在果汁中添加该类抑制剂可有效防止果汁混浊。

8.4.2.5 脂肪酶

脂肪酶（EC 3.1.1.3）广泛存在于动物胰脏和微生物组织中。大多数脂肪酶的最适温度在 30 ～ 40℃范围内，其最适 pH 受底物、酶的来源和纯度等因素的影响，其中微生物来源的脂肪酶最适 pH 通常在

5.6 ～ 8.5 之间。

脂肪酶可催化三酰基甘油逐步水解生成相应的甘油双酯（1,2- 二酰基甘油、2,3- 二酰基甘油）、甘油单酯（2- 单酰基甘油）、甘油和脂肪酸。除此以外，脂肪酶还可以催化酯化、转酯、酯交换、对映体拆分等化学反应（图 8-11），这使得脂肪酶在食品、洗涤剂、药物、皮革、纺织、化妆品以及造纸等产业均有广泛应用。

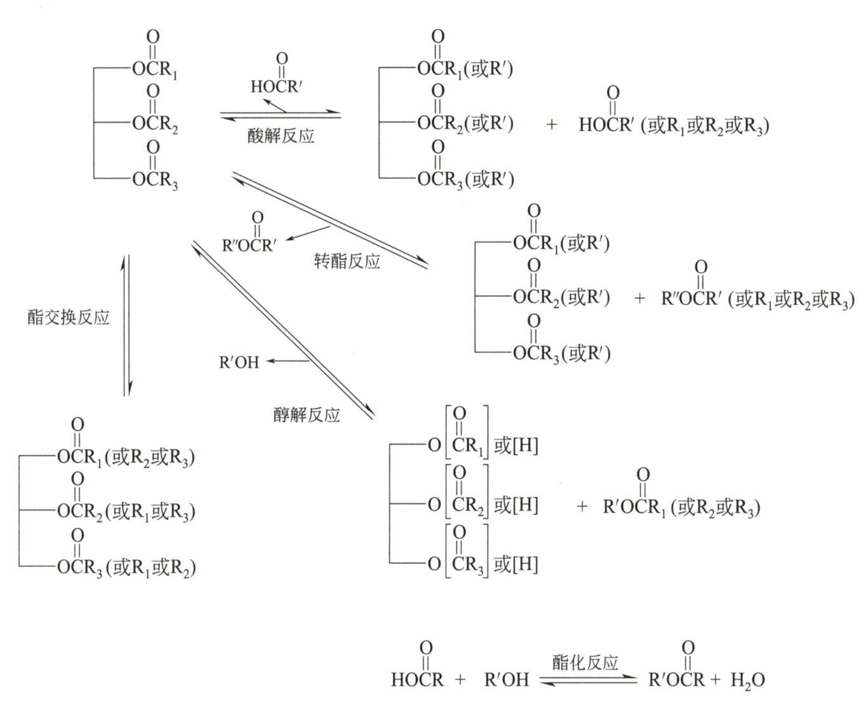

图 8-11　脂肪酶催化反应类型示意图

在食品领域，脂肪酶对一些含脂食品的品质有显著影响。如乳制品、干果等含脂食品的不良风味主要来自脂肪酶的水解产物（水解酸败），而水解酸败又对氧化酸败有促进作用。但同时，在食品加工中，脂肪酶也会促进一些短链游离脂肪酸（如丁酸、己酸等）的释放，当其浓度低于一定水平时，反而会产生良好的风味。

在奶酪生产中，脂肪酶将脂肪降解为游离脂肪酸，游离脂肪酸进一步分解形成挥发性脂肪酸、异戊醛、二乙酰、3- 羟基丁酮等呈味物质，并产生特殊香气，改善了奶酪风味。此外，在瘦肉的生产过程中，也可以通过添加脂肪酶来除去多余的脂肪；生产明胶时，温和条件下脂肪酶催化的水解反应可加速骨头的脱脂过程；在香肠生产过程中，脂肪酶在其发酵阶段也发挥了重要作用，它决定了成熟过程中长链脂肪酸的释放；此外，脂肪酶还被用于改进大米风味，改良豆浆口感等。

8.4.2.6　溶菌酶

溶菌酶（lysozme）可以水解细菌细胞壁肽聚糖中的 *N*- 乙酰氨基葡糖与 *N*- 乙酰氨基葡糖乳酸之间的 β-1,4- 糖苷键（图 8-12），从而导致细菌自溶死亡。

溶菌酶的分子量在 14000 左右，等电点在 pH10.7 ～ 11.0 间，其纯品为白色粉状晶体，无臭、微甜，易溶于水和盐溶液，化学性质十分稳定，但遇碱易被破坏。溶菌酶对革兰氏阳性菌、好氧性孢子形成菌、枯草芽孢杆菌、地衣芽孢杆菌等都表现出抗菌作用，而对没有细胞壁的人体细胞不会产生不利影响。因此，溶菌酶适合用于各种食品的防腐。另外，溶菌酶还能杀死肠道腐败球菌，增加肠道抗感染力，同时还能促进婴儿肠道双歧乳酸杆菌的增殖，促进乳酪蛋白凝乳，利于消化，所以又是婴儿食品、饮料的良好添加剂。

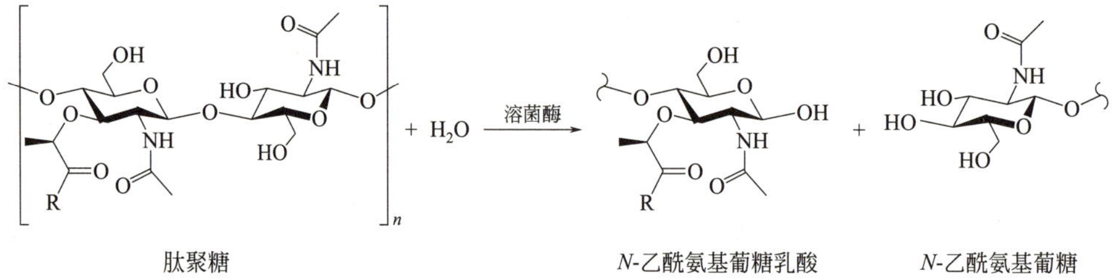

肽聚糖 + H_2O —溶菌酶→ N-乙酰氨基葡糖乳酸 + N-乙酰氨基葡糖

图 8-12 溶菌酶降解细菌细胞壁肽聚糖示意图

溶菌酶对人体完全无毒、无副作用，具有抗菌、抗病毒、抗肿瘤的功效，是一种安全的天然防腐剂。在干酪的生产中，添加一定量的溶菌酶，可防止微生物污染引起的酪酸发酵，以保证干酪的质量。新鲜的牛乳中含有少量的溶菌酶（约 30mg/100mL），而人乳中的溶菌酶较牛乳中高约 300 倍。因此在鲜乳或奶粉中加入一定量的溶菌酶，不仅能起到防腐保鲜的作用，还能达到强化婴儿乳品的目的，有利于婴儿的健康。

溶菌酶现已在干酪、水产品、酿造酒、乳制品、肉制品、豆腐、新鲜果蔬、糕点、面条、饮料等产品的防腐保鲜方面得到广泛应用。

8.4.3 异构酶类

异构酶类可催化同分异构体之间的相互转化，即分子内部基团的重新排列。在食品工业领域，葡萄糖异构酶（EC 5.3.1.5）又称为木糖异构酶，可催化 D- 木糖、D- 葡萄糖、D- 核糖等醛糖可逆地转化为对应的酮糖，尤其是对于催化 D- 葡萄糖异构化生成 D- 果糖的反应，在食品工业领域有着非常重要的意义。

葡萄糖异构酶结构稳定，耐热性强，是世界上目前公认的用于研究酶的催化机制以及建立完整的蛋白质工程技术的最好模型之一。在淀粉糖工业中，淀粉经 α- 淀粉酶的液化和葡萄糖淀粉酶的糖化处理得到葡萄糖溶液（40% ～ 45% 浓度），再经过葡萄糖异构酶催化生成果葡糖浆（42% 果糖 +52% 葡萄糖），借助工业色谱分离可进一步获得果糖含量为 90% 以上的高果糖浆。该工艺所采用的葡萄糖异构酶通常以固定化酶制剂形式添加，其年产量超过百万吨，是世界上目前产量最大的三种酶制剂之一（另外两种为蛋白酶和淀粉酶）。

8.4.4 转移酶

转移酶是指能够催化除氢以外的各种化学官能团从一种底物转移到另一种底物的酶类。谷氨酰胺转氨酶（transglutaminase，EC 2.3.2.13，TGase）可以催化蛋白质分子内的交联、分子间的交联、蛋白质和氨基酸之间的连接以及蛋白质分子内谷氨酰胺基的水解，从而改善蛋白质功能性质，提高蛋白质的营养价值。

在 TGase 的作用过程中，以 γ- 羧基酰胺基作为酰基供体，而其酰基受体有以下几种：

（1）伯氨基　如图 8-13（a）所示，通过此方法，可以将一些限制性氨基酸引入蛋白质中，提高蛋白质的额外营养价值。

（2）多肽链中赖氨酸残基的 ε- 氨基　如图 8-13（b）所示，通过此方法能形成 ε- 赖氨酸异肽链。食品工业中广泛运用此法使蛋白质分子发生交联，从而改变食物的质构，改善蛋白质的溶解性、起泡性等物理性质。

（3）水　当不存在伯氨基时，如图 8-13（c）所示，形成谷氨酸残基，从而改变蛋白质的溶解度、乳化性质、起泡性质等。

(a) $\text{Gln–C(=O)NH}_2 + \text{H}_2\text{N–R} \xrightarrow{\text{TGase}} \text{Gln–C(=O)–HN–R} + \text{NH}_3$

(b) $\text{Gln–C(=O)NH}_2 + \text{H}_2\text{N–Lys} \xrightarrow{\text{TGase}} \text{Gln–C(=O)–HN–Lys} + \text{NH}_3$

(c) $\text{Gln–C(=O)NH}_2 + \text{H}_2\text{O} \xrightarrow{\text{TGase}} \text{Gln–C(=O)OH} + \text{NH}_3$

图 8-13　TGase 交联示意图

TGase 在食品工业中的应用主要包括如下方面：

（1）改善蛋白质凝胶的特性　由于引入了新的共价键，蛋白质分子内或分子间的网络结构增强，会使通常条件下不能形成凝胶的乳蛋白形成凝胶，或使蛋白质凝胶性能发生改变，如改变凝胶强度，增强凝胶的耐热性、耐酸性和水合作用，使凝胶网络中的水分不易析出等。与未经处理的对照组相比，经过 TGase 处理的牛乳制得的脱脂乳粉在水溶液中形成的凝胶强度更大，凝胶持水性也更高。在制作鱼香肠时，加入 TGase 处理后，其脱水收缩现象明显降低。据报道，利用盐和 TGase 可实现改善鱼肉香肠质构的效果。

（2）提高蛋白质的乳化稳定性　在 TGase 作用下，β- 酪蛋白可形成二聚物、三聚物或多聚物，所形成的乳化体系稳定性明显提高，乳化液的稳定性随着聚合程度增加而增加。

（3）提高蛋白质的热稳定性　加热处理易使蛋白质变性，并降低其功能特性。在奶粉生产中，如何防止奶粉在贮藏和销售过程中受热结块一直是亟须解决的问题。奶粉中酪蛋白经 TGase 催化形成网络结构后，其玻璃化转变温度可明显提高。经 TGase 催化交联的乳球蛋白也表现出较高的热稳定性，天然乳球蛋白在 70℃时就会很快变性，而 1% 的聚合乳球蛋白即使在 100℃条件下也可保持 30 min 不变性。

（4）提高蛋白质的营养价值　将限制性氨基酸交联到某种蛋白质上可提高相应蛋白质的营养价值。例如，通过 TGase 作用所形成的富赖氨酸蛋白质不仅可提高赖氨酸的稳定性，还可避免游离赖氨酸易发生的美拉德反应。另外，TGase 还可改善肉制品口感和风味，提高蛋白质的成膜性能等。

概念检查 8.4

○ ①请介绍蛋白酶在食品中的应用；②淀粉酶主要有哪几类？

参考文献

[1] （美）达莫达兰，等 . 食品化学 . 江波，等译 . 4 版 . 北京：中国轻工业出版社，2013.

[2] 江正强，等 . 食品酶学与酶工程原理 . 北京：中国轻工业出版社，2018.

[3] 居乃琥 . 酶工程手册 . 北京：中国轻工业出版社，2011.

[4] 张俭波 . 食品工业用酶制剂的管理 . 生物产业技术，2019，（03）：83.

[5] Dicosimo R，et al. Industrial use of immobilized enzymes. Chemical Society Reviews，2013，42（15）：6437.

[6] Haard N F，et al. Seafood enzymes：Utilization and influence on postharvest seafood quality. New York：Marcel Dekker Inc，2000.

[7] Khattab A R，et al. Cheese ripening：A review on modern technologies towards flavor enhancement，process acceleration and improved quality assessment. Trends in Food Science & Technology，2019，88：343.

[8] Loey A V，et al. Effects of high electric field pulses on enzymes. Trends in Food Science & Technology，2002，12：94.

[9] Srinivasan D，et al. Fennema's Food Chemistry.5th ed.Boca Raton：CRC Press，2017.

[10] Zhang Y，et al. Enzymes in food bioprocessing-novel food enzymes，applications，and related techniques. Current Opinion in Food Science，2018，19：30.

总结

常用酶

- ○ 食品常用酶有内源酶和酶制剂。
- ○ 酶促反应易受 pH、温度、水分活度、激活剂或抑制剂、高压处理、电场作用、超声波处理以及离子辐射等影响。

酶与食品质量

- ○ 酶与色泽，如多酚氧化酶与红茶色泽；酶与质构，如纤维素酶与果蔬质构；酶与风味，如蒜氨酶与大蒜风味；酶与营养，如水解酶与蛋白肽。

酶与食品安全

- ○ 去除抗营养因子，如植酸酶降低植酸含量；降解有毒成分，如有机磷水解酶消减农药残留；食品安全检测技术，如酶联免疫测定。

酶制剂

- ○ 食品加工酶制剂有 50 多种，包括 α- 淀粉酶、糖化酶、蛋白酶、葡萄糖异构酶、果胶酶、脂肪酶、纤维素酶、葡萄糖氧化酶等。
- ○ 酶制剂使用应按《食品添加剂使用标准》（GB 2760）进行。

思考练习

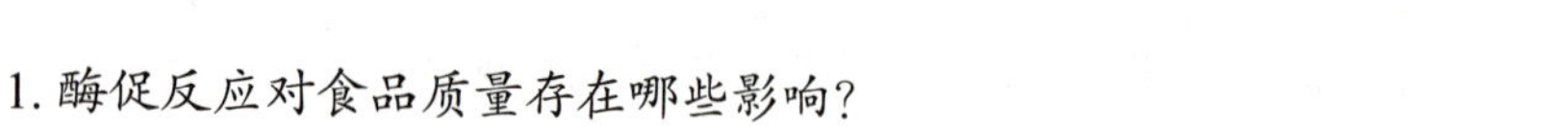

1. 酶促反应对食品质量存在哪些影响？

2. 请用所学的食品生物化学知识，说明淀粉酶的作用机制及在食品工业中的应用。
3. 试述谷氨酰胺转氨酶的催化机制及在食品工业中的应用。
4. 选择几种合适的酶用于果汁饮料的加工，并从食品化学的角度说明理由。

能力拓展

红茶是全发酵茶。请根据本章所学的多酚氧化酶知识和自主查阅的相关文献，设计出富含茶黄素的红茶发酵新工艺。

第 9 章　食品色素

☐ 在炒青菜时我们是不是要尽量保持其绿色？

☐ 你知道食品色是由什么成分构成的吗？

☐ 在购买食品时总是不自觉地先用眼睛“品尝”食品，并决定你从五颜六色的货架上挑选你想要的食品，食品色与食品质量有什么关系？

为什么要学习“食品色素”？

食材颜色五颜六色，有些颜色需要保持，如在炒青菜时我们是不是要尽量保持其绿色？有些食材中色素成分则需要转化，如制红茶时，我们是不是要创造条件使茶鲜叶中无色的多酚类较多地被氧化转变成红色？显然易见，需要知道原料中色素成分组成、结构性质等，更需要了解色素成分在加工和贮藏过程中的变化。

学习目标

- 知晓食品中常见天然色素的来源、化学结构和性质，其中叶绿素和血红素是重要的天然色素，要求掌握其结构及性质。
- 掌握常见天然色素在加工过程中的主要变化及影响因素。
- 掌握食品色素的营养性和安全性。
- 知晓新食品色素资源利用意义及职业担当。

食品的质量除有安全性和营养性外，还应有色、香、味、形等享受性感官指标。颜色是消费者评判食品新鲜度、成熟度、风味情况等重要感官指标之一，同时还影响人们对风味的感知；另外，食品的颜色还影响食欲，色泽搭配得当不仅可引起人们的食欲，还给人以赏心悦目之感，并进一步影响人们对其风味的感觉。色泽是影响食品品质的重要因素，在一定程度决定了食品价值。因此，有必要充分了解食品色素组成、结构及性质、营养性及安全性和在加工及贮藏过程中变化，以及对食品色泽的影响，指导食品工业科学使用食品色素，提高食品品质。

9.1 概述

9.1.1 食品中色素来源

一种食品呈现何种色泽取决于食品中多种呈色成分的综合作用。食品中呈色成分又称色素（pigments）。食品中的色素主要来源于以下三方面。

9.1.1.1 食品中原有的色素

植物和动物组织中原有的色素由活细胞合成、积累或分泌而成，如蔬菜中叶绿素、胡萝卜中的叶黄素、虾中的虾青素等。一般又把食品中原有的色素称为天然色素（inherent pigment）。常见的天然色素特性见表 9-1。

表 9-1 天然色素的特性

色素	种类	颜色	来源	溶解性	稳定性
花青素	150	橙、红、蓝色	植物	水溶性	对pH、金属敏感，热稳定性不好
类黄酮	1000	无色、黄色	大多数植物	水溶性	对热十分稳定
原花色素苷	20	无色	植物	水溶性	对热较稳定

续表

色素	种类	颜色	来源	溶解性	稳定性
单宁	20	无色、黄色	植物	水溶性	对热稳定
甜菜苷	70	黄、红	植物	水溶性	热敏感
醌类	200	黄至棕黑色	植物、细菌、藻类	水溶性	对热稳定
咕吨酮	20	黄	植物	水溶性	对热稳定
类胡萝卜素	450	无色、黄、红	植物、动物	脂溶性	对热稳定、易氧化
叶绿素	25	绿、褐色	植物	有机溶剂	对热敏感
血红素	6	红、褐色	动物	水溶性	对热敏感
核黄素	1	绿黄色	植物	水溶性	对热和pH均稳定

9.1.1.2 食品加工中添加的色素

在食品加工中为了更好地保持或改善食品的色泽，常采用护色和染色的方法进行食品色泽控制。向食品中添加的食品色素，称为食品着色剂（colorant）。食品着色剂可根据其来源，分为天然的和人工合成的食品着色剂。天然食品着色剂安全性高，在赋予食品色泽的同时，有些天然色素还有营养性和某些功能性，如核黄素、胡萝卜素等，但天然色素一般对光、热、酸、碱和某些酶较敏感，着色性较差，成本也较高，所以我国目前在食品加工中较多使用的还是人工合成的食品着色剂。食品着色剂将在第11章食品添加剂中介绍。

9.1.1.3 食品加工中产生的色素

在食品加工过程中由于天然酶及湿热作用，常发生氧化、水解及异构等作用，会使某些原有成分产生变化从而产生新的成分，如果新成分所吸收的光在可见光区域（380～770nm）就会产生色泽。如茶鲜叶本是绿色的，如果先采取高温杀青、干燥等工艺，以钝化酶活性、减少水分含量，可保持较多的叶绿素、减少酚类的氧化，则制造出的茶叶是绿茶，其外形色泽及叶底色泽均呈绿色；但如果采取萎凋、发酵等工艺，以充分利用天然酶的氧化及水解作用，则叶绿素大量破坏，酚类物质氧化产生茶黄素、茶红素等成分，此时的茶叶为红茶，其产品外形色泽呈深褐色，汤色及叶底为鲜红色。又如糖类是无色的，但在热的作用下能发生焦糖化反应或美拉德反应，产生褐色类的成分。另外，有些色素存在状态不同其呈色效果不同，如虾青素与蛋白质结合时不呈现红色，但当与蛋白质分离时，则呈现红色。

9.1.2 食品中色素分类

食品中色素成分很多，依据不同的标准可将色素进行不同的分类。

9.1.2.1 根据来源进行分类

① 植物色素　叶绿素、红花色素、栀子黄色素、葡萄皮色素、辣椒红色素、胡萝卜素等。植物色素是天然色素中来源最丰富、应用最多的一类。

② 动物色素　血红素、虫胶色素、胭脂虫色素等。

③ 微生物色素　红曲色素、核黄素等。

9.1.2.2 根据色泽进行分类

① 红紫色系列 甜菜红色素、高粱红色素、红曲色素、紫苏色素、可可色素等。
② 黄橙色系列 胡萝卜素、姜黄素、玉米黄素、藏红花素、核黄素等。
③ 蓝绿色系列 如叶绿素、藻蓝素、栀子蓝色素等。

9.1.2.3 根据化学结构进行分类

天然色素根据化学结构进行分类见表 9-2。

表 9-2 天然色素按化学结构分类

分类	名称	色调	来源
四吡咯衍生物类	叶绿素、叶绿素铜钠	绿	小球藻、雏菊、蚕沙
	血红蛋白、血色素	红	血液（猪、牛、羊血）
	藻青苷、螺旋藻蓝	蓝	螺旋藻
异戊二烯衍生物（类胡萝卜素系）	β-胡萝卜素、胡萝卜色素	黄～橙	胡萝卜、合成
	辣椒红、辣椒黄素	红～橙	辣椒果实
	藏花素、栀子黄	黄	栀子果
	胭脂树橙	黄～橙	胭脂树（种子）
	番茄红素	红	番茄
多酚类（花青素、黄酮类）	紫苏苷	紫红	紫苏
	葡萄花色素、葡萄皮红	紫红	葡萄皮
	飞燕草素、紫玉米红、玫瑰脂红	红紫	紫玉米、玫瑰茄
	萝卜红素	紫红	紫色萝卜
	红花黄	黄	红花
	红米红	红	黑米
	多酚、可可色素	褐	可可豆
酮类衍生物类	姜黄、红曲红	橙、黄、红	姜黄、红曲米
醌类衍生物类	甜菜苷、甜菜红	红	红紫菜
	紫胶酸、紫胶红	红～红紫	紫胶虫
	胭脂红酸、胭脂红	红～红紫	胭脂虫紫根
	紫根色素	红	
其他类	栀子蓝	蓝	栀子酶处理
	栀子红	红紫	栀子酶处理
	焦糖	褐	糖类焙烤
	氧化铁	红褐	合成

此外，根据溶解性质的不同，天然色素可分为水溶性和脂溶性两类。目前多采用化学结构进行分类。其中四吡咯衍生物类色素、异戊二烯衍生物类色素、多酚类色素在自然界中数量多，存在广泛。

天然色素品种繁多，色泽自然，安全性高，不少品种还有一定的营养价值，有的更具有药物疗效功能，如栀子黄色素、红花黄色素、姜黄素、多酚类等，因此，近年来开发应用迅速，其品种和用量不断扩大。

9.1.3 色素的显色机制

食品所显示的颜色，本质上是食品反射可见光（或透射光）中可见光的颜色。通常，食品吸收光的颜色与反射光的颜色互为补色。如紫色和绿色互为补色，食品呈现紫色，是其吸收绿色光所致。食品将可见光全部吸收时呈黑色，食品将可见光全部通过时无色。

各种色素都是由发色基团和助色基团组成的。凡是有机化合物分子在紫外及可见光区域内（200 ～

700nm）有吸收峰的基团都称为发色基团，如—C═C—、—C═O、—CHO、—COOH、—N═N—、—N═O、$—NO_2$、—C═S 等。发色基团吸收光能时，电子就会从能量较低的 π 轨道或 n 轨道（非共用电子轨道）跃迁至 π* 轨道，然后再从高能轨道以放热的形式回到基态，从而完成了吸光和光能转化。能发生 n→π* 电子跃迁的色素，其发色基团中至少有一个—C═O、—N═N—、—N═O、—C═S 等含有杂原子的双键与 3～4 个以上的—C═C—双键共轭体系；能发生 π→π* 电子跃迁的色素，其发色基团至少有 5～6 个—C═C—双键共轭体系。随着共轭双键数目的增多，吸收光波长向长波方向移动，每增加 1 个—C═C—双键，吸收光波长约增加 30nm。与发色基团直接相连接的—OH、—OR、$—NH_2$、$—NR_2$、—SH、—Cl、—Br 等官能团也可使色素的吸收光向长波方向移动，它们被称为助色基团。不同色素的颜色差异和变化主要取决于发色基团和助色基团。

概念检查 9.1

○ 食品中色素来源。

9.2 四吡咯衍生物类色素

四吡咯衍生物类色素（tetrapyrrol compounds）的共同特点是结构中包括四个吡咯构成的卟啉环，四个吡咯可与金属元素以共价键和配位键结合。四吡咯衍生物类色素中重要的有叶绿素、血红素和胆红素。

9.2.1 叶绿素

（1）叶绿素的结构与性质　叶绿素（chlorophylls）是高等植物和其他所有能进行光合作用的生物体含有的一类绿色色素，广泛存在于植物组织，尤其是叶片的叶绿体（chloroplast）中，此外，也在海洋藻类、光合细菌中存在。

叶绿素有多种，例如叶绿素 a、b、c 和 d，以及细菌叶绿素和绿菌属叶绿素等，其中以叶绿素 a、b 在自然界含量较高，高等植物中的叶绿素 a 和 b 的两者含量比约为 3∶1，它们与食品的色泽关系密切。结构如图 9-1 所示。

叶绿素 a：R=—CH_3
叶绿素 b：R=—CHO

叶绿素

植醇

图 9-1 叶绿素以及植醇的结构式

叶绿素 a 和脱镁叶绿素 a 均可溶于乙醇、乙醚、苯和丙酮等溶剂，不溶于水，而纯品叶绿素 a 和脱镁叶绿素 a 仅微溶于石油醚。叶绿素 b 和脱镁叶绿素 b 也易溶于乙醇、乙醚、丙酮和苯，纯品几乎不溶于石油醚，也不溶于水。因此，极性溶剂如丙酮、甲醇、乙醇、乙酸乙酯、吡啶和二甲基甲酰胺能完全提取叶绿素。脱植基叶绿素和脱镁叶绿素甲酯一酸分别是叶绿素和脱镁叶绿素的对应物，两者都因不含植醇侧链，而易溶于水，不溶于脂。

叶绿素 a 纯品是具有金属光泽的黑蓝色粉末状物质，熔点为 117 ～ 120℃，在乙醇溶液中呈蓝绿色，并有深红色荧光。叶绿素 b 为深绿色粉末，熔点 120 ～ 130℃，其乙醇溶液呈绿色或黄绿色，有红色荧光，叶绿素 a 和 b 都具有旋光活性。

叶绿素及其衍生物在极性上存在一定差异，可以采用 HPLC 进行分离鉴定，也常利用它们的光谱特征进行分析（表 9-3）。

表 9-3 叶绿素 a、叶绿素 b 及其衍生物的光谱性质

化合物	最大吸收波长 / nm		吸收比（“蓝”/“红”）	摩尔吸光系数（“红”区）
	“红”区	“蓝”区		
叶绿素a	660.5	428.5	1.30	86300
叶绿素b	642.0	452.5	2.84	56100
脱镁叶绿素a	667.0	409.0	2.09	61000
脱镁叶绿素b	655.0	434.0	—	37000
焦脱镁叶绿酸a	667.0	409.0	2.09	49000
脱镁叶绿素a锌	653.0	423.0	1.38	90000
脱镁叶绿素b锌	634.0	446.0	2.94	60200
脱镁叶绿素a铜	648.0	421.0	1.36	67900
脱镁叶绿素b铜	627.0	436.0	2.57	49800

（2）叶绿素在食品加工与储藏中的变化　叶绿素对热、光、酸、碱等均不稳定，它在食品加工中最普遍的变化是生成脱镁叶绿素，在酸性条件下叶绿素分子的中心镁原子被氢原子取代，生成暗橄榄褐色的脱镁叶绿素，加热可加快反应的进行。

叶绿素在稀碱溶液中水解，脱去植醇部分，生成颜色仍为鲜绿色的脱植基叶绿素、植醇和甲醇，加热均可使水解反应加快。脱植基叶绿素的光谱性质和叶绿素基本相同，但比叶绿素更易溶于水。

如果脱植基叶绿素除去镁，则形成对应的脱镁叶绿素酸，其颜色和光谱性质与脱镁叶绿素相同。

叶绿素在酶的作用下，可发生脱镁、脱植醇反应。如脱镁酶可使叶绿素变化为脱镁叶绿素；在叶绿素酶的作用下，发生脱植醇反应，生成脱植基叶绿素。

此外，进一步的降解产物还有 10 位的—CO_2CH_3 被 H 取代，生成橄榄褐色的焦脱镁叶绿素和焦脱镁叶绿酸。绿色蔬菜在较高温度加工后，叶绿素发生脱镁和水解反应，可生成系列化合物。叶绿素系列化合物可能发生的各种反应，以及产生的色泽变化如图 9-2 所示。在食品加工与储藏过程中影响叶绿素的稳定性因素如下。

① 叶绿素酶　叶绿素酶是目前已知的唯一能使叶绿素降解的酶。叶绿素酶是一种酯酶，能催化叶绿素和脱镁叶绿素脱植醇，分别生成脱植基叶绿素和脱镁脱植基叶绿素。叶绿素酶在水、醇和丙酮溶液中具有活性，在蔬菜中的最适反应温度为 60 ～ 82.2℃，因此，植物体采收后未经热加工，叶绿素酶催化叶绿素水解的活性弱。如果加热温度超过 80℃，酶活力降低，达到 100℃时则完全丧失活性。图 9-3 是菠菜生长期和在 5℃贮藏时的叶绿素酶活力变化。从图 9-3 中可知，不论是生长 35d 时取样贮藏，还是 40d 取样贮藏，其叶绿素酶活力均呈下降趋势。

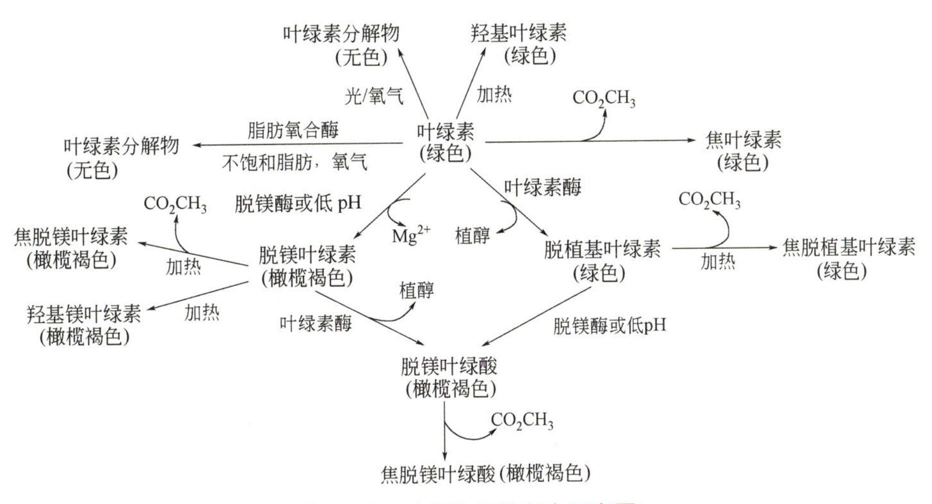

图 9-2 叶绿素各种反应示意图

② 热处理和 pH　叶绿素在热加工过程中发生变化，镁离子被氢离子取代，含镁的叶绿素衍生物显绿色，脱镁叶绿素衍生物为橄榄褐色，后者还是一种螯合剂，在有足够的锌或铜离子存在时，四吡咯环中心可与锌或铜离子结合，生成绿色配合物，形成的叶绿素铜钠的色泽最鲜亮，对光和热较稳定。叶绿素铜钠就是依据此原理制备而成的，它是一种理想的天然食品着色剂。

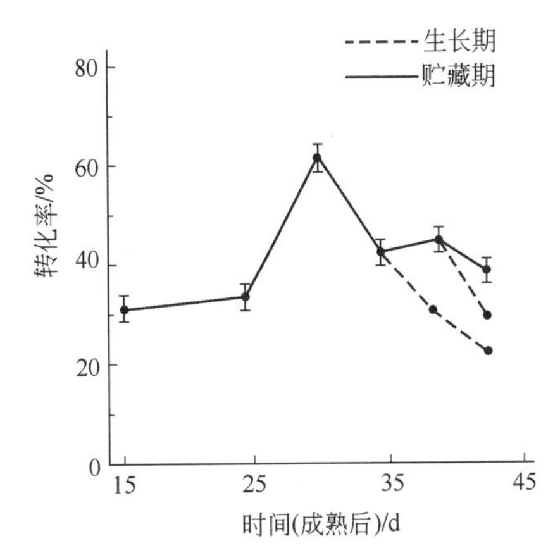

图 9-3 菠菜在生长期和 5℃贮藏时，叶绿素酶活力的变化（叶绿素酶活力以叶绿素转化为脱植基叶绿素的分数表示）

叶绿素分子受热还可发生异构化，形成叶绿素 a′ 和叶绿素 b′。在 100℃加热 10min，约 5%～10% 的叶绿素 a 和叶绿 b 异构化为叶绿素 a′ 和叶绿素 b′。

pH 对叶绿素的热稳定性有较大影响，在碱性介质中（pH9.0），叶绿素对热非常稳定，然而在酸性介质中（pH3.0）易降解。植物组织受热后，细胞膜被破坏，增加了氢离子的通透性和扩散速率，于是由于组织中有机酸的释放导致 pH 降低，从而加速了叶绿素的降解。

食品在发酵过程中，叶绿素酶能使叶绿素水解成叶绿酸，也会使脱镁叶绿素水解成脱镁叶绿酸。另外，pH 降低会使叶绿素降解成脱镁叶绿素，叶绿酸降解成脱镁叶绿酸。其中，具有苯环的非极性有机酸由于扩散进入色质体时更容易透过脂肪膜，在细胞内离解出 H^+，其对叶绿素降解的影响大于亲水性的有机酸。

③ 光　叶绿素受光照射时会发生光敏氧化，四吡咯环开环并降解，主要的降解产物为甲基乙基马来酰亚胺、甘油、乳酸、柠檬酸、琥珀酸、丙二酸和少量的丙氨酸。植物正常细胞进行光合作用时，叶绿素由于受到其近邻的类胡萝卜素和其他脂类的保护，而避免了光的破坏作用。然而一旦植物衰老或从组织中提取出色素，或者是在加工过程中导致细胞损伤而丧失这种保护，叶绿素则容易发生降解。当有上述条件中任何一种情况与光、氧同时存在时，叶绿素将发生不可逆的褪色。

④ 金属离子　叶绿素脱镁衍生物的四吡咯核的氢离子易被锌或铜离子置换形成绿色稳定性强的金属配合物（图 9-4）。其中铜盐的色泽最鲜亮，对光和热较稳定，是一种理想的食品着色剂。锌和铜的配合

第9章

物在酸性溶液中比在碱性溶液中稳定（图 9-5）。在酸性条件下，叶绿素中的镁易被脱除，而锌的配合物在 pH 2 的溶液中还是稳定的。铜只有在 pH 低至卟啉环开始降解时才被脱除。

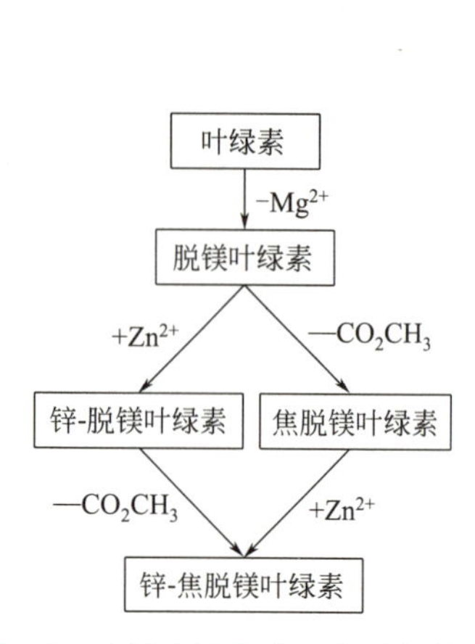

图 9-4 有锌离子存在时绿叶蔬菜加热过程中叶绿素的化学反应示意图

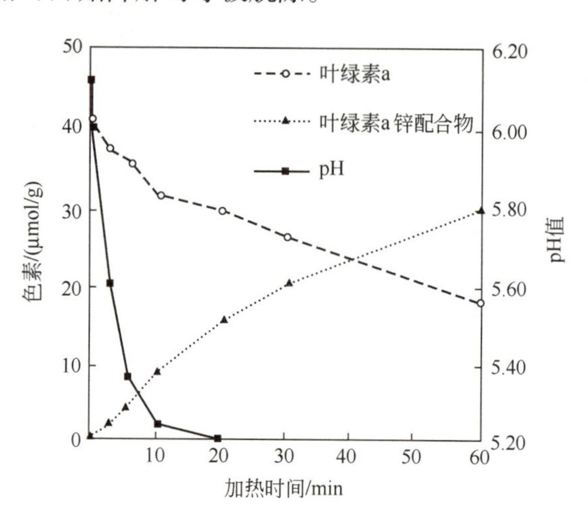

图 9-5 豌豆浓汤在 121℃加热至 60min，pH 值变化与叶绿素 a 转变为叶绿素 a 锌配合物的关系

叶绿素 a 锌配合物单位为相对单位，以锌浓度计，起始浓度为 300×10^{-6}

已知植物组织中，叶绿素 a 的金属配合物的形成速率高于叶绿素 b 的金属配合物。这是由于—CHO 基的吸电子作用，导致卟啉环带较多的正电荷，不利于卟啉环与带正电荷的金属离子的结合。同样，卟啉环的空间位阻也影响金属配合物的形成速度，如叶绿素的植醇基妨碍了金属配合物的形成，所以脱镁叶绿酸 a 与 Cu^{2+} 反应速度是脱镁叶绿素 b 与 Cu^{2+} 反应速度的四倍；焦脱镁叶绿素 a 与 Zn^{2+} 的反应比脱镁叶绿素 a 快，则是由于 10 位酯基的妨碍作用。

金属元素的不同会对配合物形成速率有一定的影响，铜比锌更易发生螯合，当铜和锌同时存在时，主要形成叶绿素铜配合物。pH 值也影响配合物的形成速率，将蔬菜泥在 121℃加热 60min，pH 从 4.0 增加到 8.5 时，焦脱镁叶绿素 a 锌的生成量增加 11 倍。然而在 pH 10 时，由于锌产生沉淀而使配合物的生成量减少。

（3）果蔬的护绿技术　在绿色果蔬的加工和贮藏中都会引起叶绿素不同程度的变化。如何保护叶绿素，减小其损失是十分重要的，目前尚无非常有效的方法。通常采用以下的护绿技术加以保护。

① 酸中和　在罐装绿色蔬菜加工中，加入碱性物质可提高叶绿素的保留率。例如，采用碱性钙盐或氢氧化镁使叶绿素分子中的镁离子不被氢原子所置换的处理方法，虽然在加工后产品可以保持绿色，但经过贮藏两个月后仍然变成褐色。

② 高温瞬时处理　应用高温短时灭菌（HTST）加工蔬菜，这不仅能杀灭微生物，而且比普通加工方法使蔬菜受到的化学破坏小。但是由于在贮藏过程中 pH 降低，导致叶绿素降解，因此，在食品保藏两个月后，效果不再明显。

③ 利用金属离子衍生物　用含锌或铜盐的热烫液处理蔬菜加工罐头，可得到比传统方法更绿的产品。

④ 将叶绿素转化为脱植叶绿素　实验证明，罐装菠菜在 54 ～ 76℃下，热烫 20min 具有较好的颜色保存率，这是因为叶绿素酶将叶绿素转化为脱植基叶绿素，脱植基叶绿素比叶绿素更稳定。

⑤ 多种技术联合应用　目前保持叶绿素稳定性最好的方法是挑选品质良好的原料，尽快进行加工，采用高温瞬时灭菌，辅以碱式盐、脱植醇的方法，并在低温下贮藏。

（4）叶绿素营养性与安全性　每个叶绿素分子中都含有镁，镁可以促进肌肉活性，同时它也是骨骼修复和成长过程中必需的矿物质。叶绿素分子结构与血红素十分相似，有造血作用。叶绿素具有抗氧化性和抗衰老能力，能减少和清除自由基，防止氧化性 DNA 损伤，并减少癌症的风险，是一种安全性极高的天然食用色素。此外叶绿素还证实具有一定的抗病毒、抗微生物活性和解毒作用。

虽然叶绿素本身并无毒性，但叶绿素容易分解，其分解代谢物脱镁叶绿素的激发会导致有毒单线态氧的形成，这些分子具有高度细胞毒性，能够通过直接氧化损伤或通过微血管关闭引起细胞凋亡、坏死和自噬。根据目前的研究结果，口服叶绿素是安全的，但其潜在的副作用也必须得到关注，如长期大量服用会出现腹泻、恶心、呕吐等症状。

9.2.2 血红素

（1）血红素的结构与性质　血红素是高等动物血液、肌肉中的红色色素。动物肌肉的色泽，主要是由肌红蛋白和血红蛋白存在所致。肌红蛋白和血红蛋白都是血红素与球状蛋白结合而成的结合蛋白。肌红蛋白是球状蛋白，是由 1 分子多肽链和 1 分子血红素结合而成，分子量为 1.7×10^4，是动物肌肉中最重要的色素，肌肉组织中肌红蛋白的含量因动物种类、年龄和性别以及部位的不同相差很大。而血红蛋白是 4 分子多肽链和 4 分子血红素结合而成，分子量为 6.7×10^4，由于在动物屠宰时被放出，所以它对肉类色泽的重要性远不如肌红蛋白，只是血液中最重要的色素。

肉类中还含有其他色素类化合物，包括细胞色素类、维生素 B_{12}、辅酶黄素，但它们的含量少不足以呈色，因此肌红蛋白及其各种化学形式是使肉类产生颜色的主要色素。

肌红蛋白的蛋白质为珠蛋白，非肽部分称为血红素。血红素由两个部分即一个铁原子和一个平面卟啉环所组成，卟啉是由 4 个吡咯通过亚甲基桥连接构成的平面环，在色素中起发色基团的作用（图 9-6）。中心铁原子以配位键与 4 个吡咯环的氮原子连接，第 5 个连接位点是与珠蛋白的组氨酸残基键合，剩下的第 6 个连接位点可与各种配位体中带负电荷的原子相结合（图 9-7）。

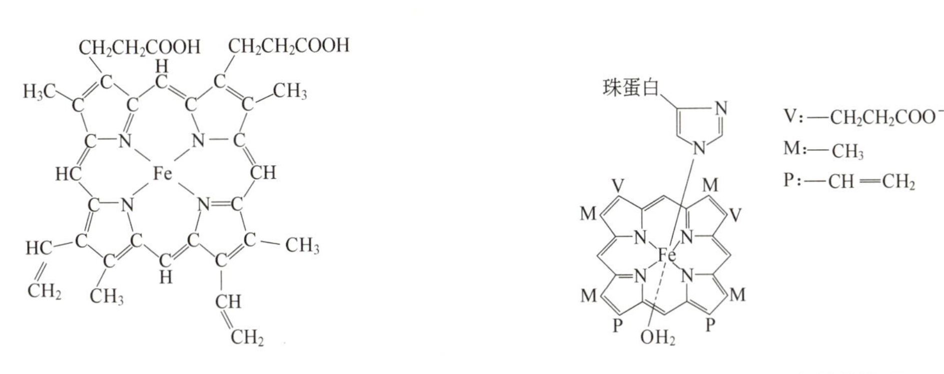

图 9-6　血红素基团的结构

图 9-7　肌红蛋白结构简图

（2）血红素在储藏与加工中的变化　血红素卟啉环内的中心铁可以 Fe^{2+} 或 Fe^{3+} 状态存在。中心铁原子化合态的变化，以及带负电荷的基团不同，会导致血红素化合物呈现不同的颜色。

① 肌红蛋白、氧合肌红蛋白和高铁肌红蛋白的相互转化　在新鲜肉中存在三种状态的血红素化合物，即亚铁离子的第 6 个配位键结合水的肌红蛋白（Mb）、第 6 个配位键由氧原子形成的氧合肌红蛋白（oxymyoglobin，MbO_2）和中心铁被氧化为 Fe^{3+} 的高铁肌红蛋白（metmyoglobin，MMb），它们能够互相转化，使新鲜肉呈现不同的色泽，转化方式见图 9-8。肌红蛋白和 1 分子氧之间以配位键结合，形成氧合肌红蛋白的过程称为氧合作用，肌红蛋白氧化（Fe^{2+} 转变为 Fe^{3+}）形成高铁肌红蛋白的过程称为氧化反应。已被氧化的色素或三价铁形式的褐色高铁肌红蛋白，就不再和氧结合。

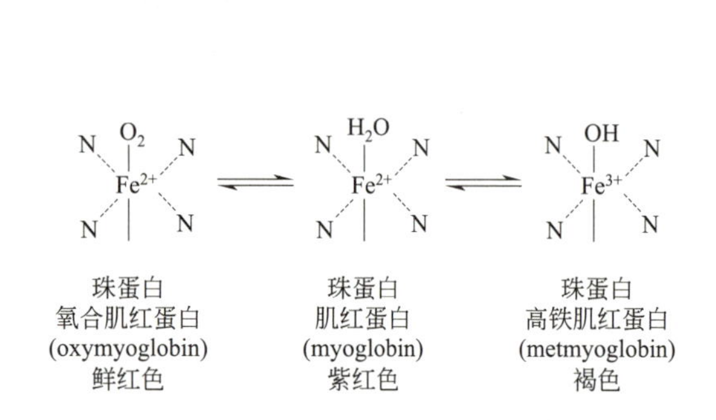

图 9-8 肌红蛋白、氧合肌红蛋白和高铁肌红蛋白的相互转化

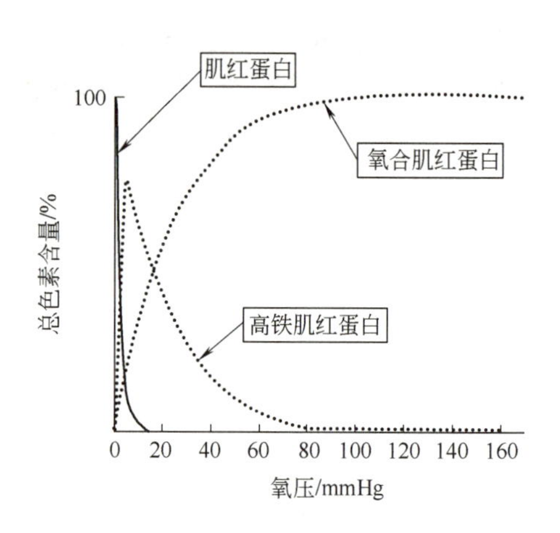

图 9-9 氧分压对三种肌红蛋白的影响（1mmHg=133.322Pa）

活的动物体内的肌肉由于血红素以氧合肌红蛋白形式存在而呈现鲜红色，动物被屠宰放血后，肌肉组织中的氧气供给停止，肌肉中的色素为肌红蛋白而呈现紫红色。将鲜肉放置于空气中，表面的肌红蛋白与氧气结合形成氧合肌红蛋白而呈现鲜红色，但由于其内部仍处于还原状态，因而表面下的肉呈紫红色。在有氧或氧化剂存在时，肌红蛋白可被氧化成高铁肌红蛋白，形成了棕褐色。因此，在肉的内部有可见的棕色，就是氧化生成的高铁肌红蛋白。在肉中只要有还原性物质存在，肌红蛋白就会使肉保持红色；当还原剂物质耗尽时，高铁肌红蛋白的褐色就会成为主要色泽。

图 9-9 指出了氧分压与肌红蛋白的百分比之间的关系，氧分压高有利于形成氧合肌红蛋白；低氧气分压开始时有利于保持肌红蛋白（也称脱氧肌红蛋白），持续低氧气分压下，肌红蛋白被氧化变成高铁肌红蛋白。因此，为保证氧合肌红蛋白的形成，使肉品呈现红色，通常使用饱和氧分压。如果在体系中完全排除氧，则有利于降低肌红蛋白氧化为高铁肌红蛋白的速度。

② 腌肉色素　在对肉进行腌制处理时，肌红蛋白等与亚硝酸盐的分解产物 NO 等发生反应，生成亚硝酰肌红蛋白（NO-Mb），它是未烹调腌肉中的最终产物，在加热后进一步形成稳定的亚硝酰血色原（nitrosyl-hemochrome），这是加热腌肉中的主要色素。但是，过量的亚硝酸盐可以产生绿色的硝基氯化血红素。亚硝酸由于具有氧化性，可将肌红蛋白氧化为高铁肌红蛋白。此外，在腌肉制品加热至 66℃或更高温度时还会发生珠蛋白的热变性反应，产物为变性珠蛋白亚硝酰血色原。

腌肉过程中添加还原剂，可以将 Fe^{3+} 还原为 Fe^{2+}，并将亚硝酸盐还原为一氧化氮，并迅速生成亚硝酰肌红蛋白，因此，还原剂在肉的腌制过程中是非常重要的。常用的还原剂有抗坏血酸、异抗坏血酸，还原剂的使用还有助于防止亚硝胺类致癌物的产生。图 9-10 表示在硝酸盐、一氧化氮和还原剂同时存在时形成腌肉色素的反应途径。

③ 其他色素　细菌繁殖产生的硫化氢在有氧存在下，肌红蛋白会生成绿色的硫肌红蛋白（SMb），当有还原剂如抗坏血酸存在时，可以生成胆肌红蛋白（ChMb），并很快氧化成球蛋白、铁和四吡咯环；氧化剂过氧化氢存在时，与血红素中的 Fe^{2+} 和 Fe^{3+} 反应生成绿色的胆绿蛋白（cholelobin）。上述色素严重影响了肉的色泽和品质。表 9-4 列出了肉类加工和储藏中产生的主要色素。

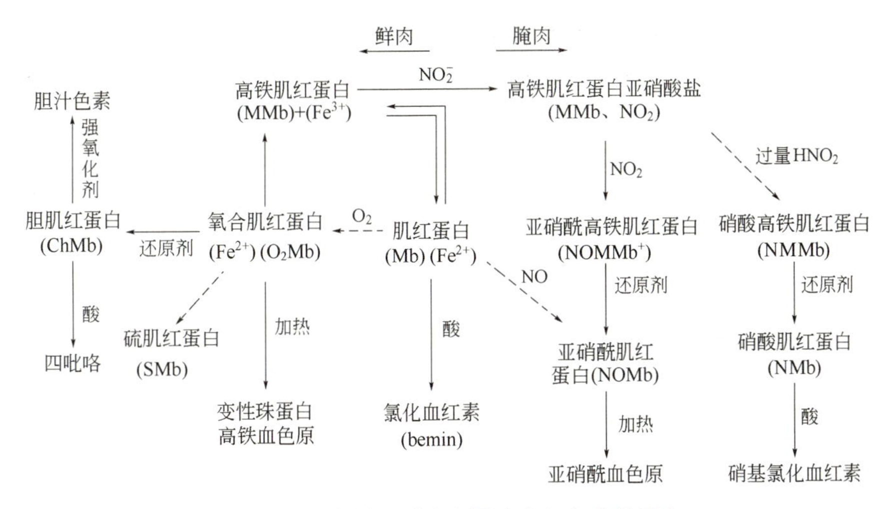

图 9-10　鲜肉和腌肉制品中血红色素的反应

表 9-4　鲜肉、腌肉和熟肉中存在的色素

色素	形成方式	铁的价态	羟高铁血红素环的状态	珠蛋白状态	颜色
肌红蛋白	高铁肌红蛋白还原，氧合肌红蛋白脱氧合作用	Fe^{2+}	完整	天然	略带紫红色
氧合肌红蛋白	肌红蛋白氧合作用	Fe^{2+}	完整	天然	鲜红色
高铁肌红蛋白	肌红蛋白和氧合肌红蛋白的氧化作用	Fe^{3+}	完整	天然	褐色
亚硝酰肌红蛋白	肌红蛋白和一氧化氮结合	Fe^{2+}	完整	天然	鲜红色（粉红）
高铁肌红蛋白亚硝酸盐	高铁肌红蛋白和过量的亚硝酸盐结合	Fe^{3+}	完整	天然	红色
珠蛋白血色原	加热、变性剂对肌红蛋白、氧合肌红蛋白、高铁肌红蛋白、血色原的作用	Fe^{3+}	完整	变性	棕色
亚硝酰血色原	加热、盐对亚硝基肌红蛋白的作用	Fe^{2+}	完整	变性	鲜红色（粉红）
硫肌红蛋白	硫化氢和氧对肌红蛋白的作用	Fe^{3+}	完整但被还原	变性	绿色
胆绿蛋白	过氧化氢对肌红蛋白或氧合肌红蛋白的作用，抗坏血酸或其他还原剂对氧合肌红蛋白的作用	Fe^{2+}或Fe^{3+}	完整但被还原	变性	绿色
氯铁胆绿素	过量试剂对胆肌红蛋白的作用	Fe^{3+}	卟啉环开环	变性	绿色
胆汁色素	大大过量的试剂对胆肌红蛋白的作用	不含铁	卟啉环开环被破坏；卟啉链	不存在	黄色或无色

肉类色素受氧、热、氧化剂、还原剂、微生物的影响外，光、水分、pH、金属离子等均可影响其稳定性，如当包装的鲜肉暴露在白炽灯或荧光灯下时，都会发生颜色的变化；当有金属离子存在时，会促进氧合肌红蛋白的氧化并使肉的颜色改变，其中以铜离子的作用最为明显，其次是铁、锌、铝等离子；低 pH 有利于高铁肌红蛋白的形成，影响肉的色泽。因此，在肉类加工过程中，应适当添加抗氧化剂、采用真空包装等，均有利于提高血红素的稳定性，延长肉类产品的货架期。

（3）血红素营养性与安全性　血红素具有多样生理功能，血红素蛋白复合物（如血红蛋白、豆血红蛋白和肌红蛋白）参与多种关键的生物过程，包括气体交换、储存和运输；电子传输、氧化还原、药物代谢和解毒；多种基因的转录和翻译调控等。此外，血红素也是补充铁和强化铁的理想膳食来源，血红素铁仅存在于畜禽、鱼等动物制品中，而非血红素铁存在于水果、蔬菜、干豆、坚果、谷物制品和肉类中。血红素铁比非血红素铁更有效地被肠道吸收。

虽然血红素对人体补充铁起到了非常关键的作用，但游离的血红素对细胞是有一定毒性的。由于血红素铁易引发芬顿化学反应，过量的铁是有害的，会产生损害细胞脂质、蛋白质和核酸的活性氧。这会导致多种安全隐患，如卟啉症、镰状细胞病、疟疾、败血症、急性肺损伤、急性肾损伤和其他炎性疾病。

概念检查 9.2

○ ①叶绿素；②血红素。

9.3 类胡萝卜素

类胡萝卜素（carotenoids）是广泛存在于自然界中的脂溶性色素，也是食品主要呈色成分。迄今为止，人类在自然界中已发现超过 700 多种的天然类胡萝卜素。估计自然界每年生成类胡萝卜素达 1 亿吨以上，其中大部分存在于高等植物中。类胡萝卜素和叶绿素同时存在于陆生植物中，类胡萝卜素的黄色常常被叶绿体的绿色所覆盖，在秋天当叶绿体被破坏之后类胡萝卜素的黄色才会显现出来。类胡萝卜素还存在于许多微生物（如光合细菌）和动物（如鸟纲动物的毛、蛋黄）体内，但到目前为止，没有证据证明动物体自身可合成类胡萝卜素，所有动物体内的类胡萝卜素均是通过食物链最终来源于植物和微生物。类胡萝卜素在人和其他动物中主要是作为维生素 A 的前体物质，另外，还有较强的抗氧化等活性。

9.3.1 类胡萝卜素的结构与性质

类胡萝卜素是四萜类化合物，由 8 个异戊二烯单位组成，其结构中的共轭双键，是类胡萝卜素的发色基团。异戊二烯单位的连接方式是在分子中心的左右两边对称，类胡萝卜素化合物均具有相同的中心结构，但末端基团不相同。已知 60 多种不同的末端基，构成约 700 多种已知的类胡萝卜素，并且还不断报道新发现的这类化合物。常见的类胡萝卜素结构如图 9-11 所示。

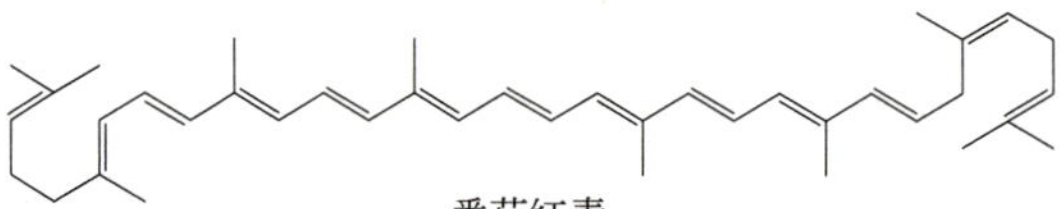

番茄红素

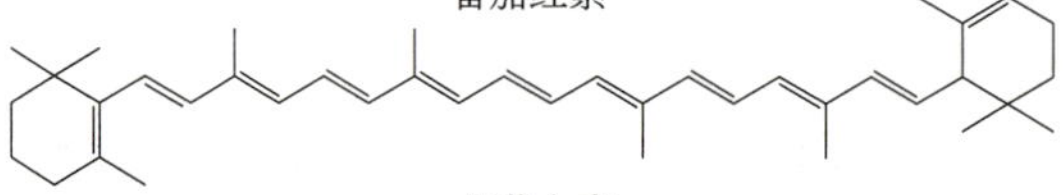

α-胡萝卜素

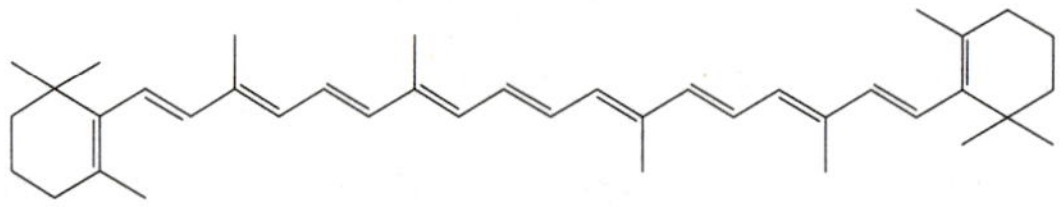

β-胡萝卜素

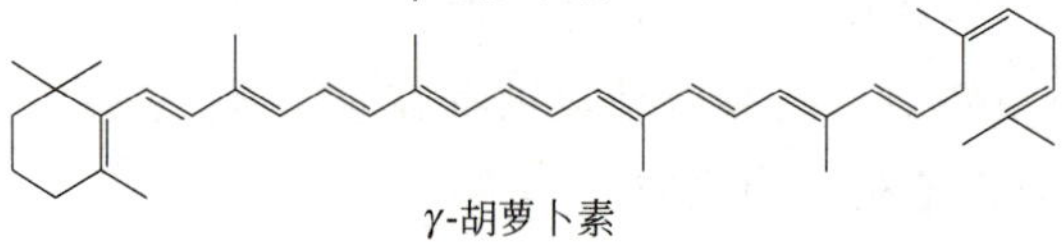

γ-胡萝卜素

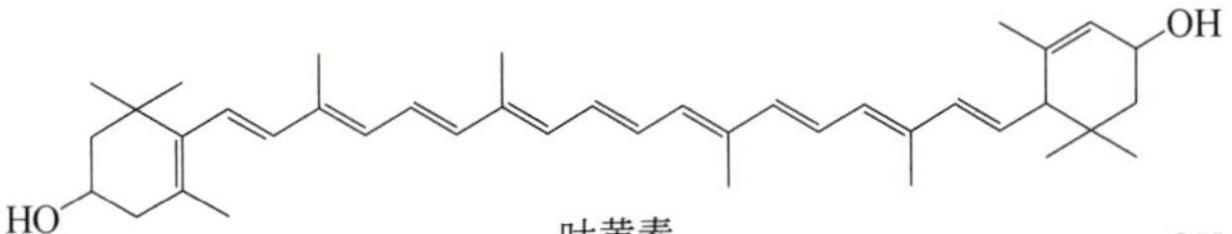

叶黄素

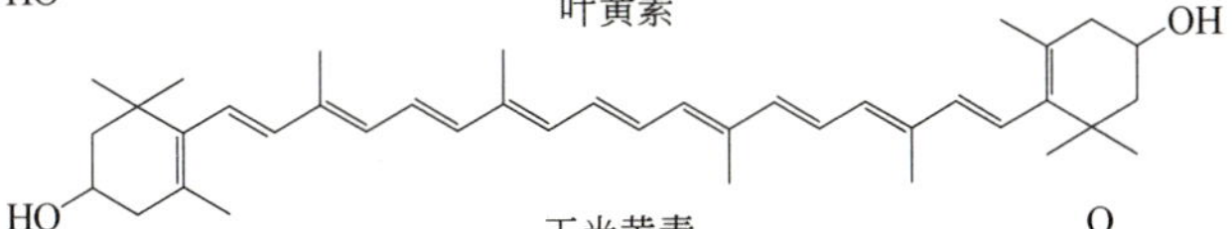

玉米黄素

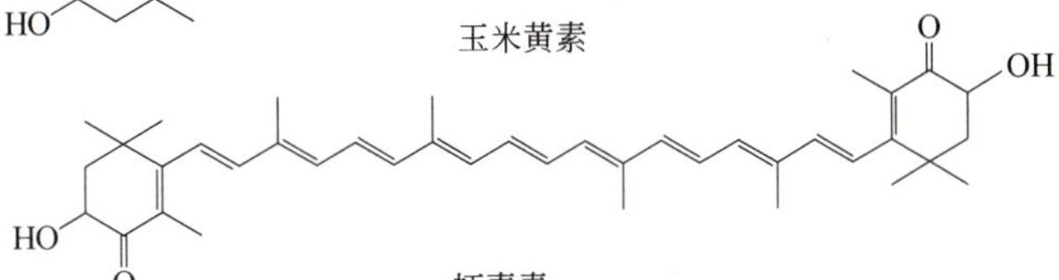

虾青素

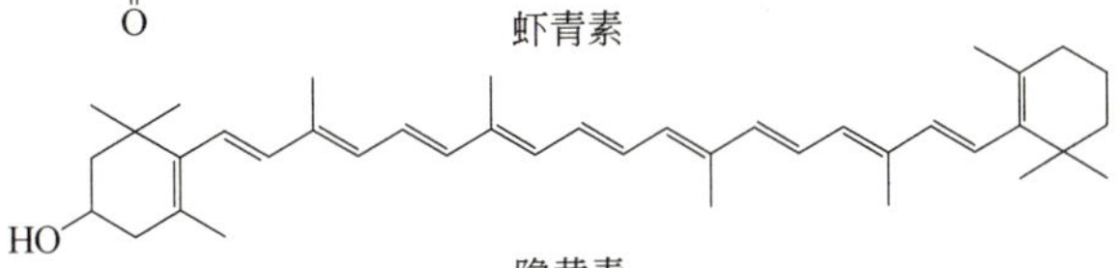

隐黄素

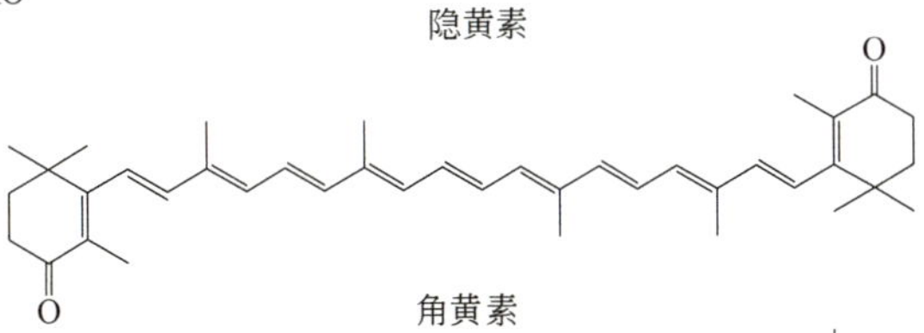

角黄素

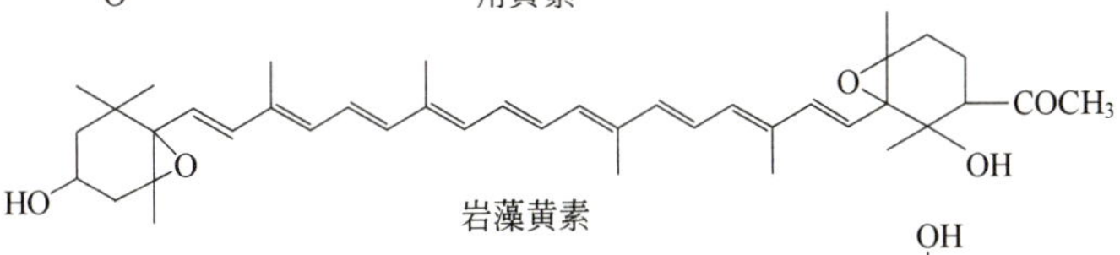

岩藻黄素

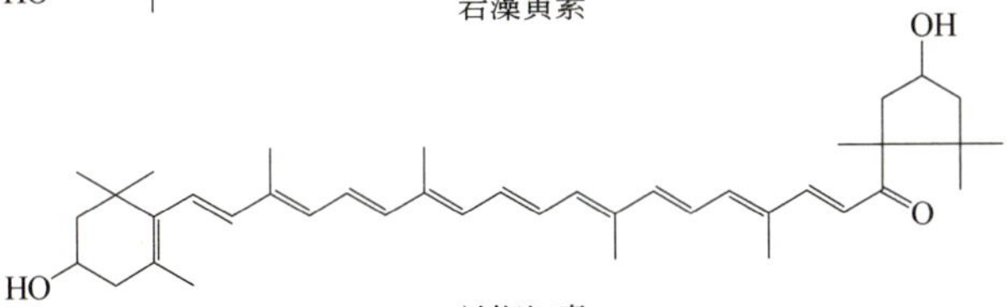

辣椒红素

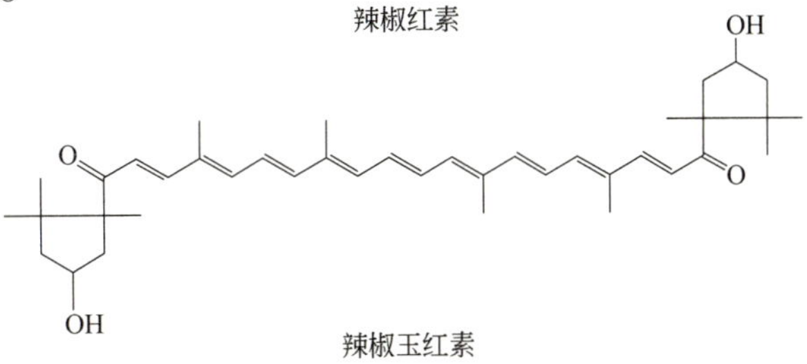

辣椒玉红素

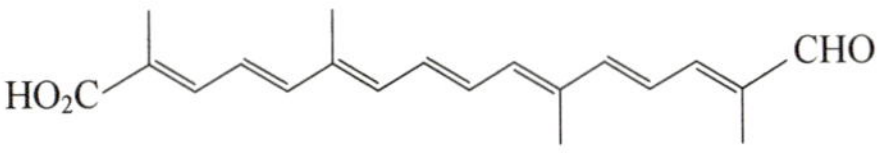

胭脂树素

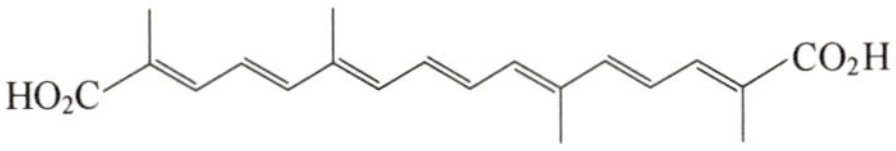

藏红花酸

图 9-11　常见类胡萝卜素化合物的结构

类胡萝卜素按结构特征可分为胡萝卜素类（carotenes）和叶黄素类（xanthophylls）。由 C、H 两种元素构成的类胡萝卜素被称为胡萝卜素类，如番茄红素、*α*- 胡萝卜素、*β*- 胡萝卜素、*γ*- 胡萝卜素。胡萝卜素类含氧衍生物被称叶黄素类，如隐黄素（cryptoxanthin）、叶黄素（lutein）、玉米黄素（zeaxanthin）、辣椒红素（capsanthin）、虾青素（astaxanthin）等，它们的分子中含有羟基、甲氧基、羧基、酮基或环氧基，并区别于胡萝卜素类色素。

类胡萝卜素能以游离态（结晶或无定形）存在于植物组织或脂类介质溶液中，也可与糖或蛋白质结合，或与脂肪酸以酯类的形式存在。类胡萝卜素酯在花、果实、细菌体中均已发现，秋天树叶的叶黄素分子结构中的 3 和 3′ 两个位置上结合棕榈酸和亚麻酸，辣椒中辣椒红素以月桂酸酯形式存在。近来，对各种无脊椎动物中的色素研究表明，类胡萝卜素与蛋白质结合不仅可以保持色素稳定，而且可以改变颜色。例如，龙虾壳中虾青素（astaxanthin）与蛋白质结合时显蓝色，当加热处理后，蛋白质发生变性，虾青素氧化成虾红素（图 9-12），虾壳转变为红色。类胡萝卜素 - 蛋白复合物还存在于某些绿叶、细菌、果实和蔬菜中。类胡萝卜素还可通过糖苷键与还原糖结合，如藏红花素，它是由两分子的龙胆二糖和藏红花酸结合而成的类胡萝卜素。近来也从细菌中分离出许多种类的胡萝卜素糖苷。

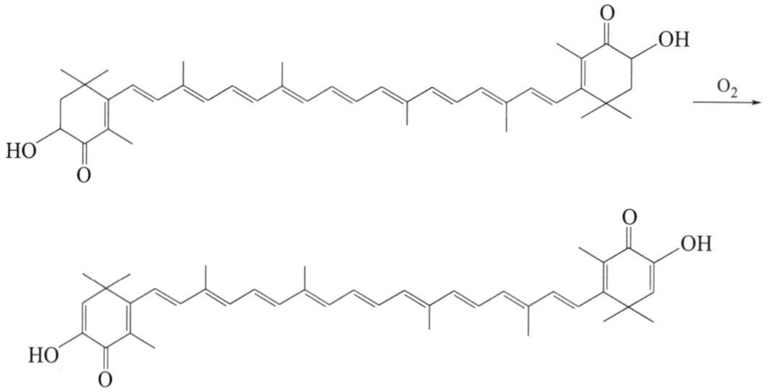

图 9-12 虾青素氧化成虾红素示意图

纯的类胡萝卜素为无味、无臭的固体或晶体，能溶于油和有机溶剂，几乎不溶于水，具有适度的热稳定性，pH 对其影响不大，但易被氧化而褪色，在热、酸或光的作用下很容易发生异构化，一些类胡萝卜素在碱中也不稳定。

类胡萝卜素分子结构中所具有的高度共轭双键发色团和—OH 等助色团，可产生不同的颜色，主要在黄色至红色范围，其检测波长一般在 400 ～ 550nm。共轭双键的数量、位置以及助色团的种类不同，使其最大吸收峰也不相同。此外，双键的顺、反几何异构也会影响色素的颜色，例如全反式的颜色较深，顺式双键的数目增加，颜色逐渐变淡。自然界中类胡萝卜素均为全反式结构，仅极少数的有单反式或双反式结构。

表 9-5 常见类胡萝卜素的紫外 - 可见光谱特征数据

中文名称	英文名称	摩尔吸光系数	λ/nm			溶剂
β-胡萝卜素	β-carotene	125300	453	486	522	苯
番茄红素	lycopene	180600	448	474	505	丙酮
叶黄素	lutein	127000	432	458	487	苯
隐黄素	cryptoxanthin	130000	435	489		苯
玉米黄素	zeaxanthin	132900	430	452	479	丙酮
辣椒红素	capsanthin	121000	460	483	518	苯
辣椒玉红素	capsorubin	132000	460	489	523	苯
角黄素	canthaxanthin	124100		484		苯
岩藻黄素	fucoxanthin	69700	420	443	467	丙酮
藏红花酸	crocetin	141700	413	435	462	氯仿
虾青素	astaxanthin	125100		485		苯
紫黄素	violaxanthin	144400	427	453	483	苯

表9-5为常见类胡萝卜素的紫外-可见光谱特征数据，利用类胡萝卜素的紫外-可见光谱特征可对其进行定性、定量分析。

β-胡萝卜素是维生素A的前体。β-胡萝卜素的分子中心位置发生断裂可生成两个分子维生素A。α-胡萝卜素只有一半的结构与β-胡萝卜素是相同的，所以它只能生成一个分子维生素A。β-胡萝卜素和α-胡萝卜素可在哺乳动物的小肠中水解生成维生素A，进而参与视觉生理代谢（图9-13）。

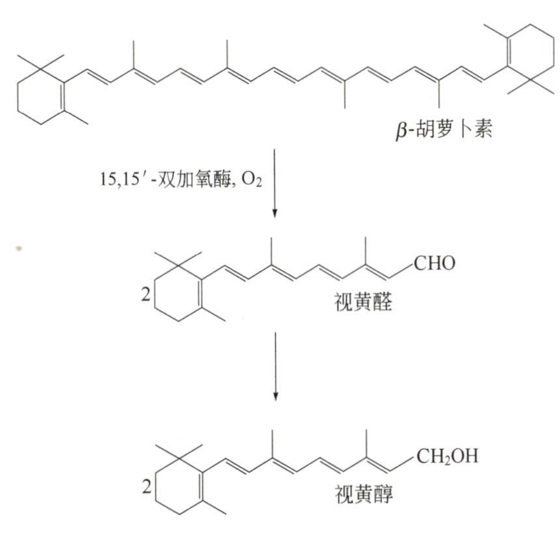

图9-13 β-胡萝卜素在哺乳动物小肠的水解

许多类胡萝卜素（如番茄红素、虾青素、叶黄素等）是良好的自由基猝灭剂（表9-6），具有很强的抗氧化性，能有效地阻断细胞内的链式自由基反应。

表9-6 不同类胡萝卜素猝灭单线态氧的能力

类胡萝卜素	猝灭单线态氧的能力	类胡萝卜素	猝灭单线态氧的能力
番茄红素	16.8	玉米黄素	12.6
β-胡萝卜素	13.5	叶黄素	6.6

9.3.2 类胡萝卜素在加工与贮藏中的变化

类胡萝卜素在未损伤的食品原料中是比较稳定的，其稳定性很可能与细胞的渗透性和起保护作用的成分存在有关。例如番茄红素在番茄果实中非常稳定，但提取分离得到的纯色素不稳定。大多数水果和蔬菜中的类胡萝卜素在一般加工和贮藏条件下是相对稳定的。冷冻几乎不改变类胡萝卜素的含量。漂洗和高温瞬时处理不会对类胡萝卜素含量产生明显的影响，色泽变化也小，这是由于类胡萝卜素的疏水特性，使它不容易进入水中而流失。但类胡萝卜素中含有高度共轭不饱和结构，高温、氧、氧化剂和光等均能使之分解褪色和异构化，主要发生热降解反应、氧化反应和异构化反应，导致食品品质降低。

（1）热降解反应　类胡萝卜素在高温下发生降解反应形成芳香族化合物，反应中间体是一个四元环有机物，产物主要有三种（图9-14）。例如，将胡萝卜经过115℃处理30min后，全反式β-胡萝卜素含量降低35%，全反式α-胡萝卜素含量降低26%。

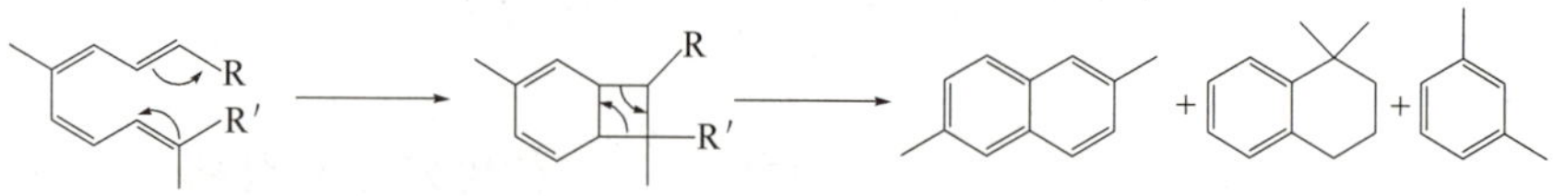

图 9-14 β- 胡萝卜素的热降解反应

（2）自动氧化反应　类胡萝卜素中含有共轭不饱和双键，能形成自由基发生自动氧化反应。所形成的烷过氧化自由基，进攻类胡萝卜素的碳碳双键，形成环氧化物，并可进一步生成其他的氧化产物，常见的有羟基化物、羰基化物（图 9-15）。

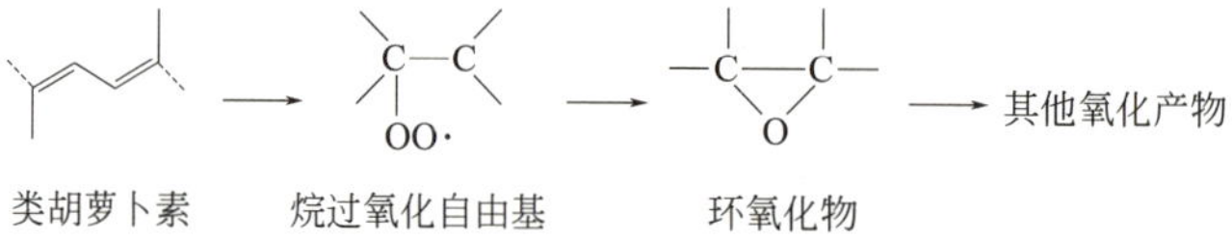

类胡萝卜素 → 烷过氧化自由基 → 环氧化物 → 其他氧化产物

图 9-15 类胡萝卜素的自动氧化反应

类胡萝卜素的结构、氧、温度、光、水分活度、金属离子和抗氧化剂等影响自氧化反应速度。研究表明，如果反应物存在一个以上的环结构，则反应速度取决于化合物的极性，低极性化合物反应活性更高。氧加速了自氧化速度。对番茄的研究表明，空气干燥中番茄红素的损失率远远高于真空干燥的损失率。水分活度影响自氧化反应，低水分含量时，有利于类胡萝卜素的自氧化反应，在有水或高水分活度下可以抑制类胡萝卜素的氧化。高温有利于类胡萝卜素自动氧化。抗氧化剂抑制自氧化反应。Fe^{2+} 和 Cu^{2+} 等会加速类胡萝卜素的自动氧化。

（3）光氧化反应　在光和氧存在下，类胡萝卜素发生光氧化反应（photooxidation），双键经过氧化后发生裂解，终产物为紫罗酮。当有分子氧、光敏剂（叶绿素）和光存在时，容易发生光氧化反应。光强度增加时反应加速，抗氧化剂存在时，使类胡萝卜素的稳定性提高。

（4）偶合氧化　在有油脂存在时，类胡萝卜素会发生偶合氧化（coupled oxidation），失去颜色，其转化速率依体系而定，一般在高度不饱和脂肪酸中类胡萝卜素更稳定，可能是因为脂类本身比类胡萝卜素更容易接受自由基；相反，在饱和脂肪酸中不太稳定。脂肪氧合酶加速了偶合氧化，它首先催化不饱和或多不饱和脂肪酸氧化，产生过氧化物，随即过氧化物快速与类胡萝卜素反应，使颜色褪去。

（5）异构化反应　在通常情况下，天然的类胡萝卜素多是全反式、9- 顺式构型存在。热加工过程或有机溶剂提取，以及光照（特别是碘存在时）和酸性环境等，都能导致异构化反应。例如，加热或热灭菌会诱导顺 / 反异构化反应，为减少异构化程度，应尽量降低热处理的程度；一些蔬菜经罐藏处理后，其类胡萝卜素顺式异构体的含量增加 10% ～ 39%。类胡萝卜素异构化时，产生一定量的顺式异构体，是不会影响色素的颜色，仅发生轻微的光谱位移。类胡萝卜素的异构化产物与它们的结构有关。研究发现，150℃时 β- 胡萝卜素异构化的主要产物为 9- 顺式 -β- 胡萝卜素、13- 顺式 -β- 胡萝卜素，而 α- 胡萝卜素异构化产物为 13- 顺式 -α- 胡萝卜素。

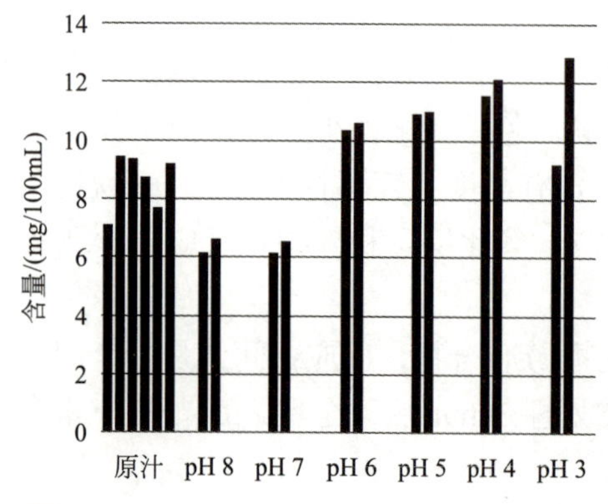

图 9-16 pH 对类胡萝卜素稳定性的影响

食品体系中酸碱度可影响上述降解过程。T.Bell 用柠檬酸或氢氧化钠将新鲜制备的胡萝卜原汁（pH6.07）调整到 pH8、7、6、5、4 和 3，并在 4℃下储存 4d 后，冷冻干燥，然后分析总类胡萝卜素与 pH 值关系（图 9-16）。结果发现，pH = 8 和 7 下总类胡萝卜素含量降低 26%，酸性条件（pH=6、5、4 和 3）下胡萝卜汁中总类胡萝卜素含量分别比储存 4d 后原汁中增加

18%、22%、27% 和 22%。

在加工和贮藏过程中类胡萝卜素降解和异构化的可能机制总结如图 9-17 所示。由此可见，随着类胡萝卜素降解，其降解产物对其食品的风味将产生影响。

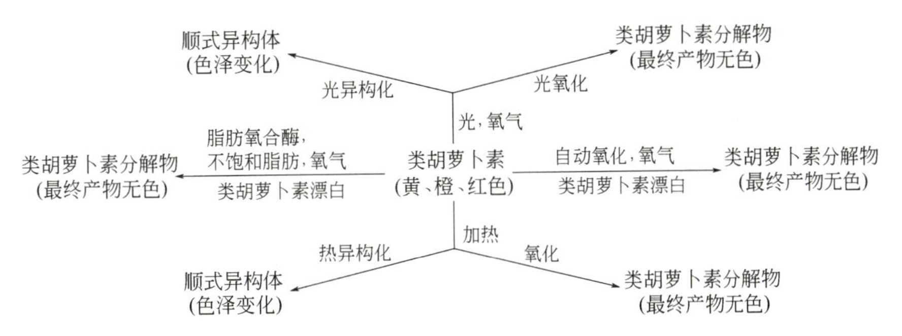

图 9-17　在加工和贮藏过程中类胡萝卜素降解和异构化的可能机制

9.3.3　类胡萝卜素营养性与安全性

类胡萝卜素不仅有着色作用，适量摄入对人体健康有诸多益处，如预防老年人的黄斑变性、心脏病、冠心病以及在细胞分化、胚胎发育、免疫调节等方面发挥作用。类胡萝卜素作为自由基猝灭剂，具有很强的抗氧化活性，能有效低阻断细胞内的链式自由基反应，防老抗衰、防癌抗癌、防治心血管疾病、预防辐射病，用于减轻癌症病人放射治疗时的副作用。除了已知的类胡萝卜素可以预防光损伤、黄斑变性、慢性疾病以及癌症的发生，类胡萝卜素在预防和治疗肥胖方面有着积极的作用，主要调节机制是由于该分子是脂肪和代谢的调节剂，食用后可以达到预防和治疗肥胖的目的，类胡萝卜素及其转化产物通过在脂肪的生成、分解等方面起作用进而减轻代谢综合征的风险。

近年来，关于摄入类胡萝卜素的安全性也有一定的争议，虽然摄入类胡萝卜素对人体健康有益，但是每天摄入超过 20mg 会导致不良的影响。有研究数据显示，当摄入的类胡萝卜素超过此限量，反而会有一定的安全隐患。另外，关于类胡萝卜素的大部分毒理学研究是基于动物实验，所以仍需要更多的临床研究对不同来源、不同形式的 β- 胡萝卜素进行安全性评价，从而为 β- 胡萝卜素在人类健康发展方面提供更加有力的安全性依据，同时也可以扩大 β- 胡萝卜素的应用范围。

概念检查 9.3

○ 虾青素与虾红素。

9.4　多酚类色素

多酚类化合物因其结构中有高度共轭基团而呈现颜色，是一类重要的色素。绝大多数多酚为黄酮类化合物，基本母核是 C_6-C_3-C_6 结构。多酚类色素常见的主要类型有花色苷、类黄酮、原花色素、单宁。它们是植物组织中水溶性色素的主要成分，并大量存在于自然界中。这类色素呈现黄色、橙色、红色、紫色和蓝色。

9.4.1 花色苷

花色苷（anthocyanins）是一类在自然界分布最广泛的水溶性色素，许多水果、蔬菜和花之所以显鲜艳的颜色，就是由于细胞汁液中存在着这类水溶性化合物。植物中的许多颜色（包括蓝色、红紫色、紫色、红色及橙色等）都是由花色苷产生。

（1）花色苷的结构与性质　花色苷是花青素与糖结合成的苷类化合物。花青素（anthocyanidin）是 2-苯基 - 苯并吡喃的锌盐（flavylium，一个带正电荷的阳离子，图 9-18），花色苷是黄酮化合物的一种，由于其色泽和性质与其他黄酮化合物不同，目前一般将花色苷单独作为一类色素看待。自然界已知有 20 种花色苷，食品中重要的有 6 种（表 9-7），其他种类较少，仅存在于某些花和叶片中。

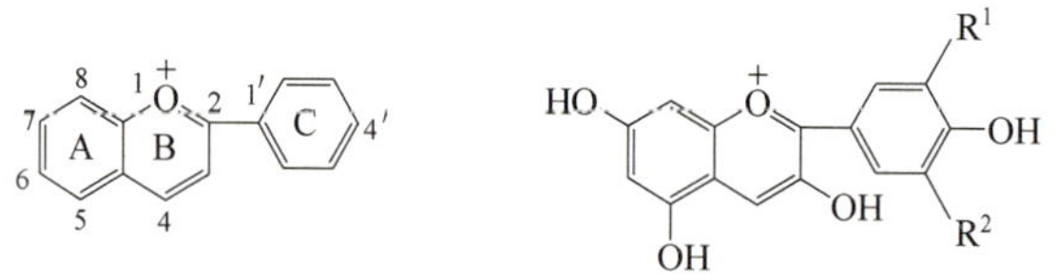

图 9-18　花青素的锌盐结构

表 9-7　常见六类花青素的基本结构和最大吸收峰（溶剂为酸化甲醇）

花青素	R^1	R^2	最大吸收峰（pH=3）/nm
天竺葵素（pelargonidin）	H	H	520
矢车菊素（cyanidin）	OH	H	535
芍药素（peonidin）	OCH_3	H	532
飞燕草素（delphinidin）	OH	OH	546
牵牛花素（petunidin）	OCH_3	OH	543
锦葵素（malvidin）	OCH_3	OCH_3	542

花色苷结构中 A 环、B 环上都有羟基或甲氧基取代，羟基数目增加使吸收波长红移，蓝紫色增强，而随着甲氧基数目的增加则吸收波长蓝移，红色增强。

游离花青素在食品中很少存在，仅在降解反应中才有微量产生。花青素多与一个或几个糖分子形成花色苷。糖基可以是葡萄糖、鼠李糖、半乳糖、木糖和阿拉伯糖。成苷时，糖基一般连接在 3-OH，也有连接在 5-OH。花青素还可以酰化使分子增加第三种组分，即糖分子的羟基可能被一个或几个对香豆酸、阿魏酸、咖啡酸、丙二酸、香草酸、苹果酸、琥珀酸或醋酸分子所酰化。

（2）花色苷在加工与储藏中的变化　花色苷色素主要呈红色，其色泽与其自身分子结构、pH、温度、金属离子、氧化剂、还原剂、糖等因素有关，其中 pH、金属离子、氧化剂、还原剂等因素由于破坏了花色苷的结构，从而影响其稳定性。花色苷分子中吡喃环的氧原子是四价的，所以非常活泼，引起各种反应常使色素褪色，这是水果、蔬菜加工中通常不希望出现的。

① 结构变化和 pH　花色苷的稳定性与其结构关系密切。分子中羟基数目增加则稳定性降低，而甲基化程度提高则增加稳定性，同样糖基化也有利于色素稳定。由此说明取代基的性质对花色苷的稳定性有重要影响。

在不同 pH 条件下，花色苷分子结构发生变化，有些变化是可逆的，因此，其色泽随着 pH 改变而发生明显的变化，图 9-19 所显示的是花色苷的结构、色泽随 pH 所发生的变化。从图 9-20 中可以看出最大吸收峰随 pH 增加而向长波方向移动。在较低 pH 时（pH1），花色苷鎓盐离子（红色）是主要形式；在 pH 升高时（pH4 ～ 6），花色苷以假碱（无色）的形式存在，或者以脱水碱（淡紫红色）的形式存在；在较高的 pH 时（pH8 ～ 10），花色苷与碱作用形成相应的酚盐，从而呈现蓝色。虽然这些变化是可逆的，但时间较长，假碱结构开环生成浅色的查耳酮衍生物，色泽会发生不可逆变化。在酸性条件下，花色苷保持正常的红色。目前花色苷类天然色素检测一般采用 pH3 条件下测定其吸光值。

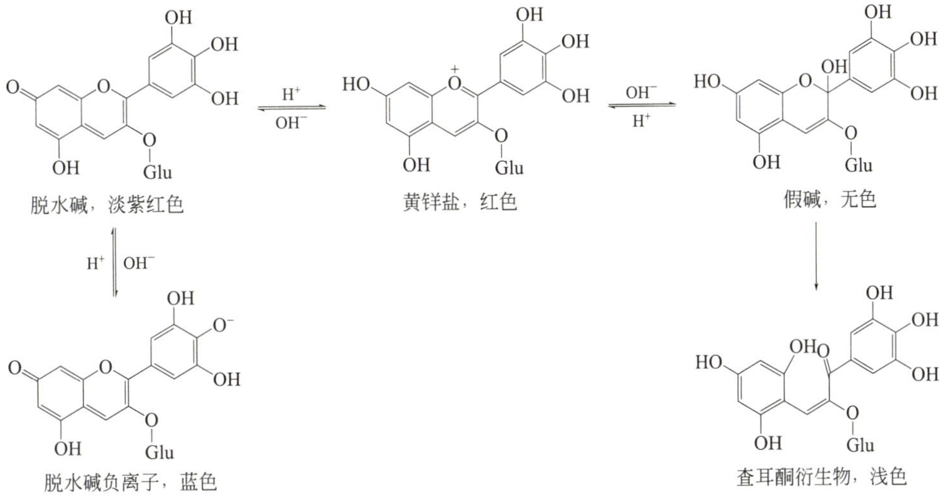

脱水碱，淡紫红色　　黄鎓盐，红色　　假碱，无色

脱水碱负离子，蓝色　　查耳酮衍生物，浅色

图 9-19　花色苷的结构及色泽随 pH 变化的情况

② 氧化剂与还原剂　花色苷是多酚化合物，结构的不饱和特性使之对氧化剂和还原剂非常敏感。因此对于富含花色苷的果汁，如葡萄汁一直是采用的热充满罐装，以减少氧对花色苷的破坏作用，只有尽量将瓶装满，才能减缓葡萄汁的颜色由红色变为暗灰色，现在工业上也有采用充氮罐装或真空条件下加工含花色苷的果汁，达到延长果汁保质期的作用。

花色苷与抗坏血酸相互作用导致降解，已为许多研究者所证实。例如每 100g 蔓越橘汁鸡尾酒中，含花色苷和抗坏血酸分别为 9mg 和 18mg 左右，室温下贮存 6 个月，花色苷损失约 80%。由于降解产物有颜色，所以汁仍呈棕红色。这是因为抗坏血酸降解产生的中间产物过氧化物能够诱导花色苷降解。过氧化氢能在花色苷 C2 位发生亲核攻击，使花色苷环断裂开环形成无色的酯和香豆素衍生物，这些裂解产物进一步降解或聚合，色泽由红色转变为棕色。铜和铁离子催化抗坏血酸降解为过氧化物，从而使花色苷的破坏速率加快。黄酮类化合物能抑制抗坏血酸降解反应，则有利于花色苷稳定，不易褪色。因此，如果存在不适宜抗坏血酸形成过氧化氢的条件，会增加花色苷的稳定性。

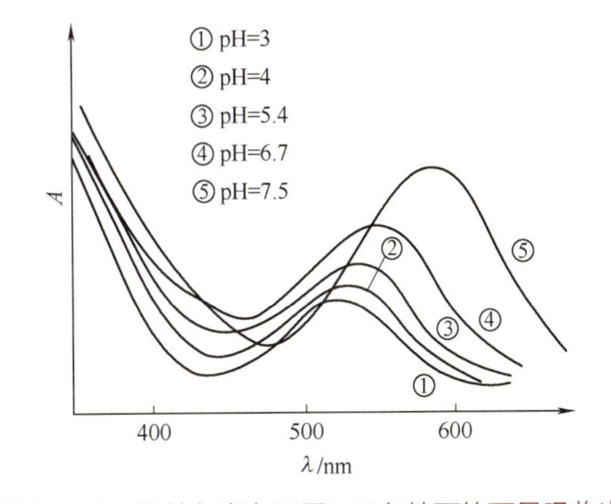

图 9-20　紫苏色素在不同 pH 条件下的可见吸收光谱

在贮藏和加工时添加亚硫酸盐或二氧化硫可导致花色苷迅速褪色，这个过程是简单的亚硫酸加成反应，花色苷 2 或 4 碳位因亚硫酸加成反应形成无色化合物，此反应过程是可逆的，如果煮沸或酸化可使亚硫酸除去，又可重新形成花色苷（图 9-21）。

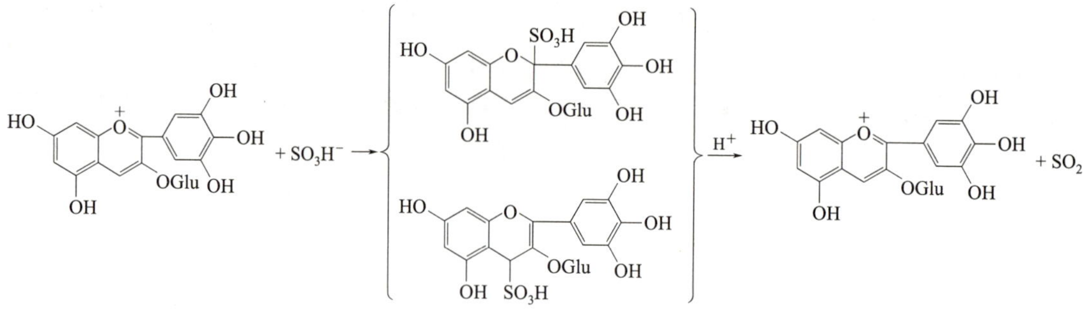

HO　OH　OH　OGlu　OH　OH　$+ SO_3H^-$ →

HO　SO_3H　OH　OH　OGlu　OH　OH

HO　OH　OH　OGlu　OH　OH　SO_3H

$\xrightarrow{H^+}$　HO　OH　OH　OGlu　OH　OH　$+ SO_2$

图 9-21　亚硫酸盐与花色苷的反应

③ 温度　食品中花色苷的稳定性与温度关系较大。花色苷的热降解机制与花色苷的种类和降解温度有关。高度羟基化的花色苷比甲基化、糖基化或酰基化的花色苷的热稳定性差。温度越高，其降解速度越快；pH 对花色苷的热稳定性有很大影响，在低 pH 时，稳定性较好，在接近中性或微碱性的条件下，其稳定性明显下降。图 9-22 为紫苏色素在不同的 pH 条件下的热稳定性。

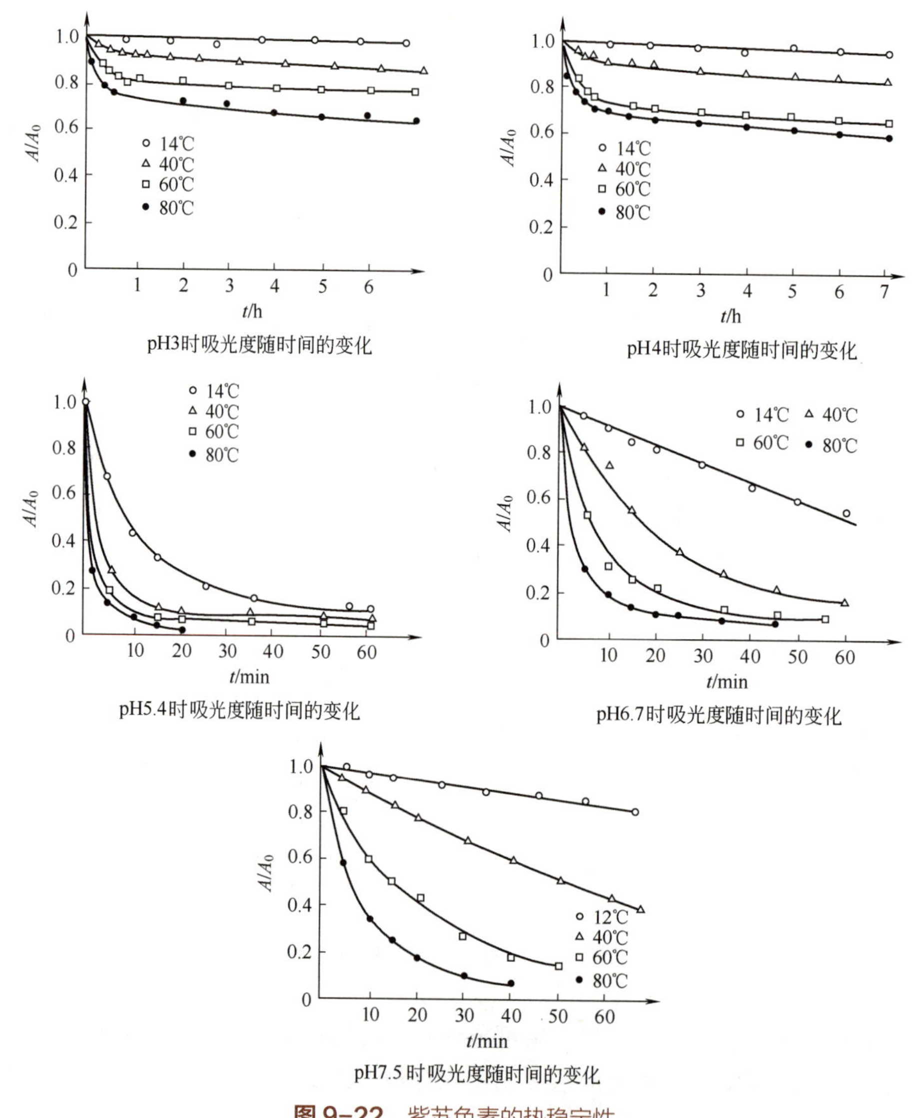

图 9-22　紫苏色素的热稳定性

④ 光　光通常会加速花色苷的降解，已在紫苏色素、紫甘薯色素、葡萄皮色素中得到证实，同时发现花色苷的结构影响其对光的稳定性，酰化和甲基化的二糖苷比未酰化的稳定，双糖苷比单糖苷更稳定。研究表明，紫外光的降解作用比室内光的降解作用更明显。

⑤ 金属离子　花色苷分子中因为具有邻位羟基，能和金属离子形成复合物，色泽一般为蓝色，这也是自然界中的一些花青素呈现蓝色的原因。Cu^{2+}、Fe^{2+}、Al^{3+} 和 Sn^{2+} 等能与花色苷形成蓝色化合物。例如含花色苷的红色酸樱桃放在素马口铁罐头内可形成花色苷 - 锡复合物，使原来的红色变为紫红色。$AlCl_3$ 常被用来区分具有邻位羟基的花色苷与不具邻位羟基的花色苷。Fe^{3+} 和 Cu^{2+} 由于可以催化对花色苷的降解反应，从而降低花色苷的稳定性。Fe^{3+} 和 Cu^{2+} 对紫苏色素有明显的破坏作用，使色素呈现黄色。

⑥ 有机化合物　在抗坏血酸、氨基酸、酚类、糖衍生物等存在时，由于这些化合物与花色苷发生缩合反应可使褪色加快（图 9-23）。反应产生的聚合物和降解产物可能十分复杂，并且与氧、温度有密切关系。

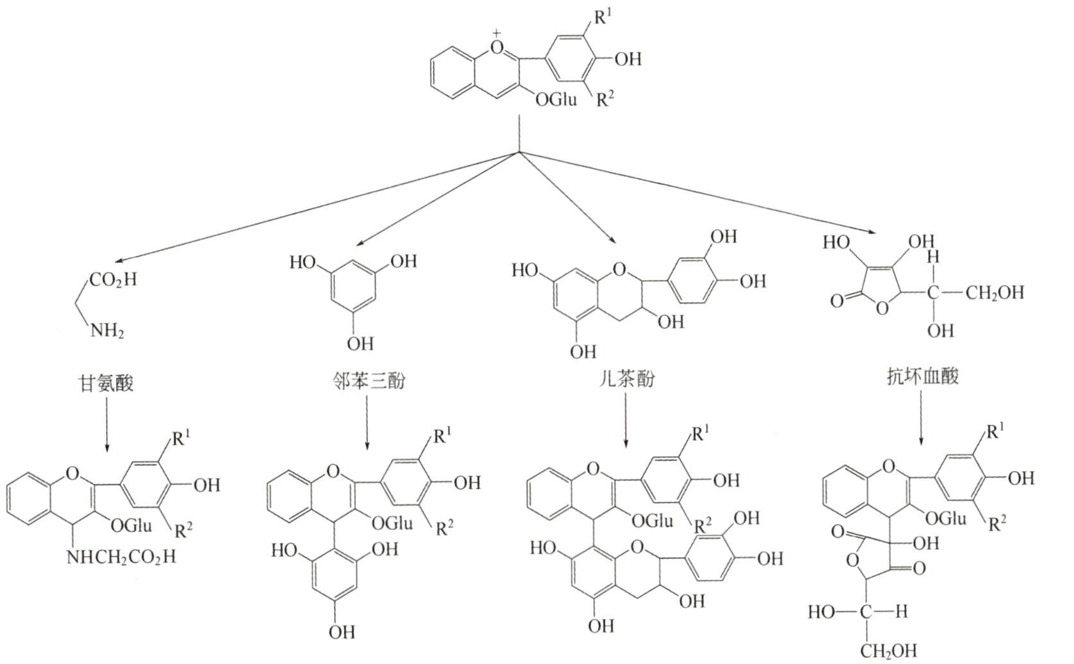

图 9-23　花色苷与小分子化合物形成的聚合物

高浓度糖有利于花色苷稳定，主要是降低了水分活度。但当糖的浓度很低时，糖及其降解产物会加速花色苷的降解，而且与糖的种类有关，其中果糖、阿拉伯糖、乳糖和山梨糖对花色苷的降解作用大于葡萄糖、蔗糖和麦芽糖。

⑦ 酶促反应　糖苷酶和多酚氧化酶能引起花色苷失去颜色，它们也被称为花色苷酶。糖苷酶的作用是水解花色苷的糖苷键，生成糖和苷元花青素；多酚氧化酶是在有氧和邻二酚存在时，首先将邻二酚氧化成为邻苯醌，然后邻苯醌与花色苷反应形成氧化花色苷和降解产物。加工过程中的漂烫处理，会灭活这些酶，有得于保持产品色泽。

（3）花色苷营养性与安全性　花色苷具有抗氧化、改善心血管健康、保护视力、预防肥胖、保护神经以及抗肿瘤等生理功能。机体内的自由基会损坏细胞的结构与功能，诱导机体氧化应激。花色苷因结构中含大量酚羟基，具有较强还原性，可与体内自由基反应，使细胞免受氧化损伤，延缓机体衰老。另外花色苷可通过改善血脂分布、增加高密度脂蛋白 - 胆固醇含量，减少低密度脂蛋白 - 胆固醇、甘油三酯和促炎因子的含量以及降低收缩压和舒张压来预防心血管疾病。此外有研究表明花色苷具有保护视力的功效，具体包括增强视网膜色素水平，调节视网膜酶活性，通过抗氧化保护视网膜细胞，增加视网膜内的循环以及减少黄斑变性等。在干预肥胖方面花色苷的作用也十分明显，能促进乳梭菌属、罗氏菌属等肠道益生菌的生长水平。花色苷在加工和储藏过程中很容易被氧化和分解，从而影响其颜色价值和其他营养特性。

9.4.2 原花色素

（1）原花色素的结构与性质 原花色素是无色的，结构与花色苷相似，在食品加工过程中可转变成有颜色的物质。原花色素的基本结构单元是黄烷 -3- 醇或黄烷 -3,4- 二醇以 4→8 或 4→6 键形成的二聚物，但通常也有三聚物或高聚物，它们是花色苷色素的前体，在酸催化作用下，加热可转化为花色苷呈现颜色，图 9-24 是原花色素的结构单元和酸水解历程。

黄烷-3,4-二醇　　无色花色素(原花色素)

[H⁺]

花青素　+　表儿茶素

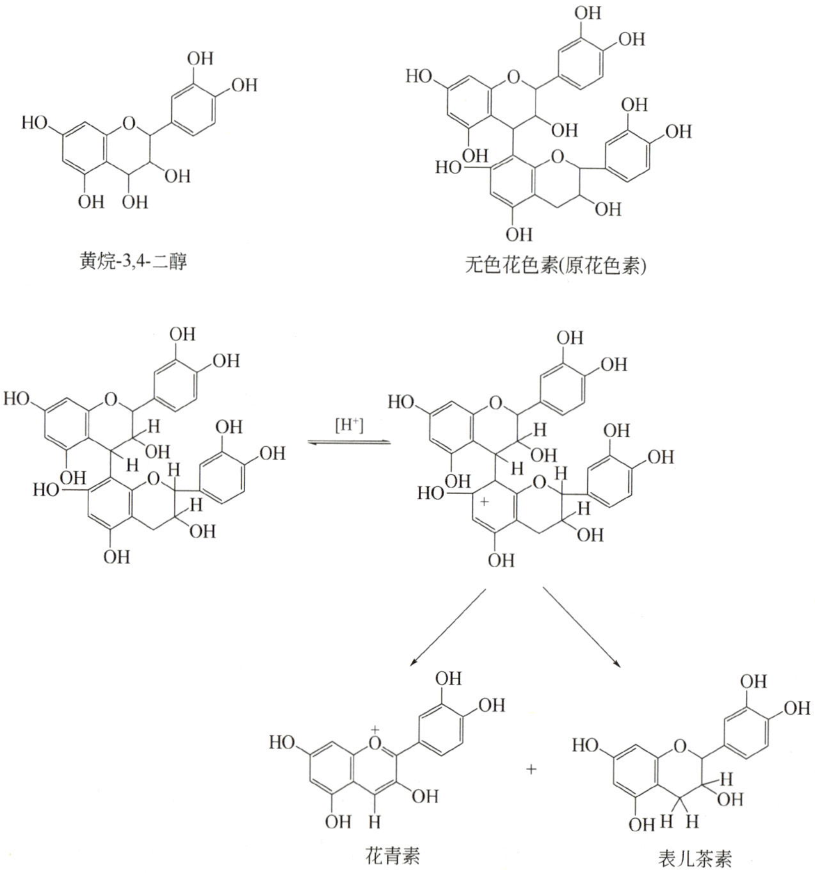

图 9-24 原花色素的结构单元和酸水解历程示意图

（2）原花色素在加工与储藏中的变化 水果和蔬菜中原花色素的邻位羟基较易发生褐变反应，在空气中或光照下降解成稳定的红褐色衍生物；原花色素能与蛋白质作用生成聚合物，影响蛋白质的消化吸收。原花色素既可赋予食品特殊的风味，也可影响食品的色泽和品质。

（3）原花色素营养性与安全性　原花色素具有多种生物活性，如抗氧化、抗炎、调节血糖、抗癌等生物学功能，还具有改善人体微循环等功能。原花色素的抗氧化活性依赖其暴露的多羟基，因此原花色素的抗氧化性随着聚合度的升高而下降。原花色素根据聚合度大于或小于 5，将其分为高聚原花色素（PPC）和低聚原花色素。但是从葡萄籽中提取的大部分天然原花色素均为 PPC，PPC 难以穿透生物膜，生物利用率很低。此外大量 PPC 在肠道内的积累会刺激肠道，诱发肠上皮炎症反应，损害身体健康。因此获得低聚原花色素将有助于提高其利用率，减少安全问题。目前高聚原花色素降解技术主要分为化学降解技术、生物降解技术和物理降解技术三种。但使用有机方法提取后，有机试剂的残留问题仍要注意。

9.4.3 类黄酮

（1）类黄酮的结构和性质　类黄酮（flavonoids）广泛分布于植物界，是一大类水溶性天然色素，呈浅黄色或无色，黄酮类化合物中除去花青素和黄烷 -3,4- 二醇的统称为类黄酮。目前已知的类黄酮化合物大约有 1000 种以上。最重要的类黄酮化合物是黄酮和黄酮醇的衍生物，而噢哢、查耳酮、二氢黄酮、异黄酮、二氢异黄酮和双黄酮等的衍生物也是比较重要的。结构式见图 9-25。

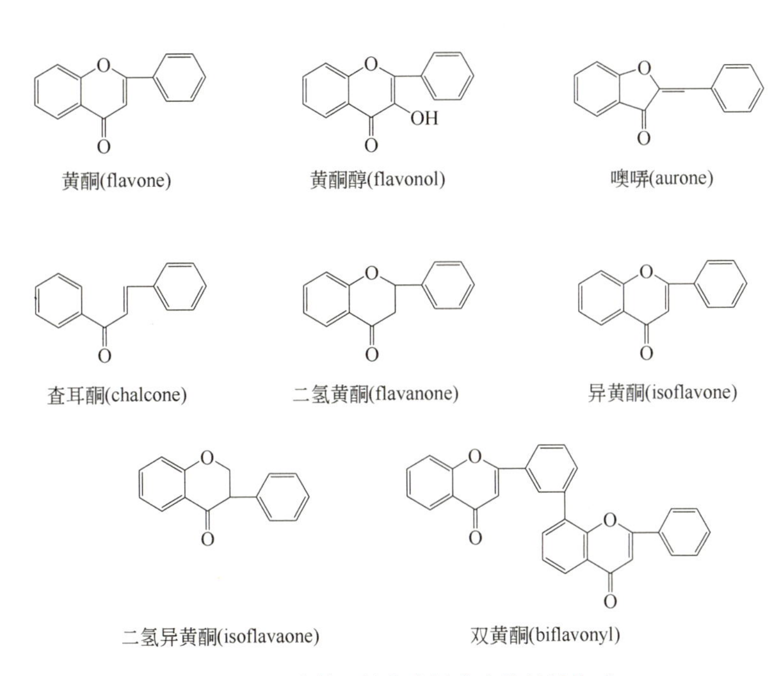

图 9-25　类黄酮的代表性化合物的结构式

黄酮醇是类黄酮中最多的一类，例如山柰素、槲皮素和杨梅黄酮（myricetin），其次一类是黄酮，包括芹菜素（apigenin）、樨草素（luteolin）。

类黄酮通常和葡萄糖、鼠李糖、半乳糖、阿拉伯糖、木糖、芹菜糖或葡萄糖醛酸结合成苷，糖基的结合位置各不相同，最常见的是在 7 碳位上取代，因为 7 碳位的羟基酸性最强，也有在 5、3′、4′、5′位上结合的。

类黄酮广泛存在于常见食品中，如芹菜、洋葱、茶叶、蜂蜜、葡萄、苹果、柑橘、柠檬、青椒、木瓜、李、杏、咖啡、可可、大豆等（表 9-8）。

第9章

表 9-8 食品中的主要类黄酮

类别	化合物名称	苷元	糖残基	存在的食品
黄酮	芹菜苷	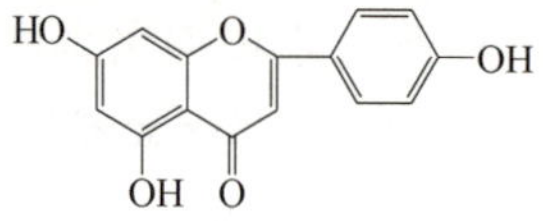 芹菜素	7-β-芸香糖	荷兰芹、芹菜
二氢黄酮	橙皮苷	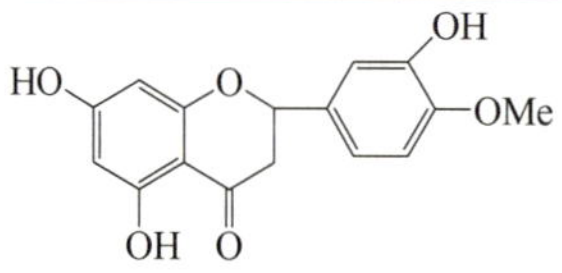 橙皮素	7-β-芸香糖	温州蜜橘、葡萄柚
	柚皮苷	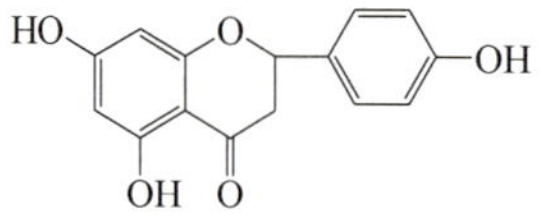 柚皮素	7-β-新橙皮糖	夏橙、柑橘
黄酮醇	芸香苷（芦丁）	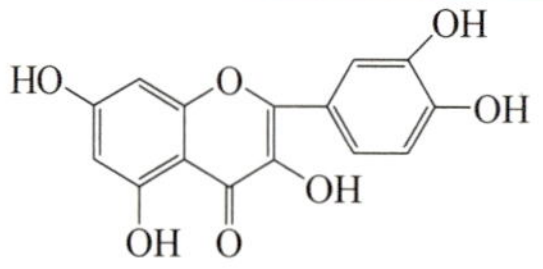 槲皮素	3-β-芸香糖	洋葱、茶叶、荞麦
	栎皮苷	槲皮素	3-β-鼠李糖	茶
	异栎苷	槲皮素	3-β-葡萄糖	茶、玉米
二氢黄酮醇	杨梅苷	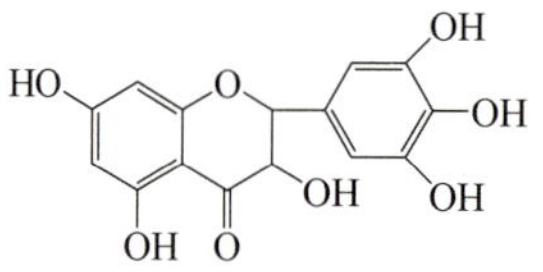 杨梅黄酮	3-β-鼠李糖	野生桃
	紫云英苷	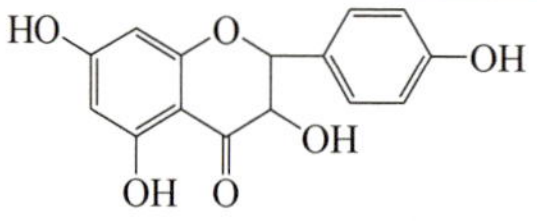 山柰素	3-葡萄糖	草莓、杨梅、蕨菜
异黄酮	黄豆苷	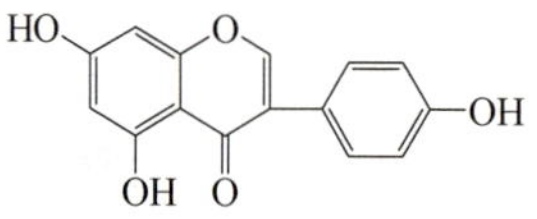	7-葡萄糖	大豆
噢哢	大豆橙酮	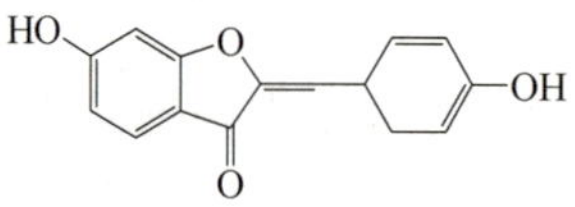		大豆
双黄酮	白果素	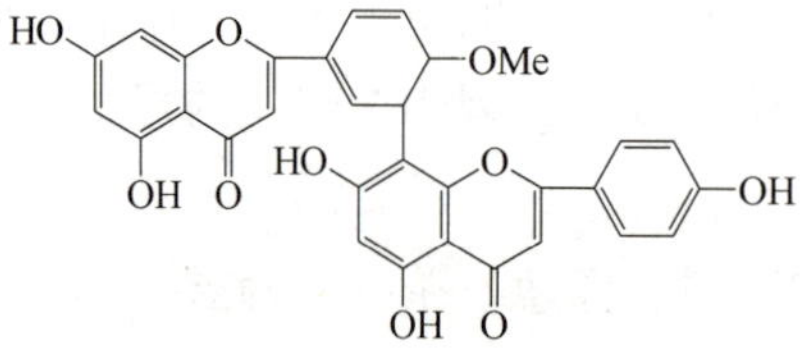		白果

（2）类黄酮在加工与储藏中的变化 类黄酮分子中的苯环、苯并吡喃环以及羰基，构成了生色团的基本结构。其酚羟基取代数目和结合的位置对色素颜色有很大影响，在3′或4′碳位上有羟基（或甲氧基）多呈深黄色，而在3碳位上有羟基显灰黄色，并且3碳位上的羟基还能使3′或4′碳位上有羟基的化合物颜色加深。

类黄酮的羟基呈酸性，因此，具有酸类化合物的通性，可以与强碱作用，在碱性溶液中类黄酮易开环生成查耳酮型结构而呈黄色，在酸性条件下，查耳酮型结构又恢复为闭环结构，于是颜色消失。例如，马铃薯、稻米、小麦面粉、芦笋、荸荠等在碱性水中烹煮变黄，就是黄酮物质在碱作用下形成查耳酮型结构的原因；黄皮种洋葱变黄的现象更为显著，在花椰菜和甘蓝中也有变黄现象发生。

类黄酮化合物可以与Al^{3+}、Fe^{3+}、Mg^{2+}、Pb^{2+}、Zr^{2+}、Sr^{2+}等金属离子形成有色化合物，类黄酮的母核结构、羟基数目和位置决定了是否发生反应以及反应的现象，因此，与金属离子的反应可以作为类黄酮化合物鉴别方法。例如，二氢黄酮、二氢黄酮醇与Mg^{2+}可显蓝色荧光，黄酮、黄酮醇和异黄酮与Mg^{2+}分别显黄、橙黄和褐色荧光；3碳位上的羟基与三氯化铁作用呈棕色；含有邻二酚羟基的类黄酮化合物与Sr^{2+}生成绿色～棕色～黑色沉淀；含有游离3-OH、5-OH类黄酮与锆盐产生黄色络合物。

类黄酮色素在空气中放置容易氧化产生褐色沉淀，因此，一些含类黄酮化合物的果汁存放过久便有褐色沉淀生成。黑色橄榄的颜色是类黄酮的氧化产物产生的。

（3）类黄酮营养性与安全性 类黄酮是植物重要的一类次生代谢产物，具有保护心脏的功效。现代营养学研究证实，类黄酮物质有着十分广泛的营养作用，这些作用的大小受到其化学性质、化学结构的影响。类黄酮的营养价值主要体现在以下几个方面：

① 抑制LDL氧化 人体低密度脂蛋白（LDL）氧化往往与很多心血管疾病的形成和发展有着十分密切的联系。有些类型的类黄酮能够对LDL产生较强的抑制作用。比如槲皮素可以有效延长LDL在人体体外被巨噬细胞降解或吸收前期的潜伏期，进而延迟该体系中的过氧化物上升和平衡时间。

② 清除自由基 大部分类黄酮物质都有比较突出的清除氧自由基的功能，主要包含在自由基的各发生体系中形成超氧阴离子及脂质过氧基。有研究表明，很多类黄酮清除自由基的能力已经远超维生素C、维生素E等抗氧化剂。

③ 阻断DNA氧化损伤 自由基可导致DNA出现氧化性损伤，引起突变等不良后果，部分类黄酮物质可以有效地保护这类损伤。槲皮素就对人肝癌细胞HepG2的氧化DNA损伤以及过氧化氢诱导作用下的白细胞具有一定的抑制作用，且该作用要大于维生素C。同时槲皮素还能够有效保护叔丁基过氧化氢所产生的DNA线性改变。

④ 抗病毒抑菌 类黄酮物质还兼具抗病毒功能，如芦丁和槲皮素等物质，可以起到抗疱疹病毒的作用。部分甲基槲皮素还对脊髓灰质炎病毒产生很强的抑制作用。包括杨梅黄和槲皮素在内的类黄酮物质，在一定程度上能够抵抗HIV病毒。

除上述比较普遍的生物学作用外，类黄酮还具有很多其他功能。例如，影响肝脏药物的毒物代谢过程中代谢酶的活性，调节毛细血管渗透性，减少血小板黏附和聚集，促进免疫调节，诱导细胞、肿瘤细胞分化和凋亡，降低血脂以及有效保护肝脏等。

世界不同国家的人们在日常饮食中或多或少地摄入黄酮类化合物，有益于人体健康。饮食中的类黄酮可降低心血管疾病全因死亡风险。大部分毒理学研究显示类黄酮化合物无明显毒作用，但它与补铁药品同时食用时会影响补铁效果。

9.4.4 影响多酚类稳定性的因素

（1）温度的影响 Martinsen等人研究了温度对草莓和覆盆子中花青素和其他酚类化合物的影响。这些水果在60℃、85℃和93℃下加工成果酱，并在4℃或23℃下保存在黑暗中。结果发现制备果酱的高加工温度显著降低了草莓中的花青素总量，但在覆盆子中没有。相比之下，贮藏温度对生物活性化合物的影响较小，但会影响颜色，特别是L*值，这表明树莓果酱中的花青素和颜色比草莓果酱中更稳定。温度升高导致花青素被缓慢破坏，因为分子3号位置的糖基化糖的损失和环的打开，将它们转化为查耳酮，这是一种不稳定的结构，导致产生无色和棕色化合物。

（2）pH的影响 pH值对这些生物活性化合物有重要影响。例如，Wu等人（2018）将牙买加花提取物中的花色素暴露在酸性和碱性条件下，以评估其颜色稳定性。提取液中花青素呈暗红色，在pH值1～4时变为浅红色。一旦溶液达到pH值5，提取物就变成无色的；后来在pH值7时，它的颜色变成蓝色。根据结果，得出花青素在酸性pH下稳定，在碱性条件下降解迅速，颜色变化明显。这是因为在不同的pH溶液中，花青素存在不同的形式：在pH值较低时，花青素的形态较为稳定，成黄锌盐形式，呈现红色；当pH值升高时，成假碱形式，呈现无色；当pH值继续升高时，成脱水碱形式，呈淡紫红色；若pH继续升高，成脱水碱负离子形式，呈蓝色。

（3）氧气的影响 氧气可影响多酚类稳定性。草莓汁在储存期间氧气充足时，花青素和抗坏血酸等生物活性化合物的降解速度较快，当然这些影响也与贮藏温度有关。这可以解释为花青素受到氧化的直接和间接影响，因为介质中的氧化化合物与花青素发生反应，产生无色和棕色化合物。

（4）酶活性的影响 影响花青素的主要酶是*β*-葡萄糖苷酶、过氧化物酶和多酚氧化酶，它们是导致棕色的原因，后两种酶被认为是致使各种水果酶促变黑的原因，多酚氧化酶是这一过程的主要酶。

（5）水分活度的影响 花青素也受到水分活度的影响，因为当水分活度增大时，水与黄酮阳离子之间的相互作用更大，形成羰基，这是一种不稳定的假碱。有报道在100～140℃温度下，三种不同水分活度（a_w= 0.34、0.76和0.95）条件下，对黑莓汁花青素的降解是不同的，在较低的水分活度和较高的温度下，与其他条件相比，花青素的降解更为显著。

（6）光线的影响 光通过两种方式影响花青素，虽然光是色素生物合成所必需的，但光通过将黄酮阳离子转化为查耳酮来加速降解反应。Chen等将紫甘蓝提取物中的花青素暴露在黑暗、自然光和模拟阳光下72h，得出光照下花青素降解增加的结论。与黑暗条件相比，一些花青素的降解速度还与酰基化程度有关。

概念检查 9.4

○ 引起多酚类色变的因素有哪些？

9.5 甜菜色素

9.5.1 甜菜色素的结构和性质

甜菜色素（betalaines）是红甜菜、苋菜以及莙达菜（chard）、仙人掌果实、商陆浆果（pokeberry）和多种植物的花中存在的一类水溶性色素，已知约有70多种，主要包括红色的甜菜红色素（betacyanin）和黄色的甜菜黄素（betaxanthin）两大类化合物，基本结构见图9-26。其中甜菜红色素根据取代方式的不同又可分为甜菜红素（betanidin）、甜菜红苷（betanin）和前甜菜红苷（amaranthin）。由于 C15 为手性原子，上述三种结构还可异构化为异甜菜红素（isobetanidin）、异甜菜苷（isobetanin）和异前甜菜红苷（amaranthin），异构体占 5%，游离态为 5%，糖苷占 90%。甜菜黄素根据取代方式的不同又可分为甜菜黄素Ⅰ和甜菜黄素Ⅱ。甜菜黄素Ⅰ和甜菜黄素Ⅱ大约以相同的量存在。

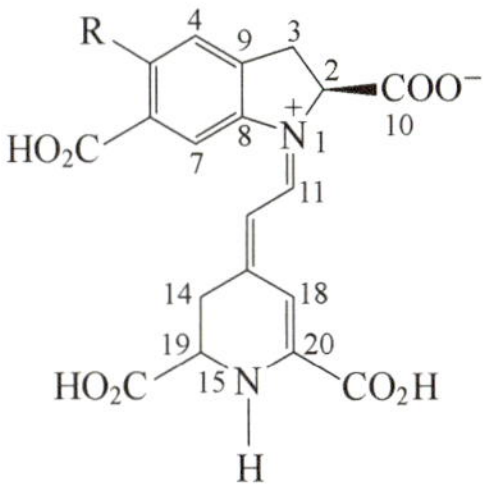

(1) 甜菜红素　R=OH
(2) 甜菜红苷　R=葡萄糖
(3) 前甜菜红苷　R=2′-葡萄糖醛酸-葡萄糖

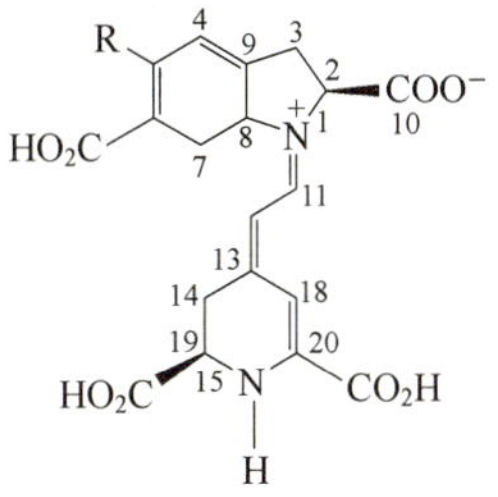

(1) 异甜菜红素　R=OH
(2) 异甜菜红苷　R=葡萄糖
(3) 异前甜菜红苷　R=2′-葡萄糖醛酸-葡萄糖

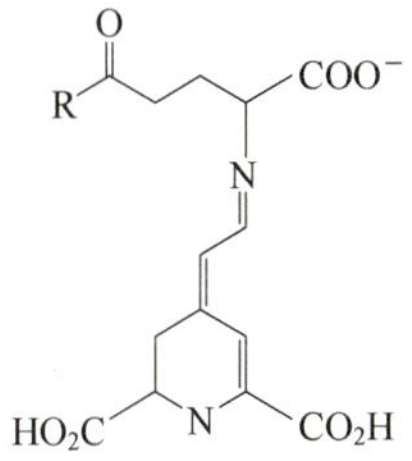

(1) 甜菜黄素Ⅰ　R=NH_2　(2) 甜菜黄素Ⅱ　R=OH

图 9-26　甜菜色素结构

甜菜黄素和甜菜红苷的最大吸收波长分别为 480 nm 和 538 nm。甜菜红苷的颜色几乎不随 pH 变化而变化。甜菜红苷的溶液一般呈红紫色，对酸稳定性好。

9.5.2　甜菜色素在加工与储藏中的变化

甜菜色素和其他天然色素一样，在加工和贮藏过程中都会受到pH、水分活度、加热、氧和光的影响。

（1）pH　甜菜色素在 pH 4.0 ～ 5.0 范围最稳定，碱性条件下变黄，这是因为在碱性条件下，甜菜红色素转化为甜菜黄素。

（2）热和酸　在温和的碱性条件下甜菜红苷降解为甜菜醛氨酸（BA）与环多巴 -5- 葡萄糖苷（CDG）（图 9-27）。甜菜红苷溶液和甜菜制品在酸性条件下加热也可能形成上述两种化合物，但反应速度慢得多。

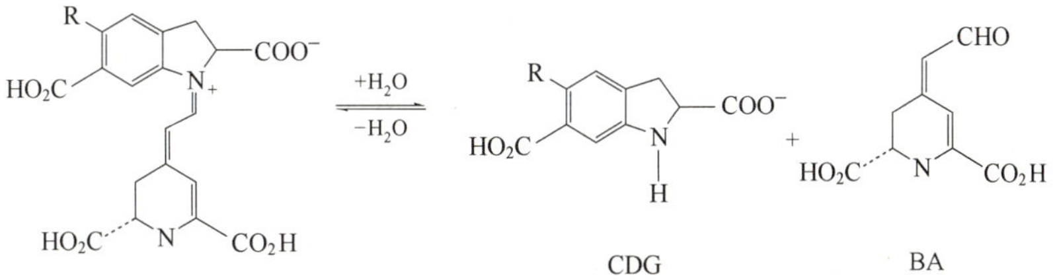

$+H_2O$ / $-H_2O$

CDG　　BA

图 9-27　甜菜红苷的降解反应

甜菜红苷降解为 BA 和 CDG 的反应是一个可逆过程，因此色素在加热数小时以后，BA 的醛基和

CDG的亲核氨基发生席夫碱缩合，重新生成甜菜红苷，最适pH 4.0～5.0。甜菜罐头的质量检查一般在加工后几小时检查就是这个道理。

甜菜红苷在加热和过酸的作用下可引起异构化，在C15的手性中心可形成两种差向异构体，随着温度的升高，异甜菜红苷的比例增高（图9-28）。

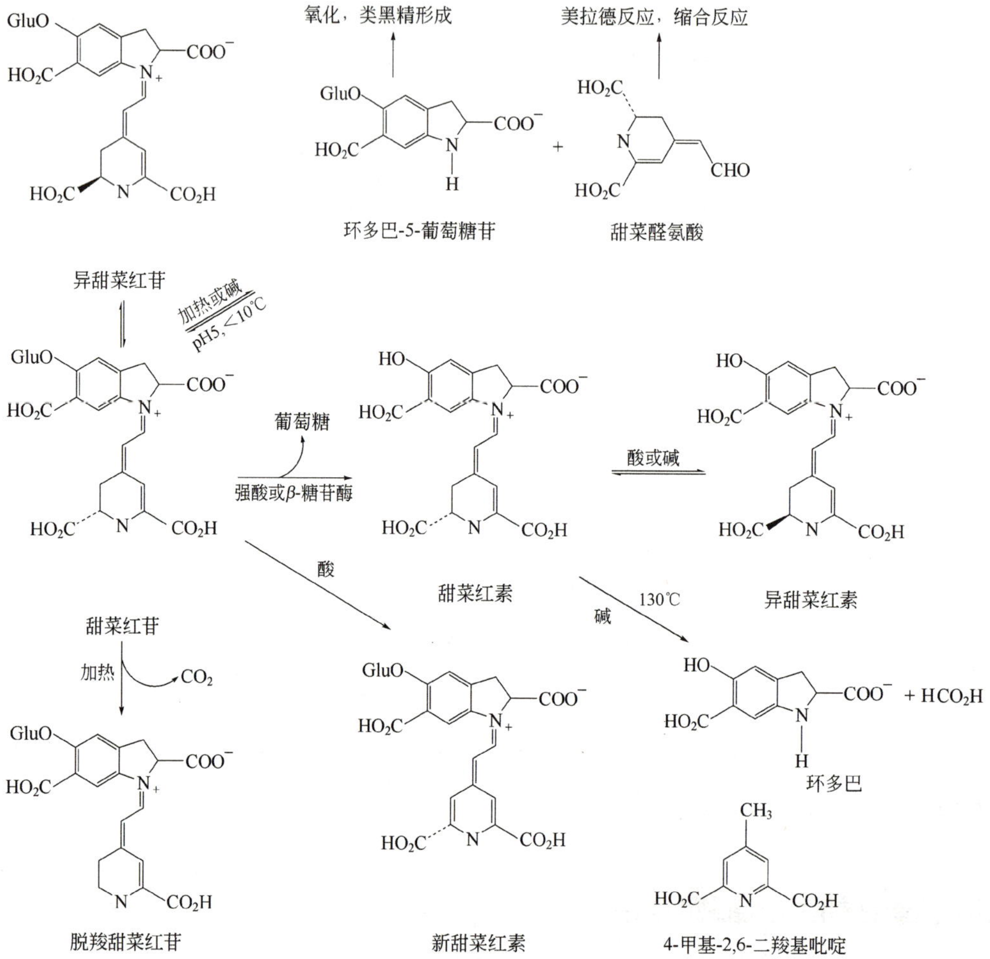

图9-28 甜菜红素的酸和/或热降解

（3）氧和光 氧对甜菜色素的稳定性有重要影响。实验证明，甜菜罐头顶空的氧会加速色素的褪色。分子氧是甜菜红苷氧化降解的活化剂，活性氧如单线态氧、过氧化阴离子等不参与氧化反应。光加速甜菜红苷降解，抗氧化剂抗坏血酸和异抗坏血酸可增加甜菜红苷的稳定性，铜离子和铁离子可以催化分子氧对抗坏血酸的氧化反应，因而降低了抗坏血酸对甜菜红苷的保护作用。加入金属螯合剂EDTA或柠檬酸可以提高色素的稳定性。

9.5.3 甜菜色素营养性与安全性

甜菜色素具有抗氧化、预防肿瘤、降低血脂、减缓肌肉疲劳等作用，具有重要的药用价值。其在离体条件下具有很强的抗氧化和清除自由基的能力，因此可以用来治疗与氧化胁迫有关的人体机能失调。甜菜色素不仅具有抗氧化活性，还能对癌症起化学预防作用，预防恶性肿瘤的发生。从食材中制备的甜菜色素安全性较高，可按食品的正常生产需要添加。

9.6　红曲色素

红曲色素商品名又称红曲红（monascas red）。将红曲霉（*Monascus pupurreus* Went）接种到米饭发酵后，可得到红曲米（又称红丹、丹曲、赤曲等）。红曲米可作为食品的着色配料与相关食材加工食用，也可以红曲米为原料，经萃取、浓缩、精制得红曲色素，它是我国传统的食品着色剂。

9.6.1　红曲色素的结构和性质

目前已确定的红曲色素成分为：红色素类（红斑素、红曲红素）、黄色素类（红曲素、红曲黄素）和紫色素类（红斑胺和红曲红胺）（表 9-9），此 6 种色素均难溶于水，可溶于有机溶剂。现已证实红曲色素是多种成分的混合色素，远不止含有上述 6 种色素，除上述醇溶性红曲色素外，还有一些水溶性的红曲色素（表 9-10）。

表 9-9　醇溶性红曲色素主要成分的分子结构

分子结构式	名称	颜色	分子式	分子量
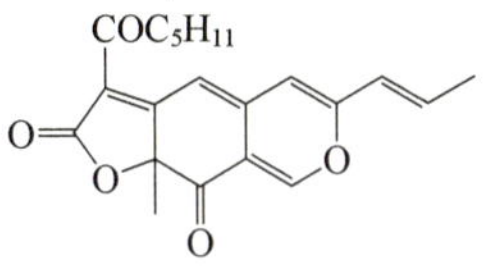 COC_5H_{11}	红斑素（RTN）	红	$C_{21}H_{22}O_5$	354
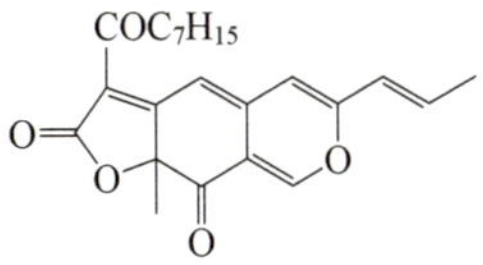 COC_7H_{15}	红曲红素（MBN）	红	$C_{23}H_{26}O_5$	382
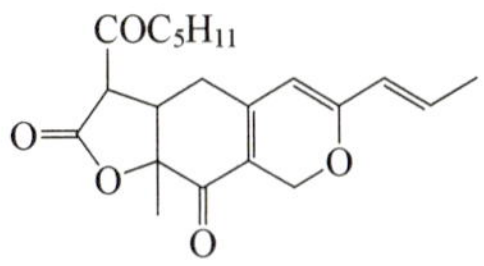 COC_5H_{11}	红曲素（MNC）	黄	$C_{21}H_{26}O_5$	358
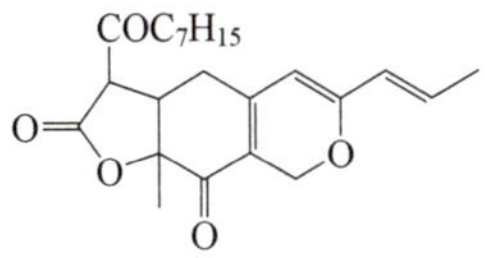 COC_7H_{15}	红曲黄素（ANK）	黄	$C_{23}H_{30}O_5$	386
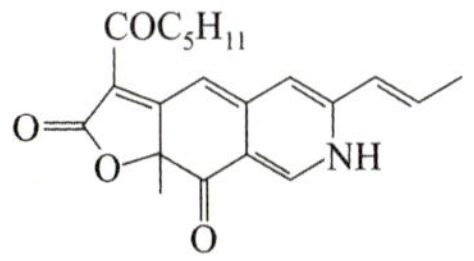 COC_5H_{11}, NH	红斑胺（RTM）	紫	$C_{21}H_{23}O_4N$	353
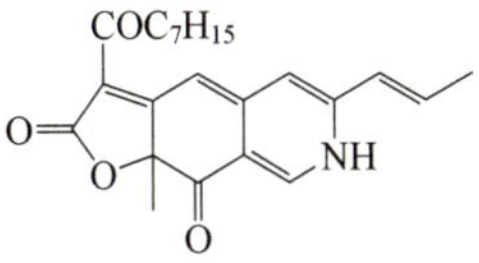 COC_7H_{15}, NH	红曲红胺（MBM）	紫	$C_{23}H_{27}O_4N$	381

表 9-10 水溶性红曲色素主要成分的分子结构

分子结构式	名称	颜色	分子式	分子量
COC_5H_{11}, O, O, N, O, $C_5H_7O_4$	*N*-戊二酰基红斑胺（GTR）	红	$C_{26}H_{29}O_8N$	483
COC_7H_{15}, O, O, N, O, $C_5H_7O_4$	*N*-戊二酰基红曲红胺（GTM）	红	$C_{28}H_{33}O_8N$	511
COC_5H_{11}, O, O, N, O, $C_6H_{11}O_5$	*N*-葡糖基红斑胺（GCR）	红	$C_{27}H_{33}O_9N$	515
COC_7H_{15}, O, O, N, O, $C_6H_{11}O_5$	*N*-葡糖基红曲红胺（GCM）	红	$C_{29}H_{37}O_9N$	543

红曲色素为红色或暗红色液体或粉末或糊状物，略有异臭，熔点约 60℃，溶于乙醇、乙醚、冰醋酸，不溶于水、甘油。在 pH2 ～ 9，红曲色素较稳定，耐热性强（100℃以上）。红曲色素对光较不稳定，在光照（紫外光和可见光等）下会逐渐分解。红曲色素水溶液（pH5.7 ～ 6.7）在自然光照射条件下，不到 14h，色素的保存率降到 50% 以下；红曲色素易氧化的特性也赋予它有较好的抗氧化性；红曲色素对金属离子（例：0.01mol/L 的 Ca^{2+}、Mg^{2+}、Fe^{2+}、Cu^{2+} 等）稳定；几乎不受 0.1% 的过氧化氢、维生素 C、亚硫酸钠等氧化还原剂影响，但遇氯褪色；对蛋白质的染色性好。

9.6.2 红曲色素在加工与储藏中的变化

自古以来，我国就用红曲色素着色各种食品，GB 2760—2014 规定：红曲色素使用量除规定外，可在肉制品、水产品、配制酒、冰棍、饼干、果冻、膨化食品、调味类罐头、奶制品、植物蛋白、果品中按生产需要适量使用。红曲色素在加工与储藏中会逐渐变色，溶解度、色值也会下降。据赵文红等报道，红曲色素稳定性因以下条件变化而改变：① pH 的影响（图 9-29）。不同 pH 条件对红曲色素溶液的色价保存率影响明显，样品溶液 pH 在 5 ～ 11 范围时，溶液色价保存率在 95% 以上，且溶液色泽明亮；当 pH 为 3 时，溶液色价保存率降低到 70% 以下，并产生明显沉淀物，溶液色调发生明显变化。进一步实验发现，当 pH 在 4 左右溶液出现的沉淀现象较为明显，在 pH<5 色调变得较为暗淡。样品溶液在偏碱性环境比偏酸性条件下更为稳定。②光线影响。有报道采用紫外光照射红曲红、橙、黄三类色素的甲醇溶液，发现黄色素光稳定性最强，其次为红色素，橙色素对光最不稳定；连续光照可显著降低红曲色素的保存率，而避光贮藏则可有效保护红曲色素。③金属离子影响。红曲色素溶液中有 Fe^{2+} 和 Cu^{2+} 存在时有沉淀

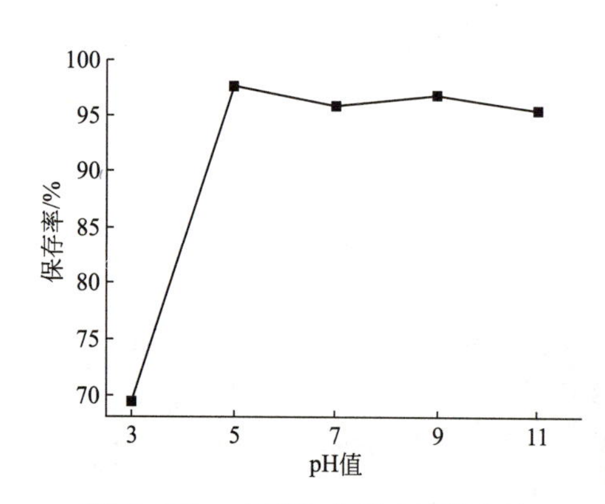

图 9-29 pH 值与红曲色素稳定性

产生，且 Fe^{2+} 存在时产生的沉淀较明显，其他金属离子（Ca^{2+}、Mg^{2+}、K^{+} 和 Na^{+}）存在时溶液色价保存率基本未变，溶液较为稳定。④添加剂影响。酸度调节剂对红曲色素溶液稳定性影响较大，其保存率在 62% 左右，且其色调也发生变化，显色较为暗淡；甜味剂和防腐剂对样品溶液稳定性的影响不明显；天然抗氧化剂可稳定红曲色素的颜色。

9.6.3　红曲色素营养性与安全性

红曲米最早发现于中国，中国使用红曲米已有一千多年的历史。从中制备出的红曲色素已列入 GB 2760 食品添加剂使用标准，如红曲红作为着色剂可按生产新型豆制品需要适量使用，这与红曲米和红曲色素具有着色功能外，还有多种营养功能、安全性好有关。

红曲米除含有一般大米的营养成分外，还有降血压、降低血脂的作用；红曲米含铁比较多，吃红曲米可以起到补血补气和预防贫血的作用；红曲米富含磷、维生素 D、B 族维生素和维生素 E，可改善营养不良、红眼病、脚气病等。

红曲米及红曲色素安全性好。然而，受红曲霉菌株及发酵条件的影响，在发酵代谢的同时，可能会不同程度地生成一种对人畜有害的毒素——橘青霉素（citrinin），从而污染红曲产品，使红曲色素在使用中存在一定的安全隐患。为保障红曲产品食用安全，国家已制定了对食品添加剂红曲色素中橘青霉素的限量指标，如我国 GB 1886.181—2016《食品安全国家标准　食品添加剂红曲红》对产品中橘青霉素指标（以单位色价计）的规定限量为 40μg/kg。

9.7　新食品色素资源

9.7.1　新食品色素资源利用概述

食品色泽是食品质量的重要指标之一。天然食用色素大多来源于可食的动植物及微生物，安全性高，除着色作用外，还含有人体需要的营养物质或者本身就是维生素或者维生素类物质。有些天然色素具有药理作用，对某些疾病有防治作用，如黄酮类色素对心血管病的防治具有积极作用，血红素还有补充铁作用等；另外，天然色素着色自然，易被消费者接受，有的还有特殊香气，增加食品的风味。

我国的天然食用色素研究及应用虽然起步较晚，但已经把开发天然食用色素作为发展食品添加剂的一个重要方向，发展较快。经过 20 多年的发展，国家在对食用色素的开发、生产和使用的法规管理等方面形成较完善的审批程序和要求，如原料的种属名称、原料来源、应用部位、着色成分的纯度及组成、溶剂残留、重金属残留、菌落总数、致病菌、毒理学实验及安全性级别、稳定性实验、产品使用方法及效果等。我国已批准允许生产和使用的天然色素近 50 种，天然食用色素在国际市场上销售额的年增长率一直保持在 10% 以上，生产厂逾百家，年产量超万吨。

9.7.2　新食品色素资源简介

随着人们生活水平的提高，对食用色素天然化、营养性和保健型的愿望愈来愈强烈。天然食用色素受原料特性、着色性能、风味特点等影响较大，研究开发新的天然食用色素资源是十分必要的，特别是一些农副产品中食用色素资源的开发潜力很大。以下选择几种进行介绍，以促进其进一步开发应用。

（1）红甘蓝　红甘蓝（*Brassica oleraea* var. *capitata* L.）为我国各地栽培的十字花科蔬菜。甘蓝色素属花青苷类色素，以可食部分提取食用色素。甘蓝色素的提取步骤是：紫甘蓝→切碎→提取→抽滤→真空浓缩→冷冻干燥→成品。关于紫甘蓝色素的组成和结构，因甘蓝色素中的花青苷的种类繁多且标准品不易获得，研究报道较少。据报道红甘蓝色素由 15 种以上的色素混合而成，其中 4 种为主要色素（图 9-30），RC-1 ～ RC-4 分别为同一位置上不同取代基，RC-1 为对羟基苯甲酰、RC-2 为阿魏酰、RC-3 为芥子酰、RC-4 为 H。

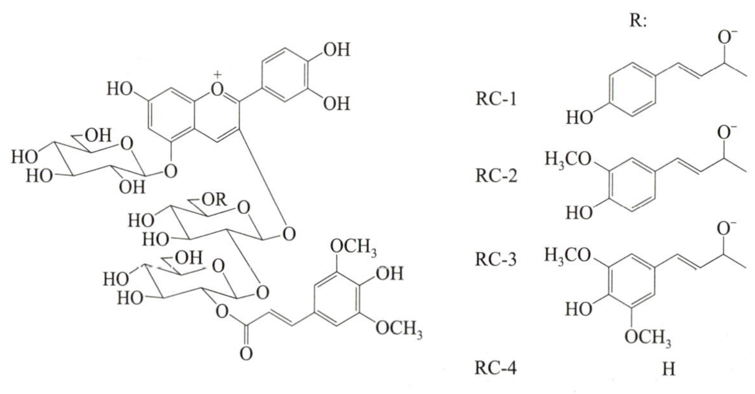

图 9-30　红甘蓝色素结构示意图

目前，甘蓝红色素（结球甘蓝红色素）在国外已作为天然食用色素，用作糖果、色拉、乳酸菌饮料、碳酸饮料、固体饮料和果酒等的着色剂。我国红甘蓝色素未列入食品添加剂使用名单，有待研发应用研究。

（2）大金鸡菊　大金鸡菊（*Coreopsis lanceolata* L.）为菊科，别名“剑叶金鸡菊”，是一种较为常见的菊科植物，在我国长江以南各地有栽培或野生。大金鸡菊黄色素的主要成分为 3′,4′- 二羟基 -7- 甲氧基 -6- 葡萄糖噢哢（图 9-31），是一种橘红色、带闪光的针状晶体。另还有少量黄色颗粒状结晶，其成分有待进一步研究。大金鸡菊黄色素水溶性好、性质稳定、着色性能良好，加入到饮料、食品中不仅颜色鲜艳，而且有芳香气味。本品无毒、价廉，是一种比较理想的具有开发前景的食品着色剂。

（3）火龙果红色素　火龙果（*Hylocereus undatus* cv. Vietnam）又称仙蜜果、红龙果、吉祥果等，是仙人掌科三角柱属多浆植物，在我国海南、广东、广西及贵州南部等地均有较大规模的种植栽培，产量高、原料充足。火龙果红色素色泽鲜艳、着色能力强、营养安全，是一种具有开发前景的食品着色剂。

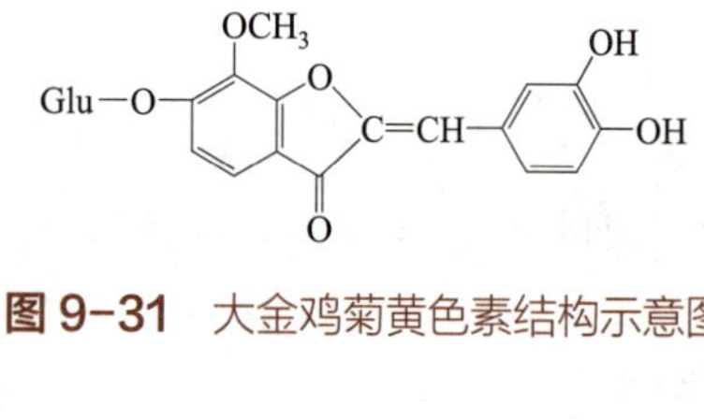

图 9-31　大金鸡菊黄色素结构示意图

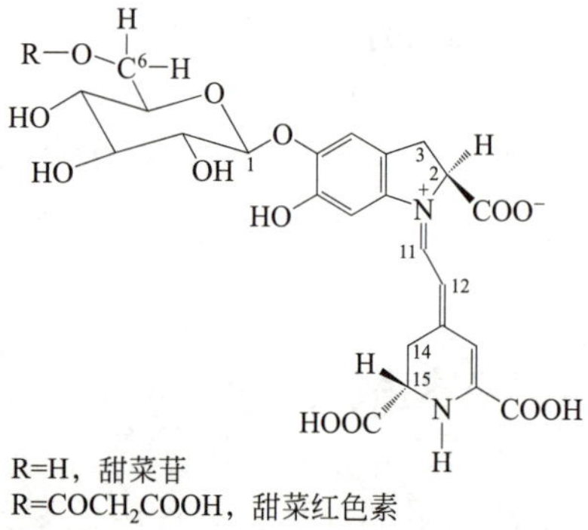

R=H，甜菜苷

R=$COCH_2COOH$，甜菜红色素

图 9-32　火龙果红色素结构示意图

目前关于火龙果红色素结构的研究报道较少。据刘小玲等报道，火龙果果肉色素和果皮色素均为甜菜苷类色素，其结构见图 9-32。火龙果红色素为水溶性色素，可溶于甲醇、乙醇、丙酮等与水互溶的溶剂；具有甜菜苷色素的 pH 颜色反应性，即在碱性 pH 范围呈透明的亮黄色，在可见光区的最大吸收波长为 538 nm。

火龙果红色素对热稳定性较差，在 60℃以下较为稳定，60 ～ 80℃区间颜色会逐渐变浅，在 60℃以上颜色逐步由鲜紫红色变成淡黄色，这是由于甜菜苷类色素分子随温度的升高而逐渐被破坏。当温度升到 90℃时甜菜苷类红色素将完全被破坏而变成无色。火龙果红色素对光的稳定性较差，在暗处其色素降解非常缓慢，光照会加快色素的分解，而且光照强度越强，分解速度越快，越容易褪色。火龙果红色素在酸性条件下，稳定性增强，紫红色更鲜艳；在碱性条件下，稳定性降低，甜菜苷类色素分解，色素将由鲜紫红色变为黄色。

火龙果红色素其结构中含有酚羟基，具有很强的抗氧化、清除自由基的功效。添加到食品中，火龙果红色素除作为着色剂，赋予食物鲜亮的颜色外，还可作为抗氧化剂，清除加工食品中的亚硝酸盐，增加食品的安全性。

（4）鱿鱼墨　鱿鱼墨（squid ink），又称头足类墨，是鱿鱼产生的一种深色墨水，它起到防御机制的作用，帮助动物通过遮蔽视线来躲避掠食者。墨水中含有许多成分，包括黑色素、酶、多糖、儿茶酚胺（激素），镉、铅和铜等金属，以及谷氨酸、牛磺酸、丙氨酸、亮氨酸和天冬氨酸等氨基酸。我国使用鱿鱼墨水已经有几个世纪了，如胶东名吃墨鱼饺子。

墨黑色素虽然耐受性强，但因其无法溶于大多数液体介质，成分复杂，分子量大，明晰的结构至今尚未见到报道。有报道墨汁颗粒中有蛋白质，墨黑色素是一种由吲哚 -5,6- 醌（DHI) 单体和 2- 羧基吲哚 -5,6- 醌（DHICA）单体组成的共聚物。

我国鱿鱼资源丰富，加工量巨大。鱿鱼墨是鱿鱼分泌的一种深黑色液体，因难处理，容易污染环境，目前仍是鱿鱼加工过程中的废弃物。已有研究表明鱿鱼墨除有食品着色剂作用外，还具有抗肿瘤、调节机体免疫功能、诱导多种细胞因子等生理活性，鱿鱼墨功能性着色剂开发有很大前景。

（5）藻胆蛋白　微藻是类胡萝卜素、叶绿素和红色或蓝色色素（称为藻胆蛋白）的重要来源。藻胆蛋白是色彩鲜艳、高度荧光的水溶性蛋白质组分，分子量较大。藻胆蛋白主要分为以下 4 类：藻红蛋白（phycoerythrin，PE）、藻蓝蛋白（phycocyanin，PC）、藻红蓝蛋白（phycoerythrocyanin，PEC）和别藻蓝蛋白（allophycocyanin，APC）。藻胆蛋白是一种蓝色蛋白色素，与类胡萝卜素或花青素相比，蓝色范围的 pH 时（pH5 ～ 7）较稳定。这种光合色素由附着在藻类叶绿体类囊体膜上的荧光藻胆蛋白形成，化学上由发色团（胆素或开链四吡咯）组成，发色团（胆素或开链四吡咯）通过硫醚共价键与载脂蛋白相连。在 4 类藻胆蛋白中研究及应用较多的是藻红蛋白和藻蓝蛋白，其发色结构也较清楚（图 9-33）。

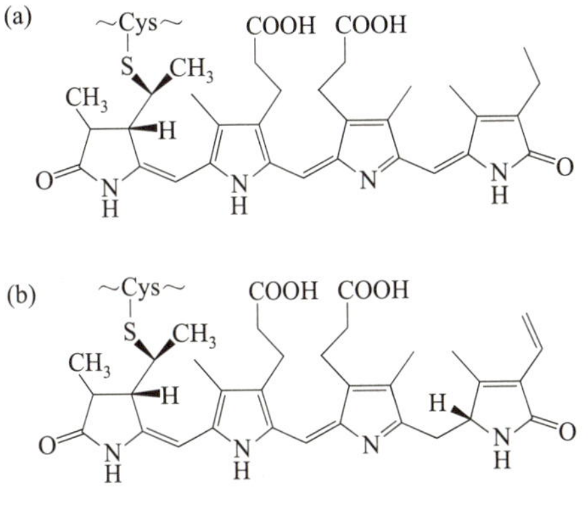

图 9-33　藻胆蛋白发色团的化学结构
（a）藻蓝胆素（蓝色）；（b）藻红胆素（红色）

藻胆蛋白颜色鲜艳，安全无毒，是食品、化妆品等优选的天然色素物质。法国已推出 B-BLUE 的藻蓝蛋白功能性饮料，推动了藻蓝蛋白发展。藻蓝蛋白加入到冰淇淋中，182d 内可保持颜色稳定，提高了产品抗氧化能力，改善了冰淇淋的风味和品质。将藻蓝蛋白添加到酸奶中不仅颜色吸引消费者，而且可以提高酸奶黏度，增加其稳定性，延长保质期。藻胆蛋白还可用于硬糖、饼干、松蛋糕、乳制品、罐头、饮料、布丁等食品的着色。另外，藻胆蛋白具有抗氧化、抗疲劳、增强免疫力的功效以及独特的荧光特性，可作为抗氧化剂、荧光标记试剂、肿瘤抑制剂、光敏剂用于医药保健、生物检测和光动力治疗等领域。随着我国海藻养殖规模的不断扩大以及人们对藻胆蛋白研究的日益深入，为藻胆蛋白新食品色素资源的开发利用提供了参考。

（6）虾青素　虾青素（astaxanthin），又名虾红素、虾黄素或虾黄质，3,3′-二羟基-*β*-胡萝卜素-4,4′-二酮（图9-34）。虾青素广泛存在于虾、蟹、鱼、鸟、某些藻类及真菌等生物中。作为一种非维生素A原的类胡萝卜素，虾青素在动物体内不能转变为维生素A，但具有与类胡萝卜素相同的抗氧化作用，它猝灭单线态氧和捕捉自由基的能力比*β*-胡萝卜素高10余倍，比维生素E强100多倍，并有令人愉悦的着色效果，作为天然食品多功能添加剂，有着广阔的发展前景。

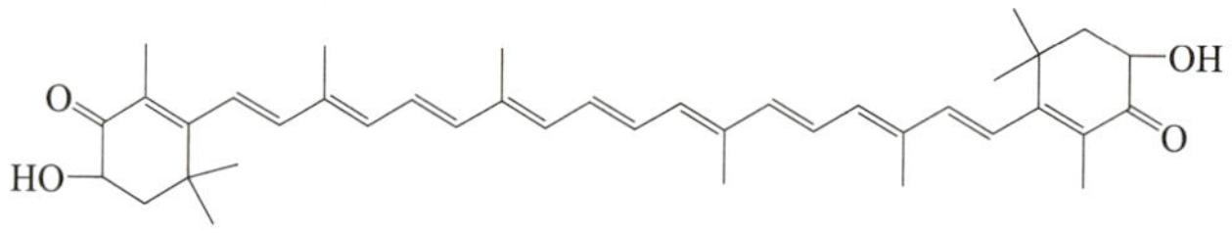

O　HO　OH　O

图9-34　虾青素结构示意图

晶体状虾青素为粉红色，熔点215～216℃，不溶于水，易溶于氯仿、丙酮、苯等大部分有机溶剂。从虾青素分子结构可知，它有共轭双键链、不饱和酮基和羟基，能吸引自由基未配对电子或向自由基提供电子，从而具有清除自由基起抗氧化作用。虾青素不稳定，易与光、热、氧化物发生作用，被氧化降解后成为虾红素，成为红色着色剂。在70℃以下、pH4～7范围内，虾青素较稳定；Ca^{2+}、Mg^{2+}、K^{+}、Na^{+}、Zn^{2+}等金属离子对虾青素基本没影响，Fe^{2+}、Fe^{3+}、Cu^{2+}有明显促氧化降解作用。

虾青素主要以游离态和酯化态形式存在。游离态虾青素极不稳定，易被氧化。酯化态虾青素是由于虾青素末端环状结构中各有一个羟基易于与脂肪酸形成酯而稳定存在。酯化态虾青素根据其结合的脂肪酸不同分为虾青素单酯和虾青素二酯。虾青素酯化后，其疏水性增强，且双酯比单酯的亲脂性强。虾青素酯化态，或与蛋白质形成复合物，会产生不同的颜色。

参考文献

[1] 刘显威，等. 头足类墨黑色素研究进展. 福建水产，2015，37(6)：507.

[2] 羌玺，等. 海藻来源藻胆蛋白研究进展. 食品工业科技，2022，43(16)：442.

[3] Feketea G，et al. Common food colorants and allergic reactions in children：Myth or reality?. Food Chemistry，2017，230：578.

[4] Hsieh-Lo M，et al. Phycocyanin and phycoerythrin：Strategies to improve production yield and chemical stability. Algal Research，2019，42：101600.

[5] Hofmann T. Characterization of the most intense coloured compounds from Maillard reactions of pentoses by application of colour dilution analysis. Carbohydrate Research，1998，313(3-4)：203.

[6] Liu X R，et al. Higher circulating alpha-carotene was associated with better cognitive function：an evaluation among the MIND trial participants. Journal Citation Reports，2021.

[7] May A，et al. Carotenoids，vitamin A，and their association with the metabolic syndrome：a systematic review and meta-analysis. Nutrition Reviews，2019.

[8] Manfred E，et al. Carotenoids in human nutrition and health. Archives of Biochemistry and Biophysics，2018.

[9] Morales F J，et al. Free radical scavenging capacity of maillard reactiuon products as related to colour and fluorescence. Food Chemistry，2001，119.

[10] Wang D F，et al. Food Chemistry. New York：Nova Science Publishers Inc，2012.

[11] Xu M, et al. Flavonoid intake from vegetables and fruits is inversely associated with colorectal cancer risk : A case-control study in China. British Journal of Nutrition, 2016, 116(7) : 1275.

总结

食品色素

- ○ 食品中色素来源：原有的、新产生的和人为添加的。
- ○ 根据其化学结构可分为：四吡咯衍生物类、异戊二烯衍生物类、多酚类、酮类衍生物类、醌类衍生物类和其他类。
- ○ 色素分子中发色基团产生颜色，助色基团改变颜色。

四吡咯衍生物类色素

- ○ 结构共同特点是四个吡咯构成的卟啉环，重要的有叶绿素和血红素。
- ○ 植物源食品中叶绿素 a 和 b 与食品的色泽关系密切，对热、光、酸、碱等均不稳定；采用护绿技术有一定的维稳作用。
- ○ 动物源食品中色泽主要由血红素产生，其卟啉环内中心铁的价态对色泽影响较大。

类胡萝卜素

- ○ 类胡萝卜素由 8 个异戊二烯单位组成，高度共轭双键发色团和—OH 等助色团，使其产生不同的颜色。
- ○ 高温、氧、氧化剂和光等均能使之分解褪色和异构化。

多酚类色素

- ○ 基本母核是 C_6-C_3-C_6 结构，常见的主要有花色苷、类黄酮、原花色素、单宁等。
- ○ pH、金属离子、相关酶活、水分活度、氧化剂、还原剂等因素会影响其稳定性。

甜菜色素

- ○ 甜菜红色素有甜菜红素、甜菜红苷和前甜菜红苷等。
- ○ 光、氧、金属离子、水分活度等对其稳定性影响较大。

红曲色素

- ○ 红曲色素有红色素类、黄色素类和紫色素类。
- ○ pH、光、氧、金属离子和添加剂等对其稳定性影响较大。

营养性与安全性

- ○ 食品中原有的色素除赋予色泽外，还分别有抗氧化、预防肿瘤、降低血脂等生理功能。若提取使用，应按 GB 2760 规定进行，以确保其安全性。

新食品色素资源

- ○ 开发天然食用色素是食品添加剂研发的重要方向，发展较快。
- ○ 红甘蓝、大金鸡菊、火龙果红色素、鱿鱼墨、藻胆蛋白和虾青素等是正在开发的食品色素。

思考练习

1. 新鲜绿叶蔬菜腌制后为什么会变成橄榄绿？如何提高叶绿素的稳定性？
2. 胡萝卜素在加工、贮藏中会发生哪些变化？请自主查阅文献，提出一种提取胡萝卜素的工艺。
3. 火腿等腌制肉制品的发色原理是什么？
4. 查阅文献，分析绿茶和红茶茶汤的颜色与哪些色素分子有关，并解释是如何形成的。

第 10 章　风味成分

☐ 方便面中没有牛肉却有明显的牛肉香味。

☐ 小鸡与蘑菇一起炖煮会更鲜。

☐ 坚果存储时间过久会产生明显的油脂哈败风味。

出现上述现象的原因是什么？其中产生了哪些风味成分？

为什么要学习“风味成分”？

为什么要学习食品中的风味成分？学习并明确不同食品中风味成分的构成、性质及影响因素，可以帮助我们在食品加工中进行产品改良及新产品开发，解决食品生产、运输、贮存过程中产生不良风味的问题，从风味角度进行产品品质控制。

学习目标

○ 知晓食品风味的内涵和食品风味化学研究对象及范围。
○ 了解风味产生的生理学基础。
○ 掌握各类典型食品中的风味成分构成及主要风味成分形成途径。
○ 熟知五种基本味觉、浓厚味、脂肪味及其主要成分。

风味是食品品质属性之一，也是食品科学中的一个重要方面。风味是由人感知到的（图 10-1），是多种感受或感知的组合，从化学刺激物方面来看，包括如下三类：①嗅觉，是人鼻子闻到食物气味的感觉，例如清新甜香的各种水果香气（如桃子香气、柠檬香气、草莓香气等），风格明确的各种蔬菜气味（香菜气味、芹菜气味、韭菜气味等）和香辛料气味（肉桂气味、胡椒气味、八角气味等）。加工还会赋予食物更加复杂和更多层次的气味。②味觉，是人舌头尝到的食物的滋味，目前世界公认的五大基本味觉是：酸、甜、苦、咸、鲜。③触觉，是人通过接触感受到食物的刺激，目前常见的主要有 3 种，即辣味、麻味和涩味。

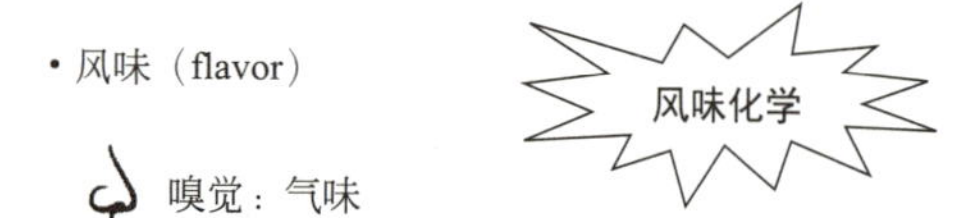

图 10-1　“风味”内涵

由上可知，“风味”蕴含了非常丰富的科学内容。食物的多彩风味可以让我们愉悦、幸福，当了解了风味的内涵，就可以制作出更美味的食品，也能更好地感受食品的美味。

10.1　概述

随着人民生活水平的提高，人们对食品的追求目标发生了变化，除了营养健康和安全以外，还要美味享受。未来食品的发展方向，是风味与健康双导向。食品风味品质的调控和提升，是满足人民群众对美好生活的热切期盼和向往的直接目标。

食品风味是人类感官对食品的感觉现象，一般包括由嗅觉感知到的气味、味觉感知到的滋味以及三叉神经感知到的麻、辣、涩等（图 10-1）。食品的风味大多由食品中的某些化合物体现出来，这些能体现食品风味的化合物称为风味成分。正是由于风味成分分别与鼻腔深处上皮细胞的嗅觉受体（具有 7 层跨膜的 G 蛋白偶联受体家族）、舌头味蕾上的味觉受体以及三叉神经发生作用，通过一系列的神经传递，再经大脑加工，人类最后才得到风味信号。研究食品中风味成分的化学组成与特征、分析方法、形成机理及变化规律的科学，称为食品风味化学。在食品存储、加工、调配等过程中，风味会不断发生变化，食品风味成分化学控制技术已成为食品行业关注的热点之一。

概念检查 10.1

○ ①什么是风味成分？②食品风味化学的研究对象是什么？

10.2　气味成分

10.2.1　嗅觉的生理学基础

10.2.1.1　嗅觉

嗅觉是挥发性气味成分刺激鼻黏膜的嗅觉细胞而在中枢神经中引起的一种感觉。其中，将令人愉悦的嗅觉称为香味，令人厌恶的嗅觉称为臭味或异味。嗅觉具有下列特点：

① 嗅觉阈值低　不同的气味成分产生的气味不同，因此，嗅觉强度也不同。各气味成分的嗅觉强度可以用嗅觉阈值表示。嗅觉阈值指气味成分能够被人类闻到的最低浓度。嗅觉阈值越小，表明该气味成分的嗅觉强度越大。人类嗅觉的生理特性之一是嗅觉阈值低，如 2- 甲基 -3- 呋喃硫醇（肉味）的嗅觉阈值为 $4\times10^{-7}\sim1\times10^{-6}$mg/kg，土臭素（土腥味）为 $3\times10^{-6}\sim3\times10^{-5}$mg/kg，己醛（青草味）为 0.005mg/kg。

② 适应性快　鼻腔中的嗅觉细胞构成了嗅觉受体，嗅觉受体属于快适应受体。嗅觉受体在接受气味成分的刺激后，1s 左右已适应 50%，但之后，这种适应会逐渐变慢。在某种气味成分的连续刺激下，还会迅速引起嗅觉减退。

③ 个体差异大　嗅觉在不同种族及个体之间存在较大差异，通常女性的嗅觉阈值低于男性，儿童低于成人。嗅觉会随人类机体不同条件的变化而改变，如感冒、鼻炎、吸烟者的嗅觉灵敏度均会降低；在饱满或饥饿不同状态时，人们对食物芳香的感受会完全不同。

10.2.1.2　嗅觉受体与嗅觉感知

1991 年，L. B. Buck 和 R. Axel 首次在小鼠体内克隆了嗅觉受体（olfactory receptors，OR）基因，并发现了嗅觉受体基因超家族，证明了啮齿类动物大约有 1000 种不同类型的嗅觉受体基因。嗅觉受体属于 7 层跨膜的 G 蛋白偶联受体家族，在气味识别过程中起着重要的作用。单个 OR 可以识别多种气味，1 种气味也可被多个 OR 识别，而且不同的气味可以被不同的嗅觉受体组合所识别。嗅觉受体的发现使得嗅觉机制从分子水平上得到阐明，这一研究成果荣获 2004 年度诺贝尔生理学或医学奖。

嗅觉感知起始于气味分子与嗅觉受体蛋白的结合。气味分子进入鼻腔后与嗅觉细胞上的嗅觉受体结合，从而活化细胞内的 G 蛋白，活化的 G 蛋白进一步激活腺苷酸环化酶，使细胞内大量的 ATP 转化成 cAMP。cAMP 是细胞内的第二信使，可使细胞膜上的 cAMP- 门控通道打开，引起细胞外 Ca^{2+} 等大量阳离子内流，细胞产生动作电位，从而把气味分子的化学信号转换为电信号，通过轴突传到更高级的脑部结构，最终使大脑有意识地实现嗅觉感知。

10.2.2 常见的食品气味成分

10.2.2.1 畜禽肉类的气味成分

生肉不具有芳香性，气味成分主要有硫化氢、甲硫醇、乙硫醇、乙醛、丙酮、甲醇、乙醇、丁酮、氨等。这些物质闻起来略带血腥味。

烹调加热后，肉中的风味前体物质如氨基酸类、肽类、还原糖类、脂肪、硫胺素等发生热降解等反应，产生挥发性气味成分，赋予熟肉芳香性。有资料表明，牛肉含硫化物较多，羊肉含羟酸较多，醛和酮是禽肉中主要挥发性物质。

① 醛类、酮类化合物　醛类化合物的阈值很低，是脂类氧化分解的产物，也是畜禽肉类风味的主要贡献者。肉中含有饱和醛类化合物较多，如烯醛和三烯醛是加热鸡脂肪的特征香气成分，(*E,E*)-2,4- 癸二烯醛是油炸肉类的重要风味物质。鸡肉所含有的不饱和醛的数目比其他肉类多。酮类化合物来源与醛类基本相同，在肉类风味中种类比醛类少，含量也较低。牛肉中脂环酮含量相对高，具有咸味增强的性质。

② 羧酸、酯和内酯类化合物　肉类风味成分中 C_6 ～ C_{11} 羧酸挥发性高，对肉类风味有影响。羊肉中含有 20 种甲基支链羧酸，其中 4- 甲基辛酸和 4- 甲基壬酸是羊肉气味（膻味）的主要成分。

牛肉和猪肉的酯类成分比羊肉和鸡肉多。在蒸煮过的牛肉中含有阈值较低的硫酯。硫酯对牛肉和猪肝的风味有贡献。

内酯在肥肉挥发性成分中很多，在瘦肉中很少。如猪肉中以 4（或 5）- 羟基脂肪酸为前体生成的 γ- 或 δ- 内酯较多，具有油脂、奶油和果香的气味。

③ 杂环类化合物　热加工后的肉类风味中含有大量的杂环类化合物，这是肉风味区别于其他食品风味的主要原因。肉类风味构成中的主要杂环化合物见图 10-2，包括呋喃类、吡咯类、吡啶类、吡嗪类、噁唑类、噻唑类、噻吩类等化合物。

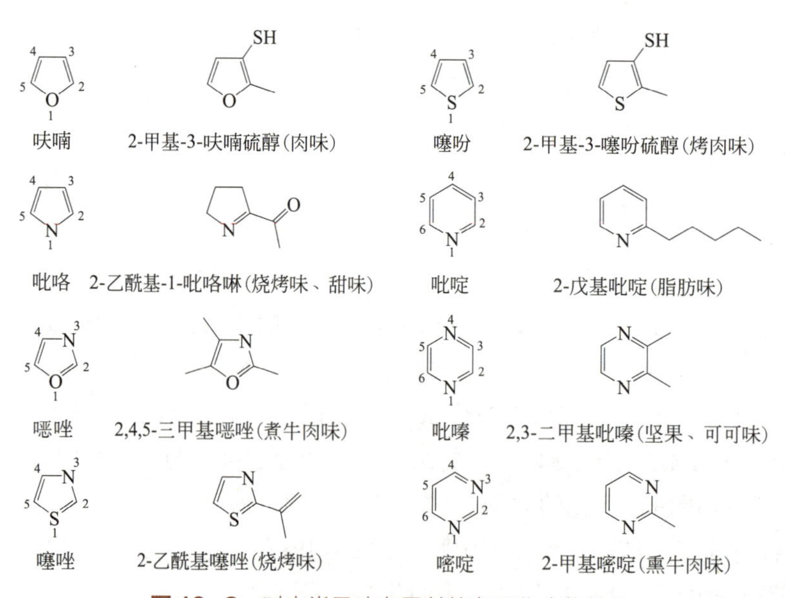

图 10-2　对肉类风味有贡献的杂环化合物结构

呋喃醛和酮类化合物有焦糖香、清香和果香味，巯基和硫醚基取代的呋喃类化合物具有焦香和硫黄气味，如 5- 甲基呋喃醛（焦糖、杏仁味）。

具有脂肪味的 2- 戊基吡啶和具有爆米花味的 2- 乙酰基 -1- 吡咯啉对煮牛肉的气味贡献度高。

吡嗪类化合物具有烤坚果的香味和弱的土豆气味。烤牛肉香特征经常被认为是烷基吡嗪类化合物的呈现效果。

噁唑类化合物通常没有肉类香气，而是具有木头的清香气息，但对肉风味也具有贡献。

噻唑类化合物在食物风味成分中相对含量高，阈值低，但多种噻唑类物质被发现具有特征性的肉香和焦香。

噻吩在肉类风味中有较大作用，能赋予烤肉的硫香味。

④ 非杂环有机硫化合物　硫化氢几乎是所有肉类挥发性成分中都存在的硫化物。甲硫醇、二甲基硫醚和二乙基硫醚也普遍存在于各种肉的挥发性成分中。牛肉中的非杂环有机硫化物种类比猪肉、羊肉、鸡肉多。非杂环硫化物具有使食品呈现出不愉快气味的能力，但它们还具有使气味化合物的气味特征产生消杀或协同效应从而使风味感官性能更为显著的能力，因此它们也被认为是非常有效的风味特征修饰剂。

⑤ 醇和酚类化合物　脂肪醇是食品中脂肪自动氧化的产物，由于阈值较高，所以对肉风味贡献较小。酚类化合物是肉在熏制过程中产生的。苯酚和甲氧基苯酚是熏肉和火腿的烟熏味特征化合物。

10.2.2.2　水产品的气味成分

非常新鲜的鱼类气味非常低，有淡淡的清鲜气味，其来源就是体内高含量的多不饱和脂肪酸酶解产生中等长度挥发性羰基化合物和醇类。

当水产品储存时间过久或是死亡，则会产生腥臭的异味，其主要构成有以下几类。

① 胺类　胺类是构成腐败臭味的主体，其中又以氨、二甲胺和三甲胺（图 10-3）为主。氨的产生途径一般是 ATP 降解，氨基酸的脱氨反应，以及尿素酶解。三甲胺和二甲胺都是由氧化三甲胺酶解产生的（图 10-4）。氧化三甲胺是存在于新鲜的海水鱼中的滋味成分，具有甜味，无异味。当遇到高温或是储存过久时，氧化三甲胺酶解产生三甲胺和二甲胺。海水鱼中氧化三甲胺含量很高，特别是白色海鱼，而淡水鱼中含量很少，所以海鱼的腥臭味比淡水鱼强烈。影响嗅感的胺类物质还有甲胺、丙胺、异丙胺、丁胺、吲哚、哌啶化合物。哌啶类化合物是导致河鱼腥味的主体，主要存在于鱼皮中。目前，胺类（又称为挥发性盐基氮）含量已列入我国食品卫生标准。例如一般在低温有氧条件下，鱼类挥发性盐基氮的量达到 30mg/100g 时，即认为是变质的标志。

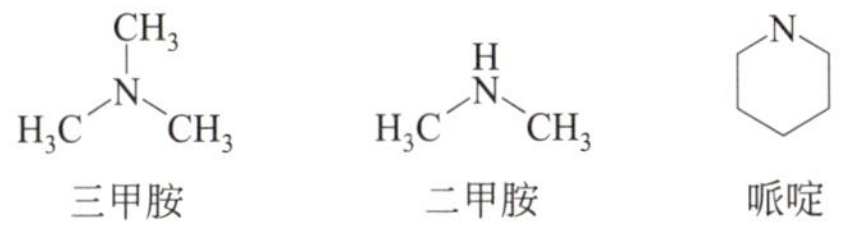

三甲胺　二甲胺　哌啶

图 10-3　三甲胺、二甲胺和哌啶化合物的结构

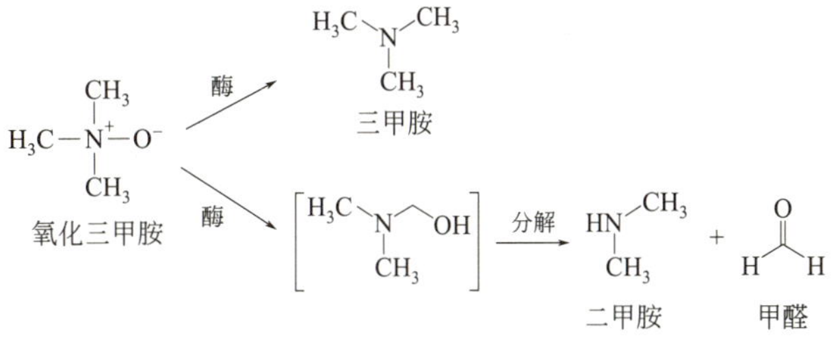

氧化三甲胺 —酶→ 三甲胺；氧化三甲胺 —酶→ [中间体] —分解→ 二甲胺 + 甲醛

图 10-4　氧化三甲胺形成挥发性物质

② 酸类　新鲜鱼贝类含有微量的甲酸、乙酸、丙酸、丁酸、戊酸等。随着新鲜度下降，酸类含量显著增加。丁酸是某些干货产品特殊异臭的重要成分。当鱼类中的挥发性酸类和挥发性胺类成分含量接近时会出现明显的腐败。

③ 羰基化合物　新鲜水产品的不饱和脂肪酸分解产生鲜美风味。而鲜度下降的鱼贝虾蟹类因不饱和

脂肪酸氧化分解产生过量的羰基化合物，有特殊臭味。顺-4-庚烯醛与冷冻水产品臭味关系密切，它是南极磷虾加热时腥臭的主要成分之一。反，顺-2,6-壬二烯醛是黄瓜味，当其含量高时，可以导致香鱼呈现出一种类似硅藻味的特殊腥臭味。

④ 含硫化合物　挥发性含硫化合物一般是微生物分解游离含硫氨基酸产生的。随着鱼体新鲜度的下降，细菌分解游离含硫氨基酸生成硫化氢、甲硫醇、二甲硫醚、二乙硫醚。含硫化合物的阈值很低（如甲硫醇 0.02mg/kg），只要出现，就会影响嗅感，对风味造成不好的影响。

10.2.2.3 乳类的气味成分

牛奶中的蛋白质、脂肪、乳糖等在加工贮藏过程中发生酶促反应、热反应等，生成小分子的气味成分。未消毒的牛奶含有低级脂肪酸、丙酮类、乙醛类、碳酸等，加工后牛奶的气味与加工方式有关。牛奶中主要的气味成分有下列几类。

① 醛酮类　奶制品中的醛类和酮类化合物是重要的气味成分，是从乳脂中的脂肪酸及游离脂肪酸发生自动氧化生成的。从加热的鲜牛奶中分离出己醛（青草味）、壬醛（脂肪味）、苯甲醛（杏仁味）以及具有脂肪气味的烯醛、二烯醛等不饱和醛类。2,3-丁二酮（黄油味）和 1-辛烯-3-酮（蘑菇味）对加热牛奶的香气有重要影响。

② 酯类　奶制品中的酯类化合物主要来源于甘油三酯和磷脂的水解，细菌或乳本身中的脂酶能将乳脂肪降解成 C_4 ～ C_{10} 游离脂肪酸。一些分子量较小的酸和醇进一步合成生成酯类化合物，如发酵乳中的水果香味就是丁酸乙酯、己酸乙酯的作用。从乳中分离出的 δ-癸酸内酯具有椰子香气，该成分已合成用作调香剂和增香剂。

③ 含硫化合物　目前在新鲜牛奶和奶制品中测出了硫化氢、甲硫醇、二甲基硫醚、二甲基二硫醚、三甲基二硫醚、羰基硫醚等，其形成跟蛋氨酸降解有关。

二甲基硫醚是新鲜牛奶的重要香气成分，尤其是微量的二甲基硫醚（蒜味），是牛奶风味的主体。

④ 醇类、芳香族和杂环化合物　醇类、芳香族和杂环化合物在奶制品中也能检测到，但由于它们的风味阈值比较高，对风味的影响较小。

10.2.2.4 水果的气味成分

典型的水果风味是在水果成熟过程中形成的。在这个过程里，水果的新陈代谢主要为分解代谢。大量的碳水化合物、脂类、蛋白质、氨基酸等在酶的作用下转变为简单的糖、酸以及小分子的挥发性物质（表 10-1）。

表 10-1　一些水果中的主要香气成分

水果品种	主体成分	其他
苹果	乙酸异戊酯	挥发酸、乙醇、乙醛、天竺葵醇
梨	甲酸异戊酯	挥发酸
香蕉	乙酸异酯、异戊酸异戊酯	己醇、己烯醛
香瓜	癸二酸二乙酯	
桃	γ-癸内酯、醋酸乙酯、沉香醇酸内酯	挥发酸、乙醛、高级醛
杏	丁酸戊酯	
葡萄	邻氨基苯甲酸甲酯	C_4～C_{12}脂肪酸酯、挥发酸
西瓜	6-甲基-5-庚烯、香叶基丙酮	己醛、反-2-壬烯醛、壬醇、顺-6壬烯醛、顺-3-壬烯-1-醇
柑橘类	丁醛、辛醛、癸醛、沉香醇	
果皮	甲酸、乙醛、乙醇、丙酮	
果汁	苯乙醇、甲酸、乙酸乙酯	

水果大都具有天然清香或浓郁芳香气味。不同的水果种类，其所含气味特征化合物不同。而同一品种的水果，随着成熟度的不同，风味也不同。另外，许多水果不同部位，风味成分也有较大差别。

① 柑橘类　柑橘果肉中的风味物质在成熟果实中的含量占全果的 0.001% ～ 0.005%。酯类、醛类、醇类含量较多，且成熟度越高含量越多。当柑橘果汁在存放过程中发生变质，醛类和酮类物质含量会增加，产生类似黄油味的不良风味，其特征成分是丁二酮和糠醛。所以柑橘类果汁的醛类物质含量常作为评价其质量变化的标准。

柑橘果皮中风味物质含量高于果肉，占全果重的 0.2% ～ 0.5%。形成果皮特征香气的成分是醛、酮、酯、醇、有机酸以及一些芳香成分。如甜橙果皮特征香气成分有甜橙醛、柠檬烯、月桂烯、辛醛、壬醛、癸醛以及丁酸乙酯、丁酸甲酯、丙酸乙酯等。柚子果皮的特征香气成分是诺卡酮、1- 对 - 薄荷烯 -8- 硫醇、柠檬烯、癸醛、丁酸甲酯和乙酸乙酯等。柠檬果皮中最重要的香气成分是柠檬醛。

② 苹果、桃（核果类）　不同品种苹果香气成分相差较大，主要是酯类、醛类为代表的香气成分。红元帅苹果中，β- 大马烯酮、己醛、2- 甲基丁酸乙酯、2- 甲基丁酸丙酯、己酸乙酯、乙酸己酯等是其香气主要成分，且其浓度随着苹果成熟度和季节而变化。

桃的特征香气成分以酯类为主。其中 γ- 癸内酯被认为是一种重要的特征气味化合物，具有典型的桃子气味，其在果肉中的浓度较高。γ- 内酯类的作用在于使桃子具有共同的香气，不同品种的香气差别不是 γ- 内酯类的差别造成的。有研究表明，不同种类的桃子间感官风味的差异是由 3- 甲基丁酸乙酯、香芹薄荷烯醇、α- 松油醇和芳樟醇等化合物的相对浓度不同而造成的。

③ 葡萄、草莓（浆果类）　目前已知构成葡萄香气的重要特征芳香成分是邻氨基苯甲酸甲酯。不同品种香气成分相差较大。康可葡萄品种的主要成分是邻氨基苯甲酸甲酯、2- 甲基 -3- 丁烯 -2- 醇等。在麝香葡萄品种的香气成分中邻氨基苯甲酸甲酯没有检出，而高浓度的萜类物质，如芳樟醇、香叶醇、橙花醇和芳樟醇，是“花香”气味特征的贡献成分。

草莓的特征香气成分以酯、羰基、酸和呋喃酮类物质为主，如 2- 甲基丁酸乙酯（果香味）、己酸乙酯（果香味）、顺 -3- 己酮（清新味）、2-/3- 甲基丁酸（汗臭味）、2,5- 二甲基 -4- 羟基 -3(2*H*)- 呋喃酮（焦糖味）和2,5-二甲基-4-甲氧基-3(2*H*)-呋喃酮（焦糖味）。草莓的独特甜香味是2,5-二甲基-4-羟基-3(2*H*)-呋喃酮（也叫草莓酮、菠萝酮）产生的，在低浓度时可呈现出菠萝的风味，在较高浓度时可表现出焦糖风味。

10.2.2.5　蔬菜的气味成分

蔬菜的气味较水果弱，但有些蔬菜如葱、蒜、韭、洋葱等都含有特殊而强烈的气味。

① 新鲜蔬菜的清香　许多新鲜蔬菜可以散发出清香，这种香味主要由甲氧烷基吡嗪化合物产生，如新鲜土豆、豌豆的 2- 甲氧基 -3- 异丙基吡嗪，青椒中的 2- 甲氧基 -3- 异丁基吡嗪及红甜菜根中的 2- 甲氧基 -3- 仲丁基吡嗪等，它们一般是植物以亮氨酸等为前体，经生物合成而形成的。植物组织中吡嗪类化合物的生物合成如图 10-5 所示。

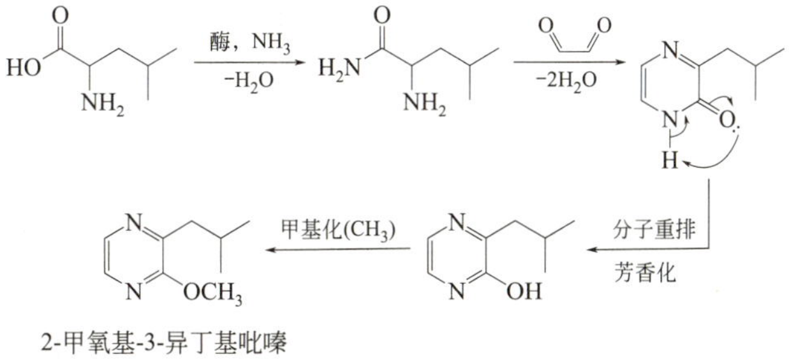

2-甲氧基-3-异丁基吡嗪

图 10-5　植物中甲氧烷基吡嗪的合成途径

蔬菜中的不饱和脂肪酸在自身脂肪氧合酶的作用下生成过氧化物，过氧化物分解后生成的醛、酮、醇等也产生风味成分，如 C_9 化合物产生类似黄瓜和西瓜香味。

② 百合科蔬菜　大葱、细香葱、蒜、韭菜、洋葱、芦笋等都是百合科蔬菜。这类蔬菜的风味成分一般是含硫化合物所产生，其中主要是硫醚化合物，如二烃基（丙烯基、正丙基、烯丙基、甲基）硫醚、二烃基二硫醚、二烃基三硫醚、二烃基四硫醚等。此外还有硫代丙醛类、硫氰酸和硫氰酸酯类、硫醇、二甲基噻吩化合物、硫代亚磺酸酯类等。这些化合物是其风味前体物在组织破碎时经过酶的作用而转变来的。

洋葱的风味前体是 *S*-(1- 丙烯基)-L- 半胱氨酸亚砜，是由半胱氨酸转化来的。在蒜酶作用下它生成了丙烯基次磺酸和丙酮酸，前者不稳定重排成具有催泪作用的硫代丙醛亚砜，同时部分次磺酸重排为硫醇、二硫化合物、三硫化合物和噻吩等化合物（图 10-6），它们均对洋葱的香味起重要作用，共同形成洋葱的特征香气。

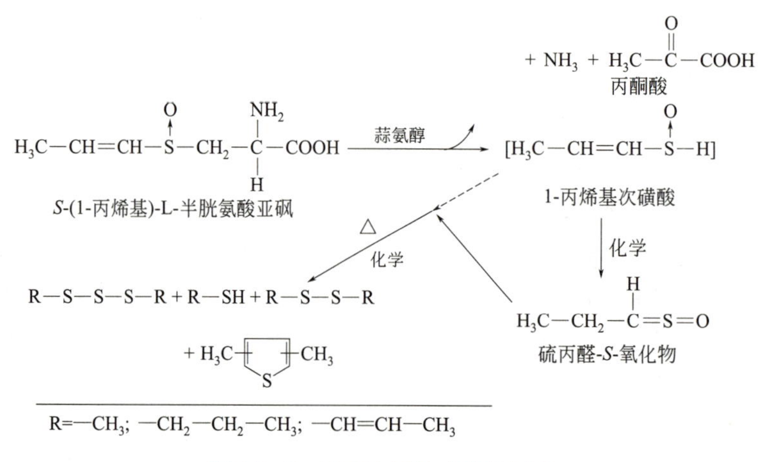

图 10-6　洋葱中风味成分的形成

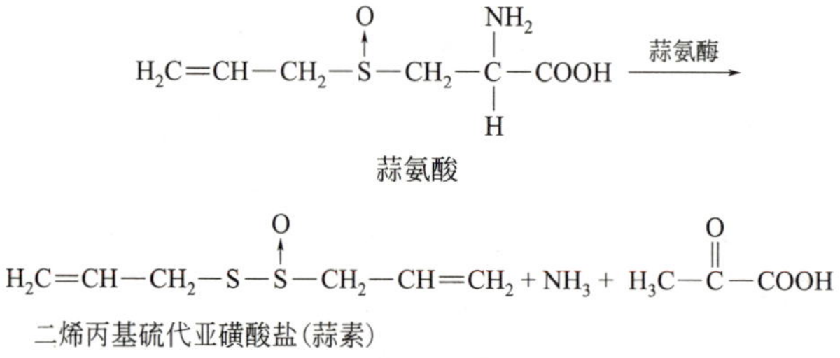

$$H_2C{=}CH{-}CH_2{-}\overset{O\uparrow}{S}{-}CH_2{-}\underset{H}{\overset{NH_2}{C}}{-}COOH \xrightarrow{\text{蒜氨酶}}$$

蒜氨酸

$$H_2C{=}CH{-}CH_2{-}S{-}\overset{O\uparrow}{S}{-}CH_2{-}CH{=}CH_2 + NH_3 + H_3C{-}\overset{O}{\overset{\|}{C}}{-}COOH$$

二烯丙基硫代亚磺酸盐(蒜素)

图 10-7　大蒜中蒜氨酸的降解

大蒜的风味前体则是蒜氨酸，其降解形成风味化合物的途径同洋葱非常类似（图 10-7）。反应过程中没有硫代丙醛亚砜类化合物形成，生成的蒜素具有强烈刺激性气味，它的重排反应同洋葱一样，生成了硫醇、二硫化合物和其他的香味化合物。二烯丙基硫代亚磺酸盐（蒜素）、二烯丙基三硫醚（蒜油）、甲基烯丙基二硫醚，此外还有柠檬醛、*α*- 水芹烯和芳樟醇等非硫化合物共同形成大蒜的特征香气。

细香葱的特征风味化合物有二甲基二硫醚、二丙基二硫醚、丙基丙烯基二硫醚等。芦笋的特征风味化合物是 1,2- 二硫 -3- 环戊烯和 3- 羟基丁酮等。韭菜的特征风味化合物有 5- 甲基 -2- 己基 -3- 二氢呋喃酮和丙硫醇。

③ 十字花科蔬菜　十字花科蔬菜包括甘蓝、芜菁、黑芥子、芥菜、花椰菜、小萝卜和辣根等。芥菜、萝卜和辣根有强烈的辛辣芳香气味，辣味常常是刺激感觉，有催泪性或对鼻腔有刺激性。这种芳香气味

主要是由异硫氰酸酯产生（如2-乙烯基异硫氰酸酯、3-丙烯基异硫氰酸酯、2-苯乙烯基异硫氰酸酯），异硫氰酸酯是由硫代葡萄糖苷经酶水解产生，除产生异硫氰酸酯外，还可以生成硫氰酸酯（R—S—C═N）和腈类化合物（图10-8）。

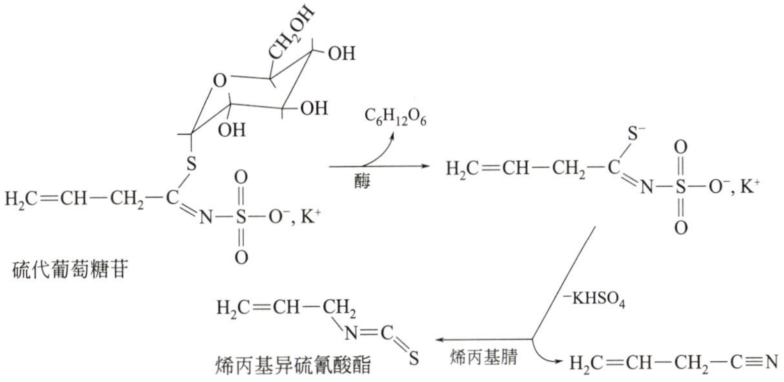

图10-8 十字花科蔬菜中异硫氰酸酯的形成

小萝卜中的辣味是由4-甲硫基-3-叔丁烯基异硫氰酸酯产生的。辣根、黑芥末、甘蓝含有烯丙基异硫氰酸酯和烯丙基腈。花椰菜中的3-甲硫基丙基异硫氰酸酯，对加热后的花椰菜风味起决定作用。

④ 蕈类　蕈类是一种大型真菌，种类很多。香菇的香气成分前体是香菇精酸，它经*S*-烷基-L-半胱氨酸亚砜裂解酶等的作用，产生蘑菇香精（图10-9），这是一种非常活泼的香气成分，是香菇的主要风味成分。此外，异硫氰酸苄酯、硫氰酸苯乙酯、苯甲醛氰醇等也是构成蘑菇香气的重要成分。1-辛烯-3-醇是典型的蘑菇香气成分。

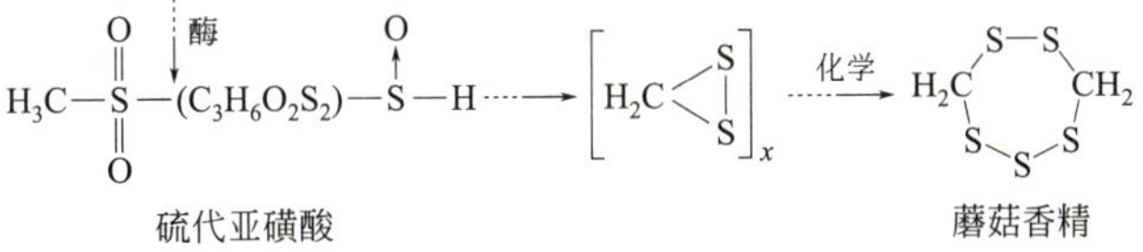

图10-9 蘑菇香精的形成

10.2.2.6 茶叶的气味成分

茶叶的气味成分是决定茶叶品质高低的重要因素，各种不同的茶叶都有各自独特的香气，即茶香，其香型和特征香气化合物与茶树品种、生长条件、采摘季节、成熟度、加工方法等均有很大的关系。鲜茶叶中原有的芳香物质只有几十种，而茶叶气味化合物已经鉴定出500多种。

① 绿茶　绿茶是不发酵茶的代表，有典型的烘炒香气和鲜青香气。绿茶加工的第一步是杀青，使鲜茶叶中的酶失活，因此，绿茶的气味成分大部分是鲜叶中原有的，少部分是加工过程中形成的。

鲜茶叶主要的挥发性成分是青叶醇（顺-3-己烯醇、顺-2-己烯醇）、青叶醛（顺-3-己烯醛、顺-2-己烯醛）等，具有强烈的青草味。在杀青过程中，一部分低沸点的青叶醇、青叶醛挥发，同时使部分青叶醇、青叶醛异构化生成具有清香的反式青叶醇（醛），成为茶叶清香的主体。高沸点的芳香物质如芳樟醇、苯甲醇、苯乙醇、苯乙酮等，随着低沸点物质的挥发而显露出来，特别是芳樟醇，占到绿茶芳香成分的10%，这类高沸点的芳香物质具有良好香气，是构成绿茶气味的重要成分。

清明前后采摘的春茶特有的新茶香是二硫甲醚与青叶醇共同形成的，这种特殊的新茶香会随着茶叶的贮藏而逐渐消失。

② 青茶 青茶是半发酵茶的代表，其茶香成分主要是香叶醇、顺 - 茉莉酮、茉莉内酯、茉莉酮酸甲酯、橙花叔醇、苯甲醇氰醇、乙酸乙酯等。

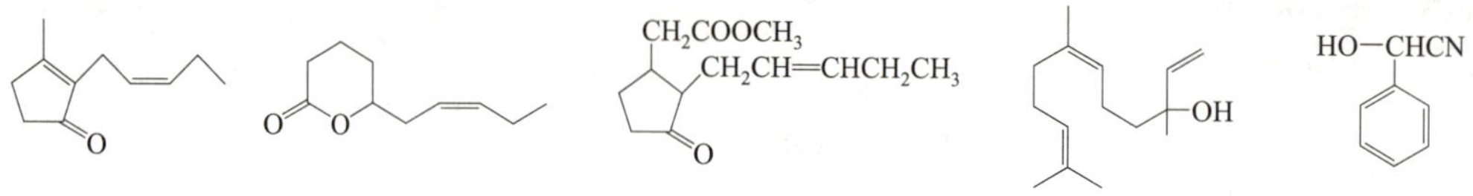

顺-茉莉酮　茉莉内酯　茉莉酮酸甲酯　橙花叔醇　苯甲醇氰醇

③ 红茶 红茶是发酵茶的代表，其茶香浓郁。红茶在加工中会发生各种变化，生成几百种气味成分，使红茶的茶香与绿茶明显不同。在红茶的茶香中，醇、醛、酸、酯的含量较高，特别是紫罗兰酮类化合物对红茶的特征茶香起重要作用。

生成红茶风味化合物的前体主要有类胡萝卜素、氨基酸、不饱和脂肪酸等。红茶的加工中，*β*- 胡萝卜素氧化降解产生紫罗酮等化合物（图 10-10），再进一步氧化生成二氢海葵内酯和茶螺烯酮，后两者是红茶香气的特征成分。

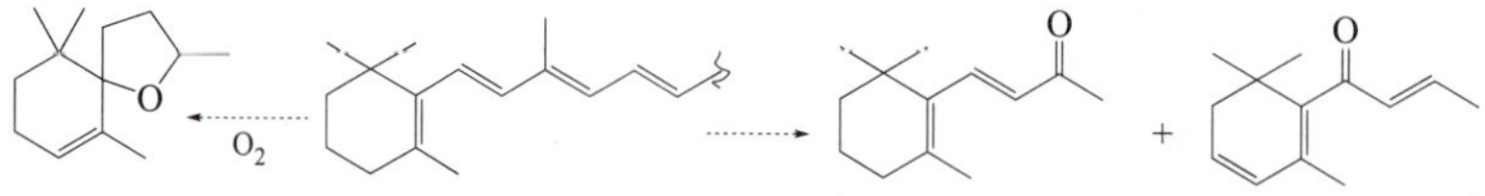

顺-茶螺烷　*β*-胡萝卜素　*β*-紫罗酮　*β*-大马酮

图 10-10 茶叶中 *β*- 胡萝卜素的氧化分解

茶叶中的不饱和脂肪酸特别是亚麻酸和亚油酸，在加工中发生酶促氧化反应，生成 C_6 ～ C_{10} 的醛、醇。茶叶中的脂肪酸还与醇酯化，生成的酯有芳香，如有茉莉花香的乙酸苯甲酯、甜玫瑰香的苯乙酸乙酯、有花香的苯甲酸甲酯、有冬青油香的水杨酸甲酯等，这些成分对茶叶的茶香有重要影响。

氨基酸在茶叶加工中会发生脱氨和脱羧，生成醛、醇、酸等产物，其中的许多成分也是茶香的组分。

概念检查 10.2

○ ① 嗅觉的生理学基础是什么？② 根据学习，你明确了哪类食品的气味成分，请举例介绍。

10.3 滋味成分

10.3.1 味觉的生理学基础

10.3.1.1 味觉

味觉是食物中的滋味成分刺激味蕾细胞而在中枢神经中引起的感觉。目前世界公认的五种基本味觉是：酸、甜、苦、咸、鲜。

不同的滋味成分产生的味觉种类不同，味觉强度也不同。衡量滋味成分的味觉强度可以用味觉阈值表示。味觉阈值指滋味成分能够被人类感受到的最低浓度。一种滋味成分的阈值越小，表明其味觉强度越大。表 10-2 列出了几种滋味成分的味觉阈值。

表 10-2　几种滋味成分的味觉阈值

滋味成分	味感	阈值/(mg/kg)		
		舌尖	舌边	舌根
蔗糖	甜	4.0×10^3	$(7.2\sim7.6)\times10^3$	7.9×10^3
食盐	咸	2.5×10^3	$(2.4\sim2.5)\times10^3$	2.8×10^3
柠檬酸	酸	50	3.0 ~ 3.5	80
硫酸奎宁	苦	1.7	1.2	0.3

味蕾细胞可以被单一的滋味成分刺激，但在多数情况下，是被不同的滋味成分复合在一起的共同刺激。两种或两种以上的滋味成分进入口腔后会发生相互作用，使得原本的呈味味觉发生改变。滋味成分之间的相互作用主要有下列几种：

① 对比作用　指两种或两种以上的滋味成分适当调配后，可使其中一种滋味成分的呈味味觉更加突出。如加入一定的食盐后会使味精的鲜味增强。

② 相乘作用　指两种或两种以上的滋味成分共存时，其味觉强度显著增强，超过单独存在时的味觉强度之和，又称为味的协同效应。如在果汁中加入麦芽酚，能显著增强甜味。

③ 消杀作用　指一种滋味成分能够减弱另外一种滋味成分的味觉强度，又称为味的拮抗作用。如饮料中甜味和酸味之间会互相掩盖。

④ 变调作用　指两种或两种以上的滋味成分互相影响，导致味感发生改变，又称为味的阻碍作用。如刚吃过苦味的东西，再饮用无味的水，会感受到甜味。

⑤ 疲劳作用　指一种滋味成分持续刺激后，味觉强度会减小。例如，吃第二块糖不如吃第一块糖甜。

10.3.1.2　味觉受体与味觉感知

在味蕾上存在味觉受体细胞（taste receptor cells，TRC），目前 5 种基本味觉的受体细胞均有被发现。甜味、鲜味和苦味的味觉受体传导信号都与 G 蛋白偶联受体有关。研究发现，G 蛋白偶联受体介导的 T1R2 与 T1R3（T1R2+3）结合形成了一种甜味受体，该甜味受体对所有种类的甜味剂都有反应，包括天然糖、人造甜味剂、D- 氨基酸和强烈的甜味蛋白；T1R1 和 T1R3（T1R1+3）结合形成一个鲜味受体，有类似“捕蝇草笼”的结构，该受体对 5′- 肌苷酸、谷氨酸和 L- 氨基酸等鲜味成分的刺激有反应；而苦味可以由 T2R 细胞家族介导，大量的 T2Rs 被用作苦味受体。上皮 Na^+ 通道（ENaCs）目前被发现与低浓度食盐的感知相联系，被认为是低盐受体，而高盐浓度的传感较为复杂，目前尚未揭示。酸味受体直到 2019 年才被鉴定，美国哥伦比亚大学 Charles S. Zuker 团队研究发现了一个质子传导离子通道 Otopetrin-1 能够响应酸刺激，具有酸味受体的功能。

不同的 TRC 细胞和其他种类的细胞集中在一起构成了味蕾。当滋味成分与味蕾上特定的味觉受体细胞发生作用后产生味觉信号，由中枢神经系统将信号输送给大脑神经元，经过大脑整合分析，从而实现味觉感知。

10.3.2　五种基本味觉、浓厚味、脂肪味及其成分

10.3.2.1　酸味及酸味成分

酸味通常认为是具有可释放出 H^+ 的化合物引起的，但是，酸味的强度与酸中 H^+ 的强度不呈正相关。含有 H^+ 的酸类化合物分为无机酸和有机酸。无机酸的酸味阈值在 pH3.4 ～ 3.5，有机酸的酸味阈值多在

pH3.7 ～ 4.9。食品中的酸味成分主要有：

① 柠檬酸 分布最广的有机酸，具有纯正的酸味，通常作为酸味鉴评的基准物质。天然柠檬酸主要存在于柠檬、柑橘、菠萝、梅、李、桃的果实，以及一些植物叶子如烟叶、棉叶、菜豆叶等中。动物体内的骨骼、肌肉、血液中也含有相当量的柠檬酸。柠檬酸的酸味阈值为 2600μmol/L。作为使用最广的酸味剂，柠檬酸被广泛应用于饮料、糖果生产中。

② 苹果酸 又名 2- 羟基丁二酸，是一种酸性较强的有机酸，自然界存在的苹果酸都是 L 型苹果酸。天然的水果中有大量的苹果酸，尤其是未成熟的水果。L- 苹果酸口感接近天然苹果的酸味，阈值为 3700μmol/L，其酸味程度比柠檬酸强。

③ 草酸 富含草酸的食物包括豆类、菠菜、可可、速溶咖啡、甜菜、覆盆子、橘子、胡萝卜、芹菜、黄瓜、蒲公英叶、莴苣菜、羽衣甘蓝、胡椒等。草酸的酸性比醋酸（乙酸）强 10000 倍，酸味阈值为 590μmol/L。

④ 酒石酸 又名二羟基琥珀酸，广泛存在于水果中，尤其是葡萄中具有较高含量的酒石酸。酒石酸主要以钾盐的形式存在于多种植物和果实中，也有少量是以游离态存在的。酒石酸的酸味较为爽口，酸味阈值为 292μmol/L。

⑤ 乳酸 又名 2- 羟基丙酸，它广泛存在于乳制品和发酵食品中，如酸奶、泡菜等。乳酸是一种可以呈现出较柔和酸味的有机酸。乳酸的酸味阈值为 1400μmol/L。

⑥ 脂肪酸类 一些短链的脂肪酸尝起来具有酸味，因为它们都具有较强的挥发性，所以闻起来也是酸味。这些物质对酸的气味和滋味都有贡献。甲酸、乙酸、丁酸、己酸、辛酸、癸酸的酸味阈值分别为 4338、1990、4000、3400、5200、1550μmol/kg。其中，甲酸和乙酸是普遍在食品中贡献酸味的重要滋味活性化合物。

⑦ 酸味肽 酸味肽主要是由于肽类中的酸性或碱性氨基酸残基电离出氢离子，在受体通道（磷脂）的作用下，进入味蕾细胞，呈现出酸味。因酸味肽同时具有酸味和鲜味，所以常把酸味肽作为鲜味肽中的一部分。

10.3.2.2 甜味及甜味成分

甜味物质通常是碳水化合物，不同的碳水化合物，其甜味强度不同。食品中常见的甜味成分有：

① 蔗糖 是一种二糖，各种植物的果实中几乎都含有蔗糖。蔗糖具有极好的甜味特性，它是最基本的甜度评定的基准物质。常见的甜味成分的相对甜度见表 10-3。

表 10-3 部分甜味剂的相对甜度（蔗糖为 1.0）

甜味剂	相对甜度	甜味剂	相对甜度
β-D-果糖	1.5	D-色氨酸	35
α-D-葡萄糖	0.70	甘草酸	200 ~ 250
α-D-半乳糖	0.27	糖精	200 ~ 700
β-D-甘露糖	0.59	柚皮苷二氢查耳酮	100
木糖醇	1.0	新橙皮苷二氢查耳酮	1500 ~ 2000
麦芽糖	0.5	甜菊糖苷	200
乳糖	0.4	甜蜜素	30 ~ 40

② 葡萄糖 食品中糖原、淀粉、纤维素、半纤维素等多糖中均有葡萄糖的构成，一些寡糖如麦芽糖、蔗糖、乳糖以及各种形式的糖苷中也含有葡萄糖。

③ 果糖 是一种单糖，它以游离状态大量存在于水果的浆汁和蜂蜜中，果糖还能与葡萄糖结合生成

蔗糖。在自然界很少见到果糖形成的糖苷，果糖是所有糖中最甜的一种，比蔗糖约甜一倍多，果糖的甜具有“水果”的香气。

④ 核糖　是一种与生物遗传有关的重要的糖类，在生理上具有十分重要的作用，是核糖核酸分子的一个组成部分。

⑤ 阿拉伯糖　是一种五碳醛糖，广泛存在于粮食、水果等皮壳里，通常与其他单糖结合，以杂多糖的形式存在于胶体、半纤维素、多糖及某些糖苷中。

⑥ 乳糖　是一种双糖，由一分子葡萄糖和一分子半乳糖构成，广泛分布在哺乳动物的乳汁中。乳糖甜度低、清爽、无后味。

⑦ 糖醇　是含有 2 个以上的羟基的多元醇，糖醇是除了糖类以外的另一种重要的甜味活性化合物。糖醇化合物入口有清凉感，且能为人体吸收代谢，不经过胰岛素代谢，可以作为糖尿病患者的代糖甜味剂。食品中常见的糖醇有木糖醇、甘露糖醇、丙二醇、肌醇、阿拉伯糖醇、核糖醇、赤藓糖醇、甘油、山梨糖醇等。糖醇比起原本的糖，甜度有明显变化。例如，山梨糖醇的甜度低于葡萄糖，木糖醇的甜度高于木糖。

⑧ 氨基酸　有研究表明，甜味氨基酸是另一类潜在的能作为食品甜味剂的化合物。常见的甜味氨基酸有 L- 甘氨酸、L- 丙氨酸、L- 丝氨酸、L- 苏氨酸、L- 脯氨酸、L- 半脯氨酸、L- 甲硫氨酸和 L- 鸟氨酸。D 型的甘氨酸、色氨酸、组氨酸、亮氨酸、苯丙氨酸、酪氨酸、丙氨酸也被发现具有甜味。

⑨ 甜味肽　甜味肽和其他甜味物质的味觉受体及产生甜味的机制一样，食品中常见的甜味肽主要有阿斯巴甜（L- 天冬氨酰 -L- 苯丙氨酰甲酯，aspartame）、阿力甜（L- 天冬氨酰 -D - 丙氨酰胺，alitame）以及赖氨酸二肽（N-Ac-Phe-Lys，N-Ac-Gly-Lys）。

10.3.2.3　苦味及苦味成分

单纯的苦味是令人不愉快的，但是适当的苦味可以使食品具有独特的风味，反而因苦味使人们喜欢某一类食品。例如，苦瓜、咖啡、啤酒、茶等。苦味最显著的特征是阈值极低，如 0.005% 奎宁就可品尝出。通常，食品中的苦味成分多为天然产物及其衍生物，多数来源于植物，少数来源于动物和微生物。

① 生物碱类　生物碱类化合物主要来源于植物的含氮有机化合物，大多呈碱性，在滋味活性上通常呈现苦味，常见的生物碱类化合物有咖啡碱（咖啡因，图 10-11）、次黄嘌呤、牛磺酸、黄嘌呤、肌苷和腺苷等，它们的苦味阈值分别为 500、20000、44000、20000、150000 和 77000μmol/L。

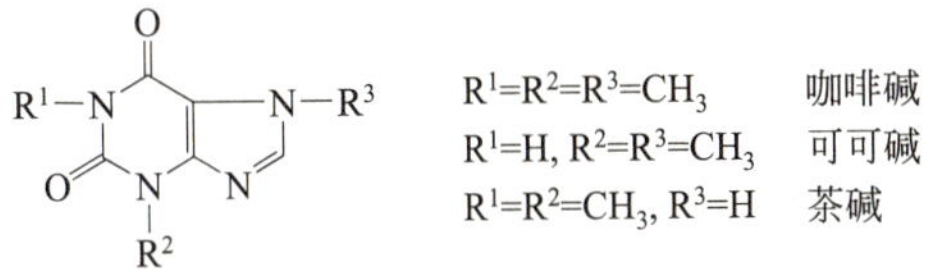

$R^1=R^2=R^3=CH_3$　咖啡碱
$R^1=H, R^2=R^3=CH_3$　可可碱
$R^1=R^2=CH_3, R^3=H$　茶碱

图 10-11　咖啡碱类结构示意图

② 萜类　萜类化合物是异戊二烯（图 10-12）的聚合体及其衍生物，在自然界里广泛分布，种类繁多。有许多苦味成分属于萜类化合物，葫芦科植物（苦瓜、黄瓜、甜瓜等）中的苦味成分是葫芦苦素，属于三萜；啤酒中的苦味来自于啤酒花，啤酒花中的苦味成分是葎草酮和蛇麻酮的衍生物，属于倍半萜；常用来做蔬菜沙拉的苦苣和菊苣，主要苦味成分是莴苣苦素，也是萜类；柑橘类水果如橙子、柑橘、柚子、柠檬等呈现苦味的主要原因是柠檬苦素和其他类似化合物（如诺米林），它们属于三萜类化合物。成熟的柑橘类果实中柠檬苦素含量其实不高，此时果实中含量较高的是柠檬苦素的前体物质，在做果汁的过程中，经过酶（柠檬苦素 D 环内酯水解酶）的作用变成了柠檬苦素，此时产生了苦味，这种现象被称为“后苦”。后苦过程受 pH 影响很大，在 pH 小于 6 时容易发生。

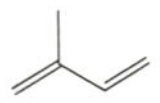

图 10-12　异戊二烯结构示意图

③ 糖苷类 许多糖苷类化合物与苦味有关。柑橘类水果里还有一类主要的苦味物质，如柚皮苷和新橙皮苷，属于黄烷酮糖苷，它们很苦，在没成熟的柚子的白色内皮中含量非常高。苦杏仁的苦味来源是苦杏仁苷。十字花科蔬菜包括卷心菜、白菜、萝卜、甘蓝等，含有芥子油苷，微苦，是一种硫代葡萄糖，仅在十字花科植物里发现，其他植物里没有。

④ 黄烷-3-醇类 黄烷醇是天然植物化合物中的一种重要的苦味物质，存在于可可、茶、红酒、水果和蔬菜中，它是长久以来被知晓的一类苦味物质。常见的黄烷-3-醇类有：儿茶素、表儿茶素和原花青素等。研究发现，原花青素对食品的苦味和涩味具有重要的贡献。如在红酒中，存在有大量的可以引起苦涩味的原花青素。经感官鉴评，原花青素的苦味阈值为 190 ～ 500μmol/L。

⑤ 无机盐类 食品中与苦味相关的盐主要有镁盐和钙盐。钙镁这两种离子还对人体的咸味和苦味味觉受体具有协同刺激作用。钙离子的滋味阈值为 6200μmol/L，镁离子的滋味阈值为 6400μmol/L。

⑥ 苦味氨基酸 许多疏水氨基酸具有苦味，如 L-组氨酸、L-缬氨酸、L-异亮氨酸、L-亮氨酸、L-赖氨酸、L-苯丙氨酸、L-酪氨酸、L-精氨酸。这些氨基酸的苦味阈值见表 10-4。

表 10-4 食品中苦味氨基酸及其苦味阈值

氨基酸	苦味阈值/(μmol/L)	氨基酸	苦味阈值/(μmol/L)
L-组氨酸	45000	L-赖氨酸	80000
L-缬氨酸	21000	L-苯丙氨酸	58000
L-异亮氨酸	11000	L-酪氨酸	5000
L-亮氨酸	12000	L-精氨酸	75000

⑦ 苦味肽 多肽是没有滋味的，而许多寡肽会呈现苦味，这是由于许多苦味肽都具有很强的疏水性末端。苦味肽的种类有很多，已经陆续从多种发酵产品和蛋白质水解液中鉴定出苦味肽，如味噌、酱油、鱼酱、豆豉、日本木鱼、奶酪、日本清酒、酪蛋白水解液及大豆蛋白水解液。

⑧ 其他 除了植物来源的天然产物，还有动物来源和微生物来源的苦味成分。动物来源指的就是胆汁。胆汁是动物肝脏分泌，存在胆囊里的一种金黄色液体，味极苦。在鸡鸭鱼等肉类产品加工的过程中如果不小心把胆囊弄破会导致无法将苦味去除干净。

有些微生物在代谢时会产生一些苦味物质，如苹果感染单端孢霉菌后，会产生单端孢霉素，其味苦，有毒，如果被人们误食，会发生恶心、呕吐、腹泻等不良中毒症状。另外，食品在加工或贮藏过程中，会出现由不苦变苦的情况，比如苦味肽的产生，就是蛋白质在水解的时候产生的某些肽段具有苦味；胡萝卜低温冷藏时间过长，会产生一种叫做镰叶芹二醇的苦味物质；牛油果加热后会产生苦味的脂类成分（1-乙酰基-2,4-二羟基-十七烷-16-烯）。

10.3.2.4 咸味及咸味成分

咸味是一种由盐类引起的味道。食品中的无机离子（如 Na^+、K^+、NH_4^+、Cl^-、PO_4^{3-} 等）的含量虽然远不如糖类、蛋白质等物质的含量高，但它们在食品中赋予食品独特的口感和滋味。天然食品中常见的能引起咸味的物质有：

① 钠盐 食品中的主要钠盐有氯化钠、硫酸钠、碳酸钠、碳酸氢钠等。其中，氯化钠即食盐的主要成分，是最为重要的咸味物质，具有纯正的咸味。其他钠盐也呈咸味，但咸味不太纯正。钠离子的滋味阈值为 7500μmol/L。

② 钾盐 氯化钾也是自然界最为常见的天然咸味化合物，性质基本同氯化钠，味极咸。现在已有氯化钾替代氯化钠呈现咸味的研究。钾离子的滋味阈值为 150μmol/L。

③ 铵盐　常见的铵盐有氯化铵、硫酸铵等。铵盐具有咸味，滋味阈值为 5000μmol/L。

④ 磷酸盐　天然食品中存有大量的磷酸盐，同时，作为重要的食品配料和功能添加剂广泛应用于肉制品、禽肉制品、海产品、水果、蔬菜、乳制品、焙烤制品、饮料、土豆制品、调味料、方便食品等的加工过程中。这些磷酸盐溶解在水中会体现出咸味效果，其咸味阈值为 7500μmol/L。

⑤ 咸味肽　目前报道的咸味肽主要是寡肽，如 Orn-Tau · HCl、Lys-Tau · HCl、Orn- Gly · HCl、Lys-Gly · HCl 和 Orn-β-Ala，还有 Asp-Asp、Glu-Asp、Asp-Asp-Asp、Ser-Pro-Glu、Phe-Ile 以及 Ser-Pro-Glu、Asn-Glu、Asn-Ser-Glu 和 Pro-Asn。咸味肽的发现与应用，对于目前低钠食品的研制和开发具有优势，有益于减盐。

10.3.2.5 鲜味及鲜味成分

鲜味是在“酸、甜、苦、咸”之后被认证的第 5 个基本味觉，这是我们中国人很早就熟悉的味道，汉字“鲜”就体现了古人的智慧。鲜味是一种复杂的综合味感，能够使人产生食欲、增加食物可口性。山珍海味之所以脍炙人口，是因为它们具有特殊鲜美的滋味。某些食品中的主要鲜味成分如表 10-5 所示。

表 10-5 某些食品中的主要鲜味成分

名称	谷氨酸钠（MSG）	氨基酸酰胺及肽	5′-肌苷酸（IMP）	5′-鸟苷酸（GMP）	琥珀氨酸
畜肉	+	++	+++		
鱼肉	+	++	+++		
虾蟹	+	+	+++		
贝类	+++	+++			+++
章鱼（乌贼）	++	+++			
海带	++++	++			
蔬菜		++			
蘑菇				+++	
酱油	+++	+++			

食品中常见的鲜味成分有：

① 鲜味氨基酸及其盐　谷氨酸盐是最主要的鲜味活性化合物，在鱼汁、海鲜、奶酪、肉汤、蘑菇等鲜味食物中均有大量发现，是常用鲜味剂味精和鸡精的主要呈味成分。L- 谷氨酸的鲜味阈值为 1200mol/L。除了谷氨酸及其盐，天冬氨酸也是一种直接呈现鲜味的氨基酸，其鲜味阈值为 20000mol/L。另外，有一些左旋氨基酸的鲜味感往往伴随着具有其它味感（如甜感和酸感）的氨基酸共同出现，如具有甜味的丙氨酸、甘氨酸和苏氨酸，与具有鲜味的天冬氨酸和谷氨酸协同出现时，会有蘑菇的鲜美滋味。

② 核苷酸类　食品中存在一些呈味核苷酸，它们主要是以 5′- 肌苷酸（IMP）和 5′- 鸟苷酸（GMP）二钠盐为代表的核苷酸类。这些呈味核苷酸具有增鲜作用，而且对不良滋味有冲淡作用，对良好滋味有增强作用。此外，呈味核苷酸与谷氨酸钠盐（味精）同时存在时可以发挥协同作用，显著提高食品的鲜味呈味强度。

③ 琥珀酸及其盐　琥珀酸盐以琥珀酸钠为代表，又称干贝素，具有贝类风味的特点。作为增鲜剂，可以和谷氨酸钠一起起到增强鲜味的作用，在用于调味的同时，还能缓和其他调味料的刺激（如咸味），从而产生更好的口感。

④ 鲜味肽　人们对多种食物如豆酱、花生水解液、肉汤的滋味成分进行研究，发现一些低分子量的成分对食物鲜味口感的呈现有一定作用，对这些成分进行仪器分析和感官分析，发现鲜味口感的另一可能贡献者——鲜味肽。鲜味肽为短肽，有含有 2 个或 3 个残基的，也有含有 6 ～ 8 个残基的，分子质量

多小于1kDa。在已发现的鲜味肽中，大部分都是含有谷氨酸或者焦谷氨酸残基，在L-Glu-X的结构里，X最好是极性氨基酸，这样的结构能够引起鲜味感。传统的鲜味肽的分析方法繁琐、复杂、费时、费力，难以实现高通量筛选，根据最新的研究报道，通过分子对接（图10-13）这样的计算机模拟，鲜味肽通过与鲜味受体T1R1/T1R3的作用而被识别，为新鲜味肽的筛选、鉴定和设计提供理论依据。

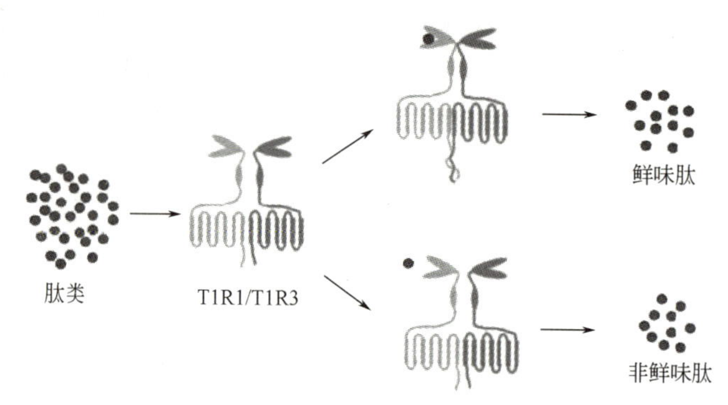

图10-13 分子对接筛选鲜味肽示意图

10.3.2.6 浓厚味及浓厚味成分

除了酸、甜、苦、咸、鲜这五种基本味觉，日本研发人员提出了“浓厚味（kokumi）”的概念，他们发现食物中的某些分子可以使食物的风味变得更浓稠和更复杂，同时增加食物风味的持续性，使人感知味觉的厚度和广度。浓厚味还可以增强五种基本味觉的强度，使得这些味道产生充盈感、延绵感、醇厚感、满口感和协调感等。

目前发现的浓厚味成分主要是一些含硫的氨基酸、肽及其衍生物。如在模型鸡汤中加入大豆肽类，可以使鸡汤口感更醇厚和复杂，并能在舌头上产生更持久的美味。近年来，天然浓厚味调节剂在调味品工业中得到广泛应用，如在商用酵母提取物中添加谷胱甘肽能协同增强口感和提高风味的持续性。浓厚味的感知可能与钙感受体（GaSR）有关，但因为其传导机制尚未完全揭示，因此浓厚味还未被认定为基本味觉。

10.3.2.7 脂肪味及脂肪味成分

2015年7月，美国珀杜大学科学家提出了“脂肪味（oleogustus）”的概念。脂肪味类似于一种油腻感，可以类比为当你一口咬住一块多汁的牛排时的感受，或是当你把一滴橄榄油滴在舌头上的味道，它呈现出有点腻、香和脂肪的味道。目前认为，脂肪味成分主要是食品中的长链非酯化脂肪酸（non-esterified fatty acid，NEFA），是由甘油三酯水解后产生的。脂肪味对呈味的重要性目前还没有完全确定。

10.3.3 常见的食品滋味成分

10.3.3.1 畜禽肉类的滋味成分

畜禽肉类的滋味主要与肉中所含的水溶性滋味成分有关，如核苷酸、氨基酸、肽、有机酸、糖类等。

鲜味是肉类的重要滋味味感，鲜味成分主要是谷氨酸钠盐、5′-核苷酸以及肽类。5′-肌苷酸（IMP）是核苷酸的一种，一般是从腺苷三磷酸（ATP）分解产生的，其不仅具有鲜味，还具有增强其他基本味觉的作用。5′-鸟苷酸（GMP）也被发现具有鲜味，在肉中的含量比IMP少。此外，肉中越来越多的肽类被发现对鲜味有贡献，已鉴定的鲜味肽中以二肽和三肽含量较高。

肉中还含有葡萄糖、果糖、核糖等甜味成分，其中葡萄糖和果糖由糖酵解过程产生，核糖来源于核苷酸分解，不过因为肉中所含甜味物质含量不高，因此对肉的滋味贡献不大。一系列无机盐，包括谷氨酸钠、天冬氨酸钠以及氯化钠等构成了肉的咸味。肉中的酸味物质有天冬氨酸、谷氨酸、组氨酸、天冬酰胺、琥珀酸、乳酸、二氢吡咯羧酸和磷酸。苦味来自于一些游离氨基酸和肽类，游离氨基酸的疏水性能越大则越苦，如亮氨酸、异亮氨酸、苯丙氨酸、酪氨酸等具有苦味，当构成肽的基团中含有疏水性强的氨基酸时呈现苦味。

10.3.3.2 水产品的滋味成分

水产品的呈味物质主要有含氮化合物包括游离氨基酸、低聚肽、核苷酸等，不含氮化合物包括糖类、有机酸、无机成分等。

① 氨基酸类、肽类　水产动物体内游离氨基酸的组成因种类而明显不同。红肉鱼（金枪鱼、鲑鱼等）的组氨酸含量比白肉鱼（比目鱼、鲷鱼等）高，组氨酸具有微苦味。甲壳类、扇贝等无脊椎动物中甘氨酸、丙氨酸、精氨酸含量高。甘氨酸属于甜味氨基酸，有爽快的甜味，使虾呈现出甜甜的鲜美味。丙氨酸是略带苦味的甜味，使扇贝呈甜味。精氨酸有增加口感持续性和复杂性、浓厚性的作用。鲍鱼、鱿鱼、乌贼中牛磺酸含量高。牛磺酸带苦味，是一种非蛋白质的游离氨基酸。牛磺酸具有很强的生理功能，比如可以促进大脑和智力发育、提高神经传导、增强免疫力和抗疲劳等功能。

鱼贝类中还含有寡肽，如谷胱甘肽、肌肽、鹅肌肽和鲸肌肽等。在鱼类产品里，肽类主要的作用就是提供鲜美浓郁味感，有研究表明二肽通过很强的缓冲能力使味道变浓。

② 核苷酸　5′-肌苷酸是水产品中主要的鲜味成分之一，是由ATP分解产生的。5′-肌苷酸与谷氨酸钠共同存在时有相乘作用，会产生浓郁的鲜味。5′-肌苷酸、氨基酸和肽类共同成为鱼类鲜味的核心。

③ 次黄嘌呤　ATP分解为5′-肌苷酸后，会进一步分解生成具有苦味的次黄嘌呤。当鱼类死亡以后放置时间过长没有及时加工，或是烹调时间过长，都会导致5′-肌苷酸降解，进而产生次黄嘌呤。这是冰藏的鳕鱼肉有苦味的原因。

④ 甘氨酸甜菜碱　甘氨酸甜菜碱是鱼类中常见的甜菜碱类物质，呈现香味和甜味，无脊椎动物如虾有甜味也跟这个成分的存在有关。在禽畜肉中不含有该物质，属于水产品的特征滋味成分。

⑤ 氧化三甲胺　氧化三甲胺是决定鱼类风味的重要成分，在板鳃类鱼中含量较高，达到一定浓度呈甜味。氧化三甲胺经高温作用，或是在体内酶的作用下会发生分解反应，释放出三甲胺，三甲胺具有难闻的鱼腥味。这就是鱼刚出水时没什么不良气味，放置一会即有腥臭味的根本原因。

⑥ 有机酸　鱼类中的有机酸种类很多，包括醋酸、琥珀酸、乳酸、丙酸、苹果酸、柠檬酸等。其中对风味产生较大影响的是鱼类中的乳酸和贝类（蚬子、蛤蜊、扇贝等）中的琥珀酸，具有增强呈味、提高味的缓冲力的作用。

⑦ 无机成分　Na^+、K^+、Cl^-、PO_4^{3-}等离子对水产品呈味起重要作用。科学家做了缺省试验，把螃蟹的风味提取物中的Na^+除去，发现甜味和鲜味急剧降低，螃蟹的代表性风味消失，同时苦味增强。把Cl^-除去，发现几乎所有口味都消失。表明这些无机成分的存在使有机成分的呈味效果得以充分发挥。

10.3.3.3 乳类的滋味成分

正常鲜美的牛奶中含有柠檬酸、磷酸等酸味物质，氯化物等咸味物质，钙盐、镁盐等苦味物质，以及呈甜味的乳糖。其中，以乳糖提供的微甜味在牛奶的呈味中贡献较大，其他味感较为微弱。新鲜牛奶里几乎不含乳酸，但随着乳酸菌在牛乳中的繁殖代谢逐渐产生乳酸。

将牛奶发酵之后，滋味产生变化。对干酪滋味成分的研究表明，干酪的酸味主要来自乳酸，咸味来自氯化钠，鲜味来自谷氨酸。其他有机酸、氨基酸和多肽也可能会带来酸味、鲜味、甜味或苦味。在对Gouda干酪进行感官评价时发现，与成熟4周的未成熟干酪相比，成熟44周的Gouda干酪表现出更明显的口感和持久的滋味复杂性，这与成熟干酪中含有α-L-谷氨酰基和γ-L-谷氨酰基二肽有关，它们提供了浓厚味。

10.3.3.4 果蔬的滋味成分

多数水果呈现出酸、甜或酸甜复合滋味，一些蔬菜（如卷心菜、白萝卜等）会略带苦味。不同种类的水果和蔬菜，其滋味差异很大。

① 苹果　苹果的甜味和酸味是影响消费者偏好的重要感官属性。甜味主要与果实中的可溶性糖有关，包括果糖、蔗糖、葡萄糖和山梨糖醇。酸味是由果实中所含的各种有机酸造成的，主要有苹果酸、琥珀酸、草酸、酒石酸、乙酸、柠檬酸等，其中苹果酸含量相对最高。

② 石榴　石榴果实中的甜味成分主要包括葡萄糖和果糖，此外也含有少量的蔗糖、麦芽糖和阿拉伯糖等。大多数石榴品种中葡萄糖与果糖的比例约为1:1。柠檬酸是造成石榴果实呈酸味的最主要的酸味成分，石榴中还含有苹果酸，以及少量的琥珀酸、草酸、酒石酸和抗坏血酸。此外，高含量的多酚类化合物导致石榴具有一定的苦味。没有完全成熟的石榴还具有“涩味”，是因为含有相对较高含量的可水解单宁，在果实成熟过程中，单宁水平和涩味降低。因此，涩味水平成为石榴在收获前判断成熟度的一个重要指标。需要注意的是，涩味是一种干燥、起皱的口感，不属于滋味。

③ 柑橘类水果　柑橘类水果的主要口感特征是甜、酸和苦。对甜味的感知是由于葡萄糖、果糖和蔗糖的存在，而酸味是由于有机酸的存在，主要是柠檬酸，但也有少量其他类型的酸，如苹果酸和琥珀酸。苦味主要是由于具有苦味的类黄酮成分——柚皮苷（naringin）的存在导致的，该成分是葡萄柚的一个主要成分，但在橙子和柑橘中含量较低。橙子和柑橘中所含另一个类黄酮成分——橙皮苷的含量较高，橙皮苷没有味道。另外，一些柑橘类水果，如脐橙和一些柑橘品种，可能会在制成果汁后产生苦味，这是由于果实中原本没有苦味的柠檬苦素A环内酯裂解产生了具有苦味的柠檬苦素（limonin）和诺米林（nomilin）。

④ 芸薹属蔬菜　芸薹属蔬菜包含许多日常生活中常见的蔬菜，如大白菜、卷心菜、芥菜、油菜、花椰菜、结球甘蓝等。这些蔬菜主要的味觉感受是特有的辛辣苦味。决定芸薹属蔬菜辛辣苦味的主要因素是高含量的芥子油苷及其降解产物——异硫氰酸酯。芥子油苷具有苦味，而异硫氰酸烯丙酯是造成西蓝花、抱子甘蓝、芥菜和辣根中辛辣滋味的主要原因。

概念检查 10.3

○ ①味觉的生理学基础是什么？②请介绍五种基本味觉及其成分。

10.4 其他呈味成分

10.4.1 麻味及麻味成分

麻味是麻味成分对口腔中神经纤维造成刺激，使神经纤维震动，反应到人的大脑里就是麻味。最为人所知能够产生麻味的食物是花椒，其麻味成分主要是山椒素（有 α-、β-、γ- 型等）。科学家在研究麻味强弱的评估时做了一个实验，在志愿者的下嘴唇涂满磨碎的花椒颗粒，同时将一个机械的震动器夹在志愿者的手指上，让志愿者同时感受嘴唇和手指上的麻感。调节手指上的震动器，使手指上的麻感跟嘴唇上的麻感一致，最后发现，花椒对口腔的震动频率是 50 Hz，即每秒震动 50 次。

10.4.2　辣味及辣味成分

辣味是由刺激性的化学成分（如辣椒素）刺激神经产生的一种类似于灼烧感和疼痛感的感觉，凡是身体上有神经的地方都能够产生这一感觉。比如，在切特别辣的辣椒时，与辣椒接触的手部也会感觉到辣感。根据辣味味感的不同，辣味成分可以分为三类。

① 辛辣味（芳香性辣味）成分　它是一类除辣味外还伴随有较强烈的挥发性芳香味的物质。如生姜中的姜醇、姜酚和姜酮，新鲜生姜中主要含有姜醇，经过干燥贮藏后，姜醇脱水生成姜酚，姜酚辛辣程度较高。在姜加热时，姜醇侧链断裂生成姜酮，姜酮的辛辣味较缓和。另外，丁香和肉豆蔻中的丁香酚和异丁香酚也属于辛辣味成分（图 10-14）。

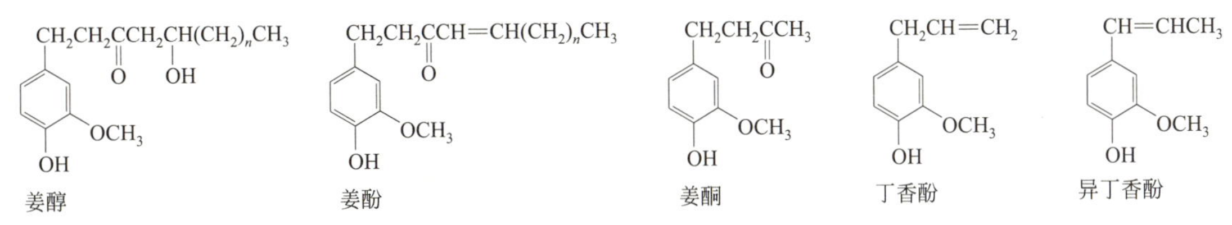

图 10-14　辛辣味成分主要成分结构示意图

② 热辣味（无芳香性辣味）成分　它是一种无芳香的辣味，在口中能引起灼烧感觉的物质。如辣椒的主要辣味物质是辣椒素，对于口腔具有直接的刺激作用。

③ 刺激性辣味成分　它是一类除能刺激舌和口腔黏膜外，还能刺激鼻腔和眼睛，具有味感、嗅感和催泪性的物质。如大蒜中的辛辣成分是由蒜氨酸分解产生的二烯丙基二硫醚、丙基烯丙基二硫醚构成的，在加热后这些硫化物会降解，使辛辣味减弱。芥末、萝卜、辣根的刺激性辣味物质是异硫氰酸酯类化合物。

国际标准化组织（ISO）目前明确了辣度的分级方法，一般采用斯高威尔方法。该方法基本原理是把一定辣椒制备成一定量的辣椒素提取物，通过不断稀释该提取物至尝不出辣味为止，稀释倍数就为辣度单位。需要越多的水，代表它越辣，用斯高威尔辣度单位（Scoville Heat Units，SHU）来表示。按此标准，甜椒辣度为 0，我们一般吃的辣椒只有几百至几千斯高威尔，而全世界最辣的是龙息辣椒（Dragon's Breath），它的辣度高达 248 万斯高维尔（Scoville）。

10.4.3　涩味及涩味成分

涩味是口腔上皮细胞接触到涩味成分时，所感受到的一种皱缩、拉扯或缩拢的复杂口腔感受。我们知道不熟的柿子具有涩味，有些红葡萄酒是有涩味的，这都与其中所含的涩味成分有关。涩味正是由于这种特殊成分与唾液里的蛋白质发生反应，产生了一种不溶于水的沉淀物质，这些物质依附在舌头和口腔里，让人产生一种收敛、收缩的感觉。具有涩味的成分主要是多酚类化合物，例如，没有成熟的柿子特别涩是因为含有单宁；红葡萄酒的涩味是因为其中含有原花青素、黄烷醇等；茶的涩味成分主要是茶多酚，特别是表没食子儿茶素没食子酸酯（EGCG），在产生收敛的感觉的同时，还降低了口腔组织的润滑程度。

概念检查 10.4

○ 请问麻、辣和涩是否属于味觉，并列举其成分。

10.5 风味成分形成途径

食品风味形成途径

食品中的风味成分种类繁多，形成的途径十分复杂，可归纳为酶促反应和非酶促反应两大类。酶促反应途径产生风味成分主要指在内源酶作用下产生相关风味成分。如通过莽草酸合成、萜类化合物合成及支链氨基酸降解等酶促反应途径产生的风味成分。非酶促反应途径产生风味成分主要指食品在加工及贮藏过程中，通过脂质氧化、美拉德反应等产生风味成分。

10.5.1 脂质氧化和酶解

脂质非常不稳定，在氧气存在的条件下很容易被氧化。脂质氧化是许多含有脂质的食物（肉类、乳类）产生风味成分的主要途径。脂质氧化在常温甚至低温下也能发生，但常温氧化容易产生酸败味，加热氧化可以产生气味物质。脂肪加热产生的主要产物是各种醛类，适当的醛类物质通常提供油脂味、清新味等，醛类物质还可以为美拉德反应提供底物。

在植物组织中存在脂肪氧合酶，可以催化多不饱和脂肪酸氧化（多为亚油酸和亚麻酸），生成的过氧化物经过裂解酶等一系列不同酶的作用，生成相应的醛、酮、醇等化合物（图 10-15）。己醛是苹果、草莓、菠萝、香蕉等多种水果的风味成分，它是以亚油酸为前体合成的。

2-反-己烯醛(C_6化合物，青草香)
O_2 +脂肪氧合酶 +醛裂解酶
作用位点B
COOH
作用位点A
O_2 +脂肪氧合酶 +醛裂解酶
2-反-6-顺-壬二烯醛(C_9化合物，黄瓜香)

图 10-15 亚麻酸在脂肪氧合酶作用下形成醛

A—番茄；B—黄瓜

10.5.2 美拉德反应

美拉德反应是羰基化合物（还原糖类）和氨基化合物（氨基酸和蛋白质）在高温时，经过复杂的反应历程最终生成棕色或黑色的大分子物质和一系列香气化合物，如具有甜香的内酯类、呋喃类和吡喃类化合物，以及具有焙烤香气的吡嗪类、吡咯、吡啶类化合物。美拉德反应在常温时也可以发生，但非常慢，高温会加速反应。美拉德反应是一个十分复杂的反应过程，参与反应的糖和氨基酸种类不同，中间产物众多，终产物结构十分复杂。吡嗪化合物是所有焙烤食品（烤肉、烤面包、咖啡等）中的重要风味化合物，一般认为吡嗪类化合物的产生主要与美拉德反应有关（图 10-16）。

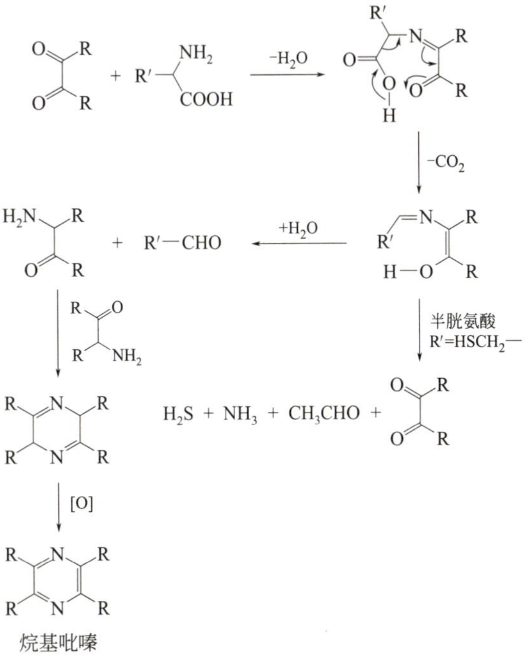

图 10-16 烷基吡嗪的形成途径

10.5.3 焦糖化反应

焦糖化反应也是一种非酶褐变反应，是糖类尤其是单糖加热到熔点以上的高温（一般是 140 ～ 170℃以上）时，发生脱水与降解反应。生成两类物质：一类经脱水生成焦糖，另一类在高温下裂解生成小分子挥发性的醛、酮类，小分子醛、酮类进一步缩合聚合也会有深色物质出现。常说的“炒糖色”就是焦糖化反应的应用。除此之外，焦糖化还增加了糖的黏度和可塑性，让食品看上去更加光润漂亮。在红烧肉里放点糖，炖肉时整个楼道都肉香四溢，其中两个反应均有发生。

10.5.4 微生物发酵

发酵食品风味是食品特征性风味之一，是发酵过程中，在微生物及其酶的综合作用下，发生多种生化反应产生的结果，如将蛋白质降解成氨基酸、多肽等可溶性含氮物；把淀粉分解成单糖、双糖和多糖；氨基酸与糖类通过美拉德反应，生成芳香物质和类黑素；糖类经酵母菌和细菌发酵成醇类及有机酸；脂肪水解产生游离脂肪酸和低级甘油酯，游离脂肪酸进一步氧化产生香气物质等。比如在酸奶的制作过程中，微生物以乳糖、柠檬酸为原料，生成挥发性酸类、3-羟基 -2- 丁酮（乙偶姻）、2,3- 丁二酮、2,3- 戊二酮等；香肠在发酵之后，脂肪和蛋白质含量降低，降解产生了很多游离脂肪酸和游离氨基酸，这些物质既可以促进香肠风味，也可以作为底物进一步产生风味物质；各种酒类、酱油和醋等所具有的独特香气是由于不同

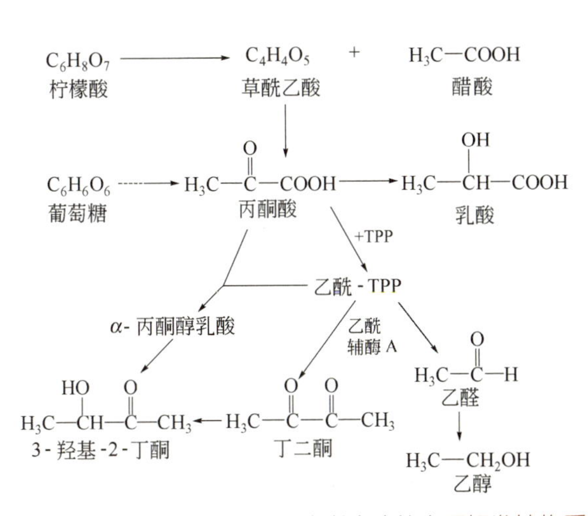

图 10-17 乳酸菌异质发酵代谢生成的主要挥发性物质

的微生物与原材料相互作用产生的。图 10-17 显示了异质发酵乳酸菌的一些发酵产物的产生途径，发酵时以葡萄糖或柠檬酸为底物，生成一系列风味化合物。

乳酸菌异质发酵所产生的各种风味化合物中，乳酸、2,3- 丁二酮（双乙酰）和乙醛是发酵奶油的主要特征香味，而均质发酵乳酸菌（例如乳酸杆菌或嗜热杆菌）仅产生乳酸、乙醛和乙醇。乙醛是酸奶的特征效应化合物，2,3- 丁二酮也是大多数混合发酵的特征效应化合物。乳酸不仅产生特殊气味，同时也为发酵乳制品提供酸味。

10.5.5 异味的产生

食品会具有或产生异味，主要原因有：

① 储藏过程中发生过度的脂肪氧化，是不饱和脂肪酸和氧气发生的反应，导致产生油脂哈败味，这在脂肪含量高的乳品、坚果类产品中容易发生。

② 微生物作用产生的劣变，当食品储藏不当或加工中操作不当时，被微生物污染，产生丁酸、异丁酸等腐败酸味。

③ 食物本身所含特殊的成分，例如鱼类尤其是海鱼中含有氧化三甲胺，氧化三甲胺本身无气味，达到一定浓度后具有鲜甜滋味，但在酶或高温作用下非常容易分解产生三甲胺，释放出鱼腥味。

④ 食品加工处理过程添加的异味成分，如自来水消毒过程中使用了次氯酸钠，会产生相应的氯化物，具有“漂白粉”的异味。

需要说明的是，通常异味是相对而非绝对的，比如说葡萄酒中的甲氧基吡嗪呈青椒味，是葡萄酒中的异味，但是在其他食品中却不尽然。

概念检查 10.5

○ 请回答风味成分的形成途径有哪些。

参考文献

[1] 宋焕禄，等 . 食品风味化学与分析 . 北京：中国轻工业出版社，2021.

[2] 宋焕禄 . 分子感官科学 . 北京：科学出版社，2014.

[3] 夏延斌 . 食品风味化学 . 北京：化学工业出版社，2008.

[4] Alim A，et al. Identification of bitter constituents in milk-based infant formula with hydrolysed milk protein through a sensory-guided technique. International Dairy Journal，2020，110：104803.

[5] Andreas G，et al. Bitter-tasting and kokumi-enhancing molecules in thermally bitter-tasting and kokumi-enhancing molecules in thermally processed avocado (*Persea americana* Mill.). Journal of Agricultural and Food Chemistry，2010，28：12906.

[6] Fabroni S，et al. Change in taste-altering non-volatile components of blood and common orange fruit during cold storage. Food Research International，2020，131：108916.

[7] Feng T，et al. Effect of peptides on new taste sensation kokumi-review. Mini-Reviews In Organic Chemistry，2016，13：255.

[8] Kęska P，et al. Taste-active peptides and amino acids of pork meat as components of dry-cured meat products : an in-silico study. Journal of Sensory Studies，2017，32：e12301.

[9] Matheis K，et al. Unraveling of the fishy off-flavor in steam-treated rapeseed oil using the sensomics concept. Journal of Agricultural and Food Chemistry，2019，67：1484.

[10] Wieczorek M，et al. Bitter taste of Brassica vegetables：The role of genetic factors，receptors，isothiocyanates，glucosinolates，and flavor contex. Critical reviews in Food Science and Nutrition，2018，58：3130.

[11] Xu X，et al. Investigation of umami and kokumi taste-active components in bovine bone marrow extract produced during enzymatic hydrolysis and Maillard reaction. International Journal of Food Science & Technology，2018，53：2465.

[12] Zhang J，et al. Sour sensing from the tongue to the brain. Cell，2019，179(2)：392.

总结

食品风味

○ 食品风味是人类感官对食品的感觉现象，包括由嗅觉感知到的气味，味觉感知到的滋味以及三叉神经感知到的麻、辣、涩等。

气味成分

○ 气味是挥发性相关成分刺激鼻黏膜的嗅觉细胞而在中枢神经中引起的一种感觉。

○ 动物源食品，如畜禽肉类、水产品和乳品类等，气味成分主要有硫化物、中等长度挥发性羰基化合物和醇类。

○ 植物源食品，如果蔬类、茶叶等，气味成分主要有大量的脂类、吡嗪类以及含硫小分子的挥发性物质。

滋味成分

○ 滋味是食物中的相关成分刺激味蕾细胞而在中枢神经中引起的感觉。

○ 五种基本味觉：酸、甜、苦、咸和鲜。

○ 动物源食品，如畜禽肉类、水产品和乳品类等，滋味成分主要有核苷酸、氨基酸、有机酸、糖类等。

○ 植物源食品，如蔬菜类、水果类，滋味成分主要有酸、甜或酸甜复合滋味成分。

形成途径

○ 食品中的风味成分种类繁多，形成的途径十分复杂，大体可归纳为酶促反应、非酶反应及酶促反应与非酶反应共同作用等途径。

思考练习

1. 味感的影响因素有哪些？
2. 阐述植物性食品中气味成分的形成途径。
3. 非酶促反应形成风味化合物的途径有哪些？
4. 以某种海产品为主题，请结合所学知识分析其风味物质组成和特征风味的形成途径。

第11章 食品添加剂

酸奶和冰淇淋产品标签上标有稳定乳化剂、柠檬黄等。腊肠制品中含有酵母提取物、山梨酸钾和卡拉胶等。面包上标注功能性着色剂等。

◆ 上述成分是什么?

◆ 为什么要添加它们?或者为什么标注零添加?

为什么要学习“食品添加剂”？

为什么要学习食品添加剂？工业化生产食品需要使用食品添加剂来改善食品加工条件、延长保存期、调整营养结构和其色香味等。例如，杂粮面条的生产有时候就需要加入增稠剂，为了流通和保存的需要有时候还要加入防腐剂等。因此，食品添加剂对食品工业化生产起着非常重要的作用。可以说，现代食品工业生产离不开食品添加剂，它是食品中不可或缺的成分之一。

学习目标

- ○ 掌握食品添加剂的定义、种类和使用原则。
- ○ 熟悉常用的人工合成和天然食品添加剂种类及优缺点。
- ○ 知晓不同食品生产选择食品添加剂时需要遵循的要素及不同类型食品添加剂的适用范围。
- ○ 了解具有较高营养价值的功能性食品添加物的相关特性及应用，并希望具有其研发的创新意识和能力，生产出符合 GB2760 的产品。

食品添加剂（food additive）是为改善食品品质和色、香、味，以及为防腐、保鲜和加工工艺的需要而加入食品中的人工合成或者天然物质。联合国粮农组织（FAO）和世界卫生组织（WHO）联合组成的食品法规委员会（CAC）以及美国、日本、欧盟对 FA 的定义略有不同。譬如，有的国家对食品添加剂的定义包括营养强化剂，有的不包括，有的包括食品助剂，有的不包括等等。但就其定义的本质和 FA 的作用都是相同的。

无论从定义出发，还是从在食品工业中所起的实际作用看，食品添加剂都具有三方面的重要作用：①能够改善食品的品质，提高食品的质量，满足人们对食品风味、色泽、口感的要求，以满足食品的享受性需要；②能够使食品加工制造工艺更合理、更卫生、更便捷，有利于食品工业的机械化、自动化和规模化；③能够使食品工业节约资源，降低成本，在极大地提升食品品质的同时，增加其附加值和安全性，产生明显的经济效益和社会效益。

11.1 概述

11.1.1 食品添加剂的种类

FA 种类繁多，按其来源可分为天然食品添加剂和人工合成食品添加剂。按其功能可分成 22 个大类。具体包括：酸度调节剂、抗结剂、消泡剂、抗氧化剂、漂白剂、膨松剂、胶基糖果中基础剂物质、着色剂、护色剂、乳化剂、酶制剂、增味剂、面粉处理剂、被膜剂、水分保持剂、防腐剂、稳定和凝固剂、甜味剂、增稠剂、食品用香料、食品工业用加工助剂和其他。

11.1.2 食品添加剂使用原则

从食品安全性和加工工艺角度出发，在使用食品添加剂时，应遵循下述原则：

（1）在允许使用的范围内，长期摄入后对食用者不引起慢性毒性反应。

（2）不破坏食品的营养成分，不降低食品的质量；本身无毒，也不分解产生有毒物质。

食品添加剂定义及管理

（3）同时加入 2 种及其以上食品添加剂时，不会有毒性协同作用。

（4）不得以掩盖食品腐败变质或以掺杂、掺假为目的。

（5）不允许以掩盖食品本身缺陷或加工过程中的质量缺陷为目的。

（6）严格遵守国家规定的使用范围及使用量或残留量。

（7）严格执行食品添加剂和食品工业用加工助剂的质量标准，包括物理性状、鉴别、杂质限度、纯度（即含量范围）及相应的检验方法。食品工业用加工助剂一般应在制成最后成品之前除去，有规定食品中残留量的除外。

概念检查 11.1

○ 请介绍食品添加剂及使用原则。

11.2　常用的人工合成食品添加剂

目前，允许直接使用的人工合成的食品添加剂品种 4000 种左右，常用的约 680 余种。下面介绍一些典型的常用的人工合成食品添加剂的特性及其使用方法。

11.2.1　着色剂

在食品加工时，往往要添加一些食品着色剂（food colorants）。正常情况下，除极少数儿童有轻微的过敏外，目前尚未发现正确使用食品着色剂而产生安全隐患。但随着人们生活水平的提高和科技的进步，提倡不用色素或使用天然色素将是一种趋势。食品着色剂按其来源可分为人工合成的食品着色剂和天然的食品着色剂。

人工合成色素用于食品着色有很多优点，例如色彩鲜艳、着色力强、性质较稳定、结合牢固等，这些都是天然色素所不及的。我国目前使用的几种合成色素的性质见表 11-1。

表 11-1　我国使用的几种合成色素的性质

色素名称	0.1%水溶液色调	溶解度20℃（50%）	热	光	氧化	还原	酸	碱	食盐	微生物
苋菜红	带紫红色	11（17）	—	O	Δ	×	O	—	Δ	Δ
赤藓红	带绿红色	7.5（15）	●	Δ	Δ	O	×	O	Δ	●
胭脂红	红色	41（51）	O	O	Δ	×	O	Δ	●	Δ
柠檬黄	黄色	12（60）	●	O	Δ	×	●	O	—	—
日落黄	橙色	26（38）	●	O	Δ	×	●	O	—	—
亮蓝	蓝色	18	●	●	Δ	O	●	O	●	—
靛蓝	紫蓝色	1.1（3.2）	Δ	Δ	Δ	×	Δ	Δ	—	—

注：●非常稳定；O稳定；—一般；Δ不稳定；×很不稳定。

不同的国家对合成色素允许使用的种类有不同的规定（表 11-2）。下面介绍我国目前允许使用的人工合成色素，具体使用范围和用量详见 GB 2760—2014 规定。

表 11-2 一些国家（或地区）允许使用的合成色素

色素名称	染料索引号（1975）	中国	美国	加拿大	日本	欧盟	英国
胭脂红	16255	√			√	√	√
偶氮玉红	14720			√		√	√
苋菜红	16185	√		√	√	√	√
赤藓红	45430	√	√	√	√	√	√
红色2G	18050						√
孟加拉红	45440				√		
Allura红AC	16035		√	√			
柠檬黄	19140	√	√	√	√	√	√
黄色2G	18965						√
日落黄	15985	√	√	√	√	√	√
喹啉黄	47005					√	√
绿色S	44090					√	√
坚牢绿	42053		√	√	√		
靛蓝	73015	√	√	√	√	√	√
专利蓝	42051					√	√
亮蓝	42090	√	√	√	√		√
棕色FK	—						√
巧克力棕HT	—						√
黑色BN	28440					√	√
柑橘红2号	12156		√				
橙色B	19235		√				
玫瑰红	45410				√		
酸性红	45100				√		
新红	—	√					
合计		8	9	9	11	11	16

11.2.1.1 苋菜红

苋菜红（amaranth）的化学名称为 1-(4′- 磺酸基 -1- 萘偶氮)-2- 萘酚 -3,7- 二磺酸三钠盐，分子式为 $C_{20}H_{11}N_2Na_3O_{10}S_3$，分子量为 604.49，其化学结构式如图 11-1 所示。

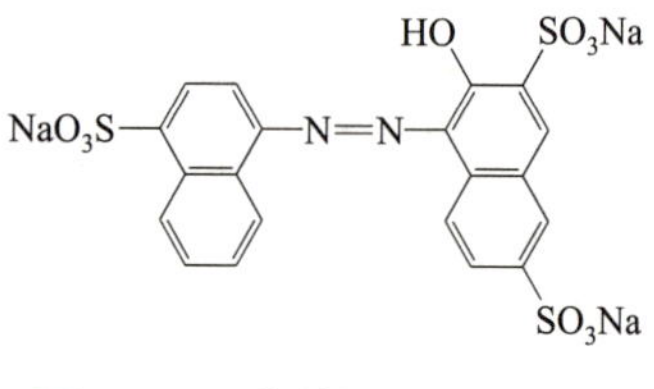

HO SO₃Na NaO₃S —N=N— SO₃Na

图 11-1 苋菜红化学结构式

苋菜红为紫红色颗粒或粉末状，无臭，可溶于甘油及丙二醇，微溶于乙醇，不溶于脂类。0.01% 苋菜红水溶液呈红紫色，最大吸收波长为 520nm ± 2nm，且耐光、耐酸、耐热和对盐类也较稳定，但在碱性条件下容易变为暗红色。此外，这种色素对氧化 - 还原作用敏感，不宜用于发酵食品及含有还原性物质的食品的着色。主要用于饮料、配制酒、糕点、青梅、糖果等。

11.2.1.2 胭脂红

胭脂红（carmine）的化学名称为 1-(4′- 磺酸基 -1- 萘偶氮)-2- 萘酚 -6,9- 二磺酸三钠盐，分子式为 $C_{20}H_{11}O_{10}N_2S_3Na_3$，分子量为 604.49，是苋菜红的异构体。化学结构式如图 11-2 所示。

胭脂红为红色至暗红色颗粒或粉末状物质、无臭，易于水，水溶液为红色，难溶于乙醇，不溶于油脂，对光和酸较稳定，但对高温和还原剂的耐受性很差，能被细菌所分解，遇碱变成褐色。主要用于饮料、配制酒、糖果等。

HO
NaO_3S—N=N—
NaO_3S
SO_3Na

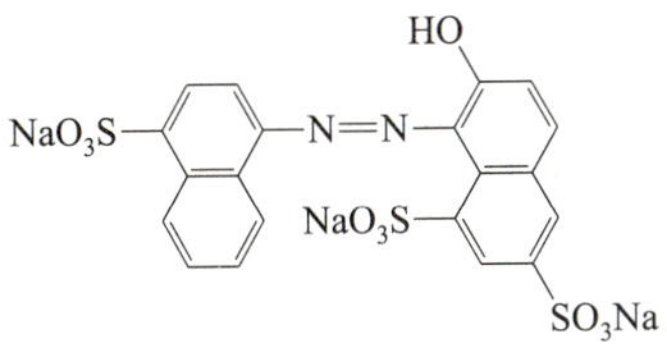

图 11-2　胭脂红化学结构式

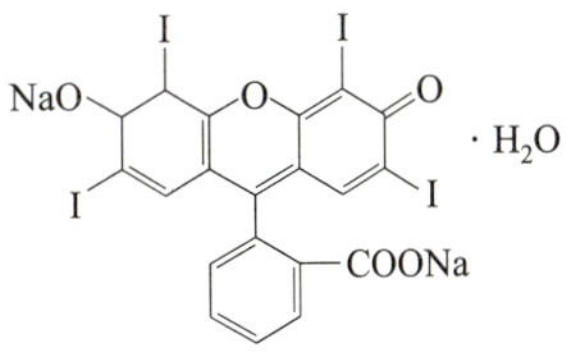

I　I
NaO　O　O
$\cdot H_2O$
I　I
COONa

图 11-3　赤藓红化学结构式

11.2.1.3　赤藓红

赤藓红（erythrosine）的化学名称为 2,4,5,7- 四碘荧光素，分子式为 $C_{20}H_6I_4Na_2O_3 \cdot H_2O$，分子量为 897.88，化学结构式如图 11-3 所示。

赤藓红为红褐色颗粒或粉末状物质、无臭，易于水，水溶液为红色，对碱、热、氧化还原剂的耐受性好，染着力强，但耐酸及耐光性差，吸湿性差，在 pH < 4.5 的条件下，形成不溶性的黄棕色沉淀，碱性时产生红色沉淀。在消化道中不易吸收，即使吸收也不参与代谢，故被认为是安全性较高的合成色素。主要用于复合调味料、配制酒和糖果、糕点等。

11.2.1.4　新红

新红的化学名称为 2-(4′- 磺基 -1′- 苯氮)-1- 羟基 -9- 乙酸氨基 -3,7- 二磺酸三钠盐，分子式为 $C_{18}H_{12}O_{11}N_3Na_3S_3$，分子量为 595.15，其化学结构式如图 11-4 所示。

新红为红色粉末，易溶于水，水溶液为红色，微溶于乙醇，不溶于油脂，可用于饮料、配制酒、糖果等。

OH　$NHCOCH_3$
NaO_3S—N=N—
NaO_3S　SO_3Na

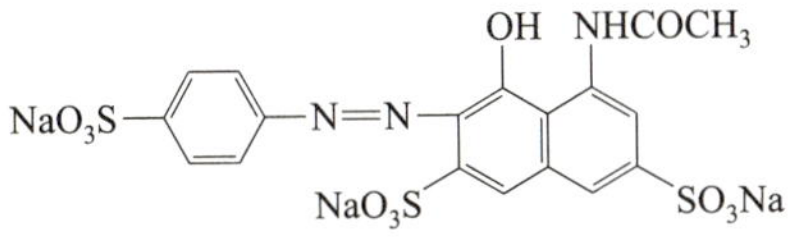

图 11-4　新红化学结构式

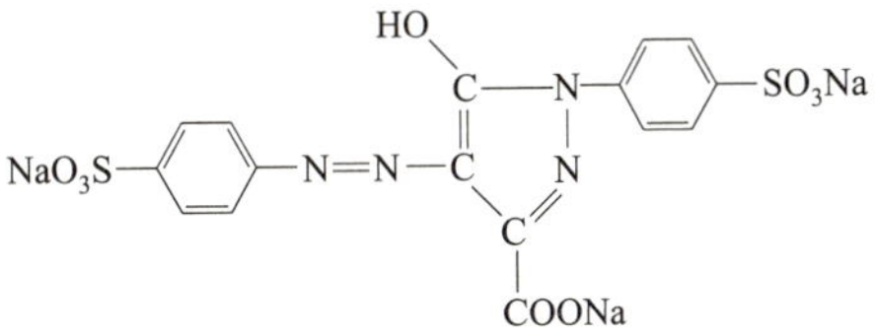

HO
C—N—SO_3Na
NaO_3S—N=N—C　N
C
COONa

图 11-5　柠檬黄化学结构式

11.2.1.5　柠檬黄

柠檬黄（tartrazine）分子式为 $C_{16}H_9N_4Na_3O_9S_2$，分子量为 534.37，化学结构式为如图 11-5 所示。

柠檬黄为橙黄色粉末，无臭，易溶于水，水溶液为红色，也溶于甘油、丙二醇，稍溶于乙醇，不溶于油脂，对热、酸、光及盐均稳定，耐氧性差，遇碱变红色，还原时褪色。主要用于饮料、汽水、配制酒、浓缩果汁和糖果等。

11.2.1.6　日落黄

日落黄的化学名称为 1-（4′- 磺基 -1′- 苯偶氮）-2- 苯酚 -7- 磺酸二钠盐，分子式为 $C_{16}H_{10}N_2Na_2O_7S_2$，

分子量为 452.37，化学结构式如图 11-6 所示。

日落黄是橙黄色均匀粉末或颗粒，易溶于水，水溶液为橘黄色，耐光、耐酸、耐热，易溶于水、甘油，微溶于乙醇，不溶于油脂。在酒石酸和柠檬酸中稳定，遇碱变红褐色。还原时褪色。

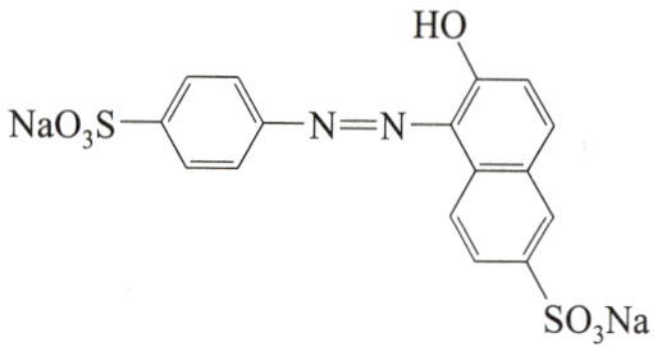

图 11-6 日落黄化学结构式

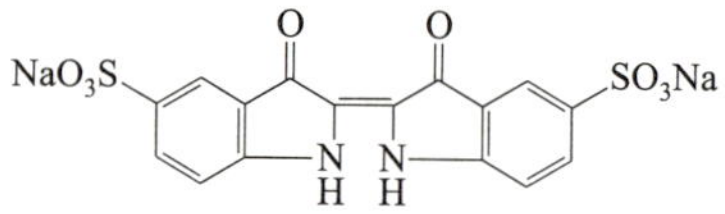

图 11-7 靛蓝化学结构式

11.2.1.7 靛蓝

靛蓝（indigo carmine）的化学名称为 5,5′- 靛蓝素二磺酸二钠盐，分子式为 $C_{16}H_8O_8N_2S_2Na_2$，分子量为 466.36，化学结构式如图 11-7 所示。

靛蓝为蓝色粉末，无臭，它的水溶液为紫蓝色，但在水中溶解度较其他合成色素低，溶于甘油、丙二醇，稍溶于乙醇，不溶于油脂，对热、光、酸、碱、氧化作用均较敏感，耐盐性也较差，易为细菌分解，还原后褪色，但染着力好，常与其他色素配合使用以调色。主要用于腌制蔬菜、高糖果汁（味）或果汁（味）饮料、碳酸饮料、配制酒、糖果、青梅、虾（味）片等。

11.2.1.8 亮蓝

亮蓝（brillant blue）的化学名称为 4-[*N*- 乙基 -*N*-（3′- 磺基苯甲基）- 氨基] 苯基 -（2′- 磺基苯基）- 亚甲基 -（2,5- 亚环己二烯基）-（3′- 磺基苯甲基）- 乙基胺二钠盐，分子式为 $C_{37}H_{34}N_2Na_2O_9S_3$，分子量为 792.84，化学结构式如图 11-8 所示。

亮蓝是紫红色均匀粉末或颗粒，有金属光泽。易溶于水，水溶液呈亮蓝色，也溶于乙醇、甘油，有较好的耐光性、耐热性、耐酸性和耐碱性。使用范围同靛蓝。

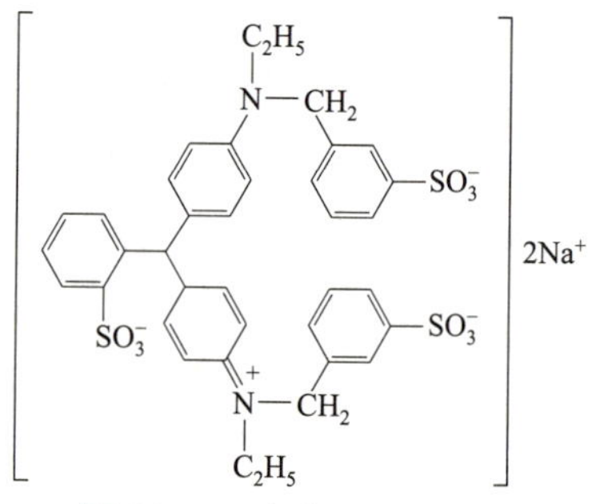

图 11-8 亮蓝化学结构式

11.2.2 酸度调节剂

酸度调节剂（acidity regulators）亦称 pH 调节剂，是维持或改变食品酸碱度的物质。主要有酸味剂、碱化剂以及具有缓冲作用的盐类。

酸味剂具有改善食品质量的功能特性，例如改变和维持食品的酸度并改善其风味；增进抗氧化作用，防止食品腐败；能与重金属离子络合，具有阻止氧化或褐变反应、稳定颜色、降低浊度、增强凝胶特性等功能。酸味剂一般有给予食品酸味、增加香味、抑菌防腐、缓冲调节、肉制品护色保质、抗氧化，以及使食品膨松等功能。此外，酸味剂还有助于钙等许多矿物质和营养素的吸收。适宜的酸味与甜味比例组合，是构成食品水果风味和开发新食品风味的重要因素之一。因其分子中羟基、羧基、氨基的有无、数量的多少及其在分子结构中所处的位置不同，不同酸味剂会产生不同的风味，使得酸味剂不仅有酸味，有时还带有苦味、涩味等，如柠檬酸、抗坏血酸、葡萄糖酸有缓和回润的酸味，苹果酸稍带有苦涩味，盐酸、磷酸、乳酸、酒石酸、延胡索酸稍带有涩味，乙酸、丙酸稍带有刺激臭，琥珀酸、谷氨酸带有鲜味。酸味与甜味、咸味、苦味等味觉可以互相影响，甜味与酸味易互相抵消，酸味与咸味、酸味与苦味则难以抵消。而酸味与某些苦味物质或收敛性物质（如单宁）混合，则能使酸味增强。

目前，我国允许使用的酸度调节剂主要有柠檬酸及其钠、钾盐、富马酸、磷酸及其盐、乳酸及其钠、钙盐、己二酸、酒石酸、偏酒石酸、马来酸、苹果酸、乙酸、盐酸、氢氧化钠、碳酸钾、碳酸氢三钠、柠檬酸一钠等，其中产量最大的是柠檬酸和磷酸，乳酸和醋酸次之。

11.2.2.1　柠檬酸及其盐类

柠檬酸（citric acid）又称枸橼酸，根据其含水量不同，分为一水柠檬酸和无水柠檬酸（$C_6H_8O_7 \cdot H_2O$ 和 $C_6H_8O_7$），分子量分别为 210.12 和 192.12。柠檬酸由淀粉或糖质原料经发酵精制而成。外观呈无色半透明结晶或白色结晶状颗粒，味极酸，易溶于水和乙醇，微溶于乙醚。无水柠檬酸化学结构式为：

柠檬酸主要用于碳酸饮料、果汁饮料、乳酸饮料等清凉饮料和腌制品，其需求量约占酸度调节剂总消耗量的 2/3。在水果罐头中添加柠檬酸可保持或改进罐藏水果的风味，某些酸度较低的水果罐藏时，提高其酸度（降低 pH 值），可减弱微生物的抗热性，抑制其生长，防止酸度较低的水果罐头常发生的细菌性胀罐和破坏。在糖果中加入柠檬酸作为酸味剂易于和果味协调。在凝胶食品如果酱、果冻中使用柠檬酸能有效降低果胶负电荷，从而使果胶分子间氢键结合而胶凝。此外，还有抑制细菌、护色、改进风味、促进蔗糖转化等作用，有利于防止贮藏中发生蔗糖晶析而引起的发砂现象。在加工蔬菜罐头时，柠檬酸作 pH 调整剂，不但可以起到调味作用，还可保持其品质。

此外，柠檬酸具有螯合作用，能够清除某些有害金属。它与抗氧化剂混合使用，能钝化金属离子，起到协同增效的作用。如，罐装或速冻前将海产食品浸入 0.25% ～ 1% 柠檬酸溶液中，可以螯合食物中的铜、铁等金属杂质，避免这些金属使食品变成蓝色或黑色，延长食品保存期。另外，柠檬酸能够防止因酶催化和金属催化引起的氧化作用，从而阻止速冻水果变色变味。

11.2.2.2　乙酸

乙酸（acetic acid），$C_2H_4O_2$，分子量为 60.05，别名醋酸、冰乙酸、冰醋酸，是无色透明液体，有刺激性气味，熔点 16.7℃，沸点 118℃，黏度 1.22mPa · s（20℃）。通常食用的乙酸含纯乙酸约 30%，可与水、乙醇、甘油、乙醚等混合，p*K* 值 4.75。6% 水溶液 pH 约为 2.4。

乙酸存在于动、植物组织中，是食品的正常成分，在脂肪酸和糖类代谢中均有涉及，并以乙酰辅酶 A 的形式出现。可用做酸度调节剂和酸化剂，也可作为其它添加剂的溶剂。它还是很好的抗微生物剂，这主要归因于其可使 pH 降低至低于微生物最适生长所需的 pH。乙酸是我国应用最早、使用最多的酸味剂，主要用于复合调味料、配制醋、罐头、干酪、果冻等。

11.2.2.3　乳酸

乳酸（lactic acid），$C_3H_6O_3$，分子量为 90.08，为乳酸和乳酰乳酸（$C_6H_{10}O_5$）的混合物。乳酸是无色到浅黄色固体或糖浆状澄明液体，几乎无臭，有特异收敛性，味微酸，酸味阈值 0.004%，有吸湿性。纯乳酸熔点 18℃，沸点 122℃（1999.8Pa），水溶液呈酸性反应。与水、乙醇或乙醚能任意混合，在氯仿中不溶。乳酸的化学结构式为：

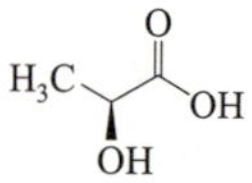

乳酸及其盐类具有独特的酸味。乳酸在啤酒生产中的应用主要是在糖化过程中调节 pH 值。乳酸是一种重要的有机酸，广泛地应用于食品加工业中，其衍生物乳酸盐和乳酸酯的应用更为广泛。如乳酸钙、乳酸亚铁和乳酸锌等，常作为锌的强化剂广泛应用于食品、医药和饮料行业。乳酸钠作为食品保鲜剂、调味剂、防冻剂、保湿剂等，已在国外部分替代苯甲酸钠作防腐剂应用于食品行业。乳酸甲酯用于松脆糕点，乳酸乙酯是常用的香料。硬脂酸乳酸钙和硬脂乳酸钠可以与面团中的谷蛋白结合，又可与面团中的淀粉发生化学反应，从而改变面包内部结构，使面包变得疏松、柔软。

11.2.2.4　L- 苹果酸

L- 苹果酸（L-malic acid），$C_4H_6O_5$，分子量为 134.09，白色结晶体粉末，熔点 130℃，沸点 150℃，1% 水溶液的 pII 为 2.40。有特异的酸涩味和较强的吸湿性，易溶于水、乙醇、氯仿，具有抗氧化作用。L- 苹果酸的化学结构式为：

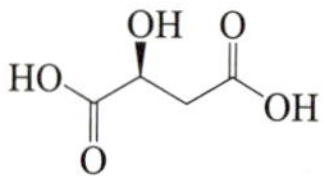

L- 苹果酸的酸味柔和，持久性长。目前美国食品市场上的新型食品和饮料已主要使用苹果酸作为酸味剂。碳酸和非碳酸饮料、糖果、糖浆、蜜饯等食品中苹果酸的用量也有所增加。苹果酸不仅可用作清凉饮料的酸味剂和防止食品变质等，也可用于溶剂、祛臭剂、染色助剂等。苹果酸可与其他酸味剂复配使用，与柠檬酸合用可增强酸味。L- 苹果酸天然存在于食品中，是三羧酸循环的中间体，可参与人体正常代谢。

11.2.2.5　酒石酸

酒石酸（tartaric acid），$C_4H_6O_6$，分子量为 150.09，为无色结晶或白色结晶粉末，无臭，味极酸。酒石酸结晶品中含有 1 分子结晶水，酸味阈值 0.0025%，酸味强度约为柠檬酸的 1.2 ～ 1.3 倍，口感稍涩，具有金属离子螯合作用，0.3% 的水溶液的 pH 值为 2.4。酒石酸化学结构式为：

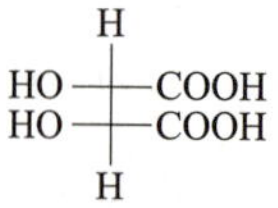

酒石酸可由马来酸或富马酸异钨酸盐为催化剂，用过氧化氢氧化制得，或由制造葡萄酒时所得的酒石生产。酒石酸广泛用于食品行业，如作为啤酒发泡剂、食品酸味剂等，主要用于清凉饮料、糖果、果汁、沙司、冷菜、发酵粉等，其酸味为柠檬酸的 1.3 倍，特别适用作葡萄汁的酸味剂。

11.2.2.6　富马酸

富马酸（fumaric acid），$C_4H_4O_4$，分子量为 116.07，别名延胡索酸、反丁烯二酸，成品为白色颗粒或结晶性粉末，无臭，有特殊酸味，酸味强，约为柠檬酸的 1.5 倍。熔点 287℃，沸点 290℃，与水共煮生成 DL- 苹果酸。富马酸化学结构式为：

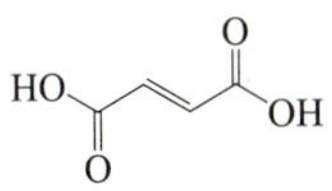

富马酸可由糖类经根霉发酵制得，也可由顺丁烯二酸异构化制得。富马酸及其盐类是一种酸度高、吸湿性低、价格低廉的酸味剂，但溶解度差。富马酸在食品中主要用于肉制品、鱼肉加工制品、面包、糕点、饼干及碳酸饮料等。富马酸有强缓冲作用，以保持水溶液的 pH 在 3.0 左右，并对抑菌防腐有重要作用。同时，它有涩味，是酸味最强的固体酸之一，吸水率低，有助于延长粉末制品等的保存期。当富马酸变为富马酸钠后，水溶性及风味均更好。

11.2.2.7　琥珀酸

琥珀酸（succinic acid），$C_4H_6O_4$，别名丁二酸，分子量为 118.09，无色结晶体，味酸，可燃。有二种晶形（α 型和 β 型），α 型在 137℃以下稳定，而 β 型在 137℃以上稳定。在熔点以下加热时，丁二酸升华，脱水生成丁二酸酐。熔点 188℃，沸点 235℃（分解），溶于水、乙醇和乙醚，不溶于氯仿、二氯甲烷。琥珀酸的化学结构式为：

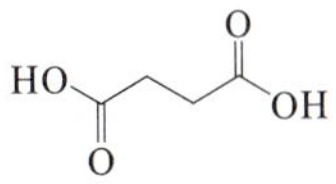

琥珀酸及其盐类可产生酸味，多用于豆酱、酱油、日本酒、调味料等。琥珀酸钠（$C_4H_4Na_2O_4 \cdot 6H_2O$）是有贝类特殊滋味的白色结晶粉末，用作合成医药及其他有机合成原料，在食品工业中用于调味剂、酸味剂、缓冲剂，用于火腿、香肠、水产品、调味液等。

总之，虽然我国批准可使用的酸度调节剂品种不少，但是，与国外许可使用的同类品种相比，尚有一定差距，主要是缺少各种有机酸的盐。

11.2.3　防腐剂

食品在贮存及流通中易受各种微生物的影响而腐败变质甚至产生有害成分。防止食品腐败变质的方法有多种，其中利用防腐剂来保持食品的鲜度和质量，是最常用的方法之一。防腐剂（preservatives）是一类能够抑制微生物的生长繁殖或杀灭微生物的成分。常用的防腐剂有山梨酸及其盐类、丙酸及其盐类、苯甲酸及其钠盐、双乙酸钠和单辛酯甘油醇等。

采用防腐剂保鲜食品，避免了热杀菌对食品色、香、味及质地等方面的损失，克服了传统的盐腌、糖渍、烟熏等保藏方法对食品风味和营养价值的破坏，与高压杀菌、高压电场杀菌、静电杀菌、感应电子杀菌、强光脉冲杀菌、X 射线杀菌、紫外线杀菌、核辐射杀菌等新型冷杀菌方式相比，投资小，简便易行。因此，在科技发达的今天，防腐剂仍然是一类重要的 FA。

11.2.3.1　苯甲酸及其钠盐

苯甲酸（benzoic acid），$C_7H_6O_2$，又名安息香酸，分子量 122.12，不溶于水，溶于乙醇、乙醚等有机溶剂。苯甲酸钠又名安息香酸钠，无臭或微带安息香气味，味微甜，有收敛性，易溶于水，在空气中稳定。苯甲酸的化学结构式为：

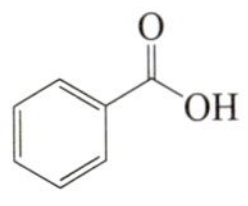

苯甲酸及其钠盐属于酸性防腐剂，在酸性条件下对多种微生物（酵母、霉菌、细菌、食品有毒菌、芽孢菌）有明显抑菌作用，但对产酸菌抑制作用较弱。作用机理是抑制微生物细胞呼吸酶的活性和阻碍乙酰辅酶的缩合反应，使三羧酸循环受阻，代谢受到影响，此外还会阻碍细胞膜的通透性，从而起到防腐作用。其作用效果与 pH 值有很大关系，在低 pH 条件下对微生物有广泛的抑制作用，但对产酸菌作用很弱，在 pH 值 5.5 以上时，对很多霉菌无抑制效果。苯甲酸的最适 pH 为 2.5 ～ 4.0，适用于酸化食品。苯甲酸常以游离或结合状态存在于一些植物材料中，肉类原料中一般不会含苯甲酸。苯甲酸及其钠盐在体内参与代谢，是较为安全的防腐剂。

11.2.3.2 山梨酸及其钾盐

山梨酸（sorbic acid），$C_6H_8O_2$，别名花楸酸，分子量 112.13。山梨酸钾（$C_6H_7KO_2$）别名 2,4- 乙二烯酸钾，分子量为 150.22，无臭或臭气，在空气中不稳定，能被氧化着色，有吸湿性，易溶于水和乙醇。山梨酸的化学结构式为：

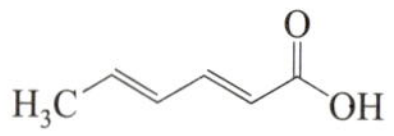

$H_3C-CH=CH-CH=CH-C(=O)OH$

山梨酸理化性质类似山梨酸钾，是目前使用最多的防腐剂之一。它对霉菌、酵母菌和好氧细菌的生长发育有抑制作用，而对厌氧细菌几乎无效。山梨酸及其钾盐能抑制微生物尤其是霉菌细胞内脱氢酶活性，并与酶系统中的巯基结合，从而破坏多种重要的酶系统，如细胞色素 C 对氧的传递，以及细胞膜表面能量传递的功能，抑制微生物增殖，达到抑菌防腐的目的。山梨酸钾的抑菌性受酸碱度的严格控制，pH 值低于 5.0 ～ 6.0 时其抑菌效果最佳。在微生物严重污染的食品中无抑菌作用。山梨酸钾的抑菌效果比苯甲酸钠高 5 ～ 10 倍，毒性仅为苯甲酸钠的五分之一，而且不会破坏食品原有的色、香、味和营养成分，是一种优良的化学防腐剂。

11.2.3.3 对羟基苯甲酸酯

对羟基苯甲酸酯（para-hydroxybenzoate），$C_7H_9O_3$，又名尼泊金酯（nipagin ester），商品名对羟基安息香酸，分子量为 138.12，无臭无味，有麻舌感，易溶于热水和醇、醚、丙酮，微溶于冷水、苯，不溶于 CS_2。尼泊金酯的结构通式见图 11-9。

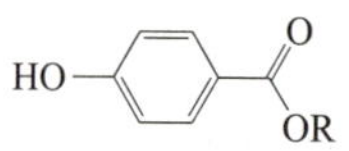

$HO-C_6H_4-C(=O)OR$

$R = -CH_3;\ -CH_2CH_3;\ -(CH_2)_2CH_3;\ -(CH_2)_3CH_3;\ -(CH_2)_6CH_3$

图 11-9 尼泊金酯的结构通式

尼泊金酯的杀菌作用随着醇烷基碳原子数的增加而增加，而在水中的溶解度则随着醇烷基碳原子数的增加而降低，毒性则随着醇烷基碳原子数的增加而减轻。通常的方法是通过复配来提高溶解度，并通过增效作用来提高防腐能力。我国主要使用对羟基苯甲酸乙酯和丙酯，日本使用最多的为对羟基苯甲酸丁醋，常作为烟熏肉制品的防腐剂使用。尼泊金酯类的作用机理是破坏微生物的细胞膜，使细胞内的蛋白质变性，并抑制细胞的呼吸酶系和电子传递酶系的活性。尼泊金酯的抗菌活性主要是分子态起作用，由于其分子内的羧基已被酯化，不再电离，而对位酚羟基的电离常数很小，因此，尼泊金酯（钠）在较宽的 pH 范围内均有良好的抑菌效果。

尼泊金酯（钠）已在焙烤食品、脂肪制品、乳制品、水产品、肉制品、调味品、腌制品、酱制品、果蔬制品、淀粉糖制品、啤酒、果酒以及果蔬保鲜等多个领域得到应用。尼泊金酯作为食品防腐剂具有以下优势：

第一，抑菌效果好，因而在食品中的添加量少。尼泊金酯特别是其中的长链酯对霉菌、酵母菌和革兰氏阴性菌的最小抑菌浓度通常只有苯甲酸钠和山梨酸钾的 1/10。

第二，适用的 pH 范围广。尼泊金酯在 pH 值 4 ～ 8 范围内均有很好的抑菌效果，而苯甲酸钠和山梨酸钾均为酸性防腐剂，它们在 pH 值大于 5.5 时抑菌效果很差。

第三，使用成本低。在大多数食品中，尼泊金酯的使用成本和苯甲酸钠相当，约为山梨酸钾的 1/3。

第四，使用方便。尼泊金酯生产成钠盐后，极易溶于水，便于生产中应用，克服了尼泊金酯不溶于水的缺陷。

第五，尼泊金酯的最大优势在于尼泊金酯的复配使用。不同碳链长度的尼泊金酯有不同的抗菌性能，复配使用不但可以起增效作用，还可以增加水溶性和扩大抗菌谱。

11.2.3.4　丙酸及其盐类

丙酸（propionate），$C_3H_6O_2$，分子量 74，常以其钠盐或钙盐作为防腐剂添加于食品中。它对霉菌有良好的防腐效果，而对细菌的抑制作用较小，如对枯草杆菌、八叠球菌、变形杆菌等只能延迟其发育约 5d，对酵母无作用。丙酸是通过抑制微生物合成 β- 丙氨酸而起抑菌作用的。在丙酸钠中加入少量 β- 丙氨酸，其大部分抗菌作用即被抵消，但是对棒状曲菌、枯草杆菌、假单胞杆菌等仍有抑制作用。

丙酸钙无臭无味，易溶于水。据联合国粮农组织和世界卫生组织报道，它与其它脂肪酸一样可通过代谢作用被人体吸收，并供给人体必需的钙，这一优点是其它防腐剂所无法比拟的。丙酸钙为酸性防腐剂，对各种霉菌、需氧芽孢杆菌、革兰氏阳性杆菌有较强的抑制作用，对能引起食品发黏的枯草杆菌效果尤为显著，对防止黄曲霉素的产生有特效。

丙酸及其盐类属于酸性防腐剂，因此，必须在酸性环境中才能产生抑菌作用，其适宜的pH范围为5.0以下。

11.2.4　抗氧化剂

抗氧化剂（antioxidants）可防止食品被氧化变质、延长食品保质期。常用的有水溶性的异抗坏血酸钠和脂溶性的 2,6- 二叔丁基羟基甲苯（BHT）、叔丁基对羟基茴香醚（BHA）、叔丁基对苯二酚（TBHQ）、没食子酸丙酯（PG）、维生素 E 等。异抗坏血酸钠适用于肉类制品的保鲜，具有明显的抗氧化和护色作用，价格便宜，发展前景广阔。TBHQ 用于各种油脂食品，抗氧化效果是 BHA、BHT、维生素 E 等的 2 ～ 5 倍，高温稳定，遇金属离子不变色。随着肉类制品和含油脂食品的增多，抗氧化剂的需求量不断增加，复配和使用增效剂产生协同效应的抗氧化剂将成为未来抗氧化剂的主流。荷兰已开发出用于肉禽保鲜的抗氧化剂 L- 乳酸盐，能抑制生鲜肉腐败菌生长，冷藏时又能抑制脂肪氧化，市场前景看好。我国生鲜肉禽类食品的防腐抗氧化剂尚未有生产，目前主要是采用冷藏，极易氧化变色，应加强这方面的研究开发。

11.2.4.1　叔丁基对羟基茴香醚

BHA（butyl hydroxy anisole），$C_{11}H_{16}O_2$，分子量 180.2，为白色或微黄色蜡样结晶性粉末，带有特殊的酚类的臭气及刺激性气味，熔点 48 ～ 63℃，沸点 264 ～ 270℃（98kPa），不溶于水，溶于油脂及有机溶剂中，对热相对稳定，是 2-BHA 和 3-BHA 两种异构体混合物。BHA 的化学结构式为：

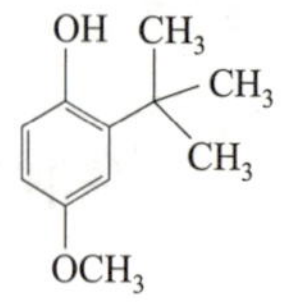

BHA 具有抗氧化作用和抗菌作用。200×10^{-6} 的 BHA 可抑制饲料青霉黑霉孢子的生长，250×10^{-6} 可抑制黄曲霉的生长及黄曲霉毒素的产生。对植物油抗氧化活性弱，但在富含天然抗氧化剂植物油中或与其它抗氧化剂复配使用，具有抗氧化增效作用，抗氧化效果明显提高。由于 BHA 价格贵，目前 BHA 在我国消耗量已很小，已逐渐被新型抗氧化剂所替代。

11.2.4.2　2,6- 二叔丁基羟基甲苯

BHT（butyl hydroxy toluene），$C_{15}H_{24}O$，分子量 220.35。BHT 为白色或浅黄色结晶粉末，基本无臭，无味，熔点 69.7℃，沸点 265℃，对热相当稳定。接触金属离子，特别是铁离子，不显色，抗氧化效果良好。BHT 的化学结构式为：

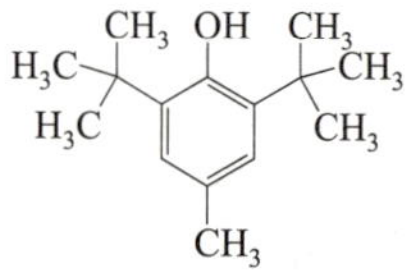

BHT 具有单酚型特征的升华型，不溶于水、甘油和丙二醇，易溶于乙醇和油脂。例如易溶于动植物油，与金属离子作用不会着色，易受阳光、热的影响，是目前最常用抗氧化剂之一。与 BHA、维生素 C、柠檬酸、植酸等复配使用具有显著增效作用，可用于长期保存油脂和含油脂较高的食品及维生素添加剂。

11.2.4.3　没食子酸丙酯

PG（propyl gallate），$C_{10}H_{12}O_5$，别名棓酸丙酯，分子量 212.21。PG 是没食子酸和正丙醇酯化而成的白色至淡褐色结晶性粉末或乳白色针状结晶，无臭，稍有苦味，水溶液无味，有吸湿性，光照可促进其分解。熔点 146 ～ 150℃，对热较敏感，稳定性较差。PG 的化学结构式为：

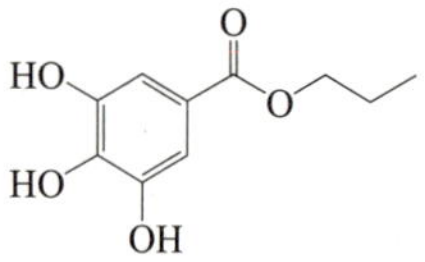

PG 难溶于水，易溶于乙醇、甘油，微溶于油脂，在油脂中溶解度随着烷基链长度增加而增大，是我国允许使用的一种常用的油脂抗氧化剂。它能阻止脂肪氧合酶酶促氧化，在动物性油脂中抗氧化能力较强，与增效剂柠檬酸复配使用时，抗氧化能力更强；与 BHA、BHT 复配使用时抗氧化效果尤佳；遇铁离子易出现呈色反应，产生蓝黑色；耐热性较差，在食品焙烤或油炸过程中迅速挥发掉。

11.2.4.4　叔丁基对苯二酚

TBHQ（tert-butyl hydroquinone），$C_{10}H_{12}O_4$，分子量为 166.22。TBHQ 为白色或微红褐色结晶粉末，有一种极淡的特殊香味，几乎不溶于水（约为 5‰），溶于乙醇、乙酸、乙酯、乙醚及植物油、猪油等。熔点 126.5 ～ 128.5℃，沸点 300℃。TBHQ 的化学结构式为：

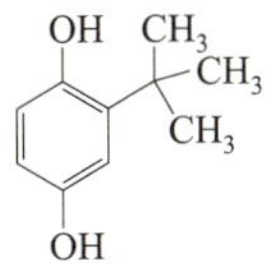

TBHQ 对大多数油脂均有防止腐败作用，尤其是植物油。遇铁、铜不变色，但如有碱存在可转为粉红色。TBHQ 对油脂抗氧化能力比目前常用的 BHA、BHT、PG 大 2 ～ 5 倍。TBHQ 能够防止胡萝卜素分解和稳定植物油中的生育酚。此外，TBHQ 还具有抑制细菌和霉菌作用，食物中加入 50mg/kg TBHQ 可抑制枯草芽孢杆菌、金黄色葡萄球菌、产气短杆菌、白假丝酵母菌、大肠杆菌；50 ～ 280mg/kg TBHQ 可抑制黑曲霉、黄曲霉、青曲霉、杂色曲霉、玉米赤霉、米曲霉、黑根霉、镰刀菌产生；500mg/kg TBHQ 能明显抑制黄曲霉毒素 B_1 产生。

11.2.4.5　L- 抗坏血酸棕榈酸酯

L- 抗坏血酸棕榈酸酯（L-ascorbyl palmitate，L-AP），$C_{22}H_{38}O_7$，分子量 414.54。L-AP 为白色或黄色粉末，略有柑橘气味，难溶于水，溶于动、植物油，易溶于乙醇，熔点 107 ～ 117℃。L-AP 的化学结构式为：

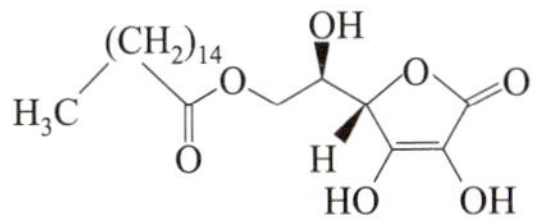

L-AP 是由 L- 抗坏血酸与棕榈酸酯化而成的一类新型营养性抗氧化剂，不仅保留了 L- 抗坏血酸的抗氧化特性，而且在动植物油中具有相当溶解度，被广泛应用于粮油、食品、医疗卫生、化妆品等领域。L-AP 是最强的脂溶性抗氧化剂之一，具有安全、无毒、高效、耐热等特点，可有效防止各类过氧化物形成，延缓动植物油、牛奶、类胡萝卜素等氧化变质，同时还具有乳化性质、抗菌活性。L-AP 作为抗氧化剂与 L- 抗坏血酸功能一样，都是作为氧的驱散剂、吸收剂，特别是在密闭系统中具有更好效果。它可驱散、吸收容器上方和溶液上方的氧气，从而起到抗氧化作用。另外，它可阻止自由基形成，防止油脂氧化酸败，延长油脂和含油食品货架期。在特定食品中可作为还原剂、多价金属离子螯合剂。

11.2.5　甜味剂

甜味剂（sweeteners）是指能赋予食品甜味的一类添加剂。主要有糖精、甜蜜素、阿斯巴甜（APM）、安赛蜜、山梨酸糖醇、木糖醇及复配品种等。具有低热量、非营养、高甜度、口感好的合成甜味剂是未来甜味剂的主导。按国际营养学界的划分，化学品甜味剂包括食糖替代品和高倍甜味剂。

11.2.5.1　食糖替代品即糖醇类产品

糖醇（sugar alcohols）是公认的无蔗糖食品的理想甜味剂。甜度低，一般不引发龋齿，不升高血糖值，提供一定的热量，为营养性的甜味剂，可作为功能性食品的配料。用糖醇类产品替代食糖生产糖果，在欧、美等发达国家已很盛行，无糖口香糖即是用糖醇替代蔗糖生产的，在我国颇受青睐的清嘴含片、草珊瑚含片等即是用山梨醇替代蔗糖的新产品。糖醇类产品主要有麦芽糖醇、山梨醇、甘露醇、术糖醇、乳糖醇等。山梨醇是用量最大的糖醇产品，约占总量的 1/3。

（1）麦芽糖醇　麦芽糖醇（maltitol），$C_{12}H_{24}O_{11}$，分子量 344.31，为白色结晶性粉末或无色透明的中性黏稠液体，熔点 148 ～ 151℃，易溶于水，不溶于甲醇和乙醇。麦芽糖醇的化学结构式为：

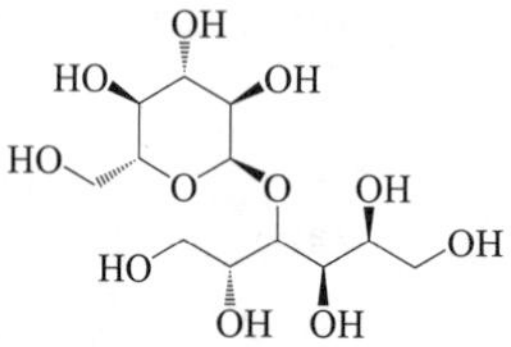

麦芽糖醇的甜度为蔗糖的85%～95%，具有耐热性、耐酸性、保湿性和非发酵性等特点，基本上不起美拉德反应。可由麦芽糖经催化剂氢化制得，吸湿性低，对热稳定，能提供乳脂状组织感，可以用于替代食品中的蔗糖或脂肪。常用于无糖巧克力，在优质巧克力涂层、糖果、烘焙食品及冰淇淋中替代蔗糖，也适用于无糖果酱、色拉调味料、涂抹酱等。由于麦芽糖醇甜度接近蔗糖，通常并不需添加高甜度甜味剂。它在冷冻鱼糜制品中的最大使用量为0.5g/kg，而在调味乳、糖果、面包、糕点、饼干等食品中需按生产需要适量使用。

（2） 山梨糖醇　山梨糖醇（sorbitol solution），$C_6H_{14}O_6$，分子量182.17，为白色吸湿性粉末或晶状粉末、片状或颗粒，无臭。依结晶条件不同，山梨糖醇的熔点在88℃～102℃范围内变化，相对密度约1.49。山梨糖醇的化学结构式为：

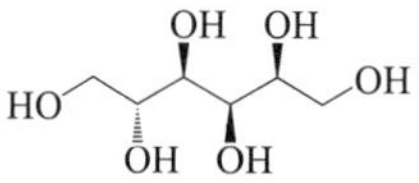

山梨糖醇易溶于水（1g溶于约0.45mL水中），微溶于乙醇和乙酸，有清凉的甜味，甜度约为蔗糖的一半，热值与蔗糖相近。山梨糖醇液为清亮无色糖浆状液体，有甜味，对石蕊呈中性，可与水、甘油和丙二醇混溶。山梨糖醇是六碳糖醇，可由葡萄糖经催化剂氢化制得，吸湿性较强，口感温和，具有愉快风味，适用于糖果、烘焙制品及巧克力的制造。它十分稳定，耐高温，不参与美拉德反应，与其他食品组分如蔗糖、胶凝剂、蛋白质及植物油脂能够良好混合，也可用于胶姆糖、冷冻甜食等。它是一种营养性甜味剂、湿润剂、螯合剂和稳定剂。

山梨糖醇（液）可按生产需要用于雪糕、冰棍、糕点、饮料、饼干、面包、酱菜、糖果。鱼糜及其制品使用量为0.5g/kg；豆制品工艺用、制糖工艺用、酿造工艺用、油炸小食品和调味料等，按生产需要适量使用。

（3）木糖醇　木糖醇（xylitol），$C_5H_{12}O_5$，是一种白色粉末状的结晶，分子量152.15，为五碳糖醇。它极易溶于水（约160mg/100mL），微溶于乙醇和甲醇，熔点92～96℃，沸点216℃，热值16.72kJ/g(与蔗糖相同)，可由木糖经催化剂氢化制得。木糖醇的化学结构式为：

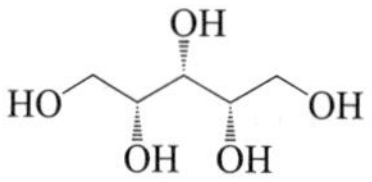

木糖醇吸湿性低，化学性质不活泼，不参与美拉德反应，甜度与蔗糖相似。溶于水时吸热，故以固体形式食用时，在口中会产生愉快的清凉感。木糖醇常用于非龋齿性无糖糖果制造，如无糖胶姆糖、无糖硬糖及无糖巧克力等，还可代替糖按正常生产需要用于糖果、糕点、饮料。

（4）甘露糖醇　甘露糖醇（mannitol），$C_6H_{14}O_6$，分子量182.17，无色至白色针状或斜方柱状晶体或结晶性粉末。无臭，具有清凉甜味。甘露糖醇的化学结构式为：

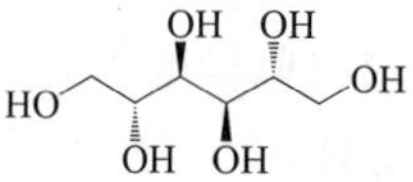

甘露糖醇的甜度约为蔗糖的57%～72%。每克产生8.37J热量，约为葡萄糖的一半，是一种很好的

低热量甜味剂。甘露糖醇吸湿性极小，水溶液稳定，对稀酸、稀碱稳定，不易被氧化。甘露糖醇溶于水（5.6g/100mL，20℃）及甘油（5.5g/100mL），略溶于乙醇（1.2g/100mL），几乎不溶于大多数其他常用有机溶剂。20% 甘露糖醇水溶液的 pH 值为 5.5 ～ 6.5。甘露糖醇是六碳糖醇，可由果糖经催化剂氢化制得，吸湿性低，常被用作胶姆糖制造时的撒粉剂，以避免与制造设备、包装机械黏结，也用作增塑体系组分，使其保持柔和特性。甘露糖醇还可用作糖片的稀释剂或充填物和冰淇淋及糖果的巧克力味涂层。甘露糖醇具有愉快风味，在高温下不变色，化学性质不活泼。它的愉快风味及口感可遮掩维生素、矿物质及药草气味。甘露糖醇还是胶姆糖及糖果的防粘剂、营养增补剂及组织改良剂、保湿剂。

11.2.5.2　高倍甜味剂

高倍甜味剂甜度高、无热量、非营养性，常用于无热量甜食中，在美国又称作低热值甜味剂。主要品种有糖精、甜蜜素、阿斯巴甜、安赛蜜等。我国是糖精和甜蜜素的生产和消费大国。另外，安赛蜜口感好，不被人体吸收，稳定性好，原料易得，我国年产量约达 1.6 万吨。

（1） 安赛蜜　安赛蜜（acesulfame potassium，ASK），$C_4H_4SKNO_4$，化学名为乙酰磺胺酸钾，分子量 201.24。ASK 为白色结晶状粉末，无臭，易溶于水（20℃，270g/L），难溶于乙醇等机溶剂，无明确的沸点。ASK 的化学结构式为：

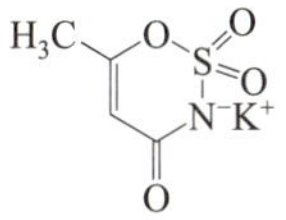

ASK 的甜度约为蔗糖的 200 倍，无热值，在水中很快溶解，味质很好，没有不愉快的后味，对热、酸十分稳定。含 ASK 的饮料在巴氏杀菌时甜度不降低，在烘焙食品中的分解仅见于 200℃以上温度，在一般 pH 范围内用于食品饮料其浓度基本无变化。与其他甜味剂可混合使用，特别是与阿斯巴甜及环己基氨基磺酸盐合用时效果较佳。它被广泛用于多种食品，如乳制品、糖果、烘焙食品及软饮料等，目前已在北美、南美、欧洲及非洲、亚洲一些国家批准使用。

（2） 阿斯巴甜　阿斯巴甜（aspartyl phenylalanine methyl ester，AMP），$C_{14}H_{18}O_5N_2$，别名天冬甜素、蛋白糖、甜味素，分子量为 294.31，是由 L- 天冬氨酸与 L- 苯丙氨酸两种氨基酸结合而成的缩二氨酸的甲基酯。阿斯巴甜的化学结构式为：

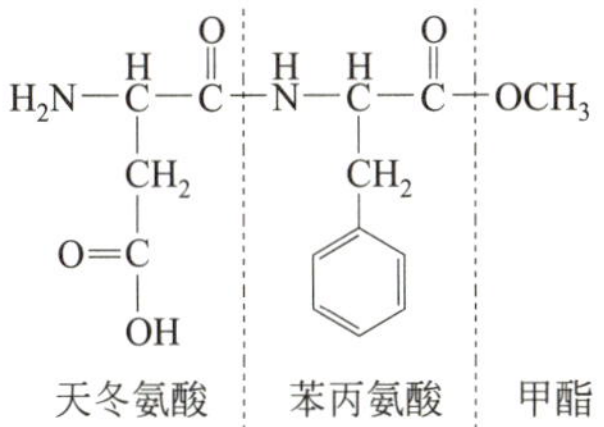

天冬氨酸　苯丙氨酸　甲酯

AMP 具有蔗糖样的风味，甜度为蔗糖的 150 ～ 200 倍，甜味阈值为 0.001% ～ 0.007%，如与食盐共用，甜度可达 400 ～ 490 倍，发热量为 16.760 kJ/kg，与蔗糖相同。但是，相同甜度下，用量只需蔗糖的 1/180 ～ 1/200，因而是低热值、滋养性的甜味剂。具有蔗糖其风味，能增强多种食品及饮料的风味，能耐受乳制品、果汁的热处理、无菌操作、高温短时与超高温处理。高温时间较长易引起水解，使甜度降低。常用于碳酸饮料、果汁饮料、乳制品、糖果、果酱及谷物早餐等。

作为高倍甜味剂，APM 主要有以下优势：

① APM 属营养性甜味剂，在人体内可发生甲基酯水解，分解为天冬氨酸和苯丙氨酸成营养成分，易

被人体消化吸收。

② APM 热量低，相同甜度下仅为蔗糖热量的 1/180 ～ 1/200，若与食盐共用热量还能降低到 1/400 ～ 1/490，所以是低热值的甜味剂。

③ APM 甜度大，是蔗糖的 180 ～ 200 倍。相同甜度下用量一般只需蔗糖的 1/200 ～ 1/180。但在不同食品系统中，APM 的甜味强度有所差异，它与产品的配方、pH 值、温度及风味特性有关，使用剂量不能以 180 ～ 200 倍的范围简单推算，而应以此为依据，反复试验品尝后再作调整。APM 与蔗糖在甜度上最大的不同之处在于其甜味持久，还可采用某些盐或者调节 APM 的使用剂量以延长其可感觉的甜度。

④ APM 属非糖类物质，幼儿食用后不产生龋齿，对细菌作用的稳定性好，属非龋蚀性甜味剂，尤其适用于幼儿食品。

⑤ APM 味质纯正，其口感与天然甜味剂极相近，没有合成甜味剂所具有的后苦味、化学味、金属味和中草药味。

⑥ APM 与蔗糖、葡萄糖、果糖等天然甜味物质具有很好的相容性，其混合后的甜味强度一般高于各自甜度之简单相加，甜味互补，可减少甜味剂使用量的 10% ～ 20%，从而降低成本。同时 APM 也常与合成甜味剂配合使用，具有甜味增强和矫味的作用。

⑦ APM 对芳香有增强作用，对天然香料的影响常高于人工合成香料，尤其是对酸性的柑橘、柠檬、柚等，既能使香味持久，减少芳香物质的用量，又能降低成本。因此，APM 是一种很好的食品风味强化剂。例如，口香糖中加入 APM 不仅能延长其甜味，而且能保持香味感觉，相当于 4 倍蔗糖所能达到的效果。

⑧ APM 的稳定性是时间、温度、pH 值和可利用水分的函数，其分解作用通常遵循简单的一级反应动力学。

（3）糖精钠　糖精钠（sodium saccharin），$C_7H_4O_3N\text{-}Na \cdot 2H_2O$，分子量 241.20。无色结晶粉末，无臭或微有香气，味浓甜带苦，在空气中缓慢风化，失去约一半结晶水而成白色粉末。糖精钠的化学结构式为：

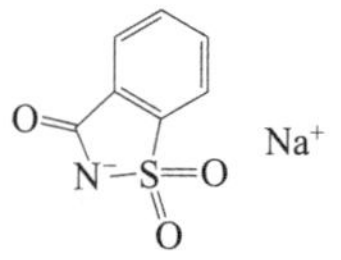

糖精钠的甜味阈值 0.00048%。易溶于水，略溶于乙醇。糖精钠可作低热量甜味剂，糖尿病患者可用糖精钠代替食糖。糖精钠甜度约为蔗糖的 300 ～ 500 倍，非常稳定，不含热值，可用于烹煮及烘焙加工。糖精及其钠盐的使用已有百年以上历史。目前世界上许多国家将糖精及其盐类用于碳酸饮料、果汁饮料、餐桌甜味剂、糖果及果酱等食品中。

（4）环已基氨基磺酸盐　环已基氨基磺酸钠（sodium cyclamate），$C_6H_{12}NNaO_3S$，又称甜蜜素，分子量 201.22，为白色结晶或结晶性粉末，无臭。环已基氨基磺酸盐味甜，其甜度约为蔗糖的 30 倍，易溶于水，几乎不溶于有机溶剂，对热、酸、碱稳定。环已基氨基磺酸钠的化学结构式为：

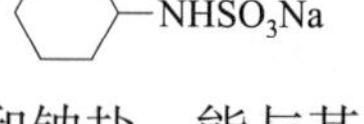

环已基氨基磺酸盐不含热值，包括钙盐和钠盐，能与其他甜味剂混合使用，可与各种食品配料、天然或合成增味剂、化学防腐剂混合，在高温及低温下十分稳定，能耐受广泛 pH 范围、光照及氧等。由于它能增强水果风味，即使在低浓度时也能掩蔽某些柑橘类水果的酸味，尤其适用于水果制品。其溶液的密度、渗透压较蔗糖溶液低，因而不会从水果中汲出水分。环已基氨基磺酸盐适用于饮料、果酱、果冻及低热值色拉调味料等，目前欧洲、亚洲、南美及非洲 50 多个国家批准使用。

（5）三氯蔗糖　三氯蔗糖（sucralose，TGS），$C_{12}H_{19}Cl_3O_8$，分子量是 397.64，是一种白色或者接近白色的结晶粉，极易溶于水、乙醇，微溶于乙酸乙酯，熔点 125℃，相对密度 66(晶体 20℃)。TGS 对光、热、pH 值均很稳定，是所有强力甜味剂中性质最稳定的一种。三氯蔗糖的化学结构式为：

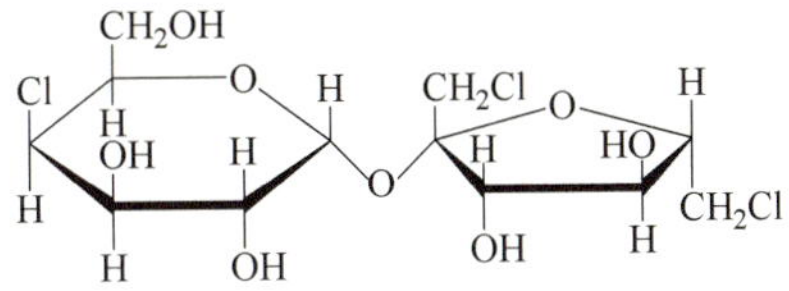

TGS 被认为是迄今为止人类已开发的一种最完美、最具竞争力的强力甜味剂，其甜度约为蔗糖的 600 倍，不提供热值，爽口且易感知甜味。因其甜度高、甜味特性好、安全性高、不参与人体代谢、对酸水解的稳定性比蔗糖大 10 倍等优点，目前已广泛应用于焙烤食品、饮料、口香糖、乳制品、冷冻点心、冰淇淋、蜜饯、布丁、果冻、果酱、糖浆等加工制品。干燥状态及液态时都具有优异的化学及生物稳定性，适用于蒸煮及烘焙工艺，多用于烘焙食品、乳制品、水果制品、餐桌甜味剂等。由于它的良好溶解度及液态时的稳定性，常以浓缩液形式供应。其使用量因制品所需甜度及配方不同而异。

（6）爱德万甜　爱德万甜（advantame），$C_{24}H_{30}N_2O_7 \cdot H_2O$，分子量 476.52，色泽为白色到黄色粉末，是一种高强度甜味剂，于 2017 年正式成为我国法规认可的甜味剂。爱德万甜的化学结构式为：

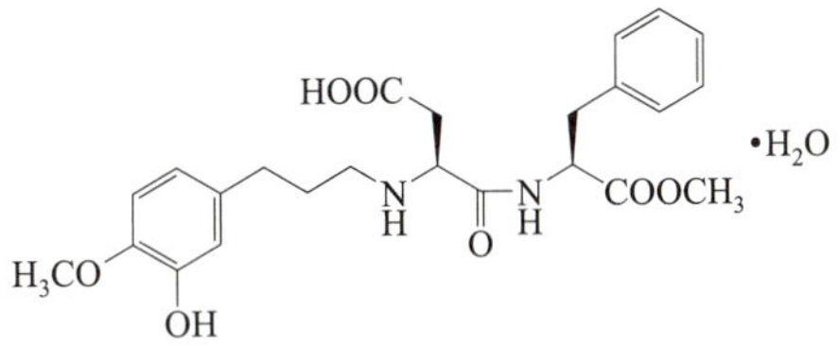

爱德万甜可以用于多种食品，且其用量可以远低于现有市场上的蔗糖和其他高倍甜味剂。经实验证实，作为典型的餐桌甜味料，爱德万甜的甜度大约为阿斯巴甜的 115 倍。另外，爱德万甜在应用于甜味食品和饮料时，例如碳酸饮料（大约为 10% 蔗糖溶液甜度），其甜味效能大约为阿斯巴甜的 105 倍。爱德万甜与阿斯巴甜在总体风味和甜味强度上类似，并随着相对甜味剂浓度升高而增强，两者具有相似的感官特性。

11.2.6　膨松剂

膨松剂（bulking agents）在焙烤中的主要作用是提供所需气体，以使焙烤产品获得充气膨松的效果，增加体积并改善口感及外观质量。另外，膨松剂用于油炸食品中的裹面包屑混合料或涂层稀面糊，能为产品提供理想的多空细胞结构和松脆性。食品膨松剂一般分为化学膨松剂和生物膨松剂两种类型。也可分为单一膨松剂和复合膨胀松剂，常用的单一膨松剂有碳酸氢钠、碳酸氢铵等，常用的复合膨松剂有发酵粉等。

碳酸氢钠（$NaHCO_3$）俗称小苏打，分子量 84.01，为白色结晶性粉末，无臭，味咸，在潮湿空气或热空气中即缓慢分解，产生 CO_2，加热至 270℃是则失去全部 CO_2。遇酸即强烈分解而产生 CO_2。水溶液呈弱碱性，pH 值为 8.3（0.8% 水液，25℃）。碳酸氢钠使用范围为饼干、糕点，可按“正常生产需要”使用。

碳酸氢铵（NH_4HCO_3）俗称臭粉，分子量 79.06，为白色粉状结晶，有氨味，对热不稳定，易分解成氨、CO_2 和水，水溶液的 pH 值为 7.8（0.8% 水溶液，25℃）。碳酸氢铵在食品加工过程中生成 CO_2 和氨，两者均可挥发，在食品中残留很少，而 CO_2 和氨均为人体正常代谢产物，少量摄入，对健康无影响。我国 FA 使用卫生标准规定，碳酸氢铵使用范围为饼干、糕点，可按“正常生产需要”使用。

碳酸氢钠和碳酸氢铵都是碱性化合物，受热分解产生气体。碳酸氢钠分解后残留碳酸钠，使成品呈现碱性，影响口味，使用不当时还会使成品表面呈黄色斑点。碳酸氢铵分解后产生气体的量比碳酸氢钠多，起发效力大，但容易造成成品过松，使成品内部或表面出现大的空洞。此外，加热时产生带强烈刺激性的氨气，虽然很容易挥发，但成品中还可能残留一些，从而带来不良的风味，所以使用时要适当控制其用量。一般将碳酸氢钠与碳酸氢铵混合使用，可以弥补各自的缺陷，获得较好的效果。

11.2.7 水分保持剂

水分保持剂，简称持水剂，可保持食品的水分，改善其品质，大多为磷酸盐类物质，有 30 余种品种，主要有焦磷酸钠、三聚磷酸钠、磷酸三钠等。磷酸盐既是持水剂，又是营养强化剂，可作钙、铁营养源应用于儿童食品和营养强化食品中。磷酸盐的复配产品复合磷酸盐功能多，应用面广，能满足食品的方便化、多样化和营养化的需要，宜加大磷酸盐复配产品开发力度。食品保水剂能够调节饺子、烧卖、春卷、丸子等带馅食品中的含水量，使其保持一定的水分，避免脱水、变形破损，提高耐加工特性，且不降低食品本来的质地，甚至还能有所改善。持水剂的多羟基可广泛与豆腐中大豆蛋白、粗纤维、多糖及油脂结合，形成部分结晶的致密体，并持有一定水分，因而口感良好，弹性变形应力保持在 $1.14kgf/cm^2$❶ 的较佳范围，既耐咀嚼，同时又使内部质构保持一定光泽，呈半透明致密状，使产品更具吸引力。

11.2.8 稳定剂和增稠剂

稳定剂和增稠剂（stabilizer and thickeners）是一类能够稳定乳状液、悬浮液和泡沫，提高食品黏度或形成凝胶的 FA，也称增黏剂、胶凝剂、乳化稳定剂等。它们在加工食品中的作用是提供稠性、黏度、黏附力、凝胶形成能力、硬度、脆性、紧密度、稳定乳化及悬浊体等。使用增稠剂后食品可获得所需的各种形状和硬、软、脆、黏、稠等各种口感。大多数稳定剂和增稠剂属多糖类物质，如瓜尔豆胶、阿拉伯胶、褐藻胶、卡拉胶、琼脂、淀粉、果胶及魔芋胶等。明胶是少数几种非碳水化合物稳定剂和增稠剂中的一种。所有有效的稳定剂和增稠剂都是亲水的，且以胶体分散在溶液中形成亲水胶体。绝大多数稳定剂和增稠剂来源于天然生物，但是有些稳定剂和增稠剂需经过化学改性以得到理想的特性。

淀粉是肉制品生产惯用的增稠剂。目前，越来越多的产品中开始使用变性淀粉。变性淀粉最大的优点就是保水性好，结构稳定，价格较低。它可以吸收自身重量 2 ～ 4 倍的水，加入肉制品中可大大降低肉原料的比例，同时它还改善了传统肉制品的不良口感（韧性太高、口感粗糙、粘牙、脆度不好等）。它还可以跟天然胶结合，起协同作用，能更好改善产品的性质和降低成本。淀粉糊化后黏度高，吸水性强，可以很好地结合肌肉组织中的流动水；同时由于变性淀粉有磷酸根、羧基等络合基团，可以与蛋白质结合，具有一定的缓冲、螯合或乳化作用，能大大提高制品的保水性。因为变性淀粉的成膜性好，会在肌肉组织表面形成胶状保护膜，可以阻碍肌肉中水分的大量流失，从而起到保水嫩化的作用。此外，变性淀粉糊化后，黏性好、结合力强、稠度高，能与肌肉蛋白紧密结合，形成致密结构。这也是添加变性淀粉后，肉制品切片性好，切片表面光滑，制品口感脆而细腻的原因。目前，国内外肉制品中常用的变性淀粉主要有磷酸酯淀粉、交联淀粉、醋酸酯淀粉、酸解淀粉、复合变性淀粉等。

❶ $1kgf/cm^2$=98.0665kPa。

羧甲基纤维素钠（CMC-Na）呈白色或微黄色粉末状，无臭无味，易溶于水成高黏度溶液，对热不稳定，其溶液黏度随温度升高而降低，也随温度下降而升高，同时其水溶液具有假塑性现象，即静置时溶液主观表现高黏度，当施加剪切力时，其黏度随剪切速率的增加而降低，但当停止施加剪切力时，便立即恢复到原有黏度，这一点在冰淇淋配料、均质、老化过程中有相当大的现实意义。另外，CMC 可与某些蛋白质发生胶溶作用生成稳定的复合体系，从而大大扩展蛋白质溶液的 pH 范围，这一点在制作酸奶冰淇淋时显得尤为重要。通常情况下 CMC 与其它稳定剂并用，以降低成本并具有协同作用，尤其是和海藻酸钠并用时效果可大大增强。一般在冰淇淋中最大使用量不超过 0.5%，使用时和砂糖或其它干粉状物料混合均匀后撒入水中。

11.2.9　其它

人工合成的 FA 还有很多种，如增加食品香气滋味的香精香料和增味剂，如氨基乙酸、L- 丙氨酸和琥珀酸二钠等；保证食品加工能顺利进行的加工助剂，如氨水、甘油和硫酸钙等；促进油和水相溶的油包水（W/O）型乳化剂或水包油（O/W）型乳化剂，如吐温 20、琥珀酸单甘油酯和丙二醇脂肪酸酯等。

概念检查 11.2

○ 请介绍具有色、香、味功能的食品添加剂各一类。

11.3　常用的天然食品添加剂

11.3.1　着色剂

11.3.1.1　红曲色素

红曲色素（monascus pigments，MPs）商品名又称红曲红（monascus red）。将红曲霉（*Monascus pupurreus* Went）接种到米饭发酵后，可得到红曲米（又称红丹、丹曲、赤曲等），以红曲米为原料，经萃取、浓缩、精制可得红曲色素。它是我国传统的 FA。

MPs 是多种成分的混合色素，已确定结构的 MPs 成分主要有：红色素类（红斑素、红曲红素）、黄色素类（红曲素、红曲黄素）和紫色素类（红斑胺和红曲红胺）等，根据溶解性可分成醇溶性 MPs（表 11-3）和水溶性的 MPs（表 11-4）。

表 11-3　醇溶性 MPs 主要成分的分子结构

分子结构式	名称	颜色	分子式	分子量
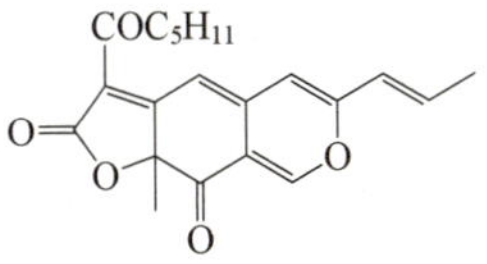 COC_5H_{11} (结构式)	红斑素（RTN）	红	$C_{21}H_{22}O_5$	354

续表

分子结构式	名称	颜色	分子式	分子量
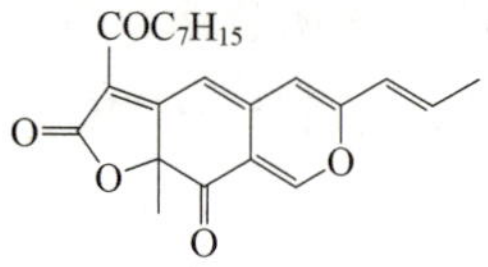 COC_7H_{15}, O, O, O, O	红曲红素（MBN）	红	$C_{23}H_{26}O_5$	382
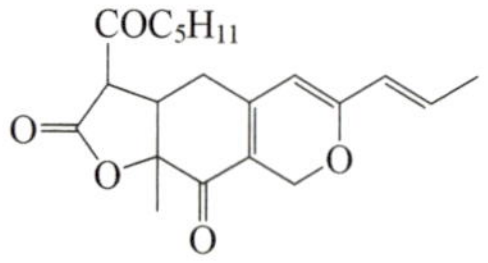 COC_5H_{11}, O, O, O, O	红曲素（MNC）	黄	$C_{21}H_{26}O_5$	358
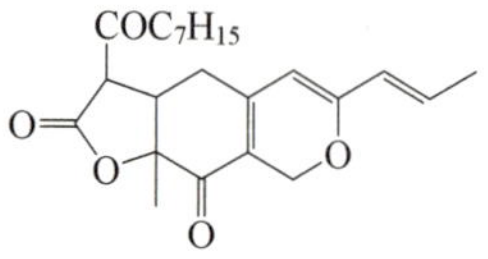 COC_7H_{15}, O, O, O, O	红曲黄素（ANK）	黄	$C_{23}H_{30}O_5$	386
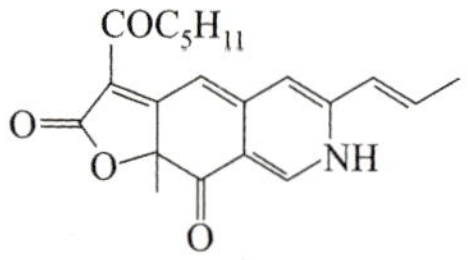 COC_5H_{11}, O, O, O, NH	红斑胺（RTM）	紫	$C_{21}H_{23}O_4N$	353
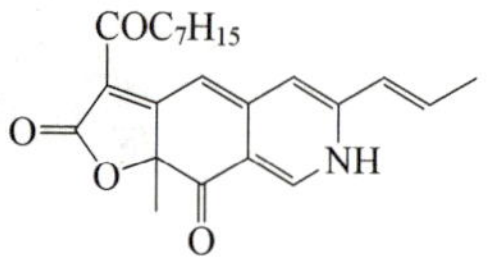 COC_7H_{15}, O, O, O, NH	红曲红胺（MBM）	紫	$C_{23}H_{27}O_4N$	381

表 11-4 水溶性 MPs 主要成分的分子结构

分子结构式	名称	颜色	分子式	分子量
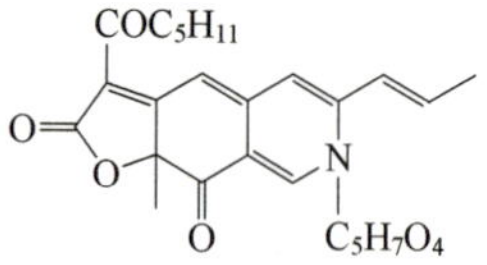 COC_5H_{11}, O, O, O, N, $C_5H_7O_4$	*N*-戊二酰基红斑胺（GTR）	红	$C_{26}H_{29}O_8N$	483
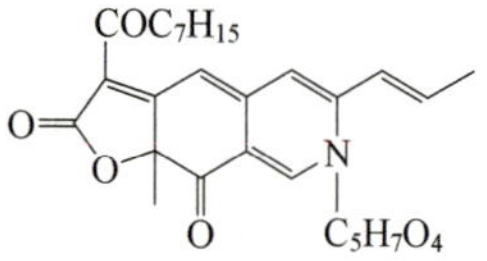 COC_7H_{15}, O, O, O, N, $C_5H_7O_4$	*N*-戊二酰基红曲红胺（GTM）	红	$C_{28}H_{33}O_8N$	511
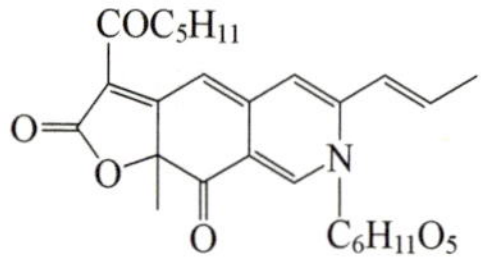 COC_5H_{11}, O, O, O, N, $C_6H_{11}O_5$	*N*-葡糖基红斑胺（GCR）	红	$C_{27}H_{33}O_9N$	515
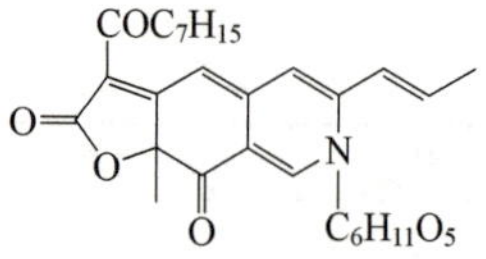 COC_7H_{15}, O, O, O, N, $C_6H_{11}O_5$	*N*-葡糖基红曲红胺（GCM）	红	$C_{29}H_{37}O_9N$	543

MPs 为红色或暗红色液体或粉末或糊状物，略有异臭，熔点约 60℃，溶于乙醇、乙醚、冰醋酸，不溶于水、甘油。在 pH2 ～ 9，MPs 较稳定，耐热性强（100℃以上）。MPs 对光较不稳定，在光照（紫外光和可见光等）下会逐渐分解。MPs 水溶液（pH5.7 ～ 6.7）在自然光照射条件下，不到 14h，色素的保

存率降到 50% 以下；MPs 易氧化的特性也赋予它有较好的抗氧化性；MPs 对金属离子（例：0.01mol/L 的 Ca^{2+}、Mg^{2+}、Fe^{2+}、Cu^{2+} 等）稳定；几乎不受 0.1% 的过氧化氢、维生素 C、亚硫酸钠等氧化还原剂影响，但遇氯褪色；对蛋白质的染色性好。

我国很早就用 MPs 着色各种食品，可在肉制品、水产品、配制酒、冰棍、饼干、果冻、膨化食品、调味类罐头、奶制品、植物蛋白、果品中按生产需要适量使用。由于 MPs 对蛋白质的染色性特好，所以在肉制品、豆制品加工方面有较大的应用优势。在发酵香肠、午餐肉、通脊烤肉、圆火腿等西式肉制品中添加适量 MPs 替代亚硝酸盐作着色剂，其产品色泽红润均匀一致，且口感细腻、风味独特、安全耐藏。MPs 应用在腌制的鱼、虾上的作用和原理与在肉制品中是一致的：既作着色剂，又作为抑菌剂，同时可以产生鲜美的味感。红腐乳是腐乳中最受消费者喜爱的品种，是豆制品中的上品，更是一种保健食品，其红色就是应用 MPs 之结果。除应用上述几类食品之外，MPs 还可用于各种调味品、禽类、果酒、辣椒酱、甜酱、糕点等食品。

在使用 MPs 时应注意：因为它在使用中会逐渐变成红棕色，溶解度、色值也会下降，在 pH 值 4.0 以下或盐溶液中可能产生沉淀，pH 值 9.0 以上可能会出现絮状物，也不宜用于新鲜蔬菜、水果、鲜鱼、海带。另外，它的耐日光性和水溶性较差，值得进一步研究改善。

11.3.1.2 胭脂虫色素

胭脂虫（cochineal）是一种寄生在胭脂仙人掌（*Napalea coccinelifera*）上的昆虫，此种昆虫的雌虫体内存在一种蒽醌色素，名为胭脂红酸（carminic acid）。胭脂仙人掌原产于墨西哥、秘鲁、约旦等地。

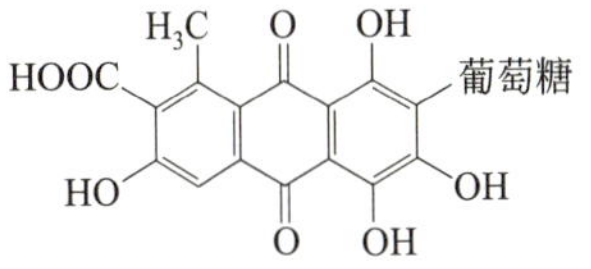

图 11-10　胭脂红酸的分子结构式

胭脂红酸结构式如图 11-10 所示，它约占胭脂虫成熟的雌性干虫体重的 19% ～ 24%。胭脂红酸属于蒽醌类色素，在 pH5 ～ 6 时呈红 - 紫红色，pH7.0 以上时呈紫红 - 紫色，是理想的天然 FCs 之一。其优点是抗氧化，遇光不分解。

胭脂红酸可溶于水、乙醇、丙二醇，在油脂中不溶解，与铁等金属离子形成复合物亦会改变颜色，因此在添加此种色素时可同时加入能配位金属离子的配位剂，例如磷酸盐。胭脂红酸对热、光和微生物都具有很好的耐受性，尤其在酸性 pH 范围，但染着力很弱，一般作为饮料着色剂。

11.3.1.3 紫胶虫色素

紫胶虫（*Coceus lacceae*）是豆科黄檀属（*Dalbergia*）、梧桐科芒木属（*Eriolaena*）等属树上的昆虫，其体内分泌物紫胶可供药用，中药名称为紫草茸。我国四川、云南、贵州以及东南亚均产紫胶。目前已知紫胶中含有五种蒽醌类色素，紫胶红酸蒽醌结构中的苯酚环上羟基对位取代不同，分别称为紫胶红酸 A、B、C、D、E，紫胶红酸一般又称为虫胶红酸（laccaic acid）（图 11-11）。紫胶红酸与胭脂红酸性质相类似，在不同 pH 值时显不同颜色，即在 pH ＜ 4，pH=4、6 和 8 时，分别呈现黄、橙、红和紫色。

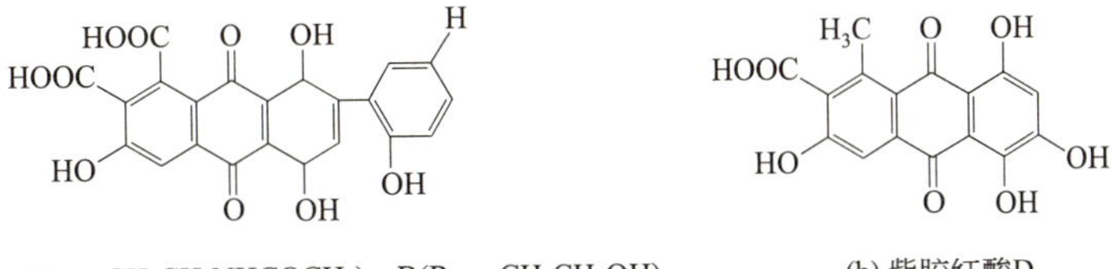

(a) 紫胶红酸A(R=—$CH_2CH_2NHCOCH_3$)、B(R=—CH_2CH_2OH)、C(R=—CH_2CHNH_2COOH)、E(R=—$CH_2CH_2NH_2$)

(b) 紫胶红酸D

图 11-11　紫胶红酸结构示意图

11.3.1.4 焦糖色素

焦糖色素（caramel pigment）是以碳水化合物为原料采用普通法、苛性亚硫酸盐法、氨法或亚硫酸铵法制成的FA。它是一类复杂的红褐色或黑褐色混合物，也是我国传统使用的色素之一，又名焦糖色。

按照焦糖色素生产工艺，在碳水化合物存在下，根据催化剂的不同可分为：Ⅰ类普通焦糖，用DE值70以上的葡萄糖浆，在160℃左右的温度下，添加1%（干基）的氢氧化钠作催化剂；Ⅱ类苛性亚硫酸盐法焦糖，它是在亚硫酸盐存在下，加或不加酸（碱）催化产生的焦糖色素，这类色素不允许使用；Ⅲ类氨法焦糖，它是我国目前生产量最大的一类焦糖，不使用亚硫酸盐，用氢氧化铵作催化剂；Ⅳ类亚硫酸铵法焦糖，同样以碳水化合物为原料，在氨化合物和亚硫酸盐同时存在下制得。

目前除冷冻饮品、威士忌、朗姆酒等外，一般是按生产需要添加。

11.3.1.5 叶绿素铜钠盐

叶绿素不稳定，且难溶于水，为方便使用，常将其制成叶绿素铜钠盐。叶绿素铜钠盐是以竹叶、三叶草、低档绿茶、苜蓿叶、苎麻叶、蚕沙等为原料，先用碱性酒精提取，经皂化后添加适量硫酸铜，叶绿素卟啉环中镁原子被铜置换，即生成叶绿素铜钠盐。

叶绿素铜钠盐是墨绿色粉末，略带金属光泽，无臭或微有特殊的氨样气味，有吸湿性，对光和热较稳定；易溶于水，稍溶于乙醇和氯仿，微溶于乙醚和石油醚。水溶液呈蓝绿色澄清透明液，钙离子存在时则有沉淀析出。可用于果味水、汽水、配制酒、糖果、罐头、红绿丝、糕点等。此外，还作为化妆品的基础色素和牙膏的着色剂被广泛应用。

11.3.1.6 姜黄色素

姜黄色素（curcumin或turmeric yellow）是从多年生草本植物姜黄（*Curcuma longa*）根茎中提取的一种天然色素。姜黄色素主要包括姜黄素（$C_{21}H_{20}O_6$）、脱双甲氧基姜黄素（$C_{19}H_{16}O_4$），纯品为橙黄色结晶粉末，有胡椒气味并略微带苦味，熔点为179～182℃，具有亲脂性，易溶于冰醋酸、乙酸乙酯和碱性溶液，并可溶于95%的乙醇、丙二醇，但不溶于水。纯品在偏酸性环境中呈黄色，由于姜黄素具有酚羟基，在碱性环境易氧化，呈棕色或红棕色；光、热、氧能使其氧化而失去着色功能。姜黄素还易与过渡性金属元素络合产生沉淀，与铁离子结合会变色。

姜黄素一般用于咖喱粉和蔬菜加工产品等着色和增香。另外，姜黄素还有诸多的药理功能。

除上面所述天然着色剂外，天然着色剂还有杨梅红、天然苋菜红、辣椒红、蓝锭果红、茶黄色素和茶绿色素等。

近年来，天然着色剂引起了人们的广泛关注，这不是因为它们的着色特性，而是因为它们具有潜在的促进健康的作用。尽管人们热衷于对植物和微生物资源的着色剂进行了大量的寻找，并努力提高产量，但目前天然食品颜色剂进入市场的较少，缺乏稳定性是其主要的因素。因此，如何用微胶囊、纳米封装等技术，以提高稳定性，是解决这一问题的有效技术之一。

11.3.2 防腐剂

11.3.2.1 乳酸链球菌素

由于一些人工合成的防腐剂存在一定的安全隐患问题，如苯甲酸盐可能会引起食物中毒现象，亚硝酸盐和硝酸盐可能会生成致癌的亚硝胺等。随着人们生活水平的提高，人们对于防腐剂的要求也越来越高，不但要求防腐剂安全、无毒，而且要求防腐剂营养化、功能化。因此，广谱、高效、低毒、天然的食品防腐剂受到越来越广泛的关注，其中乳酸链球菌素（Nisin）就作为常用的防腐剂被批准应用。

Nisin又称乳球菌肽或乳链菌肽，分子式$C_{143}H_{228}O_{37}N_{42}S_7$，分子量3348，是某些乳酸球菌代谢过程中合成和分泌的具有很强杀菌作用的小分子肽，是高效无毒的天然防腐剂，可有效地延长食品保质期和货架寿命，对人体无毒无害。近来还发现Nisin可用于治疗胃和十二指肠溃疡、口腔溃疡和皮肤病，具有医药价值。因此，开发和利用Nisin对促进我国绿色食品的发展和保障人民健康具有重要的意义。

（1）Nisin的特性与抑菌作用

① Nisin的分子结构　Nisin是一种多肽类羊毛硫细菌素，成熟的分子仅含有34个氨基酸残基。据报道，Nisin有二聚体和四聚体分子，可能有4种类型：A、B、C、D，其中A和B的生物活性高，结构示意图（Nisin A为例）详见图11-12。Nisin的单体中含有5种稀有氨基酸：氨基丁酸（ABA）、脱氢丙氨酸（DHA）、*β*-甲基脱氢丙氨酸（DHB）、羊毛硫氨酸（ALA-S-ALA）、*β*-甲基羊毛硫氨酸（ALA-S-ABA），它们通过硫醚键形成5个分子内环。

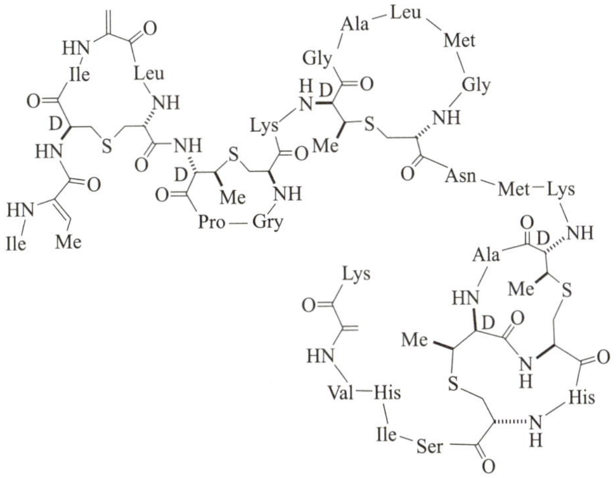

图11-12　Nisin A结构示意图

② Nisin的抑菌谱　Nisin对许多革兰氏阳性菌，包括葡萄球菌属、链球菌属、小球菌属、乳杆菌属的某些种，大部分梭菌属和芽孢杆菌属的孢子有强烈的抑制作用，但不抑制革兰氏阴性细菌、酵母和霉菌。在加热、冷冻或调节pH的情况下，一些革兰氏阴性菌如假单胞菌、大肠杆菌等也对Nisin敏感。Nisin不仅对细菌的营养细胞有抑制作用，而且对细菌所产生的芽孢同样有抑制作用。Nisin能抑制芽孢的萌发而不是杀死芽孢。

③ Nisin的抑菌机理　Nisin之所以能抑制细菌的生长及芽孢的萌发是基于其对细胞表面的强烈吸附作用，进而引起细胞质的释放而发挥其抑菌作用。Nisin是带有正电荷的疏水短肽，因而它可以作用在革兰氏阳性菌细胞壁带负电荷的阴离子成分如磷壁酸、糖醛酸磷壁酸、酸性多糖和磷脂上。相互作用的结果是与细胞壁形成管状结构，使得分子量较小的细胞组成成分从孔道中泄漏出来，导致细胞内外能差消失，对蛋白质、多糖等物质的生物合成产生抑制作用。而G^-和G^+相比，其细胞壁成分复杂而且结构致密，Nisin无法通过，因而对其不能发挥作用。但是，当经过适当处理改变了细胞壁通透性后，G^-同样对Nisin敏感。

④ 影响Nisin防腐性因素　虽然Nisin具有很好的防腐性能，但是，它必须在一定的环境下才能发挥其最好的防腐能力。另外，Nisin的生物活性、稳定性也受到诸多因素的影响，如pH、盐和温度等。pH

值是一个非常重要的影响因素，Nisin 的生物活性随 pH 升高而下降，溶解度也随之下降，pH ＞ 7 时，Nisin 几乎不溶解；在 pH 较低时，高温加热时活性几乎不发生改变，而 pH ＞ 4 时，加热则会使其迅速失活。另外，由于 Nisin 是小分子肽，因而会受到一些酶制剂的影响，如 α- 胰蛋白酶、枯草杆菌肽酶会使 Nisin 失活。当 Nisin 与其它的因素如酸味剂、盐、热处理和冷冻等联合作用时，其抗菌活性大大增加。

（2）Nisin 在食品工业中的应用

① 乳制品　Nisin 可以用于食品或药品乳状液的乳化和稳定。Nisin 添加在消毒奶中解决了由于耐热性芽孢繁殖而变质的问题，而且只需较低浓度便可以使其保质期大大延长。此外，Nisin 还可以改善牛乳由于高温加热而出现的不良风味。

② 果汁和酒精饮料　Nisin 能够抑制苹果汁、橘子汁和葡萄柚汁中的泛酸芽孢杆菌。在巴氏灭菌前添加适量的 Nisin 能有效地防止果汁饮料的酸败。酒精饮料工业中也可以利用 Nisin 防止杂菌的污染。由于 Nisin 对酵母不起作用，因而可在酒发酵过程中加入 Nisin 来抑制乳酸菌的生长，并在整个发酵过程中都有一定的抑菌作用，从而提高啤酒质量，保证口味的一致性。

③ 肉制品　山东农业大学罗欣等将鲜牛肉用不同浓度 Nisin 溶液浸渍真空包装，结果发现，在牛肉冷却肉的保鲜中，Nisin 有显著的抑菌作用，细菌总数明显降低，且保鲜效果随 Nisin 浓度的增加而增强，其有效保鲜浓度为 0.075 g/kg, 且与乳酸钠之间存在协同作用。添加 Nisin 于香肠中可降低硝酸盐或亚硝酸盐的用量，又能有效地延长香肠的货架期。若添加 0.2 g/kg Nisin，亚硝酸盐的添加量减少到 0.04g/kg，则香肠中的菌落总数降低到 3200 个 /g，抑菌效果明显，香肠的色、香、味与传统的比较，没有明显的差别。孔京新等在火腿切片中添加 Nisin，研究在非无菌化包装条件下，延长火腿切片的货架期。试验结果表明：添加 0.1042g/kg Nisin 和 21g/kg 乳酸钠，再加亚硝酸盐 0.1008g/kg，4℃下贮存，货架期则延长到 70d，对照组提高 5 倍，较好地解决了西式火腿切片货架期短的问题。

海鲜制品中腐败速度快，且多冷食，所以控制半成品、成品中的细菌数显得十分重要。一般添加 0.1 ～ 0.15g/kg Nisin 就可抑制腐败细菌的生长和繁殖，延长产品的新鲜度和货架期。以生虾肉为主料，加工的半成品虾肉馅，从工厂到零售点再到消费者需要 2d 时间。为保证水产品的质量，必须有 3d 以上的货架期。研究结果显示，若添加 0.5g/kg Nisin 就可使 2d 的货架期延长到 4d。若添加 0.3g/kg Nisin 再配合 0.5g/kg 山梨酸钾，货架期则可延长到 5d。

Nisin 在乳品、酿造、制药等领域中也有广阔的应用。我国是乳酸菌资源丰富的国家，但是对 Nisin 的研究还处于初级阶段，乳酸菌发酵活力低、成本高，产品应用不广泛。这也是食品工作者面临的机遇和挑战。利用当今先进的生物技术如蛋白质工程、基因工程、细胞工程等开发新的优良工程菌株，并通过深入研究 Nisin 的性质及其作用机理，将使其作为天然生物防腐剂的应用更加广泛。

11.3.2.2　纳他霉素

纳他霉素（natamycin），$C_{33}H_{47}NO_{13}$，分子量 665.73。微溶于水，难溶于大部分有机溶剂，pH 低于 3 或高于 9 时，其溶解度会有提高，但会降低纳他霉素的稳定性。纳他霉素的化学结构式为：

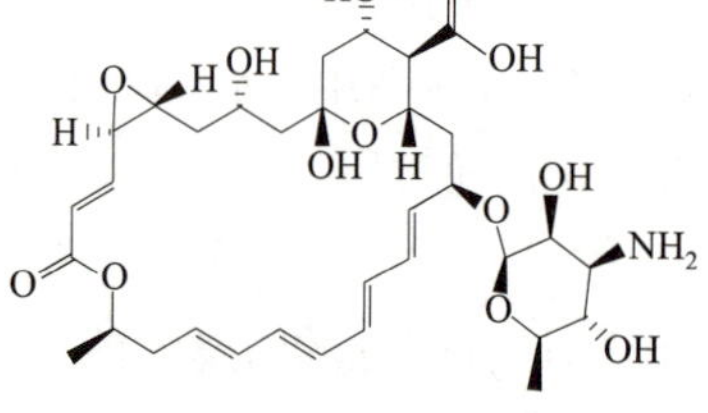

HO O H OH OH O OH H O O OH NH₂ O O OH H

纳他霉素是一种由链霉菌发酵产生的天然抗真菌化合物，属于多烯大环内酯类，既可以广泛有效地抑制各种霉菌、酵母菌的生长，又能抑制真菌毒素的产生，可广泛用于食品防腐保鲜以及抗真菌治疗。

纳他霉素依靠其内酯环结构与真菌细胞膜上的甾醇化合物作用，形成抗生素——甾醇化合物，从而破坏真菌的细胞质膜的结构。当某些微生物细胞膜上不存在甾醇化合物时，纳他霉素就对其无作用，因此纳他霉素只对真菌产生抑制，对细菌和病毒不产生抗菌活性，因此它不影响酸奶、奶酪、生火腿、干香肠的自然成熟过程。GB 2760—2014 规定那他霉素可用于乳酪、肉制品、肉汤、西式火腿、广式月饼等。

11.3.3 抗氧化剂

天然抗氧化剂是直接从天然生物中提取而得到的抗氧化剂，种类繁多，目前发现有抗氧化活性的天然物质有上百种，但被批准使用的天然抗氧化剂并不多，主要有：维生素 E（生育酚）、茶多酚、迷迭香提取物、竹叶抗氧化剂和茶黄素等。

11.3.3.1 茶多酚

茶多酚（tea polyphenols，TP）是茶叶中特有的以儿茶素类为主体的多酚类化合物，俗名茶单宁、茶鞣质，又名维多酚。茶多酚为儿茶素类（黄烷醇类）、黄酮及黄酮醇类、花色素类和酚酸及缩酚酸类多酚化合物的复合体，是一种纯天然的抗氧化剂，具有优越的抗氧化能力，并具有抗癌、抗衰老、抗辐射、清除自由基、降血糖、降血压、降血脂及杀菌等一系列药理功能，在油脂、食品、医药、化妆品及饮料等领域具有广泛的应用前景。TP 中儿茶素类约占总量的 80%，包括 4 种形式的儿茶素：没食子儿茶素没食子酸酯（EGCG）、没食子儿茶素（EGC）、儿茶素没食子酸酯（ECG）、儿茶素（EC）。其结构式如图 11-13 所示。

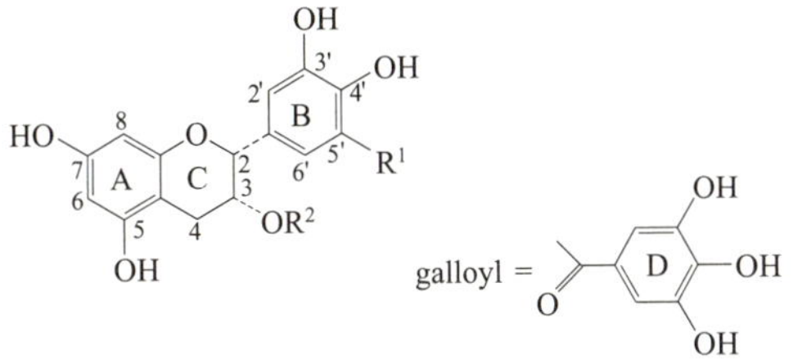

(1) $R^1=R^2=H$　儿茶素(epicatechin, EC)
(2) $R^1=OH, R^2=H$　没食子儿茶素(epigallocatechin, EGC)
(3) $R^1=H, R^2=galloyl$　儿茶素没食子酸酯(epicatechin gallate, ECG)
(4) $R^1=OH, R^2=galloyl$　没食子儿茶素没食子酸酯(epigallocatechin gallate, EGCG)

图 11-13 茶多酚的主要组成

TP 纯品为白色无定形粉末，易溶于热水、乙醇、乙酸乙酯，微溶于油脂，难溶于苯、氯仿、石油醚。略有吸湿性。耐热性及耐酸性好，在 pH2 ～ 7 范围内均十分稳定。在碱性介质中不稳定，易氧化褐变。

（1）TP 的抗氧化机理　TP 结构中的酸性羟基具有供氢活性，能将氢原子提供给不饱和脂肪酸过氧化自由基形成氢过氧化物，阻止脂肪酸形成新的自由基，从而中断脂质氧化过程。TP 用量并不是越多越好，而是要适度，因为抗氧化成分本身被氧化后产生过氧自由基同样可以诱发自由基的连锁反应。TP 被氧化的产物是邻醌，邻醌是一类强氧化剂，会促使油脂氧化，使油脂过氧化值（POV）上升。

（2）TP 的协同作用　TP 各组分之间及与其他抗氧化剂之间存在协同作用，增强了 TP 的抗氧化效果。这一作用基于氧化还原电位的偶联氧化机理。一方面偶联作用降低了直接反应的 2 种物质间的电位差，使反应易于进行；另一方面，偶联的抗氧化剂油水分配系数互为补充，在体系中合理分布，充分发挥了每一种抗氧化剂的功能。

① TP 各组分间的协同作用 TP 对自由基的清除效率随儿茶素单体种类的增多而增加，即：四组分＞三组分＞二组分＞单体。各种混合物中，还原电位相近者协同增效作用更加明显，其中最佳组合为 EGCG∶ECG∶EGC∶EC（摩尔比 5∶2∶2∶1）。组合儿茶素的增效效果，既不是单组分儿茶素清除率的简单相加，也不是相乘作用，而是与儿茶素物质的量浓度比例呈高度正相关。

② TP 与维生素 E 的协同作用 TP 与维生素 E 具有协同抗氧化作用，当 TP 与维生素 E 一同加入时，氢过氧化物的生成受到抑制，诱导期显著延长。

③ TP 与维生素 C 的协同作用 当 TP 和维生素 C 组合时，维生素 C 可以通过捕获过氧自由基，阻断链反应而抑制脂质氧化；另外维生素 C 具有极强的还原性，可使油脂中氧浓度降低。TP 可捕获过氧自由基生成 TP·，由于维生素 C 的作用导致氧浓度的降低，使 TP·与氧生成 TPOO·的反应受抑制，进而使 TP—OO·的生成速率远远小于 TP·，从而有效降低了过氧化自由基的浓度。由于共振稳定的碳自由基（TP·）从多不饱和脂肪酸上夺取氢原子而传递反应，表现出（TP+ 维生素 C）的抗氧化作用强于单独的维生素 C 和 TP。

④ TP 与 β- 胡萝卜素的协同作用 TP 能防止亚油酸体系中 β- 胡萝卜素的氧化，其原因是 TP 抑制了 β- 胡萝卜素的氧化分解，提高了体系中 β- 胡萝卜素的保存率。TP 通过保护 β- 胡萝卜素，使 β- 胡萝卜素发挥其独特的生理功能。在某些体系中，两者可以协同作用，增强抗氧化效果。

⑤ TP 与脂溶性 TP 的协同作用 TP 的水溶性好，但是脂溶性差，难于使油脂中的 TP 达到有效浓度。因此，有人对 TP 酚羟基进行部分酯化使其变为脂溶性的抗氧化剂。实验表明，TP 和脂溶性 TP 都能显著降低脂质的过氧化值。在乳化体系中，TP 和脂溶性 TP 联合使用的抗氧化作用显著高于 TP 和脂溶性 TP 单独使用。原因是抗氧化剂可以更加均匀地分布于乳化体系中，从而提高其抗氧化能力。另外，由于界面张力的作用，极性抗氧化物质在油脂中的分散在热力学上是很不稳定的，容易被排斥至油 / 气界面上，而非极性抗氧化剂却极易分布于油 / 水界面。正是由于极性抗氧化剂和非极性抗氧化剂在抗氧化功能上的互补性，使 TP 和脂溶性 TP 联合使用时的抗氧化作用表现出显著的协同增效作用。

⑥ TP 的应用 由于 TP 的氧化还原作用很强，可将其添加到油脂中，阻止和延缓不饱和脂肪酸的自动氧化分解，使油脂的贮藏期延长；也可用于肉制品加工，在肉制品上喷洒 TP，可防止肉制品酸败，抑制细菌的生成，防止腐败变质；还可用于鲜鱼保鲜，在冷冻鲜鱼时，加入 TP 制剂，能改善鱼类的保鲜效果；也可以作为水果、蔬菜的保鲜剂。

TP 不仅具有抗氧化、清除体内超氧阴离子自由基的作用，还具有抗癌、防癌、降血脂等优异功能，因而成为国际上研究开发热点，业内人士初步估算，TP 约有十几亿元的市场需求，亟待国内企业深入研究开发。

11.3.3.2 维生素 E

维生素 E（vitamin E）亦称生育酚，是人们最早发现的维生素之一，是生育酚、三烯生育酚及 α- 生育酚活性衍生物的总称，迄今为止共发现 8 种同族体。植物油脂尤以小麦胚芽油中维生素 E 含量最高。维生素 E 属于酚类化合物，其氧杂萘满环上第六位羟基是活性基团，能释放其羟基上的活泼氢，捕获自由基，与 ROO·或 R·结合形成稳定化合物，从而阻断自由基链式反应。此外，还可通过生育酚自由基氧杂萘满环上 O—C 键断裂，结合·OH，直接清除自由基。多数情况下，维生素 E 抗氧化作用是与脂氧自由基或脂过氧自由基反应，向它提供 H，使脂质过氧化链式反应中断，从而实现抗氧化效果，因此，天然维生素 E 是一种强力抗氧化剂。它在熟制坚果与籽类、油炸面制品、膨化食品、果蔬汁（肉）饮料、蛋白类饮料、植物饮料类及非碳酸饮料等的最大使用量为 0.2g/kg。

通常维生素 E 为淡黄色油状液体，在没有空气条件下对热和碱都很稳定，100℃以下与酸不发生作用，但易被氧化，在空气中经光照或用化学试剂均可将它氧化成醌衍生物。

11.3.3.3　其它

① 迷迭香提取物　迷迭香是一种名贵的天然香料植物，它的茎、叶和花具有宜人的香味，花和嫩枝提取的芳香油，可用于调配空气清洁剂、香水、香皂等化妆品原料，并可在饮料、护肤油、生发剂、洗衣膏中使用。

迷迭香中起抗氧化作用的主要成分是迷迭香酚、鼠尾草酚和鼠尾草酸。迷迭香提取物具有高效、无毒的抗氧化效果，可广泛应用于食品、功能食品、香料及调味品和日用化工等行业中。

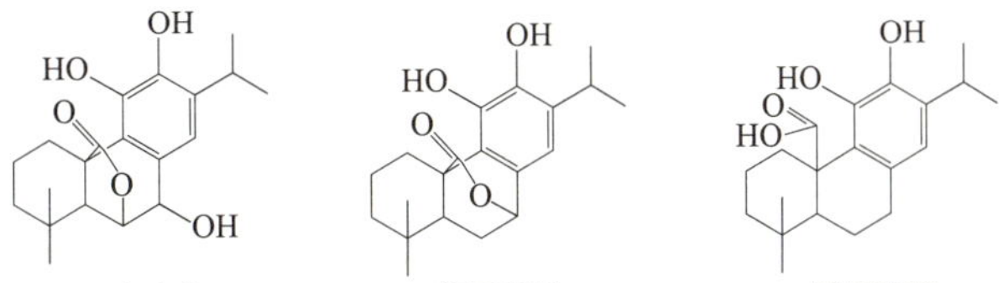

迷迭香酚　　鼠尾草酚　　鼠尾草酸

② 竹叶抗氧化剂　竹叶抗氧化剂是一种有独特竹香的天然抗氧化剂。其有效成分包括黄酮类、内酯类和酚酸类化合物。鉴于竹叶抗氧化剂性能优良、安全性高、不带异味、价格低廉，又兼有天然、营养和多功能，目前已被广泛应用于肉制品、含油脂食品、膨化食品、焙烤食品、果蔬汁饮料、茶饮料、油炸食品及其他食品中。

竹叶抗氧化剂能有效抑制热加工食品中丙烯酰胺的形成，同时不改变影响原有的加工方法，可以方便有效地防御这些谷物食品、油炸食品的丙烯酰胺危害。

③ 茶黄素　茶黄素（theaflavins，TF）和 TP 都是从茶叶中提取而来的，区别是 TP 主要来源于新鲜茶叶，而 TF 主要来源于发酵的茶叶。TF 被誉为茶叶中的“软黄金”，素有降血脂的独特功能，不但能与肠道中的胆固醇结合减少食物中胆固醇的吸收，还能抑制人体自身胆固醇的合成。

TF 是由 TP 经多酚氧化而成，是一类具有苯并䓬酚酮结构化合物的总称，其中茶黄素（theaflavin，TF1）、茶黄素 -3- 没食子酸酯（theaflavin-3-gallate，TF2A）、茶黄素 -3′- 没食子酸酯（theaflavin-3′-gallate，TF2B）和茶黄素 -3,3′- 双没食子酸酯（theaflavin-3,3′-digallate，TF3）是 4 种主要的茶黄素，其化学结构如下：

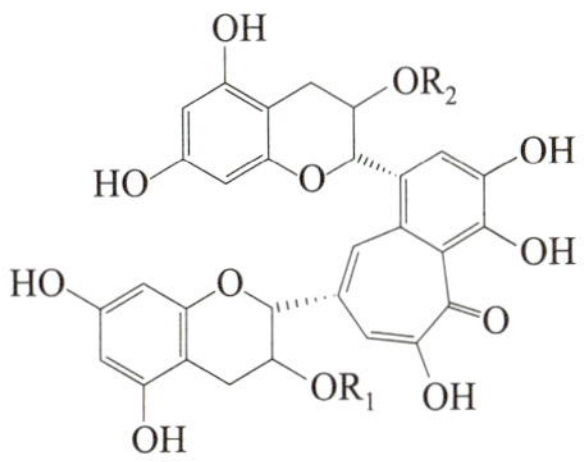

$R_1=R_2=H$，代表茶黄素
$R_1=H$，R_2=没食子酰基，代表茶黄素-3'- 没食子酸酯
$R_2=H$，R_1=没食子酰基，代表茶黄素-3'- 没食子酸酯
R_1=没食子酰基，R_2=没食子酰基，代表茶黄素-3,3'- 双没食子酸酯

TF 纯品呈橙黄色针状结晶，熔点 237 ～ 240℃，易溶于水、甲醇、乙醇、丙酮、正丁醇和乙酸乙酯，难溶于乙醚，不溶于三氯甲烷和苯。TF 溶呈鲜明的橙黄色，水溶液呈弱酸性，pH 约 5.7，颜色不受茶提

取液 pH 影响，但在碱性溶液中有自动氧化的倾向，且随 pH 的增加而加强。

TF 可广泛添加到焙烤食品、熟肉制品和茶制品等。TF 除具有抗氧化作用外，还有降血脂，预防脂肪肝、酒精肝、肝硬化等功用。

11.3.4 乳化剂

乳化剂能稳定食品的物理状态，改进食品组织结构，简化和控制食品加工过程，改善风味、口感，提高食品质量，延长货架寿命，广泛应用于焙烤、冷饮、糖果等食品行业中。

目前，世界各国允许使用的乳化剂种类较多，如脂肪酸甘油酯、司盘（Span）、吐温（Tween）、丙二醇酯、木糖醇酯、甘露醇酯、硬酯酰乳酸钠和钙、大豆磷脂、海藻酸丙二醇酯和可溶性大豆多糖等。我国主要以脂肪酸多元醇酯及其衍生物和天然乳化剂大豆磷脂为主。

11.3.4.1 磷脂

磷脂（phospholipid）是最常见的天然乳化剂。磷脂广泛分布于动植物界，既是一种天然的生物表面活性剂，也是人类及动植物组织细胞膜的组成成分。商品磷脂主要来源于大豆、蛋黄和玉米，其中大豆磷脂较好。市售磷脂习惯上均称为卵磷脂。大豆磷脂作为性能良好的天然表面活性剂，由于它特有的化学结构而具有乳化、软化、润湿、分散、渗透、增溶、消泡及抗氧化等作用，广泛应用于食品、医药、化妆品、纺织、制革、饲料以及其他行业。

磷脂按其分子结构组成可以分为甘油醇磷脂（磷酸甘油酯）和神经醇磷脂（鞘磷脂）两大类，其中甘油醇磷脂主要有磷脂酰胆碱（PC，也称为卵磷脂）、磷脂酰乙醇胺（PE，也称为脑磷脂）、磷脂酰肌醇（PI）和丝氨酸磷脂（PS）等种类；神经醇磷脂不含甘油基，是神经氨基醇和脂肪酸、磷酸、胆碱的化合物。磷脂的化学结构因磷酸结合部位不同，分为 α- 和 β- 两种类型，在自然界多以 α- 型存在。从磷脂的分子结构看（图 11-14），在其分子中有亲水基团—NH_2、═NH 和—OH，也有亲油基团 R，所以具有良好的乳化性能。

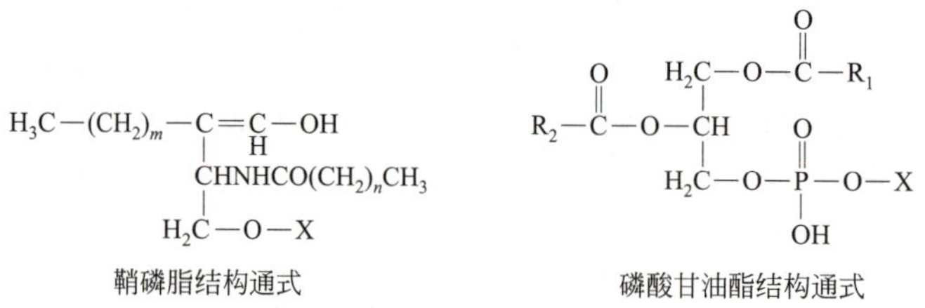

$$H_3C-(CH_2)_m-C{=}\underset{H}{C}-OH \quad | \quad CHNHCO(CH_2)_nCH_3 \quad | \quad H_2C-O-X$$

鞘磷脂结构通式

$$H_2C-O-\overset{O}{\overset{\|}{C}}-R_1 \quad | \quad R_2-\overset{O}{\overset{\|}{C}}-O-CH \quad | \quad H_2C-O-\overset{O}{\overset{\|}{\underset{OH}{\underset{|}{P}}}}-O-X$$

磷酸甘油酯结构通式

图 11-14 磷脂的分子结构示意图

m、n 代表脂肪酸亚甲基数目；X 代表磷酸胆碱或磷酸胆胺；R_1、R_2 代表脂肪酸残基

大豆磷脂是从生产大豆油的油脚中提取的产物，是由甘油、脂肪酸、胆碱或胆胺所组成的酯，能溶于油脂及非极性溶剂。大豆磷脂的组成成分复杂，主要含有卵磷脂（约 34.2%）、脑磷脂（约 19.7%）、肌醇磷脂（约 16.0%）、磷脂酰丝氨酸（约 15.8%）、磷脂酸（约 3.6%）及其它磷脂（约 10.7%）。为浅黄至棕色的黏稠液体或白色至浅棕色的固体粉末。HLB 值约为 3.5，属亲油性乳化剂。大豆磷脂不仅具有较强的乳化、润湿、分散作用，还在促进体内脂肪代谢、肌肉生长、神经系统发育和体内抗氧化损伤等方面发挥很重要的作用。大豆磷脂也是唯一不限制用量的乳化剂。磷脂在空气中易氧化酸败而变黑，但在油脂中却比较稳定。磷脂的耐热性能较好，但温度超过 150℃会逐渐分解。磷脂在酸碱条件下易水解，其产

物为脂肪酸、甘油、磷酸、氨基醇及肌醇等。

从粗大豆油中分离磷脂的方法很简单：将粗大豆油加热至 50 ～ 60℃，然后再添加 1% ～ 3% 的热水或直接通入蒸汽，缓慢搅拌，加热至 95℃，继续搅拌 20 ～ 30min，使大豆磷脂充分水合，然后用连续分离机分离水合磷脂，并在 60℃下进行减压浓缩，即可得到浓缩大豆磷脂（或称粗大豆磷脂）。为了改善磷脂的色泽，工业上通常用过氧化氢或过氧化苯甲酰进行脱色。

粗大豆磷脂中油不溶性杂质含量较高。杂质主要是微细大豆粉残渣、碳水化合物及铁、镁、钙、铅、砷等金属盐类。这些杂质不仅降低了磷脂纯度，而且会导致磷脂变质，所以必须对粗大豆磷脂进行精制。工业上大豆磷脂的精制方法有两种：其一为过滤、澄清法，即将粗大豆油过滤、澄清后，再加入热水或蒸汽，使磷脂水合后分离、浓缩并脱色的方法；其二为溶剂提取法，主要有己烷精制法、丙酮精制法和乙醇 - 丙酮法。

天然卵磷脂产品最广泛的用途是用于人造奶油和糖果。用于人造奶油时，卵磷脂是典型的乳化剂，用于油包水型乳状液，常用浓度是 0.15% ～ 0.5%。冰淇淋中添加 0.01% ～ 0.1% 磷脂，可以缩短冰淇淋混合料的凝冻时间，同时也可使气泡和冰晶变小，使得冰淇淋组织细腻滑润。制造奶味硬糖、花生牛轧和牛奶软糖时加入脂肪总量 0.2% ～ 1% 的磷脂，有助于糖、脂肪和水的混合，并能防止出现腻滑、砂粒化和成条等情况。在巧克力制造中加入 0.3% ～ 0.5% 的磷脂，能明显降低巧克力的黏度，并可取代部分价格昂贵的可可脂，降低产品成本，并能改善巧克力的耐水性能，扩大巧克力加工的温度范围，还可以防止发生脂霜现象。

在烘烤面包、饼干、馅饼和蛋糕过程中，卵磷脂主要用作：①乳化剂，单独或与其他乳化剂结合，可以降低乳化成本，稳定乳液，促进油脂与水混合，改善耐水性，确保组分均一悬浮。②润湿剂，使粉状成分迅速润湿从而减少混合时间。③分离剂，可以使食品从模具中更快和更干净脱离。④抗氧剂，可使动、植物油更稳定，尤其是作为其他抗氧剂的增效剂。

几乎所有的婴儿食品都用亲水或去油卵磷脂作乳化剂。在速溶奶粉、速溶咖啡生产中，喷雾干燥后的粉末团粒表面喷涂一层磷脂薄膜，能明显提高产品的溶解速度，使产品速溶化，其用量多控制在总固形物的 0.2% ～ 0.4%。

去油卵磷脂还可帮助乳化和固定动物脂肪，如罐装辣椒、肉汁及较高含量动物脂肪的其他食品。在香肠等肉制品中添加磷脂可以提高制品中淀粉的持水性、增加弹性、减少淀粉充填物的糊状感。

磷脂还在动物饲料、农药、涂料、化妆品、清洁剂、纺织、造纸、印刷、医药等领域中获得了广泛的应用。

11.3.4.2 皂树皮提取物

皂树皮提取物是新型的乳化剂。它是以皂树（*Quillaja saponaria* Molina）的树皮、树干或枝条为原料，磨碎后使用水溶剂提取法提取，经净化、精制等工艺生产的 FA。商品化的皂树皮提取物产品可为液体或粉末状，粉末状产品可含有例如乳糖、麦芽糖醇、麦芽糊精、糊精、聚葡萄糖等作为载体。液体产品可以使用苯甲酸钠或乙醇以便保存。

皂树皮提取物作为乳化剂用于饮料，并规定在碳酸水、碳酸饮料、果蔬汁（浆）类饮料、风味饮料、特殊用途饮料中的最大用量（按皂素计）为 50mg/kg。

11.3.4.3 其它

（1）海藻酸丙二醇酯（propylene glycol alginate，PGA） PGA 也称藻酸丙二醇酯、藻酸丙二酯。PGA

主链是由 α-L- 古洛糖醛酸和 β-D- 甘露糖醛酸组成，这 2 种糖醛酸在 PGA 分子中的比例和位置都决定着 PGA 的黏度、胶凝性、对离子的选择等特性。PGA 分子中的丙二醇基为亲脂端，可以与脂肪球结合；分子中的糖醛酸为亲水端，含有大量羟基和部分羧基，可以和蛋白质结合。PGA 是食品用稳定胶体中唯一具有稳定和乳化双重作用的天然稳定剂。在食品和饮料的生产中可以作为一种性能优良的乳化剂。PGA 溶液的亲脂性可有效地用作奶油、糖浆、啤酒、饮料及色拉油的稳定剂。

（2）可溶性大豆多糖（soluble soybean polysaccharide） 可溶性大豆多糖是豆渣经过酶解提取、分离、精制、杀菌、干燥等工艺制成，由半乳糖醛酸聚糖和阿拉伯聚糖等组成，部分支链上聚合有蛋白质，因其特殊的自身结构，与其它生物多糖相比黏性较低，并具有分散性、稳定性、乳化性和黏着性等特点。食品行业中常被用作膳食纤维强化剂、增稠剂、乳化剂、被膜剂、抗结剂。

11.3.5 增稠剂

目前使用的食品增稠剂绝大多数是天然增稠剂，主要有海藻胶、果胶、明胶、卡拉胶、黄原胶及淀粉和改性淀粉等。

11.3.5.1 黄原胶

黄原胶（xanthan gum）又称黄胶、汉生胶或黄杆菌胶，是野油菜黄单胞杆菌以碳水化合物为主要原料，经发酵工艺生产的一种用途广泛的微生物胞外多糖。类似白色或淡黄色粉末，可溶于水，不溶于多数有机溶剂。在低剪切速度下，即使浓度很低也具有高黏度。该多糖是一种多功能生物高分子聚合物，易溶于水，对温度、pH、电解质溶液及酶的作用不敏感，具有很高的黏度、流动触变性和稳定的理化性质，且无毒，目前已广泛应用于食品、医药、采油、纺织、陶瓷、印染、香料、化妆品及消防等领域。

黄原胶是由 D- 葡萄糖、D- 甘露糖、D- 葡萄糖醛酸、乙酸和丙酮酸组成的“五糖重复单元”结构聚合体，各单元的分子摩尔比为 28∶3∶2∶17∶（0.51 ～ 0.63），它的分子质量在 5×10^6u 左右。黄原胶的分子结构如下：

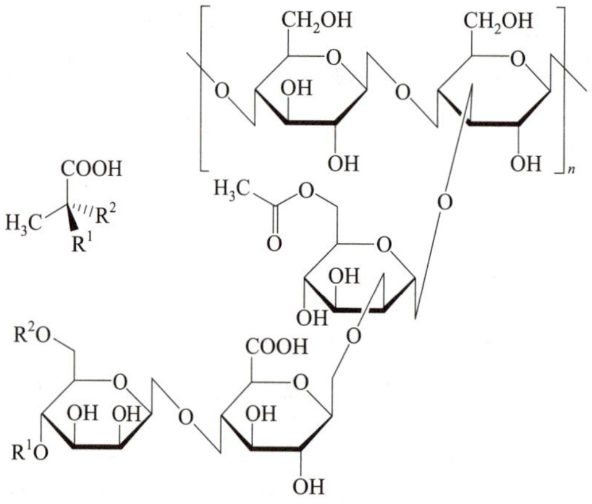

黄原胶分子的一级结构是由 β-1,4- 键连接的 D- 葡萄糖基主链与三糖单位的侧链组成，其侧链由 D- 甘露糖和 D- 葡萄糖醛酸交替连接而成。黄原胶的分子侧链末端含有丙酮酸，其含量对性能有很大影响。在不同溶氧条件下发酵所得到的黄原胶，其丙酮酸含量有明显差异。一般溶氧速率小，其丙酮酸含量低。黄原胶的二级结构是侧链绕主链骨架反向缠绕，通过氢键维系形成棒状双螺旋结构。黄原胶的三级结构

是棒状双螺旋结构间靠微弱的非共价键结合形成的螺旋复合体。

黄原胶具有某些特殊功能。比如其水溶液静置时黏度很高，但当摇动或搅动时黏度随之下降，一旦撤去外力，其黏度很快恢复。这一特点有助于冰淇淋的输送和注模，同时使冰淇淋具有良好的感官性能。黄原胶与许多普通胶质相溶，和瓜尔豆胶有较强的内部反应，在冰淇淋中同时使用可提高黏度，并可形成凝胶。黄原胶作为一种阴离子表面活性剂，能与脂类物质相溶，具有很高的乳化性能，对形成均一、稳定的冰淇淋料液有重要作用。由于黄原胶是生物发酵制品，每批成品的黏度可能稍有不同，这一点在冰淇淋使用当中应注意检验。

黄原胶是食品工业中理想的增稠剂、乳化剂和成型剂等，用途极为广泛。黄原胶作为蛋糕的品质改良剂，可以增大蛋糕的体积，改善蛋糕的结构，使蛋糕的孔隙大小均匀，富有弹性，并延迟老化，延长蛋糕的货架寿命。奶油制品、乳制品中添加少量黄原胶，可使产品结构坚实、易切片，更易于香味释放，口感细腻清爽。用于饮料，可使饮料具有优良的口感，赋予饮料爽口的特性，使果汁型饮料中的不溶性成分形成良好的悬浮液，保持液体均匀不分层。加入啤酒中可极大地改善产泡效果。在焙烤食品中加入黄原胶，可保持食品的湿度，抑制其脱水收缩，延长贮存期。用于果冻，黄原胶赋予其软胶状态。加工填充物时，可使果冻的黏度降低从而节省动力并易于加工。在加工淀粉软糖和蜜饯果脯等配方中加入黄原胶和槐豆胶，能够改进加工性能，大大缩短加工时间。含有 0.5 ～ 7.5g/L 黄原胶的巧克力液体糖果，贮藏稳定性大为提高。方便面中加入黄原胶，可提高成品率，减少产品断碎干裂，改善口感。此外，它还广泛用于罐头、火腿肠、饼干、点心和肉制品等产品中。

11.3.5.2 海藻酸盐

海藻酸盐包括海藻酸钠和海藻酸钙，又名褐藻酸钠和褐藻酸钙，化学组成为 β-D- 吡喃甘露糖醛酸（M）和 α-L- 吡喃古洛糖醛酸（G）的不规则聚合物。分子式为（$C_6H_7O_6Na/Ca$）$_n$，分子量约为 2.1×10^5。纯品呈白色至浅黄色纤维状或颗粒状粉末，几乎无臭、无味，溶于水形成黏稠状胶体溶液，不溶于乙醇、乙醚或氯仿。其溶液呈中性，与金属盐结合凝固。

海藻酸钠 / 钙来源于海藻，是将采集的海藻，洗净后切成细条状，再经温水洗净，并以纯碱溶液抽提，加酸调整其 pH 值，由此获得白色沉淀，再溶解于纯碱溶液，就得到海藻酸钠 / 钙。海藻酸钠 / 钙用在冰淇淋中，可使物料稳定均匀，易于搅拌和溶解，冷冻时可调节流动，使产品具有平滑的外观及抗融化特性，无需老化时间，产品膨胀率较高，产品口感平滑细腻，口味良好。目前，海藻酸钠可根据实际需要添加到生湿面制品、果蔬汁（浆）等食品中；海藻酸钙主要用于小麦粉制品和面包，最大使用量 5.0g/kg。

11.3.5.3 明胶

明胶（gelatin）是胶原纤维的衍生物，它是构成各种动物的皮、骨等结缔组织的主要成分，分子量约为 1 万～ 10 万。食用明胶为白色或淡黄色，呈半透明状的薄片或粉粒，微带光泽，有特殊臭味，具有很强的亲水能力，能吸收 5 ～ 10 倍的水形成凝固并富有弹性的胶块。当它与冰淇淋料液中各种水分子结合在一起时，就形成了稳定的隐性网络结构，可提高料液的黏度，并以自身胶体性质使料液分子凝聚。因此，能使冰淇淋具有疏松而柔软的质地及细腻的口感，并较长时间保持产品形状及轮廓分明的外观，这一特性在生产切割成型冰淇淋时显得尤为重要。明胶在冰淇淋中的最大使用量一般不超过 0.5%，使用时既可以慢慢地干撒，也可以配成 5% 溶液添加到配料溶液中。明胶是两性胶体和两性电解质，其溶液黏度因其分子量不同而不同。

11.3.6 溶菌酶

溶菌酶（lysozyme）又称胞壁质酶或*N*-乙酰胞壁质聚糖水解酶，是一种比较稳定的碱性蛋白。溶菌酶大致可以分为以下几种：①*N*-乙酰己糖胺酶；②酰胺酶；③内肽酶，④β-1,3-和β-1,6-葡聚糖和甘露聚糖酶；⑤壳多糖酶。

溶菌酶的作用机理是切断*N*-乙酰胞壁酸和乙酰葡萄糖胺之间的β-1,4-糖苷键，使得细胞因为渗透压不平衡而破裂，因此它能够溶解细菌细胞。溶菌酶具有多种药理作用，如抗感染、消炎、消肿、增强体内免疫机能等。溶菌酶可以用作婴儿食品的添加剂，它是婴儿生长发育所需的一种必需抗菌蛋白，对杀死肠道腐败菌、增强抗感染能力具有特殊作用。溶菌酶作为防腐剂在干酪、香肠、奶油、糕点等食品上的应用也有报道。单独使用溶菌酶作为防腐保鲜剂有一定的局限性，它只能分解产芽孢细菌的营养细胞，不能分解芽孢；它只对革兰氏阳性菌有较强的溶菌作用，而对革兰氏阴性菌没有太大作用。因此，在使用时需要添加其他的成分来促进它的防腐效果。

11.3.7 酶制剂

酶制剂（enzyme）是指酶经过提纯、加工后的具有催化功能的生物制品，主要用于催化生产过程中的各种化学反应，具有催化效率高、高度专一性、作用条件温和、降低能耗、减少化学污染等特点，其应用领域遍布食品（面包烘烤业、面粉深加工、果品加工业等）、纺织、饲料、造纸、皮革、医药以及能源开发、环境保护等方面。酶制剂较为安全，可按生产需要适量使用。酶制剂种类较多，其中，碳水化合物用酶、蛋白质用酶、乳品用酶占食品酶制剂的比重较大，常用的有α-半乳糖苷酶、α-淀粉酶、α-乙酰乳酸脱羧酶、β-葡聚糖酶、半纤维素酶、蛋白酶等。如β-半乳糖苷酶（来源 *Bifidobacterium bifidum*）是应用于乳品加工的新型添加剂，它可催化乳糖分解为一分子的葡萄糖和一分子的半乳糖，在食品加工方面的应用主要包括用于提高乳制品的甜度、防止乳制品冷冻时出现结晶、乳清加工等。用β-半乳糖苷酶水解乳制作酸乳比使用普通脱脂乳制备酸乳可以缩短乳凝固时间约15%～20%，且节省蔗糖用量，能改善酸乳的风味和口感。此外，β-半乳糖苷酶能降解含半乳糖苷的胞壁多糖，释放游离的半乳糖，能够促进果蔬软化和成熟。目前，β-半乳糖苷酶已应用于梨、苹果、土豆等的软化和番茄、胡椒、甜瓜、樱桃、牛油果等的促成熟。

概念检查 11.3

○ ①天然的FA有什么特点？②请介绍茶多酚抗氧化剂。

11.4 一些功能性食品添加物

食品中的成分除一些是动、植物或微生物源食材中原有的，在加工过程、贮藏期间新产生的，在生产、加工或贮藏期间所污染的和包装材料所迁移的外，有些是人为添加的。随着食品科技的进步，一些用食药两用的材料，通过提取及纯化得到的安全性好、功能性强的天然成分或复合物，也常有报道添加到食品中，以增强食品的营养性或改善其功能性等。它们虽达到了新食品原料的要求，但针对其营养性或功能性，目前又未列入 GB14880 或 GB2760 目录中。在此，特以功能性的食品添加物或食品配料加以介绍。

11.4.1 具有抑菌作用的食品添加物

11.4.1.1 鱼精蛋白

鱼精蛋白（clupeidae protamine）是一种多聚阳离子，主要存在于各类动物的成熟精巢组织中，与核酸紧密结合在一起，以核精蛋白的形式存在，是一种小而简单的球形碱性蛋白质，分子量通常在一万以下，一般由 30 个左右的氨基酸残基组成，其中 2/3 以上是精氨酸。鱼精蛋白无臭、无味，热稳定性较好。在牛奶、鸡蛋、布丁中添加 0.05% ～ 0.1% 鱼精蛋白，能在 15℃下保存 5 ～ 6d，而对照组（不添加）4d 就开始变质。鱼精蛋白对延长鱼糕制品的有效保存期也有作用。鱼精蛋白与甘氨酸等配合使用，抗菌效果更好，食品防腐范围也更广。

鱼精蛋白虽然目前未列入 GB 2760—2014，但自从二十世纪八十年代后期，就开始出现添加在食品中。它具有广谱抗菌性，能抑制枯草杆菌、巨大芽孢杆菌、地衣形芽孢杆菌等的生长；对革兰氏阳性菌、酵母、霉菌也有明显抑制效果，而且能有效地抑制肉毒梭状芽孢杆菌中的 A 型、B 型及 E 型菌的发育。鱼精蛋白的抗菌机理是鱼精蛋白与菌体结合后，可抑制菌体细胞壁的肽聚糖合成并抑制其呼吸系统，导致溶菌。王南舟等人发现在中性和偏碱性的条件下，鱼精蛋白的防腐效果更好。目前广泛使用的防腐剂多为酸性防腐剂，在中性和碱性条件下防腐效果不理想，所以鱼精蛋白拓宽了防腐剂的 pH 使用范围。鱼精蛋白作为一种天然物质，不仅具有很高的安全性和很强的抗菌活性，而且作为精氨酸含量丰富的蛋白质类物质，还具很高的营养性和功能性。具有强化生殖功能、强化肝功能、抗凝血和抑制血压升高等多方面的生理功能，因此，鱼精蛋白不仅在食品中得到了应用，而且在医学领域也得到了应用。

11.4.1.2 抗菌肽

抗菌肽（antimicrobial peptides）是存在于生物体内的一类广谱抗菌活性多肽，也是先天免疫系统中重要的组成部分。目前已经从哺乳动物、昆虫及两栖动物和各种海洋生物中发现了几百种抗菌肽，并对其结构、活性和作用机理做了大量的研究。抗菌肽抗菌活性高、抗菌谱广、分子量小、热稳定好、带有正电荷，通过破坏细菌的细胞膜抑菌或杀菌，有较多报道将抗菌肽用于防腐。

（1）柞蚕抗菌肽（cecropins） 瑞典科学家 G. Boman 首次从惜古比天蚕蛹中诱导分离得到柞蚕抗菌肽，它分布广泛，目前已从鳞翅目和双翅目昆虫中分离出 20 多种 cecropins 类似物，甚至在猪肠中也发现了类似抗菌肽。它们可有效杀死革兰氏阳性和阴性菌，但对真核细胞无作用。作用机理是通过在细菌胞膜上形成电势依赖通道，改变细胞膜的通透性，使细胞内容物泄漏而杀菌。它含有 35 ～ 37 个氨基酸残基，分子质量为 4 kDa，属阳离子型多肽。N 端和 C 端都有螺旋结构，N 端通常呈碱性，带正电荷、亲水；C 端酰胺化，中性或微酸性，不带电或带少量负电荷，疏水。进一步研究发现 cecropins 对某些革兰氏阳性菌如金黄色葡萄球菌和芽孢杆菌无抑制作用。此外，有一种新型抗菌肽 moricn 从家蚕体中被分离出来，该肽对革兰氏阳性菌具有较强的抗菌活性。

（2）防卫肽（defensins） 根据其来源不同，防卫肽可以分成四类：α- 防卫肽、β- 防卫肽、昆虫防卫肽和植物防卫肽。α- 和 β- 防卫肽主要存在于哺乳动物的有关组织和细胞中，如兔的肺泡巨噬细胞、嗜中性白细胞的嗜天青颗粒、小肠 Paneth 细胞等。与 cecropins 相似，这类抗菌肽在分子中也形成两性分子的 α 螺旋结构，但在这类肽分子中含有 6 ～ 8 个半胱氨酸，并形成 3 ～ 4 对分子内二硫键，具有稳定的分子结构和广谱抗菌活性。

α- 防卫肽、*β*- 防卫肽及昆虫防卫肽对革兰氏阳性和阴性菌都有杀伤作用，比较而言，对革兰氏阳性菌的抑制作用更强些。而有些植物防卫肽无论是对革兰氏阳性菌还是阴性菌似乎均无明显的抑制作用。此外，*α*- 防卫肽、*β*- 防卫肽对许多真菌有抑制作用，某些哺乳动物的防卫肽还对被膜病毒有效。实验表明，许多因素如溶液的 pH 值、离子强度、温度以及防卫肽分子的电荷性质等都会影响防卫肽对细菌的杀伤作用。一般地，在高盐浓度和酸性条件下，*β*- 防卫肽将失去抗菌活性。

植物防卫肽在抑制真菌生长方面有其特殊的作用。比如芥属的 Rs-AFP1 和 Rs-AFP2 等可以抑制菌丝的伸长和促使菌丝分支增加；而紫菀属、蚕豆属、海马栗属等的植物防卫肽能够降低菌丝的伸长，但不诱导明显的形态畸变。另外，研究发现，昆虫防卫肽对真核细胞无作用。

许多 *α*- 防卫肽如兔 NP1-2、人 HNP1-3、大鼠 RatNP-1、豚鼠 GPNP-1 等已被验证了对病毒具有杀伤作用。这些防卫肽对病毒的抑制作用是直接的，起作用的前提是防卫肽附着于病毒上。对病毒的抑制程度与防卫肽的浓度、分子内二硫键的紧密程度等因素有关，另外，作用时间、pH 值、温度、外加物质等因素也会影响防卫肽抑制病毒的效果。

在体外实验中还发现，防卫肽能够杀伤多种肿瘤细胞，特别是对抗肿瘤坏死因子的 U9TR 细胞系及抗 NK 细胞毒因子的 YAC-1 和 U937 细胞系具有杀伤活性。防卫肽杀伤作用依赖于剂量、时间等因素，约 3h 后可检出细胞毒作用，约 6h 后达到较高水平，而某些靶细胞需 4h 后达到平台，最佳作用是 6h 后，浓度为 25 ～ 100g/mL 时。但是，即使剂量小至 1g/mL，在 14h 后仍可有 50% 的靶细胞溶解。另外，研究发现，过氧化氢与防卫肽有协同作用，且随过氧化氢浓度增加，协同作用增强。这可能是由于过氧化氢使防卫肽易于进入靶细胞膜或细胞内环境，并使防卫肽结合增加而造成的。不过，必须指出防卫肽的细胞毒活性是非肿瘤细胞特异的，它不仅对肿瘤细胞具有毒性作用，而且对人的淋巴细胞、PMNs、内皮细胞及小鼠甲状腺细胞和脾细胞也同样具有毒性作用，而且对人的淋巴造血细胞及实体瘤细胞作用更为显著。

目前对防卫肽的作用机理仅是推测。另外，对防卫肽的构效关系也不太清楚。一般认为六个半胱氨酸残基组成的三个分子内二硫键和富含精氨酸是其生物活性所必需的。但是，最近有报道，一些来自蝎毒中的蝎毒素具有与防卫肽相似的分子构造，比如均含有不足 50 个氨基酸残基，分子内均含有 3 ～ 4 个二硫键，且具有一个十分相似的空间构象图谱，然而两者的生物活性截然相反，这表明防卫肽构效关系中还存在尚未认识之处。昆虫体中与哺乳动物防御素高度同源的类似防卫肽称为昆虫防御素（insect defensins），它首次从肉蝇（*Phormia terranovae*）中分离得到，后来在麻蝇（*Sarcophaga peregrina*）体中也发现了这类抗菌肽，而被命名为 sapecinso defensins。它是在昆虫中诱导产生的最广泛存在的抗菌肽，在双翅目、鞘翅目、膜翅目、半翅目昆虫中都有发现。它们仅对革兰氏阳性菌有抗菌活性，对革兰氏阴性菌或真核细胞无作用。它可以抑制细胞膜上的 Ca^{2+} 通道，激活 K^{+} 通道。

11.4.2 具有抗氧化作用的食品添加物

11.4.2.1 抗氧化多肽

多肽（peptide）类具有降血压、抗菌、抗癌及增强免疫活性等功效已为人熟知，但是，它们的抗氧化活性却往往被人们忽视。实际上，肌肽、大豆肽及谷胱甘肽等多肽类具有良好的抗氧化作用，是一类极具发展前景的未来的天然抗氧化剂。

（1）肌肽（carnosine）　肌肽（β-Ala-His）是存在于动物肌肉中的天然抗氧化剂，它能够抑制由金属离子、血红蛋白、脂酶和单线态氧、O_2^-、OH・、ROO・催化的脂质氧化。Decker 和 Crum 添加不同浓度（0.5%、1.5%）的纯肌肽添加于绞碎猪肉中，并测其硫代巴比妥酸反应物（TBARs）值，并与三聚磷酸钠（STP）、α- 生育酚及 BHT 等抗氧化剂做比较，测其对贮藏期间绞碎猪肉的保存效果。结果发现，添加 0.5% 肌肽即可有效抑制加盐绞碎猪肉的氧化作用，添加 1.5% 肌肽的抗氧化效果比添加 0.5%STP 或 α- 生育酚（脂肪量的 0.02%）或 BHT（脂肪量的 0.02%）的抗氧化效果更佳，肌肽在颜色与风味的评分也较其它抗氧化剂高，具有稳定颜色的效果。赖颖珍在 25% 脂肪、2% 氯化钠的绞碎猪肉中加入 0.5% ～ 2.0% 的纯化肌肽，发现只要添加 0.5% 肌肽即有很好的抗氧化效果。

（2）大豆肽（soybean peptides）　大豆肽是大豆蛋白水解得到的小肽。刘大川等人考察了大豆分离蛋白水解产物——分子量在 2000 以下的多肽的抗氧化活性。经硫氰酸铁法测定，添加大豆肽试样的吸光度小于对照组，这说明大豆肽具有明显的抗氧化性。另外添加 8% 的大豆肽，抗氧化效果甚至比添加 0.02% TBHQ 的抗氧化效果还要高。沈蓓英将大豆分离蛋白经酸性蛋白酶水解，在最佳水解条件下制得具有抗氧化能力的多肽，分子量在 700 左右，水解度为 18%，多肽段的平均氨基酸残基数为 5.6。该大豆肽在含油脂食品的食物体系中，诱导期达 28d，而对照组的诱导期为 6d，表现了明显的抗氧化能力。H. Chen 选用来自芽孢杆菌的蛋白酶，制备具有抗氧化活性的短肽。指出具有抗氧化性的多肽片段由 5 ～ 16 个氨基酸残基组成，分子量在 600 ～ 1700 范围内。而任国谱等人认为分子量在 2500 ～ 3000 的肽类具有较理想的抗氧化活性。

（3）谷胱甘肽（glutathione）　谷胱甘肽是一种含巯基的三肽，它广泛分布于动植物中。谷胱甘肽在机体的生化防御体系中起着重要的作用，且具有多方面的生理功能。它在机体中的抗氧化作用主要表现在清除体内的自由基。它可与许多自由基（烷自由基、过氧自由基、半醌自由基）作用，表示如下：

$$R\cdot + GSH \longrightarrow RH + GS\cdot \qquad 2GS\cdot \longrightarrow GSSH$$

谷胱甘肽的主要功能是保护红细胞免受外源性和内源性氧化剂的损害，除去氧化剂毒性。即：

$$2GSH + H_2O_2 \longrightarrow GSSG + 2H_2O$$

谷胱甘肽也能清除脂类过氧化物。即：

$$ROOH + 2GSH \longrightarrow GSSH + ROH + H_2O$$

11.4.2.2　去甲二氢愈创木酸

去甲二氢愈创木酸（nordihydroguaiaretic acid，NDGA）是从沙漠地区拉瑞阿属植物中提取的一种天然抗氧化剂，在油脂中溶解度为 0.5% ～ 1.0%，当油脂加热时溶解度增加。pH 值对 NDGA 抗氧化活性有明显影响，强碱条件下容易被破坏并失去活性。这种抗氧化剂对抗脂肪 / 水体系和某些肉制品中高铁血红素催化氧化具有很好效果。但是由于其价格较高，目前尚未得到广泛应用。

11.4.3　具有增味作用的食品添加物

近年来，随着国内外快餐食品、方便食品和熟制品的迅猛发展，鲜味剂特别是营养性天然鲜味剂的产销量也快速增长。营养性天然鲜味剂主要包括动植物提取浸膏、蛋白质水解浓缩物和酵母浸膏等。

11.4.3.1　酵母浸膏

酵母浸膏（yeast extract fermentation，YEF），又称酵母提取物、酵母抽提物或酵母浸出物，是一种国际流行的营养型多功能鲜味剂和风味增强剂，以面包酵母、啤酒酵母、原酵母等为原料，通过自溶法包括改进的自溶法、酶解法、酸热加工法等制备。酵母浸膏作为增鲜剂和风味增强剂，保留了酵母所含的各种营养，包括蛋白质、氨基酸、肽类、葡聚糖、各种矿物质和丰富的B族维生素等。添加到食品中，不仅可使鲜味增加，还可以掩盖苦味、异味，获得更加柔和醇厚的口感。但采用自溶法获得的酵母浸膏，因鸟苷酸和肌苷酸含量一般少于2%，鲜味较差。由于核苷酸呈味物质和谷氨酸共存时有增效作用，因此可将鸟苷酸和肌苷酸作为添加剂加入到酵母浸膏中，以提高酵母浸膏的风味和鲜味。

酵母抽提物具有浓郁的肉香味，在欧美等国作为肉类提取物的替代物得到广泛应用。与其他调味料相比，它具有许多显著的特点：复杂的呈味特性，调味时可赋予浓重的醇厚味，有增咸、缓和酸味、除去苦味的效果，对异味和异臭具有屏蔽剂的功能等。酵母抽提物的上述特性主要来自于它的氨基酸、小分子肽、呈味核苷酸和挥发性芳香化合物等成分的作用。

酵母抽提物含有18种以上的氨基酸（表11-5），尤其是富含谷物中含量不足的赖氨酸，同时还含有Ca、Fe、Zn、Se等微量元素和多种B族维生素。不同的生产原料、不同的生产工艺以及不同的修饰调整方法，所制得的酵母抽提物的营养特性是不同的。对此，我国于2018年7月1日实施了GB/T 35536—2017酵母浸出粉检测方法，为众多酵母浸出粉生产企业与使用者提供统一的质控方法和产品指标的检测。

表11-5　酵母抽提物的游离氨基酸组成（粉状）　　单位：g/100g

氨基酸种类	日本产品			欧美产品		
	A	B	C	D	E	F
色氨酸	0.71	0.70	0.26	0.70	0.67	0.15
赖氨酸	5.99	8.58	2.21	4.22	3.14	2.02
组氨酸	1.49	1.26	0.55	0.92	0.84	0.25
精氨酸	2.47	微	12.38	2.30	2.07	0.54
天冬氨酸	2.82	3.40	0.56	2.40	1.75	0.48
苏氨酸	2.53	3.72	0.37	1.32	1.42	0.58
丝氨酸	3.61	4.12	0.66	2.51	2.46	0.89
谷氨酸	5.64	7.19	2.12	6.50	5.15	4.27
脯氨酸	1.46	1.68	0.70	1.24	1.08	0.47
甘氨酸	1.80	1.94	0.66	1.32	1.07	0.50
丙氨酸	4.39	4.68	2.46	3.85	3.67	2.31
半胱氨酸	微	微	微	微	微	微
缬氨酸	2.86	3.74	0.80	2.41	2.12	0.88
蛋氨酸	0.78	0.89	0.32	1.02	1.64	0.13
异亮氨酸	2.47	2.90	0.59	1.99	1.86	0.60
亮氨酸	3.47	3.93	1.00	2.98	3.68	0.83
酪氨酸	0.47	0.24	0.36	0.73	1.11	0.37
苯丙氨酸	1.90	1.92	0.55	1.77	1.69	0.46
合计	44.86	50.89	16.55	38.45	35.42	15.73

酵母细胞核是核酸的主要聚集地，基于酵母浸膏的增味作用，已从酵母中分离出5′-核苷酸并制成钠盐，现已作为食品增味剂可按需要添加到食品中。

增味剂5′-核苷酸二钠（I+G）是5′-肌苷酸钠和5′-鸟苷酸钠混合物，增味效果是味精的100倍以上，也是方便面调味包、调味品如鸡精、鸡粉和增鲜酱油等的主要呈味成分之一；另外，随着营养作用的开发和重视，从酵母中提取的核苷酸由最初的食品增味剂发展成为具有提高免疫功能的营养强化剂，在婴幼儿配方食品及特殊食品中广泛应用。

11.4.3.2　水解蛋白

水解蛋白（protein hydrolysate）是一类新型功能性增味剂，有水解动物蛋白（hydrolyzed animal protein，HAP）和水解植物蛋白（hydrolyzed vegetable protein，HVP）之分。它们主要用于生产高级调味品和食品的营养强化，也是生产肉味香精的重要原料。

（1）水解动物蛋白　水解动物蛋白是指在酶的作用下，水解富含蛋白质的动物组织得到的产物。富含蛋白质的动物原料主要有畜、禽的肉、骨及水产品等。这些原料的蛋白质含量高，且所含蛋白质的氨基酸构成接近人体的需要，属完全蛋白质，具有良好的风味。HAP 除保留了原料的营养成分外，由于蛋白质被水解为小分子肽及游离的氨基酸，因此，它更易溶于水，更有利于人体消化吸收，原有风味也更为突出。

水解动物蛋白为淡黄色液体、糊状物、粉状体或颗粒，富含各种氨基酸，具有特殊鲜味物质和香味。糊状体水解动物蛋白的一般成分为：总氮量 8% ～ 9%，脂肪低于 1%，水分 28% ～ 32%，食盐 14% ～ 16%。平均分子量为 1000 ～ 5000。水解动物蛋白的质量指标如表 11-6 所示。

表 11-6　水解动物蛋白的质量指标

项目	指标	项目	指标
总氮	≥3.25%	重金属（以Pb计）	≤0.002%
α-氨基态氮	≥2.0%	不溶性物质	≤1%
砷	≤3mg/kg	铅	≤10mg/kg
天冬氨酸（以$C_4H_7NO_4$计）	≤6.0%；如以总氨基酸计则≤15%	钠	≤25.0%
谷氨酸（以$C_5H_9NO_4$计）	≤20.0%；如以总氨基酸计则≤35.0%		

（2）水解植物蛋白　水解植物蛋白是指在酶的作用下，水解含蛋白质的植物组织所得到的产物。HVP 不仅具有丰富的营养保健成分，而且具有较好的呈味特性。HVP 作为一种高级调味品，是近年来迅速发展起来的新型调味剂。由于其氨基酸含量高，色、香、味俱佳，将成为取代味精的新一代调味品。另外，HVP 的生产原料——植物蛋白来源丰富，成本较低，适合机械化、自动化的大规模生产，因此，其发展速度非常快，发展前景也十分广阔。

生产 HVP 的常用原料为大豆蛋白、玉米蛋白、小麦蛋白、菜籽蛋白、花生蛋白等。原料不同，水解产物的呈味成分也将有所差异。一般地，原料的脂肪含量越低越好。因此，许多工厂采用榨油之后的副产物如豆粕、菜籽饼、花生饼等作为原料。由于小麦蛋白的谷氨酸含量较高，导致其水解产物的游离谷氨酸含量也较高，呈现出强烈的增强风味的作用。不过，通常认为大豆蛋白是生产标准等级的 HVP 的原料，且随着水解反应的进行，将产生风味由弱到强（甚至出现烤肉风味）、颜色由浅到深的一系列风味物质。

水解植物蛋白为淡黄色至黄褐色液体、糊状体、粉状体或颗粒。糊状体含水量 17% ～ 21%，粉状或颗粒状含水量 3% ～ 7%。总氮量 5% ～ 14%（相当于粗蛋白 25% ～ 87%）。水溶液的 pH 为 5 ～ 6.5。氨基酸组成依原料种类而异，鲜味物质的含量及呈味特性因原料和加工方法而异。水解植物蛋白的质量指标与水解动物蛋白的质量指标一致。

11.4.3.3　水产抽提物

水产抽提物（aquatic product extraction）是以生产水产罐头、鱼粉以及煮干品的过程中所得到的煮汁为原料，经过浓缩、干燥而制成的天然调味料。也可直接用新鲜水产品作为原料，绞碎后于 60 ～ 85℃下瞬间加热凝固成泥状物，然后离心分离，所得离心液浓缩后去掉油脂，经过脱色、脱臭后喷雾干燥而成。此类调味料在日本极为盛行，是日本人日常生活中不可缺少的佐餐佳品，主要产品有干松鱼提取物、蟹提取物、虾提取物、贝提取物等。

11.4.4 其他

美拉德反应产物是近年来受到较大关注的一类新型增味剂。食物中含有的糖类、蛋白质和脂肪，在加热过程中糖类降解为单糖、醛、酮及呋喃类物质，蛋白质分解成多种氨基酸，而脂肪则发生自身氧化、水解、脱水和脱酸，生成各种醛、酮、脂肪酸等，以上各种物质相互作用，从而产生出许多原来食物中没有的、具有独特香味的挥发性物质，称为美拉德反应产物。

目前市场上虽然还没有单纯的美拉德反应产物增味剂，但是，各种天然肉味香精等增味剂或多或少都利用了美拉德反应产物来提供特殊的肉香味。例如，孙丽平等利用鳕鱼皮蛋白制备热反应型肉香调味基料等。

自然界中的食物均有独特的鲜味，这主要取决于其含有的呈味物质，比如海带的味道主要与其所含的谷氨酸钠相关，香菇的味道主要来源于鸟苷酸，贝类的特殊味道则主要是由琥珀酸盐带来的。利用新的萃取技术，用一定的溶剂（一般用水）提取这些食物中呈味物质，然后浓缩、喷粉制成复合调味料，既具有天然鲜味，同时又具有该食品的香气。利用特定的酶，作为风味物质生产中的生物催化剂，可增强食品风味或将风味前体转变成风味物质，也可以激活食品中内源酶以诱导合成风味物质，或钝化食品中的内源酶以避免异味的产生。利用生物技术，包括植物组织培养法、微生物发酵法、微生物酶转化法等生产风味物质，是人们获得天然风味物质的有效途径，也是目前该领域的研究热点。随着生物技术相关学科的飞速发展，利用生物技术生产天然风味物质将由实验室研究逐步走向大规模的工业化生产，不断满足人们对营养、健康和回归自然的需求。

概念检查 11.4

○ 请举例介绍从功能性食品添加物或配料到食品添加剂的研发范例。

参考文献

[1] 董长勇，等．核苷酸类食品添加剂的生产与应用研究进展．食品与发酵工业，2022，22：345.

[2] 蒋永福，等．天然防腐剂——乳酸链球菌素的研究进展．精细化工，2002，8：453.

[3] 林世静，等．食品防腐剂的合成方法综述．北京石油化工学院学报，2004，3：9.

[4] 刘艳群，等．食品乳化剂的发展趋势．食品科技，2005，2：32.

[5] 孙宝国．食品添加剂．3 版．北京：化学工业出版社，2021.

[6] 孙丽平，等．利用鳕鱼皮蛋白制备热反应型肉香调味基料的研究．中国海洋大学学报：自然科学版，2009，2：249.

[7] 杨虎清，等．天然肽类食品防腐剂研究进展．中国食品添加剂，2005，2：31.

[8] Colmenero F J，et al. Design and development of meat-based functional foods with walnut：Technological，nutritional and health impact. Food Chemistry，2010,123：959.

[9] Foegeding E A，et al. Food protein functionality：A comprehensive approach. Food Hydrocolloids，2011，25：1853.

[10] Santosa J C P，et al. Nisin and other antimicrobial peptides：Production，mechanisms of action，and application in active food packaging. Innovative Food Science and Emerging Technologies，2018，48：179.

[11] Wang Z X，et al. Antioxidant activity and functional properties of Alcalase-hydrolyzed scallop protein hydrolysate and its role in the inhibition of cytotoxicity in vitro. Food Chemistry，2021，344：128566 .

总结

食品添加剂
- ○ 按 GB 2760 标准要求人为添加的成分就是食品添加剂。
- ○ 食品添加剂种类繁多，按其来源可分为天然的和人工合成的；按其功能可分成 22 个大类。

人工合成食品添加剂
- ○ 添加剂种类最多，性质较稳定，使用方便经济。
- ○ 按 GB 2760 标准要求添加，目前尚未见安全性问题。

天然食品添加剂
- ○ 主要有着色剂、防腐剂、抗氧化剂、乳化剂、增稠剂和酶制剂等。
- ○ 天然食品添加剂不仅有其相应的功能性，还有诸多营养功能。

功能性食品添加物
- ○ 一些安全性好、功能性强的天然成分，添加到食品中可增强食品的营养性或改善其功能性等，目前，这类成分未列入 GB 14880 或 GB 2760 目录中，是功能性的食品添加物或食品配料。
- ○ 具有抑菌作用的鱼精蛋白和抗菌肽等，具有抗氧化作用多肽和去甲二氢愈创木酸等，具有增味作用的酵母浸膏和水解蛋白等。

思考练习

1. 食品加工时应该如何正确使用食品添加剂以及使用时应该注意哪些问题。
2. 举例说明三种常用的天然增味剂及其特点。
3. 壳聚糖是一种天然高效的防腐剂，请简要回答壳聚糖的性质及其防腐机理。
4. 某食品包装上有“本产品不含任何食品防腐剂”。请用所学知识对此现象进行评判。

能力拓展

○ **设计一种新型的可以替代磷酸盐的保水剂**

磷酸盐是一种传统的食品水分保持剂，在食品加工中可以通过提高原料肉 pH、促进金属离子螯合、诱导肌动球蛋白解离以及增加离子强度等方式，提高肉的保水性。然而，当磷酸盐的使用过量时，可能影响人体对钙、铁、铜、锌等必需元素的吸收，最终影响人体健康。请根据所学的知识设计一款新型的可以替代磷酸盐的保水剂。

第 12 章　食品中有害成分

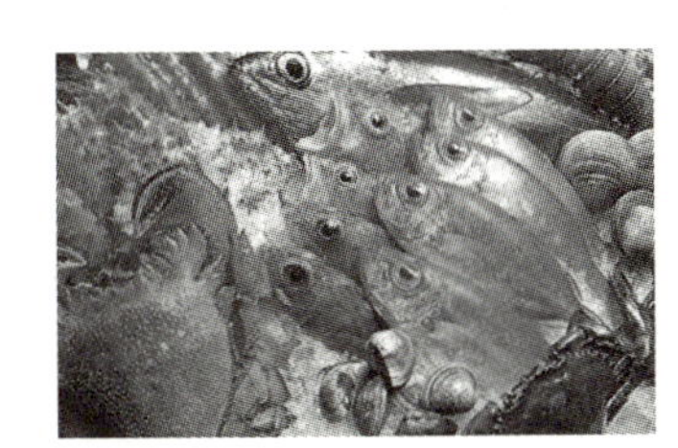

□ 生活中有人吃海鲜过敏，也常听说发芽的马铃薯和发霉的玉米等不能吃，这是为什么？

□ 人们常说冒死吃河豚又是怎么回事？

□ 油炸食品、烟熏食品安全隐患较多，是“垃圾”食品。这一说法对否？

为什么要学习“食品中有害成分”？

为什么要了解食品中有害成分知识？这是因为食物中有些成分对人体有营养效果，或有享受性作用，但也有一些成分对人体有害，或对营养成分有消减影响，这就需要在制定加工工序前了解清楚，以确保食品的安全性。另外，食物加工贮藏过程中，常受湿热作用，也会产生新的对人体有害的成分。对上述知识的掌握有利于采用合理的加工贮藏技术，减少有害成分的产生，确保饮食安全。

学习目标

- 知晓食品中有害成分来源和分类。
- 熟知食物中过敏原、河豚毒素、贝类毒素及蘑菇毒素、微生物毒素等内源性有害成分的结构和性质。
- 掌握食物中多酚类、植酸、凝集素和消化酶抑制剂等抗营养成分的结构及性质。
- 掌握食品加工及贮运过程中产生的杂环胺类、丙烯酰胺、生物胺等有害成分的性质、形成机理、影响因素等。
- 掌握对食品中有害成分消减技术，并了解其发展动态等，为守护“舌尖上的安全”提供保障。

根据食品中有害成分的结构和对人体的生理作用，可将食品中有害成分分为有毒成分、有害成分和抗营养素。食品中有毒成分是指这类成分在含量很少时就具有毒性，食品中有害成分是指这类成分含量超标时就会对人体产生危害，食品中抗营养素是指这类成分能干扰或抑制食品中其它营养成分的吸收。当然定义某物质是否为有毒成分、有害成分或是抗营养素是相对的，随着分析手段的提高和科学技术的进步，现阶段定义为有害成分，可能在一定量时是有益成分；另外，某些成分定义为抗营养素是指在特定的情况下它具有抗营养作用，如食品中酚类物质，当它与蛋白质一道食用时，它对蛋白质的吸收有一定的抑制作用，这种情况下它是抗营养素；然而它有抗氧化、清除自由基等作用，它又是天然的抗氧化剂和保健成分。

根据食品中有害成分来源，可将其分为内源性、外源性和新产生的三大类。食品中内源性有害成分是食物中组成成分，也是食品化学需要研究如何消减控制的内容之一。食品中外源性有害成分，多是污染物或生产中残留物，影响因素较多也不确定，需要在食物生产中控制和产品中限量管理，或进入市场前对原料进行消减处理等，故不在此介绍。新产生的有害成分是食品在加工贮运过程中因受相关工艺影响新产生的，有一定安全隐患。食品中常见的有害成分见表 12-1 ～表 12-3。

表 12-1 食品中内源性有害成分

有害成分	来源	对人体影响①
芥子油苷类（致甲状腺肿物）	十字花科种子、油料、介菜种子、羽衣甘蓝、萝卜、卷心菜、花生、大豆、木薯、洋葱等	甲状腺肿大，甲状腺素合成下降，代谢损伤，碘吸收下降，蛋白质消化下降等
生氰配糖体类	木薯、甜土豆、干果类、菜豆、利马豆（limabean）、小米、黍等	阻断细胞呼吸，胃与肠道不适症，影响糖及钙的运转，高剂量使碘失活等
配糖生物碱	马铃薯、番茄及未成熟果实	抑制维生素B酯酶（cholinesterase）活性，胃肠道不适症，血细胞溶解，影响肾功能等
棉子酚	棉子	结合金属离子，铁离子吸收下降，抑制酶活性等
河豚毒素	河豚	麻痹神经细胞，重者造成呼吸困难而危及生命
贝类毒素	蛤蚌、紫贻贝、扇贝、文蛤等	神经麻痹和肝脏中毒症状
组胺	鲐鱼、金枪鱼、沙丁鱼等	脸红、头晕、呼吸急促等
蘑菇毒素	毒蘑菇	中毒表现较为复杂，通常表现为胃肠炎症状、神经精神症状、溶血症状、实质性脏器受损症状等

① 在一定的剂量或长期摄入低剂量后可能的安全隐患（下同）。

表 12-2　食品中抗营养素

抗营养素	作物	对人体影响
草酸	甜菜根、菠菜、粗根芹菜、大黄、苋属植物、西红柿等	草酸钙结晶，影响钙、铁或锌等金属离子吸收，影响钙代谢等
多酚类	蔬菜、水果、葡萄酒、谷类、黄豆、马铃薯、茶叶、咖啡、植物油	阻碍或破坏硫胺素的吸收、形成金属复合物影响其生物有效性等
植酸盐	蝶形花科、谷类及所有的植物种子等	与金属元素形成复合物、影响矿物质的生物有效性、蛋白质及淀粉等利用率下降等
蛋白酶抑制剂	蝶形花科种子、花生、谷类、大米、玉米、马铃薯、苹果、甘薯等	抑制胰蛋白酶、胰凝乳蛋白酶、糖肽酶和淀粉水解酶活性，降低其生物利用率等
皂角苷	蝶形花科、菠菜、莴苣、甜菜、黄豆、茶叶、花生等	与蛋白质及类脂类形成复合物、溶血作用、肠胃炎，但多数皂角苷无害
凝集素类	蝶形花科、谷物、黄豆及其它豆类	损伤消化道上皮细胞，影响营养成分吸收，抑制酶活性、维生素B_{12}及脂类吸收利用等

表 12-3　食品中新产生的有害成分

有害成分	来源	对人体影响
多氯联苯	烧烤、油炸类食品	皮肤、神经、生殖及免疫系统疾病，有致癌性等
苯并芘	烟熏、烧烤及油炸类食品	有致癌性、神经毒性等安全隐患
杂环胺	富含蛋白质及氨基酸类烘烤油炸食品	致癌、致突变和心肌损伤等影响
丙烯酰胺	富含碳水化合物类烘烤油炸食品	对眼睛和皮肤有一定的刺激。长期低浓度摄入有致癌作用
生物胺	富含蛋白质及氨基酸类发酵食品	摄入过多有头痛、恶心等症状，严重的还会危及生命
亚硝胺	腌制熏制食品	对消化系统肿瘤，如胃癌、食管癌、肝癌等有较大的安全隐患
氯丙醇	含有盐酸水解蛋白的食品	有肾脏、生殖和神经毒性，也有致突变性等影响

12.1　过敏原

12.1.1　概述

过敏原（allergen）是指存在于食品中引起特定人群产生免疫反应的物质。由食品成分导致的人体免疫反应主要是由免疫球蛋白 E（IgE）介导的速发过敏反应。其过程首先是 B 淋巴细胞分泌过敏原特异的 IgE 抗体，敏化的 IgE 抗体和过敏原在肥大细胞和嗜碱性粒细胞表面交联，使肥大细胞释放组胺等过敏介质，从而产生过敏反应。正常情况下，大量的抗原在消化过程中被降解成单糖、氨基酸和低级脂肪酸，并被专门细胞以无抗原活性形式有选择地吸收。然而完全抗原（过敏原）能穿过肠壁进入体内，从而激发免疫反应。

当人们食用某些食品几小时后，如出现皮肤瘙痒、胃肠功能紊乱等不良反应，这就是过敏症状的表现。能引起上述症状的食物就是因为其中含有过敏原，而含有过敏原的食品就为过敏性食品。许多食品中都含有能使人过敏的过敏原，只是不同的人群对其敏感性不同。因此，对食品过敏原的理解在不同的国家和地区也各不相同，公众对它的认同也有较大的差异。

食物过敏的流行特征表现在：

（1）婴幼儿（4% ～ 8%）及儿童（2% ～ 4%）的发病率高于成人（1% ～ 2%）。

（2）发病率随年龄的增长而降低。一项对婴儿牛奶过敏的前瞻性研究表明，56% 的患儿在 1 岁、70% 在 2 岁、87% 在 3 岁时对牛奶不再过敏。但对花生、坚果、鱼虾则多数为终生过敏。

（3）人群中的实际发病率较低。目前约有160多种食品含有可以导致过敏反应的食品过敏原，其中90%食物过敏的发生与下列食物有关：牛奶、蛋、坚果（如杏仁、花生、腰果、核桃）、鱼类（如鳕鱼、比目鱼）、贝类、大豆和麦类等。目前，食物过敏在西方国家儿童中的发病率为2%～8%，成人是1%～2%。我国还没有相关统计数据。

12.1.2 食物过敏原的特点

过敏原存在以下几个特点：

（1）多数食物都可引起过敏性疾病　小儿常见的食物过敏原有牛奶、鸡蛋、大豆等，其中牛奶和鸡蛋是幼儿最常见的过敏原，它们有很强的致敏作用。致敏食物也因各地区饮食习惯的不同而有差异。海产品是诱发成人过敏的主要过敏原。虽然多数食物含有过敏原，但约90%的过敏反应是由少数食物引起。

（2）食物中仅部分成分具致敏原性　例如鸡蛋中蛋黄含有相当少的过敏原，在蛋清中含有23种不同的糖蛋白，但只有卵清蛋白、伴清蛋白和卵黏蛋白为主要的过敏原。

（3）食物过敏原的可变性　加热可使得一些次要过敏原的过敏原性降低，但主要的过敏原一般都对热不甚敏感，有些还会增加。一般情况下，酸度的增加和消化酶的存在可减少食物的过敏原性。

（4）食物间存在交叉反应性　许多蛋白质拥有共同的抗原决定簇，使过敏原具有交叉反应性。如至少50%的牛奶过敏者也对山羊奶过敏，对鸡蛋过敏的患者可能对其他鸟类蛋也过敏。植物的交叉反应比动物明显，如对大豆过敏的患者也可能对豆科类的其他植物如扁豆等过敏。

概念检查 12.1

○ 食物过敏原的特点。

12.2 有害糖苷类

12.2.1 氰苷

许多植物源食物（如杏、桃、李、枇杷等）的核仁、木薯块根和亚麻籽等中含有氰苷，如苦杏仁中的苦杏仁苷（amygdalin）、木薯和亚麻籽中的亚麻苦苷（linamarin）。表12-4、表12-5介绍了氰苷分布的作物种类及含量变化范围。

表12-4 食品原料中的主要有害糖苷类

糖苷	食物原料	水解后的分解物
苦杏仁苷和野黑樱苷	苦扁桃和干艳山姜的芯	龙胆二糖+氢氰酸+苯甲醛
亚麻苦苷	亚麻籽种子及种子粕	D-葡萄糖+氢氰酸+丙酮
巢菜糖苷	豆类（乌豌豆和巢菜）	巢菜糖+氢氰酸+苯甲醛
里那苷	金甲豆（黑豆）和鹰嘴豆、蚕豆	D-葡萄糖+氢氰酸+丙酮（产物还未完全确定）
百脉根苷	牛角花属的*Arabicus*	D-葡萄糖+氢氰酸+牛角花黄素

续表

糖苷	食物原料	水解后的分解物
蜀黍氰苷	高粱及玉米	D-葡萄糖+氢氰酸+对羟基苯甲醛
黑芥子苷	黑芥末（同种的*Juncea*）	D-葡萄糖+异硫氰酸盐丙酯+$KHSO_4$
葡萄糖苷	各种十字花科植物	D-葡萄糖+5-乙烯-2-硫代噁唑烷，或是致甲状腺肿物+$KHSO_4$
芸薹葡萄糖硫苷	各种十字花科植物	各种硫化氢化合物+H_2SO_4+$KHSO_4$
荚豆苷	野豌豆属植物	荚豆二糖+氢氰酸+苯甲醛
洋李苷	蔷薇科植物，包括桂樱等	葡萄糖+氢氰酸+苯甲醛

表 12-5　典型的蔬菜中硫氰酸盐的含量

蔬菜名称	硫氰基(鲜叶可食部分）/（mg/100g)	蔬菜名称	硫氰基(鲜叶可食部分）/（mg/100g)
花白菜变种卷心菜	3～6	花白菜变种球茎甘蓝	2～3
花白菜变种皱叶甘蓝	18～31	欧洲油菜	2.5
花白菜变种汤菜	10	瑞典芜菁	9
花白菜变种硬花甘蓝、菜花	4～10	莴苣、菠菜、洋葱、芹菜根及叶、菜豆、番茄、芜菁	<1

氰苷的基本结构是含有 *α*- 羟基腈的苷，其糖类成分常为葡萄糖、龙胆二糖或荚豆二糖，由于 *α*- 羟基腈的化学性质不稳定，在胃肠中通过酶解和酸水解作用产生醛或酮和氢氰酸，氢氰酸被机体吸收后，其氰离子即与细胞色素氧化酶中的铁结合，从而破坏细胞色素氧化酶传递氧的作用，影响组织的正常呼吸，引起机体中毒死亡。

$$\text{亚麻苦苷}\xrightarrow[H_2O]{\beta\text{-葡萄糖酶}}\text{葡萄糖}+2\text{-氰基-}2\text{-丙醇}\xrightarrow[H_2O]{\text{醇腈酶}}\text{氢氰酸}+\text{丙酸}$$

氰苷在酸的作用下也可水解产生氢氰酸，但一般人胃内的酸度不足以使氰苷水解而中毒。加热可灭活使氰苷转化为氢氰酸的酶，达到去毒的目的；由于氰苷具有较好的水溶性，因而也可通过长时间用水浸泡、漂洗的办法除去氰苷。

12.2.2　硫苷

硫苷又称硫代葡萄糖苷，它是具有抗甲状腺作用的含硫葡萄糖苷，存在于十字花科的植物中，是食物中重要的有害成分之一。

（1）硫代葡萄糖苷的基本结构和主要种类　硫代葡萄糖苷是 *β*- 硫葡糖苷 -*N*- 羟基硫酸盐（也称为 *S*- 葡萄糖吡喃糖基硫羟基化合物），带有一个侧链及通过硫连接的吡喃葡萄糖残基（图 12-1）。各种天然含硫糖苷已被鉴定的大约有 70 种。

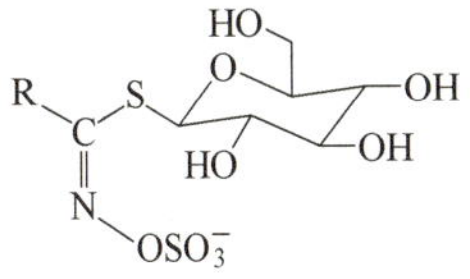

图 12-1　硫代葡萄糖苷的基本结构

硫代葡萄糖苷结构上侧链 R 基可为含硫侧链、直链烷烃、支链烷烃、烯烃、饱和醇、酮、芳香族化合物、苯甲酸酯、吲哚、多葡萄糖基及其它成分。目前发现的硫代葡萄糖苷中，约三分之一的硫代葡萄糖苷属含硫侧链族，硫以各种氧化形式（如甲硫烷、甲基亚硫酰烷、甲基硫酰烷）存在。目前为止，研究最多的是在十字花科植物中发现的侧链为烷烃、*ω*- 甲基硫烷、芳香族或杂环的硫代葡萄糖苷。

（2）硫代葡萄糖苷的酶解及在加工中的变化 硫代葡萄糖苷是非常稳定的水溶性物质，相对无毒，但在硫代葡萄糖苷酶（myrosinase，EC 3.2.3.1）酶解后产生多种产物（图 12-2），有些具有一定毒性。咀嚼新鲜的植物（如蔬菜）或在种植、采收、运输和处理过程中由于擦伤或冷冻解冻导致组织受损，也可导致酶解产生异硫氰酸酯。几乎所有来自十字花科植物对哺乳动物化学防护作用就归功于这些异硫氰酸酯。在以十字花科植物等为食物进行加工，或直接食用过程中都有较大数量的异硫氰酸酯形成。因为植物组织中的硫代葡萄糖苷酶与硫代葡萄糖苷分处组织的不同部位，当细胞破裂后，酶水解作用发生，导致不同的降解反应，最终水解成糖苷配体、葡萄糖和硫酸盐。

图 12-2 硫代葡萄糖苷在硫代葡萄糖苷酶作用下的水解示意图

硫代葡萄糖苷及其一些水解物是水溶性的。在烧煮过程中约有 50% 以上损失，其余部分会进入水中。但不同类别的蔬菜，不同品种及同品种内的加工损失有所不同。例如，制作色拉时，无论烧煮或发酵，卷心菜通常要切成片。尽管在卷心菜切割过程中要释放出芥子酶，但硫代葡萄糖苷含量却有所增加，如吲哚硫代葡萄糖苷，特别是芸薹葡糖硫苷（glucobrassicin）在切碎后增加了 4 倍。这一现象的可能解释是切碎卷心菜触发了一个防御系统，该系统在植物受伤或受到昆虫侵害后也会起作用。

硫代葡萄糖苷酶可被抗坏血酸激活。在很多例子里，如抗坏血酸缺乏，硫代葡萄糖苷酶几乎没有活性。激活作用不是依赖于抗坏血酸的氧化还原反应，而可能是由于抗坏血酸提供了一个亲核基团。抗坏血酸的活性激活作用是“不完全的”，抗坏血酸提高了对硫代葡萄糖苷底物的 v_{max} 和 K_m。

概念检查 12.2

○ 硫代葡萄糖苷对食品安全性的影响。

12.3 有害氨基酸及其衍生物

有害氨基酸主要是指一些不参与蛋白质合成的稀有氨基酸，如高丝氨酸、今可豆氨酸及 5- 羟色氨酸等。在这类氨基酸中有些是氨基酸的衍生物，如 α,γ- 二氨基酪酸和 β- 氰 -L- 丙氨酸等；有些是亚氨基酸成分，如 2- 哌啶酸和红藻酸等。非蛋白质氨基酸多存在于特定的植物中。如茶氨酸只在山茶属中存在；又如 5- 羟色氨酸在豆科灌木植物加纳谷物的干燥种子中含量可高达干重的 14%。

并不是所有的非蛋白质氨基酸都是有害的，如茶氨酸、蒜氨酸等不仅是无毒的，而且还赋予食品特色和保健作用。但有些则是有害的，如埃及豆中毒主要是由于含有 β- 氨基丙腈及 β-N- 乙酰 -α,β- 二氨基丙酸之故；又如刀豆氨酸，存在于大豆等 17 种豆类中，由于它是精氨酸的拮抗物，从而影响蛋白质的代谢。在豆类中发现的一些游离有害氨基酸及衍生物见表 12-6。

表 12-6　豆中天然存在的有害氨基酸及衍生物

毒性氨基酸及衍生物	来源	毒性
L-*α*,*γ*-二氨基丁酸和*γ*-*N*-草酰衍生物	宿根山黧豆（*L.latifoliug*）、林生山黧豆（*L.sylbeatris*）、橙色野豌豆（*V.aurantica*）和10种山黧豆	神经毒
β-氰基丙氨酸和*γ*-谷氨酸-*β*-氰基丙氨酸	野豌豆（*V.sativa*）、窄叶野豌豆（*V.augustifolia*）和其他15种山黧豆	神经毒
β-(*N*-*γ*-谷氨酰)-氨基丙腈	矮山黧豆（*L.pusillus*）、山黧豆、硬毛山黧豆（*L.hirsutus*）和粉红山黧豆(*L.roseus*)	骨毒
β-(*N*)-草酰-*α*,*β*-二氨基丙酸（ODAP）或*β*-(*N*)-草酰氨基-L-丙氨酸（BOAA）	草山黧豆（*L.sativus*）、扁荚山黧豆（*L.clymenum*）、宿根山黧豆、林生山黧豆及其他18种山黧豆	神经毒
刀豆氨酸（canavanine）	洋刀豆（*Canavalia ensiformis*）和17种蚕豆	抑制链孢霉属和其他微生物生长
金龟豆酸（djenkolic acid）	裂叶猴耳环（*Pithecolobium lobatum*，金龟豆）、威氏相思树（*Acacia willardiana*）和其他含羞草科植物	肾毒
含羞草氨酸、N^{β}-（3-羟-4-吡啶酮）-L-氨基丙酸	含羞草（*Mimosa leucoene*）、白含羞草（*Mimosa pudica*）和银合欢（*Leucaena glauca*）	与酪氨酸和苯丙氨酸竞争
α-氨基-*ε*-脒基己酸	扁荚山黧豆、草山黧豆	腭裂致畸性
同型精氨酸，*α*-氨基-*ε*-胍基己酸	穗序木兰（*Indigofera spicata*）	大肠杆菌和小球藻属的生长抑制物
β-硝基丙酸	铺地槐兰（*Indigofera endecaphylla*）	肝毒、神经毒

根据有毒氨基酸及衍生物的毒性，可将其毒性分为神经毒、骨毒和抗代谢毒。其结构与毒性之间的关系大体归纳如下：①氨基酸的草酰胺酸衍生物、末端有氰基的氨基酸和谷氨酸型的结构等化合物能引起神经毒性作用；②氨基氰化物、巯基胺等能引起骨毒作用；③必需氨基酸的结构同类物引起抗代谢毒性作用。

概念检查 12.3

○ 有害氨基酸中毒机理。

12.4　毒素

12.4.1　水产食物中主要有害毒素

（1）河豚毒素（tetrodotoxin，TTX）　TTX 是豚毒鱼类中的一种神经毒素，主要存在于河豚卵巢、肝、肠、皮肤及卵中，为氨基全氢喹唑啉型化合物，分子式 $C_{11}H_{17}O_8N_3$，分子量 319.27。TTX 是无色、无味、无臭的针状结晶，微溶于水、乙醇和浓酸，在含有醋酸的水溶液中极易溶解，不溶于其它有机溶剂。把河豚的卵巢浸泡于水、醋酸和氢氧化钡溶液中，结果发现经过 24h 后，用水可浸出 30% 的 TTX，用 0.5% 的醋酸可浸出 73% 的 TTX，用 1% 的醋酸可浸出 100% 的 TTX，用 1% 的氢氧化钡可浸出 50% 的 TTX。因 TTX 是一种生物碱，它在弱酸中相对稳定，在强酸性溶液中则易分解，在碱性溶液中则全部被分解为河豚酸，但毒性并不消失。TTX 对紫外线和阳光有强的抵抗能力，经紫外线照射 48h 后，其毒性无变化；

经自然界阳光照射一年，也无毒性变化。对盐类也很稳定。用30%的盐腌制1个月，卵巢中仍含毒素。在中性和酸性条件下对热稳定，能耐高温。将卵巢毒素在100℃加热4h，115℃加热3h，能将毒素全部破坏。同样120℃加热30min，200℃以上加热10min，也可使其毒性消失。家庭的一般烹调加热TTX几乎无变化，这是食用河豚中毒的主要原因。TTX是一种毒性极强的天然毒素，经腹腔注射对小鼠的LD_{50}为8.7μg/kg，其毒性是氰化钠的1000多倍。TTX的毒理作用非常相似于岩藻毒素，都是专一性地堵塞为产生神经冲动所必需的钠离子向神经或肌肉细胞的流动。TTX的毒性，主要表现在使神经中枢和神经末梢发生麻痹，最后因呼吸中枢和血管运动中枢麻痹而死亡。

（2）麻痹性贝类毒素（paralyfric shellfish poisoning，PSP） PSP是一类对人类生命健康危害最大的海洋生物毒素。PSP是一类四氢嘌呤的衍生物，其母体结构为四氢嘌呤，致病的活性基团是7、8、9位的胍基及附近C12位的羟基，为非结晶、水溶性、高极性、不挥发的小分子物质。到目前为止，已经证实结构的PSP有20多种。根据基团的相似性，PSP可以分为4类：氨甲酰基类毒素（carbamoyl compounds），如石房蛤毒素（saxitoxins，STX）、新石房蛤毒素（neosaxitoxins，neoSTX）、膝沟藻毒素1～4（gonyautoxins GTX1～4）；*N*-磺酰氨甲酰基类毒素（*N*-sulfocarbamoyl compounds），如C1-4、GTX5、GTX6；脱氨甲酰基类毒素（decarbamoyl compounds），如dcSTX、dcneoSTX、dcGTX1-4；脱氧脱氨甲酰基类毒素（deoxydecarbomyl compounds），如doSTX、doGTX2,3等。PSP易溶于水，可溶于甲醇、乙醇，且对酸、对热稳定，在碱性条件下易氧化失活，降解为芳香簇的氨基嘌呤衍生物，毒性消失。*N*-磺酰氨甲酰基类毒素在加热、酸性等条件下会脱掉磺酰基，生成相应的氨甲酰基类毒素，而在稳定的条件下则生成相应的脱氨甲酰基类毒素。PSP中毒致死率很高，对人体的中毒量为600～5000MU（15min内杀死体重20g小白鼠的平均毒素量），致死量为3000～30000MU，中毒状况还与患者的年龄和生理状况有关，目前尚无对症解毒剂。PSP的毒性为LD_{50}（以STX计）184.1μg/kg。世界卫生组织规定可食贝类的PSP限量（以STX计）为80μg/100g。PSP是一类神经和肌肉麻痹剂，其毒理主要是通过对细胞内钠通道的阻断，造成神经系统传输障碍而产生麻痹作用。中毒的临床症状首先是外周麻痹，从嘴唇与四肢的轻微麻刺感和麻木直到肌肉完全丧失力量，呼吸衰竭而死。症状通常在5～30min出现，12h内死亡。

（3）西加鱼毒（ciguatera fish poisoning，CFP） CFP中毒又称肌肉毒鱼类中毒，是指由西加鱼毒素、刺尾鱼毒素和岩沙海葵毒素等中毒而引起的食物中毒。其中最主要的是西加鱼毒素（雪卡毒素），是一种由底栖微藻类分泌产生的神经性毒素。这些毒素经过食物链向上层积聚，从而影响到人。

CFP是目前赤潮生物产物的主要毒素之一，已从有毒鱼类和赤潮生物中分离出的三种西加鱼毒毒素：西加毒素（ciguatoxins，CTXs）、刺尾鱼毒素（maitotxin，MTX）和鹦嘴鱼毒素（scaritoxin，SCTX）。其中CTXs和MTX为主要组分。

CTXs是由13个连接醚环组成的聚醚毒素，它是一种无色、耐热、非结晶体、极易被氧化的物质。它能溶于极性有机溶剂如甲醇、乙醇、丙酮中，但不溶于苯和水中。该毒素毒性强度比TTX大20倍。CFP引起人体中毒症状有消化系统症状、心血管系统症状和神经系统症状。消化系统症状包括恶心、呕吐、腹部痉挛、腹泻等，部分患者口中有金属味；心血管系统症状包括心律低（40～50次/min）或过快（100～200次/min），血压降低；神经系统症状包括口、唇、舌、咽喉发麻或针扎感，身体感觉异常，有蚁爬感、瘙痒、温度感觉倒错，其中温度感觉倒错具有特征性，可与急性胃肠炎、细菌性食物中毒作鉴别。一般在食用有毒鱼类1～6h出现上述某些中毒症状，特殊情况下在食用有毒鱼类30min或48h后也可出现某些中毒症状。西加鱼类中毒偶尔可能是致命的，急性死亡病例发生于血液循环破坏或呼吸衰竭。

MTX也是聚醚类化合物，是一种由甲藻门中的岗比甲藻（*Gambierdiscus toxicus*）产生的剧毒物质。这种化合物是目前人类发现的毒性最强的非蛋白质类毒素，对小鼠的LD_{50}仅为50ng/kg，只需0.13μg/kg的腹膜注射便可致死。后来人们发现它实际上是由岗比甲藻产生的，经食物链蓄积于鱼类体内。

MTX 的分子为 32 个环组成的稠环结构，具有 32 个含氧杂环（环醚）、22 个甲基、28 个羟基和两个硫酸酯基，其中硫酸酯基有着重要的生物学效应，对其毒性起到了决定性的作用。它是由生物产生的非蛋白质、非多糖分子中最大的、最复杂的物质之一。它是一种高极性化合物，可以溶于水、甲醇、乙醇、二甲基亚砜，但不溶于氯仿、丙酮和乙腈。MTX 为白色固体，极易被氧化，在 1mol/L 盐酸溶液或氢氧化铵溶液中加热，毒性不受影响。

SCTX 是一种脂溶性毒素，其某些化学性质和色谱性质与西加毒素相似，但经 DEAE 纤维素柱色谱和 TLC 分析，它们的极性有所差异。在波长 220 nm 以上的紫外光范围内均无吸收，由于其结构复杂，至今尚未确定它的完整结构。

（4）腹泻性贝类毒素（diarrhetic shellfish poison，DSP） 海洋中分布很广的赤潮生物可以分泌腹泻性贝毒，这种毒素通过食物链的传递，并在贝类体内累积。如果误食了这些贝类就会引起中毒。中毒的主要症状为腹泻和呕吐，所以又称为腹泻型贝毒。DSP 是一类脂溶性物质，其化学结构是聚醚或大环内酯化合物。根据这些毒素的碳骨架结构，可以将它们分为三组。

其一是具有细胞毒性的大田软海绵酸（okadaic acid，OA）和其天然衍生物轮状鳍藻毒素（dinophysistoxin，DTX）。大田软海绵酸是 C_{38} 聚醚脂肪酸衍生物，轮状鳍藻毒素 1（DTX_1）是 35- 甲基大田软海绵酸，轮状鳍藻毒素 2（DTX_2）则为 7-*O*- 酰基 -37- 甲基大田软海绵酸。OA 是无色晶体，熔点 156 ～ 158℃，$[\alpha]_D^{20}=23°$ (C=0.043，$CHCl_3$)。它能溶于甲醇、乙醇、氯仿和乙醚等有机溶剂，不溶于水。DTX_1 是白色无定形固体，熔点 134℃，$[\alpha]_D^{20}=28°$ (C=0.046,$CHCl_3$)，其薄层色谱 R_f 值为 0.42。DTX_2 的薄层色谱 R_f 为 0.57，在酸性和碱性溶液中不稳定。

其二是聚醚内酯蛤毒素（pectenotoxins，PTXs），包括 PTX_1 ～ PTX_6。PTX_1 是白色晶体，熔点为 208 ～ 209℃，$[\alpha]_D^{20}=17.1°$ (C=0.41,CH_3OH)，λ_{max}=235nm。PTX_1、PTX_2、PTX_3 和 PTX_4 的薄层色谱的 R_f 值分别为 0.43、0.71、0.49 和 0.53。

其三是硫酸盐化合物，即扇贝毒素（yessotoxin，YTX）及其衍生物 45-OH 扇贝毒素。另外 1995 年在爱尔兰 Killary 的贝类中又分离到一种新的毒素（$C_{47}H_{71}NO_{12}$），这种毒素导致人类不明原因的中毒症状，当时暂命名为 Killary 毒素 -3 或 KT3，后来重命名为 azaspiracid。

目前研究人员利用现代化学分离和分析技术从受有毒赤潮生物污染的贝类体内和有毒赤潮生物细胞中已分离出 23 种 DSP 成分，确定了其中 21 种成分的化学结构。

三组毒素的毒理作用各不相同。OA 对小鼠腹腔注射的半致死剂量为 160μg/kg，会使小鼠或其它动物发生腹泻，并且具有强烈的致癌作用。PTX 对小鼠的半致死剂量为 16 ～ 77μg/kg，主要作用是肝损伤。扇贝毒素对小鼠的半致死剂量是 100μg/kg，主要破坏动物的心肌。

12.4.2 有毒活性肽

（1）海葵毒素 海葵是一种腔肠动物，属珊瑚虫纲六珊瑚亚纲，在热带和温带海域中广泛存在，中国海域中存在的海葵品种主要有华丽黄海葵（*Anthopleura elegantissina* Brandt）、蛇海葵（*Anemonia sulcata* Pennant）、巨突海葵（*Condylactis gigantean* Weinland）等。海葵触手中含有丰富的肽类毒素。

从海葵毒素一级结构来看，大部分为 46 ～ 49 个氨基酸，称为长链神经毒素，分子质量在 7kDa 左右；另一些分子质量小于 3kDa 的多肽，称为短链神经毒素。所有毒素存在 12 个相同的氨基酸残基（包括 6 个 Cys），所有的毒素 C 末端都是亲水性氨基酸残基，至今发现的所有海葵毒素都存在三对二硫键。

从海葵中已分离出60余种细胞溶素类毒素，分子质量在15～20kDa之间，它们作用于专一性受体，选择性地与细胞膜的脂质结合，引起疼痛、炎症及肌肉麻痹等。研究最多的是刺海葵素，分子质量为17kDa，结构特征是N末端有1个长的β折叠疏水段和5个短的β折叠疏水段，其中60%～70%的氨基酸之间构成氢键，因此形成特殊的跨膜蛋白结构。C末端为强极性区段，位于膜外，在膜上构成通道。

（2）芋螺毒素（CTX） 芋螺科动物属于腹足纲软体动物，分布于热带海洋中的浅水区，全世界共有500多种芋螺，我国有60～70种，主要分布在海南岛、西沙群岛和台湾海峡。每种芋螺的毒液中含有50～200种活性多肽，被称为芋螺毒素（conotoxin，CTX）。它们是由10～41个氨基酸残基组成的，富含半胱氨酸（Cys）的动物神经肽毒素。目前，已被阐明结构的CTX有100多种。CTX对人有很强的毒性和高度选择性活性，但都属同源蛋白质。其毒性的选择性与芋螺的生活习性密切相关，食鱼、食贝、食虫的芋螺所产生的芋螺毒素对鱼、哺乳动物、软体动物等有显著不同的选择毒性。所以，人们根据芋螺的食物简单地将其分为：食鱼芋螺（piscivorous），如地纹芋螺（*Conus gegraphus* Linnaeus）、线纹芋螺（*Conus striatus* Linnaeus）等；食螺芋螺（molluscivorous），如织棉芋螺（*Conus textile* Linnaeus）、黑芋螺（*Conus marmoreus* Linnaeus）等；食虫芋螺（vermivorous），如象牙芋螺（*Conus eburneus* Hwass）、方斑芋螺（*Conus tessulatus* Born）等。来源于地纹芋螺的CTX对人的毒性最大。根据芋螺毒素作用于生物体内的不同靶位，可将芋螺毒素分为α、ω、μ、δ等多种亚型。α-CTX专一性地作用于神经末端的乙酰胆碱受体，起阻断作用；ω-CTX专一阻断神经末梢突触前的电压敏感型Ca^{2+}通道；μ-CTX和δ-CTX专一作用于电压敏感型Na^{+}通道，μ-CTX在活化相起作用，δ-CTX在非活化相起作用。由于它们有选择性地作用于离子通道而使脊椎动物和无脊椎动物的神经系统被麻醉，从而成为表征神经功能的重要配体。

芋螺毒素具有如下特点：分子量小，富含二硫键；前导肽高度保守而成熟肽具有多样性；作用靶点广且具有高度组织选择性。芋螺毒素常被作为探针用于各种离子通道和受体的类型及亚型的分类和鉴定，也极有可能直接开发成药物或作为先导化合物用于新药的开发。

（3）蓝藻毒素 蓝藻毒素按化学结构可分为环肽、生物碱和脂多糖（LPS）内毒素。蓝藻毒素中常见的是环肽类蓝藻毒素。蓝藻毒素由微囊藻属、鱼腥藻属、颤藻属和念珠藻属等多个藻属产生。蓝藻毒素被认为是肝毒素，还是强促癌剂。

12.4.3 生物碱类毒素

食品中可能存在的生物碱类毒素有：茄碱、东莨菪碱、马钱子碱、士的宁、麻黄碱、乌头碱、次乌头碱、新乌头碱、秋水仙碱、阿托品、槟榔碱、毒芹碱、鬼臼毒素、毛果芸香碱及钩吻碱等15种。消费者摄入一定量后第一反应是恶心、腹痛、腹泻甚至腹水等中毒症状。

龙葵碱（steroidal glycosidic alkaloids，SGA）是食品中15种有毒生物碱之一。它又称茄碱、马铃薯毒素，是发芽、变绿、发霉、腐烂或受到机械伤害的马铃薯块茎中及部分没有成熟的西红柿中一种内源性毒素，也是目前15种有毒生物碱中与大家接触最多的和安全隐患最大的，一旦食用含毒素超过200mg/kg就会引起中毒反应。目前，国家市场监管总局已发布土豆及其制品中SGA检验方法（BJS 201806），但还有限量要求。

SGA化学结构包括亲水性的糖链和疏水性的糖苷配基（苷元）。糖链的单糖一般多为葡萄糖、半乳糖、鼠李糖或木糖等，苷元是环戊烷多氢菲（甾体）连接的含氮杂环。其中*α*-茄碱的苷元是由含有27个碳骨架和F环含氮的胆甾烷构成，糖链是由联结在3-OH位置的半乳糖、葡萄糖和鼠李糖构成。*α*-卡茄碱与*α*-茄碱相比只是把其中一个单糖半乳糖替换成了鼠李糖（图12-3）。

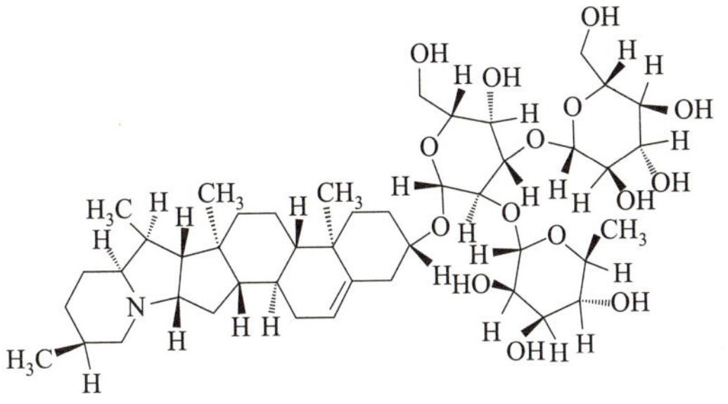

α-茄碱

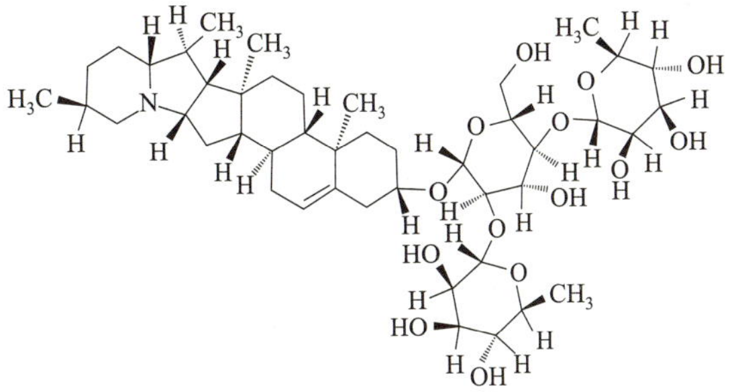

α-卡茄碱

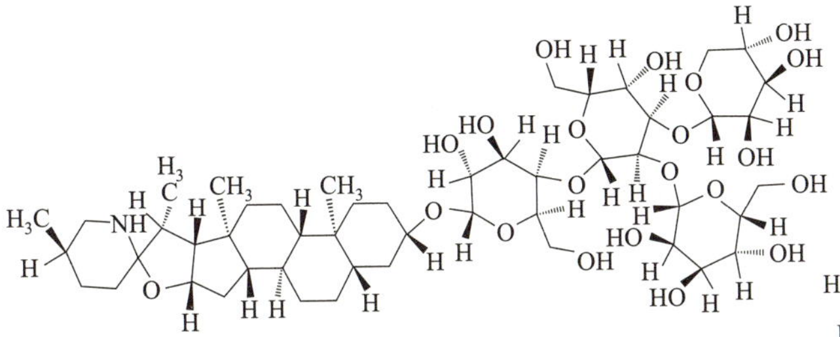

α-番茄碱

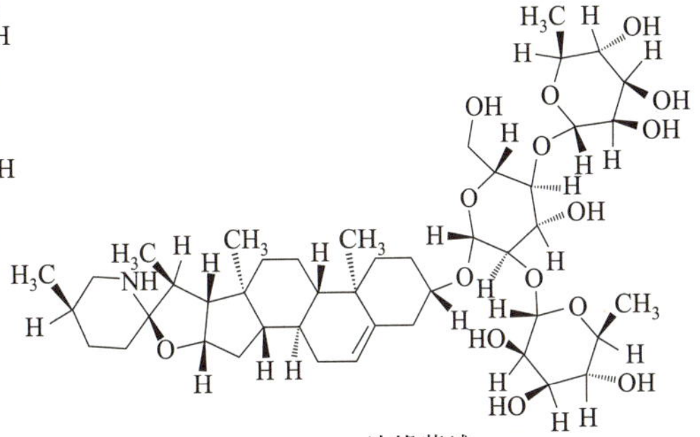

α-边缘茄碱

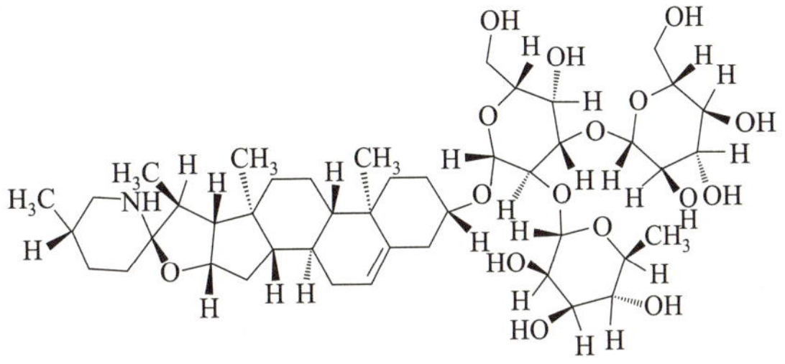

α-澳洲茄碱

图 12-3　常见龙葵碱化学结构示意图

马铃薯中 SGA 的含量在不同部位是不同的。正常块茎中 SGA 的含量为 1 ～ 10mg/100g，且主要集中于块茎 1.5mm 的皮层，尤其是芽眼附近和损伤的部位。未成熟、青皮或发芽的马铃薯块茎中的 SGA 含量会增加至 25 ～ 80mg/100g，表皮含量甚至高达 200mg/100g。目前，加拿大已将总 SGA（α- 茄碱和 α- 卡茄碱总和）在马铃薯块茎中最大限量设定在 200mg/kg（FW）。

12.4.4　微生物毒素

食品中常见的微生物毒素（microbial toxins）可根据 GB 29921—2013 和 GB 2761—2017 检测对象分为细菌毒素和霉菌毒素两大类。

12.4.4.1　霉菌毒素

霉菌毒素是霉菌分泌的次级代谢物，分子量一般小于 500。FAO 资料显示，全球 30% 以上的谷物都不同程度地存在霉菌毒素，它们主要来源于曲霉属（黄曲霉毒素、赭曲霉毒素、杂色曲霉毒素）、镰刀霉属（单端孢霉毒素、玉米赤霉烯酮、丁烯酸内酯、串珠镰刀菌毒素）和青霉属霉菌（黄绿青霉素、岛青霉环肽毒素、黄变米毒素、橘青霉毒素）。几种重要的霉菌毒素的化学结构见图 12-4。

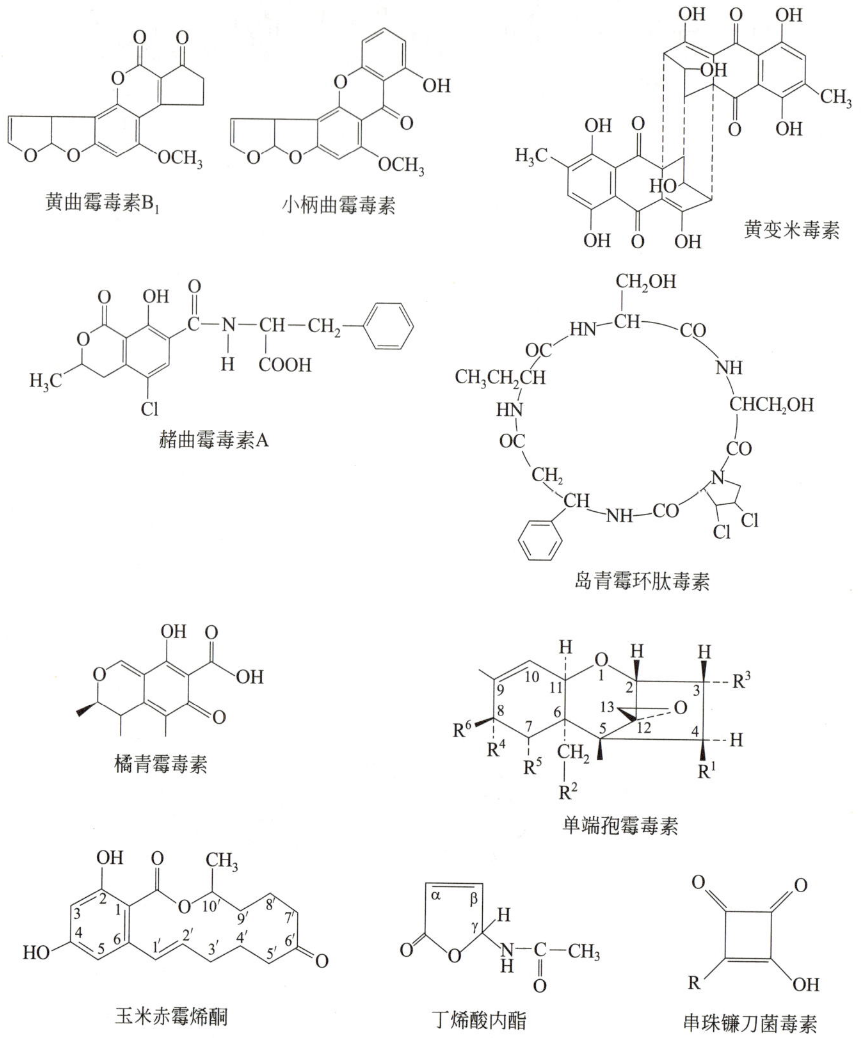

黄曲霉毒素B_1　小柄曲霉毒素　黄变米毒素

赭曲霉毒素A　岛青霉环肽毒素

橘青霉毒素　单端孢霉毒素

玉米赤霉烯酮　丁烯酸内酯　串珠镰刀菌毒素

图 12-4　几种重要的霉菌毒素的化学结构

1）曲霉毒素

（1）黄曲霉毒素　黄曲霉毒素（aflatoxin，AF）主要由黄曲霉（*Aspergillus flavus*）、寄生曲霉（*Aspergillus parasiticus* Speare）、烟曲霉（*Aspergillus fumigatus*）和少数温特曲霉（*Aspergillus wentii* Wehmer）菌株产生。从化学结构上看，是一组由二呋喃环和香豆素组成的结构类似物。根据 AF 在紫外光照射下所发出荧光的颜色不同而分为 B 族和 G 族两大族，目前已分离鉴定出 AFB_1、B_2、G_1、G_2 以及由 B_1 和 B_2 在体内经过羟化而衍生成的代谢产物 M_1、M_2 等 20 多种，其中以 B_1 毒性最大。各种 AF 的分子量为 312 ～ 346，熔点 200 ～ 300℃，难溶于水、己烷和石油醚，可溶于甲醇、乙醇、氯仿、丙酮和二甲基甲酰胺等溶剂。耐热性强，加热到熔点温度时开始裂解，在一般烹调温度下很少被破坏。在碱性环境下不稳定，氢氧化钠可使 AF 的内酯六元环开环形成相应的钠盐，溶于水，用水可将其洗去。AF 污染严重的农作物包括大豆、稻谷、玉米和棉子，另外各种坚果，如花生、杏仁和核桃等也是 AF 容易污染的对象。

AF 是Ⅰ类致癌物，其毒性相当于氰化钾的 10 倍，砒霜的 68 倍。其中 AFB_1 又是 AF 中致癌性最强的天然物质，尤其对动物肝脏具有极强致癌性。目前，世界上约有100个国家对食品中AF提出了严格限量要求。

（2）赭曲霉毒素 赭曲霉毒素（ochratoxins，OT）是由赭曲菌（*Asperegillus alutacells*）和纯绿青霉（*Penicillium viridicatum*）产生的有毒代谢产物。从化学结构上看，OT是异香豆素联结L-苯丙氨酸在分子结构上类似的一组化合物，包括OA、OB、OC、OD等七种结构类似物，其中以OA为主，毒性也最大，OB是OA的脱氯衍生物，OC是OA的乙基酯。OA的分子量为404，熔点169℃，为无色晶体，易溶于有机溶剂（三氯甲烷和甲醇）和稀碳酸氢钠溶液，微溶于水。在紫外线照射下OA呈绿色荧光，最大吸收峰为333nm。动物实验表明，OA具有肾毒性、免疫毒性和致癌、致畸、致突变性。该化合物相当稳定，一般的烹调和加工方法只有部分被破坏。但γ射线对水溶液中的OA有显著降解效果，在4kGy的辐照剂量下，水溶液中的OA降解率可达90%；玉米等谷物中OA经过辐照后，含量明显降低，在10kGy的辐照剂量下，降解率可达50%。

自然界中产生OA的菌种类繁多，如赭曲霉（*A.ochraceus*）、淡褐色曲霉（*Aspergillus alutaceus*）、硫色曲霉（*Aspergillus sulphureus*）、菌核曲霉（*Aspergillus sclerotium*）、蜂蜜曲霉（*Aspergillus melleus*）、洋葱曲霉（*Aspergillus alliaceus*）、孔曲霉（*Aspergillus ostianus*）及圆弧青霉（*Penicillium cyclopium*）、变幻青霉（*Penicillium variabile*）等，近来又有人报道金头曲霉（*Aspergillus auricomus*）也能产生OA。而其中以纯绿青霉（*P. verrucosum*）、赭曲霉（*A. ochraceus*）和炭黑曲霉（*Aspergillus carbonarius*）为主，近年来研究表明炭黑曲霉为OA主要产生菌。

（3）杂色曲霉毒素 杂色曲霉毒素（sterigmatocystin，ST）是由杂色曲霉（*Aspergillus versicofor*）、黄曲霉（*Aspergillus flavus*）、构巢曲霉（*Aspergillus nidulans*）、细皱曲霉（*Aspergillus rugulosus*）等真菌产生的次级代谢产物。ST也是一类化学结构很近似的化合物，目前有10多种已确定结构，其基本结构是由二呋喃环与氧杂蒽醌连接组成，与AF结构相似。ST为淡黄色针状结晶，不溶于水，微溶于甲醇、乙醇等多数有机溶剂，易溶于氯仿、乙腈、吡啶和二甲亚砜。以苯为溶剂时，其最高吸收峰波长为325nm，摩尔吸收系数E为15200。分子式为$C_{19}H_{14}O_6$，分子量324，熔点247～248℃，在紫外线照射下具有砖红色荧光。

ST毒性仅次于AF，可诱发肝癌、肺癌及其他肿瘤。同时，ST可以对很多实验动物的脏器造成急性毒性损伤，并且具有种属及器官特异性。大鼠经口ST LD_{50}为166mg/kg（雄性）和120mg/kg（雌性），腹腔注射为60mg/kg；小鼠经口LD_{50}大于80mg/kg。ST污染非常普遍，广泛存在于玉米、小麦、大豆、咖啡、坚果、面包等人类食物和动物饲料中，是最常见的霉菌毒素污染物之一。

2）青霉毒素

（1）岛青霉毒素 稻谷在收获后如未及时脱粒干燥就堆放很容易引起发霉。发霉谷物脱粒后即形成“黄变米”或“沤黄米”，这主要是由于岛青霉（*Penicillium islandicum*）污染所致。黄变米在我国南方、日本和其他热带和亚热带地区比较普遍。小鼠每天经口200g受岛青霉污染的黄变米，大约一周可死于肝肥大；如果每天饲喂0.05g黄变米，持续两年可诱发肝癌。流行病学调查发现，肝癌发病率和居民过多食用霉变的大米有关。岛青霉除产生岛青霉素（islanditoxin）外，还可产生环氯素（cyclochlorotin），黄天精（luteoskyrin）和红天精（erythroskyrin）等多种霉菌毒素。

① 黄变米毒素 又称黄天精，是双多羟二氢蒽醌衍生物，结构和AF相似，分子式为$C_{30}H_{22}O_{12}$，熔点为287℃，溶于脂肪溶剂，毒性和致癌活性也与AF相当。小鼠日服7mg/kg体重的黄天精数周可导致其肝坏死，长期低剂量摄入可导致肝癌。

② 环氯素 为含氯环结构的肽类，纯品为白色针状结晶，溶于水，熔点为251℃。对小鼠经口LD_{50}为6.55mg/kg体重，有很强的急性毒性。环氯素摄入后短时间内可引起小鼠肝的坏死性病变，小剂量长时

间摄入可引起癌变。

③ 岛青霉环肽毒素 也称岛青霉素。是由 β- 氨基苯丙氨酸、2 分子丝氨酸、氨基丁酸及二氯脯氨酸组成的含氯环肽。与环氯素理化性质类似，是作用较快的肝毒素。

（2）橘青霉素 橘青霉素也叫橘霉素（citrinin），是青霉属和曲霉属的某些菌株产生的真菌毒素，它的分子式是 $C_{13}H_{14}O_5$，分子量为 250。其化学命名是（3*R*,4*S*）-4,6- 二氢 -8- 羟基 -3,4,5- 三甲基 -6- 氧 -3*H*-2- 苯吡 -7- 羧酸。纯品橘青霉素在常温下是一种柠檬黄色针状结晶物质，熔点为 172℃。在长波紫外灯的激发下能发出柠檬黄色荧光，其最大紫外吸收在 319nm、253nm 和 222nm。该毒素能溶于无水乙醇、氯仿、乙醚等大多数有机溶剂，极难溶于水，在酸性及碱性溶液中加热可溶解。

橘青霉素主要是一种肾毒性毒素，它能引起狗、猪、鼠、鸡、鸭和鸟类等多种动物肾脏病变。大鼠的 LD_{50} 是 67mg/kg，小鼠的 LD_{50} 是 35mg/kg，豚鼠的 LD_{50} 是 37mg/kg。另外，橘青霉素还能和其它真菌毒素（如赭曲霉素、展青霉素等）起协同作用，增加对机体的损害。

（3）黄绿青霉素 黄绿青霉素（citreoviridin）主要是由黄绿青霉产生，棕鲑色青霉等多种青霉也能产生。纯品黄绿青霉素为橙黄色结晶，熔点 107 ～ 110℃，分子量 402，溶于丙酮、氯仿、冰醋酸、甲醇和乙醇，微溶于苯、乙醚、二硫化碳和四氯化碳，不溶于己烷和水。在紫外线照射下可发出金黄色荧光。黄绿青霉素加热至 270℃时可失去毒性，经紫外线照射 2h 毒性也会被破坏。黄绿青霉素是一种神经毒素，主要抑制脊髓和延脑的功能，而且能选择性地抑制脊髓运动神经元及联络神经元，也可抑制延脑运动神经元。动物中毒特征为中枢神经麻痹，继而导致心脏停博而死亡。

3）镰刀菌毒素

（1）单端孢霉毒素 单端孢霉毒素（triehotheeenes，TS）是由头孢菌属（*Cephalosporium*）、镰孢菌属（*Fusarium*）、葡萄状穗霉属（*Staehybotrys*）和木霉菌属（*Triehoderma*）等代谢产生的一组四环倍半帖烯结构有毒代谢产物，已知有 40 余种同系物，均为无色结晶，微溶于水，性质稳定，用一般烹调方法不易被破坏。TS 可分为 A 和 B 两类。TS A 包括 T-2 毒素、HT-2 毒素、新茄病镰刀菌烯醇和蛇形霉素（DAS）；TS B 包括呕吐素（DON）和雪腐镰刀菌烯醇（NIV）。

TS 的靶器官是肝脏和肾脏，且大多都属于组织刺激因子和致炎物质，因而可直接损伤消化道黏膜。畜禽中毒后的临床症状一般表现为食欲减退或废绝、胃肠炎症和出血、呕吐、腹泻、坏死性皮炎、运动失调、血凝不良、贫血和白细胞数量减少、免疫机能降低和流产等。

（2）玉米赤霉烯酮 玉米赤霉烯酮（zearalenone，ZEN）又称 F-2 霉素，是污染玉米、大麦等粮食最常见的玉米赤霉菌产生的代谢产物，此外还有三线镰刀菌、木贼镰刀菌、雪腐镰刀菌、粉红镰刀菌等也可产生该毒素。有些菌株在完成生长后需要经过低温（低于 12℃）阶段才能产生 ZEN，而另一些菌株在常温下就能产生 ZEN。

ZEN 分子式为 $C_{18}H_{22}O_5$，分子量为 318，熔点 164 ～ 165℃，已知其衍生物有 15 种以上。ZEN 不溶于水、二硫化碳和四氯化碳，溶于碱性水溶液、乙醚、苯、氯仿、二氯甲烷、乙酸乙酯、乙腈和乙醇等。一些酶可使其失活，内酯酶可断裂 ZEN 的内酯环。酶通过分解毒素的功能性原子组，使这些毒素降解成非毒性的代谢物，从而被消化排出，不引起副作用。

ZEN 具有强烈的雌激素作用，作用强度约为雌激素的 1/10，但作用时间长于雌激素。研究认为，玉米中 ZEN 的含量达到 0.1mg/kg 时，就会产生雌激素过多症。当饲料中含有 1mg/kg 以上的 ZEN 时就足以引起猪的雌激素中毒症。

（3）丁烯酸内酯 丁烯酸内酯（butenolide）的化学名称为 4- 乙酰胺基 -4- 羟基 -2- 丁烯酸 -γ- 内酯，呈一棒状结晶。分子式为 $C_6H_7NO_3$，分子量 138，从醋酸乙酯 - 环己烷结晶出来，其熔点为 116 ～ 118℃。易溶于水，微溶于二氯甲烷和氯仿，不溶于四氯化碳，在碱性水溶液中极易水解，其水解产物为顺式甲酰丙烯酸（cis- formylacrylic acid）和乙酰胺（acetamide）。

目前已从下列菌属中分离提取到了丁烯酸内酯：三线镰刀菌（*Fusarium tricinctum*）、木贼镰刀菌（*Fusarium equseti*）、拟枝镰刀菌（*Fusarium sporotrichiodes*）、半裸镰刀菌（*Fusarium semitectum*）、粉红镰刀菌（*Fusarium roseum*）、禾谷镰刀菌（*Fusarium graminearum*）、砖红镰刀菌（*Fusarium tateritium*)、雪腐镰刀菌（*Fusarium nivale*）及梨孢镰刀菌（*Fusarium poae*）。

丁烯酸内酯属血液毒素，能使动物皮肤发炎、坏死。在我国黑龙江和陕西的大骨节病区所产的玉米中发现有丁烯酸内酯存在。

（4）串珠镰刀菌素　串珠镰刀菌素（moniliformin，MON）的主要产毒菌株除了串珠镰刀菌外，还有串珠镰刀菌胶胞变种（*F.moniliforme* var. *Subglutinus*）、禾谷镰刀菌（*F.graminearum*）、半裸镰刀菌（*F.semitectum*）、本色镰刀菌（*F.concolor*）、燕麦镰刀菌（*F.avenaceum*）、木贼镰刀菌（*F.equiseti*）、锐顶镰刀菌（*F.acuminatum*）等 30 余种。

串珠镰刀菌素通常以钠盐和钾盐的形式存在于自然界中，分子式为 C_4HO_3R（R=Na 或 K），化学名称为 1,2- 二酮 -3- 羟基环丁烯（3-hydrox ycyclobutene-1,2-dione）。其游离酸为强酸，pK_a 为（0.0 ± 0.05）～ 1.7，化学性质属于半方酸阴离子，与无机酸性质类似，故从结构上也可将串珠镰刀菌素命名为半方酸钠（或钾）。通常为淡黄色针状结晶，易溶于水和甲醇，不溶于二氯甲烷和三氯甲烷。由串珠镰刀菌素钠盐的紫外扫描图可知，串珠镰刀菌素在 227nm 处有最大吸收峰，在 256nm 处有次级吸收峰；而红外光谱表明串珠镰刀菌素在 $1780cm^{-1}$、$1709cm^{-1}$、$1682cm^{-1}$、$1605cm^{-1}$、$1107cm^{-1}$ 和 $846cm^{-1}$ 处均有吸收。串珠镰刀菌素在水溶液中以单体形式存在，并在 pH 值为 7 时最稳定；另外，在 pH 值为 10 时也较稳定。据报道，串珠镰刀菌素在 100℃且 pH 值为 4 的溶液中加热 60min 不会遭到破坏，冷冻干燥也不会影响串珠镰刀菌素的稳定性，但碱法蒸煮能够部分或者完全将其破坏，破坏程度依赖加工的温度和时间。在串珠镰刀菌素的水溶液中通入 O_3 曝气 15min，其四元环会被打开形成 2,3- 二羟基 -2,3- 环氧 - 丁二酸和 2- 羰基 -3- 羟基 - 丁二酸。

串珠镰刀菌素作为污染玉米、小麦和燕麦等粮食作物的霉菌毒素之一，其主要与伏马菌素等镰刀菌素形成毒素的联合污染。串珠镰刀菌素对动物的毒害作用主要表现在心脏和免疫力上，并且其能够对细胞产生毒性，其毒性作用机理主要体现在抑制三羧酸循环的正常运转，导致机体能量供应不足。

4）去除霉菌毒素方法

目前，去除霉菌毒素方法主要有物理方法、化学方法和生物方法三大类。

① 物理方法脱毒包括：热处理、微波、γ 射线、紫外线、水洗、脱胚处理（主要用于玉米的脱毒）及添加吸附剂等措施。目前，最常用的物理方法是通过在日粮中添加营养惰性吸附剂来降低霉菌毒素对动物的危害。

② 化学方法消除霉菌毒素是利用毒素化学特性，在强酸强碱或氧化剂作用下，使之转化为无毒的物质，因使用化学试剂的不同而方法较多，常用的有酸处理法、碱处理法、氨处理法及有机溶剂处理法等。

③ 霉菌毒素的生物脱毒主要是采用微生物或其产生的酶来进行脱毒，现已研究发现许多微生物能或多或少转化霉菌毒素，从而降低其毒性。

④ 其它。除此之外，研究还发现某些农作物具有抗微生物特性，现已发现抗黄曲霉玉米；有些中草药也具有去毒特性；在饲料中添加硒具有保护肝细胞不受损害和保护肝脏生物转化功能的作用，从而减轻黄曲霉毒素的危害；此外添加蛋氨酸也可以减轻霉菌毒素特别是黄曲霉毒素对动物的有害作用。

12.4.4.2　细菌毒素

污染食物的细菌毒素最主要的是沙门氏菌毒素（Salmonella toxins）、葡萄球菌肠毒素（staphylococcus enterotoxins）及肉毒杆菌毒素（botulinum toxins）。所有的细菌毒素均可根据其存在于胞内或胞外的特性分为内毒素（endotoxin）和外毒素（exotoxin）两大类。外毒素是细菌的一种代谢产物，化学成分主要为蛋白质，在细菌的生长和增殖过程中分泌在胞外的培养基中，也有多种外毒素是在细菌裂解后释放出来的。内毒素是革兰氏阴性菌细胞壁外膜中的脂多糖成分，一般在细菌溶溃或杀死后被释放出来。

1）沙门氏菌毒素

在细菌性食物中毒中最常见的是沙门氏菌引起的食物中毒。沙门氏菌是重要的人畜共患病病原菌之一，其本身不分泌外毒素，但会产生毒性较强的内毒素。沙门氏菌内毒素是类脂、碳水化合物和蛋白质的复合物。最常见的有鼠伤寒沙门氏菌、肠炎沙门氏菌、猪霍乱沙门氏菌和丙型副伤寒沙门氏菌等。

由沙门氏菌引起的食物中毒，一般需暴露大量病菌才能致病，病菌仅见于肠道中，很少侵入血液，菌体在肠道内被破坏后放出肠毒素引起症状，潜伏期较短，一般为 8 ～ 24h，有的短到 2h，一般症状为发病突然，表现恶心、呕吐、腹泻、发热等急性胃肠炎症状，病程很短，一般在 2 ～ 4d 可复原，严重者偶尔也可致死。

沙门氏菌引起中毒多由动物性食物引起。由于此菌在肉、乳、蛋等食物中滋生，却不分解蛋白质产生吲哚类臭味物质，所以当熟肉等食物被沙门氏菌污染，甚至已繁殖到相当严重程度时，通常也不会引起感官性质的改变。因此对于存放较久的食物，应注意彻底灭菌。加热杀菌可以较容易地将沙门氏菌杀死，一般在温度达 80℃，12min 即可将病原菌杀死。

2）葡萄球菌肠毒素

葡萄球菌肠毒素（staphylococcal enterotoxins，SEs）是由金黄色葡萄球菌（*Staphylococcus aureus*）和表皮葡萄球菌（*Staphylococcus epidermidis*）分泌的一类结构相关、毒力相似、抗原性不同的胞外蛋白质，属革兰氏阳性热原外毒素。因其主要作用于胃肠道，故称为肠毒素。SEs 是重要的超抗原之一，现已发现的肠毒素类超抗原依据其血清型不同分为 A、B、C、D 和 E 等 5 种血清型，根据等电点的不同，又将 C 分为 C1、C2 和 C3 等 3 种类型。其后又报道有 F 型，F 型 SEs 重新命名为毒素休克综合征 1 型毒素（TSST-1）。后又陆续发现了 H 型肠毒素蛋白、G 和 I 型肠毒素蛋白。到目前为止，已知有 A、B、C1、C2、C3、D、E、G、H 和 I 等 10 种血清型，其中 A 及 D 型比较常见。

各型 SEs 的分子质量相近，约为 27.5 ～ 30.0ku，都是小分子蛋白质，易溶于水和盐溶液，等电点为 pH7.0 ～ 8.6，对蛋白酶有抵抗作用，在胃中不能立即被灭活，有充足的时间通过胃黏膜而发挥其毒素作用。所有 SEs 的氨基酸组成都已测定，分子中赖氨酸、天冬氨酸、谷氨酸、亮氨酸和酪氨酸等较集中。除 TSST 外，所有 SEs 含有 2 个半胱氨酸残基形成的大约有 20 个氨基酸的胱氨酸环，在这个区域分子羧基端 SEA、SEB 和 SEC1 有明显的相似性。由此推测此区域含有催吐部位。TSST 在化学上完全不同于其他肠毒素，它不含半胱氨酸，氨基酸排列顺序与其他肠毒素不完全一致，它含有 188 个氨基酸残基，末端氨基酸为丝氨酸。

各种肠毒素对热都有一定的抵抗力，当加热到 60℃时，SEB 在 pH 7.3 的溶液中保持 16h 仍有生物活性；SEA 在 pH 6.85 的溶液中保持 20min，则活力减少 50%；SEC1 保持 30min 没有任何变化，但超过 1h 后，溶液变混浊。SEC2 的水溶液在温度 52℃时就已变混浊，在 100℃ 1min 内破坏 80%。SEB 在 99℃持续 90min 才能完全灭活。SEA 在 100℃不到 1min 即被完全破坏。Smith 等发现经加热损伤的金黄色葡萄球菌修复后其后代仍能产生肠毒素。

3）肉毒杆菌毒素

肉毒杆菌毒素（botulinum toxin，BTX）也被称为肉毒毒素或肉毒杆菌素，是由肉毒梭菌在厌氧环境中产生的一种毒性极强的外毒素，为肉毒梭菌的主要致病因子，可导致人和动物发生以肌肉麻痹为主要特征表现的肉毒中毒（botulism）。肉毒杆菌毒素是 150kDa 的多肽，它由 100kDa 的重（H）链和 50kDa

轻（L）链通过一个二硫键连接起来。依其毒性和抗原性不同，分为 A、B、C、D、E、F、G 7 个类型，其中 A、B、E 经常与人类肉毒杆菌中毒有关。肉毒杆菌毒素是毒性最强的天然物质之一，也是世界上最毒的蛋白质之一。纯化结晶的肉毒杆菌毒素 1mg 能杀死 2 亿只小鼠，对人的半数致死量为 40IU/kg。

BTX 并非由活着的肉毒杆菌释放，而是先在肉毒杆菌细胞内产生无毒的前体毒素，在肉毒杆菌死亡自溶后前体毒素游离出来，经肠道中的胰蛋白酶或细菌产生的蛋白酶激活后才具有毒性。BTX 的作用机理是阻断神经末梢分泌能使肌肉收缩的乙酰胆碱，从而达到麻痹肌肉的效果。人们食入和吸收这种毒素后，神经系统将遭到破坏，将会出现头晕、呼吸困难和肌肉乏力等症状。

BTX 对酸有特别强的抵抗力，胃酸和消化酶短时间内无法将其破坏，故可被胃肠道吸收，从而损害身体健康。但是 BTX 对碱不稳定，在 pH7 以上条件下分解，游离的毒素可被胃酸、消化酶所分解。此外 BTX 对热不稳定，可在加热 80℃ 15min 后被破坏，所以在加工食品的加热过程中或大多数通常的烹饪条件下就能使它失活。

概念检查 12.4

○ ①烹调加热可消减 TTX 毒性吗？②为什么发芽或变绿的马铃薯不能吃？③如何防止霉菌毒素食物中毒？

12.5 抗营养素

动植物为了其生长和繁殖需要，免遭微生物及其它动物等损害，已形成了一套行之有效的防护系统，如形态学保持机制、化学保持机制（如产生小分子量的对非体系有害成分等）等；某些作物还有一种防护系统是在其种子或可食部位积累一些保护性成分，如蛋白酶抑制剂、淀粉酶抑制剂和糖结合蛋白等。它们在食品中存在较多时就会影响食品中营养成分的吸收和利用。因此，上述成分又统称为抗营养素。

食品中抗营养素

抗营养素具有有益和有害的双重生理效应，这取决于营养物质和抗营养物质的摩尔比及其它一些因素。如果摄入足够的抗营养物质就会减少某种营养物质功能，反之亦然（表 12-7 和表 12-8）。通过烹饪加热、发酵、发芽、浸泡和膨化等技术，可减少植物源食品中抗营养素有害特性，提高食品营养性。

表 12-7 植物源食品中抗营养素及有害性

抗营养素	食物	有害实例
多酚类	茶（*Camelia sinensis*）	降低血清血红蛋白。53.85%饮茶者(学生)中血红蛋白水平降低
	芒果（*Mangnifera indica*）	与铁结合形成复合物影响肠道微生物的生长
	高粱（*Sorghum bicolor*）	对奶牛喂养含不同浓度的多酚类饲料，会影响泌乳，降低产奶量
	蔓越莓（*Vaccinium oxycoccus*）和葡萄（*Vitis vinifera*）等	多酚类粗提取物对α-淀粉酶和葡萄糖淀粉酶有体外抑制作用
皂苷	南非叶（*Vernonia amygdalina*）	皂苷对O型血和基因SS型有较高的溶血作用
	楝树（*Azadirachta indica*）	对板栗粉蛉虫（*T. castaneum*）饲喂4 d后，淀粉酶活性被抑制
植酸	小麦(*Triticum aestivum*)	添加植酸可降低健康人体对镁的吸收，且呈量效关系
	豆(*Phasiolus vulgaris*)	降低女性受试者铁的吸收效率
	黑麦(*Secale cereale*)	植酸降低了铁强化大豆的铁生物利用率

续表

抗营养素	食物	有害实例
凝集素和血凝素	豆(*Phasiolus vulgaris*)	每隔一天服用50mg/kg剂量，持续六周，实验动物体重和食物摄入量下降。植物血凝素通过抑制电解质Na^+吸收诱导人腹泻
	辣木籽（*Moringa oleifera*）	与主要消化酶结合，使其酶活性降低
蛋白酶抑制剂	大豆(*Glycine max*)	BBI 抑制胰蛋白酶活性。 大豆TI抑制小菜蛾（*P. xylostella*）幼虫中肠中的胰蛋白酶/蛋白酶

表 12-8 植物源食品中主要抗营养成分及有益性

抗营养素	食物	有益实例
多酚类	葡萄（*Vitis vinifera*）	葡萄籽原花青素提取物（GSPE）改善有高血压前期症状的血压状况 减轻非增生性糖尿病视网膜（hard exudates，HE）病变的严重程度。GSPE处理组9个月后，HE严重程度明显改善
	清香木（*Pistacia weinmannifolia*）	清香木提取物中酯型儿茶素对超氧阴离子和羟基自由基均有清除作用，且具有剂量依赖性
	山木瓜的果实（*Capparis moonii*）	就像胰岛素一样，增加细胞的葡萄糖摄入量
	刺云实（*Caesalpinia spinosa*）	刺云实种子提取物含有丰富的酯型儿茶素，可降低乳腺癌原发肿瘤的发生
皂苷	三七（*Panax notoginseng*）	三七总皂苷对氧化应激小鼠心肌细胞凋亡有抑制作用
	皂果树（*Balanites aegyptiaca*）	控制2型糖尿病患者的血糖水平和血脂谱
	葱属植物（*Allium minutiflorum*）	新型皂苷具有显著抗真菌活性，且与其浓度有关，其中甾体皂苷（minutoside）B≥C≥A
植酸	大米（*Oryza sativa*）	提取的植酸可以降低大鼠患结肠癌的风险。植酸提取物抑制肝癌、乳腺癌和卵巢癌细胞生长，50% (IC_{50})值分别为1.66、3.78和3.45mmol/L。 植酸可通过增加脂质排泄及激活抗氧化剂和脂质生成酶来降低高脂血症和氧化应激
	油菜（*Brassica napus* L.）	DPPH自由基清除活性表明它们具有抗氧化剂的特性
凝集素和血凝素	小麦（*Triticum aestivum*）	小麦胚芽凝集素(WGA)能靶向白血病细胞[急性髓系白血病(AML)]并使其凝集
	菜豆（*Tepary bean*）	凋亡对结肠癌的影响
蛋白酶抑制剂	大豆（*Glycine max*）	BBI作用抑制HIV效应，显示BBI下调巨噬细胞中CD4受体的表达，诱导CC趋化因子的产生
	马铃薯（*Solanum tuberosum*）	马铃薯块茎提取物3（PTF3）显示保护性免疫反应与增加抗菌物质和上调促炎细胞因子
	花生（*Arachis hypogaea*）	在花生产品中添加胰蛋白酶抑制剂可显著降低空腹血糖、体重增加和食物摄入量
	配角（*Tamarindus indica*）	配角籽胰蛋白酶抑制剂（TTI）可降低代谢综合征动物的摄食量，降低肿瘤坏死因子-α

12.5.1 多酚类

在植物源食物中多酚类化合物分布广、含量差异大、种类多。多酚类化合物由于含有较多的羟基，易被氧化，是食品中天然的抗氧化剂。另外，多酚类化合物还有清除自由基、抑菌、抗癌等功能。因此，多酚类化合物还是很好的食品功能性成分。但由于多酚类化合物对一些矿物质元素有络合作用、对蛋白质有沉淀作用、对酶活性有抑制作用，因此，从这一层面上多酚类化合物又是食品的天然抗营养剂。

12.5.1.1 多酚类的组成、结构及性质

多酚类化合物是食品中一大类成分，可根据其结构和生物合成途径，分为黄烷醇类、花色苷类、黄

酮类、酚酸类及其他，目前科学界已经分离鉴定出 8000 多种多酚类物质。多酚类化合物的核心结构是 2-苯基苯并吡喃（图 12-5）。

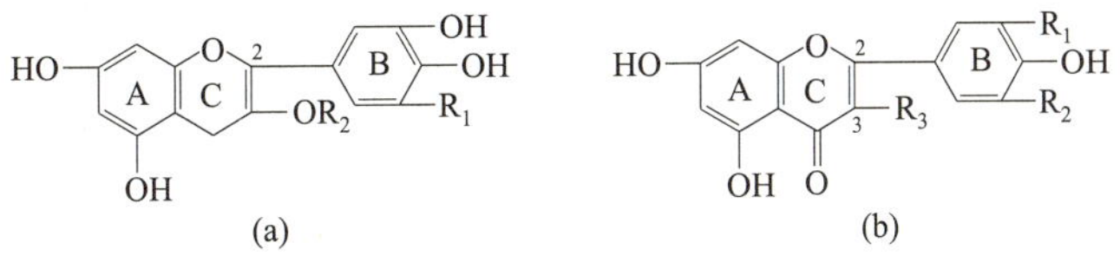

图 12-5　黄烷醇类（a）及黄酮类（b）的结构示意图

一般来说，黄酮类结构中 C3 位易羟基化，形成一个非酚性羟基，与其它位置的酚性羟基不同，形成黄酮醇，黄酮醇是类黄酮中主要的一类成分，如图 12-5 中当 $R_1=R_2=H$、$R_3=OH$ 时，为山柰素；当 $R_1=H$、$R_2=R_3=OH$ 时，为槲皮素；当 $R_1=R_2=R_3=OH$ 时，为杨梅素。

另一类不及黄酮醇普遍的化合物是黄酮，包括芹菜素（apigenin，5,7,4′- 三羟基黄酮）、樨草素（luteolin，5,7,3′,4′- 四羟基黄酮）和 5,7,3′,4′,5′- 五羟基黄酮（tricetin）。这些化合物的结构与花葵素、花青素等相似。除上述化合物外，已知其他配基有 60 种之多，它们是黄酮醇和黄酮的羟基和甲氧基衍生物。

在植物源食物中黄酮类常以糖苷的形式存在，糖配基通常是葡萄糖、鼠李糖、半乳糖、阿拉伯糖、木糖、芹菜糖或葡糖醛酸。

12.5.1.2　多酚类的理化性质

多酚类物质一般能溶于热水，它们的苷类易溶于水；多酚类在有机溶剂如乙酸乙酯、乙醇、甲醇等中有较高的溶解度，但难溶于苯、氯仿等溶剂中。

多酚类具有较强的抗氧化特性，多酚类中不同的成分其氧化能力与它的结构有密切的关系。一般是图 12-5 中 B 环上 3′- 羟基、4′- 羟基、C4 的══ O、C3 上羟基取代及 C2 ══ C2 等结构与抗氧化性能关系最为密切。

多酚类结构中色原酮部分本无色，但在 C2 上引入苯环后便成了交叉共轭体系，通过电子转移和重排，使共轭链延长而呈现一定的颜色。黄酮及黄酮苷类多呈现淡黄色或黄色。如果 C2 和 C3 位双键被氢饱和，则不能组成交叉共轭体系或共轭很小，此类成分的呈色性下降，如黄烷醇类。

多酚类的稳定性与其结构关系密切。如分子中羟基数目增加则稳定性降低，而甲基化及糖基化程度提高则增加稳定性。花色素苷分子中吡喃环的氧原子是四价的，所以它在酚类产品中是最活泼的成分之一。多酚类成分通常不稳定。pH 值愈大、温度越高和氧浓度越大，多酚类的结构就愈易破坏；其次是氧化酶、氧化剂、金属离子等也影响多酚类的稳定性。有关多酚类更详细的性质，请参阅有关专业文献。

12.5.1.3　多酚类的抗营养性及有害性

（1）多酚类的抗营养性

① 对必需金属元素的络合作用。某些花色素苷因为具有邻位羟基，能和金属离子形成复合物，根据这一原理，可利用 $AlCl_3$ 能与具有邻位羟基的花青素 -3- 甲花翠素和翠雀素形成复合物，而与不具邻位羟基的花葵素、芍药色素和二甲葵翠素区别开来。多酚类是天然的抗氧化剂。其抗氧化的机理之一是多酚类能络合过渡金属离子而抑制自由基的形成。人们曾对能产生蓝色的花色素苷的结构进行了大量研究，认为颜色的产生是由于花色素苷与许多成分形成的复合物有关。从分离出的许多这类复合物中鉴定发现，它们含有阳离子，例如 Al^{3+}、K^{+}、Fe^{2+}、Fe^{3+}、Cu^{2+}、Ca^{2+} 和 Sn^{2+} 等。多酚类对不同的必需的过渡金属元

素的络合作用表现出以下顺序：$Al^{3+} > Zn^{2+} > Fe^{3+} > Mg^{2+} > Ca^{2+}$，从而影响它们的生物有效性。

② 对蛋白质及酶的络合沉淀作用。多酚类与蛋白质的相互结合反应主要通过疏水作用和氢键作用。多酚类对酶蛋白的络合沉淀作用，这是在酶提取液中要加不溶性聚乙烯吡咯烷酮（PVP）、还原剂或用硼酸盐缓冲剂的原因；在阻碍多酚类物质与蛋白质的反应方面，也可以在反应液中加入少量的吐温 80 防止多酚类对酶蛋白的络合作用。

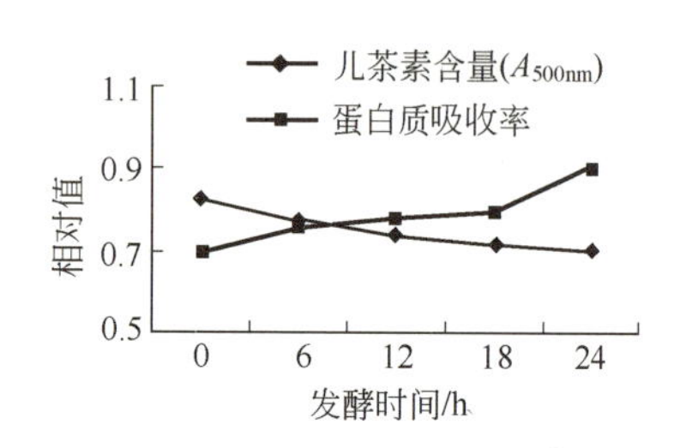

图 12-6　高粱发酵制品中儿茶素含量与蛋白质吸收率的关系

多酚类与蛋白质、淀粉及消化酶形成复合物后就降低了食品的营养性。多酚对食品利用率的抑制作用，可能有两方面的原因：其一是多酚能明显地抑制消化酶，从而影响了多糖类、蛋白质及脂类等成分的吸收；其二是在消化道中多酚与一些生物大分子形成了复合物，降低了这些复合物的消化吸收。

用发酵法除去高粱中一部分儿茶素，然后测定蛋白质的吸收率。结果发现，随着发酵的进行，儿茶素的含量逐渐减少，蛋白质的吸收率逐渐增加（图 12-6）。

另外，多酚与唾液蛋白结合，使唾液失去润滑性，舌上皮组织收缩，产生涩味。适当的涩味是食品的风味组成之一，过重则降低了食物的可食性。当食物中多酚含量较高时，会影响人体对蛋白质、纤维素、淀粉和脂肪的消化，降低食物的营养价值，严重时甚至导致中毒、消化道疾病和牲畜死亡。

（2）多酚类的有害性　在 20 世纪 70 年代中期，J. B. Harborne 等在《黄酮类化合物》一书中，最早提出多酚类成分具有有害性，这种有害性就是指黄酮类在离体的情况下对一些酶系统有抑制作用，如槲皮黄素在 10^{-3}mol/L 时可 100% 地抑制某些酶活。

多酚类也同维生素 C、维生素 E 及胡萝卜素一样，除具有抗癌、预防心血管等疾病外，还有抗氧化作用，是食品的抗氧化剂。流行病学调查发现，大量使用多酚类也会产生潜在的有害性。这主要是多酚类在还原其他氧化物、脱氧或清除自由基的同时，本身被氧化成高氧化态如醌型结构形式或自由基形式。这种醌型结构形式或自由基形式非常不稳定，从而引起其他成分的氧化或产生新的自由基。如图 12-7 所示，黄酮类在酶促及自动氧化作用下，产生黄酮类半醌自由基（flavonoid semiquinone radical），黄酮类半醌自由基可被谷胱甘肽（GSH）还原再生，在 GSH 还原黄酮类半醌自由基的同时产生了谷胱甘肽的含硫自由基（thiyl radical）。含硫自由基与 GSH 反应产生二硫阴离子自由基（disulfide radical anion），二硫阴离子自由基会迅速还原分子氧，产生超氧阴离子自由基。

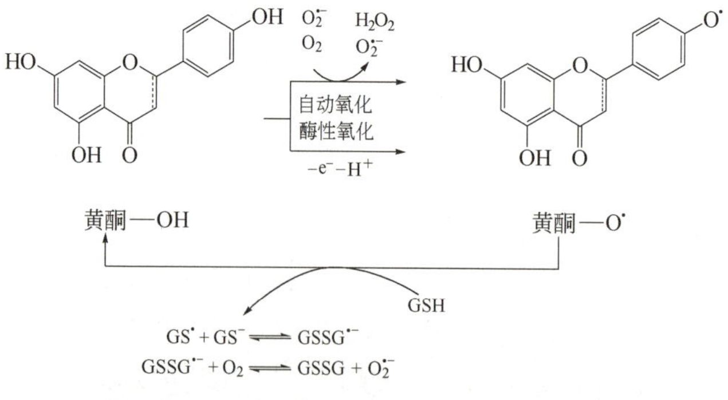

自动氧化
酶性氧化
$-e^- -H^+$
黄酮—OH　　　黄酮—O·
GSH
$GS^\cdot + GS^- \rightleftharpoons GSSG^{\cdot-}$
$GSSG^{\cdot-} + O_2 \rightleftharpoons GSSG + O_2^{\cdot-}$

图 12-7　酚型黄酮过氧化物促氧化示意图

当黄酮类分子结构中 B 环上 3′、4′位连接有羟基时，它极易在酶促或自动氧化作用下形成醌型氧化物，而醌型氧化物易与 GSH 形成复合物。反应历程如图 12-8 所示。

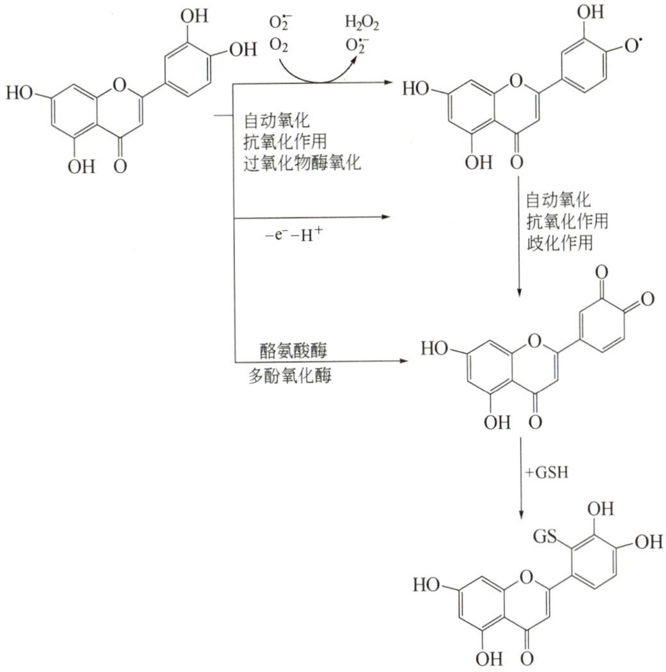

图 12-8　儿茶型黄酮类过氧化物促氧化示意图

12.5.2　皂素

皂素是一类结构较为复杂的成分，由皂苷和糖、糖醛酸或其他有机酸所组成。这类物质可溶于水形成胶体溶液，搅动时会像肥皂一样产生泡沫。大多数的皂素是白色无定形的粉末，味苦而辛辣，难溶于非极性溶剂，易溶于含水的极性溶剂。经口服时，食品中的皂素对人畜多数没有毒性（如大豆皂素等），也有少数剧毒。某些皂素（如茄苷）对消化道黏膜有较强的刺激性，可引起局部充血、肿胀及出血性炎症，以致造成恶心、呕吐、腹泻和腹痛等症状。

皂素广泛存在于植物界，在单子叶植物和双子叶植物中均有分布。有关皂素中毒常见报道。如芸豆又称四季豆，是我国常用的一种食物，食用不当常会引起中毒现象，就与芸豆中含有多种有害成分有关，其中皂素就是其一。目前对皂素结构、组成及生理生化特性研究较多的是茶叶皂素。

12.5.2.1　皂素的基本结构和化学组成

皂素的基本结构由配基和配糖体及有机酸三部分组成，依其配基的结构分为甾体皂素和三萜类皂素。茶叶皂素的配基目前认为主要有以下四种：① R_1- 黄槿精醇（R_1-barrigenol）；②茶皂草精醇 B（theasapogenol B）；③茶皂草精醇 D（theasapogenol D）；④ A_1- 黄槿精醇（A_1-barrigenol）。其中 R_1- 黄槿精醇和 A_1- 黄槿精醇仅存在于茶叶皂素中，在茶籽皂素中不存在。它们的结构及化学性质详见图 12-9 和表 12-9。从基本结构可知，不论是茶叶皂素

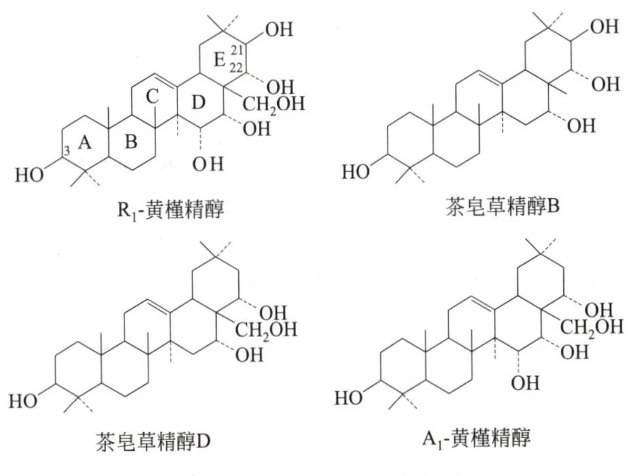

图 12-9　茶叶皂素配基结构

还是茶籽皂素，它们均属于三萜类皂素。

表 12-9 茶叶皂素的化学性质

配基名称	熔点/℃	分子量	分子式
R_1-黄槿精醇	303～308	506	$C_{30}H_{50}O_6$
茶皂草精醇B	284～288	490	$C_{30}H_{50}O_5$
茶皂草精醇D	285～286	474	—
A_1-黄槿精醇	285～287	490	—

皂素配基除上述四种已知结构外，还有三种，但目前尚不清楚其结构。目前较清楚的是茶籽皂素中有机酸为当归酸、顺芷酸（惕各酸，tiglic acid，反式-2-甲基-2-丁烯酸）和醋酸；茶叶皂素中有机酸为当归酸、顺芷酸和肉桂酸。构成茶叶皂素和茶籽皂素的配糖体主要是阿拉伯糖、木糖、半乳糖和葡萄糖醛酸（图 12-10）。

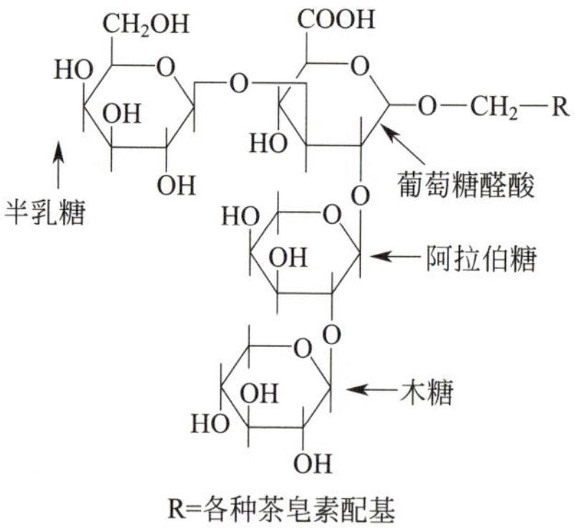

图 12-10 茶皂素的配糖体结构

12.5.2.2 茶皂素的理化性质及毒性

茶皂素是一种无色的微细柱状结晶体，不溶于乙醚、氯仿、苯等非极性溶剂，难溶于冷水、无水甲醇和无水乙醇，可溶于温水、二硫化碳、醋酸乙酯，易溶于含水乙醇、含水甲醇、正丁醇及冰醋酸、醋酐、吡啶等极性溶剂中。与5-甲基苯二酚盐酸反应为绿色，其水溶液对甲基红呈酸性反应。

通常所说的皂苷毒性，就是指皂苷类成分有溶血作用。茶皂素对动物红细胞有破坏作用，产生溶血现象，但对白细胞则无影响。其溶血机理据认为是茶皂素引起含胆固醇的细胞膜的通透性改变所致，最初是破坏细胞膜，进而导致细胞质外渗，最终使整个红细胞解体。发生溶血作用的前提是茶皂素必须与血液接触，因此在人畜口服时是无毒的。

茶皂素对冷血动物毒性较大，即使在浓度较低时对鱼、蛙、蚂蟥等同样有毒。以健壮的丁斑鱼为材料，对茶、茶梅和山茶三种山茶科植物皂素进行了鱼毒试验，结果表明，茶梅皂素的鱼毒活性最高，山茶皂素最低，茶皂素居中。它们的半数致死剂量 LD_{50} 分别是：0.25mg/L、4.5mg/L 和 3.8mg/L。水质的盐度能促进茶皂素的鱼毒活性，反映在淡水鱼上茶皂素的致死浓度较高（约为 5mg/L），对海水鱼的致死浓度一般小于 1mg/L。相同浓度的茶皂素，因渗透压因素，在 4‰～10‰盐度区间，鱼类死亡速度比较缓慢，低于或高于这一浓度区域时死亡均较快，其趋势呈一抛物曲线。此外，茶皂素的鱼毒活性随水温的升高而增强，因而在水温高时鱼死亡速度也加快。茶皂素在碱性条件会水解，并失去活性。海水是微碱性的，所以茶皂素在海水中 48h 以后即自然降解而失去活性，因此它不会污染海水。据研究，茶皂素的鱼毒作用机理：一是破坏鱼鳃组织，二是引起溶血。首先是破坏鱼鳃组织，然后由鳃进入微血管，从而引起溶血，导致鱼中毒死亡。茶皂素对同样以鳃呼吸的对虾无此作用，其原因在于：虾鳃是由角质层发育而来的角质层区，表皮的主要成分是几丁质和蛋白质，与鱼鳃的结构及成分截然不同；另一方面，鱼的血液中携氧载体为血红素，其核心为 Fe^{2+}，而对虾血液携氧载体为血蓝素，其核心为 Cu^{2+}。茶皂素的鱼毒作用已经应用在水产养殖上作为鱼塘和虾池的清池剂，清除其中的敌害鱼类。经东海、黄海、渤海三大海域的海岸线数百公顷对虾塘应用，均取得了良好的效果。

12.5.3 植酸及草酸

植物源食品中微量元素的生物利用度（bioavailability）要比动物源食品的低，这主要与植物源食品中存在植酸、草酸等抗营养素有关。

12.5.3.1　植酸

植酸（phytic acid）又称肌酸、环己六醇磷酸酯，化学命名为 1,2,3,4,5,6-hexakis（phosphonooxo）cyclohexane，即 1,2,3,4,5,6-六全亚磷酸氧环己烷，分子结构如图 12-11 所示。它主要存在于植物的籽、根干和茎中，其中以豆科植物的籽、谷物的麸皮和胚芽中含量最高。植酸既可与钙、铁、镁、锌等金属离子产生不溶性化合物，使金属离子的有效性降低；还能够结合蛋白质的碱性残基，抑制胃蛋白酶和胰蛋白酶的活性，导致蛋白质的利用率下降；它还能结合内源性淀粉酶、蛋白酶、脂肪酶，降低这几种酶的活性，使消化受到影响。

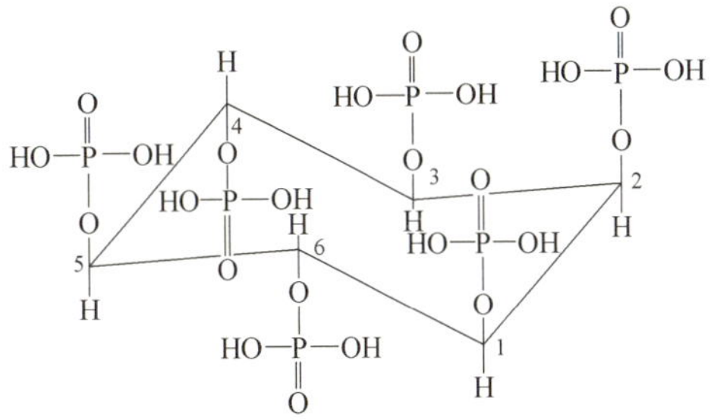

图 12-11　植酸的分子结构示意图

植酸具有 12 个可解离的酸质子，其中 6 个是强酸性（pK_a=1.84），在水溶液中是完全解离的，2 个弱酸基团（pK_a=6.3）和 4 个很弱的酸基团（pK_a=9.7），它们可与大多数的金属离子生成络合物或配合物。络合物的稳定性与食物的酸碱性及金属离子的性质有密切的关系。一般在 pH7.4 时，一些金属离子与植酸生成络合物的稳定性顺序为：$Cu^{2+} > Zn^{2+} > Co^{2+} > Mn^{2+} > Fe^{3+} > Ca^{2+}$。当植酸与蛋白质结合后再与 Ca^{2+}、Mg^{2+} 结合时，通常生成不溶性的化合物。有 Ca^{2+} 存在时，钙离子可促进生成 Zn-Ca- 植酸络合物，这种三元络合物在 pH3 ～ 9 的范围内溶解度非常小，以沉淀形式析出，在 pH6 时溶解度最小。然而，在作为小肠吸收必需微量元素主要部位的十二指肠和空肠的上半部内，pH 正是 6 左右。更为重要的是，植酸在单胃动物中并不为小肠的细菌所降解，在整个小肠内仍然完整地保持着，然后经大肠排出体外。

植酸除了影响食品中微量元素的吸收外，由于它在植物源食物中含量较多，未被络合的植酸还会结合由胰液、胆汁等各种脏器向小肠分泌排出的内源性锌、铜等元素。由此可见，植酸不但影响了食物源中微量元素的利用度，同时还阻碍了内源性微量元素的再吸收。

植酸是一种强酸，具有很强的螯合能力，其 6 个带负电的磷酸根基团，除与金属阳离子结合外，还可与蛋白质分子进行有效的络合，从而降低蛋白质的消化率。当 pH 低于蛋白质的等电点时，蛋白质带正电荷，由于强烈的静电作用，易与带负电的植酸形成不溶性复合物；蛋白质上带正电荷的基团，很可能是 Lys 的 ε- 氨基、Arg 和 His 的胍基。当 pH 高于蛋白质等电点时，蛋白质的游离羧基和组氨酸上未质子化的咪唑基带负电荷，此时蛋白质则以多价阳离子如 Ca^{2+}、Mg^{2+}、Zn^{2+} 等为桥，与植酸形成三元复合物。植酸、金属离子及蛋白质形成的三元复合物，不仅溶解度很低，而且消化利用率大为下降。而植酸酶是催化植酸及其盐类水解为肌醇和磷酸的一类酶的总称。植酸酶不但能提高食物及饲料对磷的吸收利用率，还可降解植酸蛋白质络合物，减少植酸对微量元素的螯合，提高人和动物对植物蛋白的利用率及其植物饲料的营养价值。例如，酪蛋白在 pH2 时能 100% 溶解，如果在 pH2 的酪蛋白溶液中加入植酸，则会使酪蛋白几乎不溶解，但当加入植酸酶后，则可大大提高其溶解度。来自玉米、葵花籽、豆粕及细米糠等的蛋白质也同酪蛋白一样，当存在植酸时，它们的溶解度都大为下降，而将植酸酶加入破坏了植酸后，溶解度又大大提高，有的蛋白质的溶解度甚至还有所提高，如细米糠及菜籽的蛋白质。

12.5.3.2　草酸

（1）草酸的化学性质　草酸又名乙二酸，广泛存在于植物源食品中。草酸是无色的柱状晶体，易溶于水而不溶于氯仿、石油醚等有机溶剂。草酸分子中没有烃基，它除了能参与一元酸的一些反应外，还有以下化学性质。

① 容易脱水和脱羧 草酸加热到 150℃时，将发生脱水和脱羧反应，最终导致草酸全部被分解。

$$\begin{matrix}COOH\\|\\COOH\end{matrix}\xrightarrow{150℃}CO_2+CO+H_2O$$

② 有还原性 草酸具有一定的还原性，在酸性条件下，可将一些氧化态的金属离子还原成低价态，如：

$$5(COOH)_2+2MnO_4^-+6H^+\longrightarrow 2Mn^{2+}+8H_2O+10CO_2$$

③ 对金属元素的络合作用 草酸根是植物源食品中另一类金属螯合剂，当它与一些碱土金属元素结合时，其溶解性大大降低，如草酸钙几乎不溶于水溶液（$K_{sp}=2.6\times10^{-9}$），因此草酸的存在对必需的矿物质的生物有效性有很大影响。但当草酸与一些过渡金属元素结合时，由于草酸的络合作用，形成了可溶性的配合物，其溶解性大大增加。如：

$$Fe^{3+}+3C_2O_4\rightleftharpoons[Fe(C_2O_4)_3]^{3+}\qquad(K_f=1.06\times10^{20})$$

（2）草酸的有害性 草酸的有害性体现在两个方面，其一是食用含草酸较多的食品有造成尿道结石的危险，其二是使必需的矿物质元素的生物有效性降低。

从草酸的化学性质可知，当草酸与一些必需的矿物质元素结合后，矿物质元素的生物有效性将大大下降。当植物源食品中草酸及植酸含量较高时，一些必需的矿物质元素生物活性就要认真考虑，尤其是用消化法测定必需矿物质元素含量时，还应考虑草酸及植酸螯合的影响。

12.5.4 凝集素

12.5.4.1 凝集素的种类

凝集素（lectins）广泛分布于植物、动物和微生物中。外源凝集素又称植物性血细胞凝集素，是一类选择性凝集人血中红细胞的非免疫来源的多价糖结合蛋白或蛋白质，简称凝集素。一般说来，凝集素能特异性可逆结合单糖或寡糖。已知凝集素大多为糖蛋白，含糖量为 4% ～ 10%，其分子多由 2 或 4 个亚基组成，并含有二价金属离子。如刀豆球蛋白为四聚体，每条肽链由 237 个氨基酸组成，亚基中有 Ca^{2+} 和 Mn^{2+}、糖基的结合位点。有些凝集素对实验动物有较高的毒性，如连续 7d 给小白鼠经口大蒜凝集素（剂量为 80mg/kg），结果发现小白鼠不仅食欲下降，体重也有明显减轻。因此推测凝集素的作用是与肠壁细胞结合，从而影响了肠壁对营养成分的吸收。

到目前为止已发现多种不同特性的凝集素，但还没有统一的标准对其分类。有根据来源分类，如动物凝集素、植物凝集素和微生物凝集素；有根据凝集素的整体结构分类，如部分凝集素（merolectin）、全凝集素（hololectin）、嵌合凝集素（chemerolectin）和超凝集素（superlectin）；有根据对糖的专一性对凝集素进行分类，如岩藻糖类、半乳糖 /*N*- 酰半乳糖胺类、*N*- 酰葡萄糖胺类、甘露糖类、唾液酸类和复合糖类；有根据凝集素来源分类，如豆科凝集素类、甘露糖结合凝集素类、几丁质结合凝集素类（chitin-binding lectins）、2 型核糖体失活性蛋白质类（type-2 ribosome-inactivating proteins，RIP）和其它作物中凝集素类；有根据凝集素对红细胞凝集情况，将凝集素分为特异型和非特异型等。按进化及结构相关性可将凝集素分为七大家族。这七大家族凝集素的结构、对糖的结合专一性及在作物中分布见表 12-10。

表 12-10　七大家族凝集素的性质及在作物中分布

凝集素家族	结构	专一性	分布
豆科凝集素	β-sandwich	Man/Glc Gal/Gal NAc (GlcNAc)$_n$ Fuc Siaα2,3 Gal/GalNAc complex	豆科
单子叶植物甘露糖结合凝集素	β-barrel	Man	兰科、百合科、石蒜科、天南星科、葱科、凤梨科、鸢尾科
含橡胶素结构域的几丁质结合凝集素	Hevein domain	(GlcNac)$_n$	禾本科、陆商科、茄科、罂粟科、荨麻科、桑寄生科
2型核糖体失活性蛋白质类	β-trefoil	Gal/GalNac Siaα2,6 Gal/GalNAc	大戟科、忍冬科、桑寄生科、鸢尾科、毛莨科、樟科、西番莲科、百合科、豆科
葫芦科韧皮部凝集素	Unknown	(GlcNac)$_n$	葫芦科
木菠萝凝集素	β-prism	Gal/T-antigen Man	桑科、旋花科、菊科、芭蕉科、禾本科、十字花科
苋科凝集素	β-trefoil	GalNAc/T-antigen	苋科

W. J. Peumans 等将作物中已知的五类凝集素特性进行了介绍，它们分别是：①豆科凝集素类，这类凝集素仅存在于豆科作物中，它们对糖结合的专一性较宽；②甘露糖结合凝集素类，这类凝集素目前至少在 5 种作物中被发现，这类凝集素有相似的分子结构和对糖结合的专一性；③几丁质结合凝集素类（chitin-binding lectins），这类凝集素分布在分类学上互不关联的 5 种作物中，尽管这类凝集素在分子结构上有些不同，但它们有相似的结构域和相对结合专一性；④2 型 RIP 类，这类凝集素分布在分类学上互不关联的 12 种作物中，所有的 2 型 RIP 都是一些稀有蛋白质，它们都由二条链组成，其一是具有催化活性的 A 链，其二是与糖结合的 B 链，这二条链通过二硫键相结合，这类凝集素除接骨木果中的外，都对半乳糖和 *N*- 乙酰基半乳糖胺有高度的专一性结合；⑤其它植物凝集素类，这类凝集素特性不明显。

12.5.4.2　凝集素的含量及某些性质

W. J. Peumans 等将上述 5 类凝集素在各作物中含量、热稳定性及对人类有害性进行了归纳（表 12-11 ～表 12-15）。

表 12-11　豆科凝集素类

品种名称	组织	浓度/（g/kg）	食用毒性	热稳定性	对相应食品的有害性	
					原物	食品
落花生	种子	0.2 ~ 2	轻微	不稳定	是	是
大豆	种子	0.2 ~ 2	轻微	较低	是	未测
小扁豆	种子	0.1 ~ 1	轻微	不稳定	是	未测
红花菜豆	种子	1 ~ 10	较高	中等	是	可能
利马豆	种子	1 ~ 0	较高	中等	是	可能
宽叶菜豆	种子	1 ~ 10	较高	中等	是	可能
腰豆	种子	1 ~ 10	较高	中等	是	可能
豌豆	种子	0.2 ~ 2	轻微	不稳定	可能	未测
蚕豆	种子	0.1 ~ 1	轻微	不稳定	可能	未测

注：热稳定性是指纯品凝集素水溶液，耐90℃为热稳定性很高，耐80℃为热稳定性高，耐70℃为热稳定性中等，耐60℃为热稳定性较低，60℃以下失活为不稳定（表12-12～表12-15同）。

表 12-12 甘露糖结合凝集素类

品种名称	组织	浓度/(g/kg)	食用毒性	热稳定性	对相应食品的有害性	
					原物	食品
冬葱	球茎	0.01～0.1	无毒	中等	无	无
洋葱	鳞茎	<0.01	无毒	中等	无	无
韭	叶	<0.01	无毒	中等	无	无
大蒜	鳞茎	0.5～2	无毒	中等	无	无
阔叶葱	鳞茎	1～5	无毒	中等	无	无

表 12-13 几丁质结合凝集素类

品种名称	组织	浓度/(g/kg)	食用毒性	热稳定性	对相应食品的有害性	
					原物	食品
大麦	种子	<0.01	未测	高	是	可能
稻谷	种子	<0.01	未测	高	是	可能
黑麦	种子	<0.01	未测	高	是	可能
小麦	种子	<0.01	中度	高	是	是
小麦	芽	0.1～0.5	中度	高	是	是
苋属植物种子	种子	0.1	无毒	很高	不清楚	不清楚
新西兰番茄	种子	<0.01	未测	不清楚	不清楚	不清楚
西红柿	果实	<0.01	无毒	高	可能	可能
马铃薯	块茎	0.01～0.05	无毒	高	不直接食用	可能

表 12-14 2 型核糖体失活性蛋白质类

品种名称	组织	浓度/(g/kg)	食用毒性	热稳定性	对相应食品的有害性	
					原物	食品
蓖麻籽	种子	1～5	致死	不稳定	不食用	无
接骨木果	果实	0.01	未测	中等	是	可能

表 12-15 其他植物凝集素类

品种名称	组织	浓度/(g/kg)	食用毒性	热稳定性	对相应食品的有害性	
					原物	食品
苋属植物种子	种子	0.1～0.5	无毒	不稳定	无	无
木菠萝	种子	0.5～2	未测	未测	不清楚	不清楚
南瓜	果实	<0.01	未测	未测	可能	不清楚
香蕉	果实	<0.01	未测	未测	不清楚	不清楚

从上述 5 类凝集素的食用毒性大小可知，豆类凝集素类中，红花豆（runner bean）、利马豆（lima bean）、宽叶菜豆（tepary bean）和菜豆（kidney bean）中的凝集素不仅含量较高，而且对其相应食物有较高的毒性。因此，豆类制品如果处理不当，如加热不够，往往会引起中毒，这与豆类含有大量凝集素有一定的关系。试验表明，给鼠喂食含有凝集素的粗豆粉，重者造成肠细胞破裂，引起肠功能紊乱，轻者影响肠胃中水解酶活性，减少了肠胃对营养素的吸收，从而抑制摄取者的生长。

12.5.5　消化酶抑制剂

消化酶抑制剂主要包括胰蛋白酶抑制剂（trypsin inhibitor，TI）、胰凝乳蛋白酶抑制剂（chrymotrypsin inhibitor）和 α- 淀粉酶抑制剂（α-amylase inhibitor）。胰蛋白酶抑制剂和胰凝乳蛋白酶抑制剂又常常合称为蛋白酶抑制剂。从进化的角度，这些酶抑制剂对植物体本身是有益的，但从营养的角度，它们的存在就抑制了人体对营养成分的消化吸收，甚至危及人体的健康，如食用生豆或加热不完全的豆制品会引起恶心、呕吐等不良症状。

12.5.5.1　消化酶抑制剂的组成和性质

蛋白酶抑制剂广泛存在于微生物、植物和动物组织中。根据与蛋白酶抑制剂相结合的蛋白酶活动中心的氨基酸种类不同，蛋白酶抑制剂分为四大类：丝氨酸蛋白酶抑制剂，半胱氨酸蛋白酶抑制剂，天冬氨酸蛋白酶抑制剂和金属蛋白酶抑制剂。豆科种子中蛋白酶抑制剂含量较丰富。来自豆科种子中蛋白酶抑制剂一般分为二类：Kunitz 型（KTI）和 Bowman-Birk 型（BBI）（表 12-16）。KTI 分子质量较大，多在 20 kDa 以上，它与胰蛋白有专一性结合作用部位。BBI 分子质量较小，多在 9kDa 左右，它有两个结合部位，能同时抑制两个丝氨酸蛋白酶、胰蛋白酶或胰凝乳蛋白酶。Kunitz 型蛋白酶抑制剂热稳定性差，而 BBI 的热稳定性强。

表 12-16　不同品种豆中胰蛋白酶抑制剂特征

品种	分子质量/kDa	类型	亚型数目	品种	分子质量/kDa	类型	亚型数目
大豆	20.1	KTI	—	苦豆	18	BBI	—
大豆	8	BBI	—	紫花芸豆	59	BBI	3
绿豆	7.98	BBI	4	赤小豆	18	BBI	—
蚕豆	7.5	BBI	—	鹰嘴豆	25.7	BBI	—
红小豆	14	BBI	7	牧豆	20	KTI	—
黑豆	23.9	BBI	8	黎豆	20.3～28.7	KTI	7
豌豆	6.8～23	BBI	3～9	海红豆	22	KTI	—
菜豆	9～55	BBI	—	小黑芸豆	24.3	KTI	—

注：“—”表示暂时未被研究。

蛋白酶抑制剂来源不同，其结构特征也有不同（表 12-17）。尽管化学性质上有些差别，但不同来源的蛋白酶抑制剂的氨基酸组成上有很大的相似性：Cys 含量特高，其次是 Asp、Arg、Lys 和 Glu。Cys 含量特高，有利于形成分子内二硫键，这是蛋白酶抑制剂高度耐热、耐酸的原因所在。

表 12-17　KTI 和 BBI 的结构特征

抑制剂类型	分子质量/kDa	反应位点数	半胱氨酸含量	二级结构构成		
				β 折叠/%	β 转角/%	无序/%
KTI	20.1	1	低	22.5	16.2	61.4
BBI	8	2	高	52.6	0	47.4

12.5.5.2 消化酶抑制剂的作用机理

消化酶抑制剂为什么能对蛋白酶活性有较强的抑制作用？其作用机理是什么？目前报道不多，一般认为消化酶抑制剂与消化酶（蛋白酶或淀粉酶）的活性位点相结合形成稳定的酶 - 抑制剂复合物从而使消化酶失去活性。

存在于豆科植物 *Leucaena leucocephala* 胰蛋白酶抑制剂是 KTI 家族中的一种（LTI）。对 LTI 的生物化学性质研究发现，LTI 能阻碍有关血凝固及纤维蛋白溶解的某些酶活性。

（1）LTI 与胰蛋白酶复合物的结构　LTI 具有一个暴露的作用环，不像其他的抑制剂，这个环不受 LTI 分子中二硫键及其他二级结构因子的约束（图 12-12）。豆科 LTI 与胰蛋白酶结合复合物的结构尽管有很大的相似性，但在以下方面有所不同：① P1 的结合方向；②其中大豆胰蛋白酶抑制剂（STI）与猪胰蛋白酶结合的复合物的正交方晶和四方晶之间一些修饰性氨基酸也有不同（图 12-13），STI 分子上有 12 个氨基酸参与了与猪胰蛋白酶的正交方晶复合物的形成，这 12 个氨基酸分别是 Asp1、Phe2、Asn13、Pro61（P3）、Tyr62（P2）、Arg63（P1）、Ile64（P1′）、Arg65（P2′）、His71、Pro72、Trp127 和 Arg119；在四方晶复合物结构中有上述三个氨基酸（His71、Trp127 和 Arg119）未参与其复合物的形成，STI 分子上有 7 个氨基酸残基参与了与猪胰蛋白酶的四方晶复合物的形成（Asp139、Asn136、Pro60、Tyr61、Arg62、Ile63 和 Leu64）。

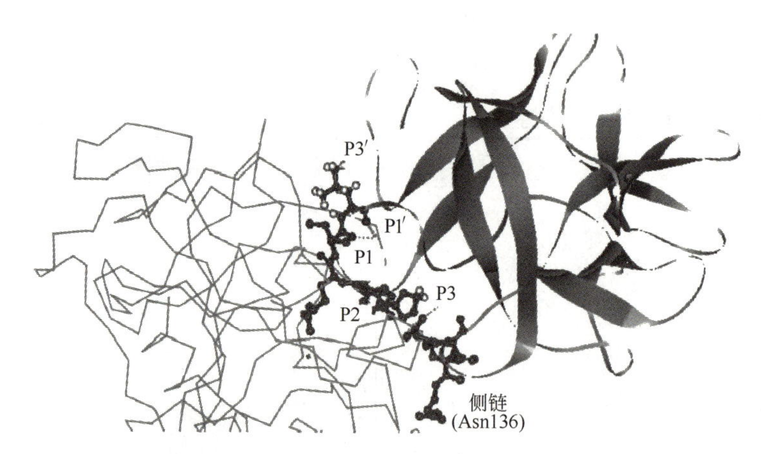

图 12-12　LTI- 胰蛋白酶复合物模型

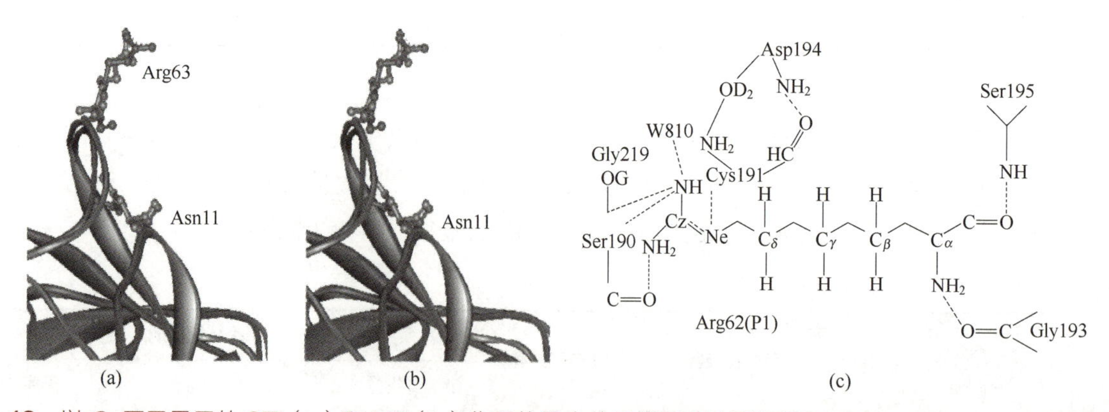

图 12-13　以 C_α 原子显示的 STI（a）和 LTI（b）作用位置立体示意图（这里仅显示了 Arg63 和 Asn11 的作用位置）及 LTI 上 Arg62（P1）与胰蛋白酶相互作用的位点示意图（c）

LTI 与胰蛋白酶的结合位点有二个：其一是反应中心处（P3、P2、P1、P1′ 和 P3′）；其二被认为是 Asp139 和 Asn136 侧链。

LTI 结构以实心的带表示，胰蛋白酶以灰色细线表示，LTI 上结合环的作用位点 P1、P2 、P3、P1′ 和 P3′ 以球棒表示（图 12-12）。

（2）消化酶抑制剂的作用机理　消化酶抑制剂与其靶酶的作用机理近年报道认为两者之间的作用方式主要分为 3 种：①互补型。抑制剂占据靶酶的识别位点与结合部位，并与酶的活性基团形成氢键而封闭靶酶的活性中心。像胰蛋白酶抑制剂就属于这一类型的抑制剂。②相伴型。抑制剂分子不占据靶酶的识别位点，而是与酶分子并列“相伴”，并在与酶的活性基团形成氢键的同时封锁酶与底物的结合部位。如凝血酶抑制剂（水蛭素）。③覆盖型。抑制剂以类似线性分子的形式覆盖到靶酶活性中心附近的区域上，从而阻止酶的活性中心与底物接触。如木瓜蛋白酶抑制剂。

概念检查 12.5

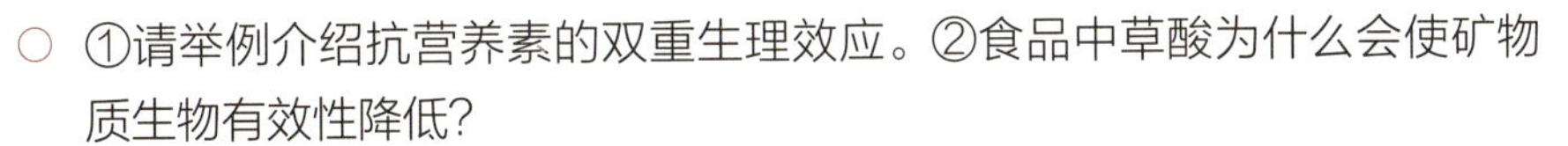

○ ①请举例介绍抗营养素的双重生理效应。②食品中草酸为什么会使矿物质生物有效性降低?

12.6　加工及贮藏中产生的有害成分

12.6.1　烧烤、油炸及烟熏等加工中产生的有害成分

烧烤及油炸食品是目前人们消耗最多的食品之一。由于烧烤及油炸食品食用方便、香高味浓，尤为中国及东亚人们喜爱。但由于高温作用，食物中一些成分尤其是脂类极易发生氧化及热聚合等作用产生有害成分。

油脂的氧化及其加热变性不仅对食用安全性及含油食品的烹调风味、色泽及可贮性等有重要的影响，而且脂肪氧化及加热产物和许多疾病有密切关系。

12.6.1.1　油脂自动氧化产物及其毒性

在氧气存在下，油脂易发生自由基反应，产生各类氢过氧化物和过氧化物，继而分解产生低分子的醛、酮类物质。在过氧化物分解的同时，也可能聚合生成二聚物、多聚物。少量的脂类氧化产物是含脂食品的风味成分，但过多氧化不但使油脂营养价值降低，气味变劣，口味差，还会产生有害成分。

（1）过氧化物　油脂氧化产生的过氧自由基（ROO·）不稳定，一部分形成脂质过氧化氢（ROOH），一部分分子内双键加成反应后，成环并产生环内过氧自由基，在 O_2 或湿热条件下易进行水解或热裂解，产生 MDA、HHE 等活泼羰基化合物。过氧化物可使机体的一些酶如琥珀酸脱氢酶和细胞色素氧化酶遭到破坏，此外，还使油脂中的维生素 A、维生素 D、维生素 E 等失去活性，并使机体因缺乏必需脂肪酸而出现病症。动物实验表明，过氧化产物还会引发多种安全隐患。

（2）4- 过氧化氢链烯醛　这是油脂氧化产生的二次氧化产物，其毒性比氢过氧化物强。原因是分子量小，更易被肠道吸收，并使酶失活更明显。

12.6.1.2 油脂的加热产物及其毒性

油脂在 200℃以上高温中长时间加热，易引起热氧化、热聚合、热分解和水解等多种反应，使油脂起泡、发烟、着色、贮存稳定性降低。变劣后的油脂，营养价值降低，并可能产生毒物。如：

（1）甘油酯聚合物　这种物质在消化道内会被水解成甘油二酰酯或脂肪酸聚合物类成分。脂肪酸聚合物很难再分解，直接被动物体吸收，进而转移到与脂代谢有关的组织，与各种酶形成共聚物，阻碍酶的作用。

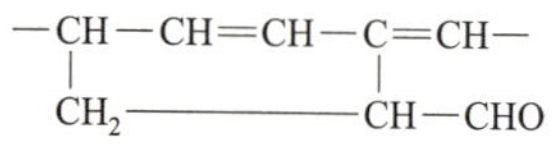

```
—CH—CH═CH—C═CH—
  |          |
 CH2————————CH—CHO
```

图 12-14　己二烯环状化合物

（2）环状化合物　环状化合物中单聚体毒性极强，二聚体以上的热聚物因不易吸收而毒性较小。如己二烯环状化合物（图 12-14），以 20% 的比例加入基础饲料中饲喂大鼠，3 ～ 4d 即死亡，以 5% 或 10% 的比例掺入饲料，大鼠有脂肪肝及肝增大现象。

12.6.1.3 多氯联苯

多氯代二苯并 - 对 - 二噁英（polychlorinated dibenzo-*p*-dioxins，PCDD）及多氯代二苯并呋喃（polychlorinated dibenzofurans，PCDF）是两类有害成分。在油炸及烧烤食品中也会产生这类成分。

PCDDs 及 PCDFs 在油炸及烧烤食品中的含量，目前有国际毒性评价（toxic equivalent，TEQ）标准。根据 Y. Kim 等对两种常见的快餐食品中 PCDDs 和 PCDFs 的含量分析可知，汉堡包及炸鸡肉中 PCDDs 含量分别约是 TEQ 标准的 14 倍和 7 倍，汉堡包及炸鸡肉中 PCDFs 含量分别约是 TEQ 标准的 7 倍和 10 倍。

12.6.1.4 苯并［*a*］芘

某些食品经烟熏处理后，不但耐贮，而且还带有特殊的香味。不少国家和地区都有用烟熏贮藏食品和食用烟熏食品的习惯。我国利用烟熏的方法加工动物源食品历史悠久，如烟熏鳗鱼、熏红肠、火腿等。而且近年来，烧烤肉食品及油炸食品备受人们的青睐。然而，人们在享受美味的同时，往往忽视了烟熏、烧烤及油炸食品所存在的卫生问题对健康造成的危害。据报道，冰岛人的胃癌发病率居世界首位，原因是常年食用过多的熏肉熏鱼，特别是用木材烟火熏色。

烟熏、烧烤、油炸类食品中含有苯并芘的多环芳烃类有机物，正常情况下它在食品中含量甚微，但经过烟熏、烧烤或油炸时，含量显著增加。苯并芘是目前世界上公认的强致癌、致畸、致突变物质之一。

（1）理化性质　苯并［*a*］芘，又称 3,4- 苯并（*a*）芘，简称 B(*a*)P，是由多个苯环组成的多环芳烃（polycyclic aromatic hydrocarbons，PAH），它是常见的多环芳烃的一种，对食品的安全影响最大。多环芳烃是含碳燃料及有机物热解的产物，煤、石油、煤焦油、天然气、烟草、木柴等不完全燃烧及化工厂、橡胶厂、沥青、汽车废气、抽烟等都会产生，从而造成污染。目前对这类物质的研究发现，有致癌作用的多环芳烃及其衍生物有二百多种，其中一部分已证明对人类有强致癌和致突变作用（常见的多环芳烃的结构如图 12-15）。其中 3,4- 苯并芘的致癌性较强，污染最广，一般以它作为这类物质的代表。苯并［*a*］芘分子式为 $C_{20}H_{12}$，分子量为 252。苯并［*a*］芘常温下呈黄色结晶，沸点 310 ～ 312℃（10mmHg，即 1333.22Pa），熔点 178℃。在常温下，苯并［*a*］芘是一种固体，一般呈黄色单斜状或菱形片状结晶，不论是何种结晶，其化学性质均很稳定，不溶于水，而溶于苯、甲苯、丙酮等有机溶剂，在碱性介质中较为稳定，在酸性介质中不稳定，易与硝酸、高氯酸等起化学反应，但能耐硫酸，对氯、溴等卤族元素亲和力较强，有一种特殊的黄绿色荧光，能被带正电荷的吸附剂如活性炭、木炭、氢氧化铁等吸附，从而失去荧光，但不能被带负电荷的吸附剂吸附。

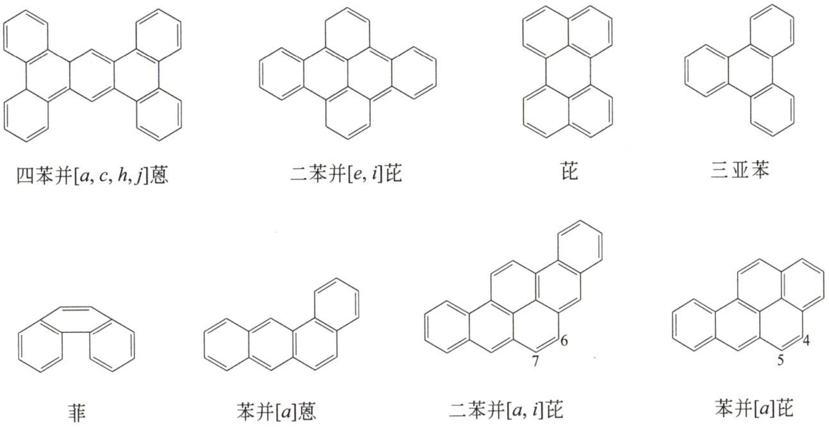

四苯并[a, c, h, j]蒽　二苯并[e, i]芘　芘　三亚苯

菲　苯并[a]蒽　二苯并[a, i]芘　苯并[a]芘

图 12-15　常见的多环芳烃的结构示意图

（2）苯并［a］芘的危害性　实验证明，经口饲喂 3,4- 苯并［a］芘对鼠及多种实验动物有致癌作用。随着剂量的增加，癌症发生率可明显提高，并且潜伏期可明显缩短。给小白鼠注射 3,4- 苯并［a］芘，引起致癌的剂量为 4 ～ 12μg，半数致癌量为 80μg。日本研究者用苯并［a］芘涂在试验兔的耳朵上，40d 后兔耳上便长出了肿瘤。

多环芳烃类化合物的致癌作用与其本身化学结构有关，三环以下不具有致癌作用，四环的开始出现致癌作用，一般致癌物多在四、五、六、七环范围内，超过七环未见有致癌作用。苯并芘等多环芳烃化合物通过呼吸道、消化道、皮肤等均可被人体吸收，严重危害人体健康。B(a)P 对人类能引起胃癌、肺癌及皮肤癌等癌症。鉴于苯并芘对健康的危害，欧盟、世界卫生组织和我国对食物中苯并芘的含量有严格的限制。

12.6.1.5　杂环胺类物质

食品热加工过程中可以形成杂环胺类化合物（heterocyclic aromatic amines，HAAs），尤其是在富含蛋白质、氨基酸的食品中。到目前为止已经有 20 多种食品衍生杂环胺类化合物被分离出来，它们具有强烈的致突变性，与人类的大肠、乳腺、胃、肝脏和其他组织的肿瘤发病率增加有关，研究表明它们的致癌靶器官主要为肝脏，并且还可以转移至乳腺而存在于哺乳动物的乳汁中。

1）杂环胺类及理化性质

从化学结构上，杂环胺可分为氨基咪唑氮杂芳烃（aminoimidazo azaaren,AIA）和氨基咔啉（amino-carboline congener）两大类。① AIA 又包括喹啉类（quinoline congener,IQ）、喹喔啉类（quinoxaline congener,IQx）、吡啶类（pyridine congeners）和苯并噁嗪类，陆续鉴定出新的化合物大多数为这类化合物。AIA 均含有咪唑环，其上的 α 位置有一个氨基，在体内可以转化成 N- 羟基化合物而具有致癌、致突变活性。因为 AIA 上的氨基能耐受 2mmol/L 的亚硝酸钠的重氮化处理，与最早发现的 AIA 类化合物 IQ 性质类似，又被称为 IQ 型杂环胺。②氨基咔啉包括 α- 咔啉（AαC，α-carboline congener）、γ- 咔啉和 δ- 咔啉。氨基咔啉类环上的氨基不能耐受 2mmol/L 的亚硝酸钠的重氮化处理，在处理时氨基会脱落变成 C- 羟基而失去致癌、致突变活性，称为非 IQ 型杂环胺。常见杂环胺的化学结构如图 12-16，其重要的理化性质见表 12-18。

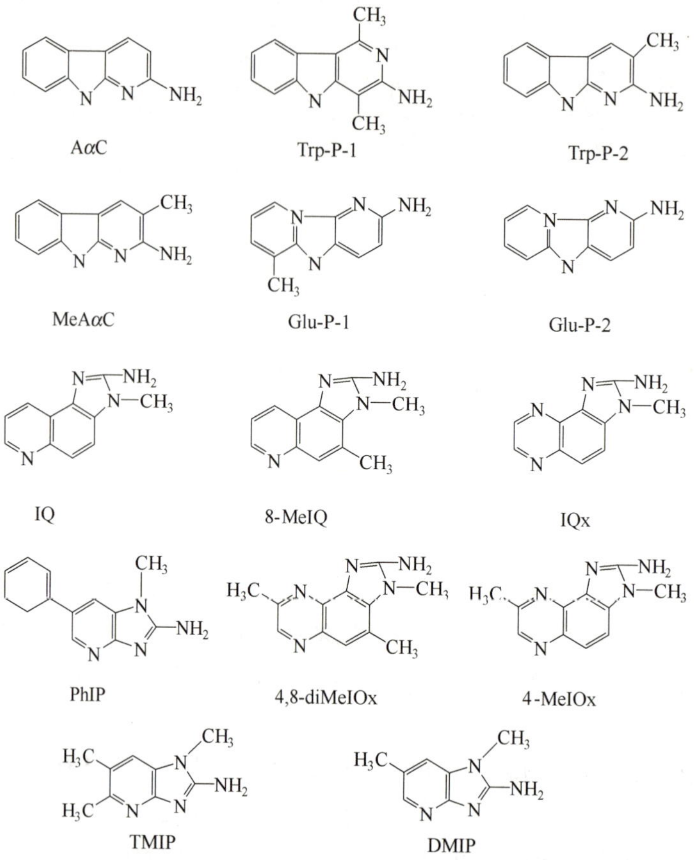

AαC Trp-P-1 Trp-P-2

MeAαC Glu-P-1 Glu-P-2

IQ 8-MeIQ IQx

PhIP 4,8-diMeIOx 4-MeIOx

TMIP DMIP

图 12-16 常见杂环胺的化学结构示意图

AαC—2-氨基-9*H*-吡啶并吲哚；MeAαC—2-氨基-3-甲基-9*H*-吡啶并吲哚；Trp-P-1—2-氨基-1,4-二甲基-9*H*-吡啶并[4,3-*b*]吲哚；Trp-P-2—2-氨基-1-甲基-9*H*-吡啶并[4,3-*b*]吲哚；Glu-P-1—2-氨基-6-甲基-9*H*-吡啶并[1,2-*a*：3′,2′-*d*]咪唑；Glu-P-2—2-氨基-二吡啶并[1,2-*a*:3′,2′-*d*]咪唑；IQ—2-氨基-3-甲基咪唑并[4,5-*f*]喹啉；8-MeIQ—2-氨基-3,4-二甲基咪唑并[4,5-*f*]喹啉；IQx—2-氨基-3-甲基咪唑并[4,5-*f*]喹喔啉；PhIP—2-氨基-1-甲基-6-苯基-咪唑并[4,5-*b*]-吡啶；4,8-diMeIQx—2-氨基-3,4,8-三甲基咪唑并[4,5-*f*]喹喔啉；4-MeIQx—2-氨基-3,8-二甲基咪唑并[4,5-*f*]喹喔啉；TMIP—2-氨基-*N,N,N*-三甲基-6-苯基-咪唑并[4,5-*b*]-吡啶；DMIP—2-氨基-*N,N*-二甲基-6-苯基-咪唑并[4,5-*b*]-吡啶

表 12-18 常见杂环胺的理化性质

化合物	分子量	元素组成	UV_{max}	pK_a
IQ	198.2	$C_{11}H_{10}N_4$	264	3.8，6.6
8-MeIQ	212.3	$C_{12}H_{12}N_4$	257	3.9，6.4
4-MeIQx	213.2	$C_{11}H_{11}N_5$	264	<2，6.3
4,8-diMeIQx	227.3	$C_{12}H_{13}N_5$	266	<2，6.3
PhIP	224.3	$C_{13}H_{12}N_4$	315	5.7
AαC	183.2	$C_{11}H_9N_3$	339	4.6
MeAαC	197.2	$C_{12}H_{11}N_3$	345	4.9
Trp-P-1	211.3	$C_{13}H_{13}N_3$	263	8.6
Trp-P-2	197.2	$C_{12}H_{11}N_3$	265	8.5
Glu-P-1	198.2	$C_{11}H_{10}N_4$	364	6.0
Glu-P-2	184.2	$C_{10}H_8N_4$	367	5.9
Phe-P-1	170.2	$C_{11}H_{10}N_2$	264	6.5

2）杂环胺类形成及影响因素

（1）杂环胺类形成　食品多含蛋白质和糖类，在加热过程中会发生美拉德反应，很容易生成 HAAs。已糖和氨基酸通过美拉德反应中的 Strecker 降解，生成的吡啶和吡嗪分别是 IQ 和 IQx 型杂环胺的前体物质。另外，在有羰基化合物作用下，苯乙醛会降解生成甲醛，肌酐会降解生成氨，最后会形成 PhIP；一些游离氨基酸（色氨酸、谷氨酸、苯丙氨酸等）和蛋白质（如大豆球蛋白和酪蛋白）在 300℃以上的高温热解形成各种脱羧基、氨基产物和活性自由基进而诱导形成杂环胺。

（2）影响因素

① 烹饪方式的影响　常用烹饪方式有水煮、煎炸、油炸、酱卤等，加工方式不同对肉食品中杂环胺生成的影响也不同。水煮牛肉、鸡肉、培根中的 PhIP 含量均低于其他加热方式。微波水煮和电加热水煮牛肉糜 2h，结果发现，微波牛肉糜中的 PhIP 生成量始终显著低于电加热。草鱼鱼糜分别用油炸、烘烤、水煮 3 种加工方式，结果油炸方式下杂环胺生成的种类和数量最多，其次为烘烤，水煮最少。

② 加工温度和时间的影响　研究发现，在 200 ～ 220℃下加工的培根中，MeIQx 和 PhIP 的含量高于在 150 ～ 170℃下煎炸的水平；220℃与 180℃烧烤相比，烤猪肉中 4,8- 二聚体和 7,8- 二聚体的含量分别增加 2 倍和 9 倍。此外，烹调时间越长，HAAs 含量也越高。多项研究表明，食品中 HAAs 的生成量与其加工温度和时间呈显著正相关。

③ 前体物质的影响　目前，肌酸、氨基酸、葡萄糖、含氮碱以及相应的核苷被认为是生成 HAAs 的前体物质。任何前体物质的缺失都会影响 HAAs 的生成。另外，脂肪对于 HAAs 生成也起到了一定的作用。IQ 型杂环胺的生成量与脂肪含量具有显著的相关性，即脂肪含量的增加会显著提高极性杂环胺的生成量，而非 IQ 型杂环胺的含量与脂肪含量无显著相关性。

12.6.1.6　丙烯酰胺

丙烯酰胺（acrylamide）是制造塑料的化工原料，为已知的致癌物，并能引起神经损伤。一些普通食品在经过煎、炸、烤等高温加工处理时也会产生丙烯酰胺，如油炸薯条、土豆片等含碳水化合物高的食物，经 120℃以上高温长时间油炸，在食品内检测出丙烯酰胺。油炸食品中丙烯酰胺含量一般在 1000μg/kg 以上，炸透的薯片可达 12800μg/kg。

（1）丙烯酰胺的理化性质　丙烯酰胺为结构简单的小分子化合物，分子量 71.09，分子式为 $CH_2CHCONH_2$（图 12-17），沸点 125℃，熔点 87.5℃。丙烯酰胺是聚丙烯酰胺合成中的化学中间体（单体）。丙烯酰胺是相当活泼的化合物，分子中含有酰胺基和双键两个活性中心，其中的酰胺基具有脂肪胺的反应特点，可以发生羟基化反应、水解反应和霍夫曼反应；双键则可以发生迈克尔型加成反应。丙烯酰胺以白色结晶形式存在，极易溶解于水、甲醇、乙醇、乙醚、丙酮、二甲醚和三氯甲烷中，不溶于庚烷和苯。在酸中稳定，而在碱中易分解。在熔点它很容易聚合，对光线敏感，暴露于紫外线时较易发生聚合。固体的丙烯酰胺在室温下稳定，热熔或氧化作用接触时可以发生剧烈的聚合反应。

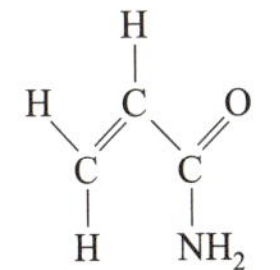

图 12-17　丙烯酰胺分子结构示意图

（2）食品中丙烯酰胺的产生　据报道几乎所有经长时间高温处理的食品中都含有丙烯酰胺，对 200 多种经煎、炸或烤等高温加工处理的食品进行的多次重复检测结果表明：炸薯条（片）中丙烯酰胺含量平均 1000μg/kg；一些婴儿饼干含丙烯酰胺 600 ～ 800μg/kg。我国生活饮用水卫生标准（GB 5749—2022）规定其最高限量为 0.5μg/L。显然，经高温加工处理的食品中丙烯酰胺量高过饮用水限量数千倍。

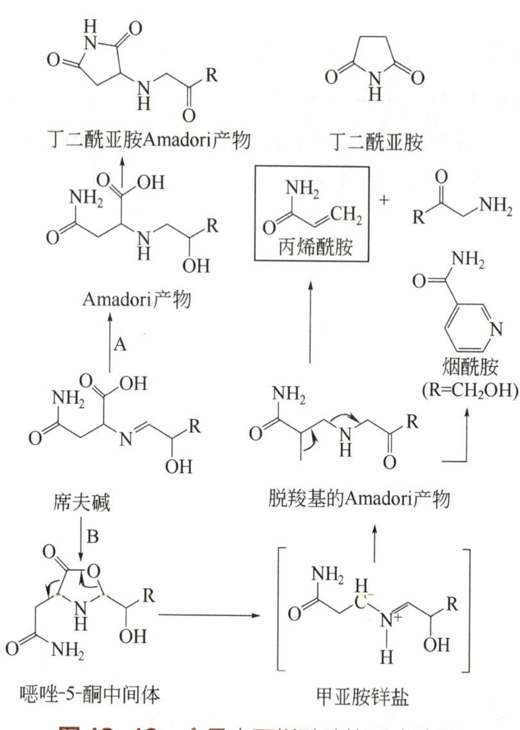

图 12-18 食品中丙烯酰胺的形成途径

食品中丙烯酰胺主要产生于高温加工食品中，食品在120℃下加工即会产生丙烯酰胺。如炸薯条、炸薯片、部分面包、可可粉、杏仁、咖啡、饼干等。

丙烯酰胺产生的机理尚未完全阐明，目前认为，丙烯酰胺主要通过美拉德反应产生，可能涉及的成分包括碳水化合物、蛋白质、氨基酸、脂肪以及其它含量相对较少的食物成分。可能反应和途径如下：

① 美拉德反应产生丙烯醛，丙烯醛氧化产生丙烯酸，丙烯酸和氨或氨基酸反应形成丙烯酰胺（图 12-18）。这是丙烯酰胺生成的主要途径，丙烯醛或丙烯酸是丙烯酰胺生成的直接反应物，反应过程中的 NH_3 主要来自含氮化合物的高温分解。其中可以发生此反应的氨基酸包括天冬氨酸、蛋氨酸、谷氨酸、丙氨酸、半胱氨酸等。游离天冬酰胺的量和最终可能生成的丙烯酰胺的量关系密切。

② 油脂类物质反应生成丙烯酰胺。油脂在高温加热过程中分解、脱水，可产生小分子物质丙烯醛，而丙烯醛经由直接氧化反应生成丙烯酸，丙烯酸再与氨作用，最终生成丙烯酰胺。

③ 食物中含氮化合物自身的反应。丙烯酰胺可通过食物中含氮化合物自身的反应，如水解、分子重排等作用形成，而不经过丙烯醛过程。

④ 直接由氨基酸形成。天冬酰胺脱掉一个二氧化碳分子和一个氨分子就可以转化为丙烯酰胺。

目前很难断定哪一种途径发挥主要作用，很可能是多途径的共同结果，且取决于食品组成及其加工方法。研究发现，淀粉含量高的食品中丙烯酰胺含量相对较高，而蛋白质含量高的食品含量相对较低。初步结论如下：①氨基酸在高温下热裂解，其裂解产物与还原糖反应产生丙烯酰胺；②美拉德反应的初始反应产物 *N*- 葡萄糖苷在丙烯酰胺的形成过程中起重要作用；③ Strecker 降解反应有利于丙烯酰胺形成，因为该反应释放出一些醛类；④自由基也可能影响丙烯酰胺的形成；⑤丙烯酰胺形成的机制可能不止一种。

除了食品本身形成之外，丙烯酰胺也可能有其他污染来源，如以聚丙烯酰胺塑料为食品包装材料的单体迁出，食品加工用水中絮凝剂的单体迁移等。

（3）影响丙烯酰胺形成的因素　丙烯酰胺的生成受多种因素的影响，如食品加工温度、时间、食品中还原糖种类和游离氨基酸的种类及含量、褐变程度、pH 值、含水率等。紫外线照射、二氧化碳超临界萃取及添加阿魏酸、硫酸氢钠、碳酸氢钠等添加剂可抑制丙烯酰胺的生成。

① 温度　加工温度需在 120℃以上才能产生丙烯酰胺。用等摩尔（0.1mol）的天冬酰胺和葡萄糖加热处理，发现 120℃时开始产生丙烯酰胺，随着温度的升高，丙烯酰胺产生量增加，至 170℃左右达到最高，而后下降，185℃时检测不到丙烯酰胺。

② pH 值　食品原料中的 pH 对丙烯酰胺的生成有一定影响。pH 在 6 ～ 8 的中性条件下丙烯酰胺的生成量最高，当 pH 值低于 5 时，丙烯酰胺的生成量最少。

③ 时间　加热时间对丙烯酰胺也有较大影响。将葡萄糖与天冬酰胺、谷氨酰胺和蛋氨酸在 180℃下共热 5 ～ 60min，发现这 3 种氨基酸产生丙烯酰胺的情形表现不同，天冬酰胺产生量最高，但 5min 后随反应时间的增加而下降；谷氨酰胺在 10min 时达到最高，而后保持不变；蛋氨酸在 30min 前随加热时间

延长而增加，而后达到一个平稳水平。

④ 碳水化合物 天冬酰胺与还原糖几乎都能反应产生丙烯酰胺，以葡萄糖、果糖、木糖、丙二醇、丙三醇形成量最高，但蔗糖、鼠李糖几乎不产生丙烯酰胺。这与 D.S.Mottram 等在 *Nature* 上发表的文章结论十分相似，他们认为食物中的丙烯酰胺形成于氨基酸和还原糖之间的美拉德反应，而反应过程中最重要的反应物就是天冬酰胺和葡萄糖。也有研究发现，脂肪氧化产生的羰基化合物也能促进丙烯酰胺的形成。

⑤ 氨基酸 碳水化合物和氨基酸单独存在时加热不产生丙烯酰胺，只有当两者同时存在时加热才有丙烯酰胺形成。氨基酸中，天冬酰胺最易与碳水化合物反应形成丙烯酰胺，它与葡萄糖共热产生的丙烯酰胺量高出谷氨酰胺和蛋氨酸的数百倍到 1000 多倍，这也就是为什么油炸土豆片丙烯酰胺含量高的主要原因。其次是谷氨酸、蛋氨酸、半胱氨酸等，其他种类氨基酸产生量很少。

⑥ 食品含水量 丙烯酰胺形成似乎属于表面反应，食品含水量是重要影响因素。含水量较高有利于反应物和产物的流动，产生的丙烯酰胺量也多。Stadler 等发现，如果用水合天冬酰胺代替天冬酰胺或者是往天冬酰胺 / 还原糖无水反应体系加入少量的水，则丙烯酰胺的量会显著提高，是无水反应体系生成量的三倍多。但也不是含水量越高越利于丙烯酰胺的产生，因为水过多使反应物被稀释，反应速度下降。这与热加工中的褐变（Maillard 反应）类似，两者之间的关系有待研究。

⑦ 添加剂种类 抗氧化剂 TBHQ、碳酸氢钠、碳酸氢铵、维生素 C 等对丙烯酰胺的形成有较明显的抑制作用。

12.6.1.7 其它热处理污染物

热处理是食品工业常用处理技术，在热处理过程产生了多种成分，有些对其色、香、味和形有益，有些则有安全隐患。目前对于一些热诱导的有毒化合物，称为热处理污染物，如丙烯酰胺、苯并芘、呋喃、糠氨酸（*ε*-*N*-2- 呋喃甲基 -L- 赖氨酸）等。

呋喃和糠氨酸都是热转化产物。糠氨酸也称“呋喃素”，它是蛋白质在高温条件下与乳糖发生“美拉德反应”所产生的热处理污染物之一，已被证实为有害物质。鲜奶里的糠氨酸含量微乎其微，加热后糠氨酸会大量增加。因此，糠氨酸含量是判断鲜奶和还原奶，以及相关食品安全性指标之一。

呋喃是一种杂环有机化合物，天然食物成分会发生热降解，从而在许多加热食物中形成。在氨基酸和 / 或糖模型系统中，核糖丝氨酸模型含有大量的呋喃，最高达 4931.9ng/mL。在所有 Maillard 二元反应模型中，温度显示出对呋喃形成有促进作用。

12.6.2 硝酸盐、亚硝酸盐及亚硝胺

12.6.2.1 硝酸盐、亚硝酸盐及 *N*- 亚硝基化合物的性质

纯硝酸是一种无色透明的油状液体，除少数金属（如 Au 和 Pt 等）外，许多金属都能溶于硝酸，而生成硝酸盐。碱金属和碱土金属的硝酸盐受热分解为亚硝酸盐和氧气。

硝酸盐在哺乳动物体内可转化成亚硝酸盐，亚硝酸盐可与胺类、氨基化合物及氨基酸等形成 *N*- 亚硝基化合物类。硝酸盐一般是低毒的，但亚硝酸盐及 *N*- 亚硝基化合物类对哺乳动物有一定的毒性，因此对硝酸盐的安全评价必须考虑到硝酸盐的上述转化。

亚硝酸是一弱酸，$K_a=4.6\times10^{-4}$，亚硝酸极不稳定，仅存在于稀的水溶液中，但它的盐类较为稳定，也易溶于水。亚硝酸盐既有氧化性又有还原性，以氧化性为主。如：

$$2NaNO_2+2KI+2H_2SO_4 = 2NO+I_2+K_2SO_4+Na_2SO_4+2H_2O$$

当有较强的氧化剂存在时，亚硝酸盐可被氧化成硝酸盐：

$$2KMnO_4+5NaNO_2+3H_2SO_4 = K_2SO_4+2MnSO_4+5NaNO_3+3H_2O$$

$$Cl_2+KNO_2+H_2O = 2HCl+KNO_3$$

当有还原剂存在时，亚硝酸盐可被还原成硝酸盐，减少了亚硝酸盐的积累及转化，能极大地提高食品的安全性，因此，提倡在腌制中加入亚硝酸盐的同时加入维生素 C 或维生素 E，这不仅可减少亚硝酸盐的用量，还能提高食品的质量与安全。

N- 亚硝基化合物是一类具有 $>N-N=O$ 结构的有机化合物。根据 *N*- 亚硝基化合物的结构，*N*- 亚硝基化合物可进一步分为 *N*- 亚硝胺类和 *N*- 亚硝酰胺类。根据 *N*- 亚硝基化合物的挥发性，*N*- 亚硝基化合物又可分为挥发性 *N*- 亚硝基化合物和非挥发性 *N*- 亚硝基化合物。

N- 亚硝胺的基本结构是 $R_1R_2N-N=O$，R_1 和 R_2 可以是相同的基团，此时为对称性亚硝胺，如果 R_1 和 R_2 是不相同的基团则称为非对称的亚硝胺。R_1 和 R_2 可以是烷基，如 *N*- 亚硝基二甲胺（NDMA）、*N*- 亚硝基二乙胺（NDEA）；R_1 和 R_2 可以是芳烃，如 *N*- 亚硝基二苯胺（NDPhA）；R_1 和 R_2 可以是环烷基，如 *N*- 亚硝基吡咯烷（NPRY）、*N*- 亚硝基吗啉（NMOR）、*N*- 亚硝基哌啶（NPIP）及 *N*- 亚硝基哌嗪；R_1 和 R_2 可以是氨基酸，如 *N*- 亚硝基脯氨酸（NPRO）、*N*- 亚硝基肌氨酸（NSAR）等。

低分子量的亚硝胺在常温下为黄色液体，高分子量的亚硝胺多为固体；除了少量的 *N*- 亚硝胺（如 NDMA、NDEA 及某些 *N*- 亚硝基氨基酸）可溶于水外，大多不溶于水；*N*- 亚硝胺均能溶于有机溶剂。*N*- 亚硝胺较稳定，在通常情况下不发生自发性水解，参与体内代谢后有致癌性。

N- 亚硝酰胺类的基本结构是 $R_1(YCX)N-N=O$，这类成分较多，如 *N*- 亚硝基甲酰胺、*N*- 亚硝基甲基脲、*N*- 亚硝基乙基脲、*N*- 亚硝基氨基甲酸乙酯、*N*- 亚硝基甲基脲烷、*N*- 亚硝基 -*N'*- 硝基甲基呱、*N*- 亚硝基咪等。

N- 亚硝酰胺类较不稳定，能够在作用部位直接降解成重氮化合物，并与 DNA 结合而发挥直接的致癌性和致突变性。

硝酸盐及亚硝酸盐可与蛋白质水解产物仲胺和酰胺反应转化为 *N*- 亚硝基化合物。因此，硝酸盐、亚硝酸盐及 *N*- 亚硝基化合物的毒理动力学及代谢途径是紧密相连的，这种转化联系是人们摄入硝酸盐后对人体危害的关键。

12.6.2.2 食品中硝酸盐及亚硝酸盐的来源

食物中硝酸盐及亚硝酸盐的来源一是加工的需要，二是施肥过度导致从土壤转移到植物性食物中。由于亚硝酸盐和肉制食品中的肌红蛋白反应生成亚硝酸基肌红蛋白，使肉制食品的颜色在加热后保持红色；另外，亚硝酸盐可延缓贮藏期间肉制食品的哈味形成，所以加入亚硝酸盐可提高其商业价值。因此，目前亚硝酸盐作为发色剂仍在使用。在适宜的条件下，亚硝酸盐可与肉中的氨基酸发生反应，也可在人体的胃肠道内与蛋白质的消化产物二级胺和四级胺反应，生成亚硝基化合物（NOC），尤其是生成 *N*- 亚硝胺和 *N*- 亚硝酰胺这类致癌物，因此也有人将亚硝酸盐称为内生性致癌物。

除直接添加会造成腌熏食品中亚硝酸盐含量较高外，还与植物源腌制食品中硝酸盐在硝酸还原酶的作用下转化为亚硝酸盐有关。影响硝酸还原酶的因素较多，除植物性食物原料体内的硝酸还原酶外，沾染的微生物，如大肠杆菌、白喉棒状杆菌、金黄色葡萄球菌等都含有高活性的硝酸还原酶。因此，在腌制过程中，条件不同，对上述来源的硝酸还原酶活性的影响不同，则腌制食品亚硝酸盐含量也不同。

12.6.3　氯丙醇

随着人们对调味品需求量的增加，酱油工艺近年来发生了很大的变化。水解蛋白在酱油工业中应用提高了产量，降低了成本，但如果采用的水解工艺不对，也会引入有害物质氯丙醇。氯丙醇会引起肝、肾、甲状腺等的癌变，并会影响生育。因此，氯丙醇是继二噁英之后食品污染物领域的又一热点问题。

12.6.3.1　氯丙醇的理化性质

氯丙醇（chloropropanols）是甘油（丙三醇）上的羟基被氯取代 1 至 2 个所产生的一类化合物的总称。氯丙醇化合物密度均比水大，沸点高于 100℃，常温下为液体，一般溶于水、丙酮、苯、甘油乙醇、乙醚、四氯化碳或互溶。因其取代数和位置的不同形成 4 种氯丙醇化合物（图 12-19）：单氯取代的氯代丙二醇——3- 氯 -1,2- 丙二醇（3-chloro-1,2-propanediol 或 monochloropropane-1,2-diol，3-MCPD）和 2- 氯 -1,3- 丙二醇（2-chloro-1,3-propanediol 或 monochloropropane-1,3-diol，2-MCPD）；双氯取代的二氯丙醇——1,3- 二氯 -2- 丙醇（1,3-dichloro-2-propanol，1,3-DCP 或 DC2P）和 2,3- 二氯 -1- 丙醇（2,3-dichloro-1-propanol，2,3-DCP 或 DC1P）。

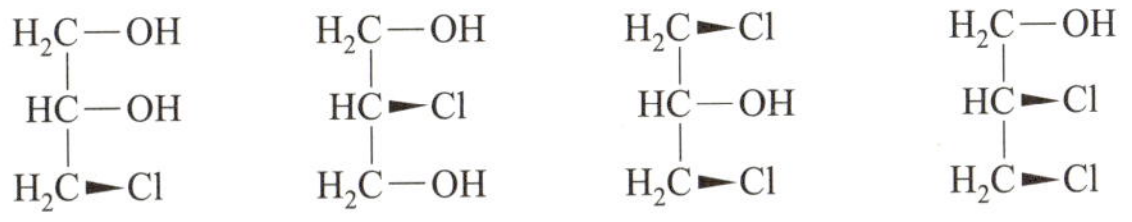

3-MCPD	2-MCPD	1,3-DCP	2,3-DCP
H_2C-OH	H_2C-OH	H_2C-Cl	H_2C-OH
$HC-OH$	$HC-Cl$	$HC-OH$	$HC-Cl$
H_2C-Cl	H_2C-OH	H_2C-Cl	H_2C-Cl

图 12-19　4 种氯丙醇类结构示意图

天然食物中几乎不含氯丙醇，但随着应用盐酸水解蛋白质，就产生了氯丙醇。这是由于蛋白质原料中不可避免地也含有脂肪，在盐酸水解过程中形成氯丙醇物质。由于多种因素的影响，一氯丙醇生成量通常是二氯丙醇的 100 ～ 10000 倍，而一氯丙醇中 3-MCPD 的量通常又是 2-MCPD 的数倍至十倍。所以水解蛋白质的生产过程，以 3-MCPD 为主要质控指标。

另外，在同样条件下，热处理工艺，如加热温度、时间、含水量等对氯丙醇的生成有重要影响。

12.6.3.2　氯丙醇的有害性

目前人们关注氯丙醇是因为 3- 氯 -1,2- 丙二醇（3-MCPD）和 1,3- 二氯 -2- 丙醇（1,3-DCP）具有潜在致癌性，其中 1,3-DCP 属于遗传毒性致癌物。目前，我国对食品氯丙醇规定了检测方法，但还没有限量规定。欧盟规定水解植物蛋白和酱油中 3-MCPD ≤ 20μg/kg。

12.6.4　生物胺

生物胺（BA）常存在于动植物体内及某些食品中，高组胺鱼类和发酵食品中多存在。微量 BA 是生物体内的正常活性成分，在生物细胞中具有重要的生理功能。但当人体摄入过量，会引起诸如头痛、恶心等症状，严重的还会危及生命。因此，大多数国家或组织对 BA 都有限量标准。我国明确规定高组胺鱼类不得超过 400mg/kg，其他鱼类 200mg/kg（GB 2733—2015）。欧盟规定高组胺的水产品中限量为 200mg/kg，发酵食品为 200mg/kg。美国规定高组胺鱼类组胺不得超过 50mg/kg。

12.6.4.1 BA 的化学性质

BA 是一类氨分子中 1 ～ 3 个氢原子被烷基或芳基取代后生成的物质，是脂肪族、脂环族或杂环族的低分子量有机碱（图 12-20）。根据其结构，BA 可分为三类：①脂肪族类，如腐胺、尸胺、精胺、亚精胺等；②芳香族类，如酪胺、苯乙胺等；③杂环胺类，如组胺、色胺等。根据其组成成分，BA 又可以分为单胺和多胺。单胺主要有酪胺、组胺、腐胺、尸胺、苯乙胺、色胺等。一定量的单胺类化合物对血管和肌肉有明显的舒张和收缩作用，对精神活动和大脑皮层有重要的调节作用。多胺主要包括精胺和亚精胺，其在生物体的生长过程中能促进 DNA、RNA 和蛋白质的合成，加速生物体的生长发育。

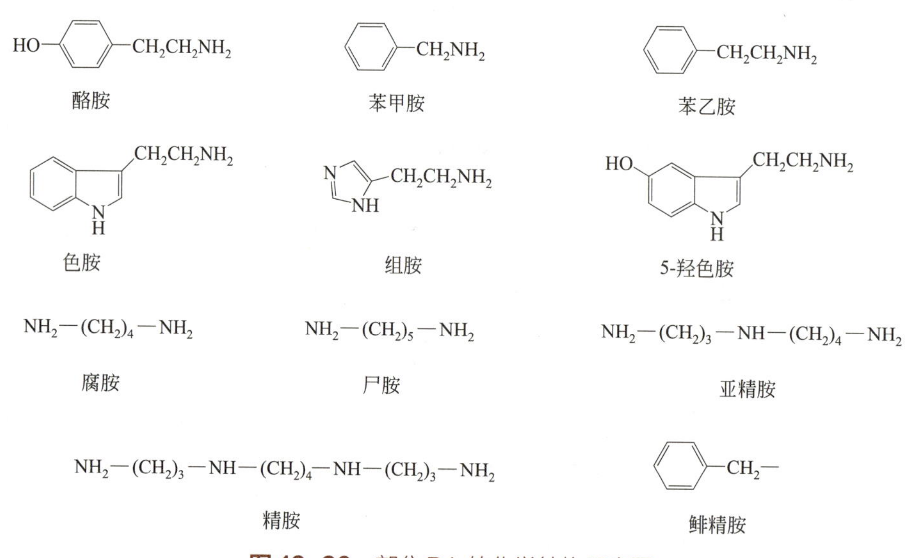

图 12-20 部分 BA 的化学结构示意图

12.6.4.2 食品中 BA 的形成及影响因素

BA 通常是由活性细胞中分泌的氨基酸脱羧酶专一性催化相应游离氨基酸发生脱羧作用而形成的。氨基酸的脱羧作用是将 α- 羧基转移掉而形成相应的 BA 化合物。BA 形成需要三个基本条件：①游离氨基酸前体；②能产氨基酸脱羧酶的微生物；③适宜这类微生物和酶发挥作用的环境。因此 BA 存在于多种食品尤其是发酵食品（如奶酪、葡萄酒、啤酒、米酒、发酵香肠以及酱油、鱼露等发酵调味品）中。

影响食品中 BA 含量除与原料有关外，还与以下主要因素有关：①微生物。BA 的形成与食品体系中的细菌、酵母菌和霉菌有关。其中，在发酵类食品中，与 BA 形成有关的微生物主要是乳酸菌，这些乳酸菌有高产 BA 活力。发酵食品体系中不但有产胺菌，也有降胺菌。其残存的 BA 量是产胺菌和降胺菌共同作用的结果。②原料。原料和中间产物中含有大量氨基酸。凡在发酵过程中有氨基酸存在，就有可能产生 BA。③工艺条件。其一是 pH 值。pH 值影响细菌的代谢活力和代谢方向，是影响发酵类食品中 BA 的主要因素。其二是温度。温度是影响 BA 生成的又一重要因素，特别是在发酵食品中。低温下产胺菌生长缓慢，导致食品中的组胺在 10℃时生成量降低，至 5℃时几乎不再合成。其三是其它因素。凡影响微生物活性和数量的一些因素，如供氧量、水分活度和某些食品添加剂等，都可影响 BA 的残留量。

概念检查 12.6

○ ①请介绍食品中可能存在的多氯联苯。②影响丙烯酰胺形成的因素有哪些？③请介绍生物胺形成条件。

参考文献

[1] 王民，等 . 烹炸时油和油炸品中苯并芘及脂肪酸含量变化的实验研究 . 中国卫生检验杂志，1997，7(1)：17.

[2] 王惠汀，等 . 肉制品中杂环胺类化合物形成及控制措施的研究进展 . 食品研究与开发，2022，43(5)：195.

[3] 王新禄 . 烟熏烧烤类食品对人体健康的危害 . 肉品卫生，2000，(4)：41.

[4] 刘洋，等 . 马铃薯中龙葵碱的研究进展 . 食品安全质量检测学报，2022，13(17)：5604.

[5] 吴永宁 . 现代食品安全科学 . 北京：化学工业出版社，2003.

[6] 汪东风 . 食品中有害成分化学 . 北京：化学工业出版社，2005.

[7] 张杭君，等 . 麻痹性贝毒素的毒理效应及检测技术 . 海洋环境科学，2003，22 (4)：76.

[8] Abramson D，et al. Moniliformin in barley inoculated with Fusarium avenaceum. Food Additives and Contaminants，2002，19(8)：765.

[9] Aletor V A，et al. Nutrient and anti-nutrient components of some tropical leafy vegetables. Food Chemistry，1995，53：375.

[10] Bell E A. Nonprotein amino acids of plants：significance in medicine，nutrition，and agriculture. Agric Food Chem，2003，51：2854.

[11] Chung K T，et al. Are tannins a double-edged sword in biology and health?. Trends in Food Science & Technology，1998，9：168.

[12] Clemente，et al. The effect of variation within inhibitory domains on the activity of pea protease inhibitors from the Bowman–Birk class. Protein Expression and Purification，2004，36(1)：106.

[13] Ekholm P，et al. The effect of phytic acid and some natural chelating agents on the solubility of mineral elements in oat bran. Food Chemistry，2003，80：165.

[14] Fenton N B，et al. Purification and structural characterization of lectins from the cnidarian *Baunodeopsis antillienis*. Toxicon，2003，42：525.

[15] Israr B，et al. Effects of phytate and minerals on the bioavailability of oxalate from food. Food Chemistry，2013，141：1690.

[16] Jaime E，et al. Determination of paralytic shellfish poisoning toxins by high-performance ion-exchange chromatography. Chromatography A，2001，929：43.

[17] Karen T A. The Protease Inhibitors. Prim Care Update Ob/Gyns，2001，8：59.

[18] Kim Y，et al. Level of PCDDs and PCDFs in two kinds of fast foods in Korea. Chemosphere，2001，43：851.

[19] Kinlen，et al. Tea consumption and cancer. Brit J Cancer，1988，58：397.

[20] Loris R. Principles of structures of animal and plant lectins. Biochemica et Biophysica Acta，2002，1572：198.

[21] Mottram D S，et al. Acrylamide is formed in the Mailard reaction. Nature，2002，419：448.

[22] Nath H，et al. Beneficial attributes and adverse effects of major plant-based foods anti-nutrients on health：A review. Human Nutrition & Metabolism，2022，28：200147.

[23] Neil C E O，et al. Seafood allergy and Seafood allergens：A review. Food Technology，1995，49(10)：103.

[24] Novak W K，et al. Substantial equivalence of antinutrients and inherent plant toxins in genetically modified novel foods. Food and chemical Toxicology，2000，38：473.

[25] Omoe K，et al． Characterization of novel staphylococcal enterotoxin-like toxin type P. Infect Immun，2005，73(9)：5540.

[26] Ono H K，et al． Identification and characterization of two novel staphylococcal enterotoxins，types S and T. Infect Immun，2008，76(11)：4999.

[27] Osman M A. Changes in sorghum enzyme inhibitors，phytic acid，tannins and in vitro protein digestibility occurring during

Khamir (local bread) fermentation. Food Chemistry，2004，88：129.

[28] Rietjens I M，et al. The pro-oxidant chemistry of the natural antioxidants vitamin C，vitamin E，carotenoids and flavonoids. Environmental Toxicology and Pharmacology，2002，11：321.

[29] Rosa M，et al. Phytic acid content in milled cereal products and breads. Food Research International，1999，32：217.

[30] Sattar R，et al. Molecular mechanism of enzyme inhibition：prediction of the three-dimensional structure of the dimeric trypsin inhibitor from Leucaena leucocephala by homology modeling. Biochemical and Biophysical Research Communications，2004，314：755.

[31] Schafer T，et al. Epidemiology of food allergy/food intolerance in adults：associations with other manifestations of atopy. Allergy，2001，56(12)：1172.

[32] Stadler R H，et al. Acrylamide from Mailard reaction products. Nature，2002，419：449.

[33] Tornquist M，et al. Acrylamide：A cooking carcinogen?. Chemical Research in Toxicology，2002，13：517.

[34] Varoujan A，et al. Why Asparagine Needs Carbohy-drates To Generate Acrylamide. J Agric Food Chem，2003，51：1753-1757.

总结

内源性有害成分
- ○ 过敏原、芥子油苷类、生氰配糖体类、配糖生物碱、棉子酚和组胺等的特性及危害性。
- ○ 河豚毒素、贝类毒素、蘑菇毒素等的特性及危害性。

抗营养素
- ○ 草酸、多酚类、植酸盐、蛋白酶抑制剂、皂角苷和凝集素类等的结构、性质及抗营养的特性。
- ○ 抗营养素具有有益和有害的双重生理效应，这取决于营养物质和抗营养物质的摩尔比及其它一些因素。

新产生的有害成分
- ○ 多氯联苯、苯并芘、杂环胺、丙烯酰胺、生物胺、亚硝胺、氯丙醇等的特性及危害性。
- ○ 主要产自烧烤、腌制等工艺中，食品原料组成、制作温度和时间等，对其产生有重要影响。

有害成分削减
- ○ 注意选用食料，避免或减少有害成分摄入。
- ○ 通过加热、发酵、发芽、浸泡和膨化等技术，减少或避免抗营养素和内源性有害成分的危害。
- ○ 创新烧烤、腌制等传统制作工艺，减少相关有害成分产生，保障舌尖上的安全。

思考练习

1. 食品中有害成分的来源和种类有哪些？

2. 举例说明食品中抗营养素的有害性。

3. 作为未来的食品科技工作者，请结合食品中丙烯酰胺的形成机理及危害性，谈谈如何避免食品中丙烯酰胺的产生。